机械维修识图

机械图·液压气动图·电路图

一本通

张应龙　主编

化学工业出版社

·北京·

内容简介

机械维修首先要能看懂各种图纸，全书以典型机械设备（机床、发动机及工程机械）为例，突出实用原则，由浅入深，先易后难，分3篇介绍了维修过程中涉及的机械图、液压气动图和电路图的识读方法、技巧及实例。第1篇从机械的基本结构、常见机械零件的规定画法、机械图样的识图方法、典型机械设备（车床、磨床、钻床以及柴油机、工程机械）的结构等方面介绍了机械构造及识读机械图的方法；第2篇按照“元件-回路-系统”的体系，分别介绍了液压与气动元件的结构原理、基本回路、液压气动系统图的识读方法及典型案例；第3篇介绍了电气识图基本知识、电路原理及电源系统、识读电气工程图的方法及典型机械设备电路图的识读案例。

本书内容丰富、深入浅出、通俗易懂、密切联系实际，可供企业机械修理技术人员和管理人员学习和参考，可作为企业机械修理工的培训教材，以及中职、高职院校相关专业学生的教材。

图书在版编目（CIP）数据

机械维修识图（机械图·液压气动图·电路图）一本通/张应龙主编.—北京：化学工业出版社，2021.11

ISBN 978-7-122-39836-9

Ⅰ.①机… Ⅱ.①张… Ⅲ.①机械维修-识图 Ⅳ.①TH17-64

中国版本图书馆CIP数据核字（2021）第175071号

责任编辑：张兴辉　　文字编辑：陈小滔　孙月蓉
责任校对：王　静　　装帧设计：王晓宇

出版发行：化学工业出版社（北京市东城区青年湖南街13号　邮政编码100011）
印　　装：北京天宇星印刷厂
787mm×1092mm　1/16　印张26　字数754千字　2022年1月北京第1版第1次印刷

购书咨询：010-64518888　　售后服务：010-64518899
网　　址：http://www.cip.com.cn
凡购买本书，如有缺损质量问题，本社销售中心负责调换。

定　　价：128.00元

前言

机械是现代社会进行生产和服务的五大要素之一，是现代社会的基础之一，几乎任何现代产业和工程领域都需要应用机械。机械种类繁多，用途广泛。机器设备在使用过程中也会由于各种原因，出现各种各样的故障，机械设备故障频发会影响我们的工作效率，导致机械设备使用寿命降低，并会给机械设备操作人员带来安全隐患，为此需要及时对故障机械设备进行维修。只有采取针对性的维修措施，才能够在最短的时间内，以最经济的方法将机械设备修复。

机械的维修是一项非常复杂的工作，不仅因为种类繁多，更涉及机械、液压气动和电气等多方面的知识，要掌握一手非常过硬的维修技术，一方面要通过较长时间的维修实践工作来积累丰富的维修经验，另一方面要不断地加强理论学习，系统地掌握机械设备维修的基本技能，才能触类旁通、事半功倍。而从学习机械图、液压气动图和电路图入手，掌握机械设备的机械结构、液压气压传动和电气控制原理，是维修工作的基础。正是出于上述考虑，我们编写了《机械维修识图（机械图·液压气动图·电路图）一本通》一书。

本书由浅入深，先易后难，以实用为原则，力求少而精，注重理论联系实际。通过本书的学习，在机械维修及其它与机械设备相关的管理工作中，可较轻松地掌握机械设备的各种机械装配关系、机械零件的技术要求等，掌握各种液压气动回路的工作原理、阀件的功能等，掌握电气控制的工作原理、电气元件的作用等。

本书分3篇进行叙述。第1篇介绍了机械的基本结构、常见机械零件的规定画法与标注；介绍了机械图样的识图方法、互换性与公差配合、装配尺寸链计算；介绍了普通车床、磨床、钻床以及柴油发动机、工程机械等典型设备和它们的主要零部件的结构等。第2篇介绍了液压传动的动力元件、执行元件、液压控制阀及辅件的结构原理；介绍了液压基本回路、典型液压系统图的识读方法；介绍了气压传动常用气压元件的结构原理、基本回路和典型的气压系统等。第3篇介绍了电路常用元器件、电气工程图的类型等电气工程图的基本知识；介绍了电路的组成、电路基本定律、电力拖动控制原理及常用的电源系统；介绍了识读电气图的方法步骤和常用电路图的识读实例等。作为识图一本通，本书图例中还使用一些常见的非最新国标规定的图形符号，以供读者阅读参考。

本书由张应龙担任主编和统稿工作，江苏大学顾佩兰高级工程师、汪光远高级工程师、张松生高级技师、刘志翔技师参加了第1～3章的编写工作，储晓猛高级工程师参加了第10～14章的编写工作，杨宁川高级技师、王胜工程师、胡旭技师参加了第15～17章的编写工作。在编写过程中，参阅了有关教材、资料和文献，在此对有关专家、学者和作者表示衷心感谢。

在本书的编写过程中，江苏大学李金伴教授、陆一心教授、王维新高级工程师给予了精心的指导和热情的帮助，提出了许多宝贵的意见，全书由陆一心教授、李金伴教授担任主审，在此谨向他们表示衷心感谢。

由于编者水平所限，书中不足之处在所难免，恳请读者批评指正。

编　者

目录

第1篇　机械结构与机械识图

第 2 篇　液压气动系统与液压气动识图

第3篇 电气设备系统与电气工程识图

第1篇　机械结构与机械识图

第1章　机械的基本构造

1.1　概述

机械是能帮人们降低工作难度或省力的工具装置。在日常生活和产品生产过程中，为了减轻劳动强度、改善劳动条件、提高劳动生产率，人们广泛使用各种机械设备完成所需要的工作。

机械是现代社会进行生产和服务的五大要素（即人、资金、能量、材料和机械）之一，广泛应用于石化、运输、采矿、冶金、建筑、水利等各行各业，是整个工业和工程的基础，任何现代产业和工程领域都需要应用机械。

中文的“机械”词语由“机”与“械”两个汉字组成。“机”原指局部的关键机件；“械”在中国古代原指某一整体器械或器具。这两字连在一起，组成“机械”一词，便构成一般性的机械概念。

机械是物体的组合，这些物体必须实现相互的、单一的、规定的运动，把施加的能量转变为最有用的形式，或转变为有效的机械功。

1.1.1　机械的分类

机械的种类繁多，按照使用范围可分为通用机械设备（定型设备）和专用机械设备。通用机械设备指在工业生产中普遍使用的机械设备，这类设备可以按定型的系列标准由制造厂进行批量生产。专用机械设备指专门用于某个生产方面的机械设备。

中国机械行业的主要产品包括以下12类。

① 农业机械：拖拉机、播种机、收割机械等。

② 重型矿山机械：冶金机械、矿山机械、起重机械、装卸机械、工矿车辆、水泥设备、窑炉设备等。

③ 工程机械：叉车、铲土运输机械、压实机械、混凝土机械等。

④ 石化通用机械：石油钻采机械、炼油机械、化工机械、泵、风机、阀门、气体压缩机、

制冷空调机械、造纸机械、印刷机械、塑料加工机械、制药机械等。

⑤ 电工机械：发电机械、变压器、电动机、高低压开关、电线电缆、蓄电池、电焊机、家用电器等。

⑥ 机床：金属切削机床、锻压机械、铸造机械、木工机械等。

⑦ 汽车：载货汽车、公路客车、轿车、改装汽车、摩托车等。

⑧ 仪器仪表：自动化仪表、电工仪器仪表、光学仪器、成分分析仪、汽车仪器仪表、电料装备、电教设备、照相机等。

⑨ 基础机械：轴承、液压件、密封件、粉末冶金制品、标准紧固件、工业链条、齿轮、模具等。

⑩ 包装机械：包装机、装箱机、输送机等。

⑪ 环保机械：水污染防治设备、大气污染防治设备、固体废物处理设备等。

⑫ 其他机械。

1.1.2 机械的基本结构

任何机械设备都是由许多机械零部件组成的。机械零件是机械制造过程中不可分拆的最小单元，而机械部件则是在机器装备制造过程中为完成某一任务而由若干协作的零件组合在一起的组合体。机械零部件按通用性划分可分为两大类：一类是在各种机器中经常都能用到的零件，如齿轮、链轮、蜗轮、螺栓、螺母等，称为通用零件；另一类则是在特定类型的机器中才能用到的零件，如内燃机的曲轴、汽轮机叶片等，称为专用零件。

在机械设备中，有些零件是作为一个独立的运动单元体运动的，而有些零件则刚性地连接在一起、固连成没有相对运动的刚性组合，成为机器中独立运动的单元，通常称为构件。从制造角度看，零件是制造的基本单元；从运动的角度看，构件是运动的基本单元。

如图 1-1(a) 所示内燃机的曲轴是制造的单元，称为零件。而如图 1-1(b) 所示的连杆由四个零件组成，形成一个运动整体，称为构件。

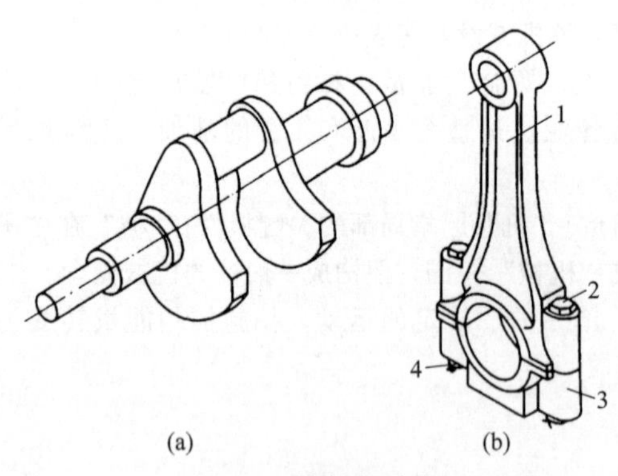

图 1-1 构件与零件

1—连杆体；2—螺栓；3—连杆盖；4—螺母

2 个或 2 个以上的构件通过运动副可以形成机构，机构是能够传递运动与力的可动装置。具有动力源并用以变换或传递能量、物料与信息的机构称为机器，机器包含一个或多个机构。机器与其他装置的本质区别在于，机器一定要做机械运动，并且通过它实现功、能量或信息的转变。

在机械工程中，通常用“机械”一词作为机构和机器的总称。

一台完整的机器包括以下三个基本部分：

① 原动部分 其功能是将其他形式的能量转换为机械能（如内燃机和电动机分别将热能和电能转换为机械能）。原动部分是驱动整部机器以完成预定功能的动力源。

② 工作部分（或执行部分） 其功能是利用机械能去变换或传递能量、物料、信号（如发电机把机械能转换成为电能，轧钢机转换物料的外形等）。

③ 传动部分 其功能是把原动部分的运动形式、运动和动力参数转变为工作部分所需的运动形式、运动和动力参数。

以上三部分都必须安装在支承部件上。为了使三个基本部分协调工作，并准确、可靠地完成整体功能，必须有控制部分和辅助部分。

1.1.3　常见机械机构

各种机械中普遍使用的机构有连杆机构、凸轮机构、间歇运动机构和齿轮机构等。

一部机器可以包含一个机构，如电动机；也可以包含几个机构，如图 1-2 所示的单缸四冲程内燃机，包含由齿轮 9、齿轮 10 组成的齿轮机构，由曲轴 6、连杆 5、活塞 2 组成的曲柄滑块机构，由凸轮 7、从动杆 8 组成的凸轮机构等。

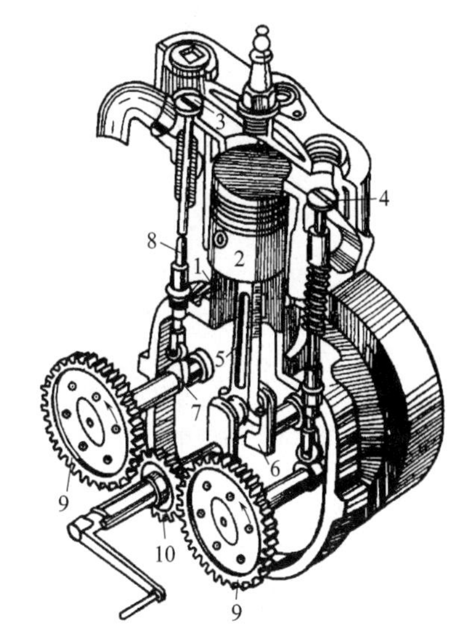

图 1-2　单缸四冲程内燃机
1—气缸；2—活塞；3—进气阀；4—排气阀；5—连杆；6—曲轴；7—凸轮；8—从动杆；9、10—齿轮机构

（1）平面连杆机构

平面连杆机构由若干刚性构件用低副连接而成，也可称为平面低副机构。在连杆机构中被广泛应用的构件常呈杆状，即使其实际外形不呈杆状，但在绘制机构运动简图时，一般仍可抽象为杆状，故可简称为杆。因此，其中由四构件组成的机构为四杆机构；由六构件组成的机构称为六杆机构，等等。图 1-3 所示为插床中的平面六杆机构。

平面连杆机构的优点是：机构中各构件之间的运动副都是低副，制造比较简单，承载能力大；原动件等速转动时，通过改变各杆的相对位置和尺寸，可使从动件得到多种不同的运动规律；连杆上各点的轨迹是各种不同形状的曲线，可利用这些曲线实现轨迹设计。因此，平面连杆机构广泛应用于各种机械中。

平面连杆机构的缺点是：为实现复杂运动规律或运动轨迹设计的平面连杆机构一般比较繁琐，且多数只能近似满足设计要求；机构构件较多时，有较大的积累误差。

在实际机械中，应用最多的平面连杆机构是平面四杆机构，而且一般的多杆机构也是在平面四杆机构的基础上发展而成的。

平面四杆机构的类型很多，按机构中所含低副的类型不同，可以分为全转动副的平面四杆机构和含有移动副的平面四杆机构两大类。

① 全转动副的四杆机构（又称铰链四杆机构）　图 1-4 所示为一铰链四杆机构。图中 AD 杆（杆 4）为机架，直接与机架相连的杆 1 和 3 称为连架杆，与两连架杆相连的杆 2 称为连杆。在连架杆中能绕固定轴线作整周回转的称为曲柄，只能在某一角度范围内摆动的称为摇杆。铰链四杆机构是平面四杆机构的基本形态。根据铰链四杆机构的运动形式不同，铰链四杆机构可分为曲柄摇杆机构、双曲柄机构、双摇杆机构三种。

a. 曲柄摇杆机构。具有一个曲柄和一个摇杆的铰链四杆机构称为曲柄摇杆机构。曲柄摇杆机构一般以曲柄为主动件作等速转动，摇杆为从动件作往复摆动。图 1-5 所示的搅拌机是一个应用实例。

b. 双曲柄机构。具有两个曲柄的铰链四杆机构称为双曲柄机构。双曲柄机构中，通常主动曲柄作等速转动，从动曲柄作变速转动。如图 1-6 所示惯性筛机构中的 $ABCD$ 即为一双曲柄机构。当主动曲柄 1 等速转动时，从动曲柄 3 作变速转动时，通过杆 5 带动滑块 6 上的筛子，使其具有所需要作往复运动的速度，从而使筛子中的细粒物料因惯性作用而被筛分。

在双曲柄机构中，用得最多的是对边两杆长度分别相等的平行双曲柄机构，或称为平行四边形机构。如图 1-7(a) 所示的机构，其四杆形成一个平行四边形。当杆 1 作等速转动时，杆 3 也以相同的角速度沿同一方向转动，连杆 2 作平行移动。这种平行四边形机构称为正平行四边形机构。正平行四边形机构不仅能保持等传动比，而且其连杆作平移运动，所以在机械中应用十分广泛。

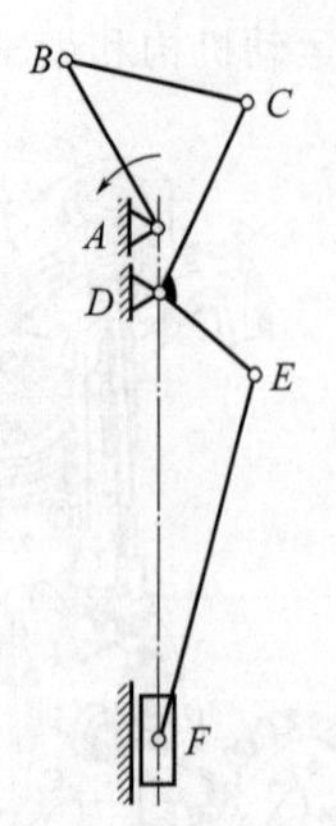

图 1-3 插床中的平面连杆机构

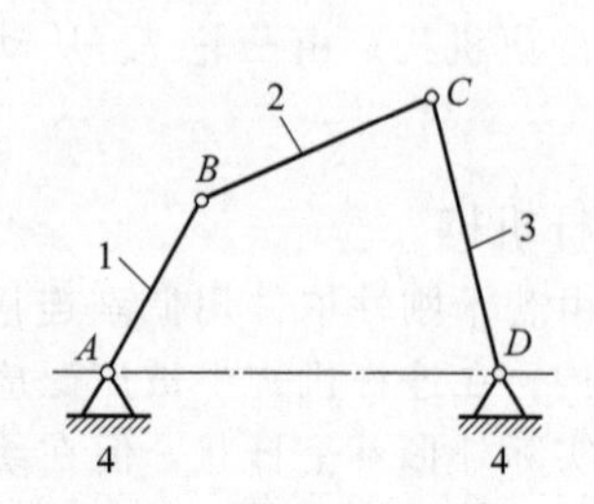

图 1-4 铰链四连杆机构

1、3—连架杆；2—连杆；4—机架

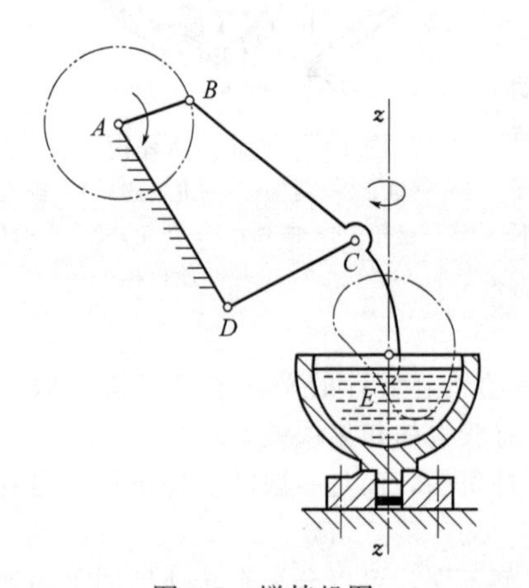

图 1-5 搅拌机图

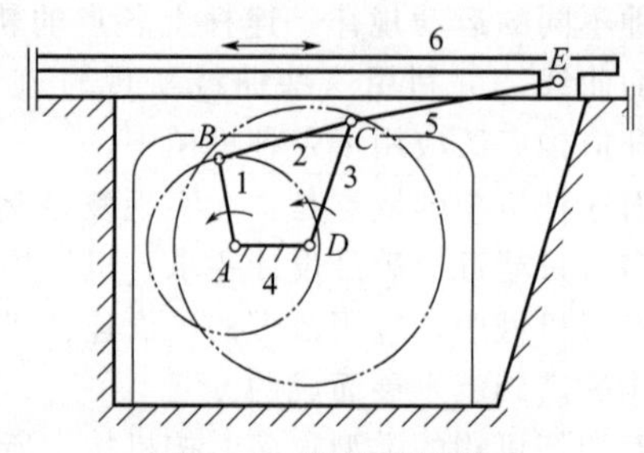

图 1-6 惯性筛机构

1—主动曲柄；2—连杆；3—从动曲柄；4—机架；5—杆；6—滑块

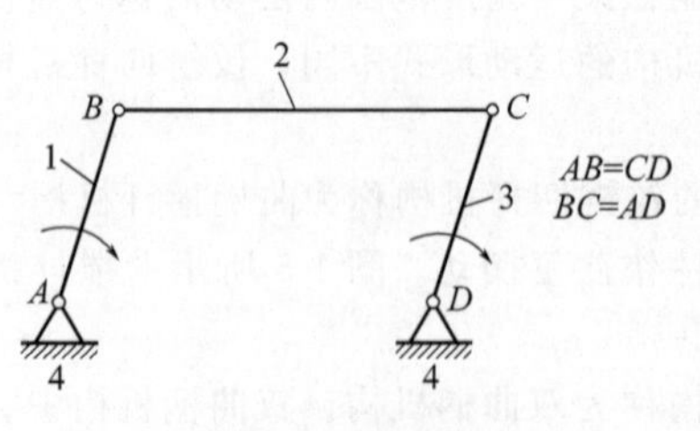

(a) 正平行四边形机构

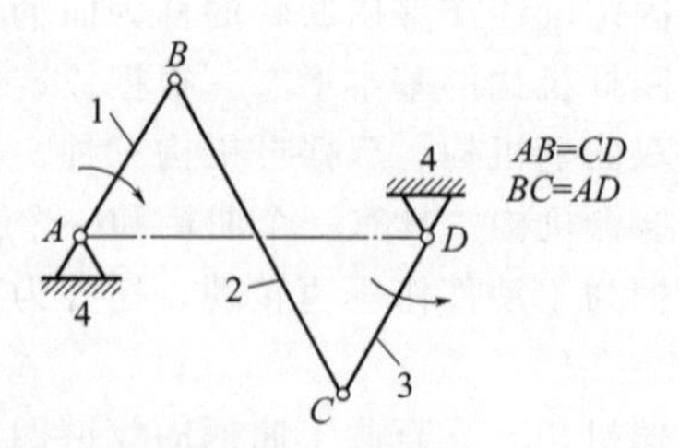

(b) 反平行四边形机构

图 1-7 平行四边形机构

1—主动曲柄；2—连杆；3—从动曲柄；4—机架

图 1-7(b) 所示的机构虽然两曲柄的杆长相等，但不平行，称为反平行四边形机构。当杆 1 作顺时针转动时，杆 3 作逆时针转动。

c. 双摇杆机构。两连架杆均为摇杆的四杆机构称为双摇杆机构，图 1-8 所示的鹤式起重机即为双摇杆机构。当 CD 杆摆动时，连杆 CB 上悬挂重物的点 M 在近似水平直线上移动，以免重物作不必要的升降而损耗能量。

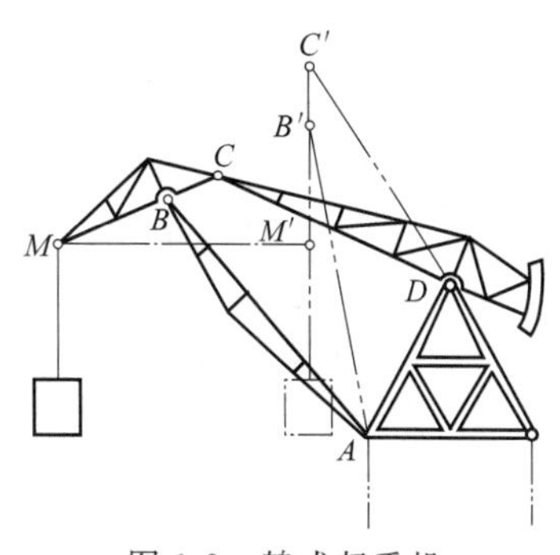

图 1-8　鹤式起重机

② 含有移动副的四杆机构

a. 曲柄滑块机构。当四杆机构中有一连架杆为曲柄，另一连架杆相对于机架往复移动而成为滑块时，则这个四杆机构称为曲柄滑块机构，如图 1-9 所示。根据滑块位移线是否与曲柄转动中心共线，而分为对心曲柄滑块机构［见图 1-9(a)］和偏置曲柄滑块机构［见图 1-9(b)］。它广泛应用于冲床、内燃机、往复式油泵、空气压缩机中。

b. 导杆机构。图 1-10 所示的导杆机构、其连架杆 1 为曲柄，连架杆 3 对滑块 2 的运动起导向作用，称为导杆。故这类机构叫作导杆机构，导杆 3 只能在某一定角度内摆动，该机构称为摆动导杆机构［见图 1-10(a)］。导杆 3 能作整周转动的，称为转动导杆机构［见图 1-10(b)］。

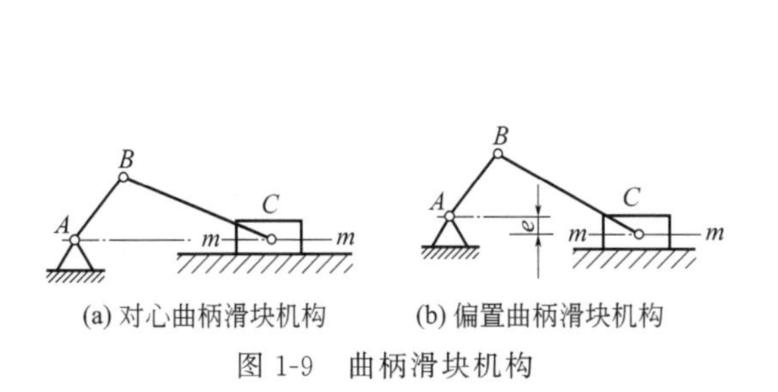

(a) 对心曲柄滑块机构　(b) 偏置曲柄滑块机构

图 1-9　曲柄滑块机构

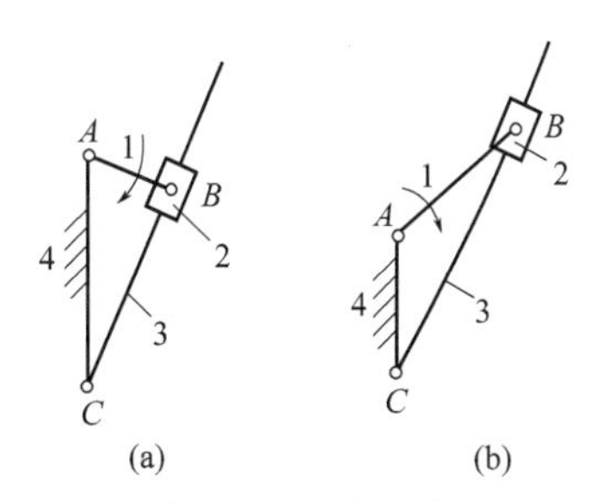

(a)　(b)

图 1-10　导杆机构

1—曲柄；2—滑块；3—导杆；4—机架

（2）凸轮机构

凸轮机构是高副机构，其结构及运动简图如图 1-11 所示，由凸轮 1、从动件 2 和机架 3 组成。凸轮机构按其运动形式，分为平面凸轮机构和空间凸轮机构两种。在此主要讨论平面凸轮机构的有关问题。

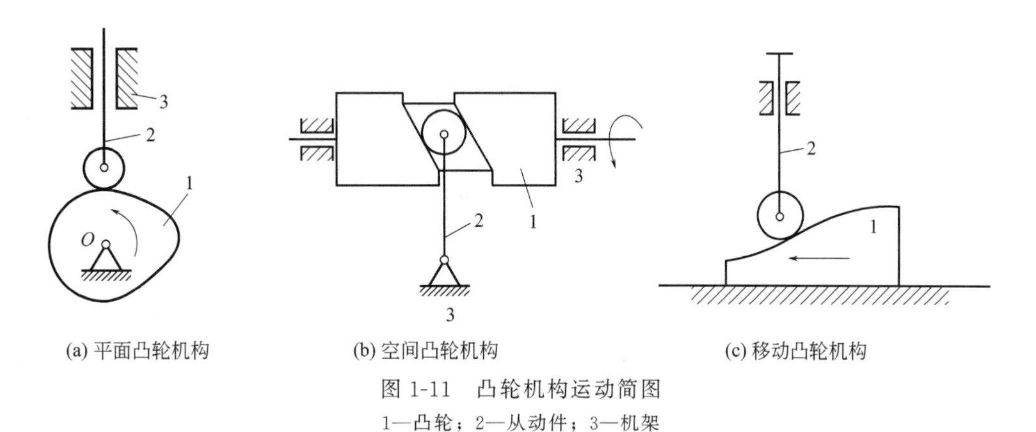

(a) 平面凸轮机构　(b) 空间凸轮机构　(c) 移动凸轮机构

图 1-11　凸轮机构运动简图

1—凸轮；2—从动件；3—机架

在机械工业中，凸轮机构是一种常用机构，特别是在自动化机械中，它的用途更广。图 1-12 所示为内燃机配气凸轮机构。当凸轮 1（主动件）匀速转动时，它的轮廓驱使气门挺杆 4（从动

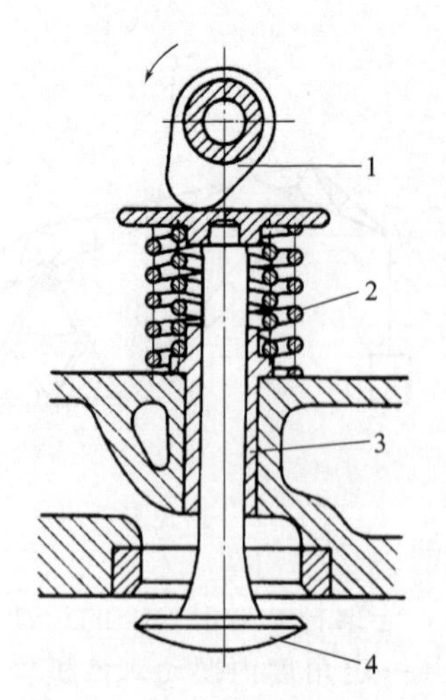

图 1-12 内燃机配气凸轮机构
1—凸轮；2—弹簧；3—导套；4—气门挺杆

件）作往复移动，使其按预期的运动规律开启或关闭气阀（关闭也靠弹簧 2 的作用）以控制燃气准时进入气缸或废气准时排出气缸。图 1-13 所示为一绕线机的凸轮绕线机构，绕线时，凸轮 1 和绕线轴 3 同时由其他机构带动，而凸轮轮廓始终与从动轴叉 2 接触，迫使其绕 O 点按一定运动规律往复摆动，从而引导线均匀地缠在绕线轴 3 上。再如图 1-14 所示的自动送料机构，带凹槽的圆柱凸轮作等速转动，槽中的滚子带动从动件作往复移动，将工件推至指定位置从而完成自动送料任务。

从上述例子可以看出，凸轮是一个具有一定形状的曲线轮廓或凹槽的构件。当凸轮运动时，通过其轮廓或凹槽与从动件接触，使从动件实现预定的运动。凸轮机构主要由凸轮、从动件和机架组成。凸轮与从动件之间可以通过弹簧力、重力或几何形状封闭等方法来保持接触。

由此可见，从动件运动规律完全取决于凸轮轮廓的形状。凸轮机构的主要优点是结构简单、紧凑、工作可靠。但由于凸轮与从动件之间为点接触或线接触，易于磨损，因此，凸轮机构多用于传递动力不大的控制机构和调节机构中。

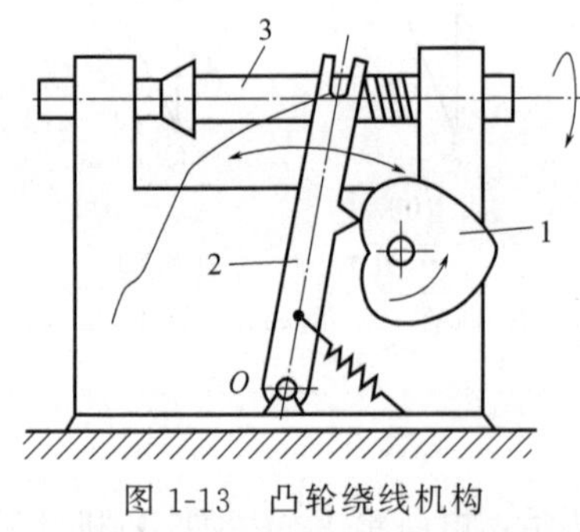

图 1-13 凸轮绕线机构
1—凸轮；2—从动轴叉；3—绕线轴

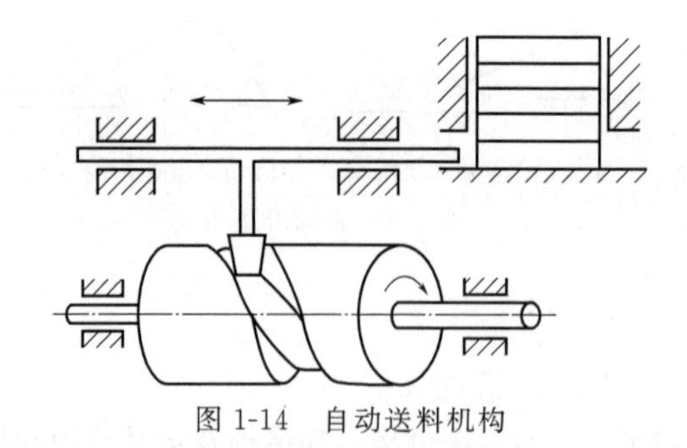

图 1-14 自动送料机构

（3）间歇运动机构

将主动件的连续运动变为从动件时动时停的运动，可采用间歇运动机构。这种机构类型很多，常见的有棘轮机构、槽轮机构等。间歇运动机构在自动机械和轻工机械中应用很广。

① 棘轮机构　图 1-15 所示为棘轮机构。弹簧 6 用来使制动爪 4 和棘轮 3 保持接触。摇杆 1 和棘轮 3 的回转轴线重合。

当摇杆 1 逆时针摆动时，驱动棘爪 2 插入棘轮 3 的齿槽中，推动棘轮转过一定角度，而制动爪 4 则在棘轮的齿背上滑过。当摇杆顺时针摆动时，驱动棘爪 2 在棘轮的齿背上滑过，而制动爪 4 则阻止棘轮作顺时针转动，棘轮静止不动。因此，当摇杆作连续的往复摆动时，棘轮将作单向间歇转动。

图 1-16 所示为双动式棘轮机构，可使棘轮在摇杆往复摆动时都能作同一方向转动。驱动棘爪可做成钩头［图 1-16(a)］或直头［图 1-16(b)］。

图 1-17 所示为双向棘轮机构，可使棘轮作双向间歇运动。图 1-17(a) 采用具有矩形齿的棘轮。当爪处于实线位置 B 时，棘轮作逆时针间歇转动；当棘爪处于虚线位置 B'时，棘轮则作顺时针间歇运动。图 1-17(b) 采用回转棘爪，当棘爪按图示位置放置时，棘轮将作逆时针间歇转动。若将棘爪提起，并绕本身轴线转 180°后再插入棘轮齿槽，棘轮将作顺时针间歇转动。若将棘

爪提起并绕本身轴线转动 90°，棘爪将被架在壳体顶部的平台上，使轮与爪脱开，此时棘轮将静止不动。

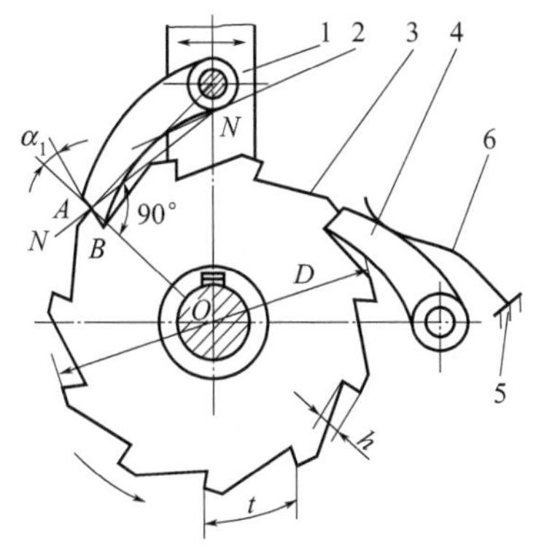

图 1-15 齿式棘轮机构

1—摇杆；2—棘爪；3—棘轮；4—制动爪；5—机架；6—弹簧

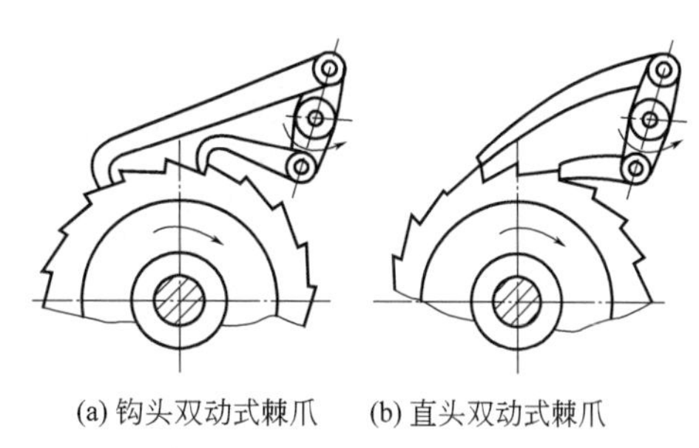

(a) 钩头双动式棘爪 (b) 直头双动式棘爪

图 1-16 双动式棘轮机构

棘轮机构常用在各种机床和自动机的进给机构上，也常用作停止器或制动器。图 1-18 所示为起重设备中的棘轮制动器。当提升重物时，棘轮逆时针转动，棘爪在棘轮齿背上滑过；当需使重物停在某一位置时，棘爪将及时插入棘轮的相应齿槽中，防止棘轮在重力 W 作用下顺时针转动使重物下落，以实现制动。

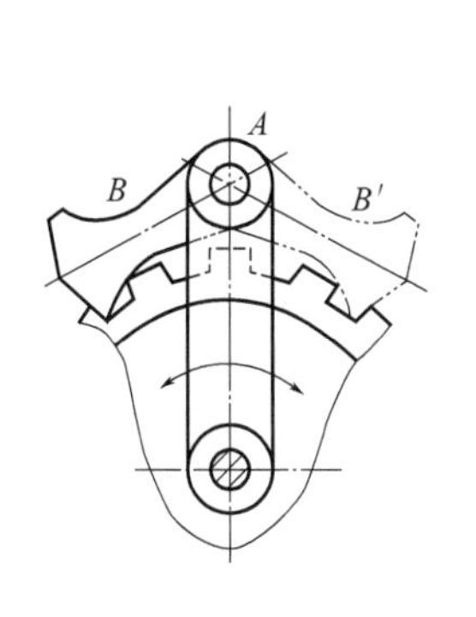

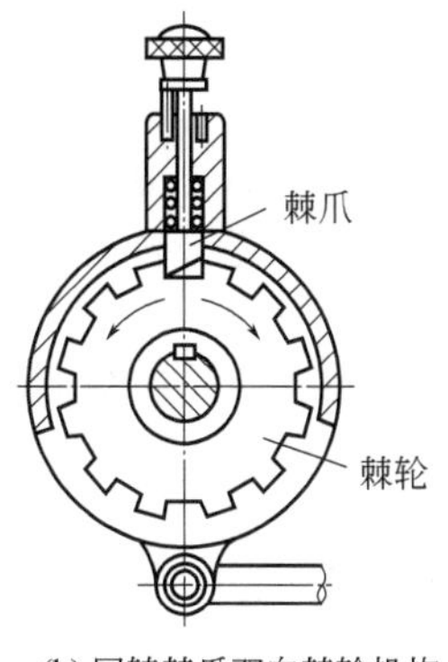

(a) 矩形齿双向棘轮机构 (b) 回转棘爪双向棘轮机构

图 1-17 双向棘轮运动

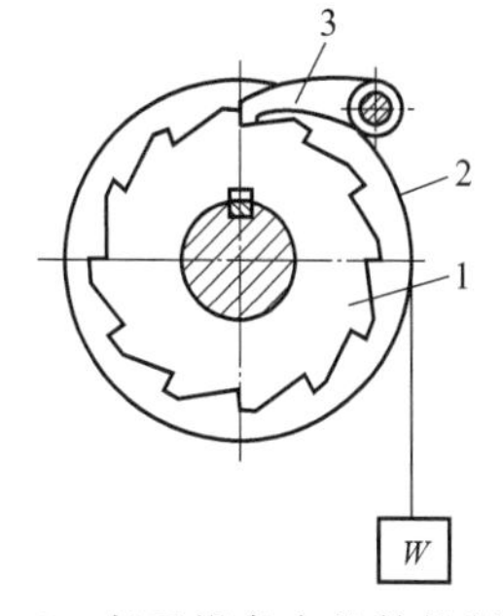

图 1-18 起重设备中的棘轮制动器

1—棘轮；2—卷筒；3—棘爪

棘轮机构的特点是结构简单，改变转角大小较方便（如改变摇杆的摆角），还可实现超越运动，但它传递动力不大，且传动平稳性差，因此只适用于转速不高、转角不大的低速传动，常用来实现机械的间歇送进、分度、制动和超越等运动。

② 槽轮机构 图 1-19 所示为槽轮机构（又称马耳他机构），它是由带有圆柱销 A 的主动拨盘、从动槽轮及机架等组成。拨盘以等角速度 ω_1 作连续回转，槽轮作间歇运动。当拨盘上的圆柱销 A 没有进入槽轮的径向槽时，槽轮的内凹锁止弧面 β 被拨盘上的外凸锁止弧面 α 卡住，槽轮静止不动。当圆柱销 A 进入槽轮的径向槽时，锁止弧面被松开，则圆柱销 A 驱动槽轮转动。当拨盘上的圆柱销离开径向槽时，下一个锁止弧面又被卡住，槽轮又静止不动。由此将主动件的连续转动转换为从动件的间歇转动。

槽轮机构有外啮合槽轮机构［图 1-19(a)］和内啮合槽轮机构［图 1-19(b)］。前一种拨盘与

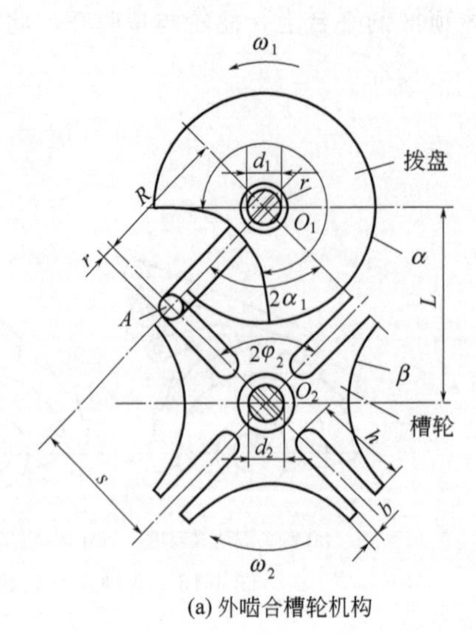

(a) 外啮合槽轮机构　　(b) 内啮合槽轮机构

图 1-19　槽轮机构

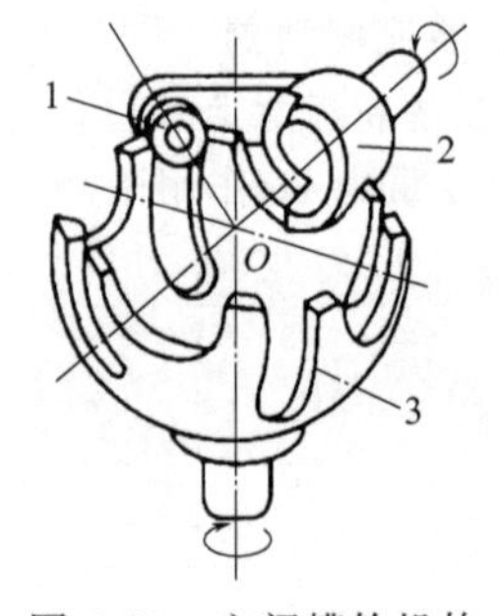

图 1-20　空间槽轮机构
1—圆柱销；2—拨盘；3—槽轮

槽轮的转向相反，而后一种转向相同，它们均为平面槽轮机构。此外还有空间槽轮机构，如图 1-20 所示。

槽轮机构中拨盘（杆）上的圆柱销数、槽轮上的径向槽数以及径向槽的几何尺寸等均可视运动要求的不同而定。圆柱销的分布和径向槽的分布可以不均匀，同一拨盘（杆）上若干个圆柱销离回转中心的距离可以不同，同一槽轮上各径向槽的尺寸也可以不同。

槽轮机构的特点是结构简单、工作可靠、机械效率高，能较平稳、间歇地进行转位。但因圆柱销突然进入与脱离径向槽，传动存在柔性冲击，不适用于高速场合。此外槽轮的转角不可调节，故只能用于定转角的间歇运动机构中。

1.2　常见机械零件的规定画法与标注

1.2.1　螺纹及螺纹紧固件

（1）螺纹的形成和加工方法

圆柱面上一动点绕圆柱轴线作等速转动的同时，又沿圆柱母线作等速直线运动而形成的复合运动轨迹，称为螺旋线，如图 1-21 所示。

一平面图形（如三角形、梯形、锯齿形等）沿圆柱表面上的螺旋线运动形成的具有相同断面的连续凸起和沟槽就称为螺纹。螺纹是零件上一种常见的标准结构要素，在圆柱外表面上形成的螺纹称为外螺纹，在圆柱内表面上形成的螺纹称为内螺纹，如图 1-22 所示。同样，在圆锥面上也可形成螺纹。

（2）螺纹要素

① 螺纹牙型　在通过螺纹轴线的断面上，螺纹的轮廓形状称为螺纹牙型。常见的有三角形、梯形、锯齿形和矩形，如图 1-23 所示。不同的螺纹牙型，有不同的用途。

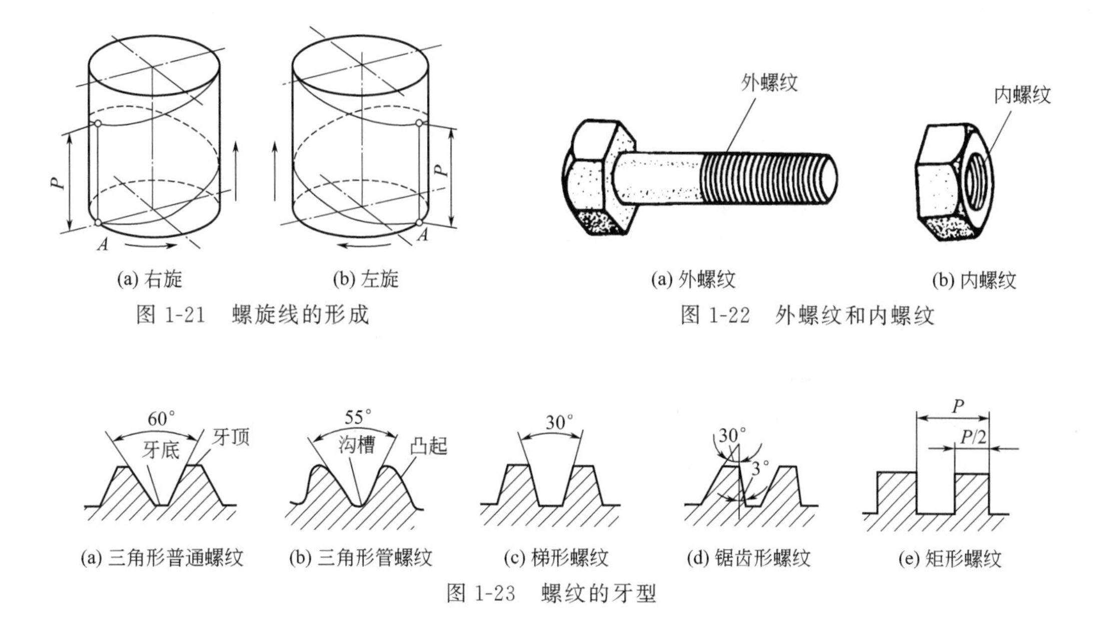

(a) 右旋　(b) 左旋

图 1-21　螺旋线的形成

(a) 外螺纹　(b) 内螺纹

图 1-22　外螺纹和内螺纹

(a) 三角形普通螺纹　(b) 三角形管螺纹　(c) 梯形螺纹　(d) 锯齿形螺纹　(e) 矩形螺纹

图 1-23　螺纹的牙型

② 螺纹直径

a. 螺纹大径（公称直径）。螺纹大径是螺纹的最大直径，即与外螺纹牙顶或内螺纹牙底相重合的假想圆柱面的直径。外螺纹大径用 d 表示，内螺纹大径用 D 表示，如图 1-24 所示。

b. 螺纹小径。螺纹小径是螺纹的最小直径，即与外螺纹牙底或内螺纹牙顶相重合的假想圆柱面的直径。外螺纹小径用 d_1 表示，内螺纹小径用 D_1 表示，如图 1-24 所示。

c. 螺纹中径。在大径与小径圆柱面之间有一假想圆柱，在母线上牙型的沟槽和凸起宽度相等。此假想圆柱称为中径圆柱，其直径称为螺纹中径，如图 1-24 所示。它是控制螺纹精度的主要参数之一。

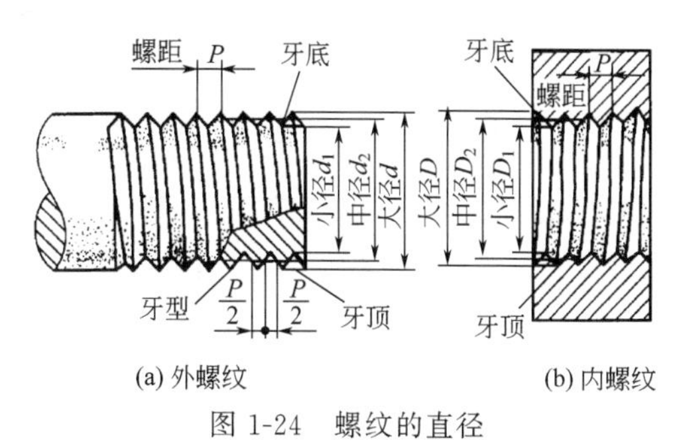

(a) 外螺纹　(b) 内螺纹

图 1-24　螺纹的直径

③ 螺旋线数（n）　螺纹有单线（常用）和多线之分，沿一条螺旋线形成的螺纹为单线螺纹；沿轴向等距分布的两条或两条以上的螺旋线所形成的螺纹为多线螺纹。螺旋线的线数用 n 表示，如图 1-25 所示，图 1-25（a）为单线螺纹，图 1-25（b）为双线螺纹。

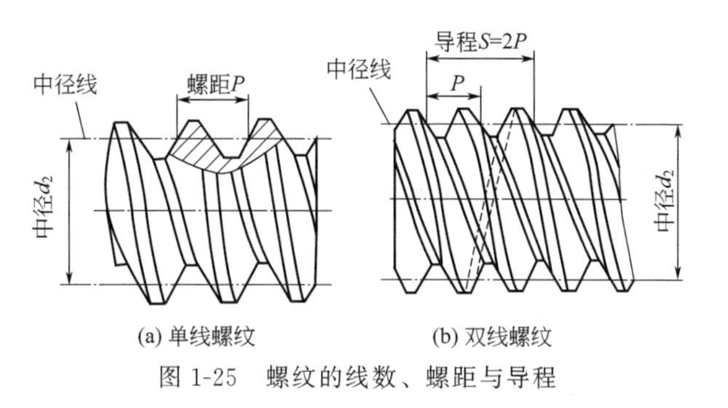

(a) 单线螺纹　(b) 双线螺纹

图 1-25　螺纹的线数、螺距与导程

④ 螺距（P）和导程（S）　螺纹相邻两牙在中径线上对应两点间的轴向距离，称为螺距。

同一条螺旋线上相邻两牙在中径线上对应两点间的轴向距离，称为导程。由图 1-25 可知，螺距和导程的关系：

$$\text{单线螺纹} \quad P=S$$

$$\text{多线螺纹} \quad S=nP$$

⑤ 旋向　螺纹分右旋和左旋两种。顺时针旋转时旋入的螺纹，称为右旋螺纹；逆时针旋转时旋入的螺纹，称为左旋螺纹，如图 1-26 所示。工程上常用右旋螺纹。只有牙型、直径、螺距、线数和旋向完全相同的内、外螺纹，才能相互旋合。

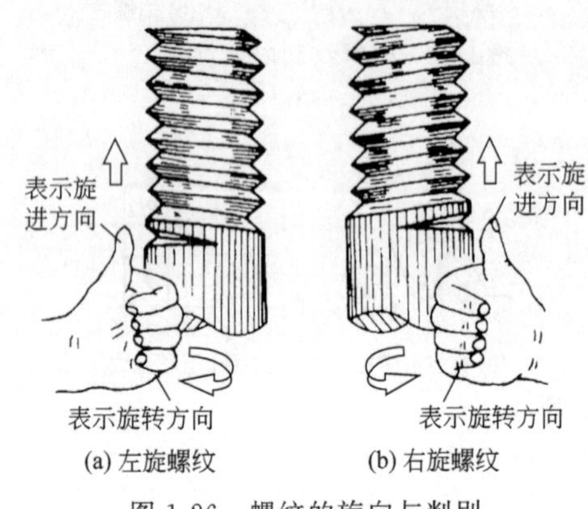

(a) 左旋螺纹　(b) 右旋螺纹

图 1-26　螺纹的旋向与判别

(3) 螺纹的规定画法

根据机械制图国家标准的规定，在图样上绘制螺纹时按规定的画法作图，而不必画出真实的投影。

① 外螺纹的画法　如图 1-27 所示，外螺纹不论其牙型如何，螺纹的牙顶（大径）及螺纹终止线用粗实线表示，螺杆的倒角或倒圆部分也应画出，牙底（小径）用细实线表示。画图时小径尺寸近似地取 $d_1 \approx 0.85d$。在垂直于螺纹轴线投影面上的视图中，表示牙底的细实线圆只画 3/4 圈，此时倒角省略不画。画剖视图时螺纹终止线只画一小段粗实线到小径处，剖面线应画到粗实线。

② 内螺纹的画法　如图 1-28 所示，在剖视图中，内螺纹小径用粗实线表示，大径用细实线表示；在投影为圆的视图上，表示大径圆用细实线只画约 3/4 圈，倒角圆省略不画。螺纹的终止线用粗实线表示，剖面线画到粗实线处。绘制不穿通的螺纹时应将螺纹孔和钻孔深度分别画出，一般钻孔应比螺纹孔深约 4 倍的螺距，钻孔底部的锥角应画成 120°。表示不可见螺纹的所有图线均画成虚线。

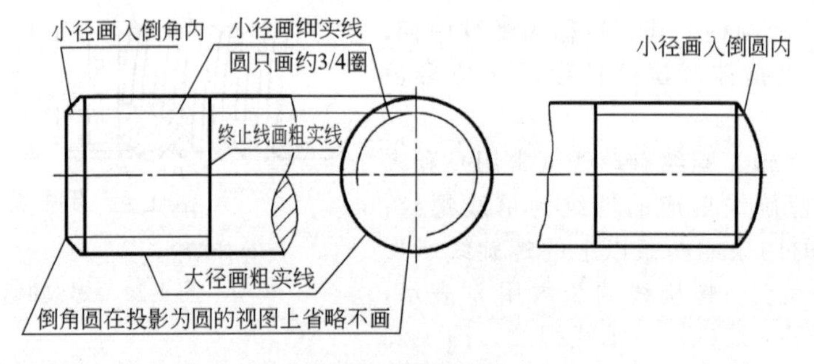

(a) 基本视图画法

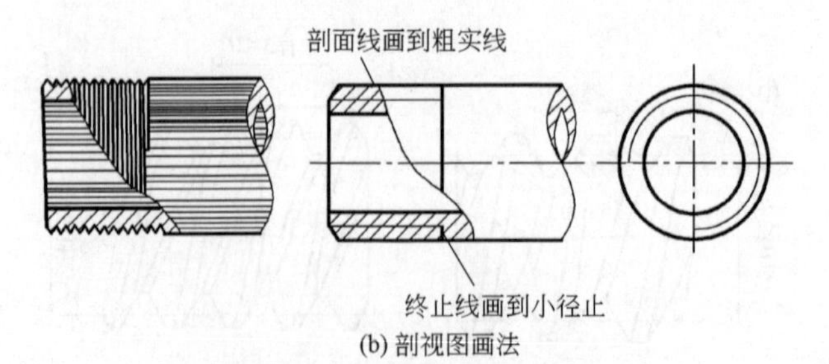

(b) 剖视图画法

图 1-27　外螺纹的画法

③ 内、外螺纹连接的画法　如图 1-29 所示，以剖视图表示内、外螺纹连接时，其旋合部分按外螺纹的画法表示，其余部分仍按各自的规定画法表示。要注意的是要使内、外螺纹的大小径

对齐。在剖视图中，剖面线应画到粗实线；当两零件相邻接时，在同一剖视图中，其剖面线的倾斜方向相反或方向一致但间隔距离不同。

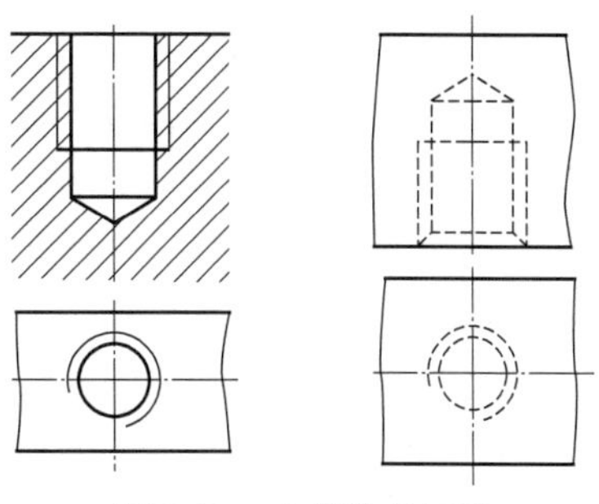

图 1-28 内螺纹的画法

（4）螺纹的分类和标注

① 螺纹的分类 螺纹按螺纹要素分可分为标准螺纹、特殊螺纹和非标准螺纹三类。国家标准对螺纹五项要素中的牙型、公称直径和螺距作了规定。凡是上述三项要素都符合标准的螺纹称为标准螺纹，仅牙型符合标准的螺纹为特殊螺纹，连牙型也不符合标准的螺纹称为非标准螺纹。

螺纹按用途分可分为连接螺纹和传动螺纹两类，连接螺纹包括普通螺纹和管螺纹，主要起连接作用，传动螺纹包括梯形螺纹和锯齿形螺纹，用于传递动力和运动。

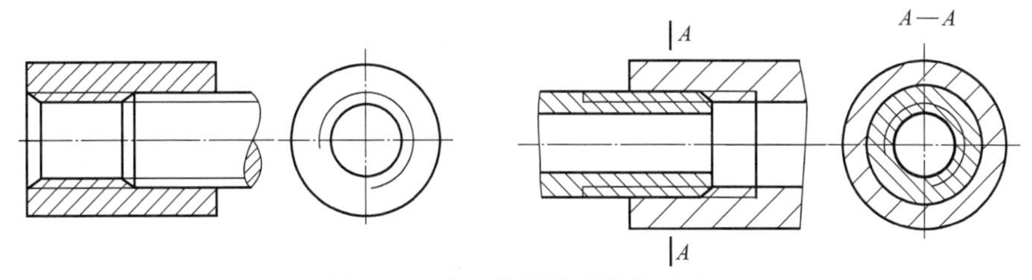

图 1-29 内、外螺纹连接的画法

② 螺纹的标注 螺纹按国标的规定画法画出后，图上并未标明牙型、公称直径、螺距、线数和旋向等要素，因此，需要用标注代号或标记的方式来说明。

a. 普通螺纹。普通螺纹的牙型角为 60°，有粗牙和细牙之分，即在相同的大径下，有几种不同规格的螺距，螺距最大的一种为粗牙普通螺纹，其余为细牙普通螺纹。

螺纹代号：粗牙普通螺纹代号用牙型符号 M 及公称直径表示；细牙普通螺纹的代号用牙型符号 M 及公称直径×螺距表示。当螺纹为左旋时，用代号 LH 表示。右旋省略标注。

螺纹标注形式为

螺纹特征代号 公称直径×螺距 旋向-螺纹中径公差带代号 螺纹顶径公差代号-旋合长度代号

标注时注意：粗牙螺纹允许不标注螺距。

旋合长度是指内、外螺纹旋合在一起的有效长度，分为短、中、长三种，分别用代号 S、N、L 表示。相应的长度可根据螺纹公称直径及螺距从标准中查出。当旋合长度为中等时，N 可省略。

例：已知细牙普通螺纹，公称直径为 20mm，螺距为 2mm，中径公差带代号为 5g，顶径公差带代号为 6g，短旋合长度。其标注形式为 M20×2-5g6g-S。

b. 梯形和锯齿形螺纹。梯形螺纹用来传递双向动力，其牙型角为 30°，不按粗细牙分类。锯齿形螺纹用来传递单向动力。梯形螺纹、锯齿形螺纹只标注中径公差带代号，旋合长度代号只分为中、长（N、L）两组，当旋合长度代号为 N 时不标注。

如梯形螺纹的标注形式为以下两种。

单线格式：

螺纹特征代号 公称直径×导程 旋向-中径公差带代号-旋合长度代号

多线格式：

螺纹特征代号 公称直径×导程（P 螺距） 旋向-中径公差带代号-旋合长度代号

例：Tr40×6-6H 中“Tr”表示梯形螺纹，“40”为公称直径，“6”为螺距，“6H”为中径公差带代号，中旋合长度省略代号。

c. 管螺纹。在水管、油管、煤气管的管道连接中常用管螺纹。管螺纹分为非螺纹密封的内、外管螺纹和用螺纹密封的管螺纹。管螺纹应标注螺纹特征代号和尺寸代号；非螺纹密封的外管螺纹还应标注公差等级。

标注形式为：

螺纹特征代号	尺寸代号	公差等级代号	-	旋向

标注时注意：尺寸代号不是管子的外径，也不是螺纹的大径，而是指管螺纹用于管子孔径的近似值（单位：in，1in＝25.4mm）；公差等级代号对外螺纹分 A、B 两级标注，内螺纹不标记；右旋螺纹的旋向不标注，左旋螺纹标注“LH”。

例：G1/2A 中“G”表示非螺纹密封的管螺纹，“1/2”为尺寸代号，“A”为 A 级外螺纹。

在图样上管螺纹一律标注在引出线上，引出线应由大径或由对称中心处引出。

（5）螺纹紧固件的标记

螺纹紧固件就是运用一对内、外螺纹的连接作用来连接、紧固一些零部件。常用的螺纹紧固件有螺钉、螺栓、螺柱（亦称双头螺柱）、螺母和垫圈等。根据螺纹紧固件的规定标记，就能在相应的标准中查出有关的尺寸，通常只需用简化画法画出。

紧固件的标记由名称、标准编号、型式与尺寸、性能等级或材料热处理等组成，排列顺序为：

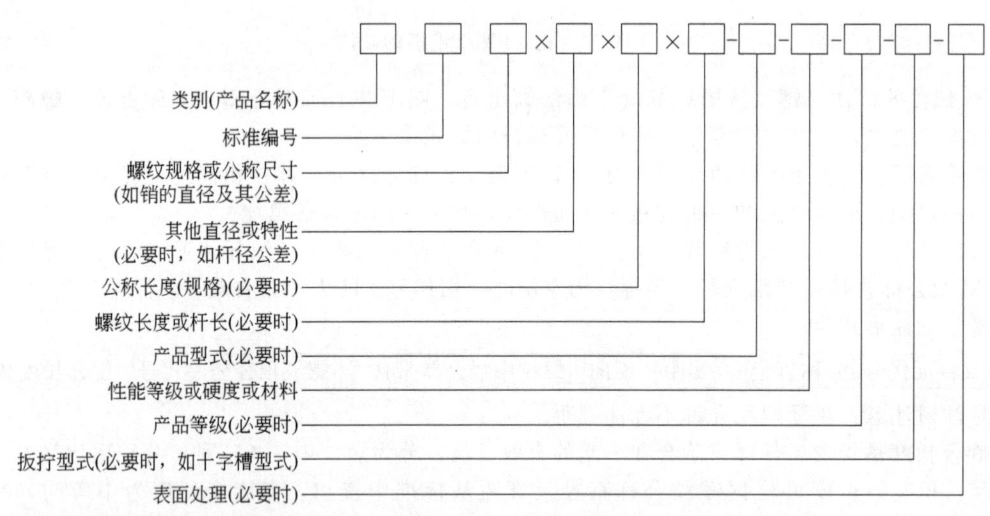

例：细牙普通螺纹，大径 10mm，螺距 1mm，公称长度 80mm，机械性能 8.8 级，镀锌钝化（用 Zn·D 表示），B 级六角头螺栓的标记为：

螺栓　GB/T 5782—2000　M10×1×80B-8.8-Zn·D。

标记的简化原则：

a. 名称和标准年代号允许省略。

b. 当产品标准中只有一种型式、精度、性能等级或材料及热处理、表面处理时，允许省略。

c. 当产品标准中规定两种以上型式、精度、性能等级或材料及热处理、表面处理时，可规定省略其中的一种。

（6）螺纹紧固件的画法

一般不画螺纹紧固件的零件图，当需要用图形表达时，可从表中查出各部分尺寸，再按规定画法，以公称直径 d 为基数，按一定的比例关系画出。图 1-30 所示为螺栓、螺钉、螺母、垫圈的比例画法。采用比例画法时，螺纹紧固件的有效长度按被连接件的厚度及螺纹孔的深度决定，并按实长画出。

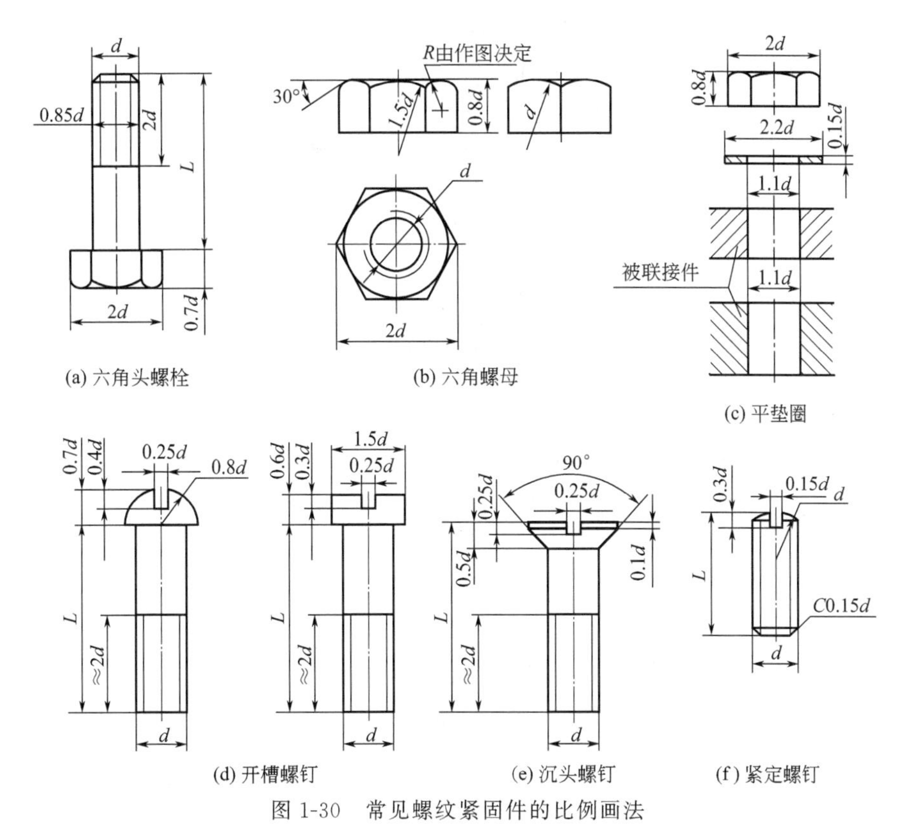

图 1-30　常见螺纹紧固件的比例画法

螺纹紧固件连接是一种可拆卸的连接，常用的连接形式有：螺钉连接、螺栓连接、螺柱连接等。

画图时应遵守三条基本规定：

a. 两零件的接触面只画一条线，不接触面必须画两条线。

b. 在剖视图中，当剖切平面通过螺纹紧固件的轴线时，这些件都按不剖处理，即只画外形，不画剖面线。

c. 相邻两被连接件的剖面线方向应相反，必要时可以相同，但必须相互错开或间隔不一致；在同一张图上，同一零件的剖面线在各个视图上，其方向和间隔必须一致。

① 螺栓连接的画法　螺栓用来连接不太厚而且又允许钻成通孔的零件。在被连接的零件上先加工出通孔，通孔略大于螺栓直径，一般为 $1.1d$。将螺栓插入孔中垫上垫圈，旋紧螺母，螺栓连接的画法如图 1-31 所示。

画螺栓连接图的已知条件是螺栓的型式规格，螺母、垫圈的标注，被连接件的厚度等。

② 螺钉连接的画法　螺钉连接用于不经常拆卸，并且受力不大的零件。它的两个被连接零件中较厚的加工出螺孔，较薄的加工出通孔，不用螺母，直接将螺钉穿过通孔拧入螺孔中。图 1-32 所示为螺钉连接的简化画法。

绘制螺钉连接结构图时应注意以下几点：

a. 螺钉的螺纹终止线不能与结合面平齐，而应画入光孔件范围内。

b. 采用带一字旋具槽的螺钉连接时，其槽的画法应按图 1-32 画出。

c. 当一字旋具槽槽宽小于等于 2mm 时，可涂黑表示。

d. 当采用锥端紧定螺钉连接时，其画法如图 1-33 所示。

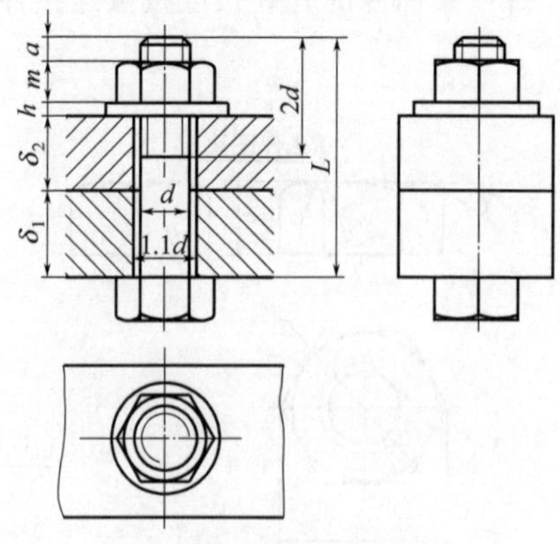

图 1-31 螺栓连接的画法

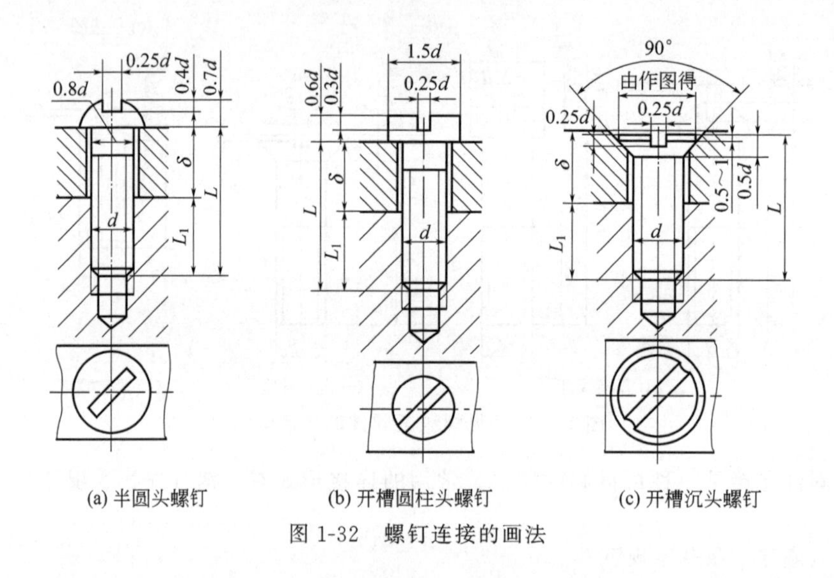

(a) 半圆头螺钉 (b) 开槽圆柱头螺钉 (c) 开槽沉头螺钉

图 1-32 螺钉连接的画法

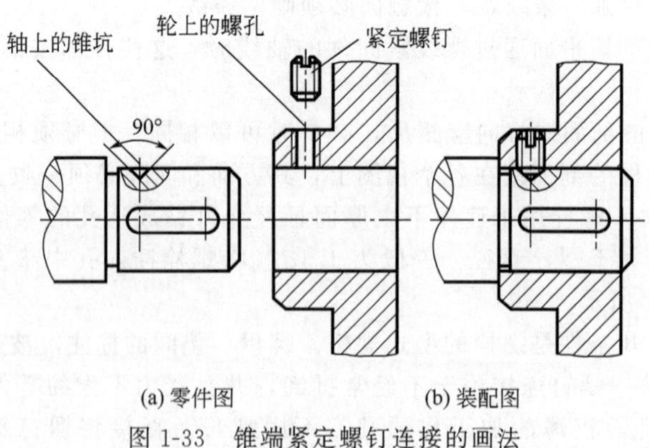

(a) 零件图 (b) 装配图

图 1-33 锥端紧定螺钉连接的画法

1.2.2 销及销孔

（1）销的种类、标记及连接画法示例

销的种类较多，通常用于零件间的连接、定位，并能起到防松作用。销的种类、标记及连接

画法见表 1-1。

表 1-1 销的种类、标记及连接画法

序号	名称及标准	主要尺寸与标记	连接画法
1	圆柱销 GB/T 119.1—2000	l d 销 GB/T 119.1 d×l	
2	圆锥销 GB/T 117—2000	1:50 d l 销 GB/T 117 d×l	
3	开口销 GB/T 91—2000	l d 销 GB/T 91 d×l	

（2）销孔标注

由于用销连接的两个零件上的销孔通常需一起加工，如图 1-34 所示，因此，在图样中标注销孔尺寸时一般要注写“配作”，如图 1-35 所示。

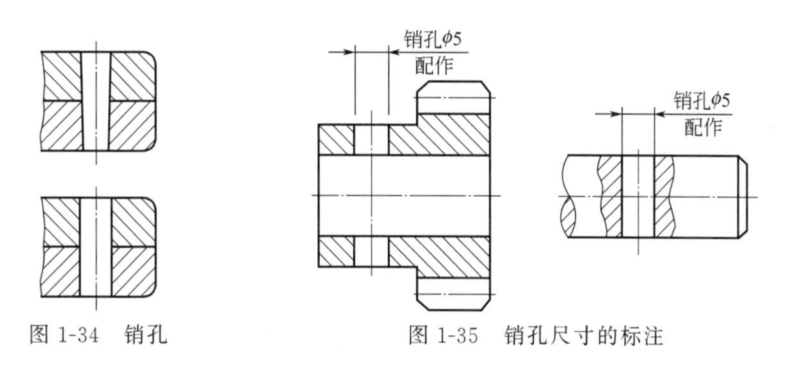

图 1-34 销孔　　图 1-35 销孔尺寸的标注

圆锥销的公称直径是小端直径，在圆锥销孔上需用引线标注尺寸，如图 1-36 所示。

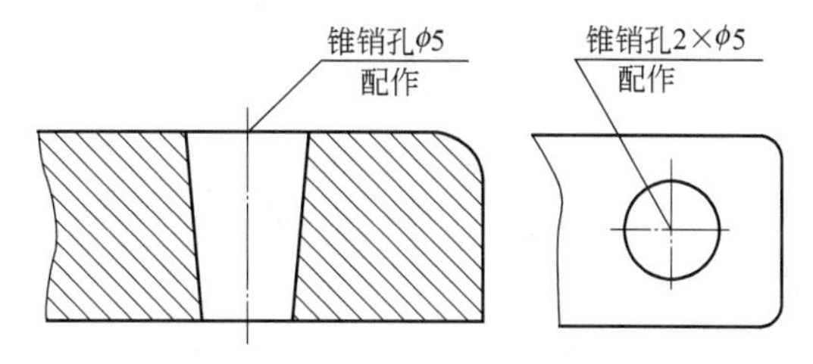

图 1-36 圆锥销孔尺寸的标注

1.2.3 弹簧

(1) 弹簧的作用及种类

弹簧是一种能储存能量的零件，可用来减振、夹紧、储能和测量等。

弹簧的种类很多，常见的弹簧有螺旋弹簧、涡卷弹簧、板弹簧及碟形弹簧。螺旋弹簧又分为压缩弹簧、拉力弹簧和扭力弹簧，如图1-37所示。

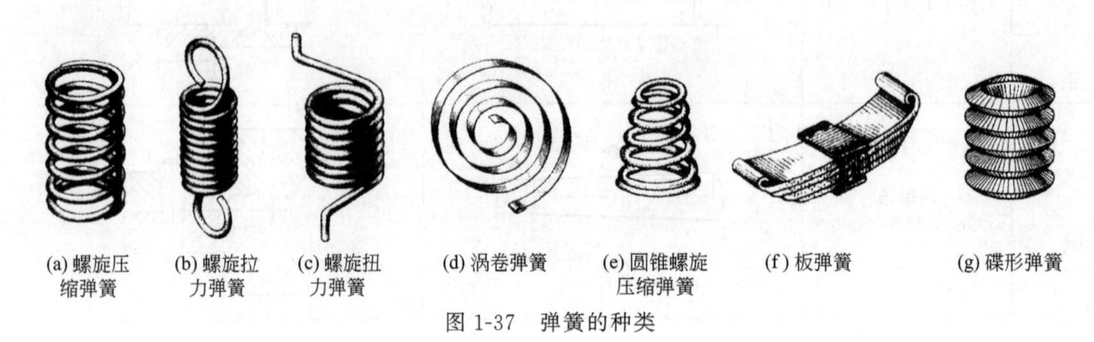

图1-37 弹簧的种类

(2) 圆柱螺旋压缩弹簧的画法和标注

① 圆柱螺旋压缩弹簧的尺寸代号　圆柱螺旋压缩弹簧的尺寸代号及标注方法如表1-2所示。

表1-2 圆柱螺旋压缩弹簧的尺寸代号及标注方法

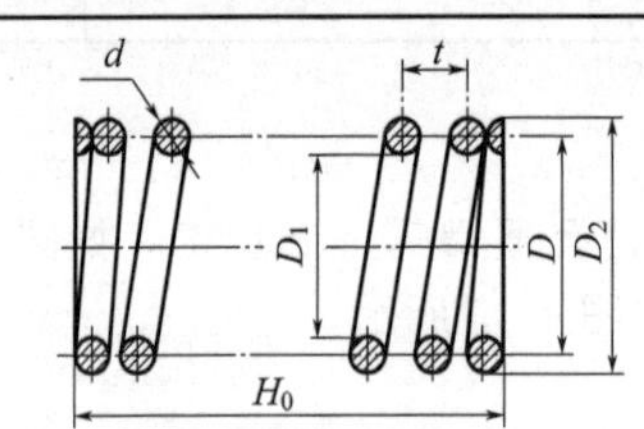

序号	尺寸代号	名称	定义及公式
1	d	弹簧线径	制造弹簧的钢丝直径
2	D	弹簧中径	弹簧的平均直径，$D=\frac{1}{2}(D_1+D_2)$
3	D_1	弹簧内径	弹簧的最小直径，$D_1=D_2-2d$
4	D_2	弹簧外径	弹簧的最大直径
5	t	节距	除两端支承圈外，弹簧上相邻两圈对应两点之间的轴向距离
6	H_0	自由高度	弹簧未受载荷时的高度，$H_0=nt+(n_2-0.5d)$
7	n	有效圈数	弹簧中参加弹性变形的圈数
8	n_1	总圈数	不参加工作的圈数加上参加工作的圈数，$n_1=n+n_2$
9	n_2	支承圈数	在使用时，弹簧两端并紧并磨平的若干圈不产生弹性变形，称为支承圈(或称死圈)。大多数的支承圈为2.5圈
10	L	展开长度	缠绕单个弹簧所需的钢丝长度，$L=n_1\sqrt{(\pi D)^2+t^2}\approx n_1\pi D$

② 装配图中弹簧的画法

a. 螺旋弹簧被剖切时，允许只画弹簧丝断面，且当 $d\leqslant 2$mm 时，其断面可涂黑表示，如图1-38(a)所示。

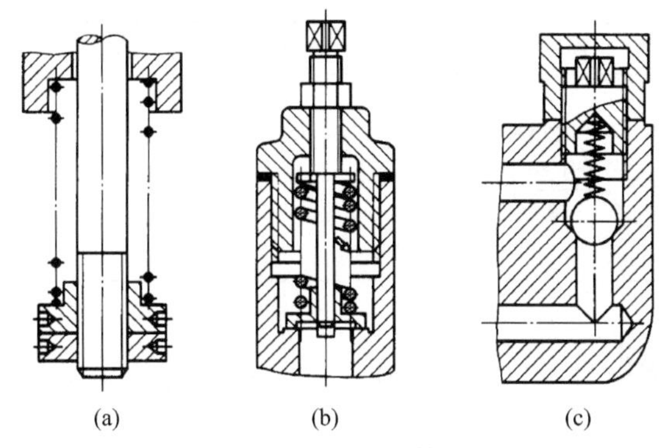

图 1-38　装配图中弹簧的画法

b. 被弹簧挡住部分的结构一般不画，可见部分应从弹簧的外径或中径画起，如图 1-38（b）所示。

c. 当 $d \leqslant 2\text{mm}$ 时，也允许采用示意画法，如图 1-38(c) 所示。

（3）圆柱螺旋拉伸弹簧的画法

① 圆柱螺旋拉伸的结构型式　圆柱螺旋拉伸的结构型式分类见表 1-3。

表 1-3　圆柱螺旋拉伸的结构型式分类

代号	简图	端部结构型式	说明
LⅠ（RLⅠ）	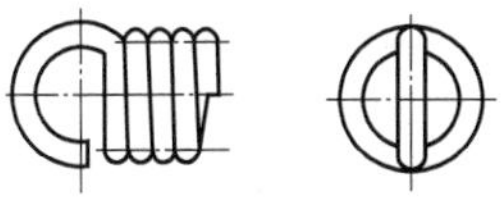	半圆钩环	由弹簧末端的半个簧圈弯折而成，与圆钩环比较，装配空间较小，适宜于装配位置受到空间限制的场合。弯钩处应力较集中，易断裂
LⅡ（RLⅡ）	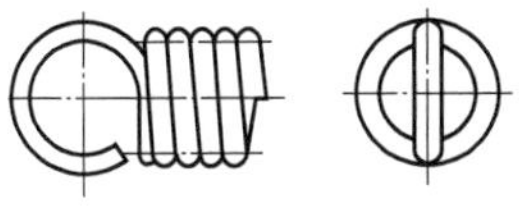	圆钩环	由弹簧末端的簧圈弯至中心而成，它弯曲的曲率半径大，故弯曲处应力集中程度较 LⅢ 型低，折断的可能性较小。常用于旋绕比较小的拉伸弹簧
LⅢ（RLⅢ）	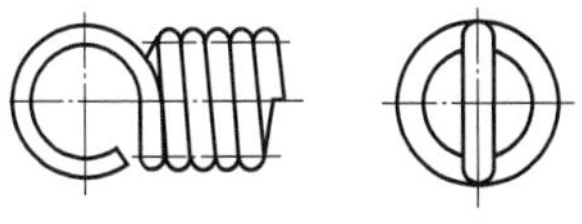	圆钩环压中心	是广泛采用的基本型式，由末端簧圈弯折压至中心而成。钩环为整圆形，制造简单。成形时簧丝扭转与弯曲严重，易折断
LⅣ	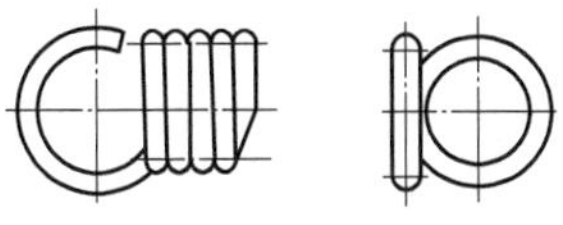	偏心圆钩环	由弹簧末端的簧圈弯折而成，钩环位于簧圈边缘切线位置，因载荷偏心和钩环根部 90° 的折弯，簧丝承受大的附加应力。适合于载荷较小等不重要弹簧
LⅤ	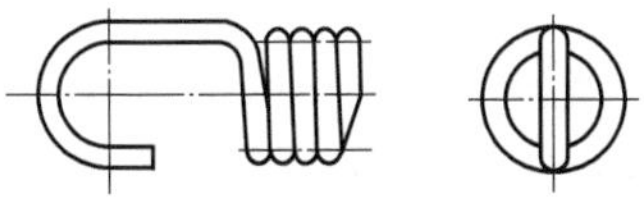	长臂半圆钩环	这两种特制的钩环加工复杂，工序多，需要专用夹具才能制造，成本高。只在有特殊需要时方采用，一般情况下都避免采用
LⅥ	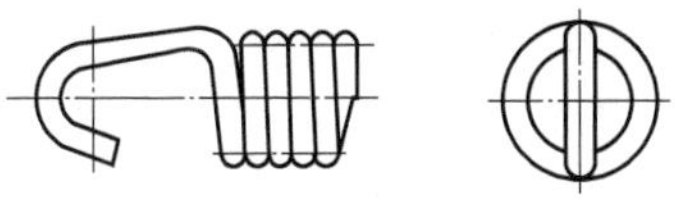	长臂小圆钩环	

续表

代号	简图	端部结构型式	说明
LⅦ	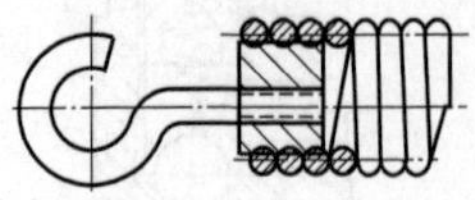	可调式拉伸弹簧	把具有圆柱螺旋的螺塞旋入弹簧两端，在螺旋塞上另加螺杆。它便于调整弹簧有效圈数，从而调整弹簧载荷。主要用于精密和计量弹簧等
LⅧ	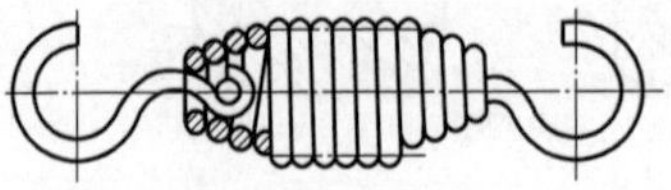	两端具有可转钩环	弹簧端部为圆锥形，挂钩先另行制成压入弹簧锥体中。挂钩可任意转动，但钩环加工工艺复杂，非特殊场合不宜采用

注：1. 推荐采用Ⅰ、Ⅱ、Ⅲ三种结构型式。
2. 代号中有R的为热卷弹簧，其余为冷卷弹簧。

② 圆柱螺旋拉伸弹簧的画法　圆柱螺旋拉伸弹簧的画法有三种，以圆钩环圆柱螺旋拉伸弹簧为例，如表1-4所示。

表1-4　圆钩环圆柱螺旋拉伸弹簧的画法

画法名称	画法
基本视图	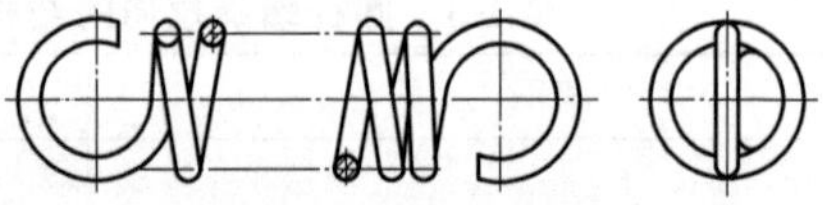
剖视图	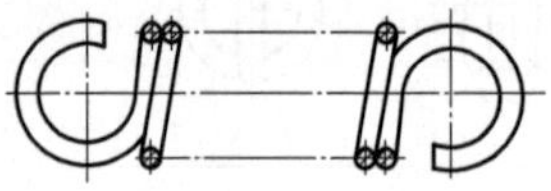
示意图	

1.2.4 键与键槽

键是一种标准零件，主要用来实现轴与轮毂之间的周向固定以传递扭矩，以及实现轴上零件的轴向固定或轴向滑动的导向。键连接的主要类型有平键连接、半圆键连接和花键连接等。

（1）常用键连接

① 平键连接　如图1-39所示为普通平键连接的结构形式。平键的两侧面是工作面，上表面与轮毂槽底之间留有间隙。工作时，靠键与键槽的互相挤压传递转矩。平键连接具有结构简单、装拆方便、对中性好等特点，因而得到广泛应用。这种键连接不能承受轴向力，因而对轴上的零件不能起到轴向固定的作用。

② 半圆键连接　半圆键连接如图1-40所示。半圆键的两侧面为工作面，其工作原理与平键相同，即工作时靠键与键槽侧面的挤压传递转矩。轴上的键槽用盘铣刀铣出，键在槽中能绕键的几何中心摆动，可以自动适应轮毂上键槽的斜度。半圆键制造简单、装拆方便，但是轴上键槽较深，对轴削弱较大。适用于载荷较小的连接或锥形轴端与轮毂的连接。

③ 花键连接　如果轴径使用多个平键连接时，对轴的强度削弱很大，此时应采用花键连接。花键连接可用于静连接或动连接。按齿形不同，花键又分为矩形花键和渐开线花键，已标准化。

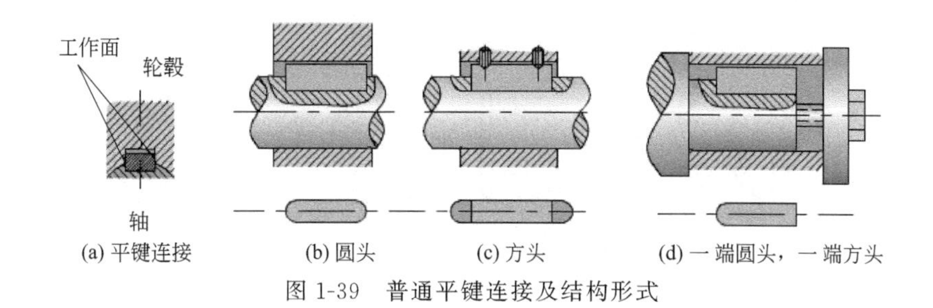

图 1-39　普通平键连接及结构形式

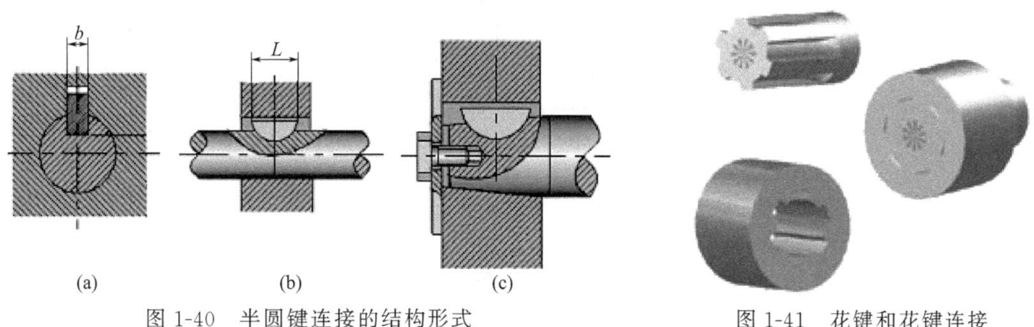

图 1-40　半圆键连接的结构形式　　图 1-41　花键和花键连接

花键轴在滚齿机上加工，花键孔可使用拉刀加工，一次成型。图 1-41 所示为矩形花键的轴与毂。它常采用小径定心方式。

（2）键槽的画法

键槽与键一样有标准。设计或测绘过程中，键槽的宽度、深度和键的宽度、高度尺寸，可根据被连接的轴径在标准中查得。

键长和轴上的键槽长，应根据轮毂的宽度，在键的长度标准系列中选用（键长不超过轮毂宽度）。

平键键槽的画法和尺寸标注方法，如图 1-42 所示，半圆键键槽的画法和尺寸标注方法，图 1-43 所示。

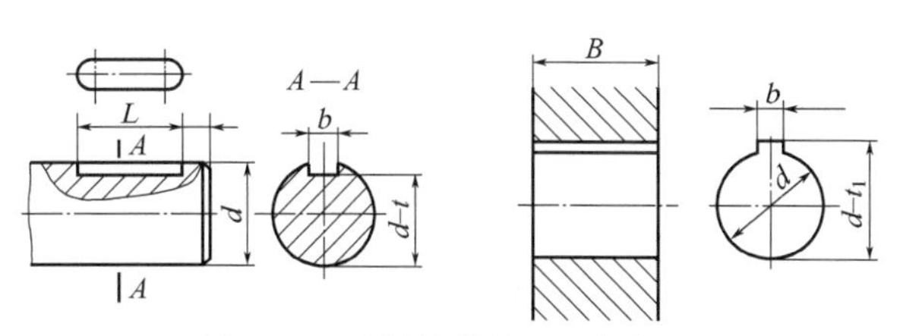

图 1-42　平键键槽的画法与标注

矩形外花键的画法和尺寸标注方法，如图 1-44 所示。在平行于花键轴线的投影面的视图中，大径 D 用粗实线、小径 d 用细实线绘制，在垂直于轴线的剖面上画出全部齿形或一部分齿形（但要注明齿数）。花键工作长度的终止端和尾部长度的末端均用细实线绘制，并与轴线垂直，尾部则画成与轴线成 30°的斜线。但在包含轴线的局部剖视图中，小径 d 用粗实线绘制，大径和小径之间不画剖面线。

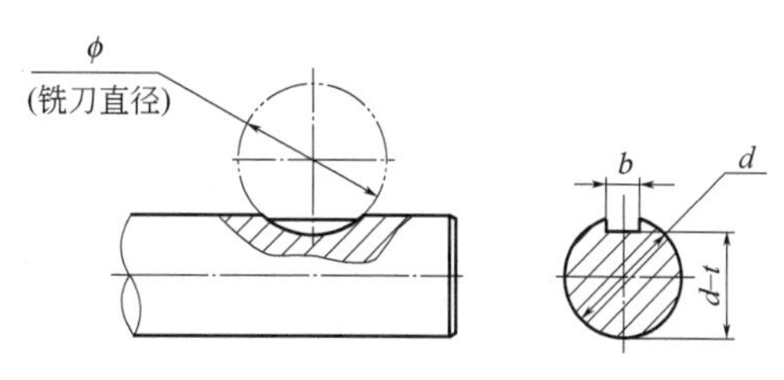

图 1-43　半圆键键槽的画法与标注

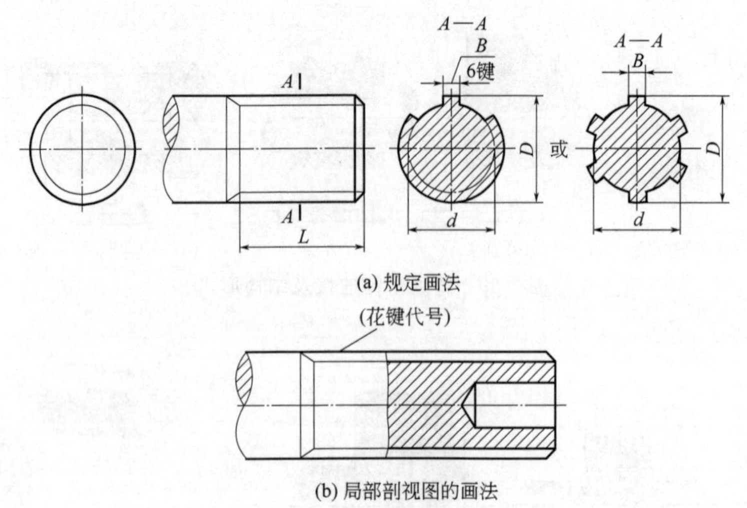

图 1-44 矩形外花键画法及尺寸标注

矩形内花键的画法和尺寸标注方法，如 1-45 所示。在平行于花键轴线的投影面剖视图中，大径及小径均用粗实线绘制，并用局部视图画出一部分或全部齿形。

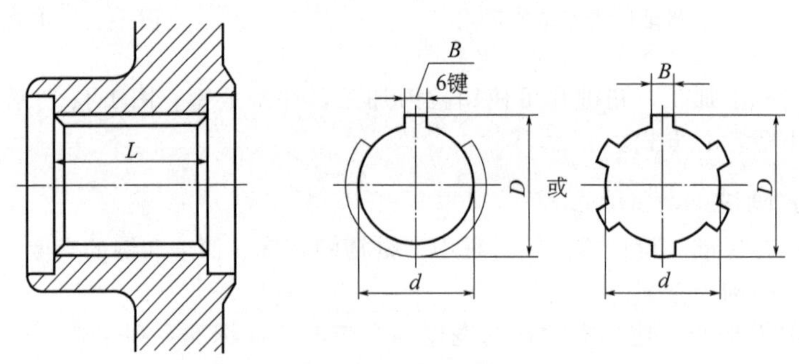

图 1-45 矩形内花键画法及尺寸标注

1.2.5 齿轮

（1）齿轮的作用与种类

齿轮是机器中的重要传动零件，应用广泛。齿轮传动是用来将主动轴的转动传送到从动轴上，以完成传递功率、变速及换向等功能。

按两轴的相对位置不同，可将齿轮传动分为圆柱齿轮传动、锥齿轮传动、蜗轮蜗杆传动三大类，如图 1-46 所示。

① 圆柱齿轮传动：用于传递两平行轴的运动。

② 锥齿轮传动：用于传递两相交轴的运动。

③ 蜗轮、蜗杆传动：用于传递两垂直交错轴的运动。

齿形轮廓曲线有渐开线、摆线及圆弧等，通常采用渐开线齿廓。

（2）圆柱齿轮

圆柱齿轮按齿轮轮齿方向的不同可分为直齿、斜齿、人字齿等。

① 直齿圆柱齿轮各部分名称和代号　图 1-47 所示为相互啮合的两直齿圆柱齿轮各部分名称和代号。

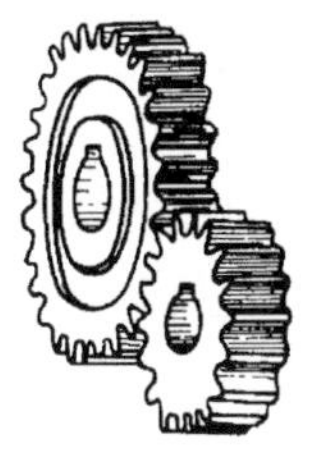
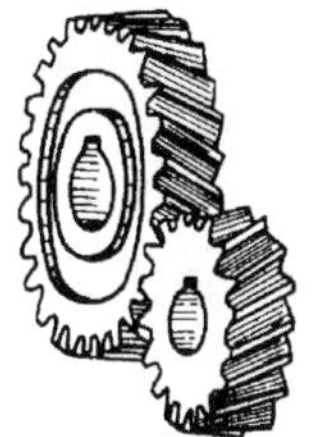
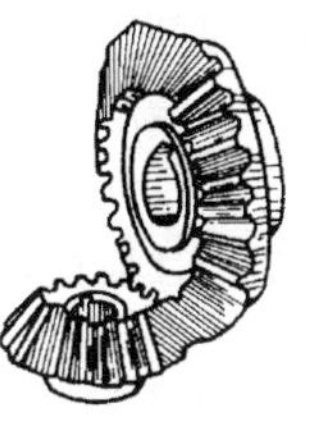
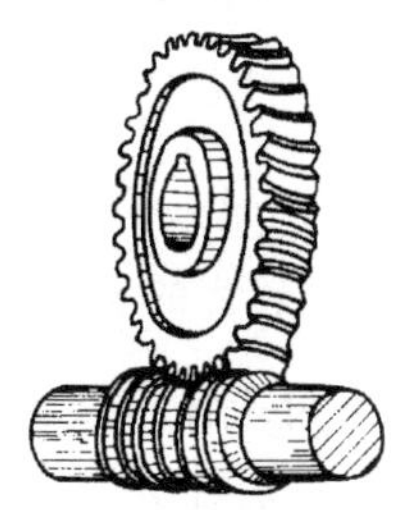

(a) 直齿圆柱齿轮　(b) 斜齿圆柱齿轮　(c) 锥齿轮　(d) 蜗轮蜗杆

图 1-46　齿轮传动的形式

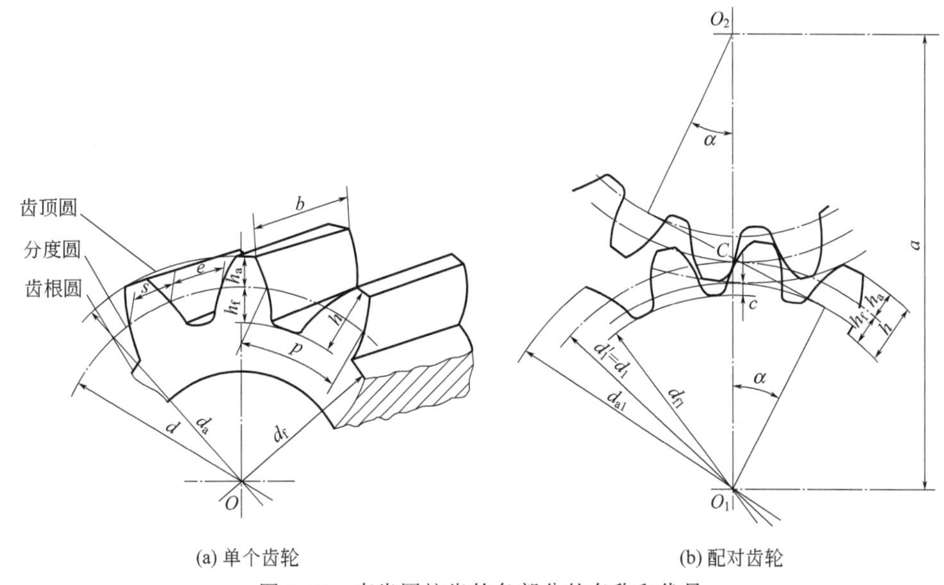

(a) 单个齿轮　(b) 配对齿轮

图 1-47　直齿圆柱齿轮各部分的名称和代号

a. 齿顶圆：通过轮齿顶部的圆称为齿顶圆，其直径用 d_a 表示。

b. 齿根圆：通过轮齿根部的圆称为齿根圆，其直径用 d_f 表示。

c. 齿宽：沿齿轮轴线方向量得的轮齿宽度称为齿宽，用 b 表示。

d. 齿厚与齿槽宽：在齿轮的任意圆周上，一个轮齿两侧间的弧长，称为该圆上的齿厚，用 s_k 表示；相邻两齿之间的空间称为齿槽，一个齿槽两侧齿廓在该圆上所截取的弧长，称为齿槽宽，以 e_k 表示。

e. 分度圆：为了便于设计和制造，在齿顶圆和齿根圆之间，取一个直径为 d 的圆作基准圆，称之为分度圆。分度圆上的齿厚、齿槽宽分别用 s、e 表示。对于标准齿轮，其分度圆上的齿厚与齿槽宽相等，即 $s=e$。两齿轮啮合时，两齿轮的连心线 O_1O_2 上两个相切的圆称为节圆，其直径用 d_1' 表示。一对正确安装的标准齿轮，分度圆与节圆重合，即 $d_1'=d_1$。

f. 齿距：在分度圆上相邻两齿对应点之间的弧长称为齿距，用 p 表示。

g. 全齿高、齿顶高、齿根高：齿顶圆与齿根圆的径向距离称为全齿高，用 h 表示；齿顶圆与分度圆的径向距离称为齿顶高，用 h_a 表示；齿根圆与分度圆的径向距离称为齿根高，用 h_f 表示；有 $h=h_a+h_f$。

h. 顶隙：为了防止互相啮合的一对齿轮的齿顶与齿根相碰，并便于储存润滑油，应使齿顶高略小于齿根高，在一个齿轮齿顶到另一个齿轮齿根间留有径向间隙［图 1-47(b)］，称为顶隙，用 c 表示。

i. 传动比：主动齿轮转速 n_1(r/min) 与从动齿轮转速 n_2(r/min) 之比，即 $i=n_1/n_2$。由于转速与齿数成反比，因此传动比亦等于从动齿轮齿数 z_2 与主动齿轮齿数 z_1 之比，即

$$i=n_1/n_2=z_2/z_1$$

② 直齿圆柱齿轮的基本参数

a. 齿数 z：齿轮上轮齿的总数，设计时根据传动比确定。

b. 模数 m：计算齿轮各部分尺寸和加工齿轮时的基本参数，$m=\frac{p}{\pi}$。

因为 π 为常数，故两啮合齿轮的模数应相等。π 是无理数，这给齿轮的设计和制造带来不便。为了便于设计和加工，人为地将模数 m 取为一些简单的有理数。国家标准对模数规定了标准数值，如表 1-5 所示。

表 1-5 标准模数（GB/T 1357—2008） 单位：mm

第一系列	1	1.25	1.5	2	2.5	3	4	5	6
	8	10	12	16	20	25	32	40	50
第二系列	1.125	1.375	1.75	2.25	2.75	3.5	4.5	5.5	(6.5)
	7	9	11	14	18	22	28	36	45

注：优先采用第一系列模数，避免采用第二系列中的模数 6.5。

c. 压力角：啮合接触点 C 处两齿廓曲线的公法线与中心连线的垂直线的夹角，称为分度圆压力角，通常称为齿轮的压力角，以 α 表示。渐开线齿廓上各点的压力角是不相等的。压力角也是加工轮齿时所用刀具的刀具角。为了便于设计制造，压力角已标准化，我国规定的标准压力角为 $\alpha=20°$。

③ 直齿圆柱齿轮各部分的尺寸计算　当齿轮的齿数、模数和压力角确定后，可按表 1-6 的计算公式计算齿轮的各部分尺寸。

表 1-6 标准直齿圆柱齿轮各基本尺寸常用计算公式

序号	名称	符号	计算公式
1	齿距	p	$P=\pi m$
2	齿顶高	h_a	$h_a=m$
3	齿根高	h_f	$h_f=1.25m$
4	齿高	h	$h=2.25m$
5	分度圆直径	d	$d=mz$
6	齿顶圆直径	d_a	$d_a=m(z+2)$
7	齿根圆直径	d_f	$d_f=m(z-2.5)$
8	中心距	a	$a=\frac{1}{2}m(z_1+z_2)$

④ 直齿圆柱齿轮的规定画法（GB/T 4459.2—2003）　齿轮结构较复杂，尤其是轮齿部分。为了简化作图，国家标准对齿轮的轮齿部分的画法作了规定。

a. 单个齿轮的画法。表示单个圆柱齿轮一般用两个视图。国家标准规定：齿顶线和齿顶圆用粗实线绘制；分度线和分度圆用细点画线绘制；齿根线和齿根圆用细实线绘制，也可省略不画；在投影为非圆的剖开的视图中，齿根线用粗实线绘制。并且规定不论剖切平面是否剖切到轮齿，其轮齿部分均不画剖面线，如图 1-48 所示。

若为斜齿或人字齿，则在投影为非圆的视图上，用三条互相平行的细实线表示轮齿的方向，如图 1-48(b) 所示。

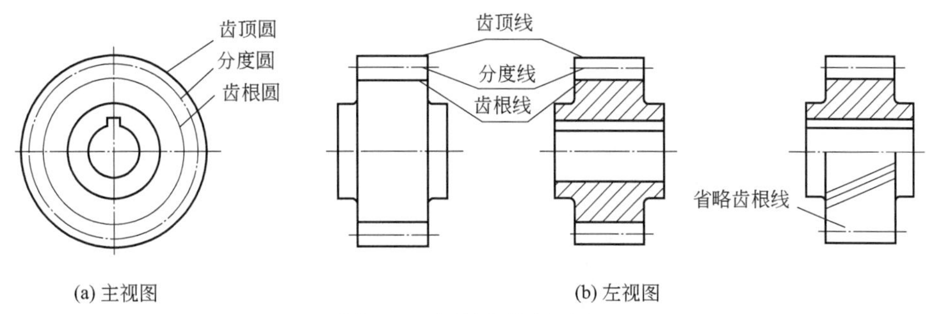

图 1-48　圆柱齿轮的画法

b. 圆柱齿轮啮合的画法。一对标准齿轮啮合，它们的模数必须相等，且两分度圆相切。

画图时，分为两部分。啮合区外按单个齿轮画法绘制；啮合区内则按如下规定绘制：在投影为圆的视图中，两个节圆（等于分度圆）相切，齿顶圆均用粗实线绘制，如图 1-49(a) 所示，也可省略不画，如图 1-49(b) 所示。

在投影为非圆的视图中，不剖时两节线重合画成粗实线；在剖开的视图中，两节线重合画成细点画线，一个齿轮的齿顶线与另一个齿轮的齿根线之间有 0.25m 的径向间隙，除从动齿轮的齿顶线用虚线绘制或省略不画外，其余齿顶、齿根线一律画成粗实线，如图 1-49(a) 所示。

若为斜齿或人字齿轮啮合时，其投影为圆的视图的画法与直齿轮啮合画法相似，投影为非圆的视图的画法如图 1-49(d) 所示。

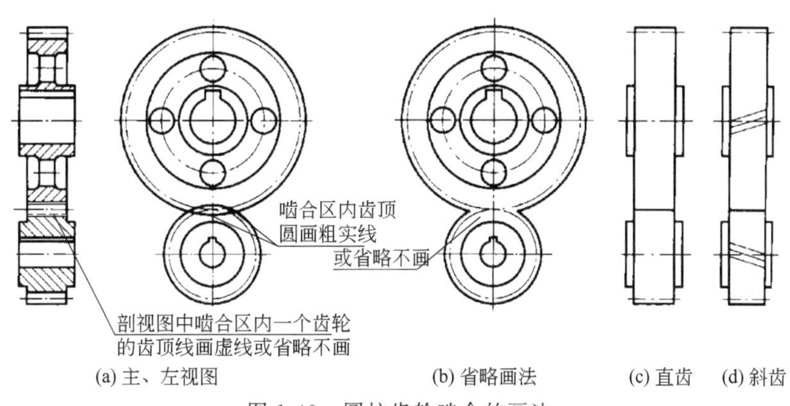

图 1-49　圆柱齿轮啮合的画法

（3）锥齿轮

锥齿轮俗称伞齿轮，用于传递两相交轴间的回转运动，其中两轴相交成直角的锥齿轮传动应用最广泛。

由于锥齿轮的轮齿位于锥面上，所以轮齿的齿厚从大端到小端逐渐变小，模数和分度圆也随之变化。为了设计和制造的方便，规定几何尺寸的计算以大端为准，因此以大端模数为标准模数来计算大端轮齿的各部分尺寸。

① 直齿锥齿轮的结构要素及各部分尺寸计算　如图 1-50 所示，由于锥齿轮的轮齿位于圆锥面上，因此，其轮齿一端大另一端小，其齿厚和齿槽宽等也随之由大到小逐渐变化，其各处的齿顶圆、齿根圆和分度圆也不相等，而是分别处于共顶的齿顶圆锥面、齿根圆锥面和分度圆锥面上。

分度圆锥面的素线与齿轮轴线间的夹角称为分锥角，用 δ 表示。从顶点沿分度圆锥面的素线至背锥面的距离称为外锥距，用 R 表示。锥齿轮的齿顶圆直径 d_a、齿根圆直径 d_f 和分度圆直径 d 是在背锥面上度量的，齿顶高 h_a、齿根高 h_f 和齿高 h 是沿素线度量的。锥齿轮的模数 m 是指大端的模数，其国家标准数值见表 1-5。锥齿轮的压力角 α 一般为 20°。

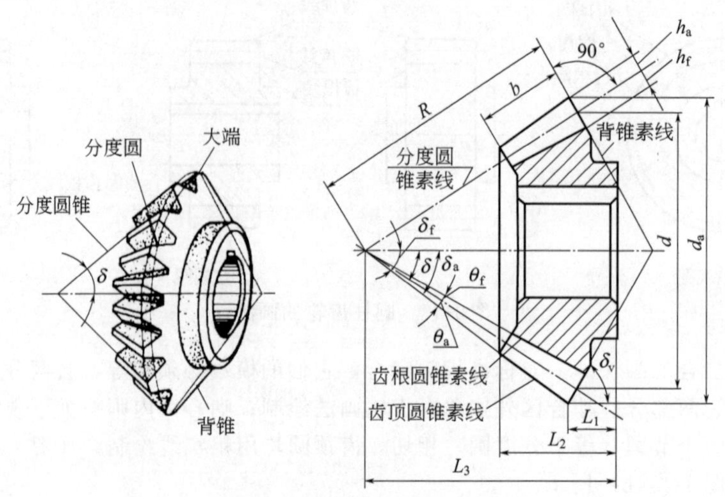

图 1-50 直齿锥齿轮的结构要素

模数 m、齿数 z、压力角 α 和分度圆锥角 δ 是直齿锥齿轮的基本参数，是决定其他尺寸依据。只有模数和齿形角均相等，且两齿轮分度圆锥角之和等于两轴线间夹角的一对直齿锥齿才能正确啮合。直齿锥齿轮的尺寸关系见表 1-7。

表 1-7 直齿锥齿轮的计算公式

基本参数：模数 m 齿数 z 压力角 α 分度圆锥角 δ			已知：$m=3.5$mm $z=25$mm $\alpha=20°$ $\delta=45°$
名称	符号	计算公式	举例计算
齿顶高	h_a	$h_a=m$	$h_a=3.5$mm
齿根高	h_f	$h_f=1.2m$	$h_f=4.2$mm
齿高	h	$h=2.2m$	$h=7.7$mm
分度圆直径	d	$d=mz$	$d=87.5$mm
齿顶圆直径	d_a	$d_a=m(z+2\cos\delta)$	$d_a=92.45$mm
齿根圆直径	d_f	$d_f=m(z-2.4\cos\delta)$	$d_f=81.55$mm
外锥距	R	$R=\frac{mz}{2\sin\delta}$	$R=61.88$mm
齿顶角	θ_a	$\tan\theta_a=\frac{2\sin\delta}{z}$	$\tan\theta_a=\frac{2\sin45°}{25}$ $\theta_a=3°14'$
齿根角	θ_f	$\tan\theta_f=\frac{2.4\sin\delta}{z}$	$\tan\theta_f=\frac{2.4\sin45°}{25}$ $\theta_f=3°53'$
分度圆锥角	δ	当 $\delta_1+\delta_2=90°$ 时，$\delta_1=90°-\delta_2$	$\delta=45°$
顶锥角	δ_a	$\delta_a=\delta+\theta_a$	$\delta_a=45°+3°14'=48°14'$
根锥角	δ_f	$\delta_f=\delta-\theta_f$	$\delta_f=45°-3°53'=41°07'$
齿宽	b	$b\leqslant R/3$	$b=20$

② 直齿锥齿轮的画法

a. 单个直齿锥齿轮的画法。单个直齿锥齿轮的画法与圆柱齿轮的画法基本相同。主视图多用全剖视图。视图中大端、小端齿顶圆用粗实线画出，大端分度圆用细点画线画出，齿根圆和小端分度圆规定不画，如图 1-51 所示。

b. 两啮合锥齿轮画法。剖视图及外形图上啮合区画法均与圆柱齿轮相似，投影为圆的视图基本上与单个锥齿轮画法一样，但被小圆锥齿轮所挡的部分图线一律不画，如图 1-52 所示。

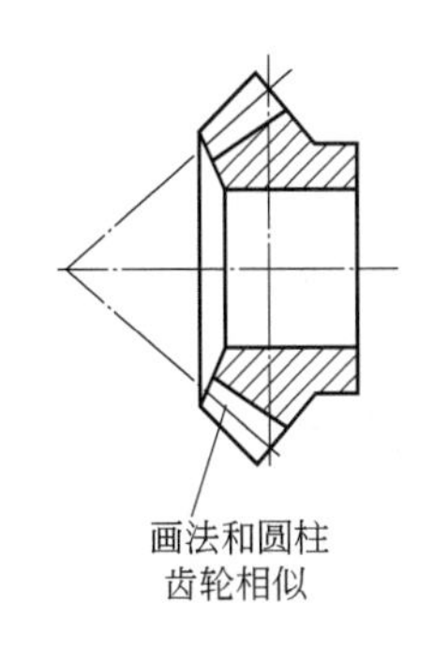

(a) 投影为非圆的视图全剖画法

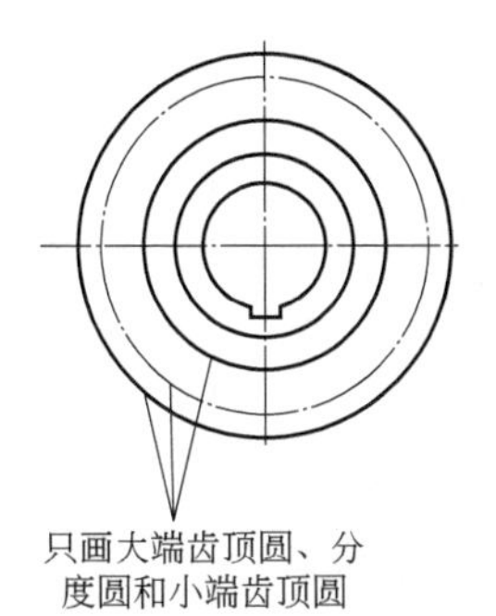

(b) 投影为圆的视图画法

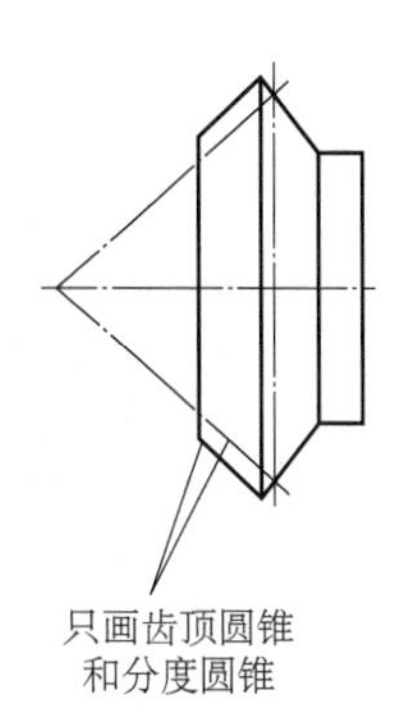

(c) 投影为非圆的视图不剖画法

图 1-51　直齿、斜齿锥齿轮的画法

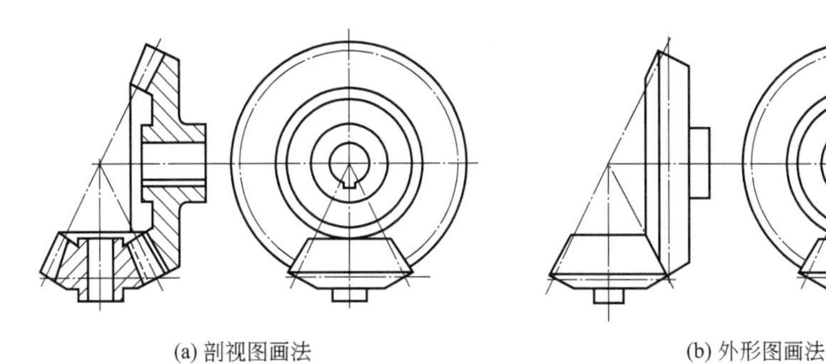

(a) 剖视图画法　　(b) 外形图画法

图 1-52　直齿锥齿轮啮合的画法

1.2.6　蜗轮与蜗杆

蜗杆、蜗轮用于两交错轴（交错角一般为直角）之间的传动。它具有结构紧凑、传动平稳、传动比大等优点，但蜗杆、蜗轮传动摩擦发热大，效率比较低。

（1）蜗杆、蜗轮的主要参数及部分尺寸计算

根据不同的齿廓曲线，普通圆柱蜗杆可分为阿基米德蜗杆（ZA 蜗杆）、渐开线蜗杆（ZI 蜗杆）、法向直廓蜗杆（ZN 蜗杆）和锥面包络蜗杆（ZK 蜗杆）等四种。GB/T 10085—2018 推荐采用 ZI 蜗杆和 ZK 蜗杆两种。

阿基米德蜗杆在轴向断面内的齿形为直线齿廓，轴向模数 m_x 为标准模数。蜗杆的齿数称为头数，相当于螺纹的线数，常用单头或双头，如图 1-53 所示为蜗轮、蜗杆结构。

蜗杆直径系数 q 是蜗杆的一个特征参数，它等于蜗杆的分度圆直径 d_1 与轴向模数 m_x 的比值，即 $q=d_1/m_x$。为了减少蜗轮加工刀具的数目，降低生产成本，国家标准在规定了蜗杆模数的同时还规定了相应的直径系数，如表 1-8 所示。

表 1-8　蜗杆的模数、直径系数

模数/mm	1	1.25	1.6	2	2.5	3.15	4	5	6.3	8	10	12.5	16	20	25
直径系数 q	18	16	12.5	9	8.96	8.889	7.875	8	7.936	7.875	7.1	7.2	7	7	7.2
		17.92	17.5	11.2	11.2	11.27	10	10	10	10	9	8.96	8.75	8	8
				14	14.2	14.286	12.5	12.6	12.698	12.5	11.2	11.2	11.25	11.2	11.2
				17.75	18	17.778	17.75	18	17.778	17.5	16	16	15.625	15.75	16

蜗轮的轮齿分布在圆环面上。蜗轮是一个在齿宽方向具有弧形轮缘的斜齿轮，其端面模数

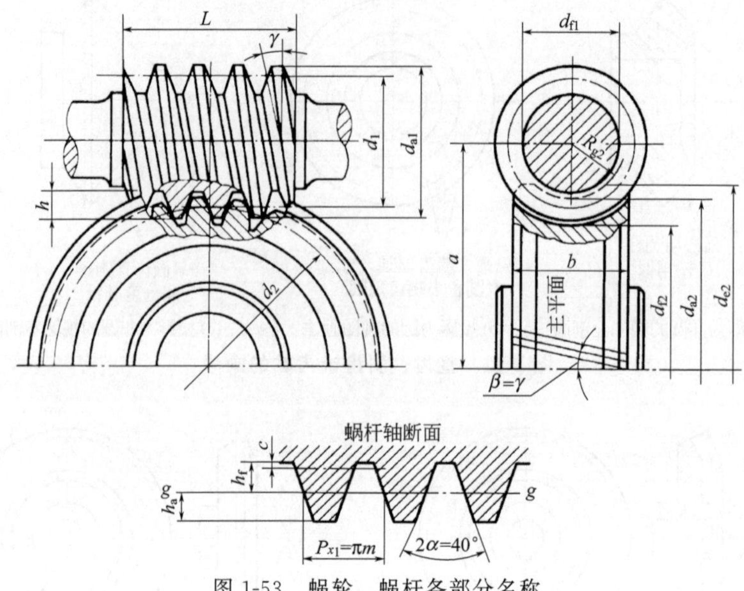

图 1-53 蜗轮、蜗杆各部分名称

m_t 为标准模数。一对互相啮合的蜗杆、蜗轮，它们的模数应相等，即 $m_x=m_t=m$（标准模数）。

根据头数 z_1、模数 m、直径系数 q、齿数 z_2，即可计算蜗杆、蜗轮各部分尺寸，如表 1-9 所示。

表 1-9 蜗杆、蜗轮各部分尺寸计算公式

名称	符号	蜗杆	蜗轮
分度圆直径	d	d_1 标准值	$d_2=mz_2$
蜗杆齿顶圆及蜗轮喉圆直径	d_a	$d_{a1}=d_1+2m$	$d_{a2}=m(z_2+2)$
齿根圆直径	d_f	$d_{f1}=d_1-2.4m$	$d_{f2}=m(z_2-2.4)$
蜗轮外圆直径	d_{e2}		$d_{e2}=m(z_2+3)$
蜗轮轮缘宽度	b_2		$b_2=(0.65\sim0.75)d_{a1}$
中心距	a	$a=\frac{1}{2}(d_1+d_2)$	
蜗杆分度圆柱上螺旋导程角	γ	$\tan\gamma=mz_1/d_1$	
蜗杆轴向齿距和蜗轮分度圆齿距	p	$p=p_{x1}=p_{t2}=\pi m$	
分度圆上齿厚	s	$s_1=0.45\pi m$	$s_2=0.45\pi m$
蜗杆螺旋部分长度	b_1	$z_1=1$、2 时 $b_1=(13\sim16)m$；$z_1=3$、4 时，$b_1=(15\sim20)m$ 磨削蜗杆加长量：当 $m<10$mm 时加长 25mm；当 $m=10\sim16$mm 时加长 35mm；当 $m>16$mm 时加长 45mm	

（2）蜗杆、蜗轮的画法

蜗杆、蜗轮的齿形部分采用国家标准规定的画法，其他部分按真实投影绘制。蜗杆的画法如图 1-54 所示，蜗轮的画法如图 1-55 所示。

蜗杆、蜗轮啮合的剖视图画法如图 1-56(a) 所示。在剖视图中，蜗杆齿顶圆用粗实线绘制，蜗轮齿顶圆被遮住部分不用绘出。在蜗轮反映圆的视图中，啮合区作局部剖视，用粗实线绘制蜗杆的齿顶圆、齿根圆和蜗轮的喉圆。蜗轮外圆、喉圆被蜗杆遮住部分不画。节圆和节线相切。

蜗杆、蜗轮啮合的不剖切画法如图 1-56(b) 所示。在蜗轮反映圆的视图中的啮合区内，蜗杆的齿顶圆和蜗轮的外圆均用粗实线绘制，齿根圆均不绘制。平行蜗轮轴线视图中，蜗轮被蜗杆遮住部分不绘制。节圆和节线相切。

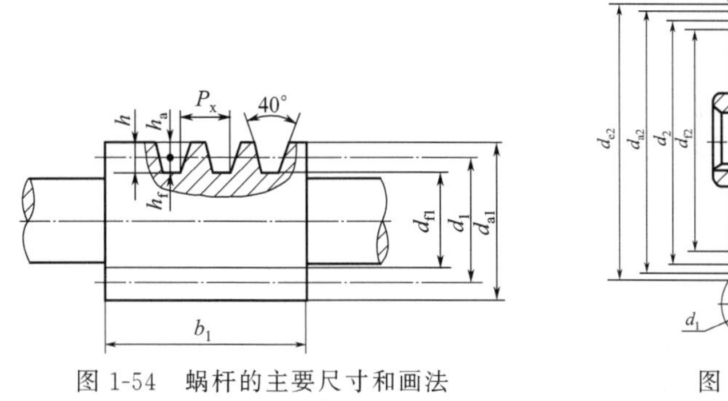

图 1-54　蜗杆的主要尺寸和画法

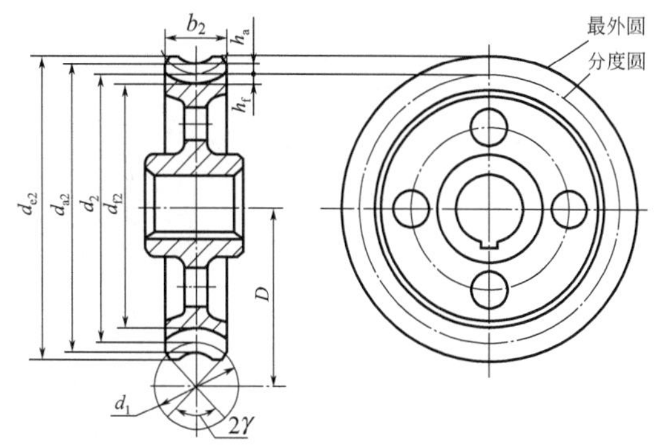

图 1-55　蜗轮的主要尺寸和画法

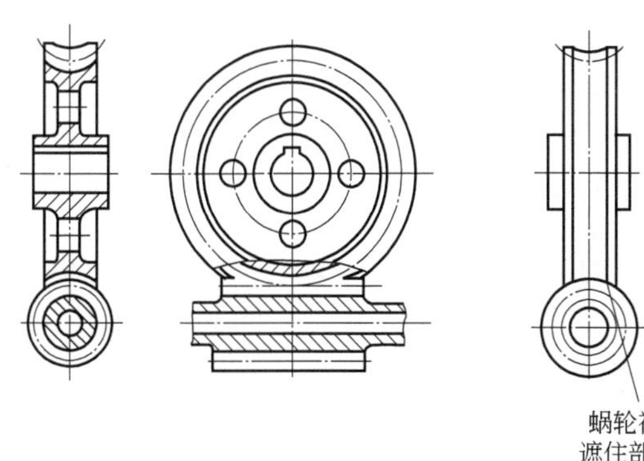

(a) 剖视图画法

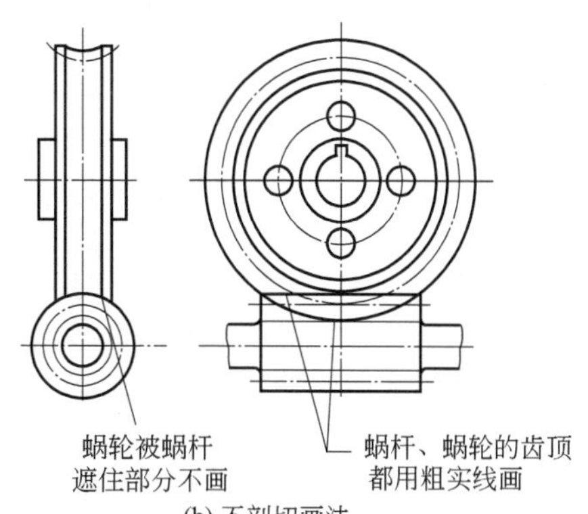

(b) 不剖切画法

图 1-56　蜗杆、蜗轮啮合的画法

1.2.7　带轮与链轮

（1）带轮

① 带传动的工作原理、类型　带传动主要由主动轮 1、从动轮 2 和紧套在两轮上的带 3 组成，如图 1-57 所示。

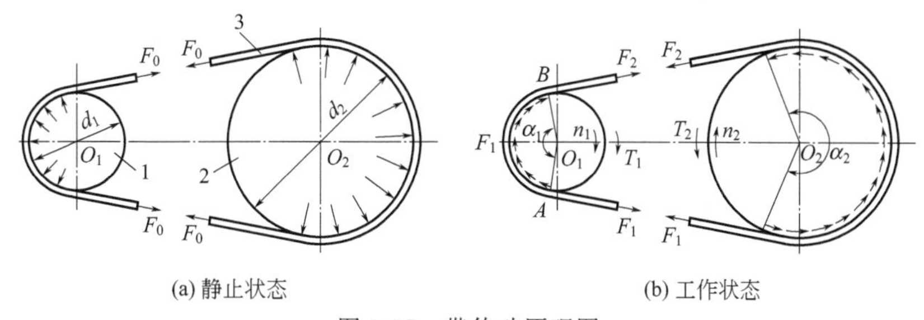

(a) 静止状态　(b) 工作状态

图 1-57　带传动原理图

安装后带被张紧，带中产生张紧力 F_0，于是在带与带轮的接触面之间产生了正压力［图 1-57(a)］。当主动轮转动时，靠带与带轮之间产生的总摩擦力 $\sum F_i$［图 1-57(b)］拖动从动轮回转传递运动和转矩。可见，带传动就是靠摩擦力进行工作的。

按带的剖面形状，传动带分为平带［图1-58(a)］、V带［图1-58(b)］、多楔带［图1-58(c)］和圆形带［图1-58(d)］，还有靠啮合进行传动的同步带［图1-58(e)］。近年来，为适应工业上的需要，又出现了窄型V带和高速环形平带等。

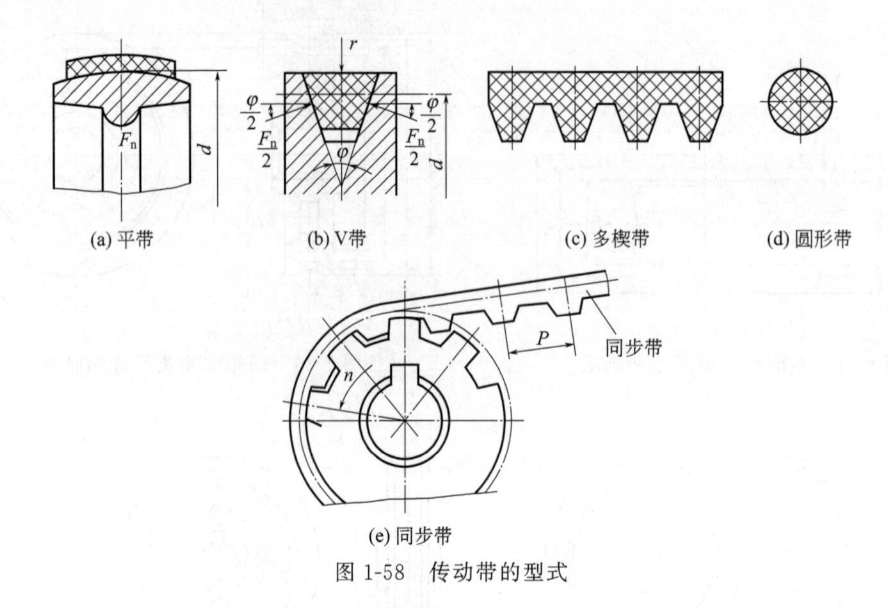

图1-58 传动带的型式

② V带轮的结构和图样 与平带传动相比，由于V带靠两侧面工作，形成楔面摩擦，其当量摩擦系数约为平带的3倍，因而在相同的传动条件下，V带传动的工作能力比平带传动的大。此外，V带传动允许较大的传动比，具有结构紧凑，传动平稳（无接头）等优点，故得到广泛的应用。

V带轮是由工作部分轮缘1、连接部分轮辐2和支承部分轮毂3组成，如图1-59所示。轮缘是带轮外圈环形部分。V带轮轮缘部分制有轮槽，其详细结构如图1-60所示，详细尺寸可参见有关设计手册。为了减少带的磨损，槽侧面的表面粗糙度不应高于$Ra1.6 \sim 3.2\mu m$。为使带轮自身惯性力尽可能平衡，高速带轮的轮缘内表面也应加工。

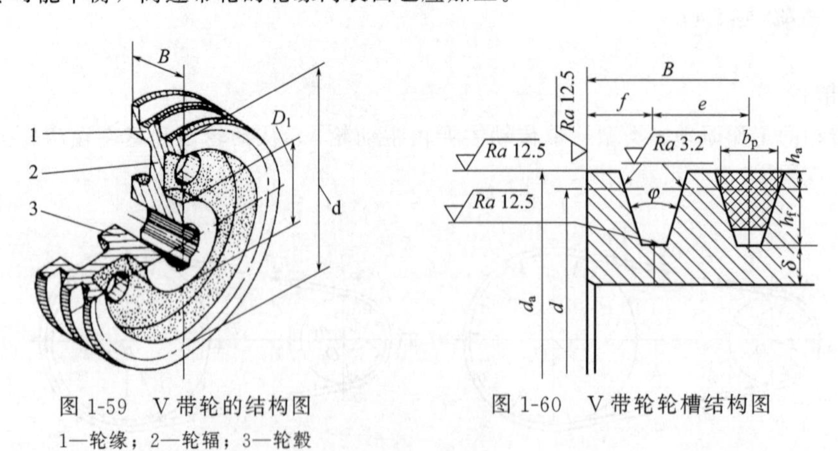

图1-59 V带轮的结构图

1—轮缘；2—轮辐；3—轮毂

图1-60 V带轮轮槽结构图

轮毂部分是带轮与轴配合的地方，其孔径必须与支承轴径相同，而外径和长度可依经验公式计算。

连接轮毂与轮缘的中间部分型式有辐板式和轮辐式两种。直径很小的带轮没有轮辐，其轮缘和轮毂成为一体，称为实心式。V带轮的典型结构见表1-10。

表 1-10 V 带轮的典型结构

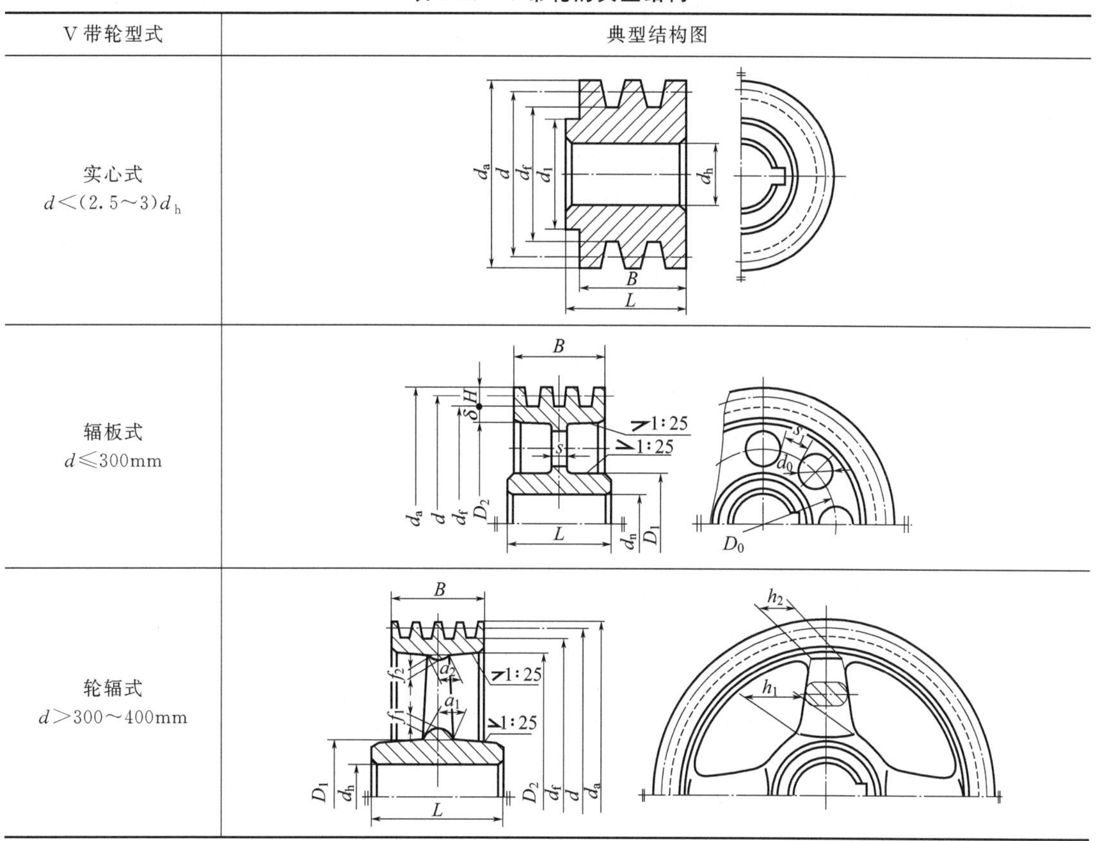

V 带轮型式	典型结构图
实心式 $d<(2.5\sim3)d_{\rm h}$	
辐板式 $d\leqslant 300$mm	
轮辐式 $d>300\sim400$mm	

③ 平带轮的结构和图样 平带轮典型结构如表 1-11 所示。

表 1-11 平带轮的典型结构

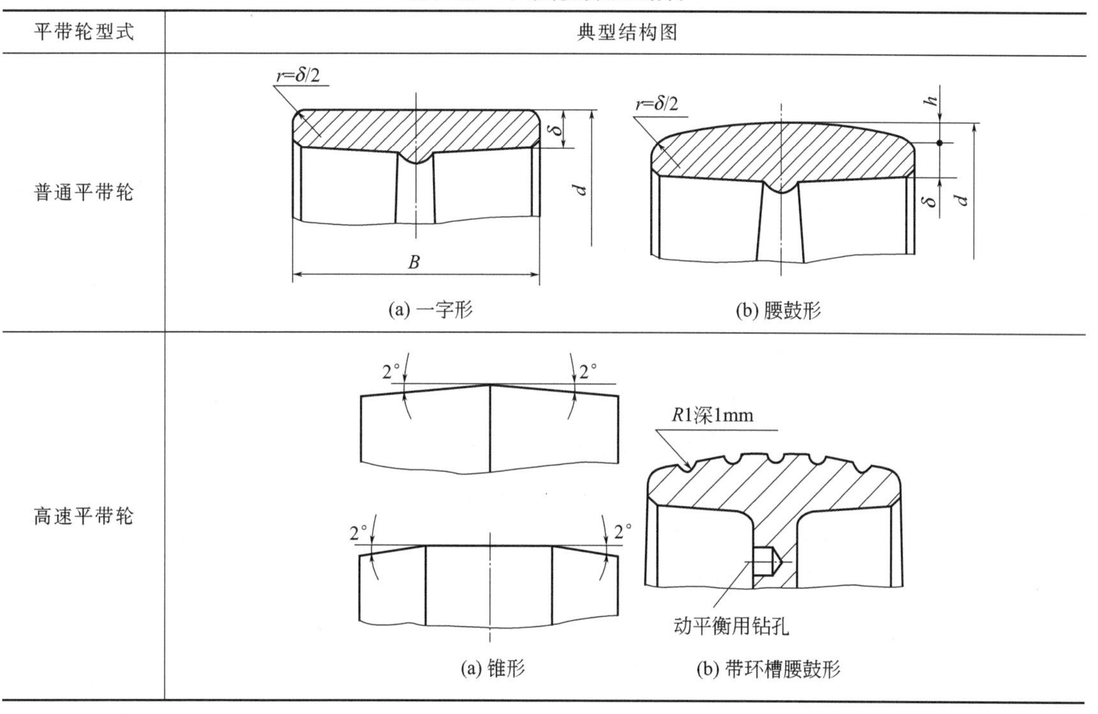

平带轮型式	典型结构图
普通平带轮	(a) 一字形 (b) 腰鼓形
高速平带轮	(a) 锥形 (b) 带环槽腰鼓形

平带轮除轮缘需适应平带传动外，其他如设计要求、材料选择、结构和轮毂尺寸以及平衡等均与 V 带轮相同。

平带轮的直径、结构形式和辐板厚度 S、轮缘尺寸可参见有关手册，为防止掉带，通常在大带轮轮缘表面制成中凸度。

高速带传动必须使带轮重量轻、质量均匀对称，运转时空气阻力小。通常都采用钢或铝合金制造。各个面都应进行加工，轮缘工作表面的表面粗糙度应为 $Ra3.2\mu m$。为防止掉带，主、从动轮轮缘表面都应制成中凸度。除薄型锦纶片复合平带的带轮外，也可将轮缘表面的两边做成 2°左右的锥度。为了防止运转时带与轮缘表面间形成气垫，轮缘表面应开环形槽，环形槽间距为 5～10mm。带轮必须按 GB11357—2020 要求进行动平衡。

④ 同步带轮的结构和图样　同步带传动属于非共轭啮合传动，几乎可以在两轴或多轴同步传递运动和动力。同步带轮的齿形一般采用渐开线齿形，并由渐开线齿形带轮刀具用范成法加工而成，因此齿形尺寸取决于其加工刀具的尺寸。也可以采用直边齿形，直边齿带轮的结构如图 1-61 所示。

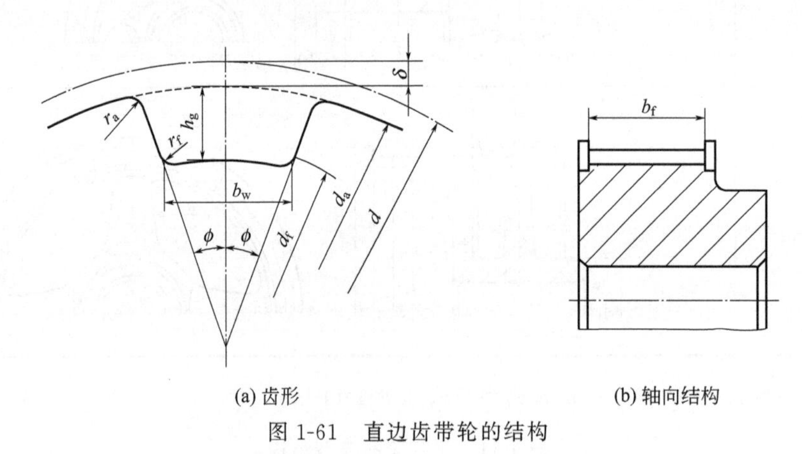

(a) 齿形　　(b) 轴向结构

图 1-61　直边齿带轮的结构

⑤ 带轮在装配图中的简化画法　在装配图中，往往采用简化画法，如图 1-62 所示，在图中可标出主动轮和从动轮的中心距。

(2) 链轮

如图 1-63 所示，链传动是以链条为中间挠性件的啮合传动。它由装在平行轴上的主、从动链轮和绕在链轮上的链条所组成，并通过链和链轮的啮合来传递运动和动力。由于它具有结构简单、传力大、传动比准确、能在较大的轴间距间传动、经济耐用、维护容易的优点，且有一定的缓冲减振作用，在国民经济各领域获得了广泛的应用。

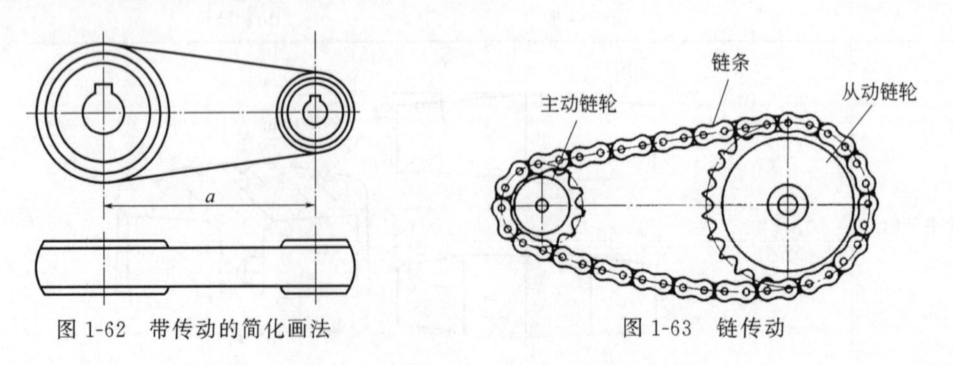

图 1-62　带传动的简化画法　　图 1-63　链传动

按用途不同，链条可分为传动链、输送链、曳引链和特种链四大类，但以用途划分链条类别并不是很严格和有明确界限的，有些链条既可作传动用，也可作输送或曳引用。

在链条的生产和应用中，短节距精密滚子链在传动中占有主要地位，传递功率可达 100kW，链速 v 在 15m/s 以下。现代先进的链传动技术已能使优质滚子链传动的功率达 5000kW，速度达 35m/s，高速齿形链的速度可达 40m/s。链传动的效率一般约为 94%～96%，用循环压力供油润滑的高精度传动效率则可达 98%。

① 链条的主要基本参数　节距是链传动的基本特性参数。通常所指的节距是滚子的公称节距，系链条相邻两个铰副理论中心之间的距离，是链传动几何计算的基本参数，根据设计功率和小链轮的转速 n_1，参照有关手册可选用适合链条的节距。所配链条的节距、滚子外径、排距、内链节内宽和内链板高度等主要基本参数与尺寸如表 1-12 所示。表中链号数乘以$\frac{25.4}{16}$（mm）即为节距值，链号的后缀字母表示系列。我国滚子链以 A 系列为主体，供设计和出口用，B 系列主要供维修与出口用。

表 1-12　链条的主要基本参数与尺寸　　单位：mm

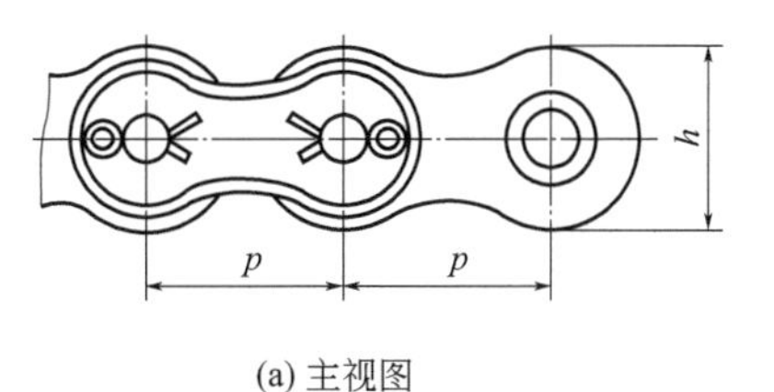

(a) 主视图

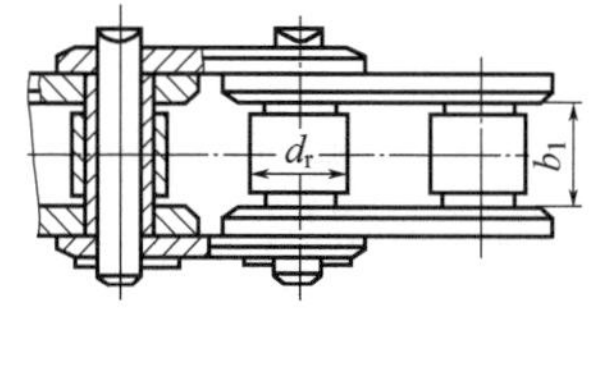

(b) 单排链俯视图

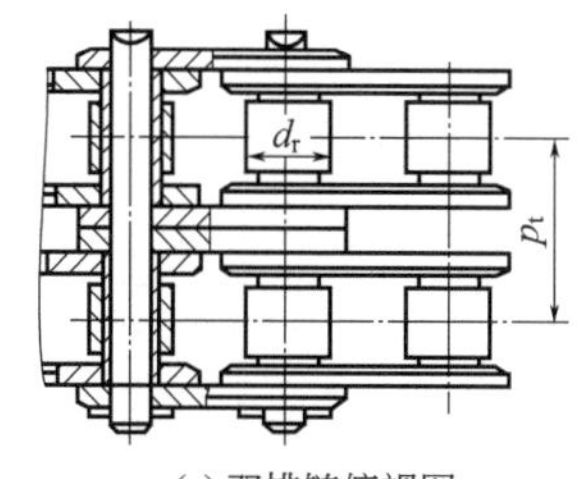

(c) 双排链俯视图

链号	08A	10A	12A	16A	20A	24A	28A	32A	40A	48A
节距 p	12.7	15.875	19.05	25.4	31.75	38.1	44.45	50.8	63.5	76.2
滚子外径 d_{rmax}	7.95	10.16	11.91	15.88	19.05	22.23	25.40	28.58	39.68	47.63
排距 p_t	14.38	18.11	22.78	29.29	35.76	45.44	48.87	58.55	71.55	87.83
内链节内宽 b_{1min}	7.85	9.40	12.57	15.75	18.90	25.22	25.22	31.55	37.85	47.35
内链板高度等 h_{max}	12.07	15.09	18.08	24.13	30.18	36.20	42.24	48.26	60.33	72.39

② 滚子链链轮的基本参数与主要尺寸　滚子链链轮的基本参数与主要尺寸如表 1-13 所示。

表 1-13　滚子链链轮的基本参数与主要尺寸（摘自 GB 1244—1985）　　单位：mm

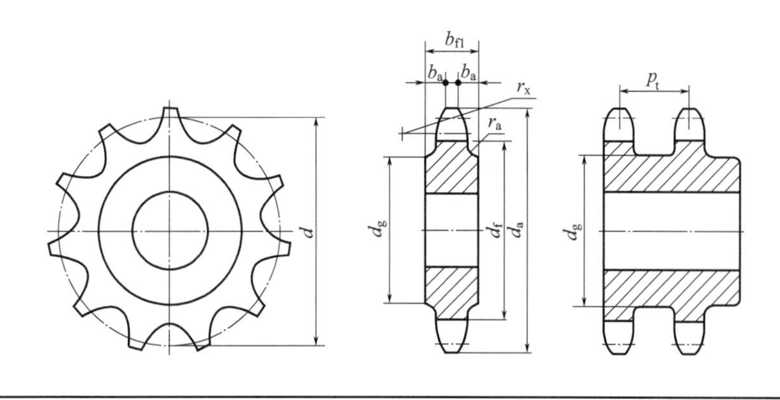

续表

<table>
<tr><th colspan="3">名称</th><th>符号</th><th colspan="4">计算</th></tr>
<tr><td rowspan="3">基本参数</td><td colspan="2">小链轮齿数</td><td>z_1</td><td colspan="4">小链轮齿数 $z_1 \geqslant z_{\min}, z_{\min}=9$
应参照链速和传动比选取，推荐：$z_1 \approx 29-2i$
<table><tr><td>链速
$v/(\mathrm{m/s})$</td><td>0.6～3</td><td>>3～8</td><td>>8</td></tr><tr><td>z_1</td><td>15～17</td><td>19～21</td><td>23～25</td></tr></table>齿数应优先选用以下数列：17、19、21、23、25</td></tr>
<tr><td colspan="2">传动比</td><td>i</td><td colspan="4">$$i=\frac{n_1}{n_2}=\frac{z_2}{z_1}$$
式中 n_1、n_2——小、大链轮的转速，r/min
通常 $i \leqslant 7$，推荐 $i=2 \sim 3.5$，当 $v<2\mathrm{m/s}$ 且载荷平稳时，i 可达 10</td></tr>
<tr><td colspan="2">大链轮齿数</td><td>z_2</td><td colspan="4">$z_2=z_1 i$，通常 $z_2 \leqslant 120$</td></tr>
<tr><td rowspan="10">主要尺寸</td><td colspan="2">分度圆直径</td><td>d</td><td colspan="4">$$d=\frac{p}{\sin\frac{180^\circ}{z}}$$
式中 p——链条节距，mm；
z——链轮齿数</td></tr>
<tr><td colspan="2">齿顶圆直径</td><td>d_a</td><td colspan="4">$d_{\mathrm{amax}}=d+1.25p-d_r$，$d_{\mathrm{amin}}=d+\left(1-\frac{1.6}{z}\right)p-d_r$。$d_r$ 为链条滚子外径，单位 mm
d_a 可在 d_{amax} 与 d_{amin} 范围内选取，但当选用 d_{amax} 时，注意用展成法加工时有发生顶切
对于三圆弧一直线齿形，则：$d_a=p\left(0.54+\cot\frac{180^\circ}{z}\right)$</td></tr>
<tr><td colspan="2">齿根圆直径</td><td>d_f</td><td colspan="4">$d_f=d-d_r$</td></tr>
<tr><td colspan="2">齿侧凸缘直径</td><td>d_g</td><td colspan="4">$d_g<p\cot\frac{180^\circ}{z}-1.04h-0.76$，$h$ 为内链板高度，mm</td></tr>
<tr><td rowspan="3">齿宽</td><td>单排</td><td rowspan="3">b_{f1}</td><td rowspan="3">$p \leqslant 12.7$ 时</td><td>$0.93b_1$</td><td rowspan="3">$p>12.7$ 时</td><td>$0.95b_1$</td></tr>
<tr><td>双、三排</td><td>$0.91b_1$</td><td>$0.93b_1$</td></tr>
<tr><td>四排以上</td><td>$0.88b_1$</td><td>$0.93b_1$</td></tr>
<tr><td colspan="2">倒角宽</td><td>b_a</td><td colspan="4">$b_a=(0.1 \sim 0.15)p$</td></tr>
<tr><td colspan="2">倒角半径</td><td>r_x</td><td colspan="4">$r_x \geqslant p$</td></tr>
<tr><td colspan="2">圆角半径</td><td>r_a</td><td colspan="4">$r_a \approx 0.04p$</td></tr>
</table>

注：d_a、d_g 计算值舍小数取整，其他尺寸精确到 0.01mm。

第2章　机械图样的识读

2.1　机械图样的基本识读方法

2.1.1　零件图

零件图是设计人员根据机器或部件对零件提出的要求而提供给生产部门的技术文件，是制造和检验零件的主要依据，是设计、生产和维修过程中的重要技术资料。从零件的毛坯制造、机械加工工艺路线的制订、毛坯图和工序图的绘制、工装夹具和量具的设计、加工、检验、装配等，都要根据零件图来进行。图 2-1 所示为调节挡块零件图。

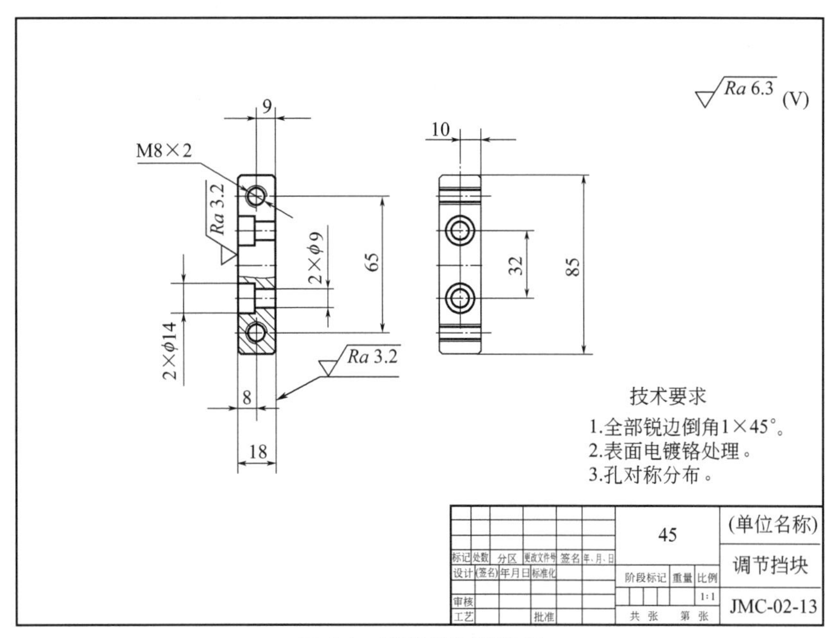

图 2-1　调节挡块零件图

（1）零件图的内容

零件图是直接指导生产、制造和产品检验的图样。一张完整的零件图（图 2-1）通常应有以下一些内容。

① 图形：用一组基本视图、剖视图、断面图及其他规定画法，正确、完整、清晰地表达零件的各部分形状和结构。

② 尺寸：用一组尺寸正确、完整、清晰、合理地标注零件制造、检验时的全部尺寸。

③ 技术要求：用符号和文字标注或说明零件制造、检验、装配、调整过程中要达到的一些技术要求。如表面粗糙度、尺寸公差、形状和位置公差、热处理要求等。

④ 标题栏：用标题栏说明零件的名称、材料、数量、比例、签名和日期等内容。

（2）零件图中的技术要求

在零件图上，除了用视图表达出零件的结构形状和用尺寸标明零件的各组成部分的大小及位置关系外，通常还标注有相关的技术要求。

零件图上的技术要求一般有以下几个方面的内容：零件的极限与配合要求；零件的形状和位置公差；零件上各表面的粗糙度；对零件材料的要求和说明；零件的热处理、表面处理和表面修饰的说明；零件的特殊加工、检查、试验及其他必要的说明；零件上某些结构的统一要求，如圆角、倒角尺寸等。

技术要求中，凡已有规定代号、符号的，用代号、符号直接标注在图上，无规定代号、符号的，则可用文字或数字说明，书写在零件图的右下角标题栏的上方或左方适当空白处，如图 2-2 所示，在零件加工之前和加工过程中必须仔细阅读、理解零件图中的各项技术要求。

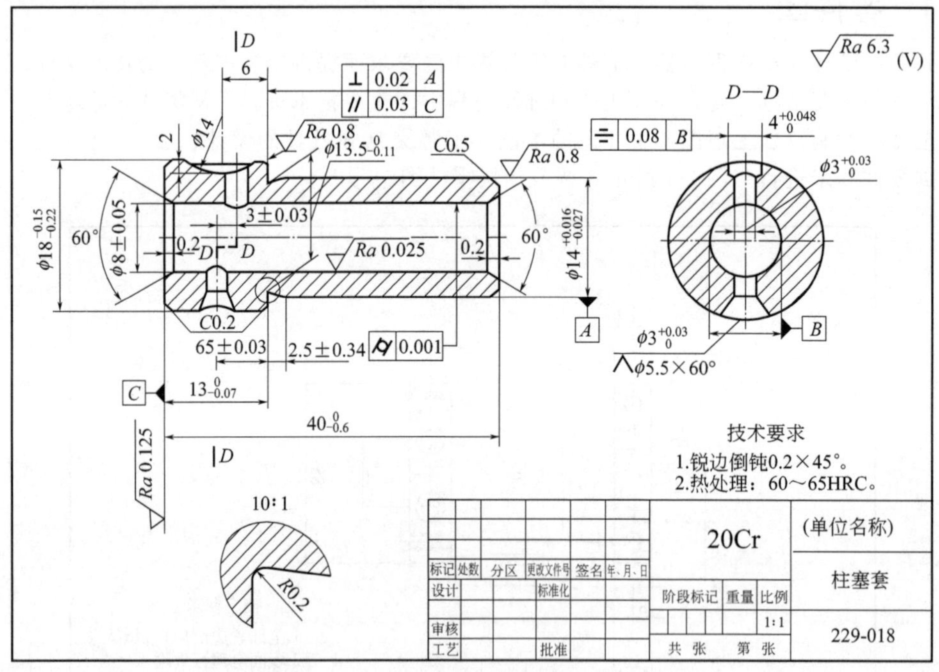

图 2-2 零件图的内容

（3）识读零件图的基本步骤

从事机械工程各种专业工作的技术人员和技术工人，必须具备看零件图的能力。要看懂一张零件图，不仅要看懂零件的视图，想象出零件的形状，还要分析零件的结构、尺寸和技术要求的内容，然后才能确定加工方法、工序以及测量和检验方法。

① 看标题栏 从标题栏里可以了解零件的名称、材料、比例和重量等，从这些内容就可以大致了解零件的所属类型和作用，以及零件的加工方法等，对该零件有个初步的认识。如图 2-2 所示，该零件是柱塞套，为柴油机零件，用以安装、固定柱塞，材料是 20Cr，为低碳合金钢。

② 分析表达方案 读零件图时，首先要从主视图入手，然后看用多少个基本视图和辅助视图来表达，以及它们之间的投影关系，从而对每个视图的作用和所用表达方法及目的大体有所了解。如剖视图的剖切位置，局部视图、斜视图箭头所指的投影方向等，都明显地表达了绘图者的

意图。

如图2-2所示，该零件采用了两个基本视图和一个局部放大视图。主视图采用全剖视图，表达了轴向通孔、头部侧向孔的结构以及相互之间的连通情况。左视图是一个阶梯剖视图，表达了两侧向孔在径向的位置和孔的结构。局部放大图表达了台阶根部圆弧 $R0.2$ 的结构。

③ 分析形体和结构　读懂零件的内、外结构形状，是读零件图的重要环节。从基本视图出发，分成几个较大的独立部分进行形体分析，结合分析这些结构的功能作用，可以加深对零件结构形状的进一步了解。对于那些不便于进行形体分析的部分，根据投影关系进行线面分析。最后想象出零件各部分的结构形状和它们的相对位置。

从图2-2可以看出，柱塞套主要由两级台阶外圆、轴向通孔和两个轴线不在同一条直线上的侧向孔组成。

④ 分析尺寸和技术要求　通过对零件的尺寸结构分析，了解在长度、宽度和高度方向的主要尺寸基准，找出零件的功能尺寸；根据对零件的形体分析，了解零件各部分的定形、定位尺寸，以及零件的总体尺寸。读图时还可以阅读与该零件有关的其他零件图、装配图和技术资料，以便进一步理解所标注的表面粗糙度、尺寸公差、形状和位置公差等技术要求的意图。

零件图上的技术要求是合格零件的质量指标，在生产过程中须严格遵守。看图时一定要把零件的表面粗糙度、尺寸公差、形位公差以及其他技术要求仔细分析才能制定出合理的加工方法。

由图2-2可知，该零件总长为 $40_{-0.6}^{0}$，最大直径为 $\phi18_{-0.22}^{-0.15}$，以左端面为长度基准 C，以内孔（$\phi8\pm0.05$）为径向基准 A，表面粗糙度为 $Ra0.8\mu m$ 台阶面与左端面有0.03mm的平行度要求，与内孔有0.02mm的垂直度要求。基准孔 $\phi8\pm0.05$ 的表面粗糙度为 $Ra0.025\mu m$，其本身有0.001mm的圆柱度要求，基准面 C 的表面粗糙度 $Ra0.125\mu m$，$\phi14_{-0.027}^{-0.016}$ 外圆的表面粗糙度为 $Ra0.8\mu m$。两级外圆的公差分别为0.07mm和0.011mm。在 $\phi18_{-0.22}^{-0.15}$ 头部有轴线相互错开的 $\phi3_{0}^{+0.03}$ 的小孔，小孔的外端一头铣有 $4_{0}^{+0.048}$ 宽的圆弧槽，另一小孔的外端锪60°沉孔。内孔 $\phi8\pm0.05$ 的两端60°倒角，作为磨削时的顶尖孔用。

⑤ 综合归纳　必须把零件的结构形状、尺寸和技术要求综合起来考虑，把握零件的特点，以便在制造、加工时采取相应的措施，保证零件的设计要求。如发现错误或不合理的地方，要协同有关部门及时解决，使产品不断改进。

2.1.2 装配图

任何机器或部件都是由若干零件按一定的技术要求装配而成的。表达整台机器或部件的工作原理、装配关系、连接方式及结构形状的图样称为装配图。装配图既表达了产品结构和设计思想，又是生产中装配、检验、调试和维修的技术依据和准则。

表示一台完整机器的装配图称为总装配图，表示机器中某个部件的装配图称为部件装配图。

（1）装配图的作用与内容

① 装配图的作用　装配图主要有以下的作用：

a. 用来表达机器或部件的工作原理、零件间装配和连接关系，主要零件的形状、结构，以及装配体在装配、安装、检验、使用等环节的技术要求等。

b. 在新产品的设计过程中，通常先设计并画出装配图，然后根据装配图拆画出零件图。而对比较复杂的装配体和零件，一般在零件图设计完成后，再将设计好的零件图拼接成最终装配图。

c. 在生产过程中，根据拆画出的零件图制造零件，再依据装配图将零件装配成机器或部件。

d. 在使用过程中，装配图可帮助使用者了解机器或部件的结构特点，为安装、检验和维修提供技术资料。

如图2-3为铣刀头的装配图。

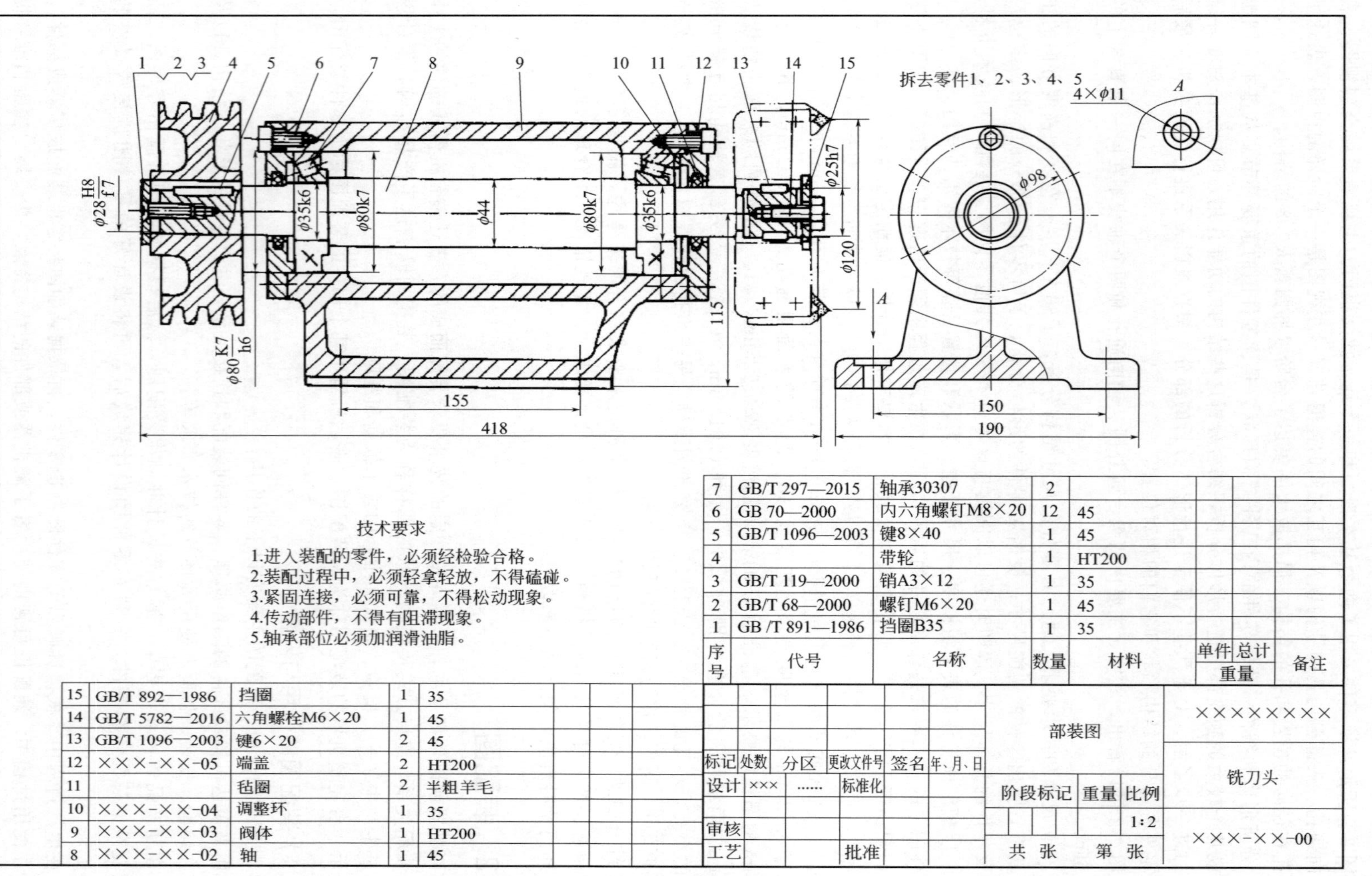

1
2 3
4
5
6
7
8
9
10
11
12
13
14
15
拆去零件1、2、3、4、5
4×ϕ11
A
ϕ28 H8/f7
ϕ35k6
ϕ80k7
ϕ44
ϕ80k7
ϕ35k6
ϕ25h7
ϕ98
ϕ120
A
115
ϕ80 K7/h6
155
418
150
190
技术要求
1.进入装配的零件，必须经检验合格。
2.装配过程中，必须轻拿轻放，不得磕碰。
3.紧固连接，必须可靠，不得松动现象。
4.传动部件，不得有阻滞现象。
5.轴承部位必须加润滑油脂。
7 GB/T 297—2015 轴承30307 2
6 GB 70—2000 内六角螺钉M8×20 12 45
5 GB/T 1096—2003 键8×40 1 45
4 带轮 1 HT200
3 GB/T 119—2000 销A3×12 1 35
2 GB/T 68—2000 螺钉M6×20 1 45
1 GB /T 891—1986 挡圈B35 1 35
序号 代号 名称 数量 材料 单件 总计 重量 备注
15 GB/T 892—1986 挡圈 1 35
14 GB/T 5782—2016 六角螺栓M6×20 1 45
13 GB/T 1096—2003 键6×20 2 45
12 ×××-××-05 端盖 2 HT200
11 毡圈 2 半粗羊毛
10 ×××-××-04 调整环 1 35
9 ×××-××-03 阀体 1 HT200
8 ×××-××-02 轴 1 45
标记 处数 分区 更改文件号 签名 年、月、日
设计 ××× …… 标准化
审核
工艺 批准
部装图
阶段标记 重量 比例
1:2
共 张 第 张
××××××××
铣刀头
×××-××-00

图 2-3 铣刀头装配图

② 装配图的内容　从图 2-3 中可看出，一张完整的装配图包含如下几方面内容：

a. 一组图形。表示各零件之间的相互位置、连接方式、装配关系，以及主要零件基本结构、形状，能够根据视图分析机器或部件的运动情况、工作原理和装拆顺序等。

b. 必要尺寸。在装配图中要标注与机器或部件规格、性能及装配、安装等有关的尺寸。

c. 技术要求。用文字或符号说明机器或部件的装配、调试、验收和使用要求等。

d. 零件序号、明细栏、标题栏。用以表明零件的序号、名称、数量、材料等信息。

（2）装配图的规定画法

装配图和零件图一样，应按技术制图国家标准规定，将装配体的内外结构和形状表达清楚，技术制图国家标准中有关机件的视图、剖视图、断面图等的表达方法都适用于装配图。但两种图样的作用不同，所表达的侧重点也就不同。因此，技术制图国家标准对装配图的画法另有相应的规定。

① 剖面线的画法　在装配图中，两个相邻零件的剖面线方向应相反，如果两个以上零件相邻时，可改变第三个零件剖面线的间隔或使剖面线错开，如图 2-3 所示。同一零件在各剖视图和断面图中剖面线倾斜方向和间隔均应一致，例如图 2-3 中零件 4 在主视图和剖视图中的剖面线方向和间隔都是相同的。利用剖面线的相同或不同，可以从装配图中区分出不同零件。

② 标准件及实心件的画法　在装配图中，对于一些标准件（如螺母、螺栓、键、销等）及实心杆件（如轴、球、拉杆等），若剖切平面通过其轴线（或对称线）剖切这些零件时，则这些零件按不剖绘制。如图 2-3 中零件 8 按不剖绘制，只画外形。如这些零件的某些结构如凹槽、键槽、销孔等需要表达时，可用局部剖视画出，如图 2-3 中零件 8 为了表达螺钉孔的结构，采用了局部剖视图。

③ 零件接触面与配合面的画法　在装配图中，两个零件的接触表面和配合表面只画一条线，而不接触表面或非配合表面，无论间隙大小，都应画成两条线。如图 2-3 中零件 14 螺栓与零件 15 挡圈的孔壁为非接触面，应画两条。

（3）部件的特殊表达方法

① 拆卸画法　当零件在某一视图中遮住了其他需要表达的部分时，可假想沿零件的结合面剖切或假想将某些零件拆卸后再画出该视图，这种方法称为拆卸画法。需要说明时，在相应视图上方应加标注“拆去××”，如图 2-3 中的左视图，是拆去了零件 1、2、3、4、5 后的视图。

② 单个零件的表达方法　在装配图中，当某个零件的形状未表达清楚而对理解装配关系、工作原理等有影响时，允许单独画出该零件的某个视图（或剖视图、断面图等），但必须进行标注。如图 2-3 中，用剖视图画出了零件 9，主要表明其上 4 个安装孔的形状和尺寸。

③ 夸大画法　有些薄垫片、微小间隙、小锥度等，按其实际尺寸画出不能表达清楚其结构时，允许把尺寸适当加大后画出，如图 2-3 中的零件 6 内六角螺钉与零件 12 端盖孔之间的间隙，采用了夸大画法。

④ 假想画法　为了表示运动零件的运动范围或极限位置时，可先画出它们的一个极限位置，其余的极限位置可用双点画线画出。如图 2-4 中所示为摇把的极限位置。

有时，为了表达与本装配体有装配关系又不属于本装配体的其他相邻零部件时，也可用双点画线将其他零部件主要轮廓画出，铣刀头装配图中的铣刀盘如图 2-3 所示。

⑤ 简化画法　装配图中若干装配关系相同的零件组，如螺栓、螺钉等，允许较详细地画出一处或几处，其余只要画出中心线位置即可，例如图 2-3 中只画出一个螺钉，其余给出了位置。

在装配图中，零件的工艺结构如小圆角、倒角、退刀槽等，允许省略不画，例如图 2-3 中多处用直角代替了倒角。

在剖视图中，表示滚动轴承时，允许画出对称图形的一半，另一半画出其轮廓，并画出垂直相交的两条线，如图 2-3 中所示。

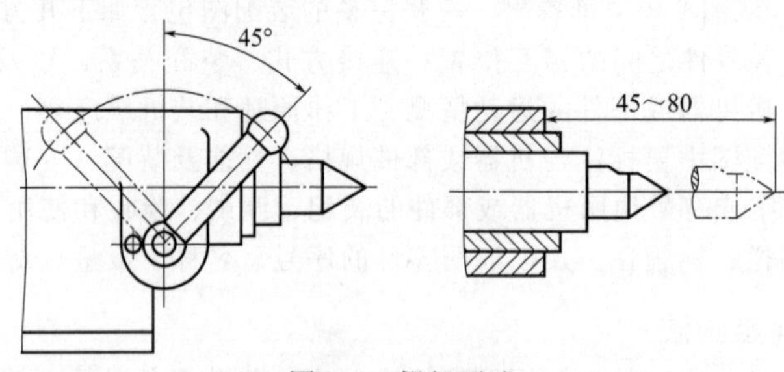

图 2-4 假想画法

(4) 装配图的标注

装配图中只标注与部件或装配体的性能（规格）、装配、检验、安装及使用等有关的尺寸。

① 性能尺寸（规格尺寸） 它用以表明装配体的性能或规格的尺寸称为性能尺寸。这些尺寸在设计时就已确定，这也是设计机器、了解机器的性能、工作原理、装配关系等的依据。如图 2-3 所示 ϕ120 就属于规格尺寸。

② 装配尺寸

a. 配合尺寸。它是表示两个零件之间配合性质的尺寸，如图 2-3 中的“ϕ28H8/f7”“ϕ80K7/h6”。

b. 相对位置尺寸。它表示装配机器和拆画零件图时，需要保证的零件间相对位置的尺寸。如图 2-3 中的“115”为相对位置尺寸。

③ 外形尺寸 它是表示机器或部件外形轮廓的尺寸，即总长、总宽、总高。这些尺寸是机器或部件包装、运输以及厂房设计和安装机器时都需要考虑的外形尺寸。

④ 安装尺寸 机器或部件安装在基础上或与其他机器（或部件）相连接时所需要的尺寸是安装尺寸。如图 2-3 所示主视图中“155”和左视图中“150”，属于安装尺寸。

⑤ 其他重要尺寸 它是在设计中经过计算确定或选定的尺寸，但又未包括在上述几类尺寸之中。如图 2-3 中尺寸“ϕ44”就属于这种尺寸。

必须指出，以上五类尺寸，每张装配图上并不一定都具备，而且有时同一尺寸有几种含义，应根据实际情况具体分析。

(5) 零件序号与零件明细表

装配图上对每种零件或部件都必须编注序号，并填写明细栏，以便统计零件数量，进行生产的准备工作。同时，在看装配图时，也可根据零件序号查阅明细栏，以了解零件的名称、材料和数量等。这有利于看图和图样管理。

① 零件序号的编写（GB/T 4458.2—2003） 为了图样的统一，国家标准对装配图中零件序号的编写作了如下规定：

a. 装配图中每一种零件或组件都要进行编号。形状、尺寸完全相同的零件只编一个序号，数量填写在明细栏中。同一标准的组件如滚动轴承、电机等也只编一个序号。

b. 序号应尽可能注写在反映装配关系最清楚的视图上。应从所指部分的可见轮廓内用细实线向外画出指引线，且可在指引线的引出端画一小圆点，如图 2-5 所示。若视图中所指部位很薄或剖面涂黑不宜画小圆点时，可在指引线的引出端画出箭头，指向该部分的轮廓，如图 2-6 所示。

c. 编号的形式通常有三种，如图 2-7 所示。但在同一张装配图中编号的形式应一致。

d. 在指引线的水平线（细实线）上或圆（细实线）内注写序号，序号字高比该装配图中所注尺寸数字高度大一号或二号，如图 2-8 所示，并按顺时针或逆时针方向，顺序整齐地排列在水平线或垂直线上。

e. 装配关系清楚的紧固件组，可以采用公共指引线，如图 2-8 所示。

f. 指引线应尽可能分布均匀，不可彼此相交。当通过有剖面线的区域时，不应与剖面线平行。必要时，指引线可以画成折线，但只可曲折一次。

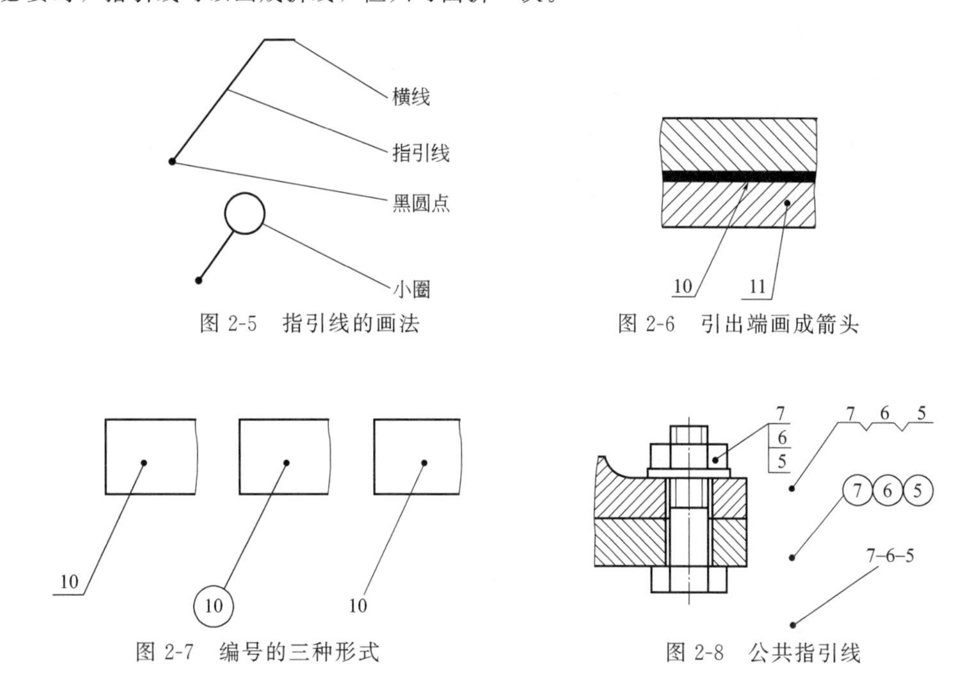

图 2-5 指引线的画法

图 2-6 引出端画成箭头

图 2-7 编号的三种形式

图 2-8 公共指引线

g. 零件序号的编制方法。一般有两种编制零件序号的方法：一种是一般件和标准件混合在一起编制，如图 2-3 所示的铣刀头装配图；另一种是只将一般件编号填入明细栏中，而将标准件直接在图上标注出规格、数量和图标代号或另列专门表格标注。前者称为隶属编号法，后者称为分类编号法。

② 装配图明细表的填写 如图 2-3 所示，装配图的明细表位于标题栏上方，外框为粗实线，内格及最上面外框为细实线。假如明细表的栏数较多，可再折行在标题栏的左方。明细表中，零件序号编写顺序是自下而上，以便增加零件时，可继续向上画格。在实际生产中，明细表也可不画在装配图内，而在单独的零件明细表中按零件分类和一定格式填写。

标准件应填写其型式规格和标准代号，有些零件的重要参数（如齿轮的齿数、模数等），可填入备注栏内。

（6）装配图中的技术要求

对机器或部件的技术要求，不宜在图形中表达时，可在图样上用附注的形式表示，一般有下列内容：

① 有关装配体的密封和润滑以及不便在图上标明的间隙等方面的要求。

② 有关试验和检验的方法及要求。

③ 产品性能及涂饰、安装、使用、维护、包装、运输等方面的要求。

（7）装配图中轴承的画法

① 滚动轴承的结构、分类和代号 轴承是一种支承旋转轴的组件。根据轴承的摩擦性质不同，分为滑动轴承和滚动轴承两大类。滚动轴承是标准件，由于它具有摩擦力小、结构紧凑、功率消耗小等优点，已被广泛运用在机器、仪表等多种产品中。

滚动轴承的种类很多，按照轴承所承载的外载荷不同，滚动轴承可以概括地分为向心轴承、推力轴承和向心推力轴承三大类。其基本结构如图 2-9 所示，一般是由外圈、内圈、滚动体和保持架组成。外圈装在机座的孔内，内圈套在轴上，在大多数情况下外圈固定不动而内圈随轴转动。

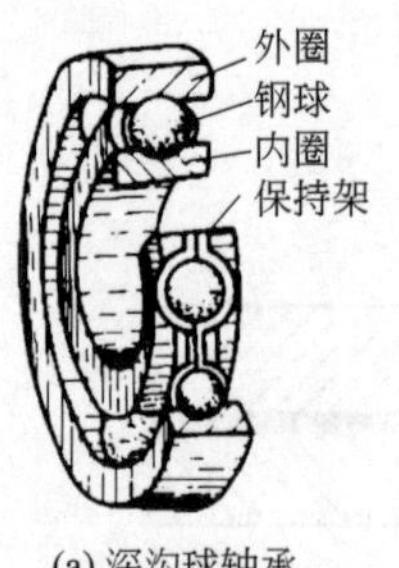

(a) 深沟球轴承

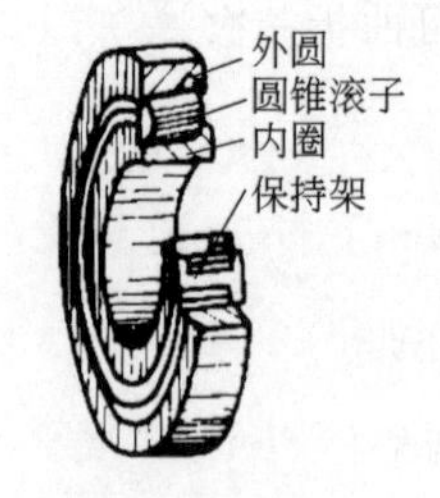

(b) 单列圆锥滚子轴承

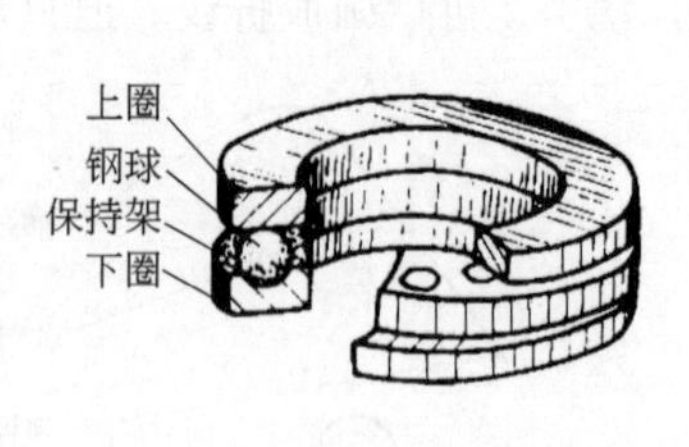

(c) 平面推力球轴承

图 2-9 滚动轴承的结构

② 滚动轴承代号的构成 滚动轴承的类型很多，在各个类型中又可以做成不同的结构、尺寸、精度等级，以便适应不同的使用要求。为统一表征各类轴承的特点，便于组织生产和选用，滚动轴承采用代号表示。滚动轴承代号由基本代号、前置代号和后置代号构成，其排列顺序如下：

前置代号 基本代号 后置代号

前置代号用字母表示。后置代号用字母（或加数字）表示。前置、后置代号是轴承在结构形状、尺寸、公差、技术要求等有改变时，在其基本代号左右添加的代号。各代号的含义可查阅有关标准。

基本代号是轴承代号的基础。滚动轴承（滚针轴承除外）基本代号由轴承类型代号、尺寸系列代号和内径代号构成。轴承类型代号用阿拉伯数字或大写拉丁字母表示，尺寸系列代号由轴承的宽（高）度系列代号和直径系列代号组合而成，用数字表示。

内径代号用两位数字来表示轴承内径，从“04”及以上时用这组数字乘以5，即为轴承内径的尺寸。在“04”以下时，标准规定：00表示 $d=10$mm、01表示 $d=12$mm、02表示 $d=15$mm、03表示 $d=17$mm。其内含和标注见GB/T 272—2017 滚动轴承代号方法。

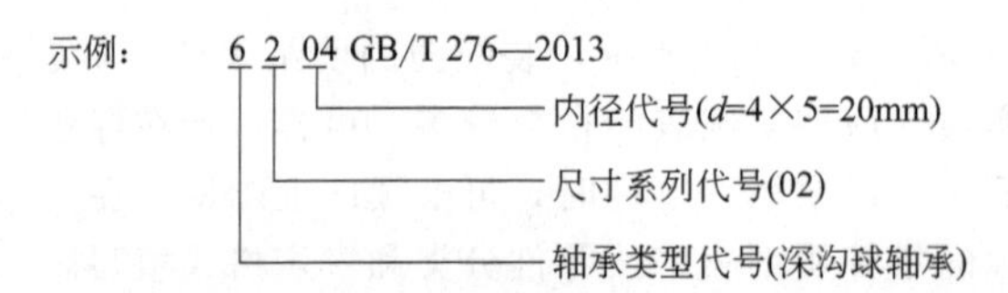

③ 滚动轴承的画法 滚动轴承是标准件，由专门工厂生产，使用单位一般不必画出其组件图。在装配图中，可根据国标规定采用通用画法、特征画法及规定画法，其具体画法如下。

a. 根据轴承代号在画图前查标准，确定外径 D、内径 d、宽度 B。

b. 用简化画法绘制滚动轴承时，滚动轴承剖视图外轮廓按实际尺寸绘制，而轮廓内可用通用画法或特征画法绘制（见表2-1）。在同一图样中一般只采用其中一种画法。

表 2-1 常用滚动轴承的画法

种类	深沟球轴承	圆锥滚动轴承	推力球轴承
由手册查出数据	A、D、d、B	A、D、d、B、T、C	A、D、d、T
规定画法 通用画法			

续表

种类	深沟球轴承	圆锥滚动轴承	推力球轴承
特征画法	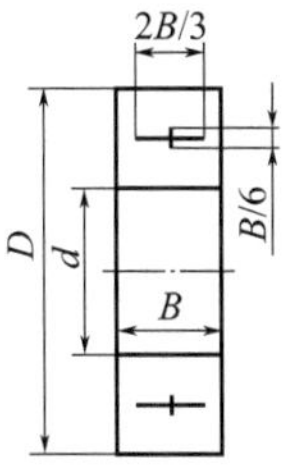 2B/3　B/6　D　d　B	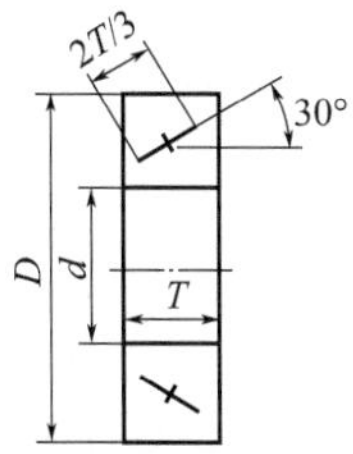 2T/3　30°　D　d　T	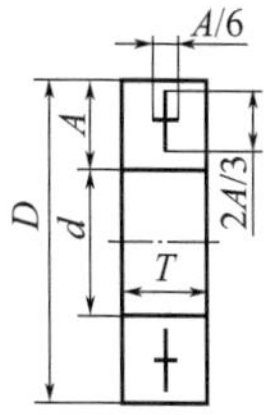 A/6　A　2A/3　D　d　T

c. 在装配图中，只需简单表达滚动轴承的主要结构时，可采用特征画法画出；需详细表达滚动轴承的主要结构时，可采用规定画法。当滚动轴承一侧采用规定画法时，另一侧用通用画法画出。

d. 在装配图中，根据（GB/T 4459.7—2017 中的基本规定，表示滚动轴承的各种符号、矩形线框和轮廓线均用粗实线绘制，矩形线框或外形轮廓的大小应与它的外形尺寸一致。用规定画法绘制剖视图时，轴承的滚动体不画剖面线，其各套圈等可画成方向和间隔相同的剖面线，在不致引起误解时，也可省略不画。滚动轴承的保持架及倒角可省略不画。

（8）识读装配图的一般方法与步骤

在生产工作中，经常要看装配图。例如在装配机器时，要按照装配图来安装零件和部件，在设计过程中要按照装配图来设计零件，在技术交流时，需要参阅装配图来了解具体结构等。

看装配图的目的是搞清该机器（或部件）的性能、工作原理、装配关系以及各零件的主要结构。通常是按照下述四个阶段来进行的。

① 概括了解　由标题栏了解此部件的名称、大致用途及体积大小；由明细表了解零件数目，估计部件的复杂程度。

② 分析视图　了解图上各基本视图、剖视图、剖面图的相互关系及表达意图，为下阶段深入看图作准备。

③ 分析工作原理及传动方式　一般通过图纸直接分析，产品比较复杂时，需要参考产品说明书。首先要从分析机器的传动入手。

在分析过程中要做到正确地区分开不同零件，除了运用已有的结构知识之外，还要利用前文所述的制图的一些规定。最常用到的有以下几方面：

a. 利用剖面线的方向和密度来区分。例如同一零件的剖面线，在各个视图上的方向相同、间隔相等；相邻的两个零件的剖面线方向相反，或者方向一致、间隔不等。

b. 利用装配图的规定画法和特殊表达方法来区分。

c. 利用零件编号来区分。

④ 分析零件间的装配关系、深入了解部件的结构，了解零件的主要结构形状和用途　上述三个阶段的分析是比较粗略的，这一阶段则要求进行深入细致的看图。在看图时，要根据前面三个阶段中对机器的了解，按照每一条装配线，弄清楚它的装配关系。

a. 运动关系。弄清运动如何传递；哪些零件运动，哪些不动；运动的形式是什么（转动、移动、摆动、往复……）等。

b. 配合关系。凡是配合的零件，都要弄清配合种类、松紧程度、精度要求等。一般可根据图上所注的公差配合符号来判别。

c. 连接和固定。各零件之间是用什么方式连接和固定的。

d. 定位与调整。弄清零件上何处是定位表面，哪些面与其他零件接触，哪些地方需要调整，用什么方法来调整等。

e. 密封和润滑方式。弄清部件上哪些地方有密封，用什么形式。各个运动部件是怎样润滑的，如何加油，结构上有无放油孔等。

f. 装拆顺序。在设计时要考虑装配和拆卸是否方便。

这六方面的内容，相互之间有着密切的联系，所以在实际看图过程中不是截然分开，而是综合进行的。

经过以上的分析以后，大部分零件的形状可以判别清楚了。在分析过程中，除了运用前面分析得到的结构知识之外，还要运用投影分析。当然，因装配图主要是表达装配关系，所以复杂零件的各部分形状不可能全都表达出来。对已有的机器，需要参照零件图来解决。对新设计的产品，则在拆画零件图时，通过进一步设计来确定。

2.2 公差与配合

2.2.1 互换性

什么叫互换性？从日常生活中就可以找到回答。例如：规格相同的任何一个灯泡和灯头，不管它们分别由哪一个工厂制成，都可以装在一起；自行车和汽车的零件坏了，可以迅速买个新的换上，并且在装配时，能很好地满足使用要求。之所以能这样方便，就是因为灯泡、灯头、自行车和汽车的零件都具有互换性。

一批同样零件中的任意一个零件，都能不经任何钳工修配或辅助加工而装到机器上去，且能很好地满足质量要求，这种性质叫作互换性。

发展互换性生产，对于提高生产水平有很大意义。这样，一台机器上的各个零件可以同时分别加工；有些用得极多的零件，如螺钉、螺母、滚动轴承、活塞、车轮等，还可由专门工厂集中生产。由于产品单一、数量多、分工细，可以采用高生产率的专用设备。这样，产量和质量就必然会得到提高，成本也会显著降低。所以，在工业生产中，提高产品的互换性，具有极其重要的意义。

2.2.2 公差

怎样才能保证制成的零件具有互换性？由于在实际生产中，零件的尺寸是不可能做到绝对精确的，零件在加工过程中，不可避免地会产生各种误差。要想把同一规格一批零件的几何参数做得完全一致是不可能的。实际上，那样做也没有必要。只要把几何参数的误差控制在一定的范围内，就能满足互换性的要求。

(1) 公差的基本术语

① 孔和轴　孔主要指圆柱形的内表面，也包括非圆柱形内表面（由两个平行平面或切面形成的包容面）。轴主要指圆柱形的外表面，也包括非圆柱形外表面（由两个平行平面或切面形成的被包容面）。

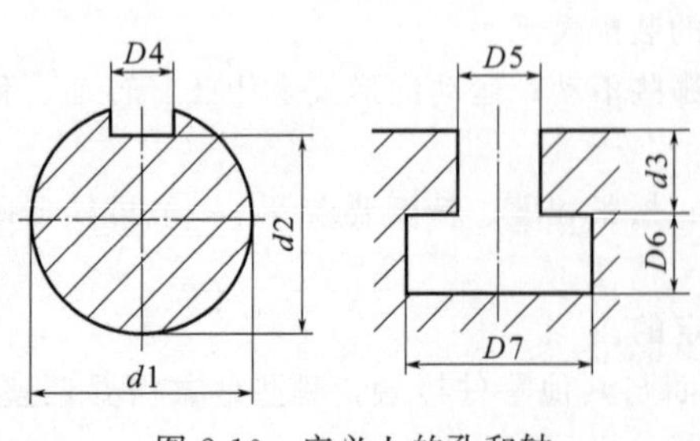

图 2-10　广义上的孔和轴

如在图 2-10 所示零件的各内表面上，由 $D4$、$D5$、$D6$、$D7$ 各单一尺寸所确定的部分都称为孔，各外表面上，由 $d1$、$d2$、$d3$ 各单一尺寸所确定的部分都称为轴。

② 基本尺寸（D、d）　设计给定的尺寸称为基本尺寸。零件的基本尺寸是根据使用要求，通过计算或根据试验和经验来确定的，一般应尽量选用标准直径或标准长度。

③ 实际尺寸（D_a、d_a）　通过测量获得的尺寸称为实际尺寸。由于存在测量误差，实际尺寸并非尺寸的真值，同时由于工件存在形状误差，所以同一表面不同部位的实际尺寸也不相等。

④ 极限尺寸　允许实际尺寸变化的两个界限值称为极限尺寸。其中较大的一个尺寸，称为最大极限尺寸，较小的一个称为最小极限尺寸。零件的实际尺寸只要在这两个尺寸之间即为合格。

孔的最大极限尺寸用 D_{max} 表示，孔的最小极限尺寸用 D_{min} 表示；轴的最大极限尺寸用 d_{max} 表示，轴的最小极限尺寸用 d_{min} 表示。

⑤ 尺寸偏差和极限偏差　某一尺寸（实际尺寸、极限尺寸）减去基本尺寸所得的代数差称为偏差。其中极限偏差包括上偏差和下偏差。

上偏差＝最大极限尺寸－基本尺寸

下偏差＝最小极限尺寸－基本尺寸

国家标准规定：孔的上偏差用 ES 表示，孔的下偏差用 EI 表示；轴的上偏差用 es 表示，轴的下偏差用 ei 表示，如图 2-11 所示。用计算式表示如下：

对于孔　$ES=D_{max}-D$　　$EI=D_{min}-D$

对于轴　$es=d_{max}-d$　　$ei=d_{min}-d$

由于极限尺寸可以大于、小于或等于其基本尺寸，故偏差可以为正值、负值或零。

⑥ 尺寸公差　尺寸允许的变动量，称为尺寸公差，简称公差。孔的公差用 T_h 表示，轴的公差用 T_s 表示，由图 2-11 可知：

孔公差　$T_h=D_{max}-D_{min}=ES-EI$

轴公差　$T_s=d_{max}-d_{min}=es-ei$

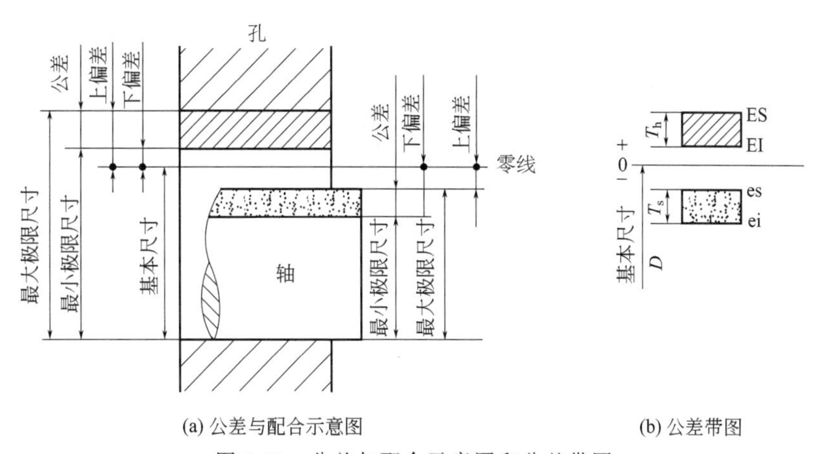

(a) 公差与配合示意图　　(b) 公差带图

图 2-11　公差与配合示意图和公差带图

（2）公差带图

从图 2-11 中可见，由于公差的数值比基本尺寸的数值小得多，不便用同一比例表示。显然，图中的公差部分被放大了。如果只为了表明尺寸、极限偏差及公差之间的关系，可以不必画出孔与轴的全形，可采用简单明了的公差带图表示，如图 2-11(b) 所示。公差带图由零线和公差带两部分组成。

① 零线　在公差带图中，确定偏差的一条基准直线称为零线。它是基本尺寸所指的线，是偏差的起始线。零线上方表示正偏差，零线下方表示负偏差。在画公差带图时，注上相应的符号“0”“＋”和“－”号，在其下方画上带单箭头的尺寸线并注上基本尺寸值。

② 尺寸公差带　在公差带图中，由代表上、下偏差的两条直线所限定的区域称为尺寸公差带（简称公差带）。通常孔公差带用斜线填充，轴公差带用网点或空白填充。公差带在垂直零线

方向的宽度代表公差值，上面线表示上偏差，下面线表示下偏差。公差带沿零线方向的长度可适当选取。公差带图中，尺寸单位为毫米（mm），偏差及公差的单位也可用微米（μm）表示，单位省略不写。

③ 基本偏差　基本偏差是指用以确定公差带相对于零线位置的上偏差或下偏差。国家标准规定，以靠近零线的那个极限偏差作为基本偏差。以图2-12孔公差带为例，当公差带完全在零线上方或正好在零线上方时，其下偏差（EI）为基本偏差；当公差带完全在零线下方或正好在零线下方时，其上偏差（ES）为基本偏差；而当公差带对称地分布在零线上时，其上、下偏差中的任何一个都可作为基本偏差。

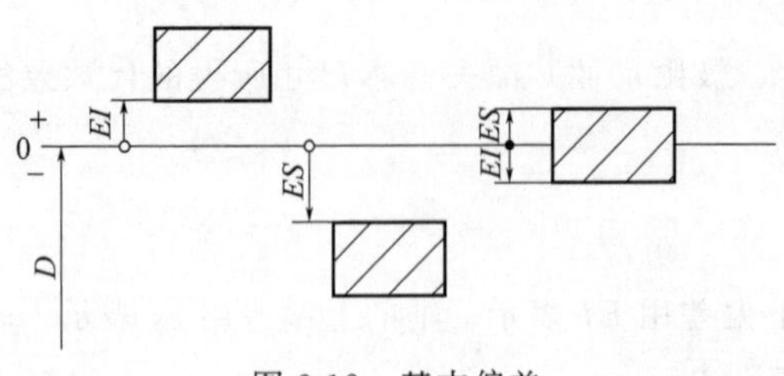

图2-12　基本偏差

基本偏差是用来确定公差带相对于零线的位置的。不同的公差带位置与基准件将形成不同的配合。基本偏差的数量将决定配合种类的数量。为了满足各种不同松紧程度的配合需要，同时尽量减少配合种类，以利于互换，国家标准对孔和轴分别规定了28种基本偏差，分别用拉丁字母表示，其中孔用大写字母表示，轴用小写字母表示。28种基本偏差代号，由26个拉丁字母中去掉了5个易与其他参数相混淆的字母I、L、O、Q、W（i、l、o、q、w）后剩下的21个字母加上7个双写字母CD、EF、FG、JS、ZA、ZB、ZC（cd、ef、fg、js、za、zb、zc）组成，如图2-13所示。

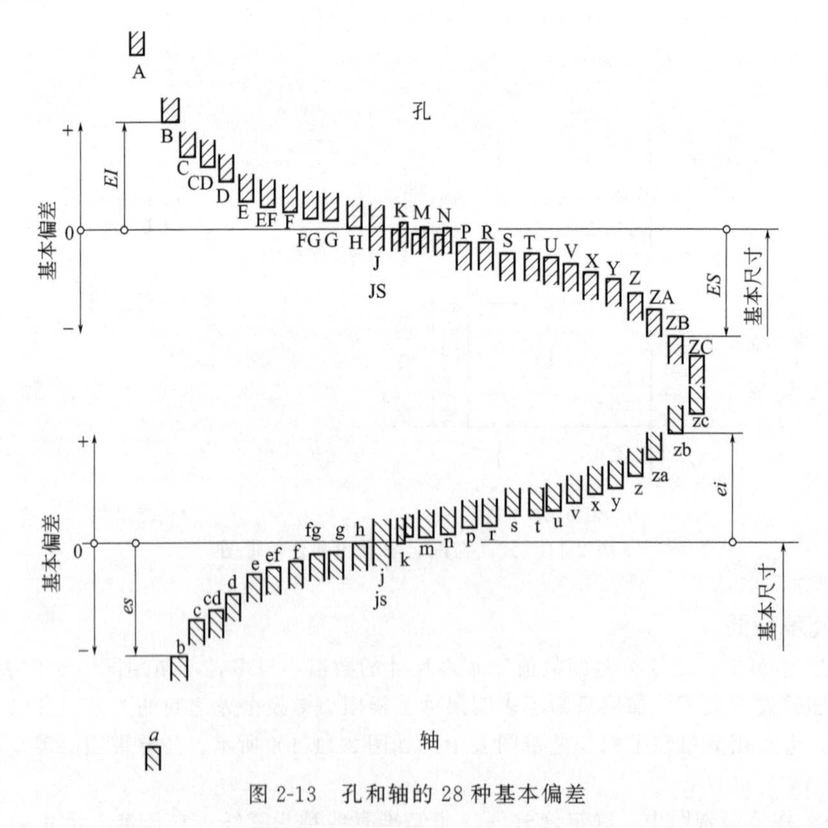

图2-13　孔和轴的28种基本偏差

④ 公差等级　确定尺寸精确程度的等级称为公差等级。规定和划分公差等级的目的，是为了简化和统一公差的要求，使规定的等级既能满足不同的使用要求，又能大致代表各种加工方法的精度，为零件设计和制造带来极大的方便。

公称尺寸3～150mm内时，国标规定标准公差分为20个等级，用IT01、IT0、IT1、

IT2、……、IT18来表示。等级依次降低，标准公差值依次增大。

（3）尺寸公差在零件图中的注法

在零件图中标注尺寸公差有三种形式：标注公差带代号，标注极限偏差值，同时标注公差带代号和极限偏差值。这三种标注形式可根据具体需要选用。

① 标注公差带代号，如图2-14所示　公差带代号由基本偏差代号和标准公差等级代号组成，注在基本尺寸的右边，代号字体与尺寸数字字体的高度相同。这种注法一般用于大批量生产，用专用量具检验零件的尺寸。

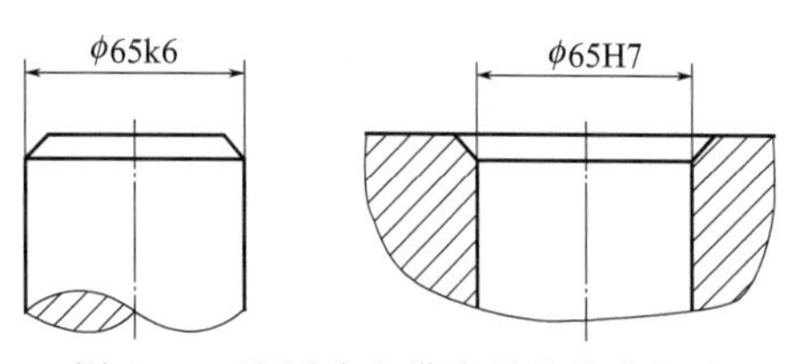

图2-14　注写公差带代号的公差注法

② 标注极限偏差值　上偏差注在基本尺寸的右上方，下偏差与基本尺寸注在同一底线上，上、下偏差的数字的字号应比基本尺寸数字的字号小一号，小数点必须对齐，小数点后的位数也必须相同。当某一偏差为零时，用数字“0”标出，并与上偏差或下偏差的小数点前的个位数对齐，如图2-15(a)所示。这种注法用于小量或单件生产。

当上、下偏差相同时，偏差值只需注一次，并在偏差值与基本尺寸之间注出“±”符号，偏差值的字体高度与尺寸数字的字体高度相同，如图2-15(b)所示。

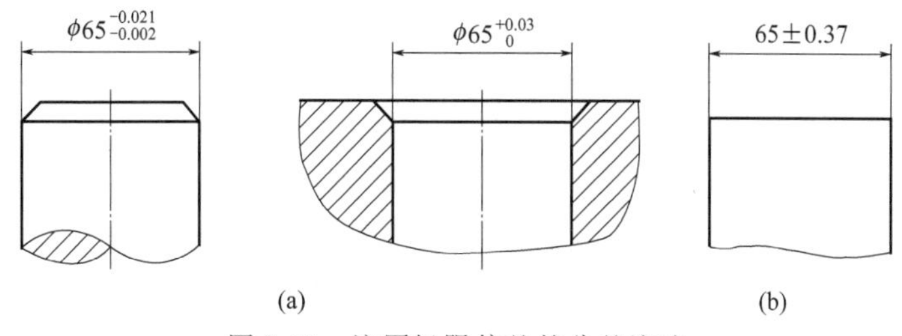

图2-15　注写极限偏差的公差注法

③ 公差带代号和极限偏差值一起标注，如图2-16所示。偏差值注在尺寸公差带代号之后，并加圆括号。这种做法在设计中便于审图，所以使用较多。

（4）线性尺寸公差的附加符号注法

① 当尺寸仅需要限制单方向的极限时，应在该极限尺寸的右边加注符号“max”或“min”，如图2-17所示。

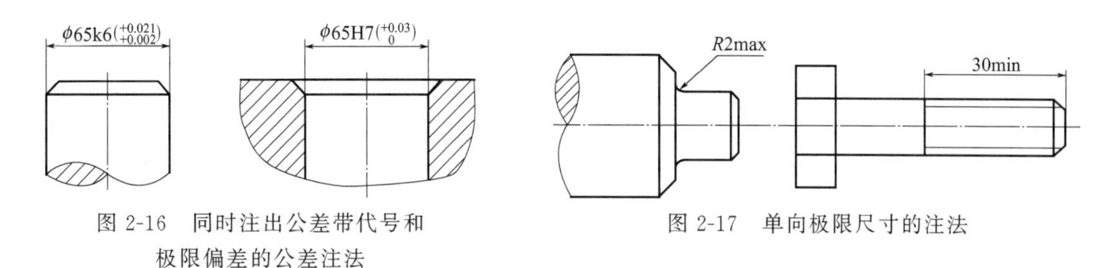

图2-16　同时注出公差带代号和极限偏差的公差注法

图2-17　单向极限尺寸的注法

② 同一基本尺寸的表面，若有不同的公差时，应用细实线分开，并按规定的形式分别标注其公差，如图2-18所示。

（5）角度公差的标注

如图2-19，其基本规则与线性尺寸公差的标注方法大致相同。

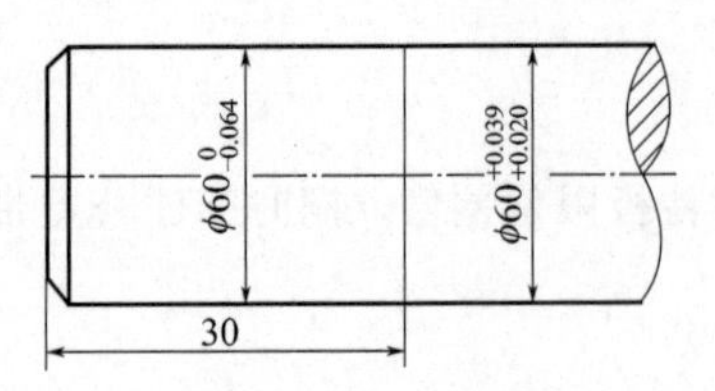

图 2-18 同一基本尺寸的表面有不同公差要求的注法

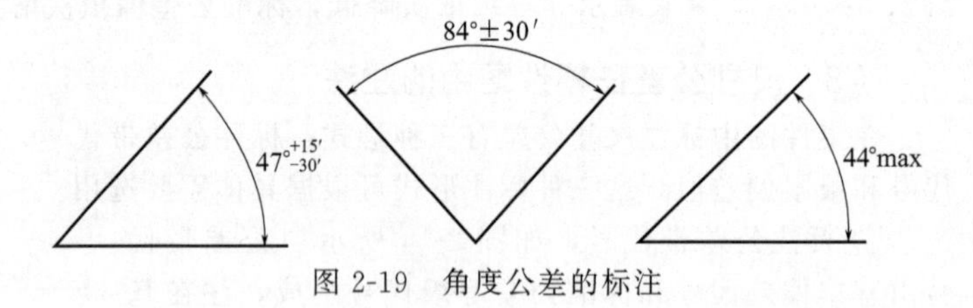

图 2-19 角度公差的标注

2.2.3 配合

配合是指基本尺寸相同，相互结合的孔、轴公差带之间的关系。

在孔与轴的配合中，孔的尺寸减去轴的尺寸所得的代数差，当差值为正时叫作间隙（X），当差值为负时叫作过盈（Y）。

（1）配合的种类

根据孔、轴公差带之间的关系，配合分为三大类，即间隙配合、过盈配合和过渡配合。

① 间隙配合　间隙配合是指孔的公差带位于轴的公差带之上，具有间隙（包括最小间隙为零）的配合，如图 2-20 所示。

② 过盈配合　过盈配合是指孔的公差带位于轴的公差带之下，具有过盈（包括最小过盈为零）的配合，如图 2-21 所示。

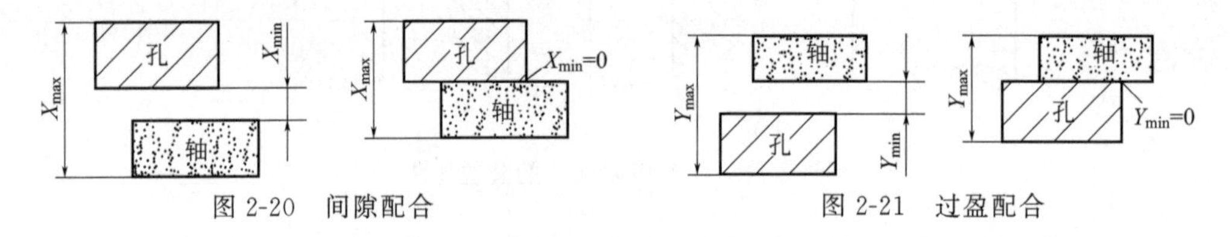

图 2-20 间隙配合　　图 2-21 过盈配合

③ 过渡配合　过渡配合是指孔的公差带与轴的公差带相互交叠，可能具有间隙或过盈的配合，如图 2-22 所示。它是介于间隙配合与过盈配合之间的一类配合，但其间隙或过盈都不大。

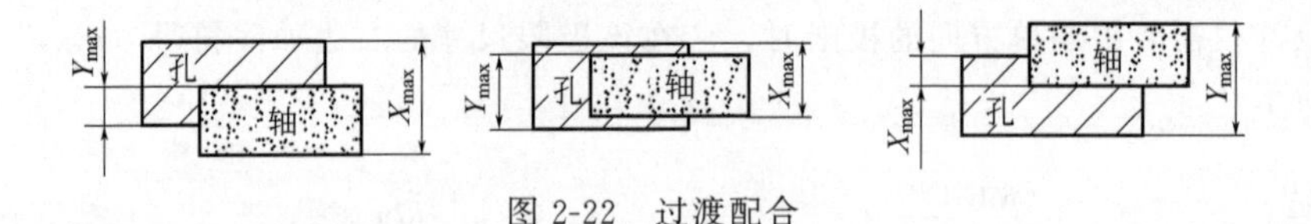

图 2-22 过渡配合

（2）基准制

基准制是指以两个相配合的零件中的一个零件为基准件，并选定标准公差带，而改变另一个零件（非基准件）的公差带位置，从而形成各种配合的一种制度。国家标准中规定了两种平行的基准制：基孔制和基轴制。

① 基孔制　基本偏差为一定的孔的公差带与不同基本偏差的轴的公差带形成各种配合的一种制度，称为基孔制，如图 2-23(a) 所示。

基孔制配合中的孔称为基准孔，它是配合的基准件，而轴为非基准件。标准规定，基准孔以下偏差 EI 为基本偏差，其数值为零，上偏差为正值，其公差带偏置在零线上侧。

② 基轴制　基本偏差为一定的轴的公差带与不同基本偏差的孔的公差带形成各种配合的一种制度，称为基轴制，如图 2-23(b) 所示。

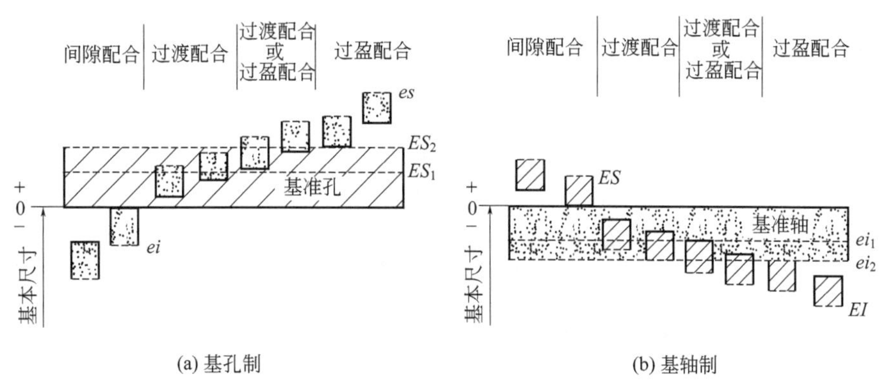

图 2-23　基准制

基轴制配合中的轴称为基准轴，它是配合的基准件，而孔为非基准件。标准规定，基准轴以上偏差 es 为基本偏差，其数值为零，下偏差为负值，其公差带偏置在零线下侧。

按照孔、轴公差带相对位置的不同，两种基准制都可以形成间隙、过盈和过渡三种不同的配合。如图 2-23 所示，图中基准孔的 *ES* 边界和基准轴的 *ei* 边界是两道虚线，而非基准件的公差带有一边界也是虚线，它们都表示公差带的大小是可变化的。

（3）常用和优先配合

国家标准中对基孔制规定有 59 种常用配合；对基轴制规定有 47 种常用配合。在此基础上，又从中各选取 13 种优先配合，如表 2-2 和表 2-3 所示。

表 2-2　基孔制优先、常用配合

基准孔	轴																				
	a	b	c	d	e	f	g	h	js	k	m	n	p	r	s	t	u	v	x	y	z
	间隙配合								过渡配合			过盈配合									
H6						$\frac{H6}{f5}$	$\frac{H6}{g5}$	$\frac{H6}{h5}$	$\frac{H6}{js5}$	$\frac{H6}{k5}$	$\frac{H6}{m5}$	$\frac{H6}{n5}$	$\frac{H6}{p5}$	$\frac{H6}{r5}$	$\frac{H6}{s5}$	$\frac{H6}{t5}$					
H7						$\frac{H7}{f6}$	◤$\frac{H7}{g6}$	◤$\frac{H7}{h6}$	$\frac{H7}{js6}$	◤$\frac{H7}{k6}$	$\frac{H7}{m6}$	◤$\frac{H7}{n6}$	◤$\frac{H7}{p6}$	$\frac{H7}{r6}$	◤$\frac{H7}{s6}$	$\frac{H7}{t6}$	◤$\frac{H7}{u6}$	$\frac{H7}{v6}$	$\frac{H7}{x6}$	$\frac{H7}{y6}$	$\frac{H7}{z6}$
H8					$\frac{H8}{e7}$	◤$\frac{H8}{f7}$	$\frac{H8}{g7}$	◤$\frac{H8}{h7}$	$\frac{H8}{js7}$	$\frac{H8}{k7}$	$\frac{H8}{m7}$	$\frac{H8}{n7}$	$\frac{H8}{p7}$	$\frac{H8}{r7}$	$\frac{H8}{s7}$	$\frac{H8}{t7}$	$\frac{H8}{u7}$				
				$\frac{H8}{d8}$	$\frac{H8}{e8}$	$\frac{H8}{f8}$		$\frac{H8}{h8}$													
H9			$\frac{H9}{c9}$	◤$\frac{H9}{d9}$	$\frac{H9}{e9}$	$\frac{H9}{f9}$		◤$\frac{H9}{h9}$													
H10			$\frac{H10}{c10}$	$\frac{H10}{d10}$				$\frac{H10}{h10}$													
H11	$\frac{H11}{a11}$	$\frac{H11}{b11}$	◤$\frac{H11}{c11}$	$\frac{H11}{d11}$				◤$\frac{H11}{h11}$													
H12		$\frac{H12}{b12}$						$\frac{H12}{h12}$													

注：1. $\frac{H6}{n5}$、$\frac{H7}{p6}$在基本尺寸≤3mm 和$\frac{H8}{r7}$在≤100mm 时，为过渡配合。

2. 标注◤的配合为优先配合。

表 2-3 基轴制优先、常用配合

基准轴	孔																				
	A	B	C	D	E	F	G	H	JS	K	M	N	P	R	S	T	U	V	X	Y	Z
	间隙配合								过渡配合				过盈配合								
h5						$\frac{F6}{h5}$	$\frac{G6}{h5}$	$\frac{H6}{h5}$	$\frac{JS6}{h5}$	$\frac{K6}{h5}$	$\frac{M6}{h5}$	$\frac{N6}{h5}$	$\frac{P6}{h5}$	$\frac{R6}{h5}$	$\frac{S6}{h5}$	$\frac{T6}{h5}$					
h6						$\frac{F7}{h6}$	◤$\frac{G7}{h6}$	◤$\frac{H7}{h6}$	$\frac{JS7}{h6}$	◤$\frac{K7}{h6}$	$\frac{M7}{h6}$	◤$\frac{N7}{h6}$	◤$\frac{P7}{h6}$	$\frac{R7}{h6}$	◤$\frac{S7}{h6}$	$\frac{T}{h6}$	◤$\frac{U7}{h6}$				
h7					$\frac{E8}{h7}$	◤$\frac{F8}{h7}$		◤$\frac{H8}{h7}$	$\frac{JS8}{h7}$	$\frac{K8}{h7}$	$\frac{M8}{h7}$	$\frac{N8}{h7}$									
h8				$\frac{D8}{h8}$	$\frac{E8}{h8}$	$\frac{F8}{h8}$		$\frac{H8}{h8}$													
h9				◤$\frac{D9}{h9}$	$\frac{E9}{h9}$	$\frac{F9}{h9}$		◤$\frac{H9}{h9}$													
h10				$\frac{D10}{h10}$				$\frac{H10}{h10}$													
h11	$\frac{A11}{h11}$	$\frac{B11}{h11}$	◤$\frac{C11}{h11}$	$\frac{D11}{h11}$				◤$\frac{H11}{h11}$													
h12		$\frac{B12}{h12}$						$\frac{H12}{h12}$													

注：标注◤的配合为优先配合。

（4）配合在图样中的标注

在装配图中，表示孔、轴配合的部位要标注配合代号，是在基本尺寸右边以分式形式标注出来，格式如下：

$$基本尺寸\frac{孔的公差带代号}{轴的公差带代号}$$

分子和分母分别表示孔和轴的公差带代号，如图 2-24 所示。如果分子中的基本偏差代号为 H，则孔为基准孔，为基孔制配合；如果分母中的基本偏差代号为 h，则轴为基准轴，为基轴制配合。

当标注与标准件配合的零件（轴或孔）的配合要求时，可以仅标注该零件的公差带代号，如图 2-25 所示。

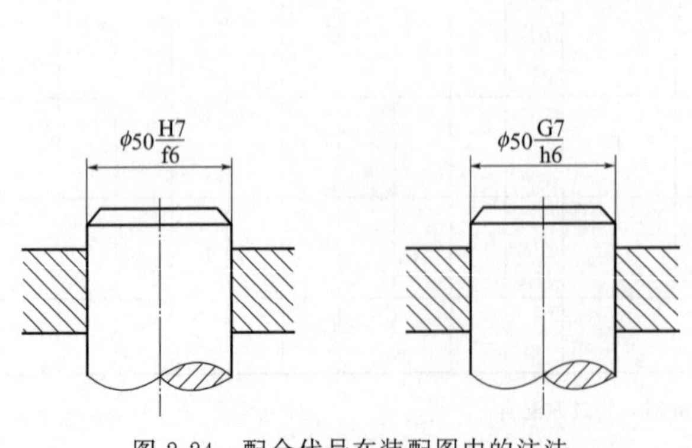

图 2-24 配合代号在装配图中的注法

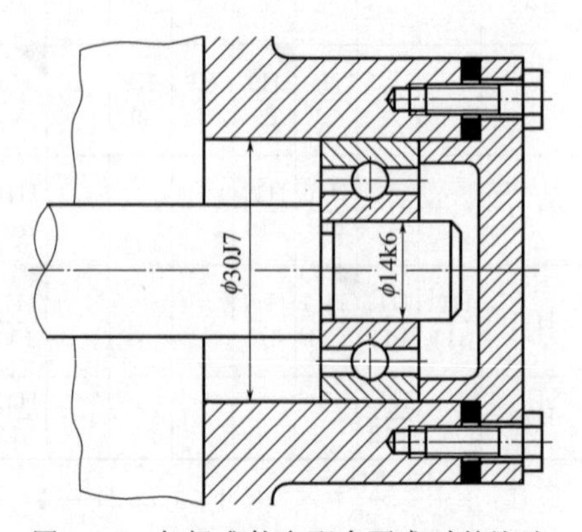

图 2-25 与标准件有配合要求时的注法

2.3　装配尺寸链

2.3.1　装配尺寸链的概念

为了解决装配的某一精度问题，要涉及各零件的许多有关尺寸。例如：齿轮孔与轴配合间隙 A_0 的大小，与孔径 A_1 及轴径 A_2 的大小有关，如图 2-26(a) 所示；又如齿轮端面和机体孔端面配合间隙 B_0 的大小，与机体孔端面距离尺寸 B_1、齿轮宽度 B_2 及垫圈厚度 B_3 的大小有关，如图 2-26(b) 所示；再如机床溜板和导轨之间配合间隙 C_0 的大小，与尺寸 C_1、C_2 及 C_3 的大小有关，如图 2-26(c) 所示。

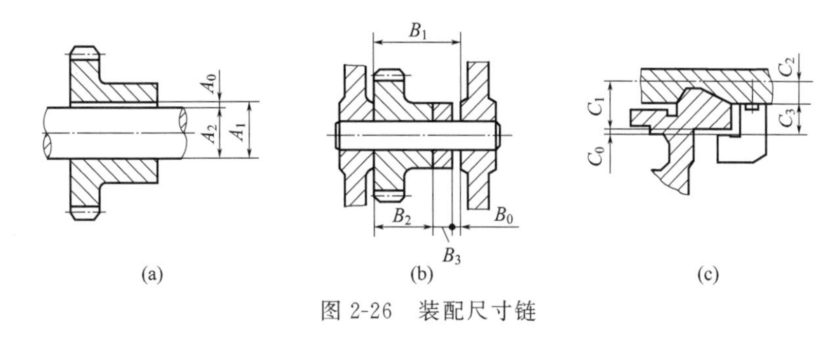

图 2-26　装配尺寸链

如果把这些影响某一装配精度的有关尺寸彼此顺序地连接起来，就能构成一个封闭的尺寸组，这个由各有关装配尺寸所组成的尺寸组称为装配尺寸链。

2.3.2　尺寸链的术语、组成及分类

(1) 尺寸链的基本术语

① 尺寸链　在机器装配或零件加工过程中，由相互连接的尺寸形成的封闭的尺寸组，称为尺寸链。

② 环　列入尺寸链中的每一个尺寸称为环，$A0$、$A1$、$A2$、$A3$……都是环。

③ 封闭环　尺寸链中在装配过程或加工过程后自然形成的一环，称为封闭环。

④ 组成环　尺寸链中对封闭环有影响的全部环，称为组成环。组成环的下角标用阿拉伯数字表示。

⑤ 增环　尺寸链中某一类组成环，由于该类组成环的变动引起封闭环同向变动，该组成环为增环。

⑥ 减环　尺寸链中某一类组成环，由于该类组成环的变动引起封闭环的反向变动，该类组成环为减环。

⑦ 补偿环　尺寸链中预先选定某一组成环，可以通过改变其大小或位置，使封闭环达到规定的要求，该组成环为补偿环。

(2) 尺寸链的组成

尺寸链由每一个环组成，如图 2-27 中的 A_0、A_1、A_2、A_3、A_4 和 A_5。

按环的不同性质可分为封闭环和组成环两种。

① 封闭环　一个尺寸链只有一个封闭环。封闭环的精度是由尺寸链中其他各环的精度决定的。正确地确定封闭环是尺寸链计算中的一个重要问题，必须根据封闭环的定义来确定尺寸链中

哪一个尺寸是封闭环。封闭环用字母加下标“0”表示，如图 2-27 中的 A_0。

② 组成环 组成环中任一环的变动必然引起封闭环的变动。长度环用大写斜体拉丁字母 A，B，C……表示；角度环用小写斜体希腊字母 α，β 等表示。数字表示各组成环的序号。如图 2-27 中的 A_1、A_2、A_3、A_4 和 A_5。

根据组成环的尺寸变动对封闭环的影响，可把组成环分为增环和减环。

① 增环 该环增大时，封闭环也增大；该环减小时，封闭环也减小。如图 2-27 中的 A_1 和 A_2。

② 减环 该组成环的尺寸变动引起封闭环尺寸反向变动。反向变动指该环增大时，封闭环减小；该环减小时，封闭环增大。如图 2-27 中的 A_3、A_4 和 A_5。

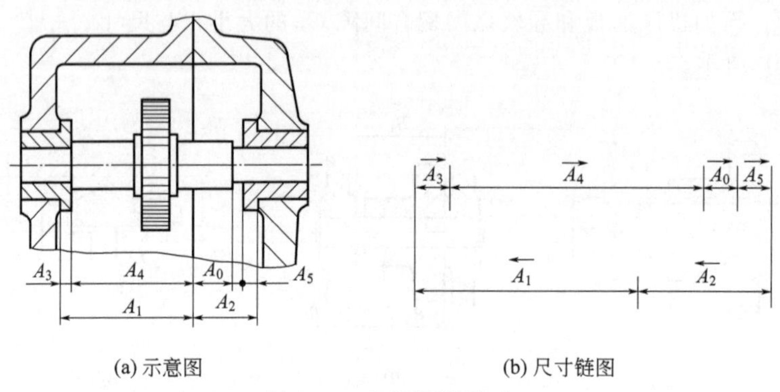

(a) 示意图　　(b) 尺寸链图

图 2-27 齿轮装配尺寸

(3) 尺寸链的分类

① 按尺寸链的应用场合不同，可分为以下几类：

a. 零件尺寸链。全部组成环为同一零件设计尺寸所形成的尺寸链，如图 2-28 所示。

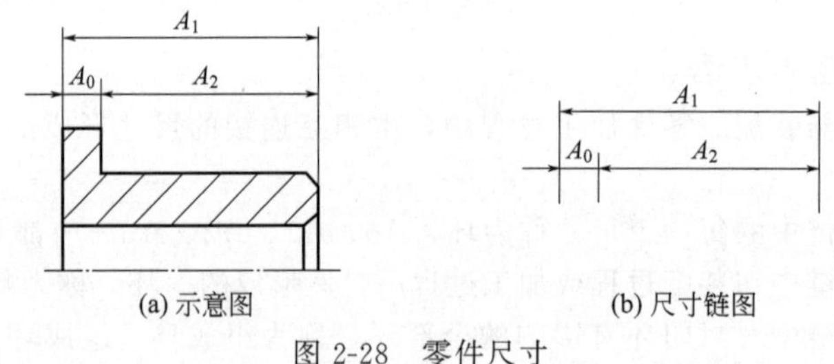

(a) 示意图　　(b) 尺寸链图

图 2-28 零件尺寸

b. 装配尺寸链。全部组成环为不同零件设计尺寸所形成的尺寸链。

c. 工艺尺寸链。全部组成环为同一零件工艺尺寸所形成的尺寸链。

设计尺寸指零件图上标注的尺寸；工艺尺寸指工序尺寸、定位尺寸与基准尺寸等。装配尺寸链与零件尺寸链统称为设计尺寸链。

② 按尺寸链中环的相对位置不同，可分为以下几类：

a. 直线尺寸链。全部组成环平行于封闭环的尺寸链。

b. 平面尺寸链。全部组成环位于一个或几个平行平面内，但某些组成环不平行于封闭环的尺寸链。

c. 空间尺寸链。全部组成环位于几个不平行平面内的尺寸链。

平面尺寸链或空间尺寸链，均可先用投影的方法得到两个或三个方位的直线尺寸链，最后求解平面或空间尺寸链。

③ 按尺寸链中各环尺寸的几何特征不同，可分为以下几类；

a. 长度尺寸链。全部环为长度尺寸的尺寸链。

b. 角度尺寸链。全部环为角度尺寸的尺寸链。

2.3.3　计算尺寸链、封闭环公差和极限尺寸

（1）尺寸链图

要进行尺寸链分析和计算，首先必须画出尺寸链图。所谓尺寸链图，是指由封闭环和组成环构成的一个封闭回路图。

绘制尺寸链图时。可从某一加工（或装配）基准出发，按加工（或装配）顺序依次画出各个环，环与环之间不得间断，最后用封闭环构成一个封闭回路。用尺寸链图很容易确定封闭环及判定组成环中的增环或减环。

对于不易判定增环或减环的尺寸链，可按箭头方向判别：在画尺寸链图的，由任一尺寸开始沿一定方向画单向箭头，首尾相接，直至回到起始尺寸，形成一个封闭的形式。这样，凡是与封闭环箭头方向相反的环为增环，与封闭环箭头方向相同的环为减环。

（2）尺寸链解算类型

解尺寸链，就是计算尺寸链中各环的基本尺寸、公差和极限偏差。按解尺寸链的已知条件和目的不同，解尺寸链可分为校核计算和设计计算两种情况。

① 校核计算　校核计算是按给定的各组成环的基本尺寸、公差或极限偏差，求封闭环的基本尺寸、公差或极限偏差。校核计算主要用于检验设计的正确性，即用各组成环的极限尺寸验算封闭环的变动范围是否符合技术要求的规定。

② 设计计算　设计计算是按给定的封闭环的基本尺寸、公差或极限偏差和各组成环的基本尺寸，求解各组成环的公差或极限偏差。这种计算常用于产品设计，根据机器的使用要求，合理地分配有关尺寸的公差或极限偏差。在尺寸链分析和计算时，还常用到封闭环的基本尺寸和极限偏差。

解尺寸链的基本方法，主要有极值法（完全互换法）和概率法（大数互换法）。

完全互换法是从尺寸链各环的极限值出发来进行计算，能够完全保证互换性。应用此法不考虑实际尺寸的分布情况，装配时，全部产品的组成环都不需挑选或改变其大小和位置，装入后即能达到封闭环的公差要求。

（3）封闭环公差和极限尺寸计算公式

① 封闭环公差　封闭环公差 T_0 等于所有组成环公差之和。即：

$$T_0 = \sum_{i=1}^{m} T_i$$

② 封闭环的极限尺寸　封闭环的最大极限尺寸 $A_{0\max}$ 等于所有增环的最大极限尺寸之和减去所有减环的最小极限尺寸之和。封闭环的最小极限尺寸 $A_{0\min}$ 等于所有增环的最小极限尺寸之和减去所有减环的最大极限尺寸之和。即：

$$A_{0\max} = \sum_{z=1}^{n} \overrightarrow{A}_{z\max} - \sum_{j=n+1}^{m} \overleftarrow{A}_{j\min}$$

$$A_{0\min} = \sum_{z=1}^{n} \overrightarrow{A}_{z\min} - \sum_{j=n+1}^{m} \overleftarrow{A}_{j\max}$$

③ 封闭环的基本尺寸　封闭环的基本尺寸 A_0 等于所有增环的基本尺寸之和减去所有减环的基本尺寸之和。即：

$$A_0 = \sum_{z=1}^{n} \overrightarrow{A}_z - \sum_{j=n+1}^{m} \overleftarrow{A}_j$$

式中 n——增环环数；

m——组成环环数；

z——增环序号；

j——减环序号。

④ 封闭环的极限偏差 封闭环的上偏差等于所有增环的上偏差之和减去所有减环的下偏差之和。封闭环的下偏差等于所有增环的下偏差之和减去所有减环的上偏差之和。即：

$$\mathrm{ES}_0=\sum_{z=1}^{n}\mathrm{ES}_z-\sum_{j=n+1}^{m}\mathrm{EI}_j$$

$$\mathrm{EI}_0=\sum_{z=1}^{n}\mathrm{EI}_z-\sum_{j=n+1}^{m}\mathrm{ES}_j$$

第3章 典型设备的结构

3.1 机床的结构

3.1.1 车床

车床主要用于加工各种回转表面（内外圆柱面、圆锥面、成形回转面等）和回转体的端面。由于大多数机械零件都具有回转表面，加上车床的万能性又较广，因此在一般机器制造厂中，车床的应用极为普遍，在机床总数中所占比重往往很大。

车床的种类很多，分类方法也很多，一般按所采用的控制方式的不同，将车床分为普通车床和数控车床两类。而普通车床按用途和结构的不同，又可分为卧式车床、六角车床，立式车床、单轴自动车床、多轴自动和半自动车床、多刀车床、仿形车床、专门化车床（如铲齿车床、凸轮轴车床、曲轴车床、轧辊车床等）等，其中普通车床应用最广泛。

普通车床中其主轴以水平方式放置的称为卧式车床。普通车床的工艺范围很广，它能完成多种多样的加工工序：车削内外圆柱面、圆锥面，成形回转面和环形槽，车削端面和各种螺纹，以及钻孔、扩孔、铰孔、攻丝、套丝和滚花等。CA6140 型为常用的一种普通车床，其外形和结构如图 3-1 所示。

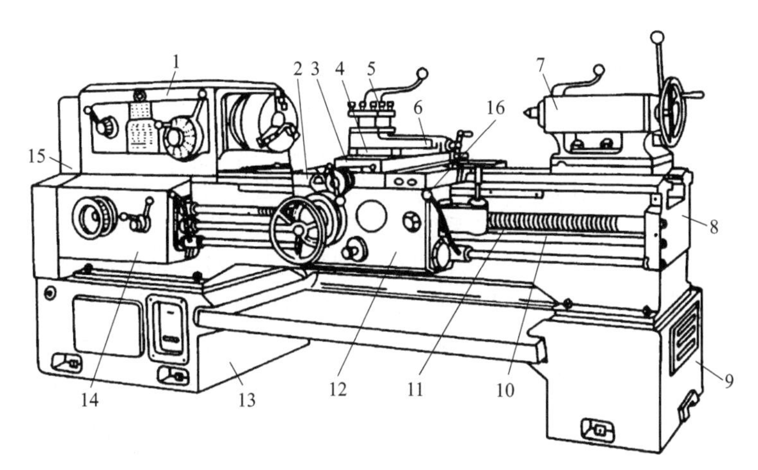

图 3-1　CA6140 型卧式车床的组成

1—主轴箱；2—床鞍；3—中滑板；4—转盘；5—方刀架；6—小滑板；7—尾座；8—床身；9—右床脚；10—光杠；11—丝杠；12—溜板箱；13—左床脚；14—进给箱；15—挂轮架；16—操纵手柄

（1）普通车床的结构组成

如图 3-1 所示，床身 8 固定在左、右床脚 13 和 9 上，用以支承车床的各个部件，使它们保持准确的相对位置。在床身的右边装有尾座7，其上可装后顶尖以支承长工件的一端，也可安装钻头等孔加工刀具以进行钻、扩、铰孔等工序。尾座可沿床身顶面的一组导轨（尾架导轨）作纵向调整移动，然后夹紧在需要的位置上，以适应加工不同长度工件的需要。尾座还可相对它的底座在横向调整位置，以便车削锥度较小而长度较大的外圆锥面。方刀架5装在床身顶面的另外一组导轨（刀架导轨）上，它由几层滑板和方刀架组成，可带着夹持在其上的车刀移动，实现纵向、横向和斜向进给运动。刀架的纵、横向进给运动可以机动，也可以手动，而斜向进给运动通常只能手动。机动进给时，运动由主轴箱经挂轮架15、进给箱14、光杠10或丝杠11、溜板箱12传来，并由溜板箱控制进给运动的接通、断开和转换。利用挂轮架上的配换齿轮（挂轮）和进给箱中的变速机构，可以改变被加工螺纹的种类和导程，以及普通车削时的进给量。

由图3-1可知，普通车床主要由床身、主轴箱、进给箱、溜板箱、刀架和尾座等部件组成。

① 主轴箱　它固定在床身8的左上部，其主要功能是支承主轴，使主轴带动工件按规定的转速旋转，以实现主运动。

② 进给箱　它固定在床身的左前侧，是进给传动系统的变速机构。其主要功能是改变被加工螺纹的螺距或机动进给的进给量。

③ 滑板部件　它由床鞍2、中滑板3、转盘4、小滑板6和方刀架5等组成。其主要功能是安装车刀，并使车刀作进给运动和辅助运动。床鞍2可沿床身上的导轨作纵向移动，中滑板3可沿床鞍上的燕尾形导轨作横向移动，转盘4可使小滑板和方刀架转动一定的角度。用手摇小滑板使刀架作斜向移动，可以车削锥度大的短圆锥体。

④ 溜板箱　它固定在床鞍2的底部，与滑板部件合称为溜板部件，可带动方刀架一起运动。实际上方刀架的运动是由主轴箱传出，经挂轮架15、进给箱14、光杠10（或丝杠11）、溜板箱12并经溜板箱内的控制机构，接通或断开刀架的纵、横向进给运动，或快速移动，或车削螺纹的运动。

⑤ 尾座　它装在床身的尾座导轨上，可沿此导轨作纵向调整移动并夹紧在需要的位置上，其主要功能是用后顶尖支承工件。尾座还可相对于底座作横向位置的调整，便于车削小锥度的长锥体。尾座套筒内也可安装钻头、铰刀等孔加工工具。

⑥ 床身　床身固定在左、右床脚13、9上，是构成整个机床的基础。在床身上安装车床各部件，并使它们在工作时保持准确的相对位置。床身也是车床的基本支承件。

（2）普通车床的传动系统

普通车床的传动系统由主运动传动链、车螺纹传动链、纵向进给传动链和横向进给传动链组成。为了节省辅助时间，减轻工人的劳动强度，有些普通车床，特别是大尺寸的普通车床还有一条快速空行程传动链，使刀架在加工过程中能机动地快速退离或趋近工件。

图3-2为CA6140型普通车床的传动系统图。在传动系统图中，各种传动元件用简单的规定符号表示，并按照运动传递顺序依次排列，以展开图形式画在机床的外形轮廓内。

主运动传动链的两末端件是主电动机和主轴，其任务是把电动机的运动传给主轴，并使其获得各种不同的转速，以满足不同的工件直径、工件材料和刀具材料，以及进行不同加工工序的需要。主运动传动链中还设有换向机构，用于改变主轴的转向。运动由电动机（7.5kW，1450r/min）经V带轮传动副ϕ130mm/ϕ230mm传至主轴箱中的轴Ⅰ。在轴Ⅰ上装有双向多片摩擦离合器M_1，使主轴正转、反转或停止。当压紧离合器M_1左部的摩擦片时，轴Ⅰ的运动经齿轮副$\frac{z56}{z38}$或$\frac{z51}{z43}$传给轴Ⅱ，使轴Ⅱ获得两种转速。压紧右部摩擦片时，经齿轮50（数字表示齿数）、轴Ⅶ上的空套齿轮34传给轴Ⅱ上的固定齿轮30。这时轴Ⅰ至轴Ⅱ间多一个中间齿轮34，故轴Ⅱ的转向与经M_1左部传动时相反。反转转速只有一种。当离合器处于中间位置时，左、右摩擦片都没有被压紧。轴Ⅰ的运动不能传至轴Ⅱ，主轴停转。

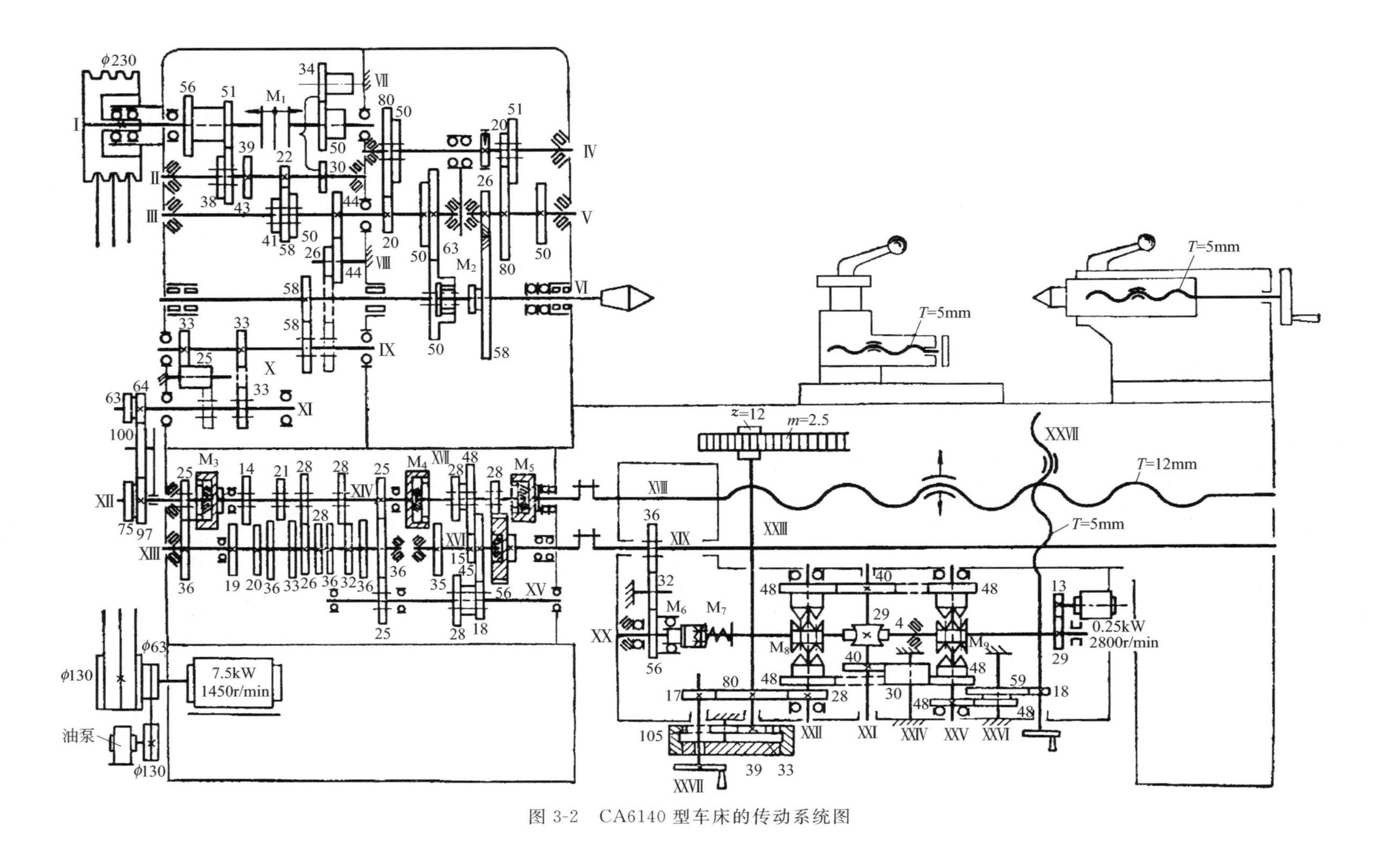

图 3-2　CA6140 型车床的传动系统图

轴Ⅱ的运动可通过轴Ⅱ、Ⅲ间三对齿轮的任一对传至轴Ⅲ，故轴Ⅱ正转共 2×3=6 种转速。运动由轴Ⅲ传往主轴有两条路线：

① 高速传动路线 主轴上的滑移齿轮 50 移至左端，使之与轴Ⅲ上右端的齿轮 63 啮合. 运动由轴Ⅲ经齿轮副$\frac{z63}{z50}$直接传给主轴，得到 450～1400r/min 的 6 种高转速。

② 低速传动路线 主轴上的滑移齿轮 z50 移至右端，使主轴上的齿式离合器 M_2 啮合。轴Ⅲ的运动经齿轮副$\frac{z20}{z80}$或$\frac{z50}{z50}$传给轴Ⅳ，又经齿轮副$\frac{z20}{z80}$或$\frac{z51}{z50}$传给轴Ⅴ、再经齿轮副$\frac{z26}{z58}$和齿式离合器 M_2 传至主轴，使主轴获得 10～500r/min 的低转速。上述这些滑移变速齿轮副就是传动框图中的主变速机构。

车螺纹传动链、纵向进给传动链和横向进给传动链的两端件都是主轴和刀架，它们的任务是使刀架实现三种不同的进给运动，以满足不同车削加工的需要。由于三种进给运动不同时使用，所以三条传动链的大部分传动路线是重合的，它们共用一套进给变速机构，以调整车螺纹时的螺纹导程和普通车削时的纵、横向进给量，只是在传动链的最后部分经转换机构分开。车削螺纹时，由于主轴和刀架间必须保持准确的运动关系，所以运动由进给箱至刀架采用丝杠传动，普通车削时因没有这一要求，而为减少丝杠磨损并便于工人操纵，运动由光杠经溜板箱中的传动机构传至刀架。为了能车削左，右旋螺纹和改变纵，横进给运动方向，进给运动传动链中还需具备换向机构。

进给传动链是实现刀具纵向或横向移动的传动链。卧式车床在切削螺纹时，进给传动链是内联系传动链。主轴每转刀架的移动量应等于螺纹的导程。在切削圆柱面和端面时，进给传动链是外联系传动链。进给量也以工件每转刀架的移动量计。因此，在分析进给链时，都把主轴和刀架当作传动链的两端。

运动从主轴Ⅵ开始，经轴Ⅸ传至轴Ⅹ。轴Ⅸ～轴Ⅹ可经一对齿轮，也可经轴Ⅺ上的惰轮，这是进给换向机构。然后，经挂轮架至进给箱。从进给箱传出的运动，一条路线经丝杠ⅩⅨ和溜板箱，使刀架作纵向运动，这是车削螺纹传动链；另一条路线经光杠ⅩⅩ和溜板箱，带动刀架作纵向或横向的机动进给，这是进给传动链。

（3）普通车床的主轴部件

主轴及其轴承是普通车床及至主轴箱最重要的部分。加工时工件夹持在主轴上，并由其直接带动旋转作主运动。主轴的旋转精度、刚度和抗振性等对工件的加工精度和表面粗糙度都有直接影响。

如图 3-3 所示，为 CA6140 型车床的主轴箱～Ⅵ轴结构图。主轴采用三支承结构，前轴承 44 和后轴承 38 为双列圆柱滚子轴承，中间轴承 39 为圆柱滚子轴承。在靠前轴承处，装有 60°角接触的双列推力球轴承 41，以承受左、右两个方向的轴向力。主轴轴承由液压泵供给润滑油进行充分润滑。为了防止润滑油外漏，前后支承处都有油沟式密封装置。在螺母 45 和隔套 37 的外圆上有锯齿形环槽，主轴旋转时，借离心力的作用，把经过轴承后向外流出的润滑油甩到两端轴承盖的接油槽里，然后经回油孔 a、b 流回主轴箱。

轴承的间隙对主轴的回转精度影响很大，使用中由于磨损导致间隙增大时，需及时调整。对前轴承 44，先松开螺母 45，再松开锁紧螺母 40 上的紧定螺钉；对后轴承 38，先松开锁紧螺母 36 上的紧定螺钉，然后拧动锁紧螺母 36，经隔套 37 推动轴承内圈在 1∶12 轴颈上右移。由于锥面的作用，薄壁的轴承内圈产生径向弹性膨胀，将滚子与内、外圈之间的间隙消除，调整好后，必须锁紧螺母 36 上的紧定螺钉。中间轴承的间隙不能调整，一般情况下，只要调整前轴承即可，只有当调整前轴承后仍不能达到要求的旋转精度时，才需调整后轴承。

主轴是一个空心阶梯轴，内有 ϕ8mm 的通孔，可以使长棒料通过，也可以用来通过钢棒卸下前顶尖，或用于通过气动或液动夹具的传动杆。主轴的尾端圆柱面是安装各种辅具的基面。

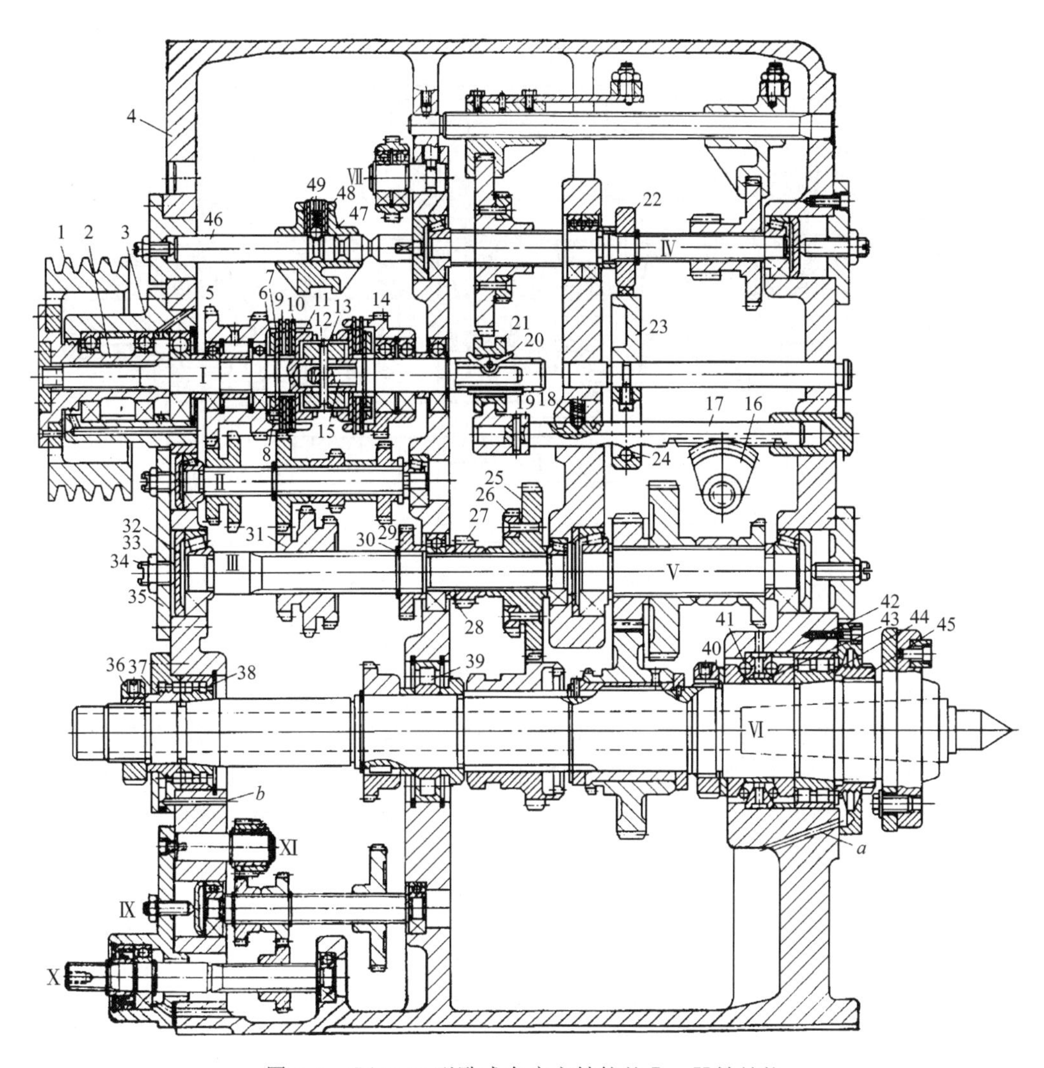

图 3-3　CA6140 型卧式车床主轴箱的Ⅰ～Ⅵ轴结构

1—V 带轮；2—花键套筒；3—连接盘；4—箱体；5—双联齿轮；6、7—止推环；8、12—销子；9—内摩擦片；10—外摩擦片；11—调整螺圈；13、21—滑套；14—单联齿轮；15—拉杆；16—扇形齿轮；17—齿条轴；18—弹簧钢球；19、47—拨叉；20—元宝形摆块；22—制动轮；23—制动杠杆；24—钢球；25、26、27、29—齿轮；28—垫圈；30—弹簧卡圈；31—三联滑移齿轮；32—压盖；33、36、40—锁紧螺母；34—螺钉；35—轴承盖；37、42—隔套；38—后轴承；39—中间轴承；41—双列推力球轴承；43—调整垫圈；44—前轴承；45、48—螺母；46—导向轴；49—调整螺钉

图 3-4 所示，主轴的前端有精密的莫氏 6 号锥孔，供安装前顶尖、心轴或夹具。主轴Ⅰ前端为短锥连接盘式结构，它以短锥体和轴肩端面定位，用 4 个螺栓将卡盘或拨盘固定在主轴Ⅰ上，并由主轴轴肩端面上的键来传递转矩。

（4）普通车床的进给箱

如图 3-4 所示为 CA6140 型车床的进给箱，为双轴滑移齿轮进给箱。图 3-4 中轴 XⅢ、XV、XⅧ和 XIX 四轴同轴，轴 XⅣ、XⅦ、XX 三轴同轴。

① XⅢ、XV、XⅧ和 XIX 同轴组结构　轴 XV 两端，用半圆键连接着两个内齿轮作为内齿离合器，并通过两个深沟球轴承 3、4 支承在箱体上；轴 XIX 左端也有一内齿离合器。上述三个离合器的内孔均镗有轴承阶台孔，各安装有圆锥滚子轴承，以分别支承轴 XⅢ和 XⅧ。轴 XIX 支承

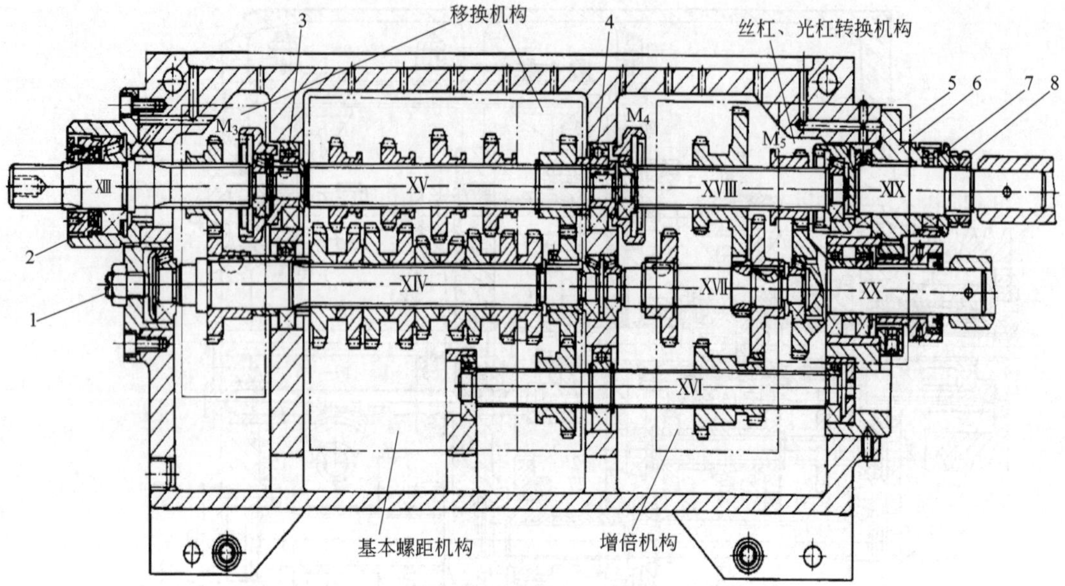

图 3-4 CA6140 型卧式车床进给箱结构图

1—调整螺钉；2—调整螺母；3、4—深沟球轴承；5、7—推力球轴承；6—支承套；8—锁紧螺母

在支承套 6 上，两侧的推力球轴承 5、7 分别承受丝杠工作时所产生的两个方向的轴向力。松开锁紧螺母 8，调整另一螺母，则可调整推力球轴承的间隙，同时，也限定了轴 XIX 在箱体上的轴向位置。由于深沟球轴承 3、4 的外圈轴向位置没有约束，所以，通过调整螺母 2 便可调整同轴组上的所有圆锥滚子轴承的间隙。

丝杠的轴向窜动误差与 XIX 轴有关。除推力球轴承的间隙需调整合适外，XIX 轴对内齿离合器右侧面与轴线的垂直度误差、支承套 6 两端面的平行度误差及两端面对轴线的垂直度误差、锁紧螺母 8 两端面间的平行度误差及两端面对螺孔轴线的垂直度误差等都应有较高的精度要求，否则将会使轴 XIX 在旋转过程中产生轴向窜动，并传至丝杠，影响被加工螺纹的螺距精度。

② XIV、XVII、XX 同轴组的结构　齿轮轴 XX 左端的齿轮内孔镗有一轴承阶台孔，并装有一圆锥滚子轴承，作为轴 XVII 的右支承；轴 XIV 为三支承结构，中间支承为深沟球轴承，其外圆的轴向位置也不固定，通过调整螺钉 1 可以调整同轴组上所有的圆锥滚子轴承的间隙。

③ 基本组的变速操纵机构　基本组由 XV 轴上的四个单联滑移齿轮和 XIV 轴上八个固定齿轮组成。每个单联滑移齿轮依次与 XIV 轴上的两相邻固定齿轮中的一个相啮合，而且要保证在同一时间内，基本组中只能有一对齿轮啮合。图 3-5 为该操纵机构的操纵原理图，图 3-6 为该操纵机构的结构图，对照上述两图可知：这 4 个齿轮滑块是由一个手轮 6 通过 4 个杠杆 2 集中操纵的，杠杆 2 的一端装有拨叉 1，另一端装有的销 5 通过变速操纵机构的前盖 4 的腰形孔，插入手轮 6 背面的环形槽中。环形槽上有两个相隔 45°角、直径大于槽宽的圆孔 C 和 D，孔内分别装有带斜面的压块 10 和 11。安装时压块 10 的斜面向里，以便与销 5 接触时向里压销 5，压块 11 的斜面向外，与销 5 接触时能向外抬起销 5。当转动手轮 6 至不同位置时，利用压块 10、11 和环形槽，可以操纵销 5 及杠杆 2，使拨叉 1 和单联滑移齿轮能变换左、中、右 3 种不同位置。

固定在前盖 4 上的轴 8 套着手轮 6，轴 8 上沿圆周均匀分布有八条轴向 V 形槽，可使手轮作周向定位。轴 8 左右两端又各有一环形 V 槽 B 和 A，通过钢球 7 在 B 槽中使手轮作轴向定位。只有当手轮向右拉出，使螺钉 9 处于槽 A 的位置时才能转动手轮，手轮沿圆周每转 45°就可改变基本组传动比一次，手轮转一周时，可使八种速比依次实现。当手轮推回到原来位置时，四组杠杆、拨叉中的销 5，只有一个处于 D 孔（或 C 孔）中，通过压块使其中一组单联滑移齿轮处于啮

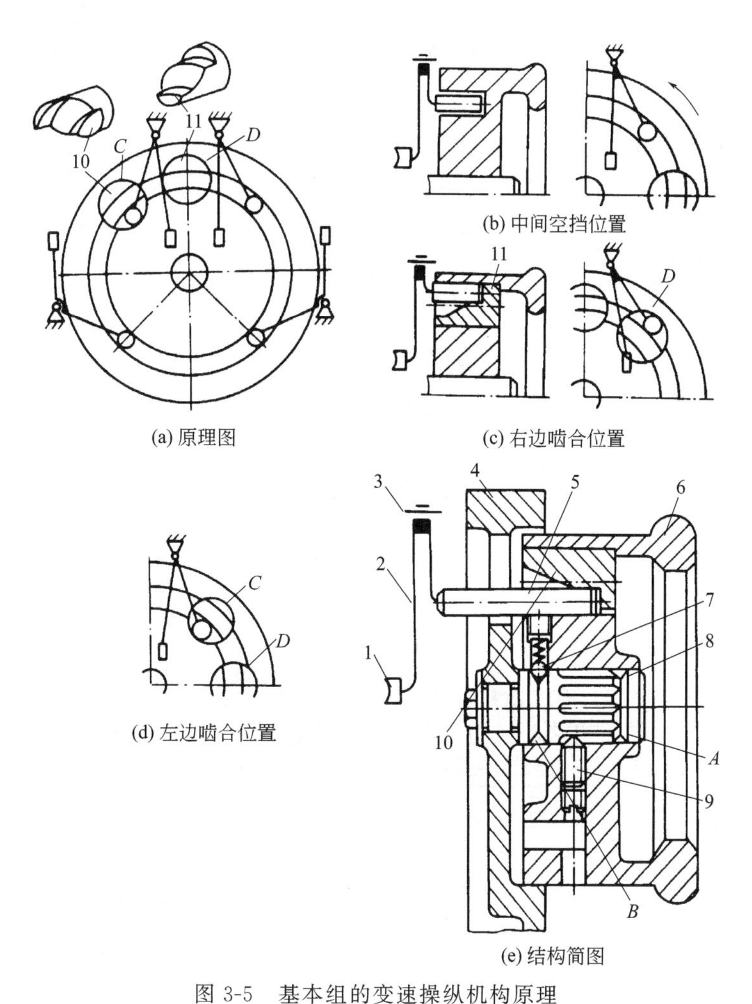

图 3-5　基本组的变速操纵机构原理

1—拨叉；2—杠杆；3—转轴；4—前盖；5—销；6—手轮；7—钢球；8—轴；9—螺钉；10、11—压块

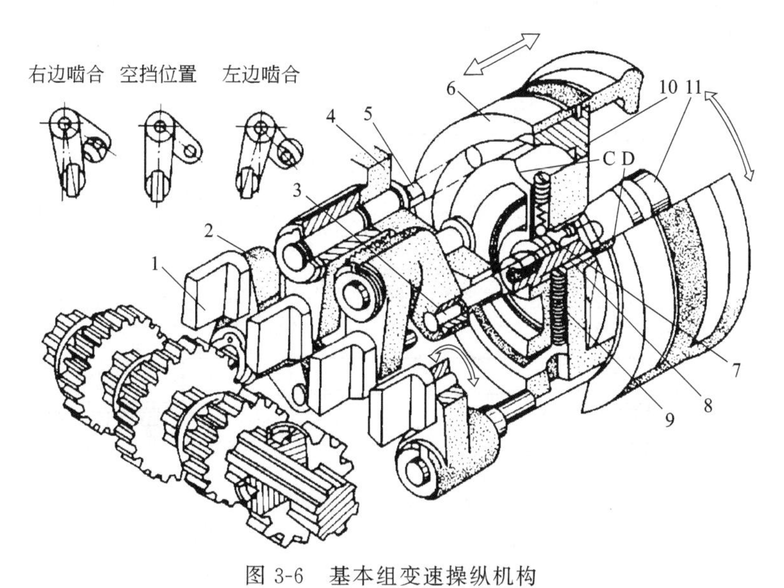

图 3-6　基本组变速操纵机构

1—拨叉；2—杠杆；3—转轴；4—前盖；5—销；6—手轮；7—钢球；8—轴；9—螺钉；10、11—压块

合工作状态如图 3-5(c) [或图 3-5(d)]，其余三个均处于环形槽中，即相应的单联滑移齿轮均处于中间空挡位置上如图 3-5(b)。

(5) 横向进给机构

在图 3-7 中，横向进给丝杠的作用是将机动或手动传至其上的运动，经螺母传动使刀架获得横向进给运动。横向进给丝杠 1 的右端支承在滑动轴承 7 和 11 上，实现径向和轴向定位。利用螺母 10 可调整轴承的间隙。

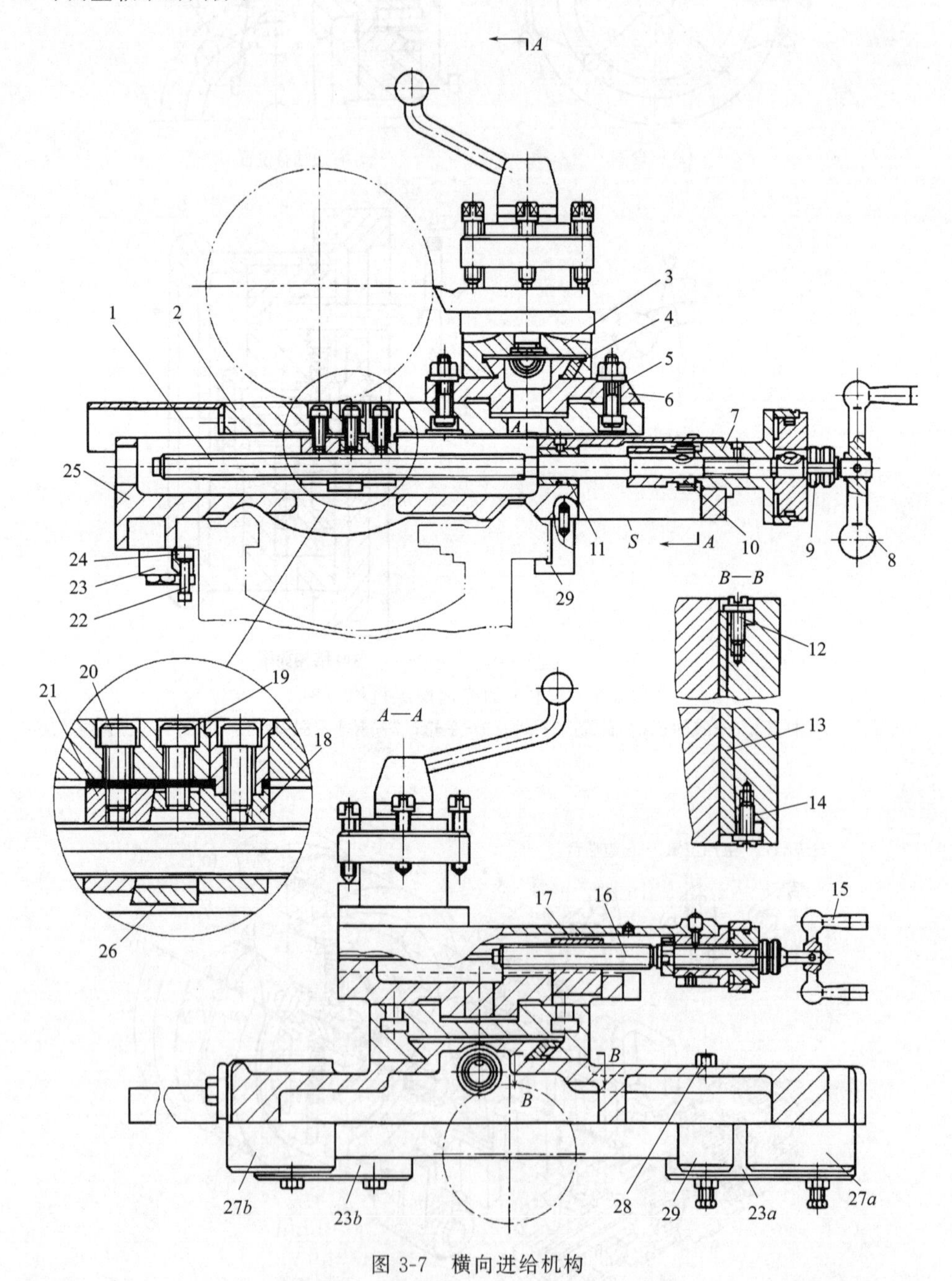

图 3-7 横向进给机构

1—丝杠；2—横向滑板；3—刀架滑板；4—镶条；5、12、14—螺钉；6—转盘；7、11—滑动轴承；8—手把；9、10、17、18、21—螺母；13—镶条；15—小滑板手柄；16—小滑板丝杆；19、20、22、28—螺钉；23、27—压板；24—塞铁；25—床鞍；26—楔块；29—活动压板横向进给丝杠采用可调的双螺母结构。螺母固定在横向滑板 2 的底面上，它由分开的两部分 18 和 21 组成，中间用楔块 26 隔开。当由于磨损致使丝杠、螺母之间间隙过大时，可将螺母 21 的紧固螺钉 20 松开然后拧动楔块 26 上的螺钉 19，将楔块 26 向上拉紧，依靠斜楔的作用将螺母 21 向左挤，使螺母 21 与丝杠之间产生相对位移，减小螺母与丝杠的间隙。间隙调好后，拧紧螺钉 19 将螺母固定。

（6）方刀架

方刀架的功用是安装车刀并带动其作纵向、横向和斜向进给运动，如图 3-8 所示。在刀架转盘的底面上有圆柱形定心凸台（图中未示出），与横向滑板上的孔配合，可绕垂直轴线偏转角度使刀架滑板沿一定倾斜方向进给，以便车削圆锥面。

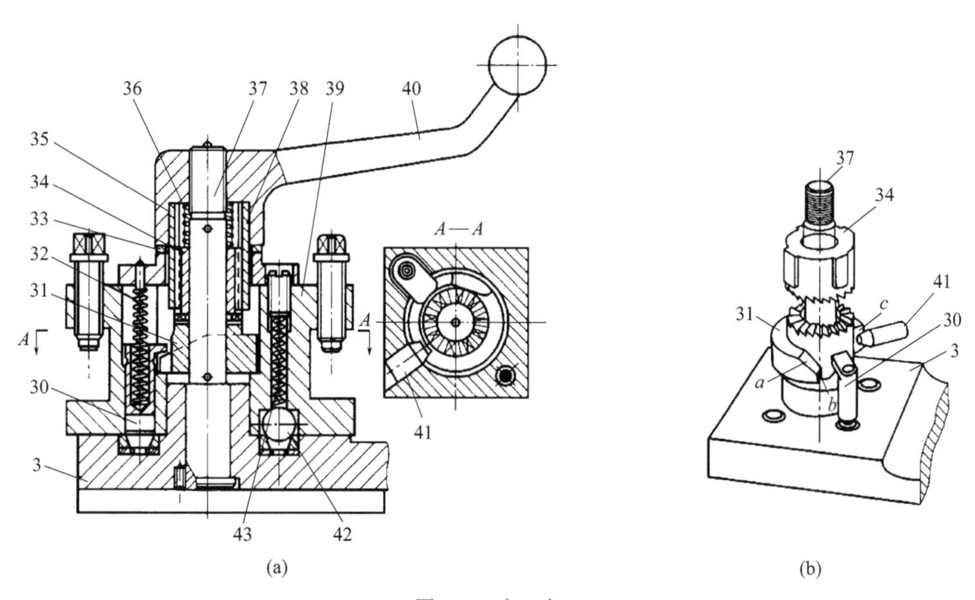

图 3-8　方刀架

3—刀架滑板；30—定位销；31—凸轮；32—弹簧；33—垫片；34—外花键套筒；35—内花键套筒；36—弹簧；37—轴；38—销钉；39—刀架体；40—手柄；41—固定销；42—钢球；43—弹簧

方刀架装在刀架滑板 3 上，以刀架滑板上的圆柱凸台定心，用拧在轴 37 上端螺纹上的手柄 40 夹紧（图 3-8）。方刀架可以转动间隔为 90°的四个位置，使装在它四侧的四把车刀轮流地进行切削，每次转位后，由定位销 30 插入刀架滑板上的定位孔中进行定位，以便获得准确的位置。方刀架换位过程中的松开、拔出定位销，以及转位、夹紧等动作，都由手柄 40 操纵。逆时针转动手柄 40，使其从轴 37 上的螺纹拧松时，刀架体便被松开。同时，手柄通过内花键套筒 35（用销钉与手柄 40 连接）带动外花键套筒 34 转动，花键套筒的下端有锯齿形齿爪，与凸轮 31 上的端面齿啮合，因而凸轮也被带着沿逆时针方向转动。凸轮转动时，先由其上的斜面 a 将定位销 30 从定位孔中拔出，接着其缺口的一个垂直侧面 b 与装在刀架体中的固定销 41 相碰，带动刀架体 39 一起转动，钢球 42 从定位孔中滑出。当刀架转至所需位置时，钢球 42 在弹簧 43 的作用下进入另一定位孔，使刀架体先进行初步定位（粗定位）；然后反向（顺时针）转动手柄，同时凸轮 31 也被一起反转。当凸轮上斜面脱离定位销 30 的钩形尾部时，在弹簧 43 作用下，定位销插入新的定位孔，使刀架体实现精确定位；接着凸轮上缺口的另一垂直侧面 c 与固定销 41 相碰，凸轮便被挡住不再转动。但此时，手柄 40 仍可带着外花键套筒 34 一起，继续顺时针转动，直到把刀架体压紧在刀架滑板上为止。在此过程中，外花键套筒 34 与凸轮 31 的齿爪向上移动。修磨垫片 33 的厚度可调整手柄 40 在夹紧方刀架后的正确位置。

（7）尾座

图 3-9 是 CA6140 型卧式车床的尾座图。

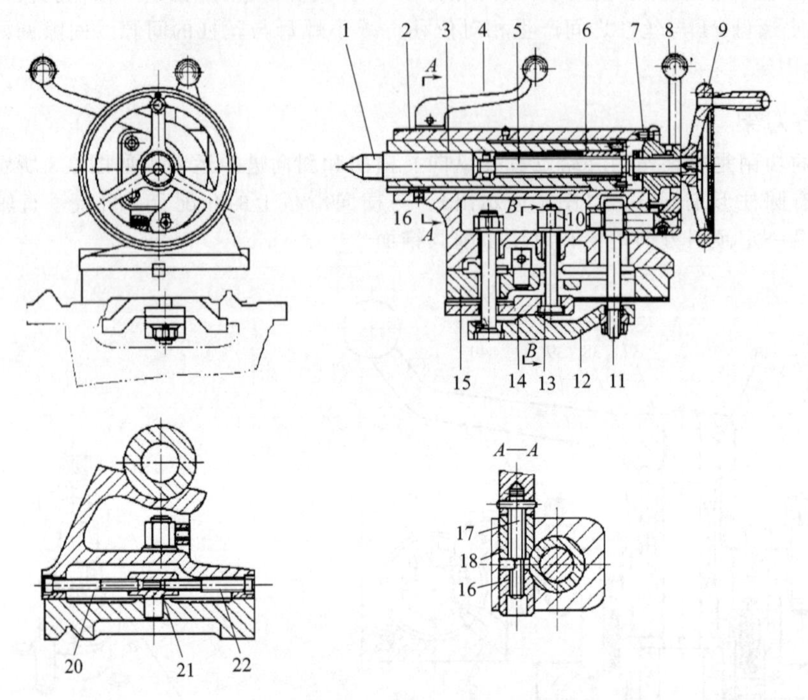

图 3-9 尾座结构

1—顶尖；2—尾座体；3—尾座套筒；4—尾座套筒锁紧手柄；5—丝杠；6、10、21—螺母；7、13—螺钉；8—快速紧固手柄；9—手轮；11—拉杆；12—夹紧块；14—压板；15—尾座底板；16—平键；17—螺杆；18、19—尾座套筒锁紧块；20、22—调整螺钉

尾座装在床身的尾座导轨上，它可以根据工件的长短调整纵向位置。位置调整妥当后用快速紧固手柄 8 加以夹紧，向后推动快速紧固手柄 8，通过偏心轴及拉杆，就可将尾座夹紧在专身导轨上。有时，为了将尾座紧固得更牢固可靠些，可拧紧螺母 10，这时螺母 10 通过螺钉 13 用压板 14 将尾座紧固地夹紧在床身上。后顶尖 1 安装在尾座套筒 3 的锥孔中。尾座套筒 3 装在尾座体的孔中，并由平键 16 导向，所以它只能轴向移动，不能转动。摇动手轮 9，可使尾座套筒 3 纵向移动。当尾座套筒移至所需位置后，可用手柄 4 转动螺杆 17 通过尾座套筒锁紧块 18 和 19 以拉紧套筒，从而将尾座套筒夹紧。如需要卸下顶尖，可转动手轮 9，使尾座套筒 3 后退. 直到丝杠 5 的左端顶住后顶尖，将后顶尖从锥孔中顶出。

在车削加工中，也可将钻头等孔加工刀具装在尾座套筒的锥孔中。这时，转动手轮 9，借助于丝杠 5 和螺母 6 的传动，可使尾座套筒 3 带动钻头等孔加工刀具纵向移动，进行孔的加工。

调整螺钉 20 和 22 可用于调整尾座体 2 的横向位置，也就是调整后顶尖中心线在水平面内的位置，使它与主轴中心线重合，或用于车削锥度较小的锥面（工件由前、后顶尖支承）。

3.1.2 磨床

磨床类机床是以磨料、磨具（砂轮、砂带、油石、研磨料）为工具进行磨削加工的机床，它们是由精加工和硬表面加工的需要而发展起来的。

磨床广泛用于零件表面的精加工，尤其是淬硬钢件和高硬度特殊材料的精加工。磨削加工较易获得高的加工精度和小的表面粗糙度值，在一般加工条件下，精度为 IT5～IT6 级，表面粗糙

度为 $Ra0.32\sim1.25\mu m$。在高精度外圆磨床上进行精密磨削时，尺寸精度可达 $0.2\mu m$，圆度可达 $0.1\mu m$，表面粗糙度可控制到 $Ra0.01\mu m$，精密平面磨削的平面度可达 $0.0015\mu m$。近年来，由于科学技术的发展，对机器及仪器零件的精度和表面粗糙度要求越来越高，各种高硬度材料的应用日益增多，同时，由于磨削本身工艺水平的不断提高，所以磨床的使用范围日益扩大，在金属切削机床中所占的比重不断上升。目前在工业发达的国家中，磨床在金属切削机床中所占的比重约为30%～40%。

为了适应磨削各种加工表面、工件形状及生产批量要求，磨床的种类很多，其中主要有外圆磨床、内圆磨床、平面磨床、工具磨床等。在生产中应用最广泛的是外圆磨床、内圆磨床和平面磨床三类。

目前，数控磨床的应用也在发展。现代磨床主要发展趋势是：提高机床的加工效率，提高机床的自动化程度以及进一步提高机床的加工精度和减小表面粗糙度值。

（1） M1432A型万能外圆磨床的组成

外圆磨床主要用于磨削圆柱形或圆锥形的内外圆表面，还可以磨削阶梯轴的轴肩和轴端平面。在机械零部件制造加工中，外圆面磨削是一种重要的加工手段。

M1432A型磨床是普通精度级万能外圆磨床，该机床的工艺范围较广，但磨削效率不够高，适用于单件小批量生产，常用于工具车间和机修车间。

如图3-10所示，M1432A型万能外圆磨床由床身1、工件头架2、内圆磨具3、工作台8、砂轮架4、尾座5和由工作台手摇机构、横向进给机构、工作台纵向往复运动液压控制板等组成的控制箱7等主要部件组成。在床身的纵向导轨上装有工作台，台面上装有工件头架2和尾座5。被加工工件支承在头架、尾座顶尖上．或用头架上的卡盘夹持，由头架上的传动装置带动旋转，实现圆周进给运动。尾座在工作台上可左右移动以调整位置，适应装夹不同长度工件的需要。液压传动驱动工作台，使其沿床身导轨作往复移动，以实现工件的纵向进给运动；也可用手轮操作工作台，作手动进给或调整纵向位置运动。工作台由上下两层组成，上工作台可相对于下工作台在水平面内偏转一定角度（一般不大于±10°），以便磨削锥度不大的锥面。砂轮架4由主轴部件和传动装置组成，安装在床身顶面后部的横向导轨上，利用横向进给机构可实现横向进给运动以及位移调整。装在砂轮架上的内磨装置用于磨削内孔，其内圆磨具3由单独的电动机驱动。磨削内孔时，应将内磨装置翻下。万能外圆磨床的砂轮架和头架都可绕垂直轴线转动一定角度，以便磨削锥度较大的锥面。此外，在床身内还有液压传动装置，在床身左后侧有冷却液循环装置。

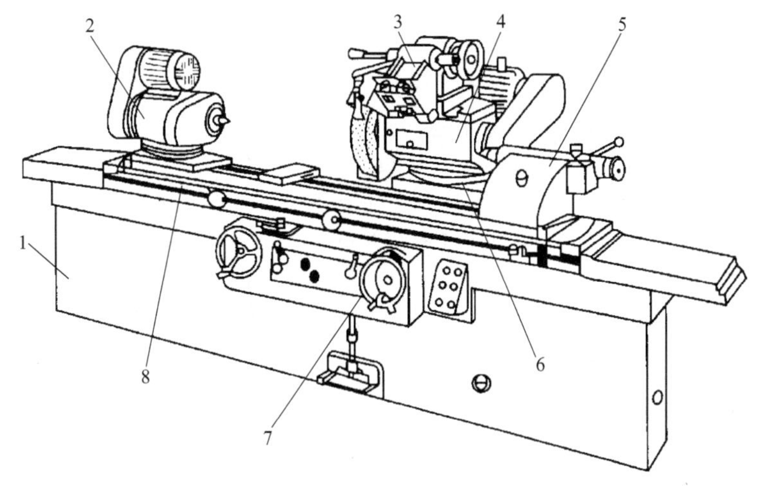

图3-10 M1432A型万能外圆磨床

1—床身；2—工件头架；3—内圆磨具；4—砂轮架；5—尾座；6—滑板；7—控制箱；8—工作台

（2）外圆磨床的机械传动系统

M1432A 型万能外圆磨床各部件的运动，由液压和机械传动装置来实现。其中工作台的纵向直线进给运动、砂轮架的快速前进和后退、砂轮架丝杠螺母副间隙消除机构以及工作台的液压传动与手动互锁机构等均由液压传动系统配合机械装置来实现，其他运动都由机械传动系统来完成。图 3-11 为 M1432A 型万能外圆磨床的传动系统图。

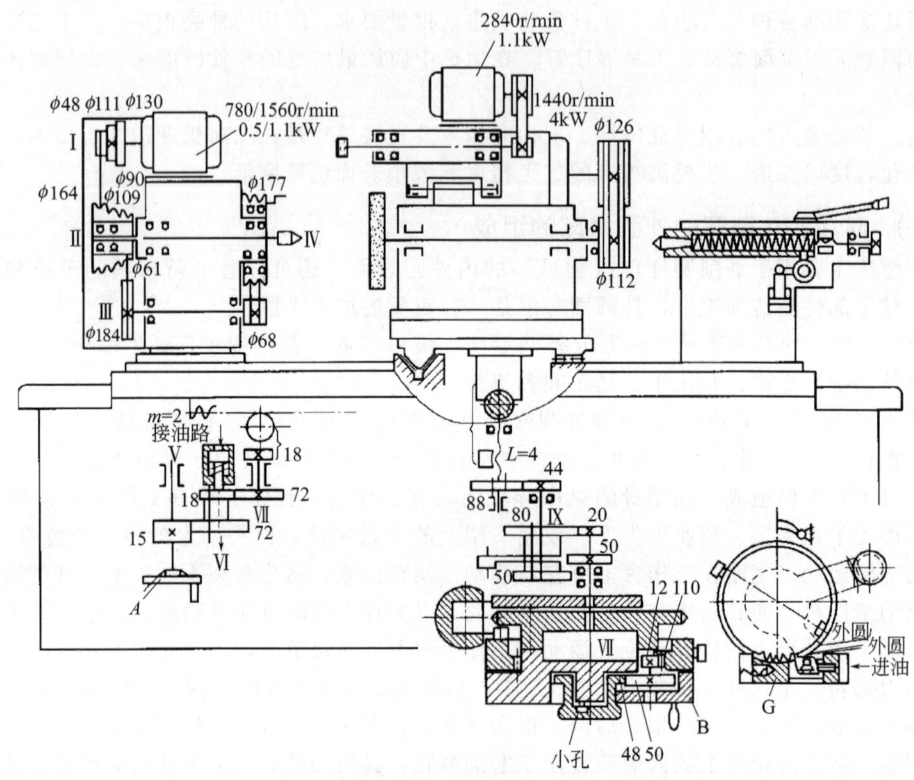

图 3-11 M1432A 型万能外圆磨床传动系统图

① 砂轮主轴的旋转主运动　砂轮主轴由 1440r/min、4kW 的电动机驱动，经四根 V 带直接传动，使主轴获得 1620r/min 的转速。

② 工件头架主轴的圆周进给运动　工件头架主轴由双速电动机（780/1560r/min、0.55/1.1kW）驱动，经 V 带塔轮的两级带传动，使头架主轴带动工件实现圆周进给运动。

③ 工作台的运动　工作台的纵向进给运动是由液压系统来实现的。调整机床及磨削阶梯轴的台阶时，工作台还可由手轮 A 驱动。机构中设置一互锁油缸，当工作台应用液压传动时，互锁油缸上腔通压力油，使齿轮 $z18$ 与 $z72$ 脱开，手动纵向直线移动不起作用；当工作台不用液压传动时，互锁油缸上腔通油池，在互锁油缸内弹簧的作用下，使齿轮 $z18$ 与 $z72$ 重新啮合传动，转动手轮 A，经齿轮副 $z15/z72$ 和 $z18/z72$、$z18$ 齿轮及齿条，实现工作台手动纵向直线移动。

④ 砂轮架的横向进给　横向进给运动，可通过摇动手轮 B 来实现，也可由进给液压缸的柱塞 G 驱动，实现周期性的自动进给。

（3）外圆磨床的典型结构

① 砂轮架　砂轮架由壳体、砂轮主轴及其轴承、传动装置与滑板等组成。砂轮主轴及其支承部分的结构将直接影响工件的加工精度和表面粗糙度，因而是砂轮架部件的关键部分，应保证砂轮主轴有较高的旋转精度、刚度、抗振性及耐磨性。

图 3-12 所示的砂轮架中，砂轮主轴 5 以两端锥体定位，前端通过压盘 1 安装砂轮，后端通过锥体安装带轮 13。主轴的前、后支承均采用短三瓦动压滑动轴承，每个轴承由均布在圆周上的三块扇形轴瓦 19 组成，每块轴瓦都支承在球头螺钉 20 的球形端头上。由于球形端头中心在周向偏离轴瓦对称中心，当主轴高速旋转时，在轴瓦与主轴颈之间形成三个楔形缝隙，于是在三块轴瓦处形成三个压力油楔，砂轮主轴在三个油楔压力作用下，悬浮在轴承中心而呈纯液体摩擦状态。调整球头螺钉的位置，即可调整主轴轴颈与轴瓦之间的间隙。通常间隙为 0.01～0.02mm。调整好以后，用螺套 21 和锁紧螺钉 22 保持锁紧，以防止球头螺钉松动而改变轴承间隙，最后用封口螺钉 23 密封。

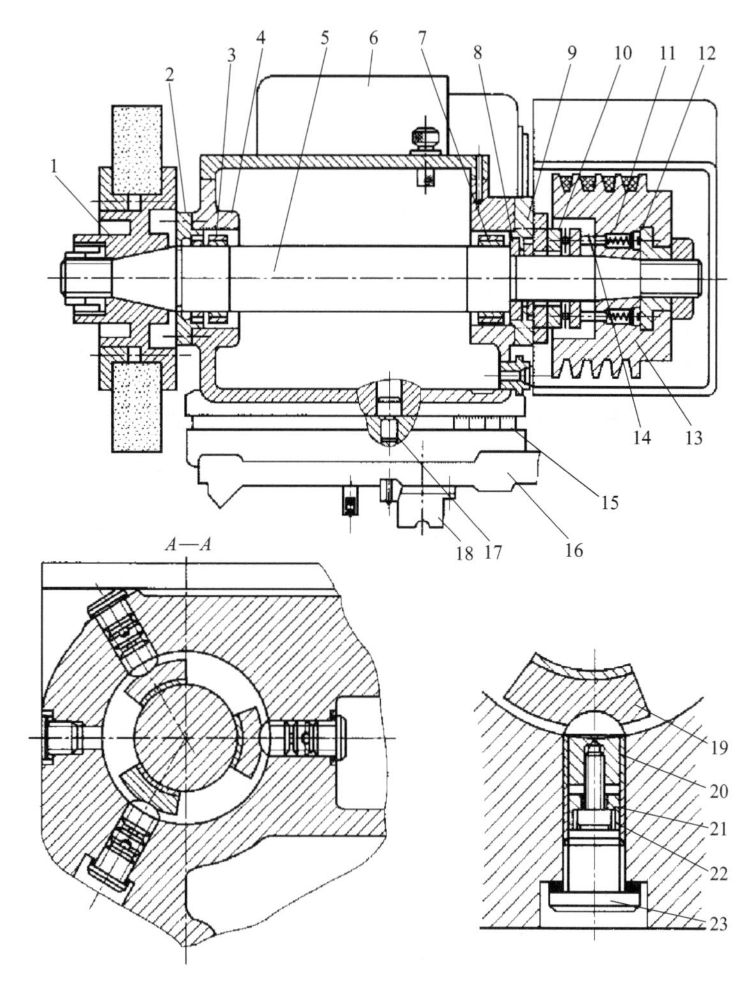

图 3-12　M1432A 型外圆磨床砂轮架结构

1—压盘；2、9—轴承盖；3、7—动压滑动轴承；4—壳体；5—砂轮主轴；6—主电动机；8—止推环；10—推力球轴承；11—弹簧；12—调节螺钉；13—带轮；14—销子；15—刻度盘；16—滑鞍；17—定位轴销；18—半螺母；19—扇形轴瓦；20—球头螺钉；21—螺套；22—锁紧螺钉；23—封口螺钉

砂轮主轴 5 由止推环 8 和推力球轴承 10 作轴向固定，并承受左右两个方向的轴向力。推力球轴承的间隙由装在带轮内的六根弹簧 11 通过销子 14 自动消除。

砂轮工作时的圆周速度很高，为了保证砂轮运转平稳，采用带传动直接转动砂轮主轴。装在主轴上的零件都已仔细校正静平衡，整个主轴部件还要经过动平衡校正。

砂轮架壳体 4 内装润滑油来润滑主轴轴承（通常用 2 号主轴油并经严格过滤），油面高度可通过油标观察。主轴两端采用橡胶油封实现密封。

砂轮架壳体用T型螺钉紧固在滑鞍16上，它可绕滑鞍上的定位轴销17回转一定角度，以磨削锥度大的短锥体。磨削时，通过横向进给机构和半螺母18，使滑鞍带着砂轮架沿横向滚动导轨作横向进给运动或快速进退运动。

② 工件头架 工件头架结构见图3-13所示，头架主轴和前顶尖根据不同的加工情况，可以转动或固定不动。

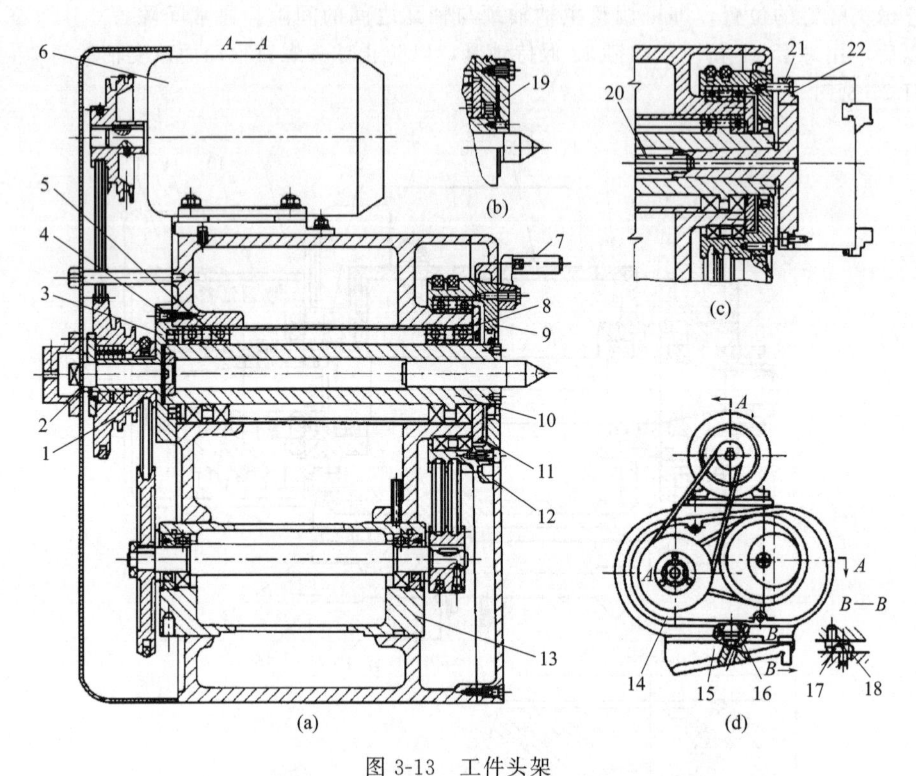

图3-13 工件头架

1—摩擦环；2—螺杆；3、11—轴承盖；4、5、8—隔套；6—电动机；7—拨杆；9—拨盘；10—头架主轴；12—带轮；13—偏心套；14—壳体；15—底座；16—轴销；17—销子；18—固定销；19—拨块；20—拉杆；21—拨销；22—法兰盘

工件支承在前、后顶尖上如图3-13(a)所示，拨盘9的拨杆7拨动工件夹头，使工件旋转，这时头架主轴和前顶尖固定不动。固定主轴的方法是拧紧螺杆2，使摩擦环1顶紧主轴后端，则主轴及前顶尖固定不动，避免了主轴回转精度误差对加工精度的影响。

用三爪自定心或四爪单动卡盘装夹工件时，在头架主轴前端安装卡盘，如图3-13（c）所示，卡盘固定在法兰盘22上，法兰盘22装在主轴的锥孔中，并用拉杆20拉紧。由拨盘9经拨销21带动法兰盘22及卡盘旋转，于是，头架主轴由法兰盘带动，也随之一起转动。

自磨主轴顶尖时将主轴放松，把主轴顶尖装入主轴锥孔，同时用拨块19将拨盘9和主轴相连，如图3-13(b)所示，使拨盘9直接带动主轴和顶尖旋转，依靠机床自身的修磨以提高工件的定位精度。壳体14可绕底座15上的轴销16转动，调整头架角度位置的范围为0°～90°。

③ 尾座 尾座的功用是利用安装在尾座套筒上的顶尖（后顶尖）与头架主轴上的前顶尖一起支承工件，使工件实现准确定位。某些外圆磨床的尾座可在横向作微量位移调整，以便精确地控制工件的锥度，如图3-14所示。

④ 横向进给机构 横向进给机构包括手动进给、周期自动进给和定程磨削机构，如图3-15、图3-16所示。

a.手动进给。如图3-15所示，转动手轮11，经过用螺钉与其连接的中间体17，带动轴Ⅱ，

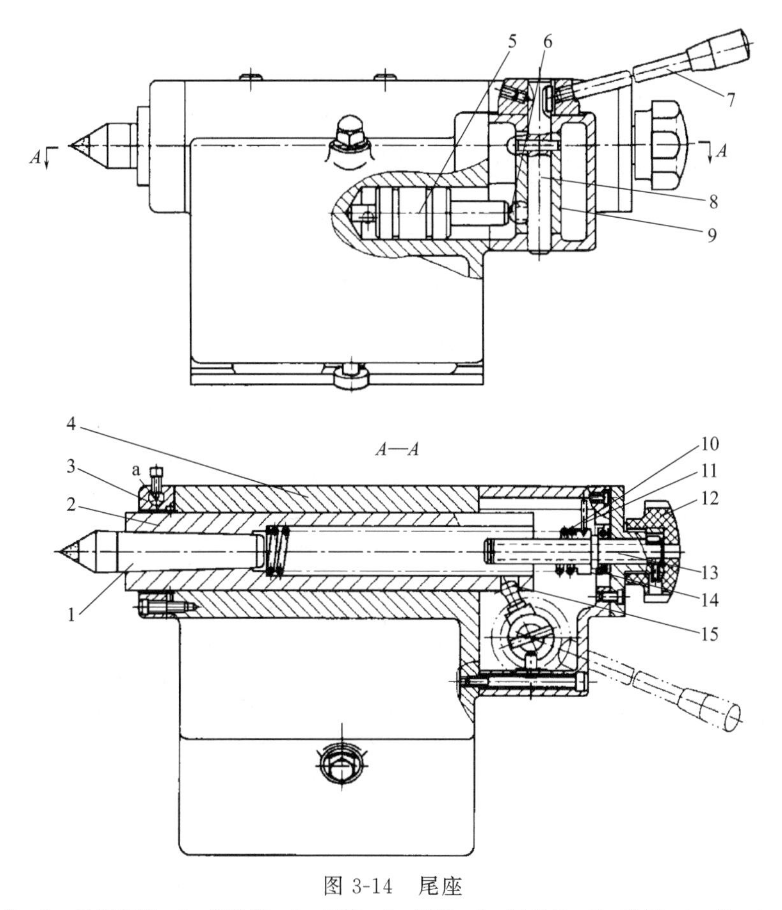

图 3-14　尾座

1—顶尖；2—尾座套筒；3—密封盖；4—壳体；5—活塞；6—下拨杆；7—手柄；8—轴；9—轴套；
10—弹簧；11—销子；12—手把；13—丝杠；14—螺母；15—上拨杆；a—斜孔

再由齿轮副 z50/z50，或 z20/z80，经 z44/z88，传动丝杠 16 转动，可使砂轮架 5 横向进给运动。手轮 11 转 1 圈砂轮架 5 的横向进给量为 2mm 或 0.5mm，手轮 11 上的刻度盘 9 上刻度为 200 格，所以每格进给量为 0.01mm 或 0.0025mm。

b. 周期自动进给。如图 3-15 所示，周期自动进给由液压缸柱塞 18 驱动，当工作台换向，液压油进入进给液压缸右腔，推动柱塞 18 向左侧运动，这时空套在柱塞 18 内的销轴上的棘爪 19 推动棘轮 8 转过一个角度，棘轮 8 用螺钉和中间体 17 紧固在一起，转动丝杠 16，实现一次自动进给。进给完毕后，进给液压缸右腔与回油路接通，柱塞 18 在左端弹簧作用下复位，转动齿轮 20，使遮板 7 改变位置，可以改变棘爪 19 能推动棘轮 8 的齿数，从而改变进给量的大小。棘轮 8 上有 200 个齿，与刻度盘 9 上 200 格的刻度相对应，棘爪 19 最多能推动棘轮 8 转过 4 个齿，相当于刻度盘转过 4 个格，当横向进给达到工件规定尺寸后，装在刻度盘 9 上的撞块 14 正好处于垂直线 *aa* 上的手轮 11 正下方。由于撞块 14 的外圆直径与棘轮 8 的外圆直径相等，将棘爪 19 压下，与棘轮 8 脱开啮合后，横向进给运动停止。

c. 定程磨削及调整。如图 3-15 所示在进行批量加工时，为简化操作，节约辅助时间，通常先试磨一个工件，达到规定尺寸后，调整刻度盘 9 位置，使与撞块 14 成 180°安装的挡销 10 处于垂直线 *aa* 上，手轮 11 正上方刚好与固定在床身前罩上的定位爪相碰，此时手轮 11 不转，这样，在批量加工一批零件时，当转动手轮 11 与挡销 10 相碰时，说明工件已达到规定尺寸。

当砂轮磨损或修正后，由挡销 10 控制的加工直径增大，这时必须调整砂轮架 5 的行程终点位置，因此需要调整刻度盘 9 上挡销 10 与手轮 11 的相对位置。

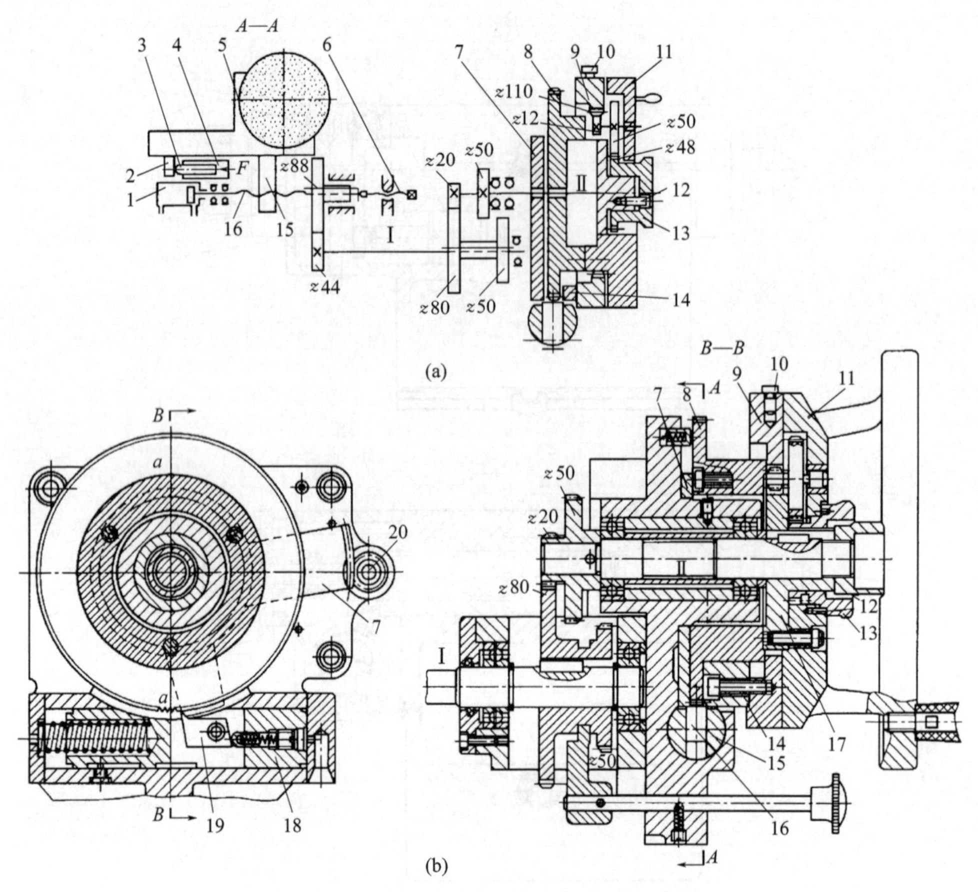

图 3-15 M1432A 型外圆磨床横向进给机构

1—液压缸；2—挡铁；3—柱塞；4—闸缸；5—砂轮架；6—定位螺钉；7—遮板；8—棘轮；9—刻度盘；10—挡销；11—手轮；12—销钉；13—旋钮；14—撞块；15—半螺母；16—丝杠；17—中间体；18—液压缸柱塞；19—棘爪；20—齿轮

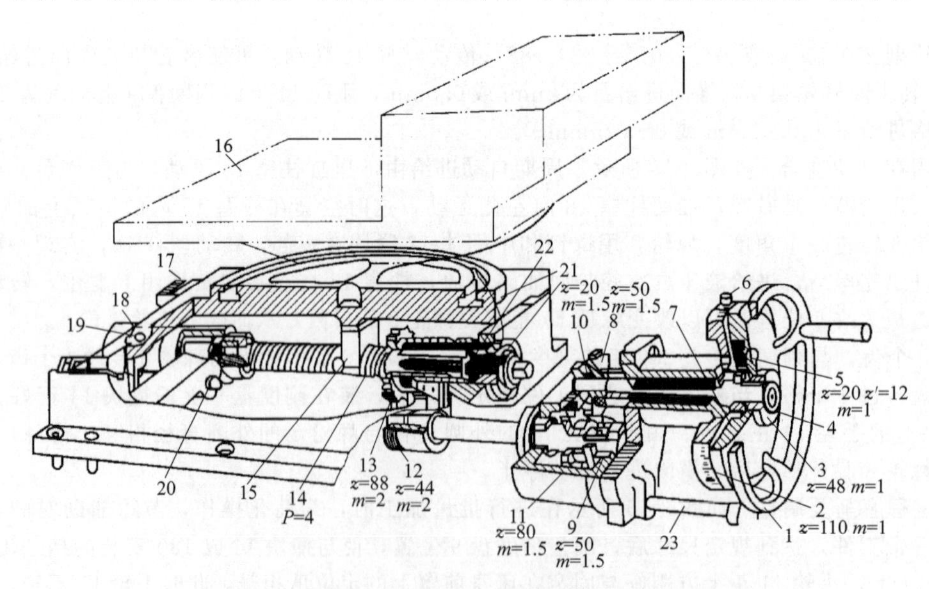

图 3-16 M1432A 型外圆磨床横向进给机构结构示意图

1—手轮；2—刻度盘；3—旋钮；4—销钉；5—行星齿轮轴；6—挡销；7—中间体；8～13—齿轮；14—丝杠；15—半螺母；16—砂轮架；17—挡铁；18—液压缸；19—螺钉；20—定位螺钉；21—刚度定位螺钉调节装置；22—刚度定位螺钉

调整方法是：拔出旋钮 13，使它与手轮 11 上的销钉 12 脱开后顺时针转动，经齿轮副$\frac{z48}{z50}$带动齿轮 Z12 转动，Z12 与刻度盘 9 上的内齿轮 Z110 啮合，使刻度盘 9 连同挡销 10 一起逆时针转动。刻度盘 9 转过的格数应根据砂轮直径减少所引起的工件尺寸变化量确定。调整完了后，将旋钮 13 推入，手轮 11 上的销钉 12 插入端面销孔，刻度盘 9 与手轮 11 连成一体，如图 3-15 所示。

⑤ 快速进退　如图 3-15 所示砂轮架 5 的定距离快速进退运动由液压缸 1 实现。当液压缸的活塞在液压油推动下左右运动时，通过滚动轴承座带动丝杠 16 轴向移动，此时丝杠的右端在齿轮 Z88 的内花键中移动，再由半螺母带动砂轮架 5 实现快进、快退。快进终点位置由刚度定位螺钉 6 保证。为提高砂轮架 5 的重复定位精度，液压缸 1 设有缓冲装置，防止定位冲击与振动。丝杠 16 与半螺母 15 之间的间隙既影响进给量精度，也影响重复定位精度，利用闸缸 4 可以消除其影响。机床工作时，闸缸 4 接通液压油，柱塞 3 通过挡铁 2 使砂轮架 5 收到一个向左的作用力 F，与径向磨削力同向，与进给力反向，使半螺母 15 与丝杠 16 始终紧靠在螺纹一侧，从而消除螺纹间隙的影响。

3.1.3　钻床

立式钻床是一种应用广泛的孔加工机床，也是钳工在进行机械加工时所用的主要机床。在立式钻床上可安装钻头、铰刀、丝锥等孔加工刀具，用以进行钻孔、扩孔、铰孔、攻螺纹、锪孔和锪端面等工作。

Z5125 型立式钻床的结构比较完善，且具有一定的万能性，适用于小批生产、单件生产、机修和工具车间的常用设备。如果装上其他钻床夹具，也可在大批生产中采用。

（1） Z5125 型立式钻床的组成

图 3-17 为 Z5125 型立式钻床外形图。主要由立柱工作台底座 1、主轴 2、冷却系统 3、变速箱 6、送刀变速机构 7、送刀机构 8、电气设备 15、活塞泵 17 等部件组成。

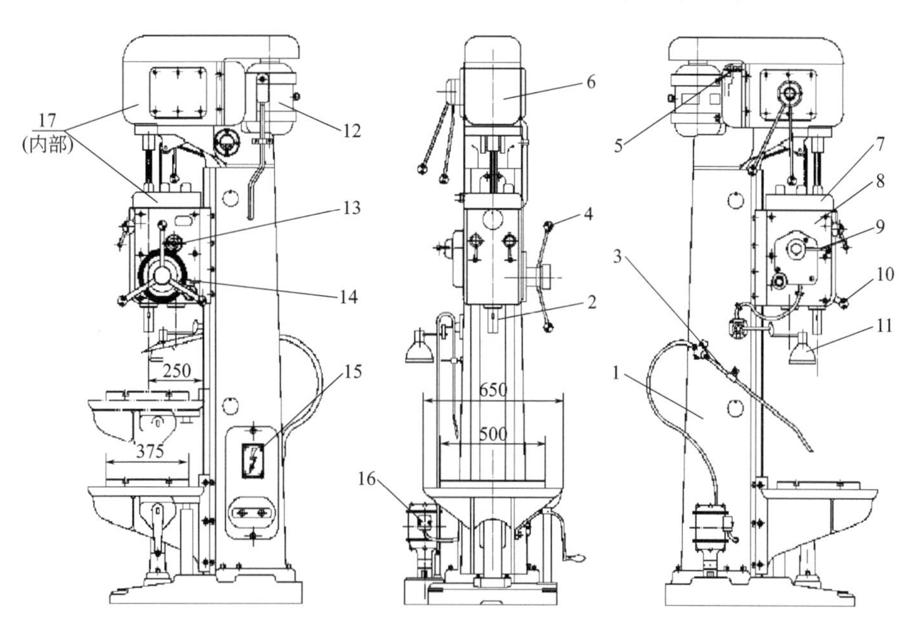

图 3-17　Z5125 型立式钻床

1—立柱工作台底座；2—主轴；3—冷却系统；4—手动机动进给操纵手柄；5—传动带拉紧机构；6—变速箱；7—送刀变速机构；8—送刀机构；9—正反转及停止操纵手把；10—进刀手把；11—照明灯；12—主电机；13—自动停止进刀凸轮；14—钻孔深度调配分度盘；15—电气设备；16—冷却泵；17—活塞泵

立柱工作台底座1的立柱与底座用螺栓连为一体，形成立式钻床的床身，工作台装在立柱导轨下方，可沿导轨作上下移动，以适应钻削不同高度的工件。

主轴2从送刀机构8的箱体下部伸出，用来装夹刀具进行各类孔加工。变速箱6固定在立柱的顶部，主电机12装在变速箱的后部，通过传动系统将旋转运动传给主轴2。活塞泵17安装在变速箱6的内部，通过油管对箱体内各部进行润滑。送刀变速机构7、送刀机构8装在立柱的导轨上，并可沿导轨作上下移动。送刀变速机构的润滑也由活塞泵17供给。传动带拉紧机构5主要用来消除传动间隙，保证钻孔加工时的进给精度。

刀具和工件的冷却由装在底座上的冷却泵16将储存在底座槽内的冷却液打上，通过管路和冷却喷嘴进行冷却，流量大小由管路上的活栓进行调节。

钻床上有各种手柄（如手动机动进给操纵手柄4、正反转及停止操纵手把9、进刀手把10等）以及自动停止进刀凸轮13、钻孔深度调配分度盘14等机构，主要用来控制主轴转速和进给、起停等。

电气设备15为整个机床提供电源。照明灯11为操作者在光线不好或上晚班时提供照明。

（2） Z5125型立式钻床的传动系统

Z5125型立式钻床的传动系统如图3-18所示。立式钻床的工作运动包括主轴的主运动（旋转）和主轴的进给运动（沿轴线行进）。

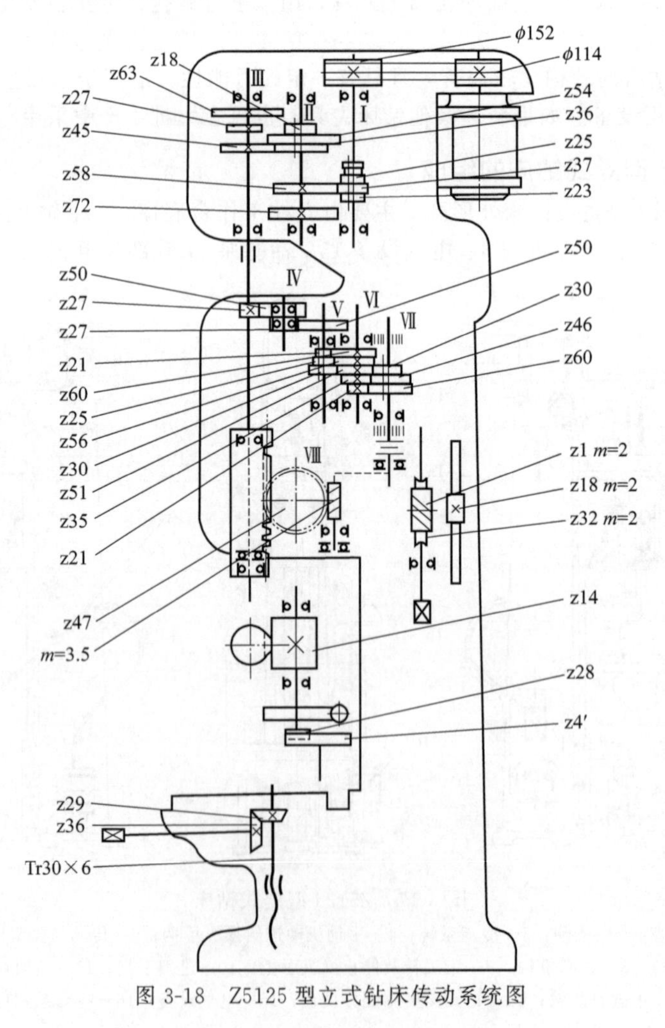

图3-18 Z5125型立式钻床传动系统图

① 主运动　立式钻床的主运动是：由电动机经过带轮 ϕ114mm、ϕ152mm 将动力传给轴Ⅰ，轴Ⅰ上的一组三联滑动齿轮将运动传给轴Ⅱ，再由轴Ⅱ上的一组三联滑动齿轮将运动传给主轴Ⅲ，主轴获得 3×3=9 种转速。

主运动的传动结构式如下：

$$\text{电动机}-\frac{\phi 114}{\phi 152}-\text{Ⅰ}-\begin{Bmatrix}\frac{25}{54}\\ \frac{37}{58}\\ \frac{23}{72}\end{Bmatrix}-\text{Ⅱ}-\begin{Bmatrix}\frac{18}{63}\\ \frac{54}{27}\\ \frac{36}{45}\end{Bmatrix}-\text{主轴Ⅲ}$$

根据传动结构式，可列出运动平衡方程式，从而可计算出主轴的各种转速。

其运动平衡方程式为：

$$n_{\text{主轴}}=n_{\text{电动机}}\times\frac{114}{125}\times u_{\text{变}}$$

式中　$n_{\text{主轴}}$——主轴转速，r/min；

$u_{\text{变}}$——主轴变速部分的总传动比。

主轴的最高和最低转速计算如下：

$$n_{\text{最高}}=1420\times\frac{114}{152}\times\frac{37}{58}\times\frac{54}{27}\approx 1359(\text{r/min})$$

$$n_{\text{最低}}=1420\times\frac{114}{152}\times\frac{23}{72}\times\frac{18}{63}\approx 97(\text{r/min})$$

② 进给运动　立式钻床的进给运动是：由装在主轴花键上的 $z=27$ 的齿轮和轴Ⅳ上的空套齿轮，把运动传给轴Ⅴ，轴Ⅴ上的三只空套齿轮内有拉键，通过拉键的移动可使轴Ⅶ得到三种转速，轴Ⅶ上的三只空套齿轮内也有拉键，通过轴Ⅵ上的齿轮和拉键的移动又可使轴Ⅶ得到三种转速，然后经过轴Ⅶ上的钢球式安全离合器、蜗杆，将运动传给 $z=47$ 的蜗轮，并通过与蜗轮同轴的 $z=14$ 的齿轮带动齿条，而使主轴获得 3×3=9 种进给量。

进给运动的传动结构式如下：

$$\text{主轴(1 转)}-\frac{27}{50}-\text{Ⅳ}-\frac{27}{50}-\text{Ⅴ}-\begin{Bmatrix}\frac{21}{60}\\ \frac{25}{56}\\ \frac{30}{51}\end{Bmatrix}-\text{Ⅵ}-\begin{Bmatrix}\frac{51}{30}\\ \frac{35}{46}\\ \frac{21}{60}\end{Bmatrix}-\text{Ⅶ}-\frac{1}{47}-\text{Ⅷ}-14$$

其主轴进给量计算方程式为

$$f=1\times\frac{27}{50}\times\frac{27}{50}\times u_{\text{进给}}\times\frac{1}{47}\times\pi\text{m}\times 14$$

式中　f——主轴进给量，mm；

$u_{\text{进给}}$——进给部分的总传动比。

主轴的最大和最小进给量计算如下：

$$f_{\text{最大}}=1\times\frac{27}{50}\times\frac{27}{50}\times\frac{30}{51}\times\frac{51}{30}\times\frac{1}{47}\times 3.14\times 3\times 14=0.81(\text{mm/r})$$

$$f_{\text{最小}}=1\times\frac{27}{50}\times\frac{27}{50}\times\frac{21}{60}\times\frac{21}{60}\times\frac{1}{47}\times 3.14\times 3\times 14=0.1(\text{mm/r})$$

主轴的进给运动除了可由上述机动系统获得外，还可操纵手柄作手动进给。

③ 辅助运动

a. 进给箱的升降运动。转动手柄使 $z=1$、$m=2$ 的蜗杆旋转，通过 $z=32$、$m=2$ 的蜗轮以及 $z=18$ 齿轮与齿条的啮合（齿条固定在床身上），即可带动进给箱沿床身导轨作升降运动。

b. 工作台的升降运动。转动手柄使一对 $\frac{z29}{z36}$ 的锥齿轮和丝杠（Tr30×6）旋转，便可使工作台获得升降运动。

（3） Z5125型立式钻床主要部件的结构

其主要部件包括变速箱、进给箱、进给机构和主轴等。

① 变速箱　如图3-19所示，变速箱内部主要装有传动齿轮和变速操纵机构。两组三联滑动齿轮1和2用花键与轴连接。齿轮的变换是靠扳动变速箱外部的操纵手柄，使变速箱内的两个扇形齿轮和拨叉动作而得到。

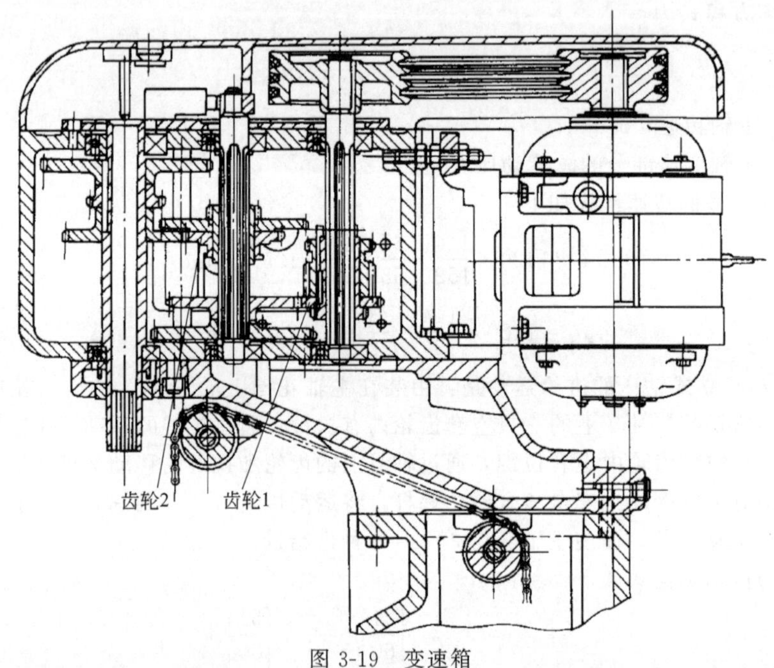

图3-19　变速箱

变速箱的最后一根轴是空心轴，上端用平键固定连接一组三联齿轮，下端用内部的花键孔将所得的9种转速传递给主轴。

在中间一根花键轴的顶端装有一个偏心轮，用以带动活塞式润滑油泵，将润滑油供给变速箱的各个活动部位。

② 进给箱和进给机构　如图3-20所示，在进给箱内部的上方是进给变速部分，其运动首先由主轴带动具有花键孔的齿轮1传入，并经齿轮2、3降速。

通过进给箱外部的操纵手柄，可使进给箱内的拉键机构沿轴向移动，分别与空套在轴套（4和5）上的三个齿轮连接而达到变速的目的。三个空套齿轮的端面之间都垫以铜环，借以减轻齿轮间的相互摩擦，并可防止拉键同时进入两个相邻齿轮的键槽内而发生故障。

在轴套5的下端装有钢球式离合器，与进给机构蜗杆轴上的钢球式离合器相啮合。

如图3-21所示，在进给箱内部的下方是进给机构部分。进给机构经钢球式离合器5与进给箱的变速部分连接。离合器5利用装在刻度盘1上的撞块7的作用，可使机动进给运动在超载时准确地脱开，起到保险作用。调节螺杆3旋进时，弹簧4被压缩，钢球式离合器能传递的转矩就增大；反之，则传递的转矩就减小。准确的调整应保证当进给抗力超过1000N（比正常负荷超10%）时，离合器即脱开。此时钢球在离合器端面上只产生打滑现象而不能传递转矩。

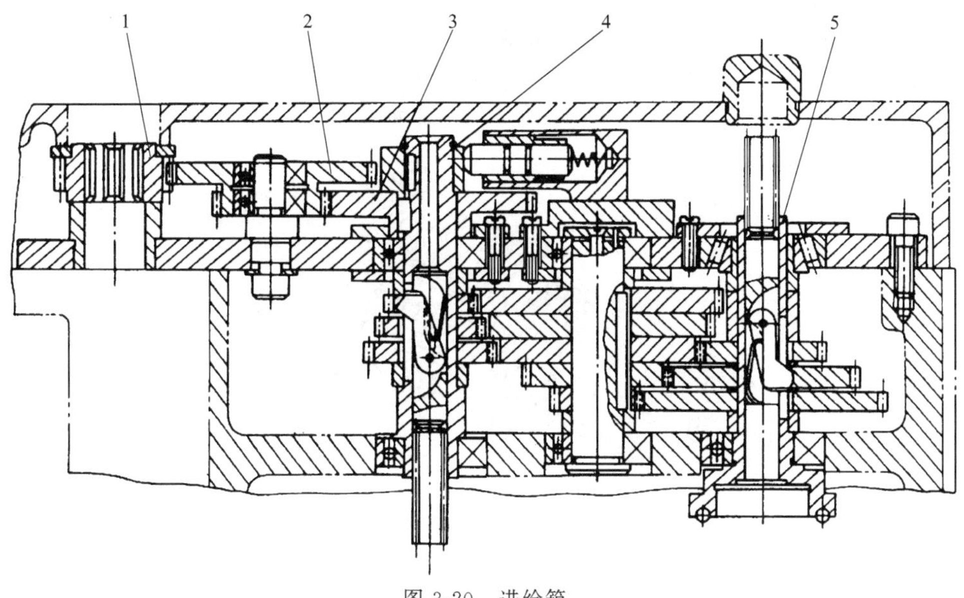

图 3-20　进给箱

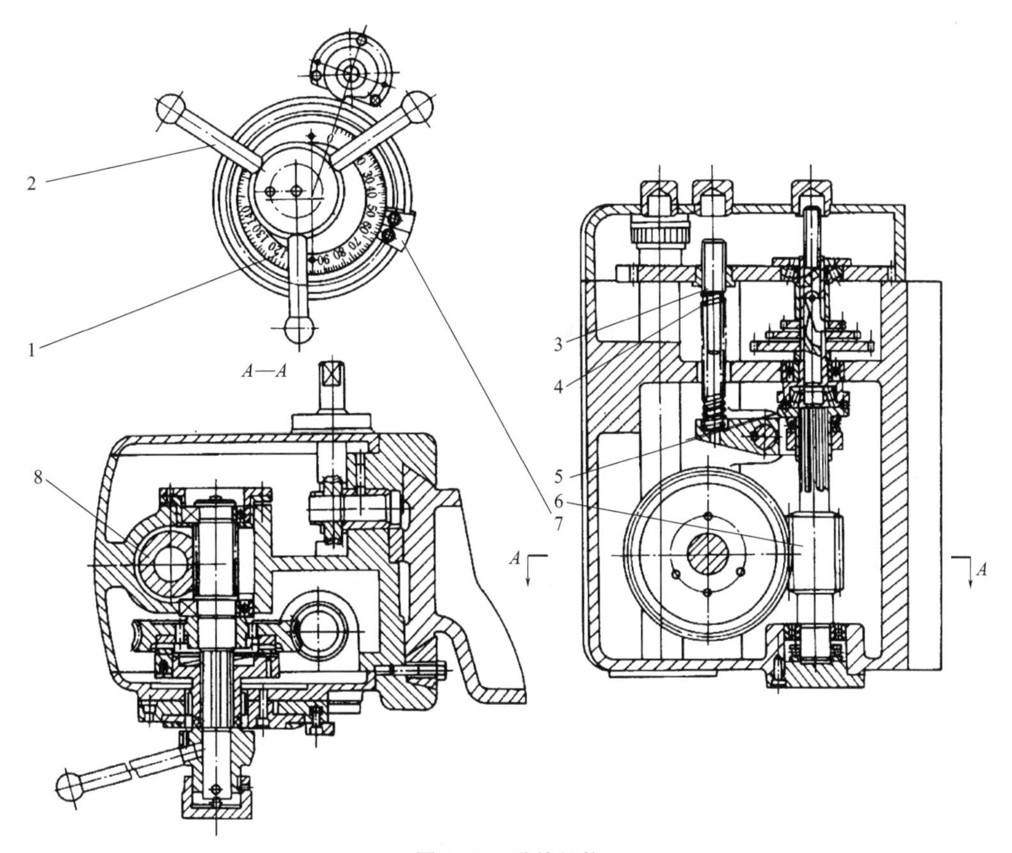

图 3-21　进给机构

1—刻度盘；2—手柄；3—调节螺杆；4—弹簧；5—钢球式离合器；6—蜗杆；7—撞块；8—主轴套筒

如图 3-22 所示，进给操纵机构的工作原理如下：

机动进给时，逆时针方向转动操纵手柄 2，与手柄相连接的离合器 10 相对水平轴 3 转过 20°

角（此20°角由离合器上的切口和销子1所限制）。此时，由于斜面的作用，使得爪盘座8沿轴向（向右）推进并使其位置固定。在爪盘座获得轴向移动时，双面爪盘6上的爪，便与固定在蜗轮4上的爪盘5的齿相啮合。此时，旋转运动由蜗杆经蜗轮4、爪盘5、双面爪盘6、止动爪7和爪盘座8传给水平轴上的齿轮，并带动主轴套筒上的齿条运动而得到机动进给。

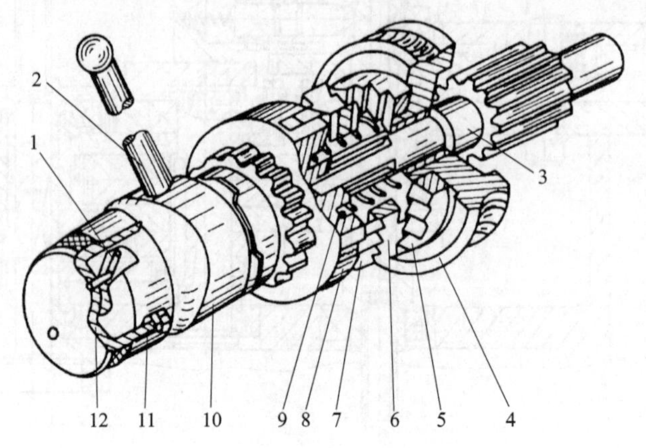

图3-22 进给操纵机构

1、12—销子；2—手柄；3—水平轴；4—蜗轮；5—爪盘；6—双面爪盘；7—止动爪；8—爪盘座；9—弹簧；10—离合器；11—端盖

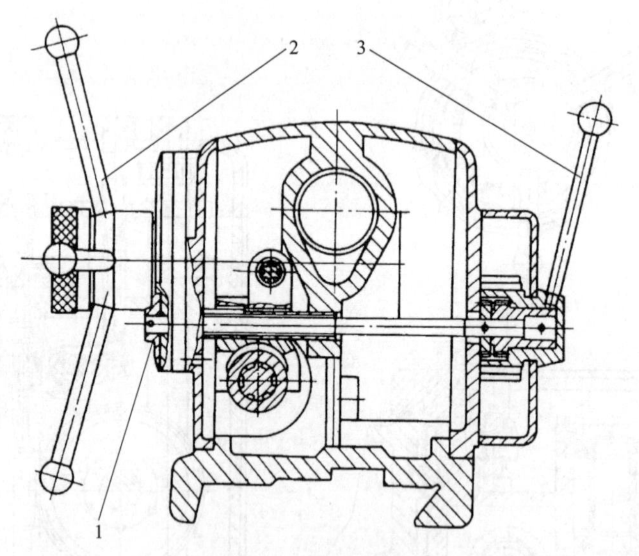

图3-23 逆转装置

1—凸轮；2、3—手柄

如果在机动进给时继续转动操纵手柄，则装在卡盘座的止动爪，将顺着双面卡盘的齿面滑动，这样就得到机动进给时的手动超越进给，即在机动进给的同时，可允许以大于机动进给的进给量作手动进给。

欲停止机动进给，只要将操作手柄相对水平轴顺时针转20°角，此时爪盘座8向左移动。于是因爪盘5与6不再啮合而使进给停止。如果继续顺时针转动手柄，可使主轴上升，操纵十分灵便、安全。

当采用手动进给时，必须先使机动进给停止，然后将端盖11沿水平轴3推入。在端盖内，装有销子12，此销子能插入离合器10的切口内，于是手柄2就不能相对于水平轴转过20°角，上述机动进给的一系列动作也就不会产生。操纵手柄的旋转运动便直接传给水平轴和齿轮，带动主轴套筒上的齿条运动而得到手动进给。

攻螺纹时，机床备有手动和自动的电动机逆转装置，如图3-23所示。手动操纵攻螺纹至所需要深度时，可操纵手柄2或3，主轴便逆转而使丝锥退出。当利用撞块操纵攻螺纹至需要深度时，在刻度盘上预先调整好的撞块作用下撞动凸轮1，经过连接系统，主轴便逆转而使丝锥退出。

③ 主轴部件　如图3-24所示，主轴4的上部有一花键，与变速箱中空心轴的花键孔连接而获得旋转运动。主轴的两端由深沟球轴承1支承。进给时的轴向力主要由主轴下端的推力球轴承2承受。旋转或旋松主轴上端的螺母，可调整主轴推力球轴承的轴向游隙。

主轴轴承是通过进给箱空腔内伸出的导油线来润滑的，导油线的每分钟供油量约为一滴。

主轴套筒3的上端固定有链条5，其另一端则经过变速箱上的滑轮后通入床身的内腔，并挂有铸铁的重锤，以平衡主轴部件的重量，使操纵主轴时更轻便。

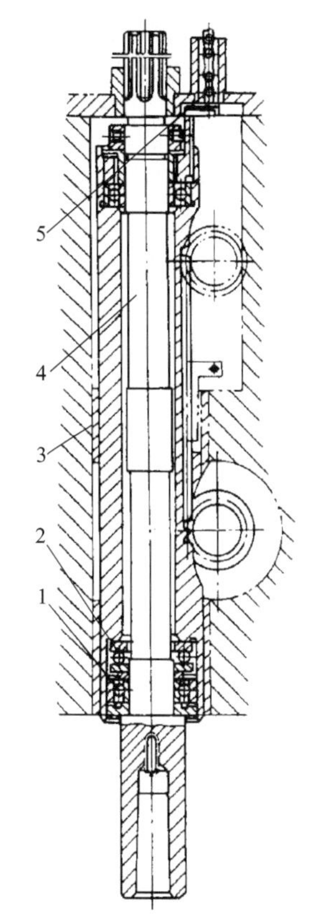

图3-24　主轴部件
1—深沟球轴承；2—推力球轴承；3—主轴套筒；4—主轴；5—链条

3.2 柴油机的结构

3.2.1 柴油机的总体构造

柴油机的种类和结构形式很多，但它们的总体结构都基本相似。图3-25和图3-26为4135型柴油机的外观图。柴油机结构主要包括以下部分：

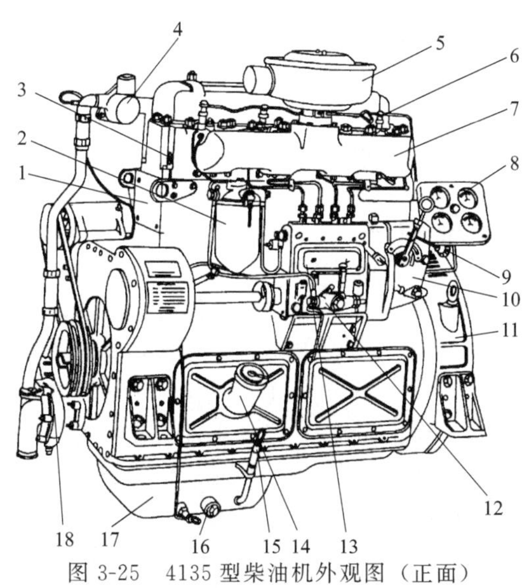

图3-25　4135型柴油机外观图（正面）
1—机体；2—燃油滤清器；3—气缸盖；4—节温器；5—空气滤清器；6—喷油器；7—进气管；8—仪表盘；9—操纵装置；10—调速器；11—飞轮罩壳；12—手动输油泵 13—喷油泵；14—通气管；15—油标尺；16—机油放油口；17—油底壳；18—水泵

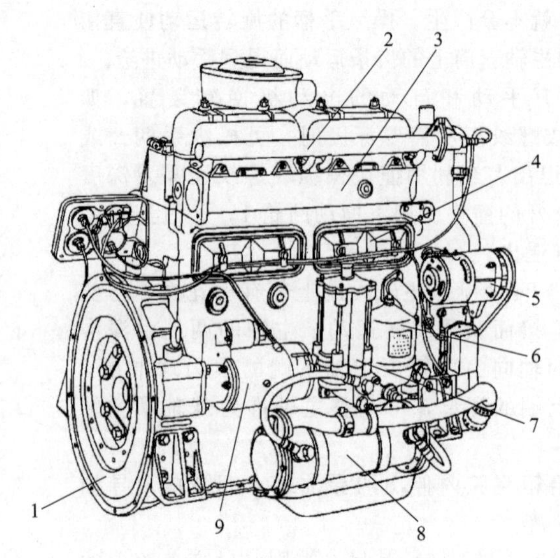

图 3-26 4135 型柴油机外观图（反面）

1—飞轮；2—回油管；3—排气管；4—推杆机构观察口盖；5—发电机；6—机油离心精滤器；7—机油粗滤器；8—机油冷却器；9—启动电动机

① 机体组件 它包括机体、气缸套、气缸盖和油底壳等。这些零件构成了柴油机的骨架，所有运动件和辅助系统都安装在上面。

② 曲柄连杆机构 它包括活塞、连杆、曲轴和飞轮等。它们是柴油机的主要运动件。

③ 配气机构和进、排气系统 它包括进、排气门组件、挺柱与推杆、凸轮轴、传动机构、进气管、空气滤清器、排气管等。其作用是定时地控制进气与排气。

④ 燃料供给和调节系统 它包括喷油泵、喷油器、输油泵、燃油滤清器和调速器等。其作用是定时、定量地向燃烧室内喷入燃油，并创造良好的燃烧条件。

⑤ 润滑系统 它包括机油泵和机油滤清器等。其作用是将润滑油输送到柴油机运动件的各摩擦表面，以减少运动件的摩擦阻力和磨损。

⑥ 冷却系统 它包括水泵、机油冷却器和节温器等。其作用是利用冷却水将受热零件的热量带走，保证柴油机各零件在高温条件下正常地工作。

⑦ 启动系统 它包括启动电动机、继电器和启动按钮等。其作用是借助于外部能源（电力）带动柴油机转动，使柴油机实现第一次点火。

3.2.2 柴油机的机体及组件

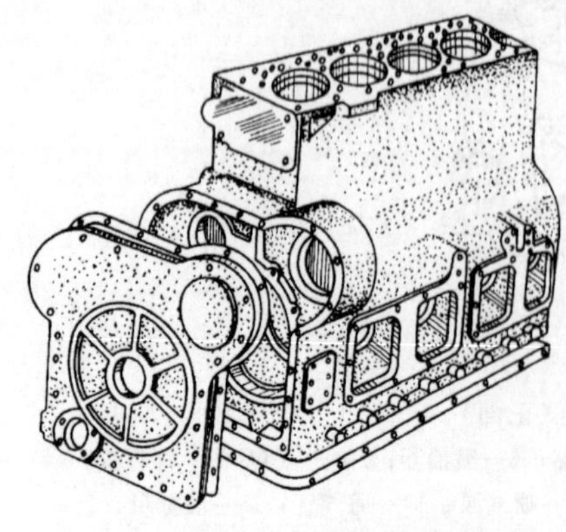

图 3-27 4135 型柴油机的机体结构

（1）机体

机体的主要作用是：支承柴油机所用的运动件，使它们在工作时保持一定的位置；在机体中设有水道和油道，保证各零件工作时必要的冷却和润滑；安装柴油机的各辅助系统；作为柴油机使用安装时的支承，固定在支架或底盘上。

图 3-27 为 4135 型柴油机的机体结构，它是用高强度铸铁制成的整体式机体，即上部为气缸体，下部为曲轴箱。这种整体式结构的特点是结构紧凑、刚度好，但加工制造比较困难。

气缸部分的作用是用来安置气缸套，要求其对气缸套提供可靠的冷却条件。四个气缸套座孔的内部有冷却水腔（或称水套）互相连通在一起。气缸体的顶部螺孔是装气缸盖螺栓的，用来固定气缸盖。为保证气缸盖可靠地密封，防止螺栓回松，气缸盖螺栓与气缸体采用过盈配合的螺纹连接。

曲轴箱部分的作用主要是支承曲轴。曲轴箱是一种隧道式结构。在曲轴箱内的每个横隔板上有整体的圆形主轴承座孔，如同隧道状。主轴承的外圈压在座孔内，主轴承的内圈装在曲轴的主轴颈上，曲轴的安装是从曲轴箱一端沿轴向穿入座孔的。曲轴箱的一侧铸有观察窗口，每两个相邻窗口用一个盖板密封。通过观察窗口，可以装拆连杆螺钉和连杆盖，检查曲轴、主轴承和连杆轴承的工作情况，并可清洗机油泵吸油粗滤器。

机体前端为齿轮室，室内装有齿轮传动机构。机体后端装有飞轮罩壳。

（2）气缸套

气缸套的主要作用是：与活塞、气缸盖构成气缸工作空间；作为活塞往复运动的导向面；周围冷却介质传递热量，以保证活塞组件和气缸套本身在高温、高压条件下正常工作。

图3-28为135系列柴油机的气缸套。它用高磷合金铸铁制成。这种气缸套的外壁直接与冷却水接触，故称为湿式气缸套。气缸套外圆下部有两条环槽，内装橡胶封水圈以密封冷却水腔。气缸套内壁为一光滑的圆柱面，具有较高的精度和较小的表面粗糙度。

（3）气缸盖

气缸盖的主要作用是：密封气缸，与活塞、气缸套构成燃烧室空间；构成柴油机的进、排气通道；安装柴油机的某些零部件，如进气门、排气门、气门摇臂、喷油器等。

图3-29为135系列柴油机的气缸盖。它用高强度铸铁制成。这种气缸盖是双缸式结构，即相邻两气缸共用一个气缸盖。

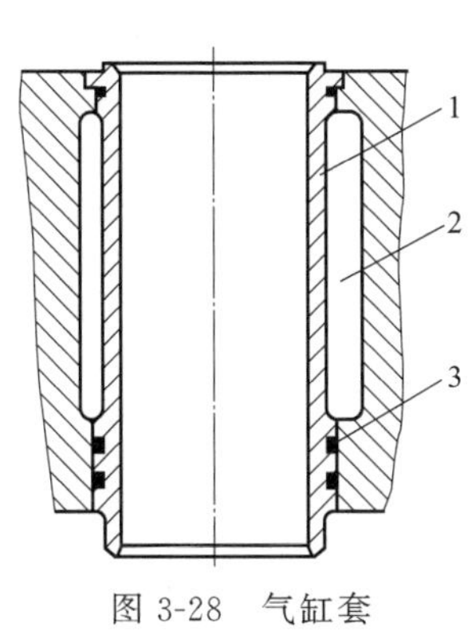

图3-28 气缸套

1—气缸套；2—水套；3—环槽

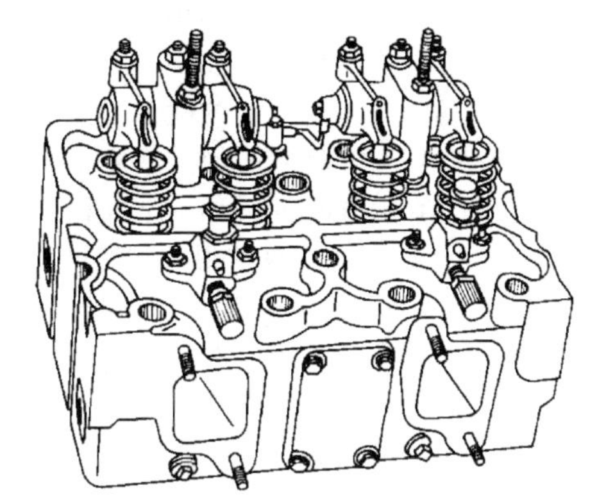

图3-29 气缸盖

气缸盖上对应于每个气缸位置装一个进气门和一个排气门，通过进、排气道，分别与气缸盖两侧面的进、排气口相通。进气道制成螺旋状，使空气流入燃烧室时，形成强烈涡流，促使燃油与空气均匀混合。

喷油器倾斜地装在气缸盖上面，并露在气缸盖的罩壳外，便于拆装。

气缸盖顶面装有气门摇臂机构，摇臂座用螺栓固定在气缸盖上。

气缸盖底面压在气缸体的接触平面上，两者之间装有气缸垫，用以保证气缸上部的密封性。每个气缸盖上有十个螺栓孔，两侧还有四个半圆形槽，装配时相邻两气缸盖紧靠在一起，对应两个半圆形槽构成螺栓孔，合用一个螺栓压紧。

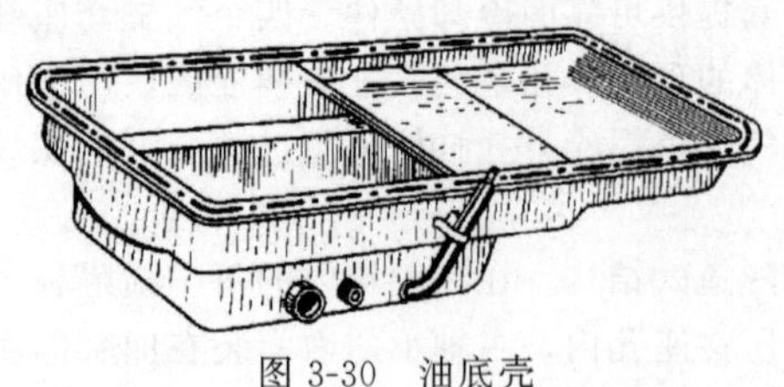

图 3-30 油底壳

（4）油底壳

油底壳的作用是封闭曲轴箱，防止脏物进入机体内。同时贮存机油，以供润滑系统用。图 3-30 为 4135 型柴油机的油底壳结构。它用钢板焊接制成。在油底壳侧面有放油口和用来检查油面高度的油标尺座孔。这是一种深井式结构，当柴油机倾斜 25°时仍能正常工作。

3.2.3 柴油机的曲柄连杆机构

其曲柄连杆机构由活塞连杆组和曲轴组组成。

（1）活塞连杆组

活塞连杆组的结构如图 3-31 所示。

它由气环 1、油环 2、活塞 3、活塞销 4、锁簧 5、连杆衬套 6、连杆杆身 7、轴瓦 8、定位套筒 9、连杆盖 10 和连杆螺钉 11 构成。

活塞连杆组的主要作用是：与气缸套、气缸盖构成气缸工作空间和燃烧室，依靠活塞的往复运动，通过连杆转变为曲轴的旋转运动，从而实现四行程循环过程；承受燃气的压力，并通过连杆传给曲轴；密封气缸，防止气体漏入曲轴箱或过多的机油窜入气缸。

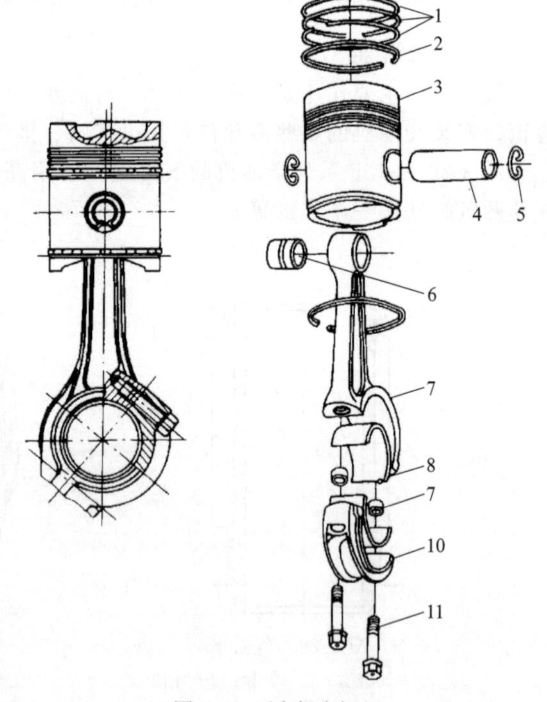

图 3-31 活塞连杆组

1—气环；2—油环；3—活塞；4—活塞销；5—锁簧；6—连杆衬套；7—连杆杆身；8—轴瓦；9—定位套筒；10—连杆盖；11—连杆螺钉

① 活塞　活塞如图 3-32 所示，活塞由顶部 1、环槽 2 和环槽 3、活塞销座 4 和裙部 5 等部分组成。活塞顶部是燃烧室的组成部分，有一个偏置的 W 形凹槽，与倾斜安装的喷油器相对应。顶面上还有两个气门避碰凹槽。活塞上有五条环槽，上面三条环槽内装气环，下面两条环槽内装油环。活塞销座用来安装活塞销。活塞所承受的作用力，都经活塞销传给连杆。裙部是活塞往复运动的导向部分。由于连杆的摆动，活塞在运动过程中对气缸壁要产生侧压力。为了使裙部承受侧压力的两侧受压均匀，并使裙部与缸壁保持最小而又安全（不因热胀而卡住在气缸内）的间隙，要求活塞在工作状态下保持正确的圆柱形。

由于活塞的各部分厚度很不均匀，工作时在气体压力、侧压力和热负荷的作用下，活塞将产生很大的变形。在活塞的高度方向，活塞顶部受到的热负荷和气体压力大，变形也大，而裙部变形小；在活塞销座处，沿销座轴向的变形要比沿销座垂直方向的大得多。因此，要使活塞在工作时受到上述负荷的作用产生变形后，形成正确的圆柱形，就必须在常温下（自由状态）把活塞加工成如图 3-32 中所示的尺寸、形状，使变形较大的顶部尺寸比裙部小，形成圆锥形。同时在活塞销座处，使变形较大的销座轴线方向的尺寸比垂直方向的小些，形成椭圆形。

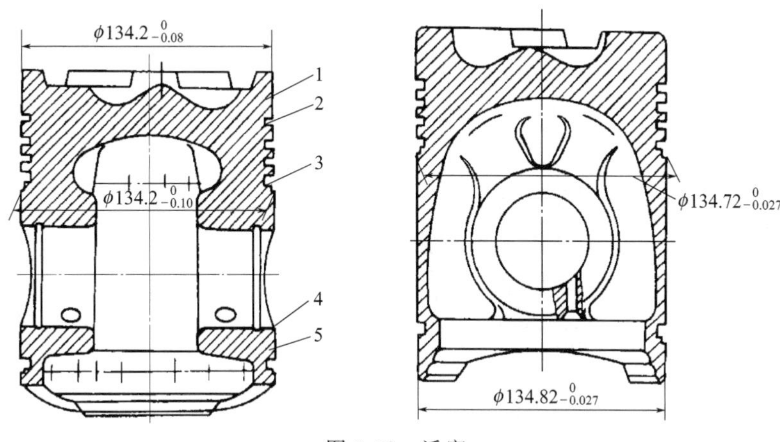

图 3-32 活塞

1—顶部；2、3—环槽；4—活塞销座；5—裙部

为保证各活塞在运动时惯性力一致，装在同一台柴油机上的活塞重量差要求不大于 10g。

② 活塞环 活塞环有气环和油环两种。气缸和活塞之间必须留有一定的热胀间隙，若不加以密封，气缸中的气体会向曲轴箱泄漏，造成压缩后压力不高，柴油机性能变坏，甚至无法工作。另外，气缸与活塞之间的润滑油若不及时刮掉，就会窜入燃烧室燃烧，使机油消耗量增加，同时会产生燃烧室积碳、排气冒烟等不良现象。

活塞上气环的作用是密封气缸，防止气体漏入曲轴箱，并传送活塞顶部所吸收的热量至气缸壁，由冷却水带走。活塞上油环的作用主要是刮油，使机油在气缸壁上分布均匀，并防止过多润滑油窜入燃烧室。

图 3-33 为活塞环的结构，图 3-33(a) 为气环，图 3-33(b) 为油环。

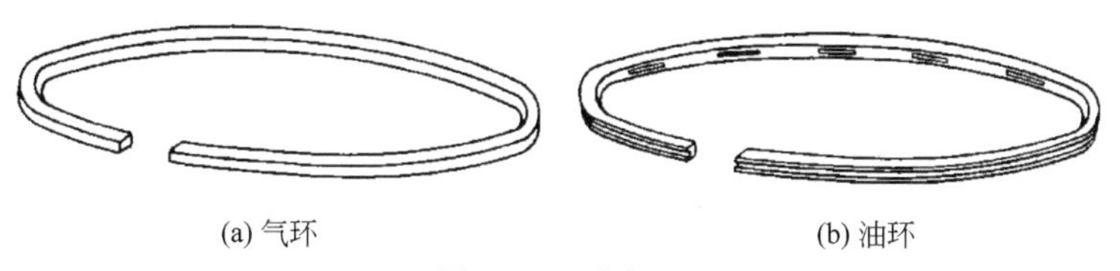

(a) 气环　　(b) 油环

图 3-33 活塞环

活塞环用合金铸铁制成，具有较好的耐磨性和一定的弹性。为提高表面的耐磨性，第一道气环采用多孔性镀铬。活塞环在自由状态时不是一个整圆环，而是比气缸直径大的开口环。随同活塞装入气缸时，依靠自身的弹性使外圆与气缸壁紧密贴合。此时其开口处仍留有一定间隙，以便有热胀余地，称为开口间隙。但此间隙不能过大，以免严重漏气、漏油；而间隙也不能过小，否则又会因热胀而造成卡死或产生折断。

活塞环装入环槽内，环与环槽平面也有一定的间隙，称为环槽端面间隙。该间隙过小，工作时会卡死在环槽内，丧失密封作用；该间隙过大，则又会产生泵油现象，使机油容易窜入气缸。

活塞环的泵油现象如图 3-34 所示，当活塞向下移动时［见图 3-34(a)］，活塞环靠在环槽的上端面，缸壁上的机油被挤入环槽的下面和内侧间隙中；当活塞向上移动时［图 3-34(b)］，活塞环又靠向环槽的下端面，将环槽间隙中的机油挤到上面。活塞不断地上下运动，下面的机油就不断被挤到活塞上部而进入燃烧室。

为了消除这种有害的泵油现象，135 系列柴油机的活塞环，其断面形状除第一道气环采用矩形外，第二、第三道气环在内圆上口有设 1×45°的倒角。油环的外圆上口也设有 0.6×45°的倒角(图 3-35)，其断面形状不对称，称为扭曲环。这种活塞环装入气缸，受到压缩后，产生明显的断面倾斜，使环的边缘与环槽的上下端面同时接触，从而防止了活塞环在环槽内的上下窜动而产生的泵油现象。

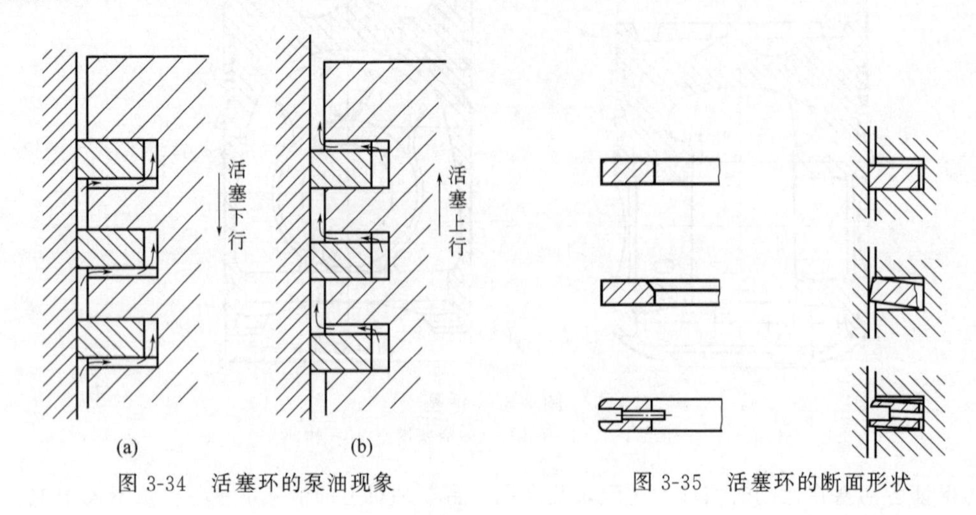

图 3-34 活塞环的泵油现象

图 3-35 活塞环的断面形状

活塞环随同活塞装入气缸时，各环的开口方向应相互错开，而不要让相邻两环的开口在同一方向上，以减少泄漏现象，提高密封性能。

③ 活塞销 活塞销的作用是连接活塞和连杆。

活塞销用低碳合金钢制成，表面经渗碳淬火，具有很高的硬度和耐磨性，而内部则保持较高的韧性，以使其工作时能承受交变的冲击载荷。

活塞销常做成空心状，是为了保证在一定强度和刚度条件下，尽量减轻重量，以减小往复运动的惯性力。

活塞销与销座及连杆小头的连接采用浮动式，工作时活塞销可在销座孔和连杆小头孔中产生缓慢的转动，使磨损均匀。同时由于浮动活塞销的载荷分布均匀，因此可提高活塞销的疲劳强度。

由于活塞材料的热胀系数比活塞销的热胀系数大，故常温下的配合应略有过盈，通常采用加热活塞的方法，将活塞销装入。

为了防止活塞销工作时产生轴向窜动而刮伤气缸壁，在活塞销两端装有锁簧。

④ 连杆 连杆的作用是连接活塞和曲轴，并将活塞的往复运动转变为曲轴的旋转运动。

连杆在工作时进行着复杂的摆动运动，同时承受活塞传来的气体压力、往复运动惯性力和本身摆动时的惯性力，因此，要求连杆应具有足够的强度和刚度。为了减小惯性力的影响，连杆的重量应尽量轻。

连杆用 40Cr 合金钢制成。连杆小头与活塞销连接，在小头孔中装有衬套。连杆衬套由 ZQPb12-8 铅青铜制成。连杆大头做成分开形式，与连杆盖组合构成曲轴连杆轴颈的轴承。大头做成斜切口，其切口与连杆轴线成 40°夹角，这种形式可使连杆大头的横向尺寸缩小，便于装拆。连杆大头与连杆盖用两个定位套筒定位，以保证装配精度。

连杆螺钉经受着严重的交变载荷，很易引起疲劳损坏而断裂，造成严重的后果。它由韧性较好的 35CrMoA 合金钢制成。螺纹表面镀有 0.005～0.01mm 铜层，用以产生自锁作用，防止连杆螺钉在工作时自行松脱。螺钉中间圆柱体部分直径比螺纹小径小，这段具有弹性的细长轴能承受大部分的弯曲和冲击载荷，使螺纹部分载荷减轻。

连杆大头与小头的连接部分称为杆身，其截面做成工字形，这种截面在同样的截面面积下，抗弯性能最好，可获得较高的刚度和强度，并使连杆重量大为减轻。

两块连杆轴瓦外壳为 08 钢，内部为高锡基合金。每块轴瓦的中分面处有一凸舌，嵌入相应的座孔凹槽中，可以防止轴瓦的转动。

装在同一台柴油机上的连杆重量差要求不大于10g。装在同一台柴油机上的活塞连杆组重量差要求不大于30g。

（2）曲轴组

曲轴组的作用是把活塞的往复运动变为旋转运动，输出扭矩而带动其他工作机械和柴油机自身的辅助系统。

曲轴在工作时受到很大的扭转、弯曲、压缩和拉伸等交变载荷的作用，容易引起疲劳损坏和振动。

图3-36为2135型柴油机的曲轴组结构。

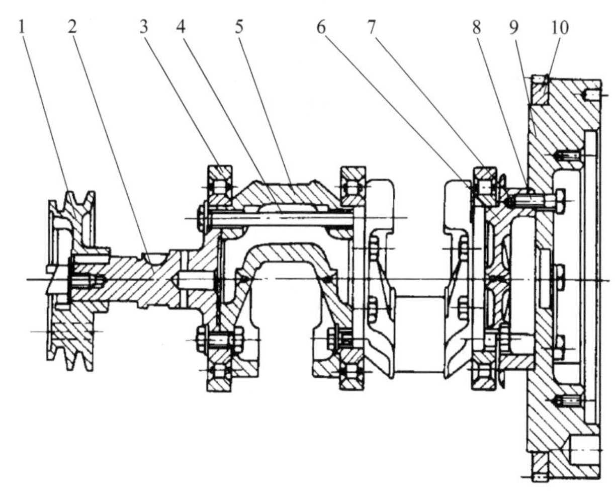

图3-36　曲轴组

1—带轮；2—前轴；3—轴承；4—螺栓；5—曲拐；6—曲轴盖；7—甩油盘；8—螺栓；9—飞轮；10—齿圈

曲轴主要由两个曲拐、前轴和曲轴盖组成，用螺栓4相互连接。每个曲拐都是由连杆轴颈和两侧的盘形曲柄臂所构成。曲柄臂还兼作主轴颈用，主轴颈上用热压配合的方法装有轴承3。

为了保证柴油机运转的平稳性，柴油机曲轴的曲拐上铸有平衡其固有不平衡惯性力和力矩的平衡重块。另外，在传动端的带轮上也铸有重块，而在飞轮的相应位置上钻有去重孔。曲轴组装成一体后应进行动平衡工作。

曲轴盖上装有的甩油盘和加工的挡油螺纹，是阻止润滑油外泄用的。曲轴的前轴上还装有主动齿轮，用以带动柴油机自身的其他运动机件。

飞轮是一个具有很大转动惯量的圆盘形零件，连接在曲轴盖端。它的作用是保持曲轴均匀旋转。

在飞轮上安装联轴器等装置后，可输出动力而带动其他工作机械。飞轮上的启动齿圈是供柴油机启动时输入转矩用的。

3.2.4　柴油机的配气机构和进排气系统

（1）配气机构的组成

配气机构的作用是按照柴油机的工作次序，定时地打开或关闭进气门或排气门，使新鲜空气进入气缸或废气从气缸内排出。

135系列柴油机采用顶置气门式配气机构。

顶置气门式配气机构的工作过程如下：

如图 3-37 所示，凸轮轴 1 由曲轴通过定时齿轮带动旋转，随着凸轮升程增大，挺柱 2、推杆 3 上升，摇臂 5 摆动并克服气门弹簧 8、9 的弹力，而将气门 10 向下推动，逐渐开启气门。当凸轮最大升程的位置与挺柱接触时，气门开得最大。凸轮继续转动，凸轮升程逐渐减小。气门在气门弹簧的弹力作用下，向上逐渐移动而关小气门。

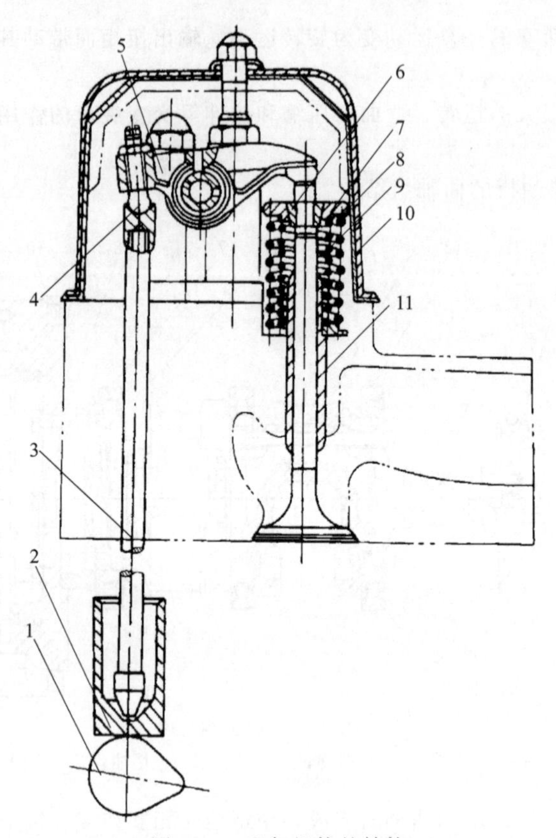

图 3-37 配气机构的结构

1—凸轮轴；2—挺柱；3—推杆；4—螺钉；5—摇臂；6—锁片；7—弹簧座；8、9—弹簧；10—气门；11—导管

气门由气门导管 11 导向。气门的弹簧座 7 用两个半锥形锁片 6 与气门尾部定位。

柴油机在工作时，气门会因温度升高而热胀伸长。如果在冷态时，传动之间没有一定的间隙或间隙过小；而在热态时，气门将关闭不严，造成气缸漏气，影响柴油机的正常工作。为避免这种情况，在冷态时的气门杆端面与摇臂之间留有一定的间隙，称为气门脚间隙。它通过调整螺钉 4 来调整气门使其符合要求。

(2) 配气机构的主要零件

① 气门　气门的作用是控制进、排气道的开启和关闭，有进气门和排气门两种。图 3-38 为 135 系列柴油机的气门结构。它用耐高温的 4Cr10Si2Mo 优质合金钢制成。

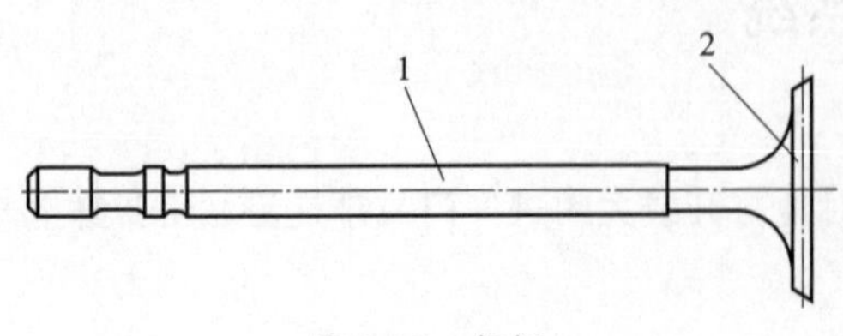

图 3-38 气门

1—杆部；2—头部

气门有头部 2 和杆部 1 两部分。杆部用作导向，与气门导管的配合间隙要求很小，表面淬硬至 30～37HRC，并要磨光。杆部端面与摇臂接触，受到频繁的冲击和摩擦，因而要求淬硬至 50HRC 以上。

气门的头部有一圆锥面，用以与气缸盖上的气门座相互研磨后紧密接触。排气门的锥角采用

45°，进气门的锥角采用30°。进气门采用较小的锥角会使气门在相同的升程下，得到较大的通道面积，但气门刚度较弱。排气门工作温度比进气门高，为了保证高温下具有较高的刚度，故采用45°锥角。

气门杆部与头部之间采用大圆弧连接，可以减小气体流通阻力和减少应力集中。

② 凸轮轴 凸轮轴的作用是通过传动机件（挺柱、推杆、摇臂）准确地按一定的时间控制气门的开启和关闭。图3-39为135系列柴油机的凸轮轴结构。它用球墨铸铁制成。

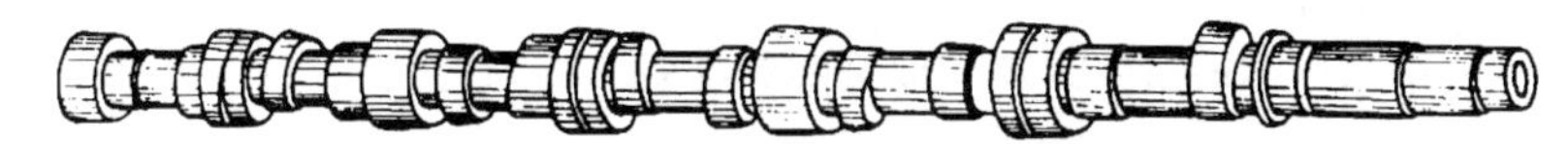

图3-39 凸轮轴

凸轮轴是由若干个进气和排气凸轮，以及支承轴颈所构成。凸轮轴通过支承轴颈，支承在机体的轴承上。凸轮轴上各凸轮的位置在圆周方向都错开一定的角度，它是根据气缸的工作顺序而确定的。

凸轮轴上装有定时齿轮，由曲轴通过齿轮而驱动。在四冲程柴油机中，曲轴每旋转两周，进、排气门开闭一次，故凸轮只需要旋转一周。

③ 进、排气系统 柴油机的进气系统是由空气滤清器、进气管和气缸盖中的进气道等所组成。

柴油机工作时，新鲜空气通过进气系统进入气缸。为了使进入气缸的空气不致因受热而影响进气量，一般都将进气管和排气管分别装在气缸盖的两侧（参见图3-25、图3-26）。同时要求通道截面积足够大和通道的流通阻力足够小。

图3-40为135系列柴油机所用的一种干式空气滤清器。它是一个在内部装有滤芯的铁壳。工作时，空气从进气口被吸入，经过带微孔的纸质滤芯后，空气中的灰尘杂质便被过滤在滤芯外面，比较干净的空气穿过滤芯由出气口流出，经过进气管、进气道而进入气缸。

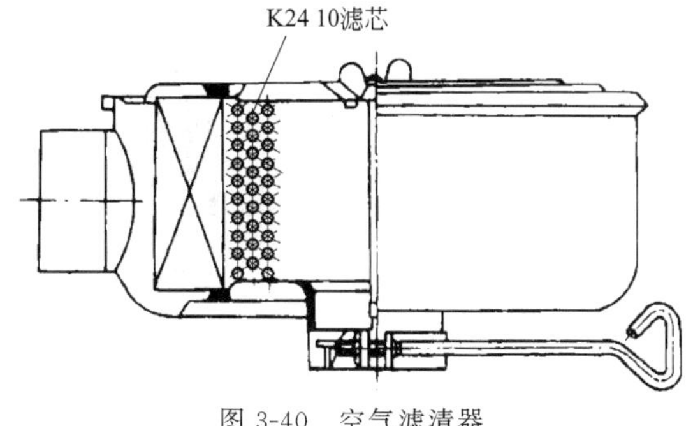

图3-40 空气滤清器

柴油机的排气系统由排气道和排气管等组成。

柴油机工作时，高温废气从排气管中一股股地排出，产生强大的气流波动，排气噪声很大，同时，在排出的高温气体中，还常带有火星。把排气管引出增长，并使其直径增大，可起到消声作用。在排气出口处装上金属网，可以消除火星。有的柴油机需要消声和灭火效果更好时，则应在排气出口处装上排气消声器。

3.2.5 柴油机燃料的燃烧和供给系统

（1）柴油机混合气的形成和燃烧

柴油自喷入气缸并与空气混合后进行燃烧的时间很短。柴油在气缸内燃烧是一个复杂的物理、化学过程；燃烧过程的完善程度，直接影响柴油机的做功能力、热效率和使用期限。

柴油喷入气缸后，并不能立即燃烧，必须经过一段准备时间，以完成燃料的雾化、加热和混合等物理过程，以及分解、缓慢氧化等化学过程。当获得适当的可燃混合气浓度（即燃料蒸气与空气的混合比例）和温度达到着火点后，才开始燃烧。

从柴油喷入气缸，到开始着火的这段时间，称为着火延迟期，一般只有0.001～0.005s。若着火延迟期愈长，由于在此期间喷入的燃料愈多，这些燃料将几乎一起燃烧，使压力升高率和最高爆发压力增高，柴油机产生强烈的冲击负载，造成运转不平稳现象并发出敲击声，这称为爆燃现象。

为避免这种爆燃现象，应使着火延长期尽量缩短，其途径有：

① 提高柴油机的压缩比，使压缩行程终了时气缸内空气的温度和压力提高。

② 提高喷油压力，以利于柴油的雾化。

③ 选择有利的喷油提前角。

④ 在燃烧室内组织剧烈的空气运动，促进燃料与空气的均匀混合。

（2）燃料供给系统

柴油机燃料供给系统的作用是按工作过程的需要，定时地向气缸内喷入一定数量的燃料，并使其良好地雾化，与空气形成均匀的可燃混合气。

燃料供给系统由输油泵、燃油滤清器、喷油泵、喷油器、调速器及燃油管系等组成（参见图3-25）。输油泵把燃油从油箱吸入后送至燃油滤清器，经过滤清后进入喷油泵，在喷油泵内燃油压力被提高后，按不同工况所需的供油量，经高压油管送至喷油器，最后喷入气缸。

① 喷油器　喷油器的作用是将燃油雾化成较细的颗粒，并把它们分布到燃烧室中。根据柴油机混合气形成与燃烧的要求，喷油器应具有一定的喷射压力、射程和合适的油束锥角。此外，喷油器在规定的停止喷油时刻应能迅速地切断喷射，而不发生燃油滴漏现象。

图3-41为135系列柴油机所用的喷油器结构。这是一种闭式喷油器，它在不喷油时，喷孔被针阀所关闭。喷油孔有四个，直径为0.35mm，喷射压力调整在17～18MPa。

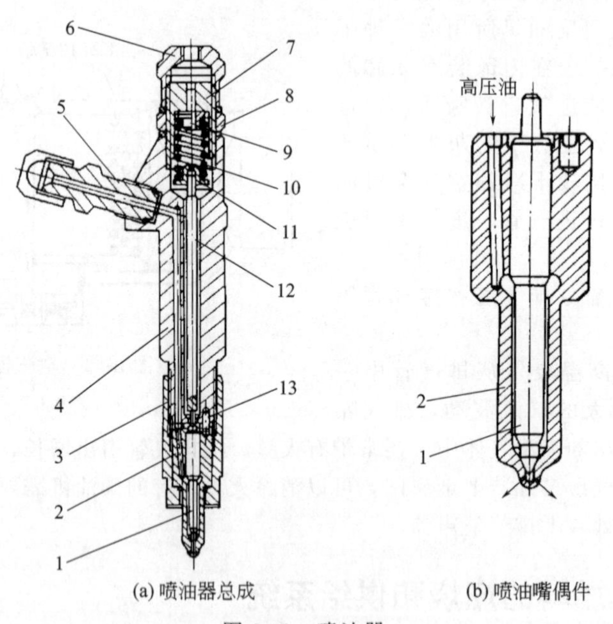

(a) 喷油器总成　(b) 喷油嘴偶件

图3-41　喷油器

1—针阀；2—针阀体；3—紧帽；4—喷油器体；5—进油管接头；6—护帽；7—调压螺钉；8—调压螺母；9—弹簧上座；10—弹簧；11—弹簧下座；12—挺杆；13—定位销

喷油器的主要零件是针阀1和针阀体2组成的针阀偶件（喷油器偶件），其圆柱面的配合间隙约为0.001～0.0025mm。此间隙过大会发生漏油而使油压下降，影响喷雾质量。针阀中部的锥面露出在针阀体的环形油腔中，在高压油的作用下产生的轴向推力使针阀上升。针阀下端的锥面与针阀体上相应的内锥面配合，以保证喷油器喷孔的密封。

喷油泵输出的高压油从油管经过喷油器体与针阀体上的油孔，进入针阀中部的环形油腔中。

喷油器的调压弹簧 10 通过挺杆 12 使针阀紧压在针阀体的密封锥面上，将喷孔关闭。只有当油压高到足以克服调压弹簧的预紧力时，针阀才能升起而开始喷油。喷射开始时的喷油压力取决于调压弹簧的预紧力，预紧力大小可用调压螺钉 7 调节。

在喷油器工作期间，有少量柴油从针阀与针阀体的配合间隙中漏出，并沿挺杆等各处空隙向外漏出（在柴油机上它都与回油管相连通）。

② 喷油泵　喷油泵的作用是根据柴油机不同的工况，将一定量的燃油提高到一定的压力，并按照规定的时间通过喷油器喷入气缸。为了避免喷油器产生滴漏现象，喷油泵必须保证供油停止迅速。多缸柴油机的喷油泵还应保证按各缸的点火顺序定时供油。并且各缸供油量应均匀，不均匀度在标定工况下应不大于 3%～4%，各缸供油提前角一致，相差不能大于 0.5°曲轴转角。

图 3-42 为柱塞式喷油泵的工作原理图。

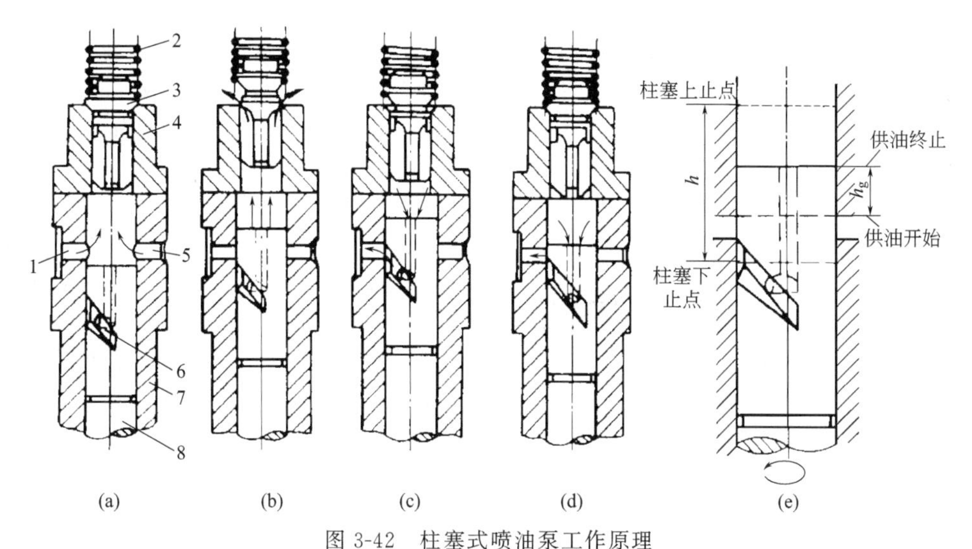

图 3-42　柱塞式喷油泵工作原理

1、5—油孔；2—弹簧；3—出油阀；4—油阀座；6—斜槽；7—柱塞套；8—柱塞

喷油泵的主要零件是柱塞 8 和柱塞套 7 组成的柱塞偶件，圆柱面的配合要求十分精密。柱塞的圆柱表面铣削成直线形斜槽，斜槽内腔与柱塞上面的泵室用孔道相通。柱塞由喷油泵的凸轮驱动，在柱塞套内作往复运动。必要时还可利用操纵机构使柱塞在一定角度范围内转动。

图 3-42(a) 表示柱塞下移，两个油孔 1 和 5 已同柱塞上面的泵腔相通，柴油自低压油腔经油孔 1 和 5 被吸入并充满泵腔。当柱塞自下止点上移的过程中，起初有一部分柴油又被从泵腔挤回低压油腔，直到柱塞上部的圆柱面将两个油孔 1 和 5 都完全封闭时为止。此后柱塞继续上升，如图 3-42(b) 所示，柱塞上部的柴油压力顿时增高，增高到足以克服出油阀弹簧 2 的作用力时，出油阀 3 即开始上升。当出油阀上的圆环形带离开油阀座 4 时，高压柴油便自泵腔通过高压油管向喷油器供油。当柱塞再上移到图 3-42(c) 所示位置时，斜槽 6 与油孔 1 开始接通，也就是泵腔与低压油腔接通。于是泵腔内的柴油便开始经柱塞中的孔道、斜槽和油孔 1 流向低压油腔。这时泵中油压迅速下降，出油阀在弹簧压力作用下立即复位，喷油泵供油即停止。此后柱塞仍继续上升，直到上止点为止，但不再泵油。

由上述泵油过程可知，由驱动凸轮的凸部最大高度决定的柱塞行程 h，即柱塞上、下止点间的距离是一定的，如图 3-42(e) 所示。但并非在整个柱塞上移行程 h 内喷油泵都进行供油。喷油泵只是在从柱塞完全封闭油孔 1 和 5 之后，直到柱塞斜槽 6 和油孔 1 开始接通之前的这一部分柱塞行程内才实行对外泵油。这一部分行程 h_g 即称为柱塞有效行程。显然，喷油泵每次泵出的油量取决于有效行程的长短。因此，欲使喷油泵能随柴油机工况不同而改变供油量时，只需改变喷油泵柱塞的有效行程即可。有效行程的改变是靠改变柱塞斜槽与柱塞套油孔1的相对角度位置来实现的。将柱塞朝图3-42(e)中箭头所示的方向转动一个角度，有效行程和供油量增加；朝与此相反方向转动一个角度，则有效行程和供油量减少。当柱塞转到图4-64(d)所示位置时，柱塞根本不可能完全封闭油孔1，因而有效行程为零，喷油泵处于不泵油状态，即喷油泵即使动作也不产生泵油作用。

③ 油量调节机构　油量调节机构的作用是根据柴油机负荷和转速的变化的需要，相应地改变喷油泵的供油量，并保证各气缸供油量一致。油量调节机构可使喷油泵的柱塞转动一个角度，以改变其有效行程而实现供油量的改变。

图3-43所示是一种拨叉式油量调节机构。在喷油泵柱塞2的下端紧固着一个调节臂1，臂的端头插入调节叉6的凹槽内，调节叉用螺钉固定在调节拉杆5上。调节拉杆装在喷油泵体的导向孔中，其轴向位置受油门传动板4控制。当移动调节拉杆时，调节叉带动调节臂及柱塞相对于柱塞套3转动一个角度，于是供油量就得到改变。

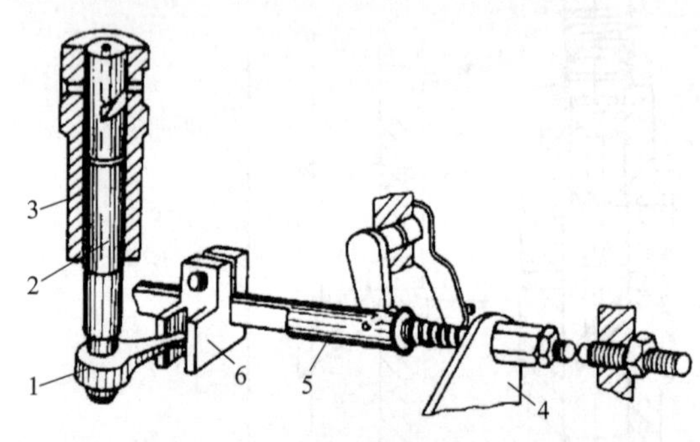

图3-43　拨叉式油量调节机构

1—调节臂；2—喷油泵柱塞；3—柱塞套；4—油门传动板；5—调节拉杆；6—调节叉

④ 调速器　喷油泵供油量的大小，除前文所述取决于调节拉杆的位置外，还受到柴油机转速的影响。例如，当柴油机转速增高时，喷油泵凸轮轴转速（为柴油机转速的一半）也随之增高。由于喷油泵柱塞移动速度的增加，柱塞上油孔的节流作用要增大，所以在柱塞上移至尚未完全封闭油孔时，因泵室内柴油一时不能及时挤出，其油压已有增高，结果使供油开始时刻略有提前，同理，在柱塞上移到其斜槽已与油孔相通时，由于泵室内油压一时不能下降，又使供油停止时刻略有延迟。这样，即使调节拉杆位置不变，随着柴油机转速的增高，柱塞的有效行程略有增加，供油量也随之增加，这将使柴油机转速进一步增高，造成工作转速不稳定的状况。反之，当柴油机转速降低时，供油量略有减少，而将使柴油机转速进一步降低。

喷油泵的这种特性，对柴油机的工作是很不利的，尤其像汽车柴油机，由于工况变化较大，故影响更为严重。

例如，满载的柴油机汽车从上坡行驶刚过渡到下坡行驶时，柴油机突然卸去了负荷，而喷油泵的供油量调节拉杆可能还保持在最大供油量位置而来不及改变，显然，柴油机的转速将大为增高甚至超速。这时，喷油泵在上述转速的变化下，反而自动将供油量加大，更促进了柴油机转速的升高。柴油机转速和供油量如此相互作用，将加速导致柴油机超速而出现排气管冒黑烟和柴油机过热等不良现象。同时，往复运动零件的惯性力增大，将使某些机件过载甚至损坏。

汽车柴油机还经常在怠速（即在无负荷下以低速空转）工况下工作，如在短暂停车、启动暖车和变速器换挡时。柴油机在怠速时，喷入气缸的油量很少，发出的动力仅能克服柴油机本身各机构的运动阻力，而此阻力是随柴油机转速的升高而增加的。这时，主要的问题在于柴油机是否能保持其最低转速稳定运转而不至于熄火。当油量调节拉杆保持在最小供油量位置不变，而柴油机因本身阻力略有增大使转速略为降低时，如前所述，喷油泵的供油量反而将自动减少，促使柴油机转速进一步降低。如此循环作用的结果，最后将使柴油机熄火。反之，当柴油机本身阻力稍有减小时，柴油机的怠速将不断升高。

上述柴油机的超速和怠速不稳定现象，往往是由于偶然的因素而突然出现的，操作者一般不能事先估计并及时操纵油量调节拉杆而加以控制。

此外，有些带动发电机或空气压缩机的柴油机，要求在外界负荷发生变化时，仍能保持在某一稳定的转速范围内工作。因此，柴油机上一般都要采用调速器。

图 3-44 所示为离心式全速调速器的结构图。图 3-45 是它的工作原理图。

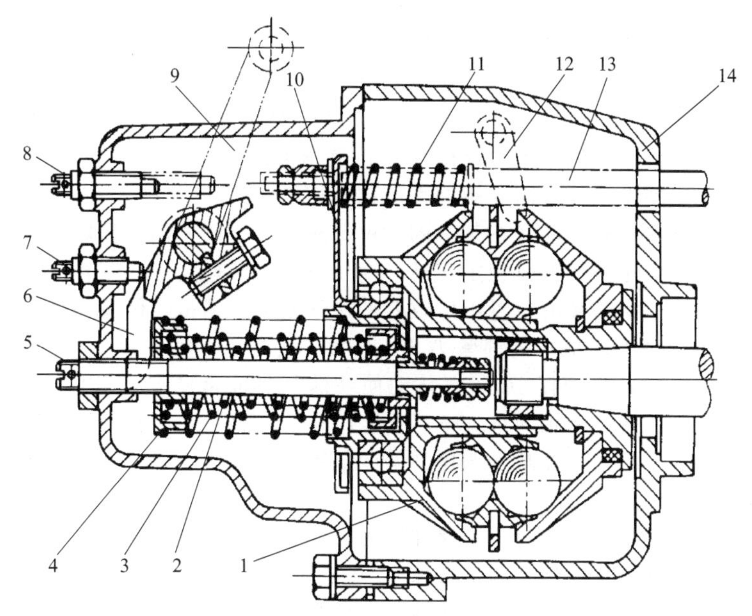

图 3-44　离心式调速器结构图

1—推力盘；2～4—调速弹簧；5—支承袖；6—调速叉；7—怠速限制螺钉；8—高速限制螺钉；9—手柄；10—传动板；11—停供弹簧；12—停供转臂；13—油量调节拉杆；14—调速器壳

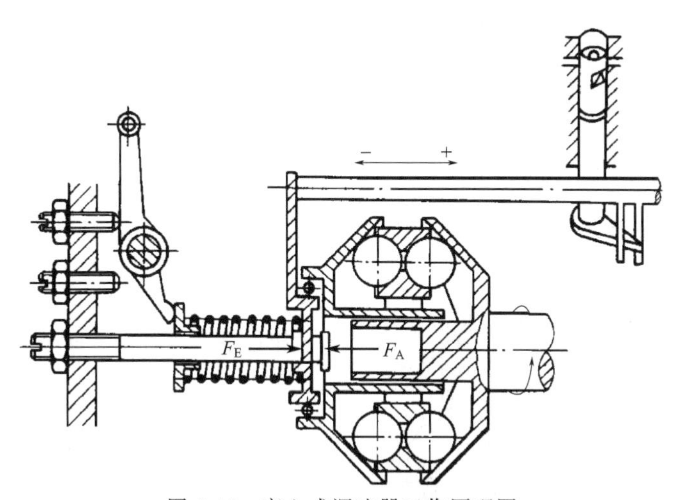

图 3-45　离心式调速器工作原理图

这种调速器不仅能限制超速和稳定怠速，而且能使柴油机在工作转速范围内的任一选定转速下稳定地工作。

其调速的工作原理和主要构造如下：

柴油机工作的情况下，当由操作者操纵手柄 9 使调速叉 6 转到一定位置不动时，调速弹簧 2、3、4 的预紧力为一定值。如果柴油机的外界阻力矩不变，只有当曲轴转速为某一定值时，飞球组合件离心力造成的轴向分力 F_A 才能通过推力盘 1 与调速弹簧的推力 F_E 相平衡，此时推力盘 1、传动板 10 和油量调节拉杆 13 的位置不变，即喷油泵供油量不变，柴油机便以此转速稳定运转。

当柴油机所受的外界阻力矩因故减小、其转速相应升高时，飞球组合件离心力所造成的轴向

分力 F_A 就变得大于调速弹簧的推力 F_E，飞球组合件沿推力盘的斜面向外飞出，使推力盘向左移动，传动板10和油量调节拉杆13也随之向左移动，于是喷油泵供油量减少，以适应外界阻力矩变小的需要。由于供油量减少，限制了转速继续升高，直到 F_A 与 F_E 再次平衡时为止。此时柴油机以略高于外界阻力矩变小前的转速稳定运转。

同样，当外界阻力矩增大、柴油机转速随之降低时，F_A 小于 F_E，飞球组合件向内收拢，在调速弹簧推力 F_E 作用下，传动板10带动油量调节拉杆13向右移动，使供油量增加，以适应外界阻力矩增大的需要。由于供油量增加，柴油机转速不再继续下降，直至 F_A 与 F_E 达到新的平衡为止。此时柴油机以略低于外界阻力矩增大前的转速稳定运转。

由此可知，当操纵手柄和调速叉在某一固定位置时，由于调速器的作用，供油量能随外界阻力矩的变化而自动调节，这使柴油机稳定在某一变化不大的转速范围内工作。

通过操纵机构，改变调速叉的位置可以改变调速弹簧的压缩量，使柴油机在不同转速下稳定运转。如增加调速弹簧的压缩量，则预紧力 F_E 增大。此时 F_E 大于 F_A，在调速弹簧推力作用下，飞球组合件向内收拢，传动板10向右移动使喷油泵供油量增加。于是柴油机转速便升高，直至飞球组合件离心力所造成的轴向推力 F_A 增大到与 F_E 相平衡为止，这使柴油机在较高的某一转速范围内稳定运转。反之，如减少调速弹簧的压缩量，则柴油机可在较低的某一转速范围内稳定运转。

当调速叉靠至高速限制螺钉8时，调速弹簧的预紧力达最大值的情况下，对应调速器刚起作用时（全负荷）的柴油机转速称为“额定转速”，在此转速下的有效功率称为“额定功率”。

当调速叉靠至怠速限制螺钉7时，调速弹簧的预紧力达最小值，柴油机以怠速稳定运转。支承轴5的位置改变时，可改变额定供油量的多少：将支承轴5旋入，额定供油量增加；反之，则减少。

高速限制螺钉8和支承轴5在出厂时已调整好并加铅封，一般不得任意变动。在调速器壳14的上部，装有停供转臂12，其一端嵌入油量调节拉杆铣切的平面上。当需要使柴油机熄火时，只要转动停供转臂，使停供转臂推动油量调节拉杆压缩停供弹簧11，使其向停止供油方向移动，喷油泵便停止供油而使柴油机熄火，停止运转。

3.2.6 柴油机的冷却系统

柴油机冷却系统的作用是利用空气或水，将受热零件所吸收的热量及时传送出去，保证受热零件在允许的温度条件下正常地工作。

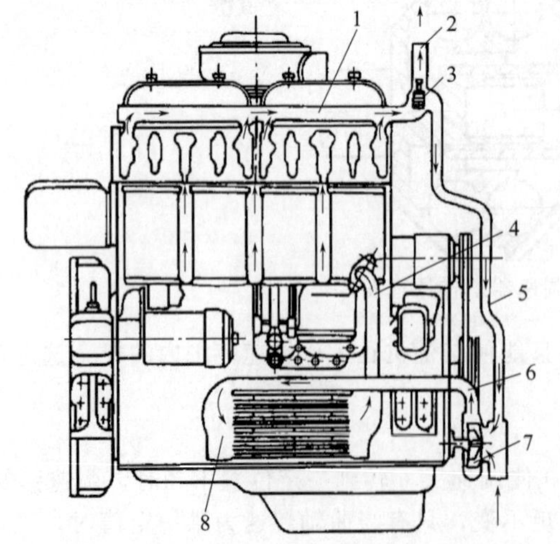

图3-46 开式循环冷却系统

1—气缸盖出水管；2—出水管；3—节温器；4—机体进水管；5—回水管；6—机油冷却器进水管；7—水泵；8—机油冷却器

柴油机的冷却系统由水泵、节温器、冷却管系及气缸体、曲轴箱、气缸盖内的水腔等组成。有时还装有散热水箱、风扇等散热装置。

图3-46所示为135系列柴油机的开式循环冷却系统。这种开式循环的冷却系统，其冷却水是由外源（河道、水井等）引入柴油机的冷却部位，然后又排到周围环境中。

离心式水泵由曲轴通过齿轮传动，吸入的冷却水经过机油冷却器后，进入机体进水管送入机体和气缸盖的水腔，从气缸盖水腔流出后汇集于气缸盖出水管，最后由回水管经过节温器流回水泵进水口或自出水管排出。

柴油机的冷却不是愈冷愈好，而是要冷

却适当。过度的冷却使气缸温度过低，燃料的点火延迟期延长，燃烧速度降低，散热损失增加，而且润滑油黏度增大，摩擦损失也要增加。这些影响都将使柴油机功率下降。要获得适当的冷却，就必须控制进、出水的温度（在一定范围内）。

图 3-46 所示为利用节温器控制冷却水循环路线的变化，该设计为了保证冷却水的温度在适当的范围内。

图 3-47 所示为皱纹式节温器的结构。它具有弹性的皱纹式密闭圆筒 1，内部装有容易挥发的乙醚，筒内液体的蒸汽压力能随周围温度而变化，故圆筒的高度也随温度而变化。圆筒的下端通过支架 5 与外壳 4 固定，圆筒上端与旁通阀门 2 和上阀 3 相连，并随圆筒的高度变化而一起上下移动。

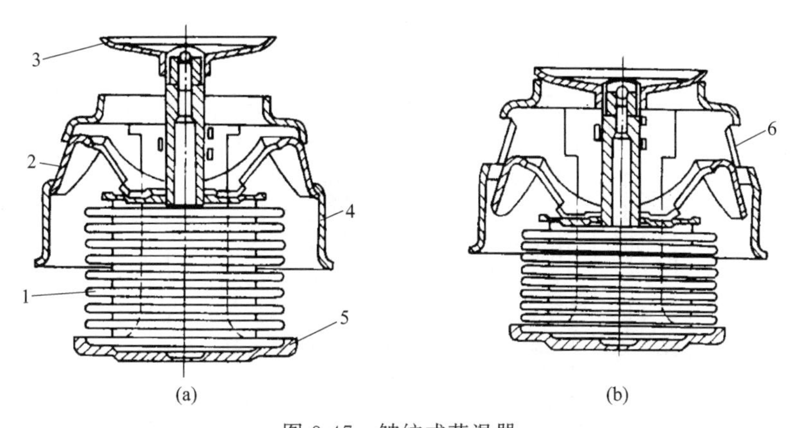

图 3-47　皱纹式节温器

1—密闭圆筒；2—旁通阀门；3—上阀门；4—外壳；5—支架；6—旁通孔

当冷却水处于低温时，节温器的上阀门关闭，旁通阀门开启，如图 3-47(b) 所示，气缸盖中流出的水全部经过节温器的旁通孔 6 回流到水泵的进水口，因此循环冷却水的温度得到提高；当出水温度约超过 70℃时，节温器的上阀门开始打开，此时一部分出水仍经节温器的旁通孔回流到水泵，而另一部分出水则经节温器的上阀门排出；当出水温度超过约 80℃时、节温器的上阀门完全打开，而旁通阀门则完全关闭，如图 3-47(a) 所示，此时全部出水都经过节温器上阀门排出，不再有出水回流到水泵。

柴油机正常工作时，进入机体的冷却水最低温度不能低于 40℃，适宜温度为 45～75℃；气缸盖出水的最高温度不能高于 90℃，适宜温度为 75～85℃。

柴油机的冷却水应该用自来水、雨水或清洁的河水为宜，含有较多矿物质的硬水（如海水、井水）则应经过软化处理后才可使用。

3.3　工程机械典型零部件结构

3.3.1　液力变矩器

液力变矩器是一种以工作液体动量矩的变化来传递扭矩的传动装置，它能保证在额定牵引功率下工作时，所提供的牵引力矩能适应外载荷变化的要求，因此液力变矩器在大型工程机械上正日益获得广泛应用。

采用液力变矩器不仅解决了柴油机的功率利用问题，避免了超载能力不足和意外熄火，使工程机械具有自动地、无级地变速和变矩的能力，提高了工程机自动适应外载荷变化的能力；还具有减振能力，提高了传动系以至整个工程机械的使用寿命；同时具有起步平稳、操纵轻便和使用可靠等优点，提高了工程机械的性能。

（1）单级液力变矩器

如图 3-48 所示为单级三元件液力变矩器的结构图。液力变矩器的级是指刚性连接在一起的涡轮的数目，且涡轮和涡轮之间有固定不动的导轮。一个涡轮称为单级，两个涡轮称为双级，以此类推。液力变矩器按变矩器的级可分为单级、双级和多级液力变矩器。

单级三元件液力变矩器由泵轮、涡轮和导轮等三个工作轮（三元件）及其他零件组成。三个工作轮均密闭在由壳体形成的充满油液的空间中。各工作轮中装有弯曲成一定形状的叶片，以便油液流动。

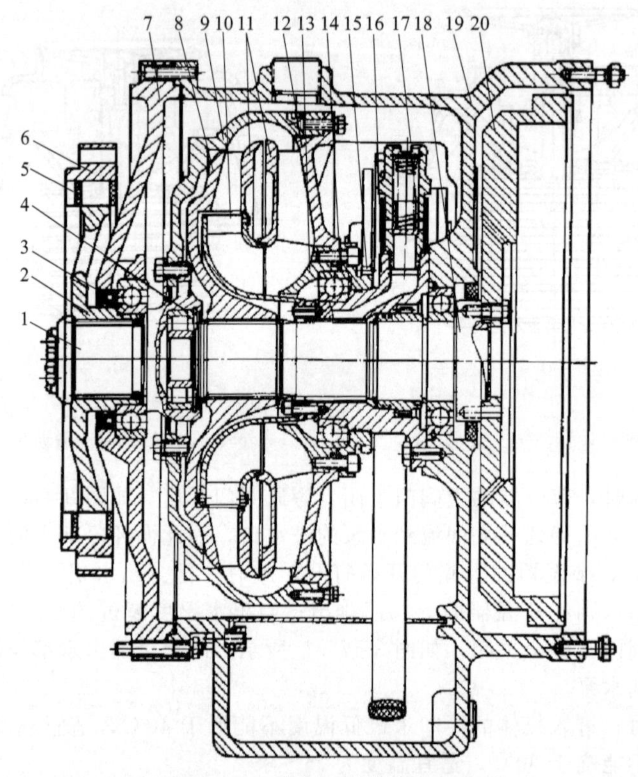

图 3-48 单级三元件液力变矩器

1—输入轴；2—驱动轮；3、4、14—轴承；5—橡胶套；6—飞轮驱动盘；7—左端盖；8—涡轮；9—外壳；10—导轮；11—工作轮内环；12—泵轮；13—内壳；15—主动齿轮；16—导轮座；17—压力阀；18—涡轮轴；19—变矩器壳体；20—离合器驱动盘

由图 3-48 可知，单级三元件液力变矩器的驱动轮 2 的齿上装有橡胶套 5，驱动轮与固定在柴油机飞轮上的驱动盘 6 相啮合。驱动轮 2 用花键与输入轴 1 相连，柴油机的动力即由以上各零件传给输入轴 1。泵轮 12 的外缘用螺钉与固接在输入轴 1 凸缘上的外壳 9 相连接。内缘用螺钉与内壳 13 以及齿轮泵的主动齿轮 15 连接在一起。上述各件构成了变矩器的主动部分，直接由柴油机来驱动。此主动部分的左端用轴承 3 支承在左端盖 7 的内孔中，右端用轴承 14 支承在导轮座 16 的轴颈上。

液力变矩器的涡轮 8 用花键与涡轮轴 18 相连，涡轮轴 18 左端用轴承 4 支承在输入轴 1 的凸缘处的内孔里，右端支承在壳体 19 的轴承孔内。离合器的驱动盘 20 则固定于轴端上，液力变矩器的动力即由此输出给离合器和变速器。导轮 10 用螺钉固定在导轮座 16 上。导轮座上还装有出口压力阀 17。

泵轮和涡轮高速旋转时，与工作油液摩擦产生很大的热量，使油温升高。在正常工作情况下，液力变矩器的油温不应超过 120℃。为了在工作时能保持正常油温，必须使工作腔内发热的工作油液进行循环冷却。当油温过高时，应停止工作或改变工况，待温度下降后再继续工作。

（2）双涡轮变矩器

双涡轮变矩器是工程机械中使用较多的一种变矩器，它具有零速变矩比大、高效区范围宽的特点。因而可减少变速器的挡数、简化变速器的结构。通过两个涡轮的单独工作或共同工作，可使装载机低速重载作业时的效率有所提高，且提高了低速时的变矩比，比较适合装载机的工况特点。因此，在 ZL40、ZL50 及 ZL30 等装载机上采用。

国产 ZL50 型装载机采用了双涡轮单级液力变矩器，由于两个涡轮是相邻布置，故仍属单级液力变矩器。两个涡轮分别与变速器的两个齿轮相连，从而扩大了变速范围。

该液力变矩器的结构如图 3-49 所示。柴油机的动力由弹性板传给液力变矩器。弹性板的外缘、内缘用螺钉分别与飞轮、旋转壳体相连。与齿轮 12 连在一起的泵轮用螺钉与旋转壳体相连。旋转壳体的左端用轴承支承在飞轮中心孔内，其右端用两排轴承支承在与壳体固定在一起的导轮轴上。

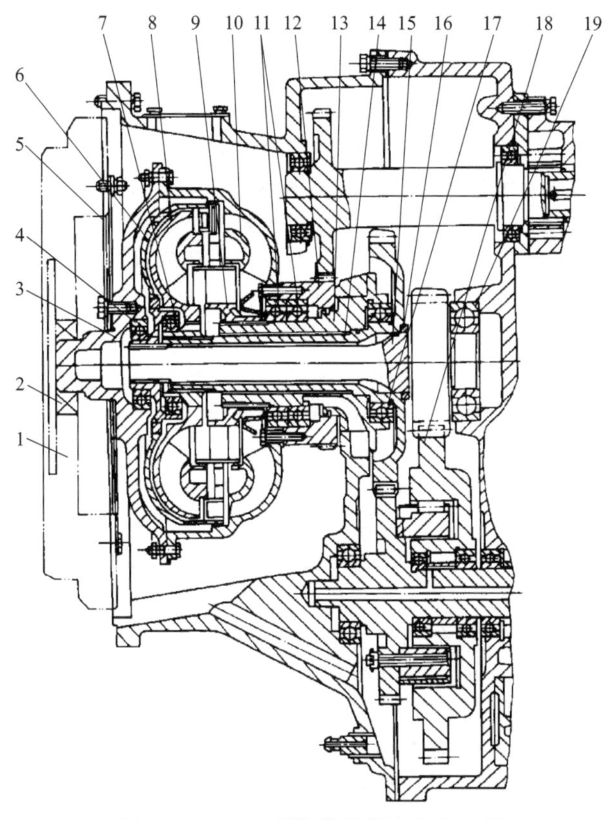

图 3-49　ZL50 型装载机用液力变矩器

1—飞轮；2、4、7、11、17、19—轴承；3—旋转壳体；5—弹性板；6—第一涡轮；8—第二涡轮；9—导轮；10—泵轮；12—齿轮；13—导轮轴；14—第二涡轮轴；15—第一涡轮轴；16—隔离环；18—单向离合器外环齿轮

第一涡轮 6 用花键套装在第一涡轮轴 15 上，轴的右端装有齿轮，通过该齿轮将从第一涡轮 6 传来的动力输入变速器。第一涡轮轴 15 的左端用轴承 4 支承在旋转壳体 3 内，右端用轴承 19 支承在变速器中。第二涡轮 8 用花键套装在第二涡轮轴 14 上，该轴的右端与齿轮制成一体，轴左

端用轴承7支承在第一涡轮6的轮毂中，第二涡轮8的动力即由该轴上的齿轮输入变速器内。导轮9用花键套装在与壳体3固定在一起的导轮轴13上。

由图3-50可见，液力变矩器通过第一涡轮轴、第二涡轮轴及其上的齿轮将动力输入变速器。变速器中与第一、第二涡轮轴上的相啮合的两对齿轮之间装有单向离合器。

当液力变矩器的传动比 i 较低时，单向离合器处于楔紧状态，两个涡轮如同一个涡轮。

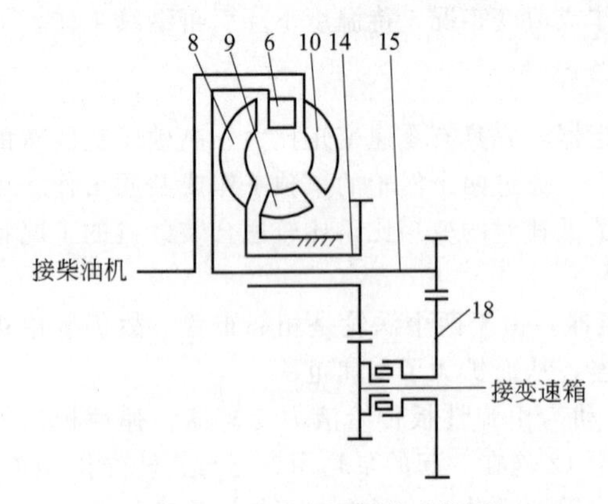

图3-50 液力变矩器传动简图

6—第一涡轮；8—第二涡轮；9—导轮；10—泵轮；14—第二涡轮轴；15—第一涡轮轴；18—单向离合器外环齿轮

3.3.2 离合器

离合器是在传动系中设置的一种和发动机既能接合又能分离的机构。它位于发动机与变速器之间，由驾驶员操纵，根据需要接通或切断发动机传给变速器的动力，其具体功用是：

① 使发动机和传动系的部件柔和地结合，使工程机械平稳地起步。

② 能迅速、彻底地把发动机和传动系之间的动力传递中断，以防止在变速器换挡时齿轮产生冲击。

③ 当负荷急剧增加时，可利用离合器打滑，以防止传动系和发动机的零件因过载而损坏。

④ 利用离合器分离，可以使工程机械短时间停车。

工程机械起步时，是从完全静止的状态逐步加速的。如果传动系（它联系着整个工程机械）与发动机刚性地联系，则变速器一挂上挡，工程机械将突然向前冲一下，但并不能起步。这是因为工程机械从静止到前冲时，产生很大惯性力，对发动机造成很大的阻力矩。在惯性阻力矩作用下，发动机在瞬时转速急剧下降到最低稳定转速（一般为300～500r/min）以下，发动机即熄火而不能工作，当然工程机械也就不能起步，更不能工作。

在传动系中装设了离合器后，在发动机启动之后、工程机械起步之前，驾驶员先踩下离合器踏板将离合器分离，使发动机与传动系脱开，再将变速器挂上挡，然后逐渐松开离合器踏板，使离合器逐渐接合。在离合器逐渐接合过程中，发动机所受阻力矩也逐渐增加，故应同时逐渐踩下油门踏板，即逐步增加对发动机的燃料供给量，使发动机的转速始终保持在最低稳定转速以上，不致熄火。由于离合器的接合紧密程度逐渐增大，发动机经传动系传给驱动轮的扭矩便逐渐增加，到牵引力足以克服起步阻力时，工程机械即从静止开始运动并逐步加速。因此保证工程机械平稳起步是离合器的首要任务。

离合器的另一作用是保证传动系换挡平顺。采用机械传动的工程机械在行驶或作业过程中，为了适应不断变化的工作条件，传动系经常要换用不同挡位工作。变速器在换挡时，一般是先拨动齿轮或其他挂挡机构，使原用挡位的某一齿轮副退出传动，再使另一挡位的齿轮副进入工作。在换挡前也必须踩下离合器踏板中断动力传递，使原用挡位的啮合副脱开，同时有可能使新挡位啮合副的啮合部位的速度逐渐趋向相等（同步），这样，进入啮合时的冲击可以大为减轻。

另外，当工程机械进行紧急制动时，若没有离合器，则发动机将因和传动系刚性相连而急剧降低转速，此时其中所有运动件将产生很大的惯性力矩（数值可能大大超过发动机正常工作时所发出的最大扭矩），对传动系施加超过其承载能力的载荷，使其机件损坏。有了离合器，便可依靠离合器主动部分和从动部分之间可能产生的相对运动来消除这一危害。因此，离合器的又一作用是限制传动系所承受的最大扭矩，防止传动系过载。

离合器的主动件与从动件之间不可采用刚性连接，而应借二者接触面之间的摩擦作用来传递扭矩（摩擦离合器）、利用液体的动能来传递扭矩（液力偶合器），或利用磁力传动来传递扭矩（电磁离合器）。在摩擦离合器中，为产生摩擦所需的压紧力可以是弹簧力、液压作用力或电磁吸力，也可以是杠杆作用的力。

工程机械上应用最广泛的离合器是根据摩擦原理设计而成的，根据具体结构，有常合式、非常合式及湿式等多种形式。

（1）常合式离合器

能经常处于接合状态的离合器叫作常合式离合器，常合式离合器一般多采用弹簧压紧机构。

如图 3-51 所示为 74 式挖掘机的主离合器，为弹簧压紧双盘干式离合器，主要由主动部分、压紧机构、从动部分和操纵机构等组成。

主动部分与压紧机构主要由传动销 11、主动盘 13、压盘 1、离合器盖 3、压紧弹簧 10 和分离臂 2 等组成。

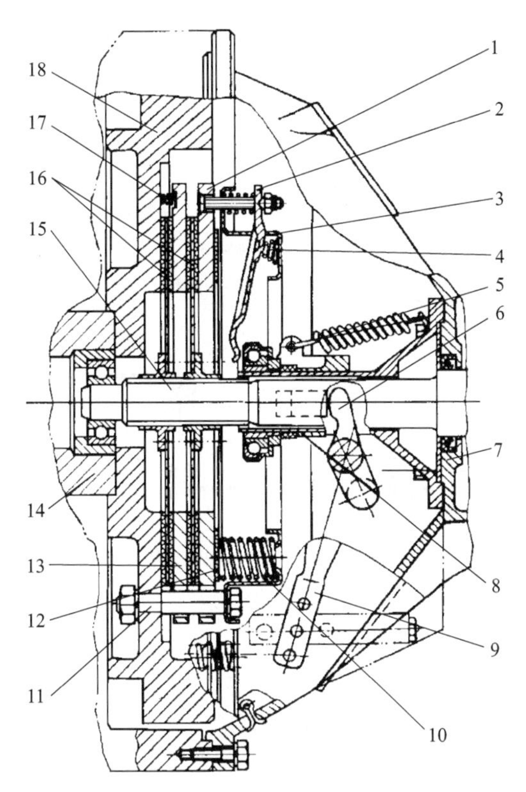

图 3-51　74 式挖掘机主离合器

1—压盘；2—分离臂；3—离合器盖；4—支承弹簧；5—回位弹簧；6—分离叉；7—壳体；8—分离套；9—拉臂；10—压紧弹簧；11—传动销；12—隔热环；13—主动盘；14—曲轴；15—离合器轴；16—从动盘；17—分离弹簧；18—飞轮

6 个传动销 11 压装在飞轮上，并用螺母固定。主动盘和压盘套装在传动销上，可作轴向移动。离合器盖用螺钉固定在传动销的端部。6 个分离臂的中部均制有凹槽，用以卡装在离合器盖的窗口内，并以此作为工作时的支点。分离臂外端用螺栓和压盘连接在一起，这样当向左压分离臂内端时，压盘便随之右移。分离臂外端的螺栓还可以用来调整分离臂内端工作面的高度。为防止离合器转动时分离臂发生振动，在分离臂中部和分离臂固定螺栓上装有支承弹簧 4。12 个压紧弹簧的两端分别支承在离合器盖的凸台和压盘的隔热环 12 上，隔热环用螺钉固定在压盘上。为防止主动盘在离合器分离时与前从动盘接触而造成离合器不能彻底分离，故在飞轮与主动盘之间装有3个锥形分离弹簧17，并在离合器盖上旋装有3个限位螺钉，限位螺钉内端穿过压盘上的专用孔，以便在离合器分离时限制主动盘后移量。但在离合器结合后，其端部与压盘之间应有一定间隙（1～1.25mm）。

发动机在工作时，上述所有部件跟随飞轮一起旋转。

从动部分由前、后两个从动盘16和离合器轴（即变速器主动轴）15组成。每个从动盘都由从动盘毂、钢片和摩擦片组成，其中从动盘毂和钢片、钢片和摩擦片均铆接在一起。

从动盘毂通过内花键套装在变速器主动轴的前部花键上，并可轴向移动。从动盘毂两端是不对称的，在安装时应使短的部分相对，否则离合器将不能正常工作。从动盘毂用铆钉与钢片铆接，钢片上开有6条径向槽，用以防止受热后翘曲变形。在钢片的两侧用铆钉铆有摩擦片，两个从动盘分别处于飞轮、主动盘和主动盘、压盘之间，由压紧弹簧将它们相互压紧在一起。

操纵机构用于操纵离合器的接合或分离。如图3-52所示，74式挖掘机离合器的操纵机构采用杠杆结构，工作可靠、调整方便，主要由踏板1、横轴10、长拉杆2、短拉杆3、长臂7、短臂8、弯臂4等组成。横轴用两轴承支承，在其两端分别固装着长、短臂。通过长、短拉杆把摇臂9与弯臂4连接在一起，弯臂用螺栓和拉臂5固定。

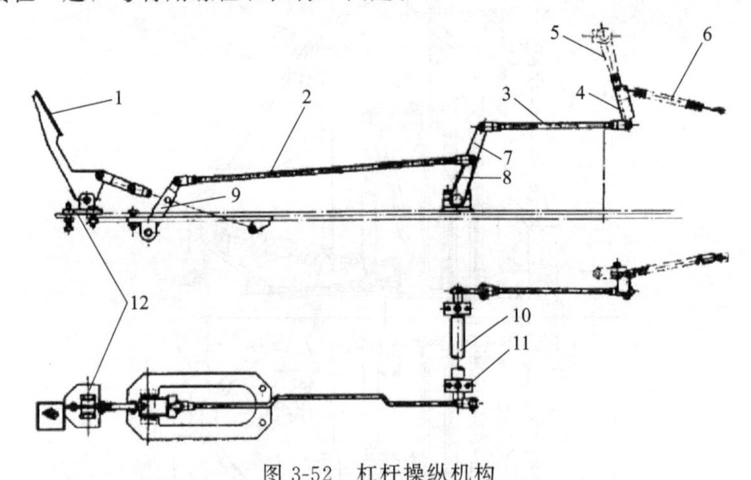

图3-52 杠杆操纵机构

1—踏板；2—长拉杆；3—短拉杆；4—弯臂；5—拉臂；6—位弹簧；7—长臂；8—短臂；9—摇臂；10—横轴；11—轴座；12—支承座

如图3-53所示为离合器的工作原理图。离合器在接合状态时，踏板处于最高位置，此时，分离轴承与分离臂内端工作面应有3～4mm的间隙。从动盘在压紧弹簧的作用下与压盘、主动盘和飞轮压紧。发动机工作时，飞轮、主动盘、压盘等主动部件利用与从动盘接触面之间的摩擦作用，带动从动部分一起旋转，将发动机的输出扭矩传给变速器主动轴。

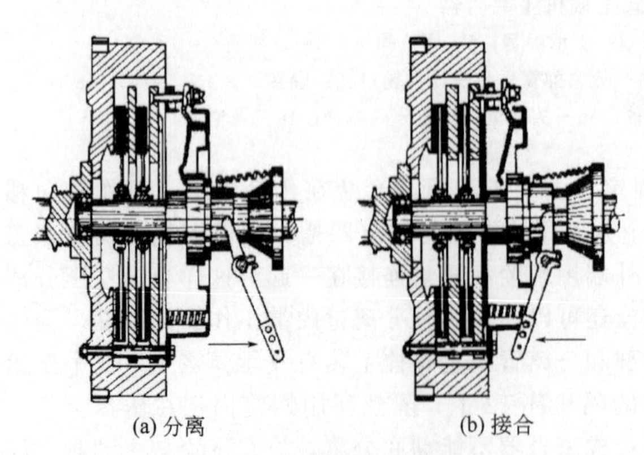

图3-53 离合器的工作原理

如图3-53(a)所示，当离合器需要分离时，迅速踩下离合器踏板，通过拉杆、摇臂、长拉杆、短拉杆、横轴、拉臂等联动，带动拨叉轴使拨叉向左摆动，迫使分离套上的轴承推压分离臂内端左移，分离臂此时绕中间支点转动一角度，外端通过分离臂螺栓克服压紧弹簧的压力，使压紧弹簧进一步压缩，将压盘向右拉动。与此同时，分离弹簧伸张，推主动盘向右移动，抵压在限位螺钉上，使主、从动盘之间产生间隙，失去压力，摩擦作用消失。发动机只能带着主动部分旋转，从动部分不再跟随转动，动力被切断，离合器即分离。

如图 3-53(b) 所示，当离合器需要接合时，慢慢放松踏板，长、短拉杆右移，拉臂、拨叉及分离轴承在拉臂回位弹簧和分离回位弹簧的作用下，逐渐恢复原位。压紧弹簧伸张，分离臂内端右移，外端则左移。压盘、主动盘逐渐把从动盘夹紧，摩擦力也逐渐增大，从动部分开始旋转。当踏板完全放松后，主、从动部分完全被压紧，其接触面上的压力和摩擦力达到最大值，离合器的主、从动部分一起随发动机飞轮旋转，动力传给变速器主动轴。

（2）非常合式离合器

非常合式摩擦离合器与常合式摩擦离合器相比，有两个明显特点：一是摩擦副的正压力是由杠杆系统施加的，故又称其为杠杆压紧式摩擦离合器；二是驾驶员不操纵时，离合器既可处于接合状态，又可处于分离状态，便于驾驶员对其他操纵元件的操作，这对工程机械操作是十分必要的。

图 3-54 为国产 TY120 型推土机单片非常合式摩擦离合器，主要由摩擦副、压紧与分离机构、操纵机构、小制动器等部分组成。

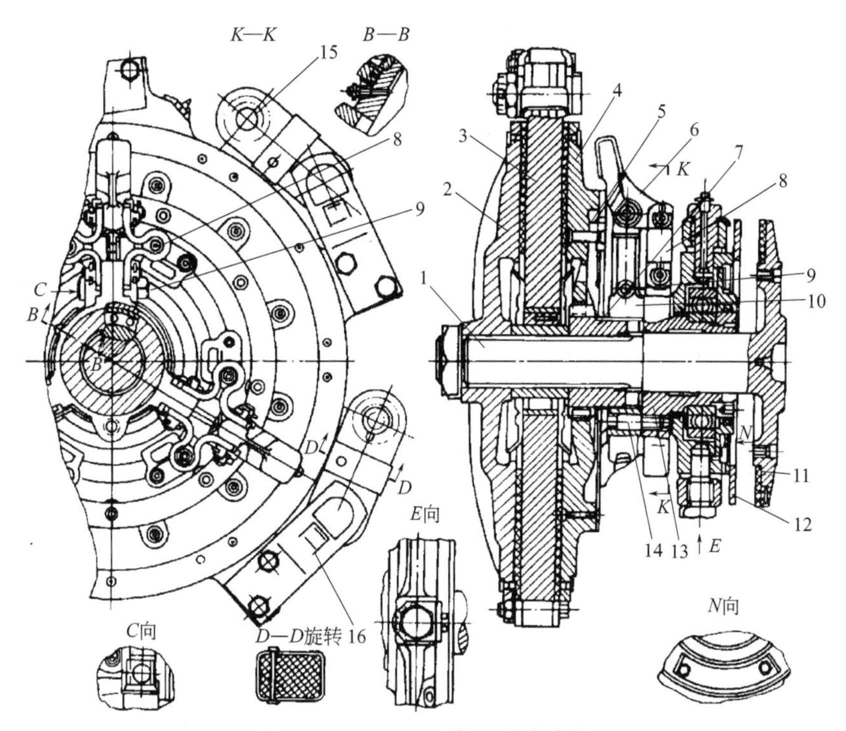

图 3-54 TY120 型推土机离合器

1—离合器轴；2—从动盘；3—主动盘；4—压盘；5—片簧；6—压紧杠杆；7—压盘毂；8—弹性推杆；9—锁紧螺栓；10—支架；11—摩擦衬片；12—制动盘；13—分离接合套；14—导向销；15—驱动销；16—弹性连接块

摩擦副由铸铁主动盘，铆接摩擦衬片的从动盘和压盘等组成。

为保证离合器轴线在略有偏倾的情况下，离合器仍能可靠地传递转矩，主动盘除用弹性连接块与飞轮连接外，还用滚柱轴承通过内齿套支承在离合器上。从动盘用花键装在离合器轴上，并用螺母作轴向定位，只允许它随离合器转动。压盘用内齿圈套在压盘毂上，压盘毂通过花键套在离合器轴上。在压盘外端面上铆有一组片簧，其内缘压在压盘毂上。

离合器轴的前端通过滚柱轴承、弹性连接块间接地支承在飞轮上，后端通过铆有摩擦衬片的连接盘与变速器输入轴连接盘相连。

压紧与分离机构由拧在压盘毂上的支架、压紧杠杆和弹性推杆等组成。这种机构的分离和接合的动作，都必须由驾驶员来操纵。

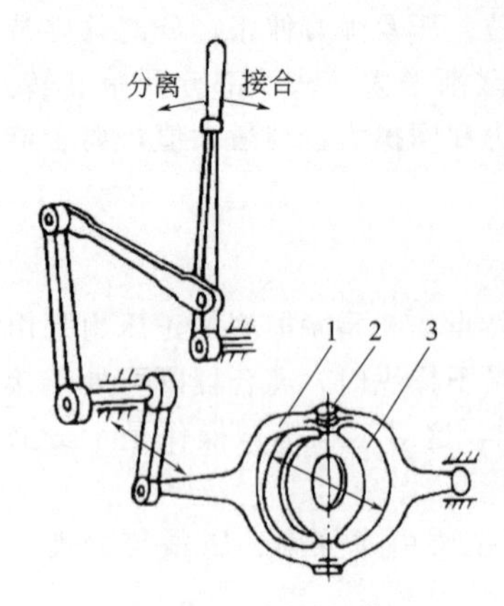

图 3-55 操纵机构
1—分离拨圈；2—连接销；3—分离轴承外座圈

套装在离合器轴上的分离接合套的前端和弹性推杆铰接在一起，为了能使分离接合套在沿离合器轴前后移动时不发生相对转动和卡死，特用导向销定位。在分离接合套后端的轮毂上装有分离轴承、分离拨圈。操纵机构如图 3-55 所示。分离拨圈通过连接销与分离轴承外座圈相连，然后经一系列杆件将分离拨圈和离合器操纵手柄连接起来。

工程机械的运行速度一般都较低，当离合器分离、变速器退入空挡时，工程机械便很快停下来，而此时离合器输出轴因惯性力矩作用，仍以较高的转速旋转，这就给换挡带来了困难，容易出现打齿现象或延迟换挡时间。为此，特在离合器输出轴上设置了一个小制动器。当离合器分离时，小制动器可迫使离合器轴迅速停止转动。

盘式小制动器的动盘是铆有摩擦衬片并与离合器输出轴制成一体的连接盘，静盘固连在分离轴承外座圈上。当离合器操纵手柄被拉向分离位置时，分离轴承拉动分离接合套右移，消除压紧杠杆作用在压盘上的压紧力后，压盘在片簧预紧力作用下右移，离合器开始分离。当操纵手柄处于最大位置时，离合器处于完全分离状态。此时小制动器的静盘随分离轴承外座圈右移并紧压在小制动器的动盘上，靠摩擦力矩迫使动盘及离合器输出轴停止转动，从而使变速器动力输入轴迅速停止旋转，保证了顺利换挡。

单片非常合式摩擦离合器在使用过程中，摩擦衬片磨损时，压紧杠杆对压盘的压紧力会急剧下降，致使离合器严重打滑。因此应及时进行摩擦副的间隙调整。调整的方法是根据摩擦衬片磨损的程度将支架适当旋进。为减少该项调整次数，有些非常合式摩擦离合器采用了补偿弹簧的结构，当离合器处于接合状态时，补偿弹簧被压缩。如果摩擦衬片磨损，补偿弹簧便起作用，弥补了压紧力的减小。

非常合式摩擦离合器的工作原理如图 3-56 所示。当利用操纵杆使分离套向左移动时，弹性推杆拉动加压杠杆向内收紧，使加压杠杆的凸起处紧压着后从动盘。当分离套移到图 3-56(b) 所示位置（即处于中立位置）时，弹性推杆处于垂直位置。此时作用在后从动盘上的压紧力达到最

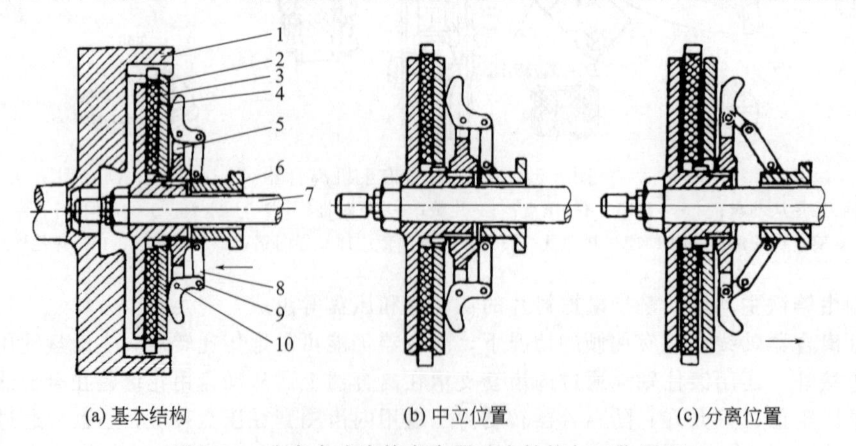

(a) 基本结构　(b) 中立位置　(c) 分离位置

图 3-56 非常合式摩擦离合器基本结构与工作原理
1—飞轮；2—前从动盘；3—主动盘；4—从动盘；5—十字架；6—分离套；7—离合器轴；8—弹性推杆；9—加压杠杆；10—杠杆销

大。但此位置是不稳定的，稍有振动，加压杠杆就有退回到如图 3-56(c) 所示分离位置的可能。为避免出现这种情况，应将分离套继续向左移动，让弹性推杆越过垂直位置、稍向后倾斜到图 3-56(a) 所示位置，这样尽管减小了一些压紧力，但可以保证离合器处于稳定的接合位置。

3.3.3 变速器

工程机械上广泛采用柴油发动机，其扭矩与转速变化范围较小，不能满足机械在各种工况下对牵引力、行驶速度和行驶方向的要求。为解决这一矛盾，在传动系中设置了变速器。

变速器可以改变发动机的传动比，扩大驱动轮扭矩和转速的变化范围，可以适应经常变化的工作条件，同时可以使发动机在有利的（功率较高而耗油率较低）工况下工作；在发动机旋转方向不变的前提下，可以使工程机械实现倒向；在发动机运转的情况下，变速器挂空挡，使机械能长时间停车，有利于发动机的启动、机械的停车及维护。

工程机械用变速器按前进挡时参加传动的轴数不同，可分为二轴式、空间三轴式与多轴式等；按操纵方式的不同，变速器分为机械式换挡和动力换挡两类；按轮系型式的不同，变速器分为定轴式和行星式两类。

由于二轴式变速器挡数较少、变速范围小，一般用在小型工程机械上，应用较广的是空间三轴式变速器。

机械式换挡通过操纵机构来拨动齿轮或啮合套进行换挡；动力换挡则是通过相应的换挡离合器，分别将不同挡位的齿轮与轴连接，从而实现换挡。换挡离合器的接合与分离，一般是液压操纵。与机械式换挡相比，用离合器换挡时切断动力的时间很短暂，几乎可以忽略，故称之为动力换挡。它具有换挡操作轻便、速度快，有利于提高工程机械生产率的优点。由于工程机械的工况复杂、换挡频繁，需要改善换挡操作。因此，虽然动力换挡变速器结构较复杂、传动效率较低，但它在工程机械上的应用十分广泛。

变速器中所有齿轮都有固定的旋转轴线，称为定轴式变速器。它的换挡方式有的是机械式换挡，有的是动力换挡。

行星式变速器中有些齿轮的轴线旋转。轴线旋转的齿轮既自转又公转，故称为行星轮，该类变速器称为行星齿轮式变速器，只有动力换挡一种方式。

（1）机械式换挡变速器

常见的机械式换挡变速器有滑动齿轮换挡变速器和接合套换挡变速器。

如图 3-57 所示为 T2-120A 推土机的变速器总装图。该推土机采用拨动滑动齿轮的方法进行换挡，由壳体、传动机构和操纵机构等组成。

变速器壳体 14 前部用螺钉固定在支承横梁上，后部用螺钉固定在后桥箱前壁上（图中未示出）。上部有检视孔、加油口和油尺，底部装有磁性放油塞 13。右侧的螺钉孔用来安装螺钉，以固定操纵机构的壳体。

变速器传动机构主要包括主动轴 21、传动齿轮轴 19、从动轴 10、中间轴 17 及各齿轮和轴承等。

主动轴 21 前部通过球轴承 2 支承在变速器壳体 14 的前壁座孔内，并通过球轴承起轴向定位作用。球轴承前面装有端盖，端盖内装有油封，以防润滑油漏出。端盖延长套外圆与主离合器壳体之间，夹装有防尘毡圈。主动轴前端的接盘用螺钉与主离合器轴的接盘连接固定。主动轴在变速器壳体内的花键部分上，装有双联的前进挡主动齿轮 3 和后退挡主动齿轮 4 以及可滑动的五挡主动齿轮 6。主动轴后部用滚柱轴承支承在壳体的后壁座孔中。主动轴后端伸入后桥箱内的花键部分上，固装着油泵驱动齿轮 8，并用卡簧限位。

传动齿轮轴 19 以接盘固定在变速器壳体前壁上，其上通过两个滚柱轴承 20 支承传动齿轮 18，并用挡板和螺母限位。传动齿轮与前进挡主动齿轮常啮合。

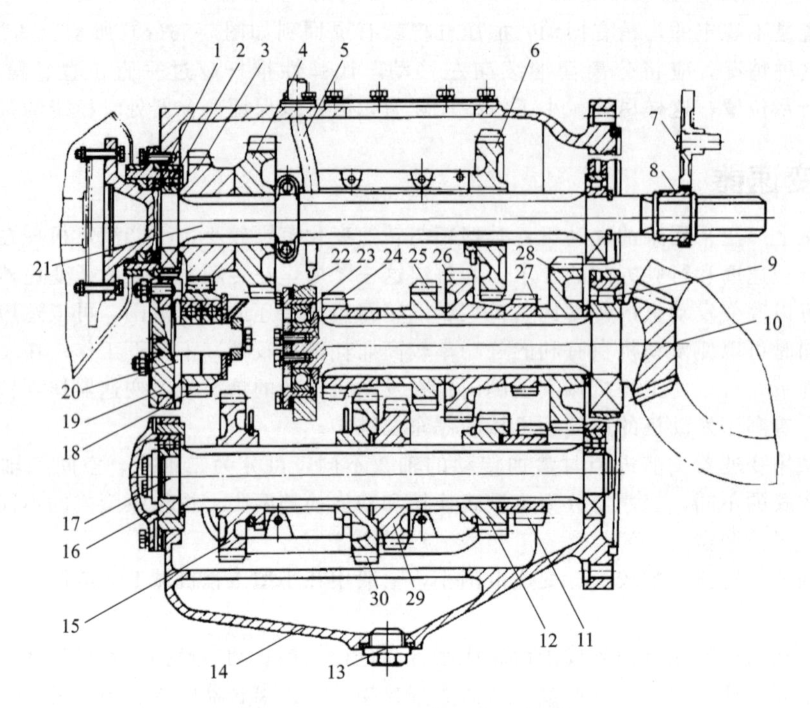

图 3-57 T2-120A 推土机变速器

1—球轴承壳体；2、16、23—球轴承；3—前进挡主动齿轮；4—后退挡主动齿轮；5—油尺座；6—五挡主动齿轮；7—油泵从动齿轮；8—油泵驱动齿轮；9—滚柱轴承；10—从动轴（主动锥齿轮）；11——挡主动齿轮；12—二挡主动齿轮；13—放油塞；14—变速器壳体；15—进退换向齿轮；17—中间轴；18—传动齿轮；19—传动齿轮轴；20—滚柱轴承；21—主动轴；22—调整垫片；24—四挡从动齿轮；25—三挡从动齿轮；26—二挡从动齿轮；27—五挡从动齿轮；28——挡从动齿轮；29—三挡主动齿轮；30—四挡主动齿轮

中间轴 17 前端通过球轴承支承在壳体下座孔内，后端通过滚柱轴承支承在壳体的座孔内。可滑动的主动齿轮以花键套装在中间轴上。从前向后依次分别为：进退换向齿轮 15，四、三、二、一挡双联主动齿轮 30、29、12、11。以上各个齿轮的一端均制有可供拨叉控制的环槽。

从动轴 10 前端以球轴承支承在变速器隔壁上，轴承座与隔壁间装有调整垫片，增减调整垫片可以调整中央传动装置锥齿轮的啮合印痕。后端通过滚柱轴承 9 支承在壳体上，后端的锥形齿轮与轴做成一体。从动轴上从前向后分别装有四、三、二、五、一挡从动齿轮 24、25、26、27、28。各齿轮通过轴承内圈定位，不能轴向移动。

进退换向齿轮和各挡主动齿轮与相应的从动齿轮啮合，可实现 5 个前进挡和 4 个倒退挡。

倒退时没有五挡，因五挡主动齿轮不受进退换向齿轮的控制。但在使用五挡时，进退换向齿轮必须与传动齿轮啮合，使中间轴旋转，通过中间轴上的齿轮把润滑油激溅到变速器上部，供各齿轮和轴承润滑。

动力由左端接盘传入变速器，右端齿轮 7、8 驱动液压油泵。主动轴上铣有花键，并装有五挡主动齿轮，该齿轮左右移动时实现五挡的摘挂；左边固装有前进挡主动齿轮 3 和后退挡主动齿轮 4。惰轮轴悬臂支承在变速器壳体上，前进挡中间齿轮用双排滚柱轴承支承着。中间轴上的齿轮均随轴一起旋转，并可作轴向移动，以实现挡位的变换与动力传递。

从动轴位于变速器的左侧，与驱动桥主传动机构的主动锥齿轮制成一体，通过增减调整垫片 22 可以使从动轴作轴向移动，以调整主传动机构锥齿轮副的啮合间隙或部位。

主动轴、中间轴及从动轴的两端分别用滚珠轴承和滚柱轴承支承在变速器壳体上，这些轴承的内圈都采用了轴向定位措施，而滚柱轴承的外圈未定位，允许其作微量的轴向移动，以防温度变化时产生附加轴向应力。

该变速器的变速传动机构实际上属于组合式，包括换向机构和变速传动机构两部分。其中的换向机构的工作原理是：换向齿轮左移与齿轮18啮合时动力经三级齿轮传动，推土机向前行驶；换向齿轮右移与齿轮4啮合时动力经两级齿轮传动，推土机向后行驶。该变速器倒挡挡位较多，可以适应推土机各种作业情况及提高生产率的需要。

T2-120A型推土机变速器的操纵机构由变速杆、换向杆、拨叉、拨叉轴、互锁装置、V挡保险锁和联锁装置等组成。

为防止同时挂上两个挡位，推土机变速器采用了摆架式互锁机构，其结构如图3-58所示。

可以摆动的铁架用轴销悬挂在操纵机构壳体内，变速杆下端置于摆架中间，可以作纵向移动。摆架两侧有卡铁A、B。当变速杆下端在摆架中移动而拨动某一滑杆时，卡铁A、B则卡在相邻滑杆的拨槽中，同时防止了相邻滑杆也被拨动，从而避免了同时挂上两个挡。

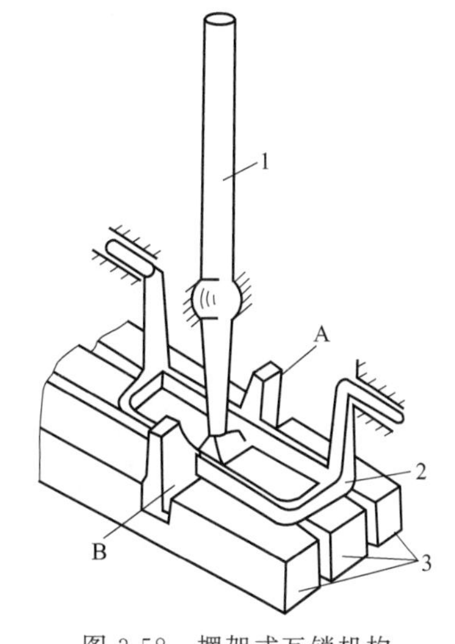

图3-58 摆架式互锁机构

1—变速杆；2—摆架；3—滑杆；A、B—卡铁

联锁机构的作用是防止主离合器未分离时变速器挂挡，其结构如图3-59所示。

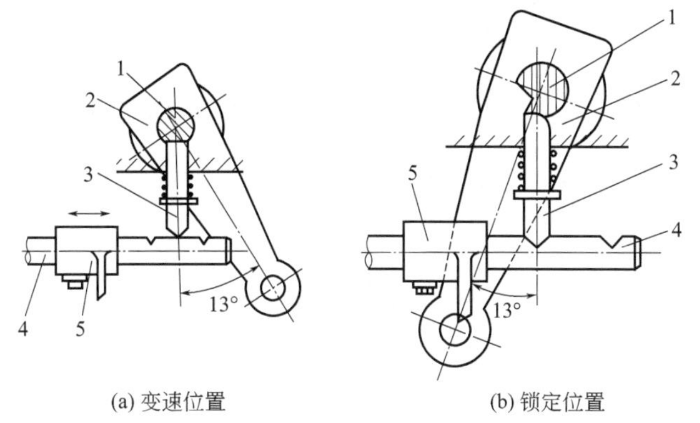

(a) 变速位置　(b) 锁定位置

图3-59 联锁机构

1—锁定轴；2—锁定轴臂；3—锁销；4—拨叉轴；5—拨叉

驾驶员的操作使主离合器分离时，经连接拉杆使锁定轴臂、锁定轴逆时针方向转动13°，锁定轴上的凹槽正对着锁销。此时变速器拨叉轴可以移动而实现换挡。待换挡结束驾驶员拉起操纵杆后，主离合器接合，连接拉杆被带动左移，经弹簧缓冲作用使锁定轴臂、锁定轴顺时针方向转动13°，锁定轴以圆柱面顶住锁销，使锁销的另一端抵靠在拨叉轴相应的凹槽内，拨叉轴不能移动，因此主离合器接合时便不能换挡。与此同时，联锁机构使已啮合齿轮不能自行分离，故又起到了自锁装置的作用。

（2）动力换挡变速器

图3-60是国产TL160型轮式推土机变速器的结构图。该变速器属于动力换挡变速器，它具有前进、倒退各四个挡位，主要由壳体、变速传动机构、换挡离合器和变速操纵阀等组成。

液力变矩器输出轴在变速器*A*侧，经接盘9与变速器动力输入轴16相连。动力输出则在变速器*A*、*B*两侧，分别经接盘5、13传给前、后桥。此外，在第一中间轴17的*B*侧通过啮合套

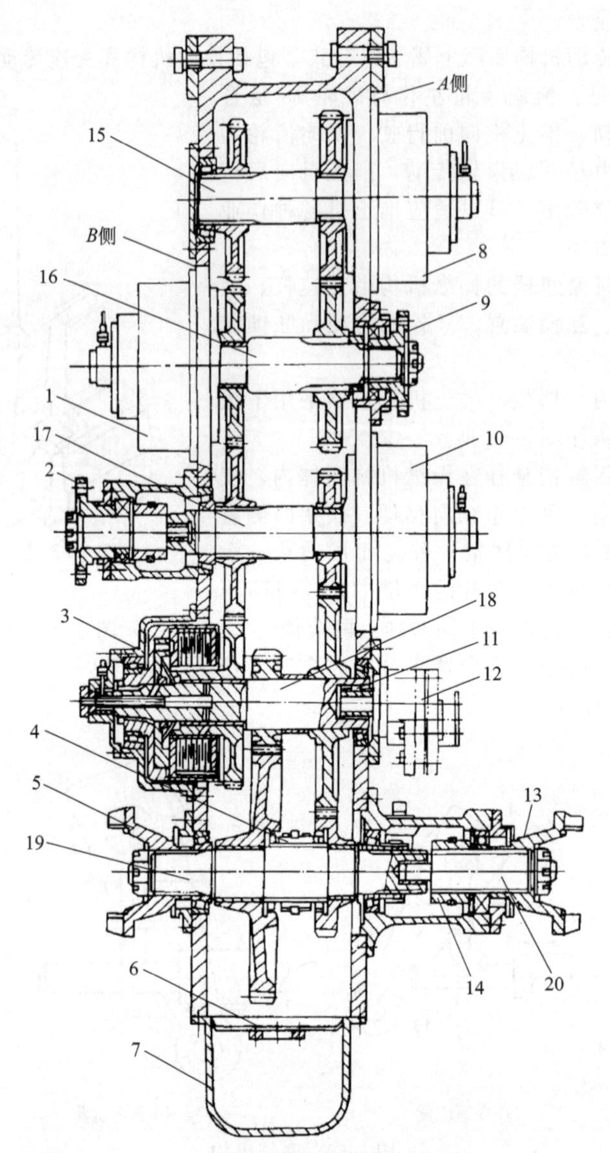

图 3-60 TL160 型轮式推土机变速器

1、3、8、10—离合器；2、5、9、13—接盘；4—高低挡啮合套；6—滤油网；7—油底壳；11—棘轮机构；12—转向辅助油泵；14—后桥分离机构；15—倒挡齿轮轴；16—动力输入轴；17—第一中间轴；18—第二中间轴；19—前桥输出轴；20—后桥输出轴

装着绞盘输出接盘 2，在此接盘外又以棘轮机构装有一变速辅助油泵。在第二中间轴 18 的 A 侧通过棘轮机构 11 装有一转向辅助油泵 12。棘轮机构的安装应使两个油泵只在前进挡离合器接合时才供油。

变速器除前、后桥输出轴 19、20 外，其余四根轴（倒挡齿轮轴 15、动力输入轴 16、第一中间轴 17、第二中间轴 18）各自在轴端装有多片湿式液压操纵摩擦离合器。其中两个离合器完成变速，还有两个离合器完成行驶方向的变换。由于高低挡的变换则采用机械式操纵，靠拨动啮合套 4 来完成，因此，高、低挡变换不需要停车，都在推土机行驶中完成。

如图 3-61 所示，变速器的换挡离合器采用了结构相同的四个多片湿式摩擦离合器。它由内、外毂，内、外摩擦片，活塞及外壳等组成。内鼓与传动齿轮制一体，经铜套滑动支承在传动轴上，并用左、右端卡环作轴向定位。内鼓的外圆上用花键套装有带摩擦衬片的六片内摩擦片。外鼓以花键固装在传动轴上，并用螺母作轴向定位。外鼓右端的内圆上用花键分别装有内压盘、五片外摩擦片和外压盘。外压盘的右端用挡圈作轴向定位。

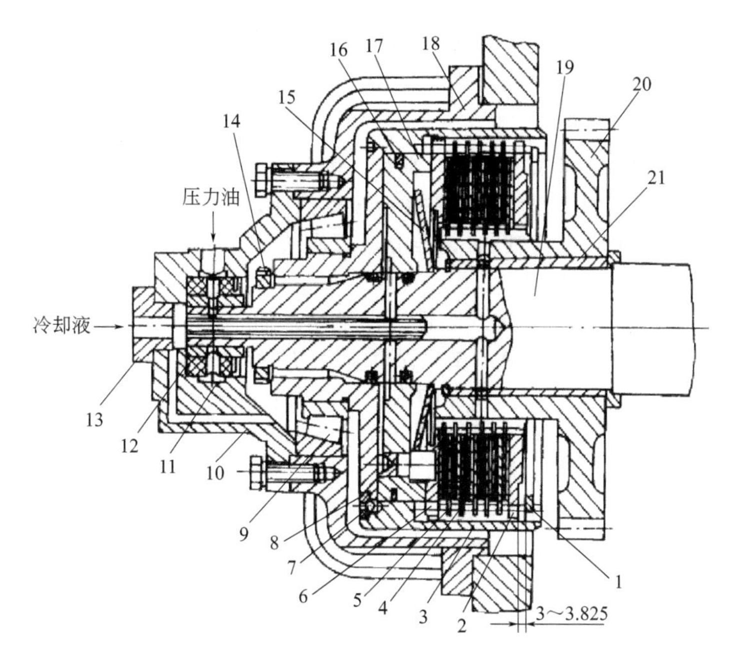

图 3-61　多片湿式摩擦离合器

1—挡圈；2—外压盘；3—外鼓；4—外摩擦片；5—内摩擦片；6—内压盘；7—钢球；8—钢球座；9—轴承；10—罩壳；11、16—密封圈；12、21—衬套；13—法兰；14—螺母；15—弹簧；17—活塞；18—轴承套圈；19—传动轴，20—齿轮

活塞装在外鼓内的内压盘的左侧，经油管、传动轴的径向孔传来的压力油推动活塞右移，压缩蝶形弹簧，通过内压盘将内、外摩擦片压在一起，使换挡离合器接合，此时传动齿轮、传动轴连为一体旋转。油液卸压时活塞在碟形弹簧的作用下回位，内、外摩擦片间的压力消失，换挡离合器分离，传动齿轮与传动轴各自运动。为保证活塞的左右移动，设置一定位销，其右端悬臂固定在内压盘上，左端插入活塞相应的定位孔内，起导向作用。

在传动轴、活塞与外鼓之间，分别设有 O 形密封圈 11、16，防止油液泄漏。

在外鼓的内侧，相对于活塞的一角，装有泄油钢球 7。换挡离合器分离时作用在活塞左侧的压力油必须迅速卸压。但由于外鼓的旋转作用，液压油被离心力甩到外鼓左端内侧壁上，阻碍了换挡离合器的迅速分离。为此，安装一球阀将这部分油液泄漏掉，其工作原理如图 3-62 所示。泄油孔分左右两部分，油孔左侧的直径比钢球的小，油孔右侧的直径比钢球的直径大。左右两侧油孔用圆弧过渡连接，此圆弧段为泄油孔的密封带。换挡离合器接合时钢球受离心力作用的同时，还受到右侧油压的作用，钢球被压在泄油孔的圆弧密封带上，此时油压作用在钢球上的分力大于离心力，从而钢球将左侧直径较小的泄油孔堵住（图中实线位置），泄油阀处于关闭状态。换挡离合器分离时钢球右侧的油压消失，在离心力作用下钢球与右侧大直径油孔的内壁接触，而钢球的另一侧则脱离油孔密封带，使泄油阀处于开启位置（图中虚线位置），因离心力而甩在内壁的液压油便从泄油孔泄出，并经换挡离合器的罩壳流回变速器。

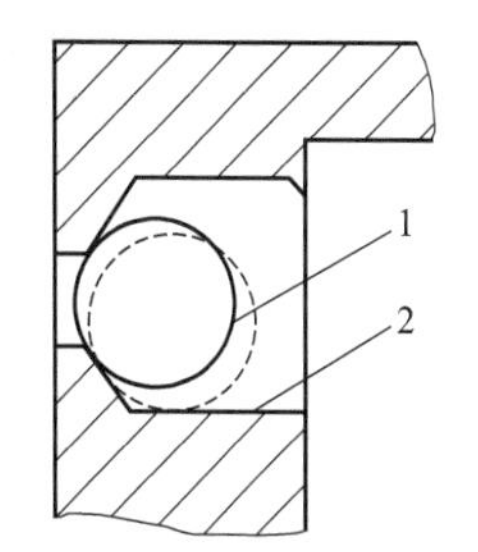

图 3-62　泄油球阀工作原理

1—钢球；2—泄油孔

该变速器采用液压操纵动力换挡机构。

3.3.4 万向传动装置

万向传动装置的用于连接轴线不重合或相对位置经常发生变化的两部件，并保证可靠地传递动力。万向传动装置主要由万向节、传动轴以及中间支承组成。

（1）万向节

万向节按其在扭转方向上是否有明显的弹性，可分为刚性万向节和挠性万向节。前者的动力是靠零件的铰链式连接传递的，而后者则靠弹性零件传递，且有缓冲减震作用。刚性万向节又可分为不等速万向节（常用的是十字轴式）、准等速万向节（双联式，三销轴式等）和等速万向节（球叉式，球笼式等）。

① 十字轴式刚性万向节　十字轴式刚性万向节结构简单、工作可靠、传动效率高，且允许两传动轴之间有较大交角（15°～20°），在工程机械上的传动系中应用最为普遍。

如图3-63所示为十字轴式刚性万向节的构造，由万向节叉2和6、十字轴4及滚针轴承（滚针8和套筒9）等组成。两万向节叉2和6上的孔分别活套在十字轴4的两对轴颈上。当主动轴转动时，从动轴也随之转动，且可绕十字轴中心在任意方向摆动。为减少摩擦损失、提高传动效率，在十字轴轴颈和万向节叉孔间装有由滚针8和套筒9组成的滚针轴承。用螺钉和轴承盖1将套筒9固定在万向节叉上，用锁片将螺钉锁紧，以防止轴承在离心力作用下从万向节叉内脱出。为润滑轴承，润滑油从注油嘴3注入十字轴内腔，十字轴为中空的，内有油路通向轴颈。为避免润滑油流出及尘垢进入轴承，在十字轴的轴颈上套有装在金属座圈内的毛毡油封7。在十字轴的中部还装有安全阀5，若十字轴内腔的润滑油压力过大，安全阀被顶开，润滑油外溢，以防止油封因油压过高而损坏。

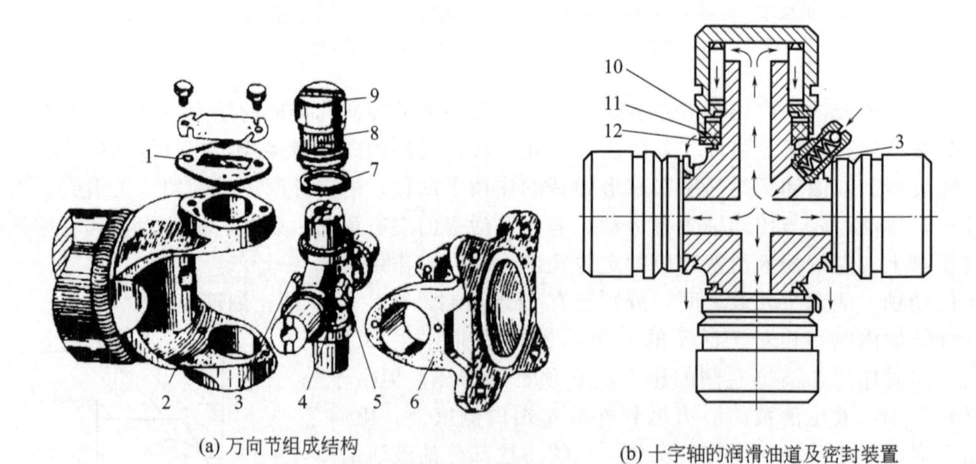

(a) 万向节组成结构　　(b) 十字轴的润滑油道及密封装置

图3-63　十字轴式刚性万向节

1—轴承盖；2、6—万向节叉；3—注油嘴；4—十字轴；5—安全阀；7—油封；8—滚针；9—套筒；10—油封挡盘；11—橡胶油封；12—油封座

十字轴式万向节的损坏以十字轴轴颈和滚针轴承的磨损为标志，因此润滑与密封直接影响万向节的使用寿命。为提高密封性能，可在十字轴式万向节中采用密封性能优良的橡胶油封。当用注油枪向十字轴内腔注入润滑油而使内腔油压大于允许值时，多余的润滑油便从橡胶油封内圆表面与十字轴轴颈接触处溢出，无需在十字轴上安装安全阀，且防尘、防水效果好。

② 准等速万向节　准等速万向节是根据上述双十字轴式万向节实现等速传动的原理而设计成的销轴式万向节。常见的有双联式和三销轴式万向节。

双联式万向节实际上是一套传动轴长度减缩至最小的双万向节传动装置。图3-64中的双联叉3相当于两个在同一平面内的万向节叉。要使半轴1和半轴2的角速度相同，应保证$\alpha_1=\alpha_2$。为此在双联式万向节的结构中装有分度机构（多由球销之类零件组成），使双联叉的对称线平分所连两个半轴的夹角。

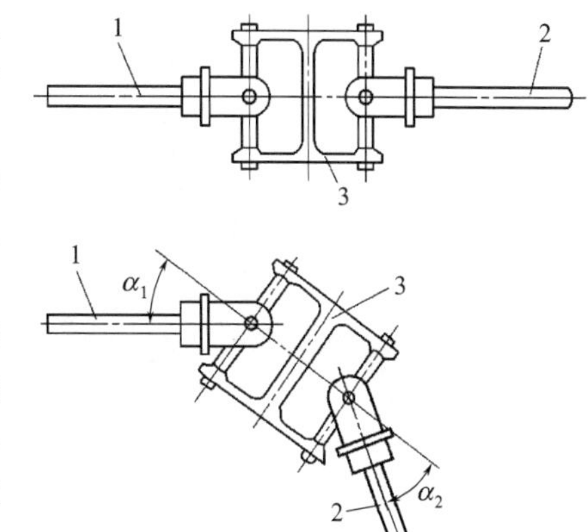

图3-64　双联式万向节示意图

1、2—半轴；3—双联叉

图3-65为双联式万向节的结构图。在万向节叉6的内端有球头，与球碗9的内球面配合。球碗座2则镶嵌在万向节叉1内端。球头与球碗的中心与十字轴中心的连线中点重合。当万向节叉6相对万向节叉1在一定角度范围内摆动时，双联叉5也被带动偏转相应角度，使两十字轴中心连线与两万向节叉1和6的轴线的交角差值很小，从而保证两轴角速度接近相等，其差值在容许范围内，故双联式万向节具有准等速性。

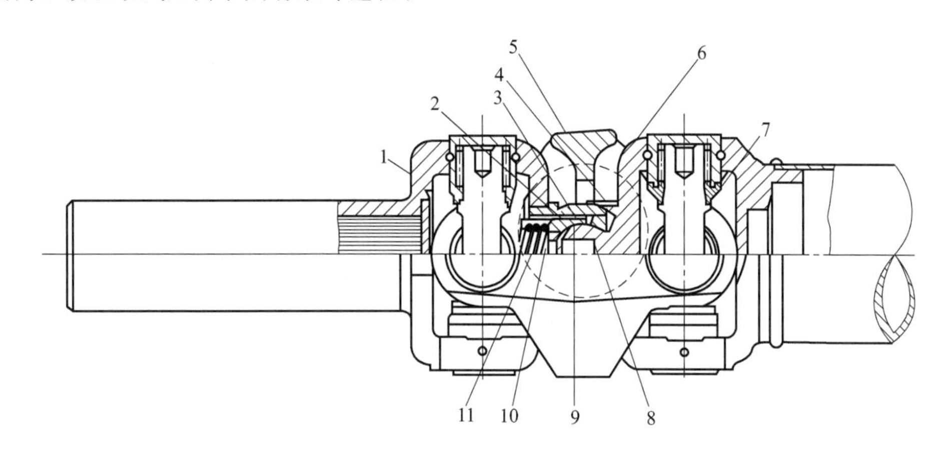

图3-65　双联式万向节结构图

1、6—万向节叉；2—球碗座；3—衬套；4—防护圈；5—双联叉；7—油封；8、10—垫圈；9—球碗；11—弹簧

双联式万向节用于转向驱动桥时，可以没有分度机构，但必须在结构上保证双联式万向节中心位于主销轴线与半轴轴线的交点，以保证准等速传动。

双联式万向节允许有较大的轴间夹角，且具有结构简单、制造方便、工作可靠的优点，故在转向驱动桥中的应用逐渐增多。

三销轴式万向节是双联式万向节演变而来的准等速万向节。图3-66所示为三销轴式万向节的结构图。它主要由两个偏心轴叉1和3，两个三销轴2和4以及六个轴承，密封件等组成。主、从动偏心轴叉分别与转向驱动桥内、外半轴制成一体。叉孔中心线与叉轴中心线互相垂直但不相交。两叉由两个三销轴连接。三销轴的大端有一穿通的轴承孔，其中心线与小端轴颈中心线重合。靠近大端两侧有两轴颈，其中心线与小端轴颈中心线垂直并相交。装合时，每一偏心轴叉的两叉孔通过轴承与一个三销轴的大端两轴颈配合，而后两个三销轴的小端轴颈互相插入对方的大端轴承孔内，这样便形成了$Q—Q_1$、$P—P_1$和$F—F_1$三根轴线。传递时，转矩由主动偏心轴叉经轴$Q—Q_1$、$P—P_1$和$F—F_1$传到从动偏心轴叉。

在与主动偏心轴叉1相连的三销轴4的两个轴颈端面和轴承座6之间装有推力垫片10。其余各轴颈端面均无推力垫片，且端面与轴承座之间留有较大的空隙，以保证在转向时三销轴万向节不致发生运动干涉现象。

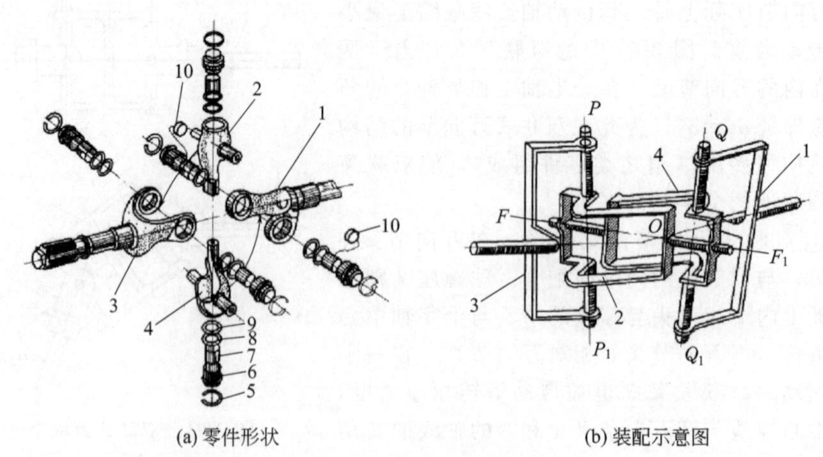

(a) 零件形状　　(b) 装配示意图

图 3-66　三销轴式万向节

1—主动偏心轴叉；2、4—三销轴；3—从动偏心轴叉；5—卡环；
6—轴承座；7—衬套；8—毛毡圈；9—密封罩；10—推力垫片

三销轴式万向节的最大特点是允许相邻两轴有较大的交角，最大可达45°。在转向驱动桥中采用这种万向节可使工程机械获得较小的转弯半径，提高工程机械的机动性。其缺点是占用空间较大。

③ 等速万向节　等速万向节包括球叉式万向节和球笼式万向节。

如图3-67所示为球叉式万向节。主动叉5与从动叉1分别与内外半轴制成一体。在主、从动叉上，各有四个曲面凹槽，装合后形成两个相交的环形槽作为钢球滚道。四个传动钢球4放在槽中，中心钢球6放在两叉中心的凹槽内，以定中心。

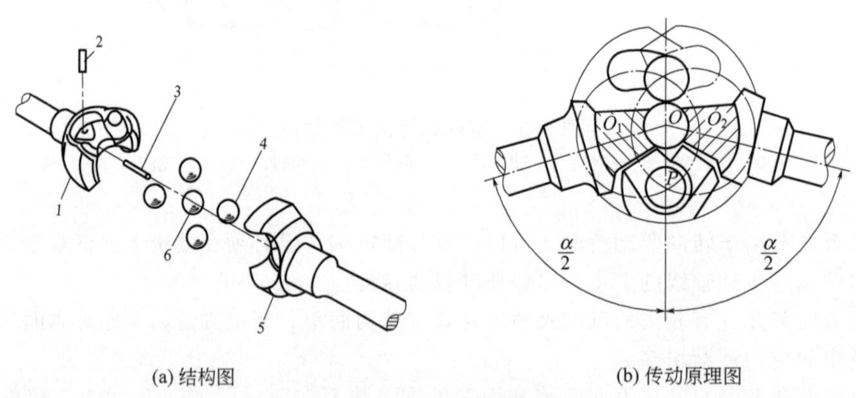

(a) 结构图　　(b) 传动原理图

图 3-67　球叉式万向节

1—从动叉；2—锁止销；3—定位销；4—传动钢球；5—主动叉；6—中心钢球

为顺利地将钢球装入槽中，在中心钢球6上铣出一个凹面，凹面中央有深孔。装合时，先将定位销3装入从动叉内，放入中心钢球，然后在两球叉槽中陆续装入三个从动钢球，再将中心钢球的凹面对向未放钢球的凹槽，以便装入第四个传动钢球，提起从动叉使定位销3插入球孔中，最后将锁止销2插入从动叉上与定位销垂直的孔中，以限制定位销轴向移动，保证中心钢球的正确位置。

主动叉和从动叉的中心线是以O_1、O_2为圆心的两个半径相等的圆，而圆心O_1、O_2与万向节中心O的距离相等。因此，在主动轴和从动轴以任何角度相交的情况下，传动钢球中心都位于两圆的交点上，即所有传动钢球都位于角平分面上，因而保证了等角速传动。

球叉式万向节结构简单，允许最大交角为 32°～33°，一般应用于转向驱动桥中。有些球叉式万向节中省去了定位销和锁止销，中心钢球上也没有凹面，靠压力装配。这样结构更为简单，但拆装不便。

球叉式万向节正转时，只有两个钢球传力，反转时，则由另两个钢球传力。因此，钢球与曲面凹槽之间的单位压力越大，磨损较快，影响使用寿命。

球笼式万向节的结构如图 3-68 所示。星形套 7 通过内花键与主动轴 1 相连，其外表面有 6 条凹槽，形成内滚道。球形壳 8 的内表面有相应的 6 条凹槽，形成外滚道。6 个钢球 6 分别装在各条凹槽中，并由保持架 4 使钢球保持在一个平面内，动力由主动轴 1 经钢球 6、球形壳 8 输出。

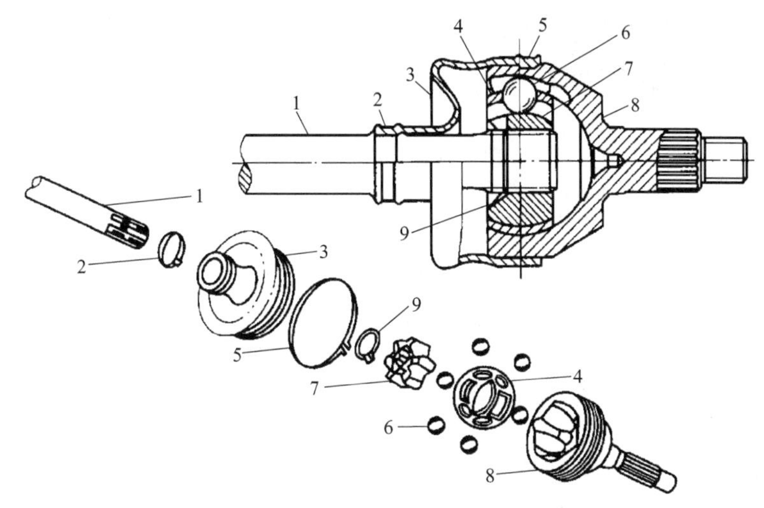

图 3-68　球笼式万向节

1—主动轴；2、5—钢带箍；3—外罩；4—保持架（球笼）；6—钢球；
7—星形套（内滚道）；8—球形壳（外滚道）；9—卡环

球笼式万向节的等角速度传动原理，如图 3-69 所示。外滚道的中心 A 与内滚道的中心 B 分别位于万向节中心 O 的两侧。因此，当两轴交角变化时，保持架可沿内、外球面滑动，以保持钢球在一定位置。

由于 $OA=OB$，$CA=CB$，CO 是共边，则三角形 $\triangle COA$ 与 $\triangle COB$ 全等。因此，$\angle COA=\angle COB$，即两轴相交任意角 α 时，其传力钢球中心 C 都位于交角平分面上。此时，钢球到主动轴和从动轴的距离 a 和 b 相等，从而保证了从动轴与主动轴以相等的角速度旋转。

球笼式等角速万向节在两轴最大交角 42°的情况下，仍可传递转矩，且在工作时，无论传动方向如何，6 个钢球全部传力。与球叉式万向节相比，其承载能力强、结构紧凑、拆装方便，因此应用越来越广泛。

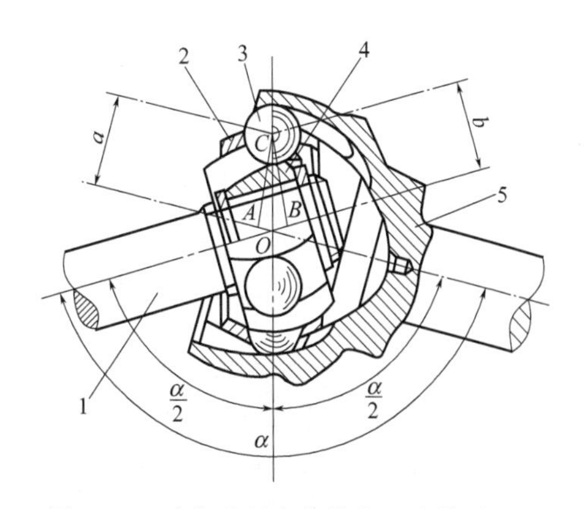

图 3-69　球笼式万向节等角速度传动原理

O—万向节中心；A—外滚道中心；B—内滚道中心；
C—钢球中心；α—两轴交角（钝角）；1—主动轴；
2—保持架（球笼）；3—钢球；4—星形套（内滚道）；
5—球形壳（外滚道）

（2）传动轴

传动轴的作用是把变速器的转矩传递到驱动桥上。

传动轴与驱动桥半轴相比一般都较长，而且

转速又高。由于所连接的两部件（如变速器与驱动桥）间的相对位置不断变动，因此要求传动轴的长度也要相应地变化，以保证正常传动。如图 3-70 所示为传动轴的结构图。

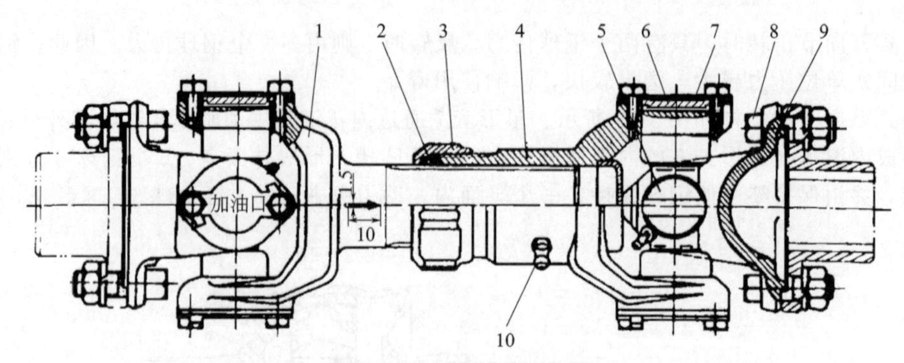

图 3-70 传动轴的结构

1—花键轴叉；2—油封；3—油封盖；4—花键套；5—万向节总成；6—支承片；7—锁片；8—螺栓；9—凸缘叉；10—注油嘴

由图中可知传动轴制成两段，中间用花键轴和花键套相连接。这样，传动轴的总长度可允许有伸缩，以适应其长度变化的需要。花键的长度应保证传动轴在各种工况的情况下，既不脱开又不顶死。花键套与万向节叉制成一体，亦称花键套叉。花键套上装有注油嘴，以润滑花键部分。花键套前端用盖堵死（但中间有小孔与大气相通），后端装有油封，并用带螺纹的油封盖拧在花键套的尾部以压紧油封。

传动轴一般都采用空心轴，这是因为在传递同样大小的扭矩情况下，空心轴较实心轴具有更大的刚度，而且重量轻，节约钢材。

传动轴是高速转动的传动件，为了避免传动轴的质量因沿圆周方向分布不均而发生剧烈振动，通常传动轴管不使用无缝钢管，而采用厚薄均匀的钢板卷制焊成。

传动轴和万向节装配好后，都要经过动平衡试验，并且在花键套和传动轴上刻有记号，拆装时要注意按平衡时所刻记号进行装配，以保持原来的相对位置。

3.3.5 履带式行走系统

履带式工程机械行走系统的功用是支承机体并将发动机经由传动系统传到驱动链轮上的转矩转变成机械行驶和进行作业所需的牵引力。为了保证履带式机械的正常工作它还起缓和地面对机体冲击振动的作用。

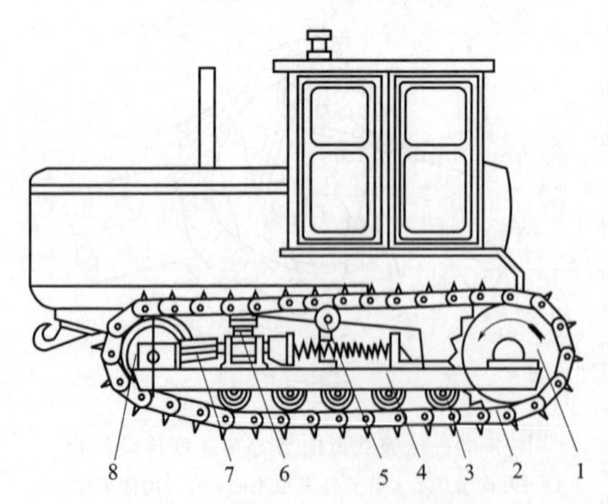

图 3-71 履带式行走系统的组成

1—驱动轮；2—履带；3—支重轮；4—台车架；5—托带轮；6—悬架；7—张紧缓冲装置；8—张紧轮（引导轮）

如图 3-71 所示，履带式行走系统通常由台车架 4、悬架 6、履带 2、驱动轮 1、支重轮 3、托带轮 5、张紧轮（引导轮）8 和张紧缓冲装置 7 等零部件组成。一般将支重轮 3、托带轮 5、引导轮 8 及张紧缓冲装置 7 都装在台车架 4 上，构成一个整体，称之为台车。履带式机械左右各有一个台车。台车与履带 2 组成履带式机械的行驶装置。

履带式行走系统与轮式行走系统相比有如下特点：

① 支承面积大，压强小。

② 履带支承面上有履齿，不易打滑，牵引附着性能好，有利于发挥较大的牵引力。

③ 履带不怕扎、割等机械损伤。

④ 履带销子、销套等运动副在使用中要磨损，要有张紧装置调节履带松紧度，兼起一定的缓冲作用。

⑤ 结构复杂，重量大，运动惯性大，减振性能差，零件易损坏。因此，行驶速度不能太高，机动性差。

(1) 行驶装置

① 支重轮　支重轮用来支承机体重量，并携带上部重量在履带的链轨上滚动，使机械沿链轨行驶；还可用它来夹持履带，使其不沿横向滑脱，并在转弯时迫使履带在地上滑移。

支重轮常在泥水中工作，且承受强烈的冲击，工作条件很差，因此要求它的密封可靠、轮缘耐磨。支重轮用锰钢制成，并经热处理提高硬度。

如图 3-72 所示，轴承座 5 与支重轮体 3 用螺钉紧固，轴瓦 6 为双金属瓦，用销子将其与轴承座 5 固定，使三者固定为一体，可相对于轴 4 旋转。支重轮孔两端装有浮动油封 8，以防止泥沙进入或润滑油外泄。支重轮轴 4 的两端都铣扁，以保证轴 4 不发生转动。其中一端设计有梯形凹槽，装入平键 11 保证轴不发生轴向窜动。在轴 4 的一端设有油孔，可从此孔注入润滑油，以润滑轴承。

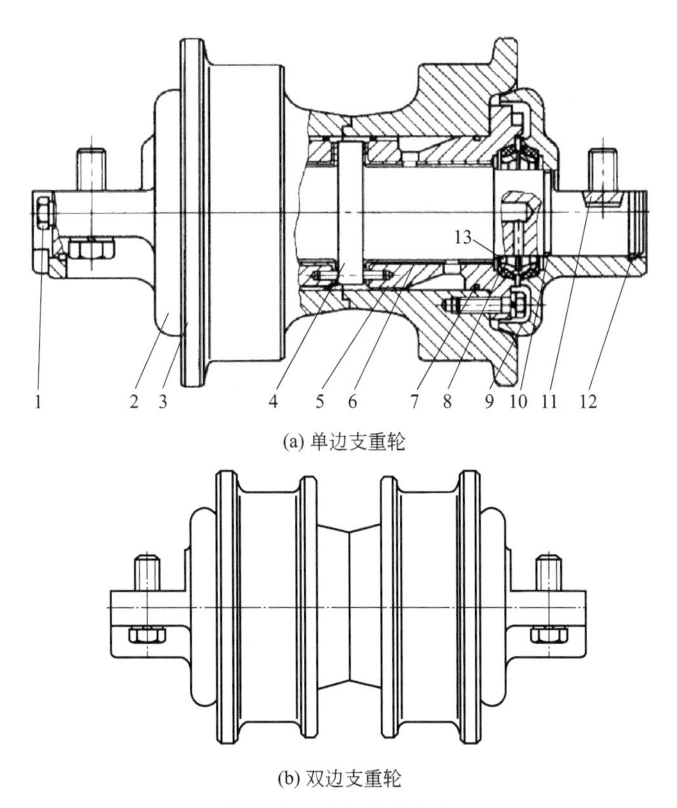

(a) 单边支重轮

(b) 双边支重轮

图 3-72　支重轮结构图

1—油塞；2—支重轮外盖；3—支重轮体；4—轴；5—轴承座；6—轴瓦；7、10—密封圈；8—浮动油封；9—支重轮内盖；11—平键；12—挡圈；13—浮封环

支重轮有单边和双边两种形式，两者的结构除轮体外都相同，双边轮体较单边轮体多一个轮缘，因此，能更好地夹持履带，但受到滚动阻力较大。为了减小阻力，可以在每个台车上布置两种形式的支重轮，使单边支重轮数目多于双边支重轮。如 TY180 履带推土机每侧台车架下部装

有六个支重轮，包括四个单边支重轮和两个双边支重轮。

② 托轮 托轮也称托带轮，用来托住履带，防止履带下垂过大，以减小履带在运动中的振跳现象，并防止履带侧向滑落。托轮与支重轮相比，受力较小，工作中受污物的侵蚀也少，工作条件比支重轮好，因此托轮的结构较简单，尺寸也较小。

图3-73所示为TY180推土机的托轮总成。托轮10通过2个锥柱轴承11支承在轴3上，螺母12可以调整轴承的松紧度。其润滑密封与支重轮原理相同。托轮轴3的一端夹紧在托轮架2中，另一端形成悬臂梁安装托轮，托轮架则固定在台车架上。

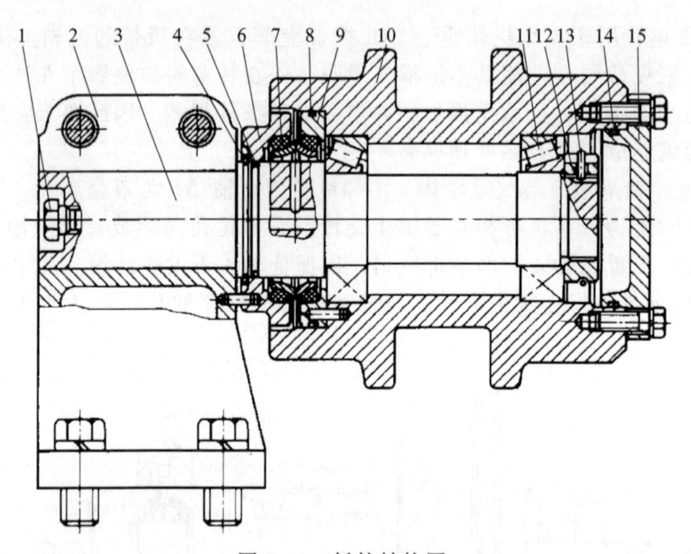

图3-73 托轮结构图

1—油塞；2—托轮架；3—托轮轴；4—挡圈；5、8、14—O形密封圈；6—油封盖；7—浮动油封；9—油封座；10—托轮；11—轴承；12—锁紧螺母；13—锁圈；15—托轮盖

为了减少托轮与履带之间的摩擦损失，托轮数目不宜过多。每侧履带一般为1～2个。托轮的位置应有利于履带脱离驱动链轮的啮合，并平稳而顺利地滑过托轮和保持履带的张紧状态。当采用两个托轮时后面的一个托轮应靠近驱动链轮。

③ 引导轮 引导轮也称张紧轮。引导轮的功用是支承履带和引导履带正确卷绕。同时，引导轮与张紧装置一起使履带保持一定的张紧度，并缓和从地面传来的冲击力，从而减轻履带在运动中的振跳现象，以免引起剧烈的冲击和额外的功率消耗，加速履带销和销套间的磨损。履带张紧后，还可防止它在运动过程中脱落。

如图3-74所示，履带推土机的引导轮是铸造的，其径向断面呈箱形。引导轮的轮面大多制成光面，中间有挡肩环作为导向用，两侧的环面支承链轨起支重轮的作用。引导轮的中间挡环应有足够的高度，两侧边的斜度要小。引导轮与最靠近的支重轮距离越小则导向性能越好。

引导轮通过孔内的两个滑动轴承9装在引导轮轴5上，引导轮轴5的两端固定在右滑架11与左滑架4上。左、右滑架则通过用支座弹簧合件14压紧的座板16安装在台车架上的导向板18上，同时使滑架的下钩平面紧贴导向板17，从而消除了间隙。故滑架可以在台车架上沿导板17与18前后平稳地滑动。

支承盖2与滑架之间设有调整垫片3，以保证支承盖2和台车架侧面之间的间隙不大于1mm。安装支承盖2是为了防止引导轮发生侧向倾斜以致履带脱落。

引导轮与轴5之间充满润滑油进行润滑，并用两个浮动油封7与O形密封圈6、10来保持密封。引导轮轴5通过止动销13进行轴向定位。

④ 张紧装置 张紧装置的功用是保证履带具有足够的张紧度，减少履带在行走中的振跳及

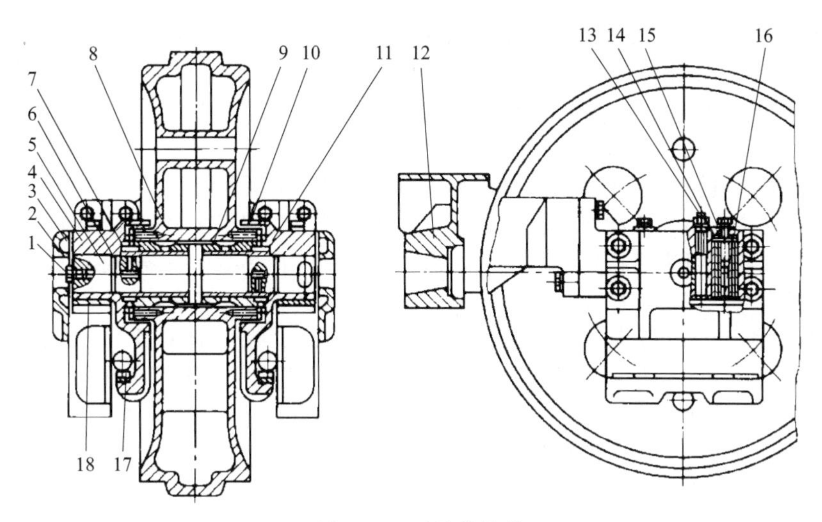

图 3-74 引导轮结构

1—油塞；2—支承盖；3—调整垫片；4—左滑架；5—引导轮轴；6、10—O 形密封圈；
7—浮动油封；8—引导轮；9—滑动轴承；11—右滑架；12—引导轮支架；
13—止动销；14—支座弹簧合件；15—弹簧压板；16—座板；17、18—导向板

卷绕过程中的脱落。履带过于松弛，除了造成剧烈跳动、增加磨损之外，还容易造成脱轨现象；履带过于张紧，会加剧履带销与销套的磨损。因此，履带必须有合适的张紧度。

张紧装置可分为螺杆式张紧装置和液压式张紧装置两种。螺杆式张紧装置在早期生产的推土机上使用，因螺杆锈蚀致调整困难已逐渐被液压式张紧装置所代替。

如图 3-75 所示为液压式张紧装置结构图。由图可知，液压式张紧装置由调整油缸和弹簧箱两大部分组成。张紧杆 1 的左端与导向轮叉臂相连，右端与液压缸 3 的凸缘相接。当需要张紧履带时，只需要通过注油嘴 12 向缸内注油，使油压增加，使液压缸 3 外移，并通过张紧杆 1、导向轮使履带张紧；如果履带过紧，可通过放油螺塞 2 放油，即可使履带松弛。调整这种装置省力省时，所以在履带机械中得到了广泛的应用。

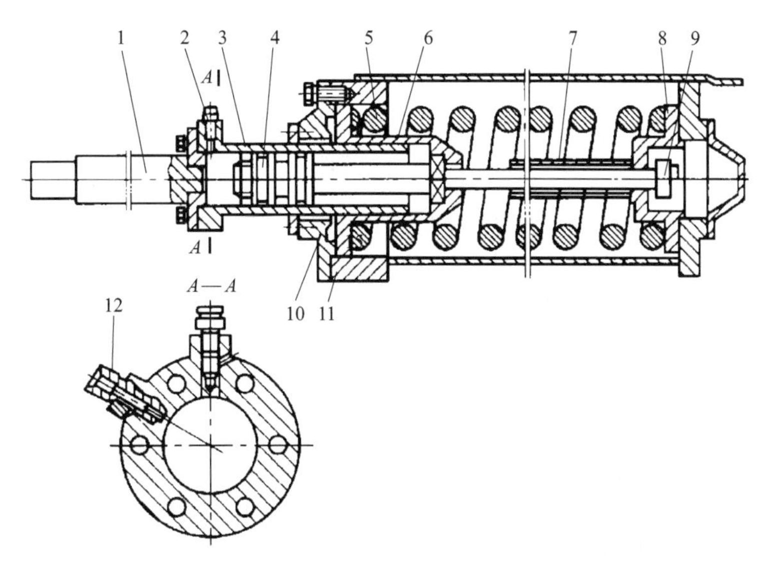

图 3-75 液压式张紧装置

1—张紧杆；2—放油螺塞；3—液压缸；4—活塞；5—张紧弹簧；6—弹簧前座；
7—定位套管；8—弹簧后座；9—调整螺母；10—垫片；11—前盖；12—注油嘴

当机械行驶中遇到障碍物而使导向轮受到冲击时，由于液体的不可压缩性，冲击力可通过活塞4、弹簧前座6传到张紧弹簧5上，于是弹簧压缩，张紧轮后移，从而使机件得到保护。

⑤ 履带　履带是用于将工程机械的重力传给地面，并保证机械发出足够驱动力的装置。履带经常在泥水、凹凸地面、石质土壤中工作，条件恶劣，受力情况复杂，极易磨损。因此，除了要求它有良好的附着性能外，还要求它有足够的强度、刚度和耐磨性。

工程机械用履带有整体式和组合式两种。整体式履带主要用于小型机械和运行速度较低的重型机械上。组合式履带具有更换零件方便的优点，当某零件损坏时，只需更换掉该零件即可，无需将整块履带板报废。因此，广泛用于推土机、装载机等多种工程机械上。

图3-76所示为TY220履带推土机的组合式履带结构图。它由履带板1，履带销4，销套5，左链轨11、右链轨10等零件组合而成。其履带板1分别用两个螺栓固定在左、右链轨11、10上，相邻两节链轨用履带销4连接，左、右链轨用销套隔开，销套同时还是驱动链轮卷绕的节销。链轨节是模锻成形的，前节的尾端较窄，压入销套5，后节的前端较宽，压入履带销4。由于它们的过盈量大，所以履带销、销套与链轨节之间都没有相对运动，只有履带销与销套之间可以相对转动。销套两端装有防尘圈，以防止泥沙浸入。

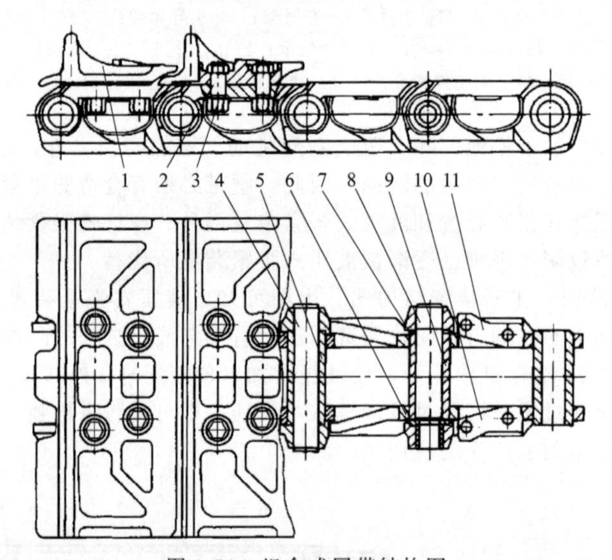

图3-76　组合式履带结构图

1—履带板；2—螺栓；3—螺母；4—履带销；5—销套；6—弹性锁紧套；7—锁紧销垫；8—履带活销；9—锁紧销套；10—右链轨；11—左链轨

为了拆卸方便，在每条履带中设有两个易拆卸的活销8，其配合过盈量稍小，较易拆卸，它的外部根据不同的机型都有不同的标记，拆卸时应根据说明书细心查找。

为了提高履带的寿命，对履带板、链轨、履带销和销套等零件可根据不同的需要采用适当材料，并进行适当的热处理以提高表面硬度，增强耐磨性。

履带板是履带总成的重要组成部分，履带板的形状和尺寸，对推土机的牵引附着性能影响很大。根据推土机作业要求的不同，履带板可分为多种形式。

（2）悬架

悬架是机架和台车架之间的连接元件。其功用是将机架上的载荷和自重全部或部分通过悬架传到支重轮上。在行驶与作业中履带和支重轮所受的冲击也由悬架传到机架上，悬架具有一定弹性可缓和冲击力。悬架可分为弹性悬架、半刚性悬架和刚性悬架。

通常对于行驶速度较高的机械，为了缓和高速行驶带来的各种冲击，采用弹性悬架；对于行驶速度较低的机械，为了保证作业时的稳定性，通常采用半刚性悬架或刚性悬架。

① 弹性悬架　机体的重量完全经弹性元件传递给支重轮的叫弹性悬架。

如图 3-77 所示为东方红-75 型推土机的弹性悬架结构图。该推土机没有统一的台车架，各部件都安装在机架上，推土机的重量通过前、后支重梁传到四套平衡架上（左右各两套），然后再经过八只支重轮传到履带上。由于平衡架是一个弹性系统，故称为弹性悬架。

(a) 平衡架在行驶系统的位置

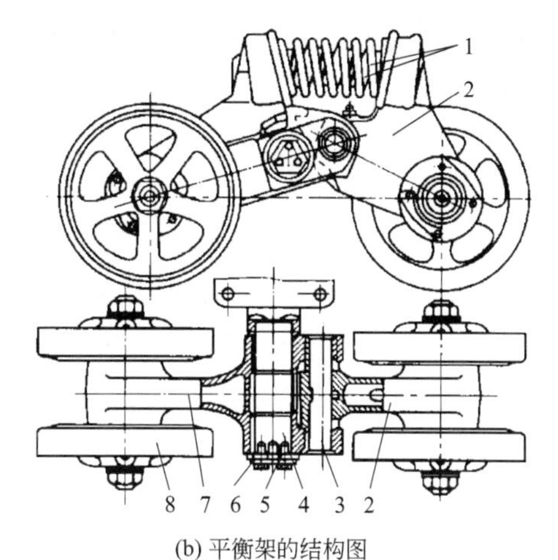

(b) 平衡架的结构图

图 3-77　东方红-75 型推土机的弹性悬架

1—悬架弹簧；2—内平衡臂；3—销轴；4—支重梁横轴；5—垫圈；6—调整垫圈；7—外平衡臂；8—支重轮

平衡架由一对互相铰接的内、外空心平衡臂 2、7 组成。内、外平衡臂 2、7 由销轴 3 铰接；在外平衡臂 7 的孔内装有滑动轴承，通过支重梁横轴 4 将整个平衡架安装到前、后支重梁上，并允许其绕支重梁摆动。

悬架弹簧 1 是由两层螺旋方向相反的弹簧组成，螺旋方向相反是为了避免两弹簧在运动中重叠而被卡住。悬架弹簧压缩在内平衡臂 2、外平衡臂 7 之间，用来承受推土机的重量与缓和地面对机体的各种冲击。螺旋弹簧的柔性较好，在吸收相同的能量时，其重量和体积都比钢板弹簧小，但它只能承受轴向力而不能承受横向力。

② 半刚性悬架　部分重量经弹性元件而另一部分重量经刚性元件传递给支重轮的叫半刚性悬架。在半刚性悬架中，支重轮轴和履带台车架刚性连接，台车架再与机架相连，其后部通过刚性连接，前部通过弹性元件相连。由于这种悬架一端为刚性连接，另一端为弹性连接，故机体的部分重量通过弹性元件传给支重轮，地面的各种冲击力仅得到部分缓冲，故称为半刚性悬架。

半刚性悬架中的台车架是行驶系中一个很重要的骨架，支重轮、张紧装置等都要安装在这个骨架上，它本身的刚度以及它与机体间的连接刚度，对履带行驶系统的可靠性和寿命有很大影响。若刚度不足，往往会使台车架外撇，引起支重轮在履带上走偏或支重轮轮缘啃蚀履带轨，严重时会引起履带脱落。为此，应采取适当的措施来增强台车架的刚度。

半刚性悬架的弹性元件有悬架弹簧和橡胶弹性块两种形式。

如图 3-78 所示为采用橡胶块作为弹性元件的半刚性悬架的结构。它是由一根横置的平衡梁 1、活动支座 2、橡胶块 4、固定支座 3 以及台车架 5 等零件组成。在左右台车架的前部用螺钉安装固定支座 3，在固定支座 3 的 V 形槽左右两边各放置一块钢皮包面的橡胶块 4，在橡胶块的上面放置呈三角形断面的活动支座 2。横平衡梁 1 的两端自由地放在活动支座 2 的弧形面上，其中央用销与机架相铰接。这种悬架的特点是结构简单、拆装方便、坚固耐用，但减振性能稍差。

③ 刚性悬架　机体重量完全经刚性元件传递给支重轮的叫刚性悬架。

对于行驶速度很低的重型机械，例如履带式挖掘机，为了保证作业时的稳定性，提高挖掘效率，通常都不装弹性悬架。

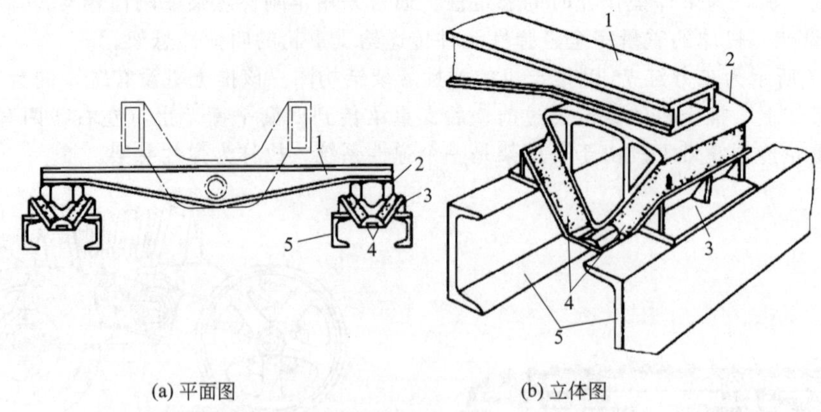

(a) 平面图 (b) 立体图

图 3-78 橡胶弹性块式半刚性悬架结构图

1—横平衡梁；2—活动支座；3—固定支座；4—橡胶块；5—台车架

如图 3-79 所示为 W100 型挖掘机的刚性悬架结构图。挖掘机在行走架上布置小台车架 1，将每边的支重轮 4 和托轮 5 分别装在两个独立的小台车架上，小台车架通过轴 2 铰接在行走架上。这样，通过小台车架摆动可以行走时适应路面的不平整。

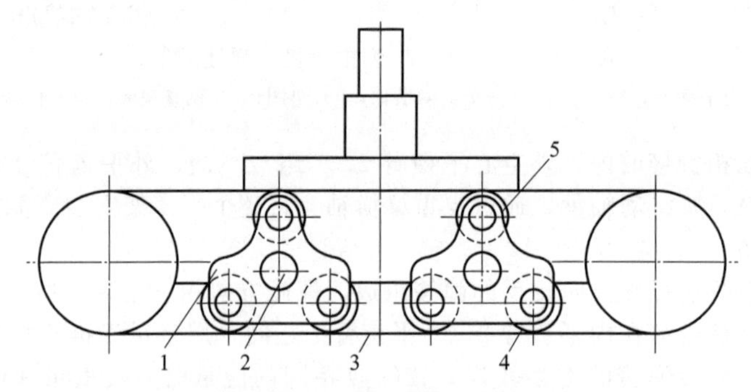

图 3-79 W100 型挖掘机的刚性悬架

1—小台车架；2—轴；3—履带；4—支重轮；5—托轮

(3) 车架

履带式工程机械的车架是整台设备的骨架，用来安装和固定发动机、传动系统及驾驶室等所有的部件和总成，使全机成为一个整体。履带式工程机械的车架有全梁式车架、半梁式车架两种。

① 全梁式车架 全梁式车架是一个完整的框架，主要优点是各部件拆装方便，但由此也增加了车架重量。另外车架在工作中的变形还会使各部件之间的相对位置发生变化，从而破坏零件的正常工作，引起损坏，因此全梁式车架只在中小型履带式工程机械底盘上采用。

如图 3-80 所示为 T-75 推土机的全梁式车架结构图。由槽钢做成的纵梁 1 和 4、前梁 7、后轴 3 等组成。在纵梁的下方安装着两根横梁 6 和 5。发动机为三点支承：前端用摇摆支座安装在前梁 7 上，后梁经左右两点装在前横梁 6 上。变速器与驱动桥连成一体，也是三点支承在车架上：变速器前端用球形垫圈支承在后横梁 5 上，驱动桥箱用两个支承安装在后轴 3 上。行驶系统也安装在车架上，后轴 3 的两端安装驱动轮，台车轴 2 上安装台车，纵梁前端安装张紧缓冲装置。

② 半梁式车架 半梁式车架实际上就是两根纵梁焊接（或螺栓连接）在驱动桥壳上而组成的车架，如 T-100、T2-120A、TY180 推土机等。

如图 3-81 所示为 T2-120A 推土机的半梁式车架。两根纵梁是用前窄后宽的槽钢制成。为了

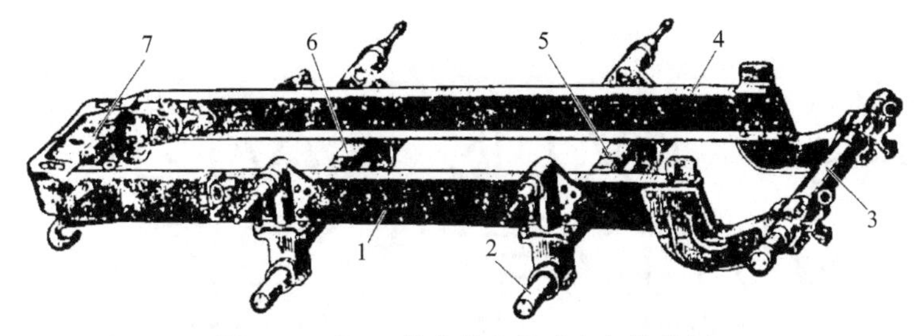

图 3-80　T-75 推土机全梁式车架结构图

1,4—纵梁；2—台车轴；3—后轴；5—后横梁；6—前横梁；7—前梁

加强其强度，中部焊有加强角铁。纵梁上还有三角形钢板和前支承梁用以安装变速器和支承悬架等部件。有些机械纵梁前端用螺栓固定着横梁，而 T2-120A 没有前横梁，其是以发动机前支承和散热器的钢外罩分别作为前横梁和加固板。

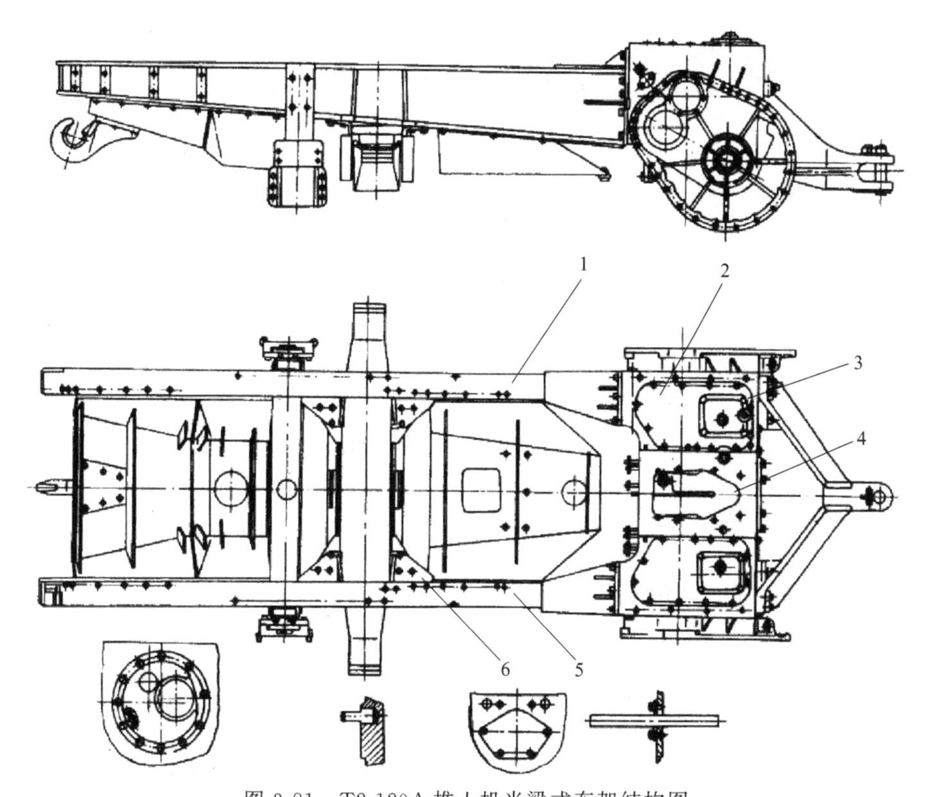

图 3-81　T2-120A 推土机半梁式车架结构图

1—右纵梁；2—转向离合器室；3—后桥箱壳体；4—中央传动室；5—左纵梁；6—悬架装置固定角铁

第2篇　液压气动系统与液压气动识图

第4章　液压与气动基础

4.1　液压传动

液压传动是指以液体为工作介质进行能量传递和控制的一种传动方式。在机械上采用液压传动技术，可以简化机器的结构，减轻机器质量，减少材料消耗，降低制造成本，减轻劳动强度，提高工作效率和工作的可靠性。

20 世纪 80 年代以来，由于液压技术与现代数学、力学和微电子技术、计算机技术、控制科学等的紧密结合，出现了微处理器、电子放大器、传感测量元件和液压控制单元相互集成的机电一体化产品，提高了液压系统的智能化程度和可靠性，使得液压技术的应用领域不断拓展，不仅在机械制造、起重运输机械及各类施工机械、船舶、航空等领域得到了广泛的发展和应用，而且几乎囊括了多个国民经济领域。

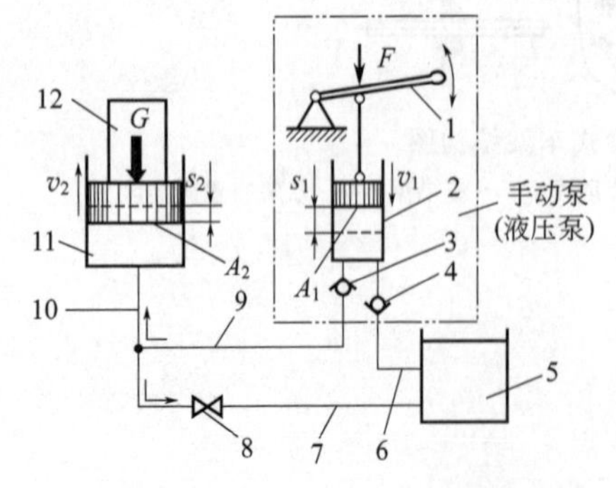

图 4-1　液压千斤顶工作原理图

1—手柄；2—泵缸；3—排油单向阀；4—吸油单向阀；5—油箱；6、7、9、10—管；8—截止阀；11—液压缸；12—重物

4.1.1　液压系统的工作原理

以液压千斤顶为例来说明液压传动的工作原理。

如图 4-1 所示，手柄 1 带动活塞上提，泵缸 2 容积扩大形成真空，排油单向阀 3 关闭，油箱 5 中的液体在大气压力作用下，经管 6、吸油单向阀 4 进入泵缸 2 内。手柄 1 带动活塞下压，吸油单向阀 4 关闭，泵缸 2 中的液体推开排油单向阀 3、经管 9、10 进入液压缸 11，迫使活塞克服重物 12 的重力 G 上升而做功。当需液压缸 11 的活塞停止时，使手柄 1 停止运动，液压缸 11 中的液压力使排油单向阀 3 关闭，液压缸 11 的活塞就自锁不动。工作时截止阀 8 关闭，当需要液压缸 11 的活塞放下时，打开此阀，液体在重力 G 作用下经此阀排往油箱 5。

上述内容为液压千斤顶的工作原理。液压千斤顶作为简单又较完整的液压传动装置由以下几部分组成：

① 液压泵：是把机械能转换成液体压力能的元件。泵缸 2、吸油单向阀 4 和排油单向阀 3 组成一个阀式配流的液压泵。

② 执行元件：是把液体压力能转换成机械能的元件。如液压缸 11（当输出不是直线运动而是旋转运动时，则为液压马达）。

③ 控制元件：是通过对液体的压力、流量、方向的控制，来实现对执行元件的运动速度、方向、作用力等的控制的元件，用以实现过载保护、程序控制等。如截止阀 8 即属于控制元件。

④ 辅助元件：除上述三个组成部分以外的其他元件，如管道、管接头、油箱、滤油器等为辅助元件。

4.1.2　液压系统的组成

分析液压千斤顶的原理图，可以看出液压传动系统是由以下五部分组成的：

① 动力元件：把机械能转换成液压能的装置，由泵和泵的其他附件组成，最常见的是液压泵，它给液压系统提供压力油液。

② 执行元件：把液压能转换成机械能带动工作机构做功的装置。它可以是作直线运动的液压缸，也可以是作回转运动的液压马达。

③ 控制元件：对液压系统中油液压力、流量、运动方向进行控制的装置，主要是指各种阀。

④ 辅助元件：由各种液压附件组成，如油箱、油管、滤油器、压力表等。

⑤ 工作介质：液压系统中用量最大的工作介质是液压油，通常指矿物油。

4.1.3　液压油

（1）黏度的选用原则

正确选择液压系统的工作介质，对于保障液压系统的性能、提高可靠性和延长使用寿命都是极其重要的。正确选择步骤可概括为：根据环境条件选择工作介质的类型，根据系统性能、使用条件选择工作介质的品种和进行经济指标评价。

① 根据环境条件选择工作介质的类型　通常情况应首先选择液压油作为工作介质；在存在高温热源、明火、煤气、煤尘等易爆易燃环境下，应当选择 L-HFA 或 L-HFB 乳化液（难燃液）；在食品、医药、包装等对环境保护要求较高的液压系统中，应选择纯水或高水基乳化液。在高温环境下，应选择高黏度液压液；低温环境下，应选择低凝点液压液。若环境温度变化范围较大，应选择高黏度指数或黏滞特性优良的液压液。

② 根据系统的性能和使用条件选择液压油牌号和黏度　确定液压液类型后，应根据液压系统的性能和使用条件，如工作压力、液压泵的类型、工作温度及变化范围、系统的运行和维护时间，选择液压油牌号。

对液压油牌号的选择，主要是对油液黏度等级的选择，这是因为黏度对液压系统的稳定性、可靠性、效率、温升以及磨损都有很大的影响。如果黏度太低，就使泄漏增加，从而降低效率，降低润滑性，增加磨损；如果液压油的黏度太高，液体流动的阻力就会增加，磨损增大，液压泵的吸油阻力增大，易产生吸空现象（也称空穴现象，即油液中产生气泡的现象）和噪声。因此，要合理选择液压油的黏度。选择液压油时要注意以下几点：

a. 液压系统的工作压力。工作压力较高的液压系统宜选用黏度较大的液压油，以便于密封，减少泄漏；反之，可选用黏度较小的液压油。

b. 环境温度。环境温度较高时宜选用黏度较大的液压油，主要目的是减少泄漏，因为环境温度高会使液压油的黏度下降；反之，宜选用黏度较小的液压油。

c. 运动速度。当工作部件的运动速度较高时，为减少液体流动的摩擦损失，宜选用黏度较小的液压油；反之，为了减少泄漏，宜选用黏度较大的液压油。

在液压系统中，液压泵对液压油的要求最严格，因为泵内零件的运动速度最高，承受的压力最大，且承压时间长、温升高。因此，常根据液压泵的类型及其要求来选择液压油的黏度。

（2）液压系统对工作介质的要求

在液压传动中，液压油既是传动介质，又兼作润滑油，因此，它比一般润滑油要求更高。对液压油的要求为：

① 要有适宜的黏度和良好的黏温特性，一般液压系统所选用的液压油的运动黏度为（13～68）$\times 10^{-6}$ m^2/s（40℃）。

② 具有良好的润滑性，以减少液压元件中相对运动表面的磨损。

③ 具有良好的热安定性和氧化安定性。

④ 具有较好的相容性，即对密封件、软管、涂料等无溶解的有害影响。

⑤ 质量要纯净，不含或含有极少量的杂质、水分和水溶性酸碱等。

⑥ 要具有良好的抗泡沫性、抗乳化性防锈性和小腐蚀性。液压油乳化。

会降低其润滑性，而使酸值增加，使用寿命缩短。液压油中产生泡沫会引起空穴现象。

⑦ 液压油用于高温场合时，为了防火安全，闪点要求要高；在温度低的环境下工作时，凝点要求要低。

⑧ 对人体无害，成本低。

（3）液压介质的种类与牌号

液压油的分类方法很多，可以按照液压油的用途、制造方法和抗燃特性等来分类。

目前，我国各种液压设备所采用的液压油，按抗燃特性可分为两大类：一类为矿物油系，一类为难燃油系。

矿物油系液压油是由提炼后的石油加入各种添加剂精制而成。在 ISO 分类中，产品符号为 HH、HL、HM、HG、HV 型油液为矿物油系。根据其性能和使用场合不同，矿物油系液压油有多种牌号，如 10 号航空液压油、11 号柴油机油、32 号机械油、30 号汽轮机油、40 号精密机械床液压油等。其优点是润滑性能好、腐蚀性小、化学稳定性较好，故为大多数液压设备的液压系统所采用。目前，我国液压传动采用机械油和汽轮机油的情况仍很普遍。机械油是一种工业用润滑油，价格虽较低廉，但精制深度较浅，使用时易生成黏稠胶质，阻塞元件小孔，影响液压系统性能。系统的压力越高，问题就越加严重。因此，只有在低压系统且要求很低时才可应用机械油。至于汽轮机油，虽经深度精制并加有抗氧化、抗泡沫等添加剂，其性能优于机械油，但这种油的抗磨性和防锈性不如通用液压油。

通用液压油一般是以汽轮机油作为基础油再加入多种添加剂配成的，其抗氧化性、抗磨性、抗泡沫性、黏温性能均好，广泛适用于在 0～40℃工作的中低压系统，一般机床液压系统最适宜使用这种油。对于高压或中高压系统，可根据其工作条件和特殊要求选用抗磨液压油、低温液压油等专用油类。

石油型液压油有很多优点，其主要缺点是具有可燃性。在一些高温、易燃、易爆的工作场合，为了安全起见，应该在系统中使用抗燃性液体，如磷酸酯、水-乙二醇等合成液，或油包水、水包油等乳化液。

难燃油系液压油可分为水基液压油与合成液压油两种。水基液压油的主要成分是水，加入某些防锈、润滑等添加剂。其优点是价格便宜、不怕火、不燃烧。缺点是润滑性能差，腐蚀性大、适用温度范围小，所以只是在液压机（水压机）、矿山机械中的液压支架等特殊场合下使用。合成液压油是由多种磷酸酯和添加剂通过化学方法合成，优点是润滑性能较好、凝固点低、防火性能好，缺点是价格较贵，有的油品有毒。合成液压油多数应用在钢铁厂、压铸车间、火车发电厂和飞机等容易引起火灾的场合。

常用液压油的牌号、黏度范围及适用的液压泵类型见表4-1。

表4-1 常用液压油牌号、黏度及适用液压泵类型 单位：mm^2/s

<table>
<tr><th rowspan="2">液压油牌号</th><th colspan="2">黏度</th><th colspan="2" rowspan="2">适用液压泵</th></tr>
<tr><th>5～40℃</th><th>>40～80℃</th></tr>
<tr><td>L-HL32、L-HL46、L-HL68、L-HL100、L-HL150</td><td rowspan="2">30～70</td><td rowspan="2">95～165</td><td rowspan="2">齿轮泵</td><td>中、低压</td></tr>
<tr><td>L-HM32、L-HM46、L-HM68、L-HM100、L-HM150</td><td>中、高压</td></tr>
<tr><td>L-HL32、L-HM46、L-HM68</td><td>30～50</td><td>40～75</td><td rowspan="2">叶片泵</td><td>$p<7\mathrm{MPa}$</td></tr>
<tr><td>L-HM46、L-HM68、L-HM100</td><td>50～70</td><td>55～90</td><td>$p\geq 7\mathrm{MPa}$</td></tr>
<tr><td>L-HL32、L-HL46、L-HL68、L-HL100、L-HL150</td><td rowspan="2">30～50</td><td rowspan="2">65～240</td><td rowspan="2">径向柱塞泵</td><td>中、低压</td></tr>
<tr><td>L-HM32、L-HM46、L-HM68、L-HM100、L-HM150</td><td>中、高压</td></tr>
<tr><td>L-HL32、L-HL46、L-HL68、L-HL100、L-HL150</td><td rowspan="2">30～70</td><td rowspan="2">70～150</td><td rowspan="2">轴向柱塞泵</td><td>中、低压</td></tr>
<tr><td>L-HM32、L-HM46、L-HM68、L-HM100、L-HM150</td><td>中、高压</td></tr>
</table>

4.2 气压传动

4.2.1 气压传动的概念

气压传动是以压缩气体为工作介质，靠气体的压力传递动力或信息的流体传动，简称气动。气压传动是在机械、电气、液压传动之后，近几十年才被广泛应用的一种传动方式，以实现生产自动化。

传递动力的系统将压缩气体经由管道和控制阀输送给气动执行元件，把压缩气体的压力能转换为机械能而做功；传递信息的系统利用气动逻辑元件或射流元件以实现逻辑运算等功能，亦称系统。

气压传动的历史可追溯到19世纪初。1829年出现了多级空气压缩机，其为气压传动的发展创造了条件，1871年风镐开始用于采矿。1868年美国人G.威斯汀豪斯发明了气动制动装置，并在1872年将其用于铁路车辆的制动。后来，随着兵器、机械、化工等工业的发展，气动机具和控制系统得到广泛的应用：1930年出现了低压气动调节器，19世纪50年代研制成功用于导弹尾翼控制的高压气动伺服机构，60年代发明了射流和气动逻辑元件，遂使气压传动得到很大的发展。

气动技术的应用主要在：

① 汽车、轮船等制造业：包括焊装生产线、夹具、机器人、输送设备、组装线等方面。

② 生产自动化：机械加工生产线上零件的加工和组装，如工件的搬运、转位、定位、检测等工序。

③ 某些机械设备：冶金机械、印刷机械、建筑机械、农业机械、制鞋机械、塑料制品生产线等许多场合。

④ 电子半导体、家电制造业：硅片的搬运、元器件的插入与锡焊，彩电、冰箱的装配生产线等。

⑤ 包装过程自动化：化肥、粮食、食品、药品等粉末状、粒状、块状物料的自动计量包装，烟草工业的自动化卷烟和自动化包装，对黏稠液体和有毒气体的自动计量灌装等。

4.2.2 气压传动系统的工作原理

气压传动系统与液压传动系统工作介质同属流体，两种系统的理论基础、控制方式以及所用元件的基本结构有许多相似之处，在某些方面甚至完全相同。不过由于液体和气体的物理性质相差较大，这两种系统的工作特性和具体结构仍有较大差异。

图 4-2 所示的气压传动系统中，电动机 1 带动空气压缩机 2 把自由空气吸进来，经过压缩和洁净处理后存入储气罐 3 为气动系统备用。从储气罐出来的压缩空气经过过滤器 13 进一步的净化处理后由压力控制阀 4 调节至需要的工作压力，油雾器 12 的作用是向压缩空气中添加气动系统元件所需要的润滑剂。通过处理后的压缩空气经过方向控制阀 5、6 进入气缸 8、9 使其输出运动和动力，实现气动系统的能量输出。气缸排出的压缩空气再经方向控制阀、消声器排入大气。换向阀 5、6 用来控制多个气缸的顺序动作。

由图 4-2 可知，一个完整的气压传动系统一般由气源装置、气动执行元件、气动控制元件、气动辅助元件和气动工作介质等五部分组成。

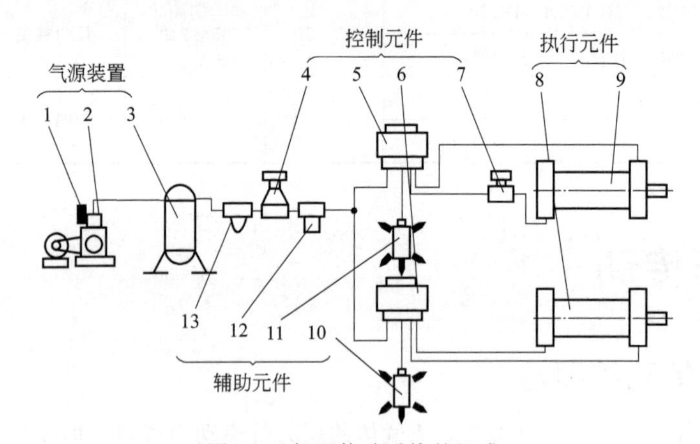

图 4-2 气压传动系统的组成

1—电动机；2—空气压缩机；3—储气罐；4—减压阀；5、6—换向阀；7—流量控制阀；
8、9—气缸；10、11—消声器；12—油雾器；13—过滤器

气压传动系统主要由以下五个部分组成：

① 气源装置 它是一个把机械能转换成气体压力能并为气压传动系统提供动力源的能量转换装置。其主体为空气压缩机和储气罐等。

② 气动执行元件 它是一个把气体的压力能转换成机械能并为气动系统提供能量输出的能量转换装置，如气缸、气马达等。

③ 气动控制元件 它用来控制和调节气压传动系统中压缩空气的压力、流动方向、流量以及实现逻辑控制的元件等，如压力控制阀、方向控制阀、流量控制阀、逻辑控制元件等。

④ 辅助元件 它除了上述元件外，使压缩空气净化、润滑、消声以及负责元件间的连接和气动系统检测的其他一些装置统称为辅助元件。

⑤ 气动工作介质 它在气压传动中起传递运动、动力及信号的作用。气压传动的工作介质为压缩空气。

4.2.3 气压传动工作介质

（1）气压传动工作介质的组成

气压传动的工作介质主要是压缩空气，空气的成分、性能和主要参数等因素对气压传动系统

能否正常工作有直接影响。而自然界的空气是由若干种气体混合而成的。

表 4-2 列出了地表附近空气的气体组分。当然，空气中还含有水蒸气，这种含有水蒸气的空气称为湿空气，而水蒸气的含量如为零，则称为干空气。在空气中还会有因污染而产生的二氧化硫、碳氢化合物等其他气体。

表 4-2　空气的组成

成分	氮(N_2)	氧(O_2)	稀有气体(氦 He、氖 Ne、氩 Ar、氪 Kr、氙 Xe、氡 Rn)	二氧化碳(CO_2)	其他气体和杂质
体积分数/%	78.1	20.9	0.939	0.031	0.03

(2) 气压传动工作介质的基本状态参数

① 气体密度 ρ　单位体积气体的质量被称为气体密度，表达式为

$$\rho=\frac{m}{V}$$

式中　ρ——气体的密度，kg/m^3；

V——气体的体积，m^3；

m——气体的质量，kg。

② 质量体积 v　单位质量气体的体积被称为质量体积（或称比体积），表达式为

$$v=\frac{1}{\rho}$$

式中　v——气体的质量体积，m^3/kg；

ρ——气体的密度，kg/m^3。

③ 气体压力 p　气体压力是其分子热运动而在容器器壁的单位面积上产生的力的统计平均值，用 p 表示，其法定计量单位为 Pa，压力值较大时用 kPa 或 MPa。

气体压力常用绝对压力、表压力和真空度来度量。

绝对压力是以绝对真空为起点的压力值，用 p_{abs} 来表示。

表压力是指高出当地大气压力的压力值，即用压力表测得的压力值，一般用 p 表示。

真空度是指低于当地大气压力的压力值，其前加“－”则表示绝对压力与当地大气压力之差，即真空压力。

在工程计算中，一般把当地大气压力认为标准大气压力，即 $p_a=101.325kPa$。

④ 温度　温度实质上是气体分子热运动动能的统计平均值。有摄氏温度、华氏温度和热力学温度之分。

摄氏温度：用 t 表示，单位为摄氏度，单位符号为℃；

华氏温度：用 t_F 表示，单位为华氏度，单位符号为℉。

热力学温度：以气体分子停止运动时的最低极限温度为起点测量的温度，用 T 表示，其单位为开，单位符号为 K。

三者之间的关系是

$$t_F=1.8t+32$$

$$T=t+237.15$$

⑤ 黏性　气体质点相对运动时产生内摩擦力的性质被称为空气的黏性。实际气体都具有黏性，从而导致了它在流动时的能量损失。

气体的黏度因温度的升高而变大，见表 4-3。气体的黏度受压力的影响可以忽略不计，这点有别于液体。

表 4-3 压力为 0.1MPa 时温度与空气运动黏度的关系

t/℃	0	5	10	20	30	40	60	80	100
$v/(10^{-4}\mathrm{m}^2/\mathrm{s})$	0.133	0.142	0.147	0.157	0.166	0.176	0.196	0.210	0.238

⑥ 湿度 空气中或多或少都会含有水蒸气，所含水分的程度用湿度和含湿量来表示。湿度可用绝对湿度或相对湿度表示。

a. 绝对湿度。每立方米湿空气中含有水蒸气的质量被称为绝对湿度，表示为

$$x=\frac{m_{\mathrm{V}}}{V}$$

式中 x——绝对湿度，$\mathrm{kg/m^3}$；

m_{V}——水蒸气的质量，kg；

V——湿空气的体积，$\mathrm{m^3}$。

b. 饱和绝对湿度。若湿空气中水蒸气的分压力达到该湿度下水蒸气的饱和压力，此时的绝对湿度被称为饱和绝对湿度，表示为

$$x_{\mathrm{b}}=\frac{p_{\mathrm{b}}}{R_{\mathrm{b}}T}$$

式中 X_{b}——饱和绝对湿度，$\mathrm{kg/m^3}$；

p_{b}——饱和湿空气中水蒸气的分压力，Pa；

R_{b}——水蒸气的气体常数，$R_{\mathrm{b}}=462.05\mathrm{N\cdot m/(kg\cdot K)}$；

T——热力学温度，K。

c. 相对湿度。在相同的温度和压力下，湿空气的绝对湿度与饱和绝对湿度之比被称为相对湿度，表示为

$$\phi=\frac{x}{x_{\mathrm{b}}}=\frac{p_{\mathrm{V}}}{p_{\mathrm{b}}}$$

对于干空气，$\phi=0$；对于饱和湿空气，$\phi=1$。ϕ 值可表示湿空气吸收水蒸气的能力，ϕ 值越大，吸湿能力越弱。气动技术中规定，各种控制阀内空气的 ϕ 值应小于 90%，而且越小越好。令人体感到舒适的 ϕ 值为 60%～70%。

⑦ 可压缩性。气体受压力作用而使体积发生变化的性质被称为气体的可压缩性。

⑧ 膨胀性。气体受温度的影响而使体积发生变化的性质被称为气体的膨胀性。

气体的可压缩性和膨胀性之比较大，造成了气压传动的软特性。如气缸活塞的运动速度受外负载影响很大，则难以得到较为稳定的速度和精确的位移。

⑨ 露点。未饱和湿空气保持水蒸气压力不变而降低温度，至达到饱和状态，此时的温度被称为露点。湿空气在温度降至露点以下时会有水滴析出。降温除湿就是利用这个原理来完成的。

第5章　液压动力元件

5.1　概述

液压泵在原动机带动下旋转，吸进低压液体，将具有一定压力和流量的高压液体送给液压传动系统。它将驱动电机的机械能转换为液体压力能，为系统提供压力油液，因此，液压泵是一种能量转换装置，是液压传动系统中的动力元件。

5.1.1　液压泵的基本工作原理

液压泵靠密封的容积变化来进行工作，其原理如图5-1所示。图5-1为手动单柱塞泵的结构原理示意图，该泵由把手1、柱塞2、缸筒3、单向阀4、单向阀6和油箱5等部件组成。进油口上的单向阀4只允许油液单向进入工作腔；排油口上的单向阀6只允许油液从工作腔排出。缸筒3与柱塞2形成一个密封工作容积V。

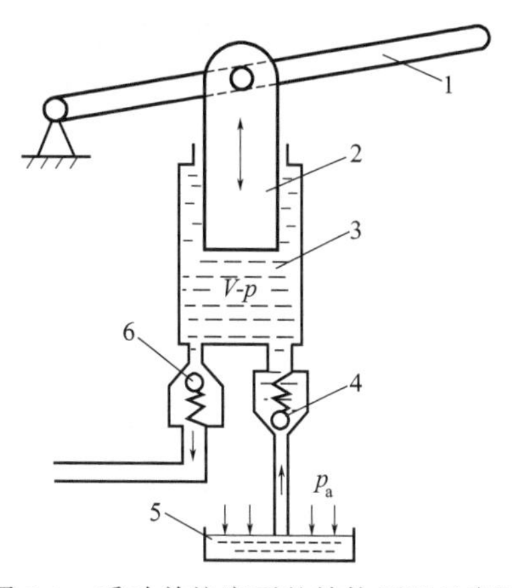

图5-1　手动单柱塞泵的结构原理示意图

1—把手；2—柱塞；3—缸筒；

4、6—单向阀；5—油箱

（1）吸液过程

当上提把手1时，柱塞2在把手1带动下向上运动，密封容积V的体积随之增大，从而使密封容积V中的液体压力下降，出现真空现象（密封容积V的压力p＜油箱中液体表面压力p_a）。此时，单向阀6在弹簧和系统压力油作用下关闭；而油箱中的液体在压力差（$\Delta p = p_a - p > 0$）作用下，顶开单向阀4而压入到密封容积V中。这个过程称为液压泵的吸液过程。当柱塞2上升到极限位置时，吸液结束，缸筒3内充满了液体。

（2）排液过程

当下压把手1时，柱塞2在把手1带动下向下运动，密封容积V的体积减小，因油液被压缩使密封容积V的液体压力p升高。当压力p高于系统压力时，顶开单向阀6，油液进入系统中，这就是排液过程。在此过程中，单向阀4关闭。

这样，柱塞2在把手1带动下，连续往复运动，即可将油箱中的液体连续地吸入，并不断地为系统提供具有一定压力和流量的工作液体。这就是单柱塞泵不断地把把手上的机械能转变为工作液体的液压能的过程，即单柱塞泵的基本工作原理。

单柱塞泵基本工作原理的分析方法完全适合于其他结构形式的液压泵，只是结构形式不同的液压泵密封容积的变化形式不同而已。

液压泵是基于工作腔的容积变化吸油和排油的。实际上，为了输出连续而平稳的液体，液压泵通常是由连续旋转的机械运动（如电动机驱动液压泵工作）而不是单个柱塞的往复运动，来产生工作腔的容积变化，从而不断地吸油和排油。图 5-2 所示是液压泵、电机-液压泵装置。

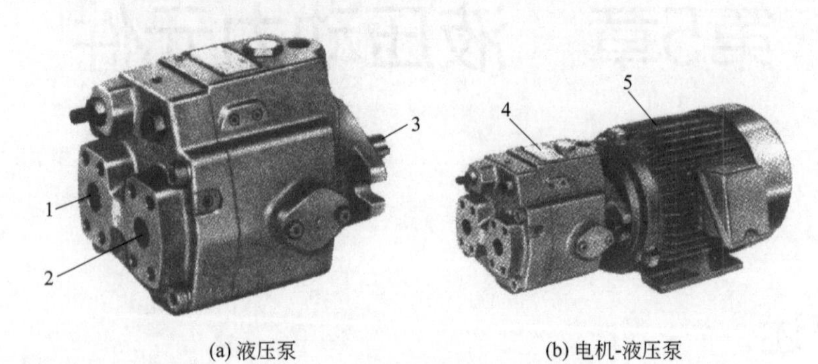

(a) 液压泵　　(b) 电机-液压泵

图 5-2　液压泵、电机-液压泵装置

1—排油口；2—吸油口；3—驱动轴；4—液压泵；5—电机

5.1.2　液压泵的分类

液压泵按其内部主要运动构件的形状和运动方式的不同，可分为齿轮泵、叶片泵和柱塞泵。若按液压泵的吸、排油方向能否改变，可分为单向泵和双向泵。单向泵是指吸、排油方向不能改变的泵；而吸、排油方向可以改变的泵称为双向泵。

若按泵的排量是否能够调整，又可分为定量泵和变量泵。

排量是指液压泵在没有泄漏的情况下，泵轴每旋转一周所能排出液体的体积，排量的大小仅与泵的几何尺寸有关。排量的常用单位是 m^3/r 和 mL/r。

所谓定量泵，是指排量不能调整的泵；而排量能调整的泵称为变量泵。

图 5-3 所示为常见几种液压泵的图形符号。图 5-3 中，图（a）为单向旋转的定量泵或马达；图（b）为变量泵；图（c）为双向流动，带外泄油路，单向旋转的变量泵；图（d）为双向流动，带外泄油路，双向旋转的变量泵或马达。

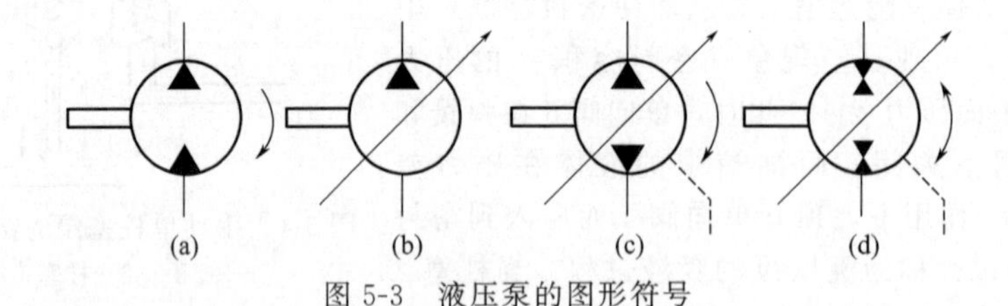

图 5-3　液压泵的图形符号

5.2　齿轮泵

齿轮泵是液压泵中结构最简单的一种，它自吸能力好，对油液的污染不敏感，工作可靠，制造容易，体积小，价格便宜，广泛应用在各种液压机械上。齿轮泵的主要缺点是不能改变排量，齿轮所承受的径向液压力不易平衡，容积效率较低，因此使用范围受到一定的限制。一般齿轮泵的工作压力为 17.5～2.5MPa，流量为 2.5～200L/min。

齿轮泵按齿轮的啮合形式可分为外啮合式和内啮合式两种。

5.2.1 外啮合式齿轮泵

图 5-4 为外啮合式齿轮泵的工作原理图，在泵的壳体内装有一对齿数和模数完全相同的外啮合齿轮，齿轮两侧有端盖盖住。由于齿轮的齿顶和壳体内表面及齿轮侧面与端盖之间间隙很小，故两个齿轮轮齿的接触线将图中的左、右两个腔隔开，形成两个密封容积。当齿轮按图示方向转动时，右侧密封容积因相互啮合的轮齿逐渐脱开而逐渐增大，形成部分真空，油箱中的液压油被吸进到右侧密封容积中，并将齿间充满油液，随着齿轮的转动，齿间的油液被带到左侧密封容积。左侧容积因轮齿逐渐进入啮合而不断减少，油液被挤压出去进入系统。随着齿轮连续转动，齿轮泵则连续不断地吸油和排油。

5.2.2 内啮合式齿轮泵

内啮合式齿轮泵有渐开线齿形的齿轮泵和摆线齿形的齿轮泵（又称转子泵或摆线泵）两种，如图 5-5 所示。内啮合式齿轮泵的工作原理和主要特点与外啮合式齿轮泵完全相同。

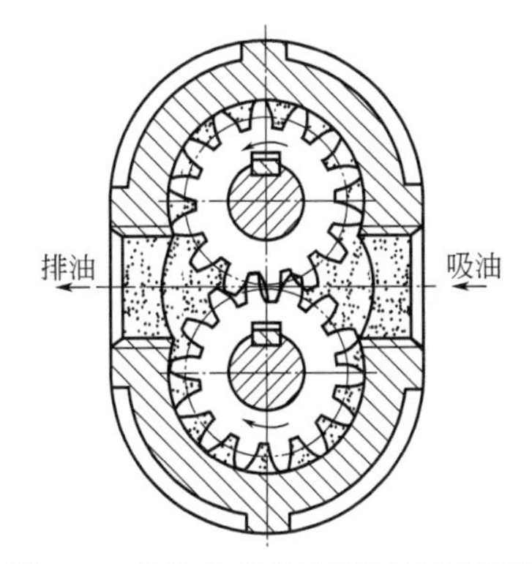

图 5-4 外啮合式齿轮泵工作原理图

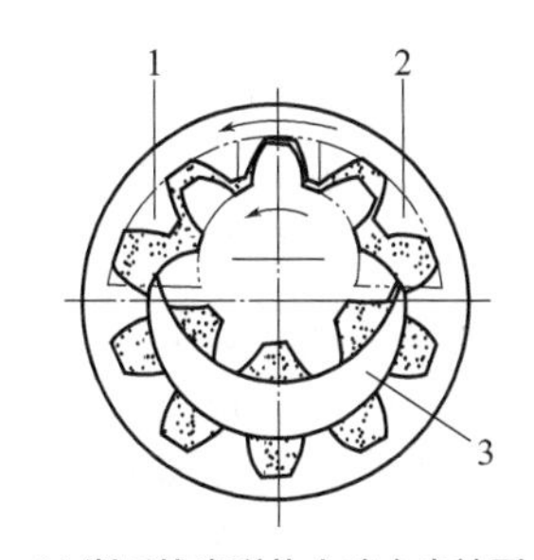

(a) 渐开线齿形的内啮合齿轮泵

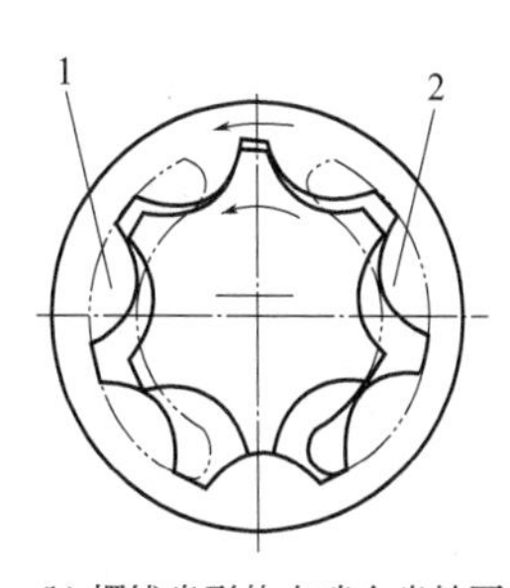

(b) 摆线齿形的内啮合齿轮泵

图 5-5 内啮合式齿轮泵工作原理图

如图 5-5(a) 所示，在渐开线齿形的内啮合齿轮泵中，小齿轮和内齿轮之间要装一块隔板 3，以便把吸油腔 1 和排油腔 2 隔开。这种泵与外啮合齿轮泵相比，其流量和压力脉动系数小，工作压力高，效率高，噪声低。

如图 5-5(b) 所示，在摆线齿形的内啮合齿轮泵中，小齿轮和内齿轮只相差一个齿，因而不需设置隔板。其工作原理与渐开线齿形的内啮合齿轮泵相同。摆线泵与外啮合齿轮泵相比，结构简单且紧凑，流量脉动小，噪声低，自吸性能好。由于啮合重叠系数大，传动平稳。

5.3 叶片泵

叶片泵具有结构紧凑、体积小、流量均匀、运动平稳、噪声小、使用寿命较长、容积效率较高等优点。一般叶片泵的工作压力为 7MPa，流量为 4～200L/min。叶片泵多用于完成各种中等负荷的工作，由于它流量脉动小，故在金属切削机床液压传动中，尤其是在各种需调速的系统中，更有优越性。

叶片泵按每转吸、排油次数不同，分为单作用式和双作用式两类。所谓单作用叶片泵，是指转子转一圈，吸、排油为一次；双作用叶片泵转子转一圈，完成两次吸、排油。单作用式的可做成各种变量型，又称为可调节叶片泵或变量泵，但主要零件在工作时要受径向不平衡力的作用，工作条件较差。双作用式的不能改变排量，又称为不可调节叶片泵或定量叶片泵，但径向力是平衡的，工作情况较好，应用较广。

5.3.1 单作用叶片泵

单作用叶片泵工作原理如图5-6所示，它由定子2、转子1、叶片3、配流盘4及传动轴和端盘等主要零件组成。定子2为空心圆柱体，两侧加工有进、出油孔。转子1为圆柱体，在圆周上均匀分布有转子槽，在槽中装有叶片3，叶片可在槽中滑动。带有叶片的转子装在定子圆柱孔内。转子和定子的两侧装有配流盘4，配流盘4上分别加工有吸、排油窗口。转子1与定子2的中心不重合，即存在偏心距e。在转子转动时，在离心力以及通入叶片根部压力油的作用下，叶片顶部紧贴在定子内表面上，于是定子内表面、转子外表面、叶片及配流盘之间就形成了密封容积。

当转子1按图示逆时针方向转动时，在离心力作用下，图中右半部的叶片逐渐向外伸出并紧贴定子内表面沿逆时针方向滑动，于是右侧的密封容积逐渐增大，产生真空，这样油液通过吸油孔和配流盘上窗口进入右侧的密封容积，这就是单作用叶片泵的吸油过程。而在图中左半部分的叶片，被定子内表面作用而逐渐缩进转子槽内，使左侧的密封容积逐渐缩小，密封区中高压液体通过配流盘另一窗口和排油口被压出而进入系统，这是单作用叶片泵的排油过程。

5.3.2 双作用叶片泵

双作用叶片泵的工作原理如图5-7所示。双作用叶片泵与单作用叶片泵相似，也是由转子3、叶片5、定子4、配流盘1、传动轴2及壳体等主要零件组成。所不同的是双作用叶片泵的转子和定子中心重合。定子4的内表面近似椭圆，它是由两段半径为R的圆弧和两段半径为r的圆弧及四段过渡曲线所组成。配流盘上有四个配油窗口而形成了四个密封容积。当转子3在传动轴2带动下沿图示的逆时针方向旋转时，处于一、三象限的叶片从小半径r处向大半径R处伸出并紧贴定子内表面滑动，使一、三象限密封容积逐渐增大，形成真空而吸油；相反处于二、四象限的叶片从大半径R处向小半径r处缩回并紧贴定子内表面滑动，使二、四象限的密封容积逐渐减小而排油。转子每转一圈，密封容积由小变大和由大变小各两次，即完成两次吸、排油。

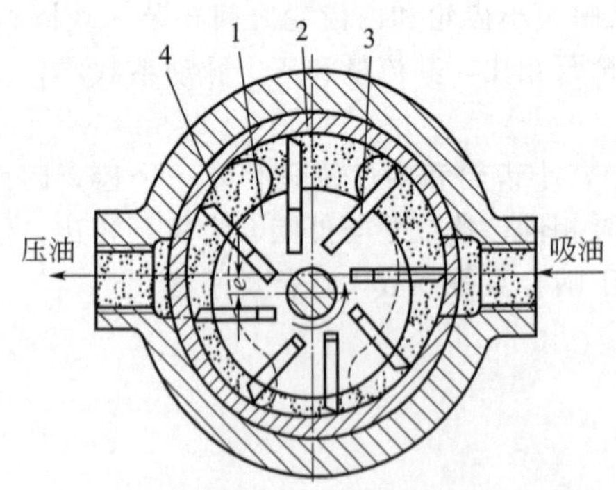

图5-6 单作用叶片泵的工作原理

1—转子；2—定子；3—叶片；4—配流盘

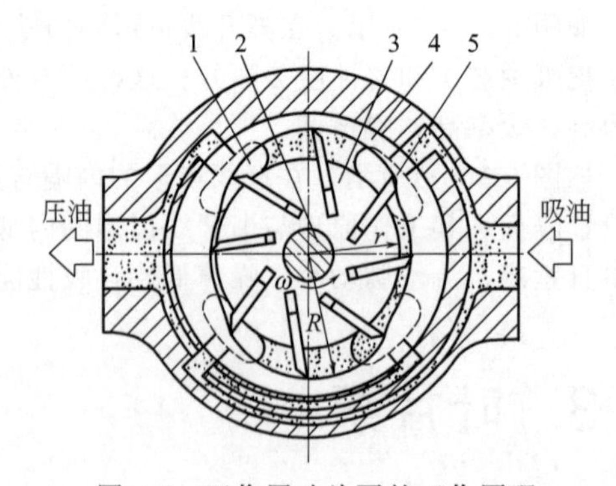

图5-7 双作用叶片泵的工作原理

1—配流盘；2—传动轴；3—转子；4—定子；5—叶片

若叶片沿转子径向安装，改变转子旋转方向，可改变油泵吸、排油方向，故也可作双向泵使用。由于定子与转子同心安装，偏心距为零且不能调节，故双作用叶片泵不能改变排量，只能作定量泵使用。因双作用叶片泵的两个吸油区和两个排油区均为对称布置，又加上叶片数取偶数，所以作用在转子上的径向液压力是平衡的，属于卸荷式的叶片泵。也正因为如此，双作用叶片泵比单作用叶片泵的工作压力高。

5.4　柱塞泵

柱塞式液压泵是靠柱塞的往复运动，改变柱塞腔内的容积来实现吸、压油的。由于柱塞式液压泵主要零件柱塞和缸体均为圆柱形、加工方便、配合精度高、密封性能好、工作压力高而得到广泛的应用。

柱塞泵的种类繁多。柱塞泵的工作机构——柱塞相对于缸体轴线的位置决定了是径向泵还是轴向泵的基本形式：前者为柱塞垂直于缸体轴线，沿径向运动；后者为柱塞平行于缸体轴线，沿轴向运动。柱塞泵的传动机构是否驱动缸体转动又决定了柱塞泵的配流方式：缸体不动——阀配流；缸体转动的径向泵——轴配流；缸体转动的轴向泵——端面配流。柱塞泵的配流方式又决定了柱塞泵的变量方式：轴配流和端面配流易于实现无级变量；阀配流则难以实现无级变量。无级变量泵有利于液压系统实现功率调节和无级变速，并节省功率消耗，因此获得广泛应用。

5.4.1　轴向柱塞泵

轴向柱塞泵分为直轴式和斜轴式两种。

（1）直轴式轴向柱塞泵

直轴式轴向柱塞泵是缸体直接安装在传动轴上，缸体轴线与传动轴的轴线重合，并依靠斜盘和弹簧使柱塞相对缸体往复运动而工作的轴向柱塞泵，亦称斜盘式轴向柱塞泵。

图 5-8 是直轴式轴向柱塞泵的工作原理图，它由斜盘 1、柱塞 2、缸体 3、配流盘 4 和传动轴 5 等主要零件组成。柱塞 2 轴向均布在缸体 3 上，并能在其中自由滑动，斜盘 1 和配流盘 4 固定不动，传动轴 5 带动缸体 3 和柱塞 2 旋转。柱塞 2 靠机械装置（或在低压油的作用下）始终紧靠在斜盘上 1。当缸体 3 按顺时针方向旋转时，柱塞 2 在自下向上回转的半周内逐渐向外伸出，使缸体孔内密封工作容积不断增大而产生真空，油液便从配流口 a 吸入；柱塞在自上而下回转的半周内又逐渐往里推入，将油液经配流口 b 逐渐向外压出。缸体 3 每转一圈，柱塞 2 往复运动一次，完成一次吸油和压油动作。改变斜盘倾角 δ，就可改变柱塞 2 的往复运动行程大小，从而改变泵的排量。

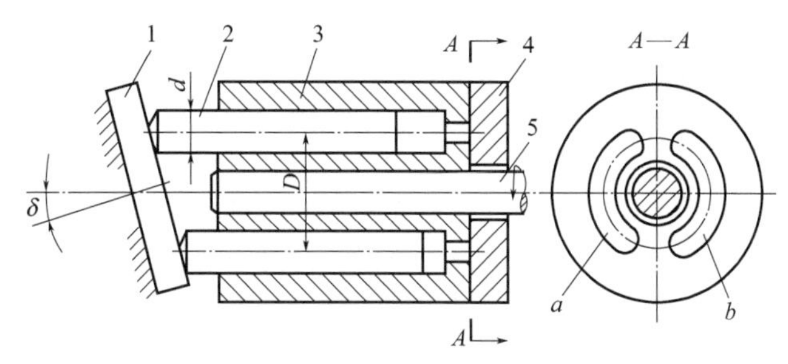

图 5-8　直轴式轴向柱塞泵的工作原理图

1—斜盘；2—柱塞；3—缸体；4—配流盘；5—传动轴

图 5-9 为 SCY14-1B 型直轴斜盘式轴向柱塞泵的结构。它由泵主体和变量机构两部分组成。泵的主体部分主要有斜盘 2、缸体 6、柱塞 5、滑履 4、压盘 3、配流盘 7、传动轴 8 及中心弹簧等。柱塞左端的球头装在滑履 4 内，二者之间可作任意方向摆动。中心弹簧的作用是：一方面通过钢球和压盘 3，使与柱塞左端球头铰接在一起的滑履 4 紧靠在斜盘 2 上（允许滑履 4 与斜盘 2 之间相对滑动），这样就保证了柱塞 5 相对于缸孔的伸出运动；另一方面是使缸体 6 向右紧靠在

配流盘7的表面上，而保证了吸、排油腔的密封。柱塞底部密封容积中的部分压力油经柱塞轴向中心孔和滑履中心孔进入滑履与斜盘接触面间缝隙而形成了一层很薄的油膜，起到静压支承作用，以减小滑履与斜盘间的磨损。缸体6通过一个大型滚柱轴承，来平衡斜盘通过柱塞对缸体产生的径向分力和翻转力矩。传动轴8的左端与缸体6通过花键配合。柱塞底部的密封容积通过配流盘7的配油孔与进、出油口相连通。该泵的变量控制机构为手动式，通过转动手轮1来改变斜盘倾角δ的大小。

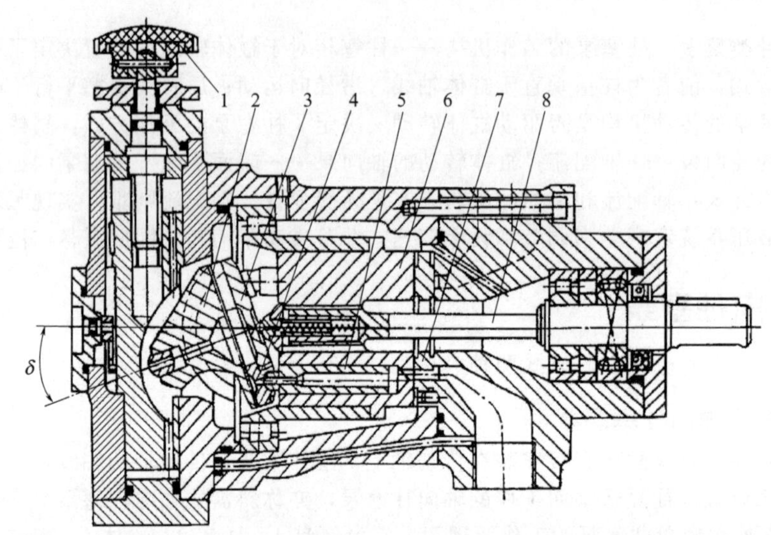

图5-9 SCY14-1B型直轴斜盘式轴向柱塞泵的结构图

1—调节手轮；2—斜盘；3—压盘；4—滑履；5—柱塞；6—缸体；7—配流盘；8—传动轴

直轴斜盘式轴向柱塞泵结构简单，体积小，容积效率高（可达95%左右），额定压力可达32MPa，最大压力为40MPa，排量为（10～250）cm^3/r（多种规格），转速为（1500～2000）r/min。这种泵的主要缺点是滑履与斜盘的滑动面易磨损，对油液的清洁度要求较高。

（2）斜轴式轴向柱塞泵

如图5-10所示为用连杆传动的斜轴式轴向柱塞泵的工作原理图。图中缸体3与传动轴1通过中心杆6连接起来，且缸体轴线与传动轴线的夹角为γ。这样，当传动轴转动时，通过中心杆6带动缸体旋转，迫使连杆2带动柱塞4在柱塞腔里做往复直线运动，完成吸、压油过程。改变缸体轴线与传动轴线的夹角γ，就可改变柱塞往复行程大小，从而改变泵的排量。另外，它可采用平面配流盘5a配流，也可采用球面配流盘5b配流。

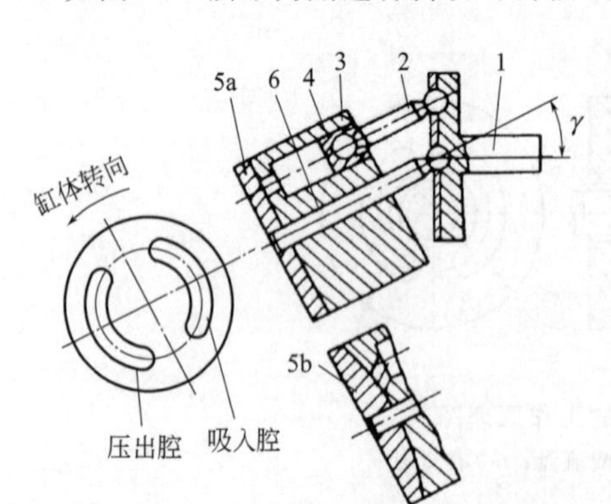

图5-10 斜轴式轴向柱塞泵工作原理图

1—传动轴；2—连杆；3—缸体；4—柱塞；5a—平面配流盘；5b—球面配流盘；6—中心杆

（3）双端面配油轴向柱塞泵

双端面配油轴向柱塞泵是一种双端面进油、单端面排油、靠吸油自冷却的新型轴向柱塞泵。该泵的工作原理如图5-11(a)所示，其工作原理和主要结构与直轴式轴向柱塞泵基本相同。主要不同之处是其斜盘上对应于配油盘上吸油窗口的位置有一条同样的吸油窗口，且每一柱塞与滑履的中心通孔都较大。吸油时，柱塞外伸使孔内容积增大，油液可同时从配油盘和斜盘上的吸油窗口双向进入吸油区的柱塞孔内，因此，降低了吸油流速，减小了吸油阻力，提高了自吸能力；压油时，由于对应于压油区的斜盘上无配油窗口，使得处于压油区的柱塞与滑履中心孔被斜盘封住，柱塞孔内的容积因柱塞向内压缩而减小，于是柱塞孔内的油液受挤压后便从压油窗口排出。图5-11(b) 所示为这种泵的自冷却原理，吸入的油液进入泵体后，除经两吸油窗口进入吸油区的缸孔内之外，还从泵体内各有关间隙全方位进入缸孔内，形成全流量自循环强制冷却。同时，可按各摩擦副的发热量大小分配自冷却流量，降低了泵内温度，使整泵的温升均衡。因采用双端面进油，省去了泄漏回油管，提高了效率和使用寿命，转速范围也相应提高。但因斜盘结构不对称，这种泵无法做成双向变量泵和液压马达。

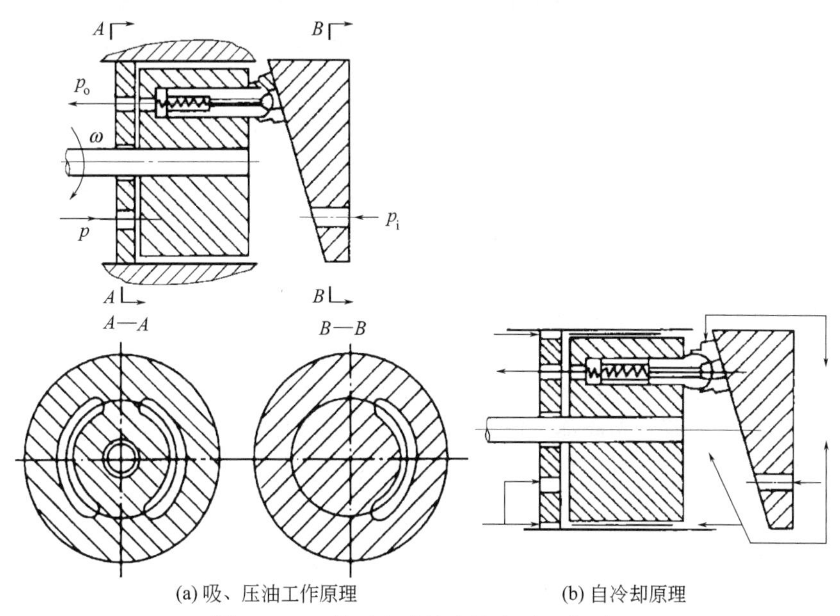

(a) 吸、压油工作原理　　(b) 自冷却原理

图5-11　双端面配油轴向柱塞泵工作原理

5.4.2 径向柱塞泵

图5-12为径向柱塞泵的工作原理。它由定子4、转子2、配油轴5、衬套3和柱塞1等主要零件组成。衬套3和转子2压配成一体，转子2与定子4中心不重合，存在偏心距e。配油轴5与转子2同心，但不转动。配油轴上的隔挡正好位于转子和定子的连心线上，将吸、排油腔隔开。转子2的径向均布有若干个柱塞孔，每个孔中均装有柱塞1。

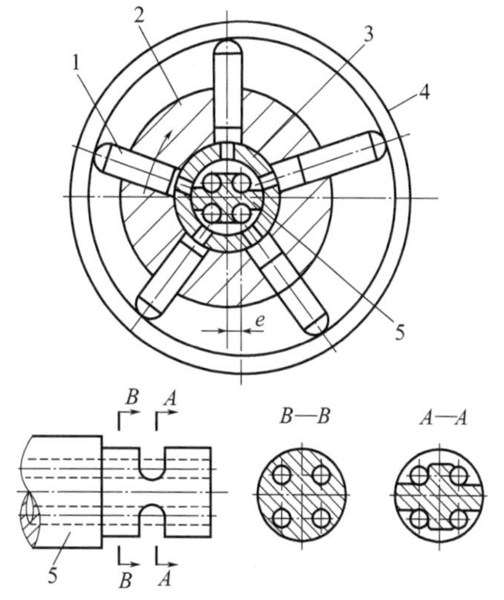

图5-12　径向柱塞泵的工作原理

1—柱塞；2—转子；3—衬套；4—定子；5—配油轴

当转子沿图示方向（顺时针）转动时，当柱塞在上半周范围内，柱塞随转子作圆周运动同时，还要在离心力的作用下逐渐伸出，柱塞底部的密封容积逐渐增大，形成局部真空，通过配油轴的吸油孔吸油；当柱塞转至下半周范围内，柱塞随转子作圆周运动同时还要在定子迫使下逐渐收缩，柱塞底部密封容积的油液受挤压，通过配油轴的排油孔排油。当柱塞处于定子与转子连心线位置时，因柱塞底腔被配油轴隔挡封住，故既不吸油，也不排油。

由此可见，转子每转一圈，每个柱塞均吸油一次、排油一次。若转子连续转动，泵就可实现连续吸、排油。

这种泵在结构尺寸确定后，其排量取决于定子与转子的偏心距大小，即改变偏心距 e 就可改变泵的排量。若改变定子与转子的偏心方向或转子转向，即可改变泵的吸、排油方向。

5.5 螺杆泵

螺杆泵与其他液压泵相比，具有结构紧凑、工作平稳、噪声低、输出流量均匀等优点，目前较多地应用于对压力和流量稳定性要求较高的精密机床的液压系统中，但螺杆的齿形复杂，制造较困难。

螺杆泵按螺杆根数来分，有单螺杆泵、双螺杆泵和五螺杆泵。按螺杆的横截面齿形来分，有摆线齿形螺杆泵、摆线-渐开线齿形螺杆泵和圆形齿形螺杆泵。

图 5-13 所示为三螺杆泵的结构。由图可见，三个相互啮合的双头螺杆安装在壳体内，中间为主动螺杆（凸螺杆）3，两侧是从动螺杆（凹螺杆）4。三个螺杆的外圆与壳体的对应弧面保持着良好的配合，在横截面内，螺杆的啮合线把主动螺杆和从动螺杆的螺旋槽分割成多个相互隔离的密封工作腔，当传动轴（与中间的凸螺杆为一体）按图示方向旋转时，这些密封工作腔在左端逐渐形成，不断从左往右移动（主动螺杆每转一圈，每个密封工作腔移动一个螺旋导程）并在右端消失。密封工作腔逐渐形成时，容积增大，进行吸油；密封工作腔逐渐消失时，容积减小，进行压油。螺杆直径越大，螺杆槽越深，泵的排量就越大；螺杆的级数（即螺杆上的导程个数）越多，泵的额定压力越高（每一级工作压差为 2～2.5MPa）。

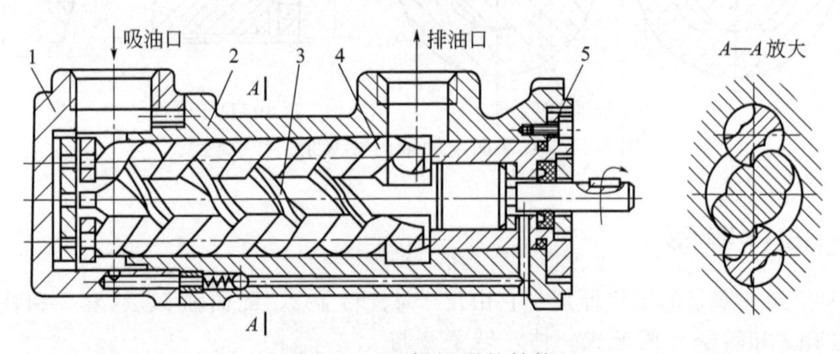

图 5-13 三螺杆泵的结构

1—后盖；2—壳体；3—主动螺杆（凸螺杆）；4—从动螺杆（凹螺杆）；5—前盖

三螺杆泵主要用来输送温度≤150℃、黏度 3～760mm^2/s、不含固体颗粒、无腐蚀性、具有润滑性能的介质；适用压力范围为 0.6～2.5MPa，适用流量范围为 0.6～123m^3/h。主要应用于燃油输送、液压工程、船舶工程、石化及其他工业。

第6章　液压执行元件

液压系统的执行元件包括液压缸与液压马达，它们的职能是将液压能转换成机械能，见图 6-1。

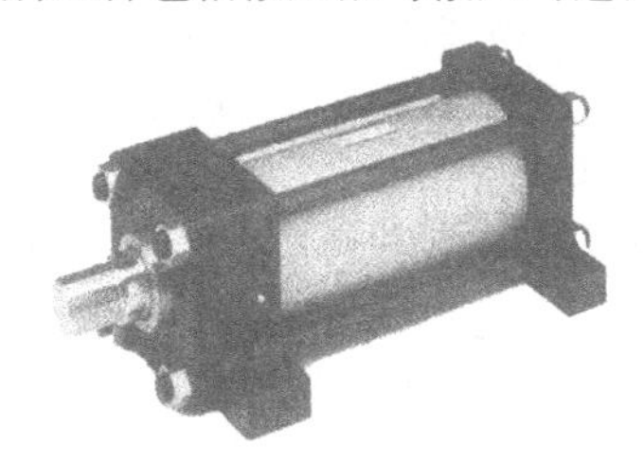

(a) 液压缸　　(b) 液压马达

图 6-1　液压缸执行元件

液压马达输入的是液体的流量和压力，输出的是转矩和转速。它输出的角位移是无限的。

液压缸输入的是液体的流量和压力，输出的是直线速度和力，液压缸的活塞能完成直线往复运动，输出的直线位移是有限的。

6.1　液压马达

液压马达是做旋转运动的执行元件。在液压系统中，液压马达把液压能转变为马达轴上机械能输出，即把液流的压力转变为马达轴上的转矩输出，把液流流量转变为马达轴的转速输出。

6.1.1　液压马达的分类及图形符号

按转速高低分类，液压马达有高速和低速两类。一般认为，额定转速高于 500r/min 的属于高速液压马达；额定转速低于 500r/min 的属于低速液压马达。

若按排量是否可变分类，液压马达还可分为定量马达和变量马达两类。常见液压马达的图形符号见图 6-2。

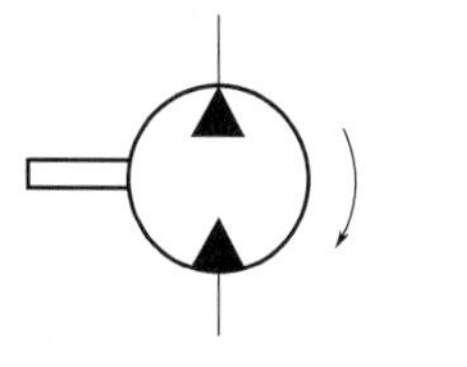

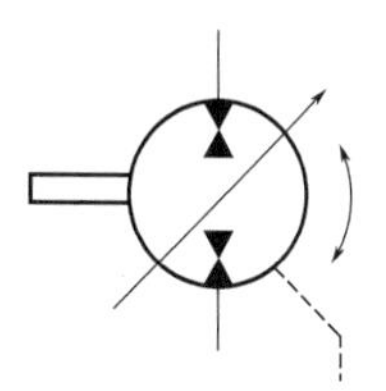

(a) 单向旋转的定量泵或马达　　(b) 双向变量泵或马达

图 6-2　液压马达图形符号

6.1.2　高速液压马达

高速液压马达主要有齿轮液压马达、叶片马达和轴向柱塞马达三种。其特点是转速高、惯量小，便于启动、换向和制动。通常其输出转矩仅几十牛顿·米，因此也称为高速小转矩液压马达。

（1）齿轮液压马达

齿轮液压马达的工作原理，即液压马达输出转矩的原理如图 6-3 所示。若上腔为进液腔，其

压力为 p；下腔为回液腔，其压力为 $p'=0$。c 为两齿轮的啮合点，c 点至两齿轮齿根的距离分别为 a 和 b，全齿高为 h。由于 a 和 b 都小于 h，所以压力油作用在齿面上时，在两个齿轮上各有一个使它们产生转矩的作用力，分别为 F_1 和 F_2（在图中液压力平衡的部分未画出或未画箭头表示）。液压力 F_1 和 F_2 分别为

$$F_1=pB(h-b)$$
$$F_2=pB(h-a)$$

式中 B——齿宽。

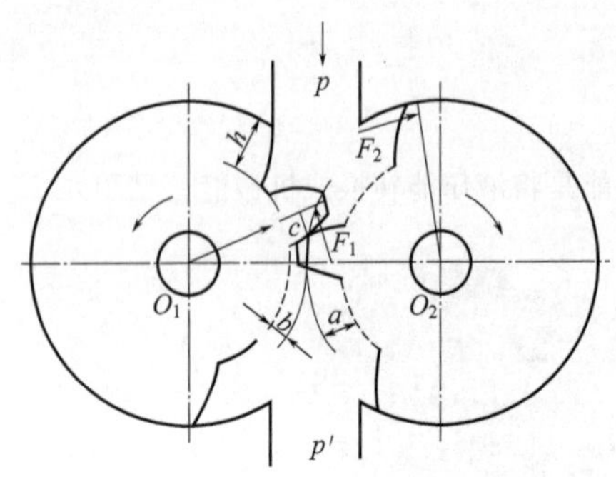

图 6-3 齿轮液压马达的工作原理

齿轮 O_1 在合力 F_1 所产生的力矩作用下，沿逆时针方向旋转，并将工作液体带到回液腔排出。齿轮 O_2 在合力 F_2 所产生的力矩作用下，沿顺时针方向旋转，并将工作液体带到回液腔排出。

齿轮 O_2 所受的顺时针转矩是通过啮合点 c 传递给齿轮 O_1 的，与齿轮 O_1 所受的逆时针转矩合成在一起，输出给工作机构。

图 6-4 所示为国产 CM-F 型齿轮液压马达结构。与齿轮泵相比，它在结构上的主要区别如下。

① 为保证齿轮液压马达正、反两个方向旋转时工作性能不变，其在结构上是对称的（如卸荷槽结构对称，进、出液口直径相等）。而齿轮泵为减小不平衡的径向液压力，通常将排液口的直径做得比吸液口直径小，于是这种泵就成了单方向旋转的单向泵。

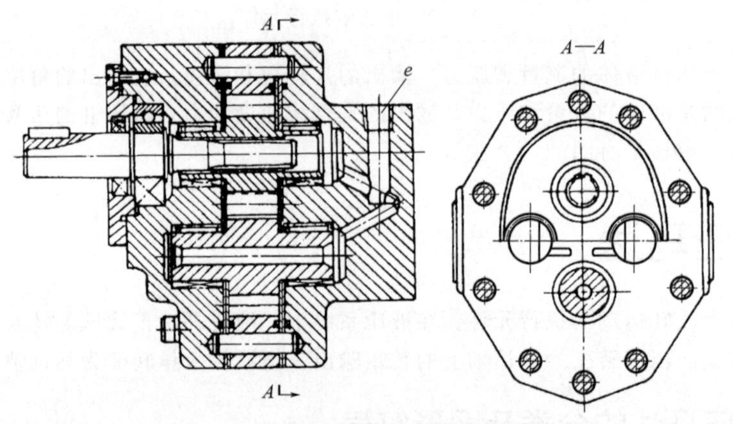

图 6-4 CM-F 型齿轮液压马达结构图

② 由于齿轮液压马达回油一般具有背压，故内部的泄漏不能像齿轮泵那样直接引到低压腔去，而设置有单独的泄漏口 e，将马达的泄漏液体单独引回油箱。

③ 为了减小齿轮液压马达的启动摩擦损失转矩，以提高启动机械效率，一般都采用滚针轴承和固定间隙侧板。

④ 为减小齿轮液压马达的转矩脉动系数，齿轮液压马达的齿数通常都稍多于同类型齿轮泵的齿数。

（2）叶片马达

叶片马达通常是双作用的。如图 6-5 所示，当压力为 p 的工作液体从进液口进入马达两个工作腔后，工作腔中的叶片 2、6 的两边所受总液压力平衡，对转子不产生扭矩；而位于密封区的叶片 1、3、5、7 两边所受的液压力不平衡，使转子受到图示方向的扭矩，马达因此而转动。当

改变液体输入方向时，则马达反向旋转。

双作用叶片马达具有体积小、转动惯量小、输出扭矩均匀等优点。因此动作灵敏，适于高频、快速的换向传动系统，但由于容积效率较低，不适用于低速大扭矩的工作系统。

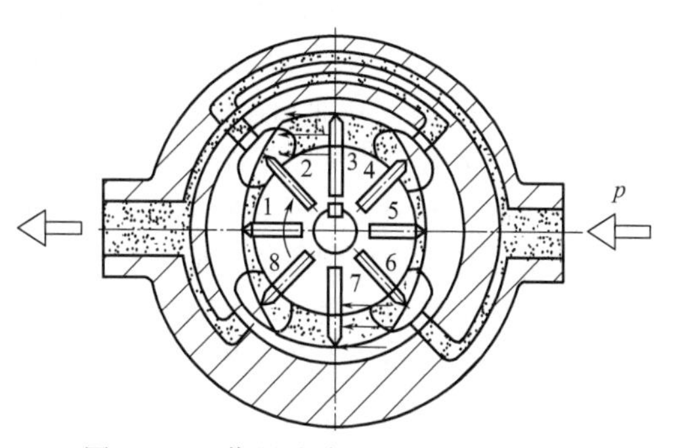

图 6-5 双作用叶片马达的原理结构图

（3）轴向柱塞马达

轴向柱塞马达也有斜盘式和斜轴式两种类型，其基本结构与同类型的柱塞泵一样。但由于轴向柱塞马达常采用定量结构，即固定斜盘或固定倾斜缸体，所以其结构比同类型的变量泵简单得多。

图 6-6 为斜盘式轴向柱塞马达的工作原理图。现通过高压腔中一个柱塞的受力进行分析说明其工作原理。工作液体经配流盘 1 把处在高压腔位置的柱塞 2 推出，压在斜盘 3 上。假定斜盘给予柱塞的反作用力为 N，则 N 可分解为两个力：轴向分力 F_a 和径向分力 F_t。径向分力 F_t 对旋转中心产生转矩，使缸体带动主轴旋转，并输出扭矩。

斜轴式轴向柱塞马达的工作原理与此相似。

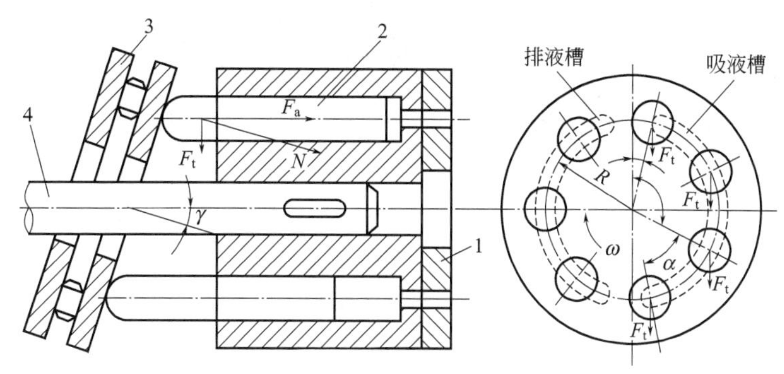

图 6-6 斜盘式轴向柱塞马达的工作原理
1—配流盘；2—柱塞；3—斜盘；4—驱动轴

6.1.3 低速液压马达

低速液压马达的基本形式是径向柱塞式，主要有曲轴连杆马达、静力平衡马达、内曲线径向柱塞马达等。其特点是排量大，低速稳定性好，可直接与工作机构相连接，简化了传动机构。因而广泛应用于起重运输、船舶和冶金矿山机械等工业领域。

（1）曲轴连杆马达

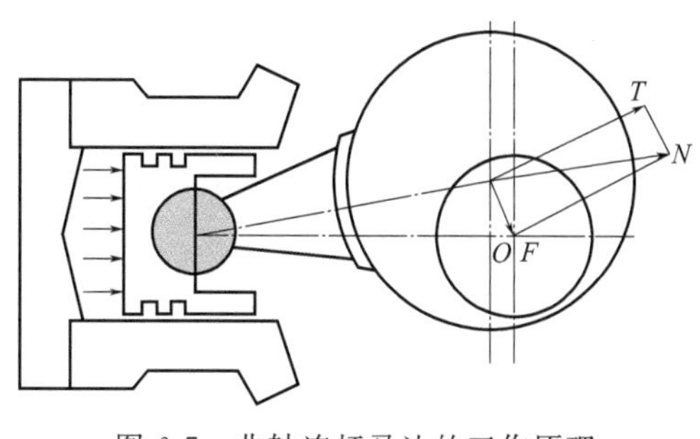

图 6-7 曲轴连杆马达的工作原理

曲轴连杆马达的工作原理如图 6-7 所示。压力油输入到柱塞缸中，在柱塞上产生的液压力经连杆作用到偏心轮上。作用于偏心轮上的力 N 可分解为法向力 F 和切向力 T。切向力 T 对曲轴的旋转中心 O 产生转矩，使曲轴绕中心 O 旋转。曲轴旋转时，压力油通过配流轴依次输入相应的柱塞缸中，使马达连续不断地旋转。同时，随曲轴的旋转，其余柱塞缸内的油液在柱塞推动下通过配流轴的排油窗口排出。若马达进、排油口互换，液压马达则反转。

曲轴每转一周，每个柱塞缸进、排油各一次，通常其输出转矩可达几千牛顿米至几万牛顿米，是一种单作用低速大转矩液压马达。其结构简单，但转速、转矩脉动大，低速稳定性差。

图 6-8 是 JMD 系列曲轴连杆马达结构图。它由配油轴 1、阀体 2、缸体 3、曲轴 4、活塞 5、连杆 6 和十字接头 7 等主要零件组成。活塞通常是五个或七个，沿缸体径向均匀布置。图中 a、b 为液压马达进、出油孔，分别与高压油管及低压油管相连接。高、低压油在断面 $A—A$ 处通过壳体中的五条铸造流道分别与相对应的柱塞缸孔相通。配油轴支承在两个滚针轴承上，并通过十字接头 7 与曲轴 4 浮动连接。这种浮动连接，既能保证配油轴与曲轴同步旋转，也可避免加工与装配误差带来的不同心产生的卡死现象。活塞 5 与连杆 6 是以球铰相连，连杆球头端用卡环和挡圈卡在活塞中的球窝内。连杆另一端的鞍形内表面紧贴在曲轴 4 的偏心圆柱表面上，两侧用挡圈卡住，使它不脱离偏心圆柱表面。

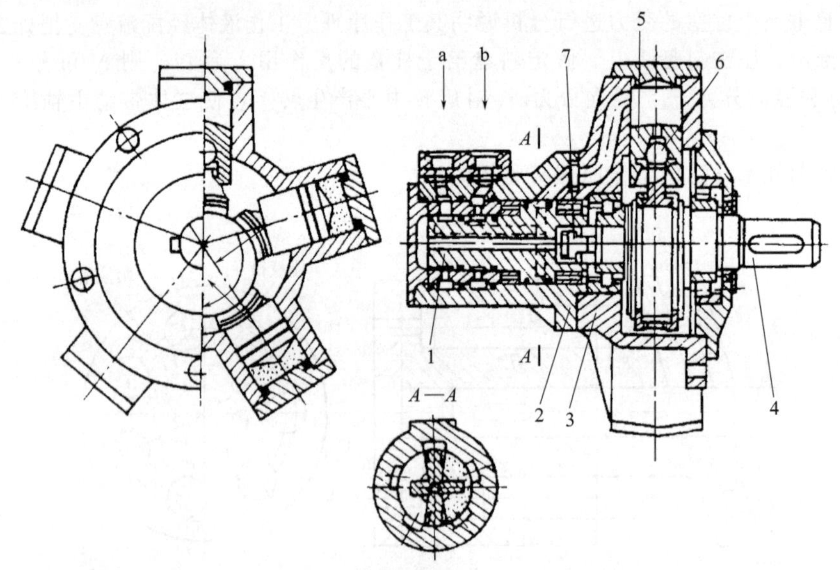

图 6-8　JMD 系列曲轴连杆马达结构图示例

1—配油轴；2—阀体；3—缸体；4—曲轴；5—活塞；6—连杆；7—十字接头

（2）静力平衡马达

静力平衡马达是在曲轴连杆马达的基础上改进发展而来的。它的主要特点是：取消了连杆，改由装在偏心轮上能自由转动的五星轮传力；去掉了配油轴，改由偏心轴实现配油。此外，柱塞、压力环和五星轮均利用液体静压力大致达到静压平衡状态，故称之为静力平衡马达。国外这类典型的马达称罗斯通（Roston）马达。

常见的静力平衡马达的基本结构和工作原理如图 6-9 所示。它主要由缸体 1、五星轮 2、偏心轴 3、压力环 4 和空心柱塞 5 等零件组成。缸体 1 的径向缸孔配置有五个空心柱塞 5。偏心轴 3 既是输出轴，又是配油轴。五星轮 2 滑套在偏心轴的凸轮上，在它的五个平面中各嵌装一个压力环 4，压力环的上平面与空心柱塞 5 的底面接触。空心柱塞内装有弹簧（图上未画出），以防液压马达启动或空载运转时柱塞表面与压力环脱开。压力环相对于五星轮可微量浮动，以消除零件制造误差的影响，并保证柱塞与压力环之间的良好密封性能。五星轮 2 凹槽中心的径向孔与偏心轴 3 中的配油孔相通。偏心轴的几何中心（也是五星轮的几何中心）为 O_1，回转中心为 O（偏心距为 e）。马达壳体的几何中心为 O，它与偏心轴回转中心是一致的。

高压油经配油轴上的轴向孔进入配油槽，再经五星轮上的径向孔、压力环、柱塞底孔而进入柱塞腔内。低压油则通过柱塞底孔、五星轮径向孔、压力环、配油轴的低压槽，再经配油轴的轴向孔回油（图6-9中有两个柱塞处于进油状态，两个柱塞处于回油状态，一个柱塞处于既不进油又不回油状态）。

如图6-9(b)所示，静力平衡马达是靠高压油对柱塞产生的液压力通过五星轮作用到偏心轴的侧面上，其合力的作用线通过偏心轴的几何中心 O_1，从而对偏心轴的回转中心 O 产生转矩。偏心轴在高压油推动下作逆时针方向转动，而五星轮因受柱塞底面的限制，只能作平面平行运动。偏心轴转过一周，各柱塞往复运动一次。随着曲轴位置的不同，有时三个柱塞进油（二个柱塞回油），有时二个柱塞进油（三个柱塞回油）。

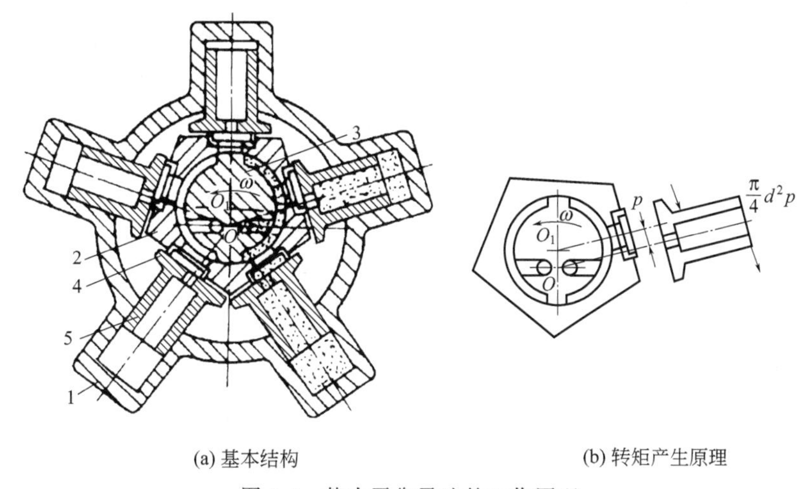

(a) 基本结构　　(b) 转矩产生原理

图6-9　静力平衡马达的工作原理

1—缸体；2—五星轮；3—偏心轴；4—压力环；5—空心柱塞

（3）内曲线径向柱塞马达

内曲线径向柱塞式马达是一种多作用式低速大扭矩马达。它具有结构紧凑、体积小、径向受力平衡、输出转矩大、转矩脉动较小、低速稳定性好等优点。因此，得到了广泛应用。

如图6-10所示，内曲线径向柱塞式马达由定子1、转子2、柱塞组3（包括柱塞、横梁和滚轮）和配油轴4等主要部件组成。

定子1的内表面由 X 段（图中 $X=6$）均布的形状完全相同的曲面组成。每段曲面又分为对称的两部分，一部分允许柱塞组件伸出，称为进油区段（工作区段）；另一部分迫使柱塞组件收缩，称为回油区段（非工作区段）。定子内表面的最外、最里端分别为上、下死点。

在转子2径向均匀分布有 Z 个（图中 $Z=8$）柱塞缸孔，每个缸孔底部有一配油窗孔，可与配油轴4的配油口相通。

转子每个缸孔中都装有柱塞组件3，它可在缸孔中往复运动。

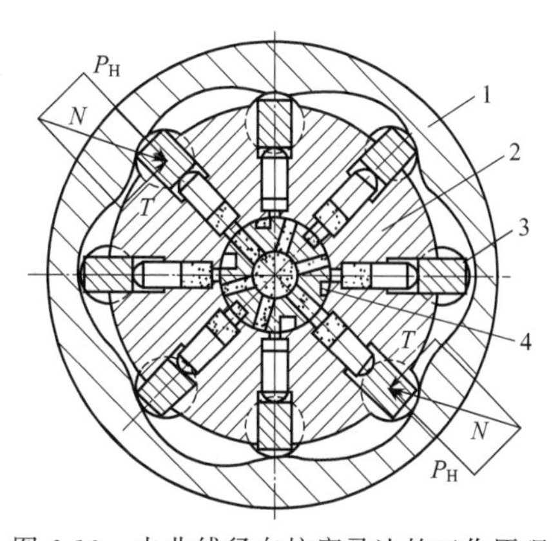

图6-10　内曲线径向柱塞马达的工作原理

配油轴4与定子1固定在一起，其圆周上均布有 $2X$ 个配油口，其中有 X 个配油口分别与定子曲面的进油区段相对应，并与马达进油口相通，有 X 个配油口分别与定子曲面回油区段相对应，并与马达回油口相通。

当高压油经配油轴进油口进入处于进油区段的各柱塞缸孔时，相应的柱塞组在液压力作用下外伸而紧压在定子曲面上。在接触处定子曲面对柱塞组产生一法向力 N，此法向力 N 可分解为沿柱塞轴线方向的分力 P_H 和垂直于柱塞轴线方向的分力 T。其中力 P_H 与作用在柱塞底部的液压力相平衡（忽略柱塞的惯性力及摩擦力）。而力 T 则克服负载转矩对转子产生顺时针方向转矩，推动转子 2 旋转。此时，柱塞组的运动为复合运动，即随转子作圆周运动的同时还在转子径向缸孔中作直线往复运动。处于定子曲面回油区段的柱塞组在定子曲面迫使下收缩并通过配油轴回油口回油。位于定子曲面上、下死点的柱塞组处于既不进油也不回油的封闭状态。内曲线马达全部柱塞组就这样有规律地依次进、回油，带动转子连续运转。

若改变马达的进、回油方向，马达转向也随之改变。

转子旋转一周，每个柱塞组在转子中往复伸出和缩回 X 次，称 X 为马达的作用次数。由于 $X>1$，所以该马达又称为多作用式马达。

6.2 液压缸

按作用方式不同，液压缸可分为单作用式和双作用式两大类。单作用式液压缸是利用液压力推动活塞向着一个方向运动，而反向运动则依靠重力或弹簧力等实现。双作用式液压缸，其正、反两个方向的运动都依靠液压力来实现。

其按使用压力的不同，又可分为中低压、中高压和高压液压缸。对于机床类机械一般采用中低压液压缸，其额定压力为 2.5～6.3MPa；对于要求体积小、重量轻、输出力大的建筑车辆和飞机多数采用中高压液压缸，其额定压力为 10～16MPa；对于油压机一类机械，大多数采用高压液压缸，其额定压力为 25～31.5MPa。

其按结构形式的不同，可分为活塞式、柱塞式、摆动式、伸缩式等形式。

6.2.1 单作用液压缸

单作用液压缸有柱塞式、活塞式和伸缩式三种结构形式。

柱塞式和活塞式单作用液压缸的工作原理如图 6-11 所示。当压力为 Q 的工作液体由液压缸进液口 A 以流量 Q 进入柱塞或活塞底腔后，液体压力均匀作用在柱塞或活塞底面上，柱塞或活塞杆在该液体压力的作用下，产生推力 F，并以速度 v 向外伸出。若柱塞或活塞底腔卸压，则柱塞或活塞杆在自重（垂直安装时）或弹簧力等外力作用下缩回。由于液压力只能推动柱塞或活塞杆朝一个方向运动，因此这两种液压缸属于单作用液压缸。图 6-12 所示为柱塞式和活塞式液压缸的图形符号。

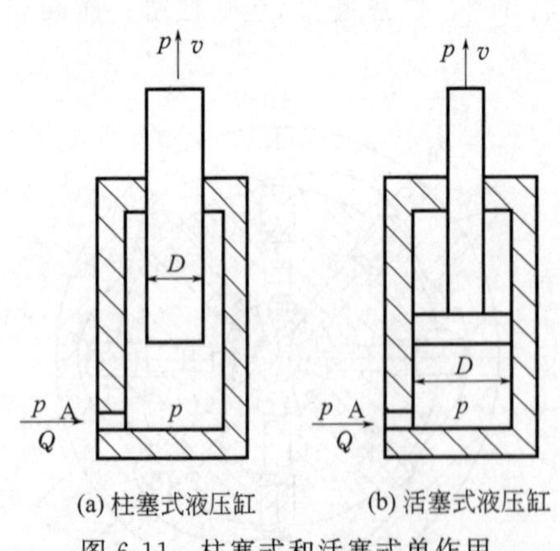

图 6-11 柱塞式和活塞式单作用液压缸的工作原理

图 6-13 所示为单作用柱塞式液压缸的一种典型结构。它由缸筒 1、柱塞 2、导向套 3、密封圈 4 和缸盖 5 等组成。其特点是柱塞较粗，受力条件好，而且柱塞在缸筒内与缸壁不接触，两者无配合要求，因而只需对柱塞表面进行精加工即可，缸筒内孔不必进行精加工，而且表面粗糙度要求也不高。可见柱塞式液压缸的制造工艺性较好，故行程较长的单作用液压缸多采用柱塞式结构。另外，为了减轻重量，柱塞往往做成空心的。对行程特别长的柱塞缸，还可以在缸体内设置辅助支承，以增强刚性。

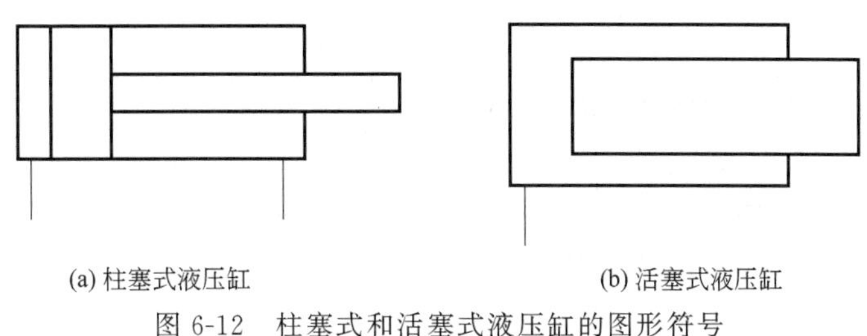

(a) 柱塞式液压缸　　(b) 活塞式液压缸

图 6-12　柱塞式和活塞式液压缸的图形符号

6.2.2　双作用液压缸

双作用液压缸的伸出、缩回都是利用液压油的操作来实现的。按活塞杆形式的不同，可分为单活塞杆式、双活塞杆式和伸缩式三种。

（1）单活塞杆式双作用液压缸

单活塞杆式双作用液压缸的工作原理如图 6-14 所示。其进、出液口的布置视安装方式而定。工作时可以固定缸筒，以活塞杆驱动负载；也可以固定活塞杆，以缸筒驱动负载。在缸筒固定的情况下：当 A 口进液，B 口回液时，活塞杆伸出；当 B 口进液，A 口回液时，活塞杆缩回。由于液压力能推动活塞杆作正反两个方向的运动，因此这种液压缸属于双作用液压缸。

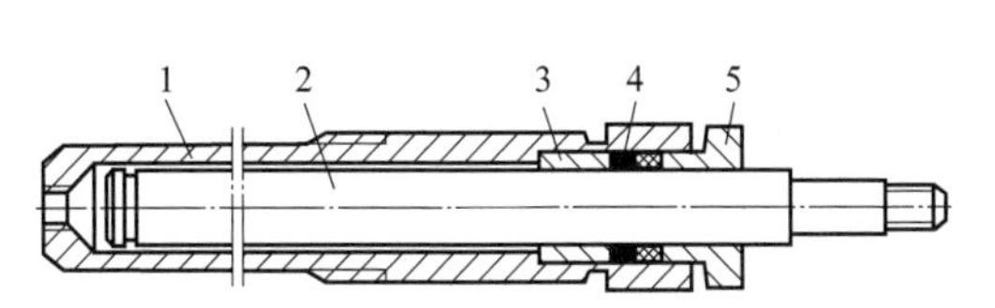

图 6-13　单作用柱塞式液压缸的典型结构

1—缸筒；2—柱塞；3—导向套；4—密封圈；5—缸盖

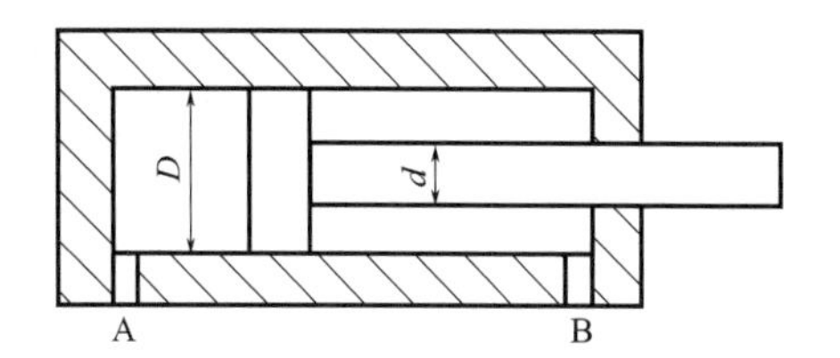

图 6-14　单活塞杆式双作用液压缸原理图

根据流量连续性定理，进入液压缸的液流流量等于液流截面面积和流速的乘积。因此，对液压缸来说，液流截面即是液压缸工作腔的有效面积，液流的平均流速即是活塞的运动速度。

图 6-15 所示为工程机械中通用的一种单活塞杆式双作用液压缸的典型结构。它由缸底 2、缸筒 11、缸盖 15、活塞 8 和活塞杆 12 等组成。缸筒一端与缸底焊接成一体，另一端则与缸盖通过螺纹连接，便于拆装和检修，两端设有液口 A 和 B。活塞 8 利用卡键 5、卡键帽 4 和挡圈 3 与活塞杆 12 固定。活塞上套有聚四氟乙烯或尼龙（聚己二酰己二胺）等耐磨材料制成的支承环 9，以支承活塞。缸内两腔间的密封靠活塞内孔与活塞杆配合处的 O 形密封圈 10，以及反方向安装在活塞外缘上的两个 Y_x 形密封圈 6 和挡圈 7 来保证。为防止油液外泄，导向套 13 的外缘有 O 形密封圈 14，内孔有 Y 形密封圈 16 及挡圈 17 进行密封。防尘圈 18 的作用是刮除粘附在活塞杆外露部分的尘土。在缸底和活塞杆顶端的连接耳环 20 上，有供安装使用或与工作机械连接用的销轴孔，销轴孔必须保证液压缸中心受压。销轴孔由油嘴 1 供给润滑油。此外，为了减轻活塞在行程终了时对缸底或缸盖的冲击，两端设有缝隙节流缓冲装置，当活塞快速运行临近缸底时（图示位置），活塞杆端部的缓冲柱塞将回液口堵住，迫使剩余液体只能从柱塞周围的缝隙挤出，形成液压阻力，使液压缸速度迅速减慢实现缓冲。反向行程时亦由于同样的原理获得缓冲。

（2）双活塞杆式双作用液压缸

如图 6-16 所示，这种液压缸的两个直径相同的活塞杆，分别从缸筒的两端伸出，且常使两活塞杆固定，而将缸筒作为活动件。当分别从 A 口进液、B 口回液和 B 口进液、A 口回液时，即

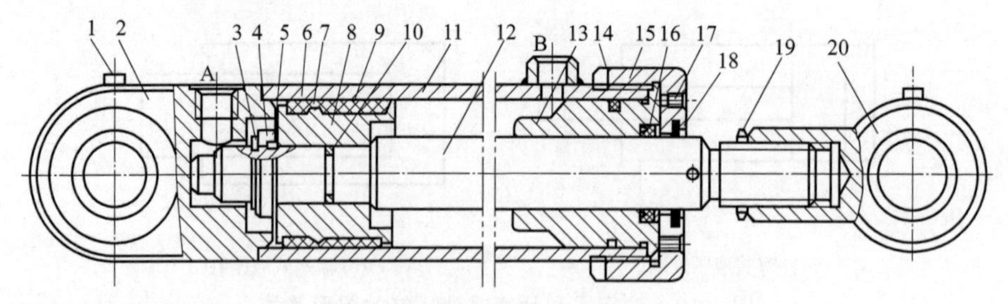

图 6-15 单活塞杆式双作用液压缸结构

1—油嘴；2—缸底；3、7、17—挡圈；4—卡键帽；5—卡键；6—Yx 形密封圈；8—活塞；9—支承环；10、14—O 形密封圈；11—缸筒；12—活塞杆；13—导向套；15—缸盖；16—Y 形密封圈；18—防尘圈；19—紧固螺母；20—耳环

可实现缸筒的往复运动，并牵引负载进行工作。由图示可知，双活塞杆式双作用液压缸往复运动的牵引力和速度都是相等的。

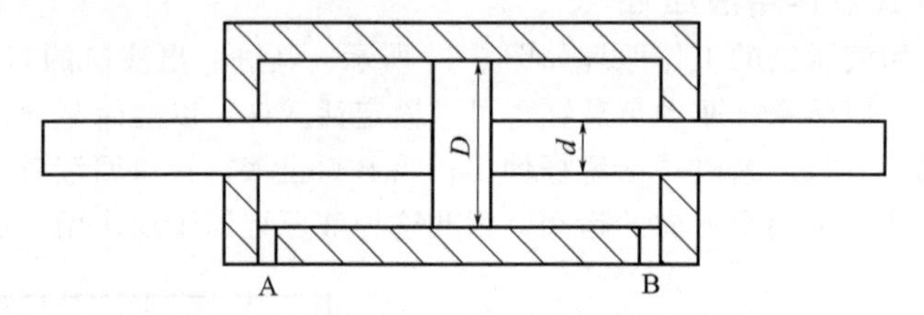

图 6-16 双活塞杆式双作用液压缸原理图

图 6-17 所示为机床中所用的一种双活塞杆式双作用液压缸的典型结构。它由缸筒 10、活塞杆 1 和 15、导向套 6 和 19、缸盖 18 和 24 等组成。

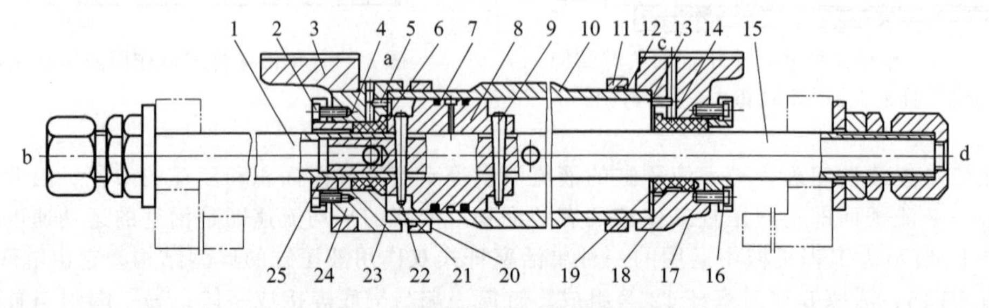

图 6-17 双活塞杆式双作用液压缸结构

1、15—活塞杆；2—堵头；3—托架；4、7、17—密封圈；5—排气孔；6、19—导向套；8—活塞；9、22—锥销；10—缸筒；11—压板；12、21—钢丝环；13—纸垫；14—排气孔；16、25—压盖；18、24—缸盖；20—压板；23—纸垫

由图 6-17 可见，液压缸的左右两腔是通过液口 b 和 d 经活塞杆 1 和 15 的中心孔与左右径向孔 a 和 c 相通的。由于活塞杆固定在床身上，缸筒 10 上固定在工作台上，当径向孔 c 进液、径向孔 a 回液时，工作台向右移动；反之则向左移动。缸盖 18 和 24 是通过螺钉（图中未画出）与压板 11 和 20 相连，并经钢丝环 12 和 21 固定在缸筒 10 上的。考虑到液压缸工作中要发热伸长，它只以右缸盖 18 与工作台固定相连，左缸盖 24 空套在托架 3 孔内，可以自由伸缩。空心活塞杆的一端用堵头 2 堵死，并通过锥销 9 和 22 与活塞 8 相连。缸筒相对于活塞的运动由左右两个导向套 6 和 19 导向。活塞与缸筒之间、缸盖与活塞杆之间以及缸盖与缸筒之间分别用 O 形密封圈 7，Y 形密封圈 4 和 17 及纸垫 13 和 23 进行密封，以防止液体的内、外泄漏。缸筒在接近行程的左右终端时，径向孔 a 和 c 的开口逐渐减小，对移动部件起制动缓冲作用。为了排除液压缸中剩留的空气，缸盖上设置有排气孔 5 和 14，经导向套环槽的侧面孔道（图中未画出）引出与排气

阀相连。

(3) 伸缩式双作用液压缸

伸缩式双作用液压缸是一种多级液压缸，其特点是行程大而缩回后的长度短，适用于安装空间受到限制但行程要求却很大的设备。

如图 6-18 所示，为伸缩式双作用液压缸的工作原理。它由一级缸筒 1、一级活塞杆 2（即二级缸筒，亦称外柱）、二级活塞杆 3（亦称内柱）等组成。当压力液体从 A 口进入一级缸筒下腔后，推动一级活塞杆带着二级活塞杆一起伸出，一级缸筒上腔经 B_1 口回液。此时单向阀 4 处于关闭状态，压力液体不能进入二级缸筒，二级活塞杆不能从二级缸筒里伸出。当二级缸筒达到最大行程而不能再伸出时，一级缸筒下腔的液体压力开始升高，当压力升高到能克服弹簧力而打开单向阀后，压力液体进入二级缸筒下腔，二级活塞杆伸出，二级缸筒上腔经二级活塞杆中心孔从 B_2 口回液。液压缸缩回时，B_1、B_2 口同时进入压力液体，A 口回液。开始时由于单向阀关闭，二级活塞杆不能缩回，但从 B_1 口进入的压力液体可迫使二级缸筒带着二级活塞杆一起缩回。当二级缸筒接近完全缩回时，顶杆 5 被一级缸筒的缸底顶起，从而打开单向阀，二级缸筒下腔经单向阀、A 口回液，二级活塞杆在 B_2 口进入的压力液体作用下缩回。由于这种液压缸具有一级缸筒与一级活塞杆（二级缸筒）、二级缸筒与二级活塞杆间的两种相对伸缩关系，因此又将其称之为双伸缩（或双级）液压缸。

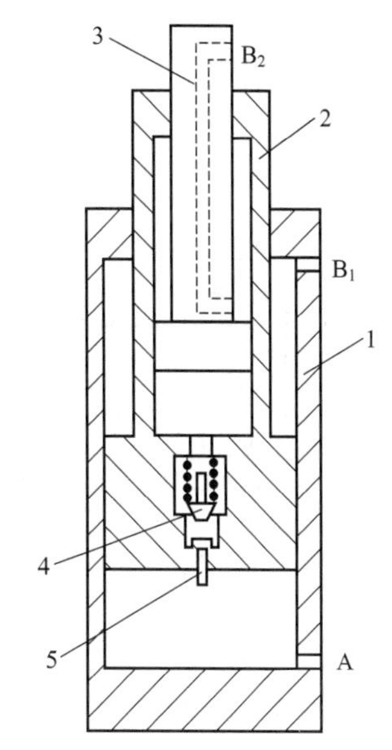

图 6-18 伸缩式双作用液压缸的工作原理

1—一级缸筒；2—一级活塞杆；3—二级活塞杆；4—单向阀；5—顶杆

6.2.3 组合液压缸

在生产中除了利用以上各种液压缸直接驱动工作机构外，还常将几个液压缸或将液压缸和机械传动部件联合组成组合式液压缸，以满足某种特殊需要。常见的组合式液压缸有串联式、增压式和齿条活塞式等类型。

(1) 串联式液压缸

如图 6-19 所示，串联式液压缸是在一个缸筒内安装两个串联活塞而构成的液压缸。当 A 口进液，B 口回液时，活塞杆伸出；反之，则活塞杆缩回。

同单活塞杆式双作用液压缸相比，串联式液压缸的推拉力几乎增加一倍，活塞杆的伸缩速度几乎减小一半。这种液压缸适用于要求推拉力大而伸缩速度慢，但伸缩长度不受限制的场合。

(2) 增压式液压缸

图 6-20 所示为增压式液压缸，它是将柱塞缸（或活塞缸）和活塞缸串联在一起，且无输出杆。当 A 口进液、B 口回液时，则可在 C 口输出比 A 口进液压力高若干倍的压力液体。这种液压缸常用在高压细射流技术上。

(3) 齿条活塞式液压缸

图 6-21 所示为齿条活塞式液压缸，它是齿条机械传动与液压缸液压传动相结合的一种液压缸。当 A 口进液、B 口回液时，压力液体推动齿条活塞向右运动，从而带动齿轮和轴逆时针回转；当 B 口进液、A 口回液时，齿轮和轴顺时针回转。其将活塞的直线运动转化成齿轮的周期性

回转运动和步进运动。这种液压缸多用于组合机床和磨床的进给装置上。

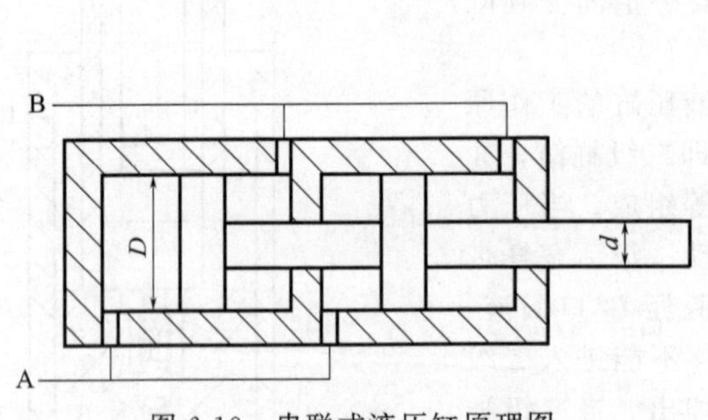

图 6-19 串联式液压缸原理图

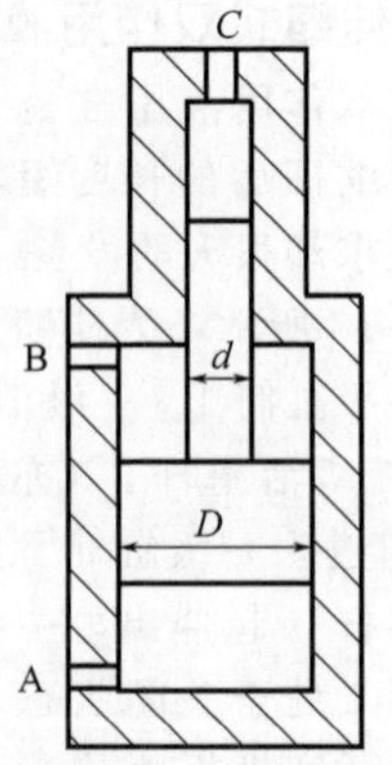

图 6-20 增压式液压缸原理图

图 6-22 所示为齿条活塞式液压缸的一种典型结构。它由壳体 1、齿条活塞 2、齿轮 3、转轴 4、左 7 和右端盖 6、小活塞 8 和调节手柄 9 等组成。当压力液体从进液孔 5 进入左腔时，推动齿条活塞向右运动，从而带动齿轮和轴逆时针回转，其回转角度的大小取决于齿条活塞的行程，而齿条活塞的行程是由手柄通过小活塞调节的。

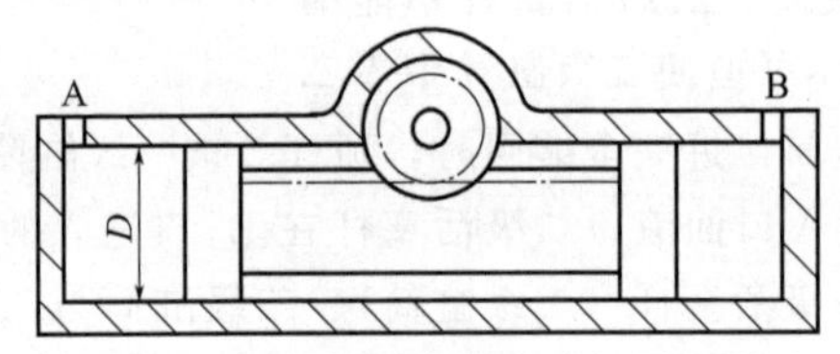

图 6-21 齿条活塞式液压缸原理图

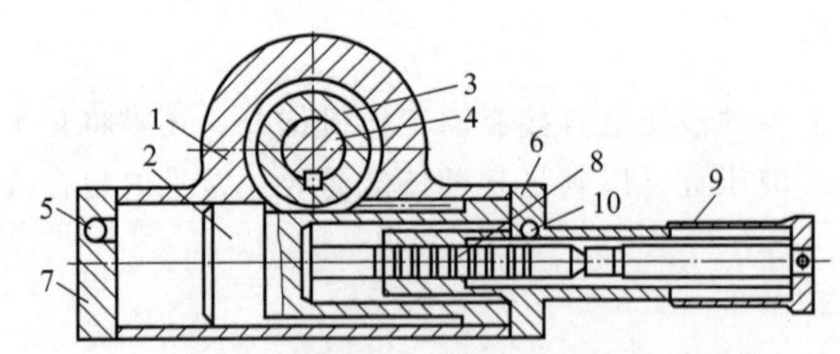

图 6-22 齿条活塞式液压缸结构

1—壳体；2—齿条活塞；3—齿轮；4—转轴；5—进液孔；
6—右端盖；7—左端盖；8—小活塞；9—调节手柄；10—回液孔

第7章 液压控制阀及辅助元件

在液压系统中，用于控制和调节工作液体的压力高低、流量大小以及改变流量方向的元件，统称为液压控制阀。液压控制阀通过对工作液体的压力、流量及液流方向的控制与调节，从而可以控制液压执行元件的开启、停止和换向，调节其运动速度和输出扭矩（或力），并对液压系统或液压元件进行安全保护等。因此，采用各种不同的阀、经过不同形式的组合，可以满足各种液压系统的要求。常用的液压控制阀有很多种，通常从以下几个方面进行归纳和分类。

7.1 液压控制阀的分类

（1）按功能分类

液压控制阀按功能分类主要有以下几种：

① 压力控制阀：用于控制或调节液压系统或回路压力的阀，如溢流阀、减压阀、顺序阀、压力继电器等。

② 方向控制阀：用于控制液压系统中液流的方向及其通、断，从而控制执行元件的运动方向及其启动、停止的阀，如单向阀、换向阀等。

③ 流量控制阀：用于控制液压系统中工作液体流量大小的阀，如节流阀、调速阀、分流集流阀等。

（2）按控制方式分类

液压控制阀按控制方式可分为：

① 开关（或定值）控制阀：借助于通断型电磁铁及手动、机动、液动等方式，将阀芯位置或阀芯上的弹簧设定在某一工作状态，使液流的压力、流量或流向保持不变的阀。这类阀属于常见的普通液压阀。

② 比例控制阀：采用比例电磁铁（或力矩马达）将输入电信号转换成力或阀的机械位移，使阀的输出量（压力、流量）按照其输入量连续、成比例地进行控制的阀。比例控制阀一般多用于开环液压控制系统。

③ 伺服控制阀：其输入信号多为偏差信号（输入信号与反馈信号的差值），阀的输出量（压力、流量）也可按照其输入量（电量、机械量）连续、成比例地进行控制的阀。这类阀的工作性能类似于比例控制阀，但具有较高动态瞬时响应和静态性能，多用于要求精度高、响应快的闭环液压控制系统。

④ 数字控制阀：用数字信息直接控制的阀类。

（3）按结构形式分类

液压控制阀按结构形式分类有：滑阀（或转阀）、锥形阀、球阀等。

（4）按连接方式分类

液压控制阀按连接方式分为：

① 螺纹连接阀：通过阀体上的螺纹孔直接与管接头、管路相连接的阀。这种阀不需要过渡的连接安装板，因此结构简单，但只适用于较小流量的阀类。缺点是元件布置分散，系统不够紧凑。

② 法兰连接阀：通过法兰盘与管子、管路连接的阀。法兰连接适用于大流量的阀，其结构尺寸和质量都大。

③ 板式连接阀：采用专用的过渡连接板连接阀与管路的阀。板式连接阀只需用螺钉固定在连接板上，再把管路与连接板相连。这种连接方式在装卸时不影响管路，并且有可能将阀集中布置，结构紧凑。

④ 集成连接阀：集成连接是由标准元件或以标准参数制造的元件按典型动作要求组成基本回路，然后将基本回路集成在一起组成液压系统的连接形式。它包括：将若干功能不同的阀类及底版块叠合在一起的叠加阀；借助六面体的集成块，通过其内部通道将标准的板式阀连接在一起，构成各种基本回路的集成阀；将几个阀的阀芯合并在一个阀体内的嵌入阀；由插装元件插入插装块体所组成的插装阀等。

7.2 方向控制阀

方向控制阀（简称方向阀），用来控制液压系统的油流方向，接通或断开油路，可以控制执行机构的启动、停止或运动方向的改变。

方向控制阀有单向阀和换向阀两大类。

7.2.1 单向阀

（1）普通单向阀

普通单向阀又称逆止阀。它控制油液只能沿一个方向流动，不能反向流动。图 7-1(a) 所示为机床上常用的管式连接单向阀，它由阀体 1、阀芯 2 和弹簧 3 等零件构成。阀芯 2 分锥阀式和钢球式两种，图 7-1(a) 所示为锥阀式。钢球式阀芯结构简单，但密封性不如锥阀式。当压力油从进油口 P_1 输入时，克服弹簧 3 的作用力，顶开阀芯 2，经阀芯 2 上四个径向孔 a 及内孔 b，从出油口 P_2 输出。当液流反向流动时，在弹簧和压力油的作用下，阀芯锥面紧压在阀体 1 的阀座上，油液不能通过。图 7-1(b) 所示是板式连接单向阀，其进出油口开在底平面上，用螺钉将阀体固定在连接板上，其工作原理和管式连接单向阀相同。图 7-1(c) 所示为单向阀的图形符号。

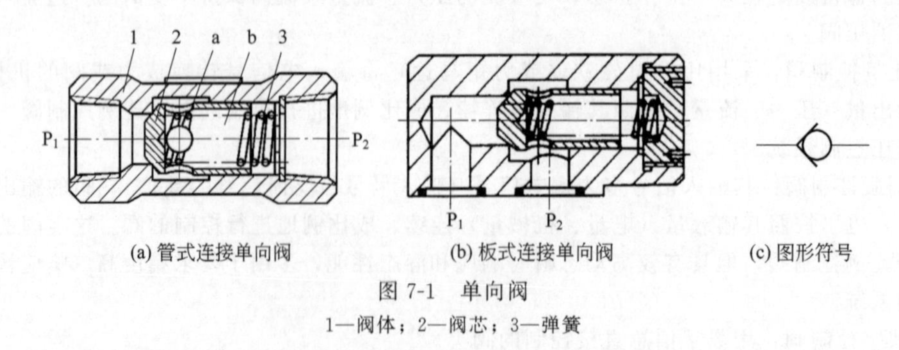

(a) 管式连接单向阀　(b) 板式连接单向阀　(c) 图形符号

图 7-1 单向阀

1—阀体；2—阀芯；3—弹簧

普通单向阀中的弹簧主要用来克服阀芯运动时的摩擦力和惯性力。为了使单向阀工作灵敏可靠，弹簧力应较小，以免液流产生过大的压力降。一般单向阀的开启压力约在 0.035～

0.05MPa，额定流量通过时的压力损失不超过 0.1～0.3MPa。当利用单向阀作背压阀时，应换上较硬的弹簧，使回油保持一定的背压力。各种背压阀的背压力一般在 0.2～0.6MPa。

对单向阀总的要求是：当油液从单向阀正向通过时，阻力要小；反向不能通过，无泄漏；阀芯动作灵敏，工作时无撞击和噪声。

（2）液控单向阀

液控单向阀的结构如图 7-2 所示，它与普通单向阀相比，增加了一个控制油口 X，控制活塞 1 通过顶杆 2，打开单向阀的阀芯 3。当控制油口 X 处无压力油通入时，液控单向阀起普通单向阀的作用，主油路上的压力油经 P_1 口输入，P_2 口输出，不能反向流动。当控制油口 X 通入压力油时，活塞 1 的左侧受压力油的作用，右侧 a 腔与泄油口相通。于是活塞 1 向右移动，通过顶杆 2 将阀芯 3 打开。使进、出油口接通，油液可以反向流动，不起单向阀的作用。控制油口 X 处的油液与进、出油口不通。通入控制油口 X 的油液压力最小不应低于主油路压力的 30%～50%。

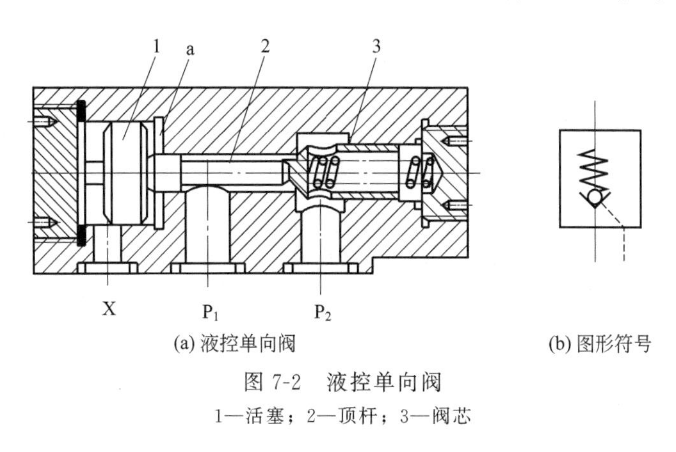

(a) 液控单向阀　　(b) 图形符号

图 7-2　液控单向阀

1—活塞；2—顶杆；3—阀芯

液控单向阀具有良好的密封性能，常用于保压和锁紧回路。使用液控单向阀时应注意以下几点：

① 必须保证有足够的控制压力，否则不能打开液控单向阀。

② 液控单向阀阀芯复位时，控制活塞的控制油腔中油液必须流回油箱。

③ 防止空气侵入到液控单向阀控制油路。

④ 作充油阀使用时，应保证开启压力低、流量大。

⑤ 在回路和配管设计时，采用内泄式液控单向阀，必须保证逆流出口侧不能产生影响控制活塞动作的高压，否则控制活塞容易反向误动作。如果不能避免这种高压，则应采用外泄式液控单向阀。

7.2.2　换向阀

换向阀是通过改变阀芯与阀体的相对位置，切断或变换油流方向，从而实现对执行元件方向的控制。换向阀芯的结构形式有：滑阀式、转阀式和锥阀式等，其中以滑阀式应用最多。一般所说的换向阀是指滑阀式换向阀。

（1）换向阀的结构特点和工作原理

滑阀式换向阀是靠阀芯在阀体内沿轴向做往复滑动而实现换向作用的，因此，这种阀芯又称滑阀。滑阀是一个有多段环形槽的圆柱体，如图 7-3 中直径大的部分称凸肩。有的滑阀还在轴的中心处加工出回油通路孔。阀体内孔与凸肩相配合，阀体上加工出若干段环形槽。阀体上有若干个与外部相通的通路孔，它们分别与相应的环形槽相通。

以三位四通阀为例说明换向阀是如何实现换向的。如图 7-4 所示，三位四通换向阀有三个工作位置四个通路口。三个工作位置就是滑阀在中间以及滑阀移到左、右两端时的位置，四个通路口即压力油口P、回油口O和通往执行元件两端的油口A和B。由于滑阀相对阀体做轴向移动，改变了位置，所以各油口的连接关系就改变了，这就是滑阀式换向阀的换向原理。

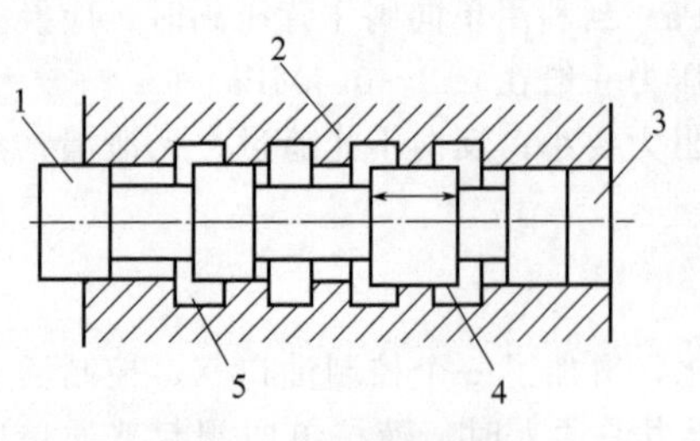

图 7-3 滑阀结构图

1—滑阀；2—阀体；3—阀孔；4—凸肩；5—环形槽

(2) 换向阀的图形符号和换向阀机能

换向阀按阀芯的可变位置数可分为二位和三位，通常用一个方框符号代表一个位置。按主油路进、出油口的数目又可分为二通、三通、四通、五通等，表达方法是在相应位置的方框内表示油口的数目及通道的方向，如图 7-5 所示。

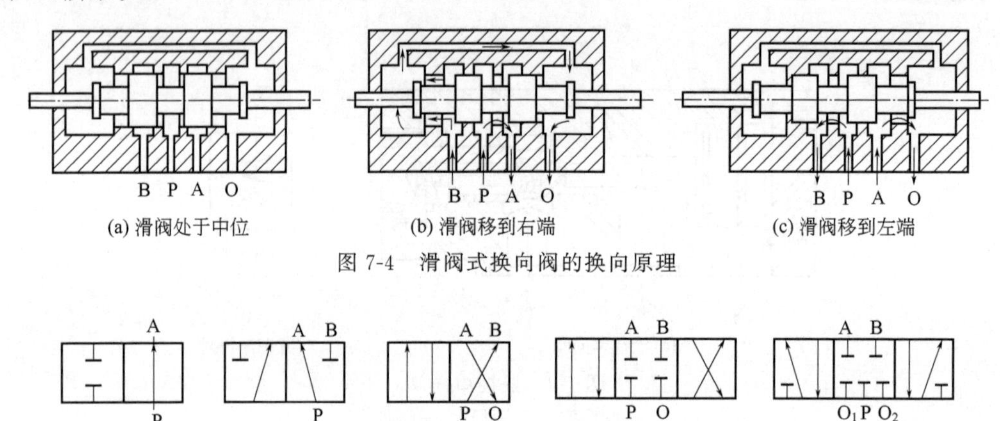

(a) 滑阀处于中位 (b) 滑阀移到右端 (c) 滑阀移到左端

图 7-4 滑阀式换向阀的换向原理

(a) 二位二通 (b) 二位三通 (c) 二位四通 (d) 三位四通 (e) 三位五通

图 7-5 换向阀的位和通路图形符号

其中箭头表示通路，一般情况下表示液流方向，“┴”和“┬”与方框的交点表示通路被阀芯堵死。

根据改变阀芯位置的操纵方式不同，换向阀可以分为手动、机动、电磁、液动和电液动换向阀。其图形符号如图 7-6 所示。

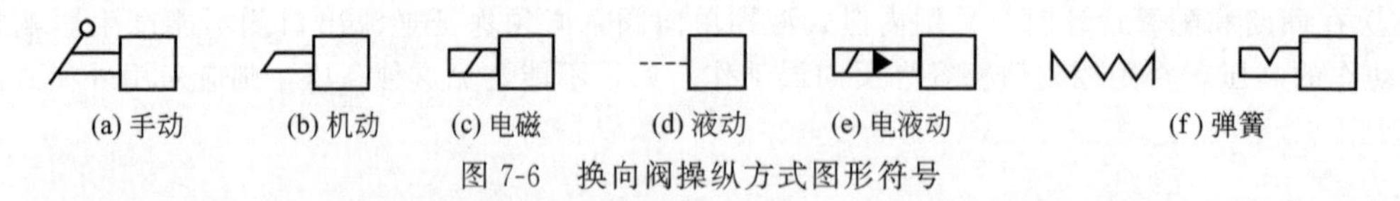

(a) 手动 (b) 机动 (c) 电磁 (d) 液动 (e) 电液动 (f) 弹簧

图 7-6 换向阀操纵方式图形符号

三位换向阀的阀芯在阀体中有左、中、右三个位置。左、右位置是使执行元件产生不同的运动方向，而阀芯在中间位置时，利用不同形状及尺寸的阀芯结构，可以得到多种油口连接方式，除了使执行元件停止运动外，还可以具有其他一些不同的功能。因此，三位阀在中位时的油口连接关系又称为换向阀机能。常用的换向阀机能见表 7-1。

表 7-1 换向阀机能

序号	型式	名称	结构简图	符号	中间位置时的性能特点
1	O	中间密封	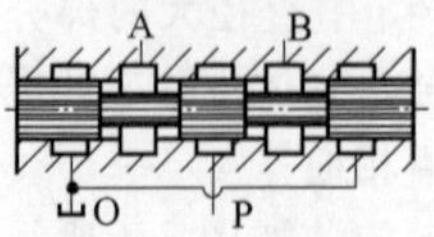 A B O P	 A B P O	油口全闭，油不流动。液压缸锁紧，液压泵不卸荷，并联的其他执行元件运动不受影响

续表

序号	型式	名称	结构简图	符号	中间位置时的性能特点
2	H	中间开启			油口全开，液压泵卸荷，活塞在缸中浮动。由于油口互通，故换向较O型平稳，但冲击量较大
3	Y	ABO连接			油口关闭，活塞在缸中浮动，液压泵不卸荷。换向过程的性能处于O型与H型之间
4	P	PAB连接			回油口关闭，泵口和两液压缸口连通，液压泵不卸荷。换向过程中缸两腔均通压力油，换向时最平稳。可做差动连接
5	M	PO连接			液压缸锁紧，液压泵卸荷。换向时，与O型性能相同。可用于立式或锁紧的系统中

除表中所示以外，还有C、D、J、K、N、U、X型等换向阀机能，可参见有关资料。

（3）手动换向阀

手动换向阀是依靠手动杠杆的作用力驱动阀芯运动来实现油路通断或切换的换向阀。如图7-7所示，三位四通手动换向阀有弹簧复位式和钢球定位式两种，操纵手柄即可使换向阀轴向移动实现换向。对弹簧复位式，其阀芯松开手柄后，靠右端弹簧恢复到中间位置；对钢球定位式，其阀芯靠右端的钢球和弹簧定位，可以分别定在左、中、右三个位置。图7-7(a)、图7-7(b)所示为三位四通手动换向阀的图形符号。

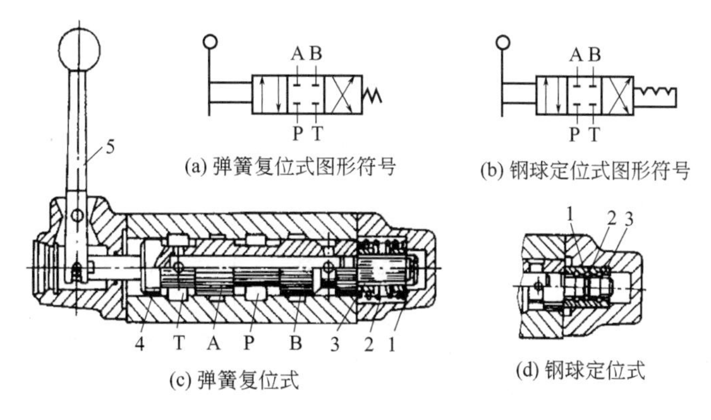

(a) 弹簧复位式图形符号　(b) 钢球定位式图形符号
(c) 弹簧复位式　(d) 钢球定位式

图7-7　三位四通手动换向阀
1、3—定位套；2—弹簧；4—阀芯；5—手柄

手动换向阀操作简便，工作可靠，又能使用在没有电力供应的场合，但操纵力较小，在复杂的系统中，尤其在各执行元件的动作需要联动、互锁或工作节拍需要严格控制的场合，不宜采用手动换向阀。

（4）机动换向阀

机动换向阀又称行程换向阀，它是依靠安装在执行元件上的行程挡块（或凸轮）推动阀芯实现换向的。机动换向阀通常是二位的，有二通、三通、四通、五通几种。二位二通机动换向阀又分常闭式和常通式两种。

图 7-8 是二位二通常闭式机动换向阀结构图。当挡铁压下滚轮 1，使阀芯 2 移至下端位置时，油口 P 和 A 逐渐相通；当挡铁移开滚轮时，阀芯靠其底部弹簧 4 进行复位，油口 P 和 A 逐渐关闭。改变挡铁斜面的斜角 α 或凸轮外廓的形状，可改变阀移动的速度，因而可以调节换向过程的时间，故换向性能较好。但这种阀不能安装在液压泵站上，需安装在执行元件附近，因此连接管路较长，并使整个液压装置不够紧凑。图 7-8(b)、图 7-8(c) 所示为图形符号，其中图 7-8(b) 为常闭式，图 7-8(c) 为常开式。

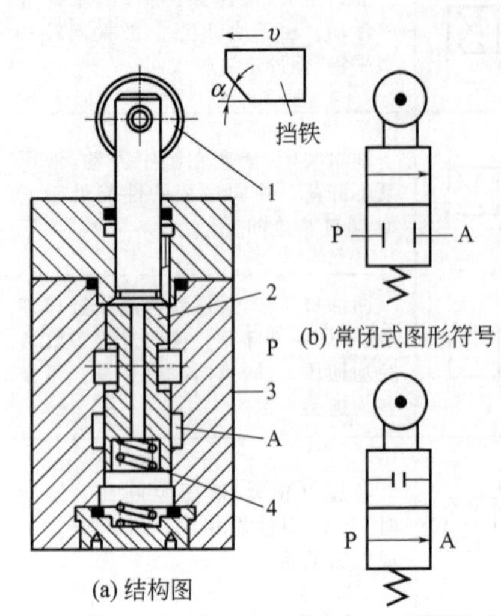

(a) 结构图

(b) 常闭式图形符号

(c) 常通式图形符号

图 7-8 二位二通常闭式机动换向阀
1—滚轮；2—阀芯；3—阀体；4—弹簧

(5) 电磁换向阀

电磁换向阀是利用电磁铁的推力来实现阀芯换位的换向阀。因其自动化程度高、操作轻便、易实现远距离自动控制，所以应用非常广泛。

电磁换向阀按电磁铁所用电源的不同可分为交流（D型）和直流（E型）两种。交流电磁铁使用电源方便，换向时间短，动力大，但换向冲击大，噪声大，换向频率较低，且启动电流大，在阀芯被卡住时会使电磁铁线圈烧毁。相比之下，直流电磁铁工作比较可靠，换向冲击小，噪声小，换向频率可较高，且在阀芯被卡住时电流不会增大以致烧毁电磁铁线圈，但它需要直流电源或整流装置，不是很方便。

图 7-9(a) 所示为二位三通电磁换向阀的内部结构图和外形图。图 7-9(b)、图 7-9(c) 所示为二位三通电磁换向阀的图形符号。图 7-9(a) 所示为断电位置下，阀芯 3 被弹簧 2 推至左端位置，油口 P 和 A 相通；当电磁铁通电时，衔铁通过推杆 4 将阀芯推至右端位置，油口 P 和 A 的通道

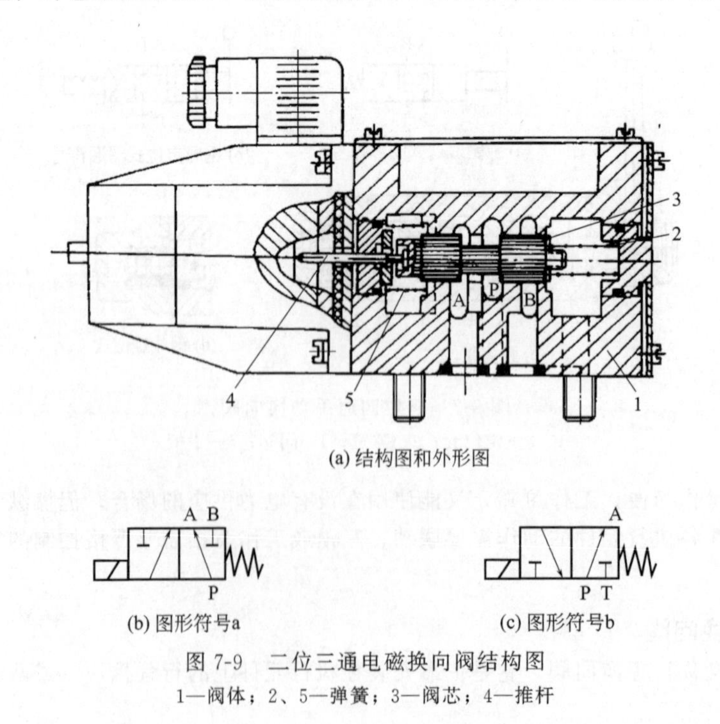

(a) 结构图和外形图

(b) 图形符号a

(c) 图形符号b

图 7-9 二位三通电磁换向阀结构图
1—阀体；2、5—弹簧；3—阀芯；4—推杆

被封闭，使油口 P 和 B 接通，实现液流换向。另一种二位三通电磁换向阀是一个进油口 P，一个工作油口 A 和一个回油口 T，如图 7-9(c) 所示。二位二通电磁换向阀常用于单作用液压缸的换向和速度换接回路中。

(6) 液动换向阀

液动换向阀是利用压力油推动阀芯换位，实现油路的通断或切换的换向阀。液压操纵对阀芯的推力大，因此适用于高压、大流量、阀芯行程长的场合。图 7-10 所示为三位四通弹簧对中式液动换向阀结构图。当两个控制油口 X 和 Y 都不通压力油时，阀芯在两端弹簧的作用下处于中位。当控制压力油从 X 流入阀芯左端油腔时，阀芯被推至右端，油口 P 和 B 相通，A 和 T 相通；当控制压力油从 Y 流入阀芯右端油腔时，阀芯被推至左端，油口 P 和 A 相通，B 和 T 相通，实现液流换向。

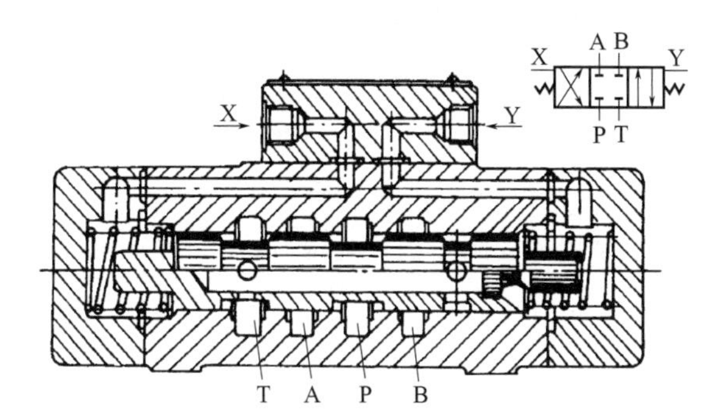

图 7-10　三位四通弹簧对中式液动换向阀结构图

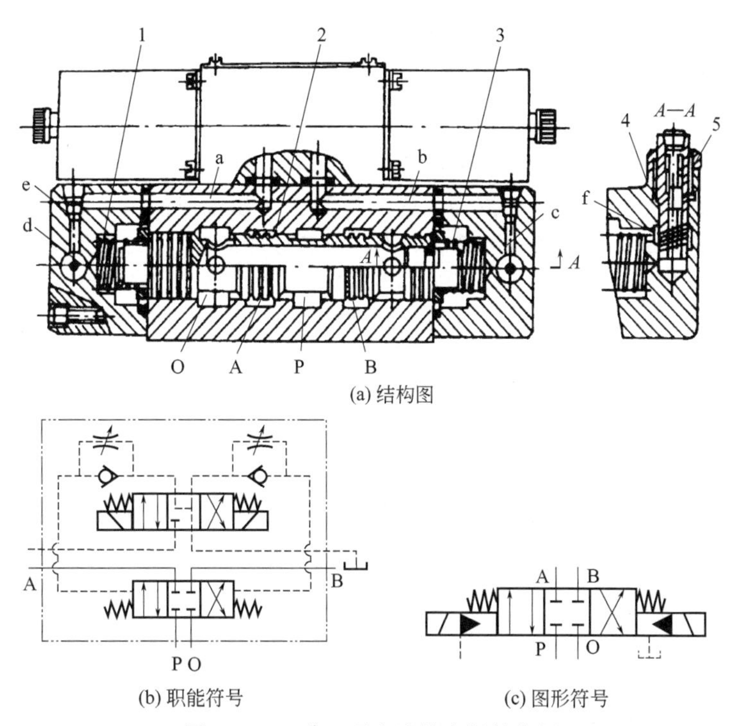

图 7-11　三位四通电液换向阀结构图

1、3—定子弹簧；2—阀芯；4—单向阀；5—节流阀

(7) 电液换向阀

电液操纵式换向阀简称电液换向阀，它由一个普通的电磁阀和液动换向阀组合而成。电磁阀

是先导阀，是改变控制油液流向的；液动换向阀是主阀，它在控制油液的作用下，改变阀芯的位置，使油路换向。由于控制油液的流量不必很大，因此可实现以小容量的电磁阀来控制大通径的液动换向阀。

图 7-11(a) 为三位四通电液换向阀的结构图。当右边电磁铁通电时，控制油路的压力油由通道 b、c 经单向阀 4 和孔 f 进入主滑阀阀芯 2 的右腔，将主滑阀的阀芯推向左端，这时主滑阀左端的油经节流口 d、通道 e、a 和电磁换向阀流回油箱。主滑阀左移的速度受节流口 d 的控制。这时进油口 P 和油口 A 连通，油口 B 通过阀芯中心孔和回油口 O 连通。当左边的电磁铁通电时，控制油路的压力油就将主滑阀的阀芯推向右端，使主油路换向；两个电磁铁都断电时，弹簧 1 和 3 使主滑阀的阀芯处于中间位置。由于主滑阀左、右移动速度分别由两端的节流阀 5 来调节，同时调节了液压缸换向的停留时间，并可使换向平稳而无冲击，所以电液换向阀的换向性能较好。图 7-11(b) 为电液换向阀的职能符号，图 7-11(c) 为电液换向阀的图形符号。

7.3 压力控制阀

压力控制阀简称压力阀，是用来控制液压系统压力的。按功能可分为溢压阀、减压阀、顺序阀以及压力继电器。

7.3.1 溢流阀

溢流阀通过阀口的溢流来调定系统工作压力或限定其最大工作压力，防止系统过载。对溢流阀的主要要求是静、动态特性好。前者即是压力-流量特性好；后者即是突加外界干扰后，工作稳定、压力超调量小以及响应快。

（1）直动式溢流阀

图 7-12(a) 为低压直动式溢流阀的工作原理图。当作用在阀芯 3 上的液压力大于弹簧 7 的作用力时，阀口打开，泵出口的部分油液经阀的 P 口及 T 口溢流回油箱。通过溢流阀的流量变化时，阀口开度要变化，故阀芯位置也要变化，但因阀芯移动量极小，加之弹簧刚度很小，故作用在阀芯上的弹簧力变化很小，因此可以认为，当阀口打开，部分油液经溢流阀溢流回油箱时，溢流阀入口 P 处的压力基本上是恒定的，此压力随阀口溢流量的变化而恒定的程度，即是衡量溢流阀静特性好坏的重要指标。经调压螺钉 5、调节弹簧 7 的预紧力，便可调定溢流阀进口 P 处的压力。图 7-12(b) 所示为直动式溢流阀的图形符号，开启压力由弹簧调节。

图 7-13 所示为 DBD 型高压直动式溢流阀的结构。图中锥阀 6 下部为起阻尼作用的减振活塞。

直动式溢流阀的结构简单、动作灵敏，但进口压力受阀口溢流量的影响大，不适于在大流量下工作。

（2）先导式溢流阀

图 7-14(a)、(b) 分别为 DB 型先导式溢流阀的结构图和图形符号。它由带主阀芯 3 的主阀 1 和带压力调节元件的先导阀 2 组成。

油路 A 中的压力作用于主阀芯 3 上。同时，压力经带节流孔 4 和 5 的控制通路 6 和 7 作用在主阀芯 3 的弹簧加载侧及先导阀 2 的球阀 8 上。如果 A 口所在通路中的压力超过调压弹簧 9 的设定值，球阀 8 克服调压弹簧 9 的弹簧力开启。控制油由控制通路 10 和 6 从 A 口所在通路内部供给。主阀芯 3 弹簧加载侧的油液经过控制通路 7、节流孔 11 和球阀 8 流入弹簧腔 12，由控制通路 14 和控制通路 13 引入油箱。节流孔 4 和 5 在主阀芯 3 产生压降，A 口至 B 口打开，油液由 A

口流向 B 口，而设定的工作压力保持不变，实现溢流作用。调节先导阀的调压弹簧 9 便可实现 A 口的压力调节。DB 型溢流阀主要用作安全阀、远程调压阀等。

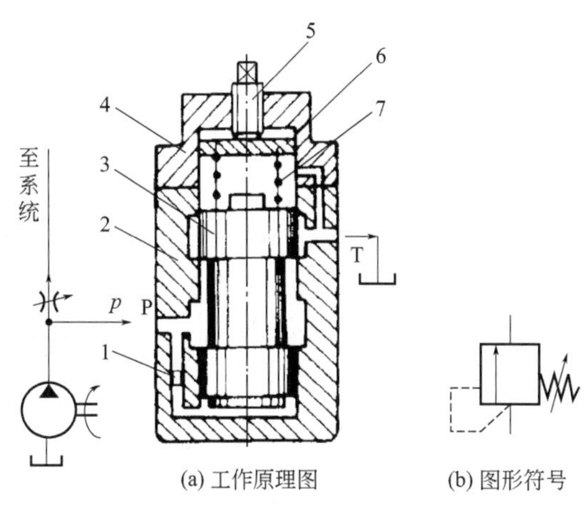

(a) 工作原理图　　(b) 图形符号

图 7-12　直动式溢流阀的工作原理图和图形符号

1—阻尼孔；2—阀体；3—阀芯；4—阀盖；5—调压螺钉；6—弹簧座；7—弹簧

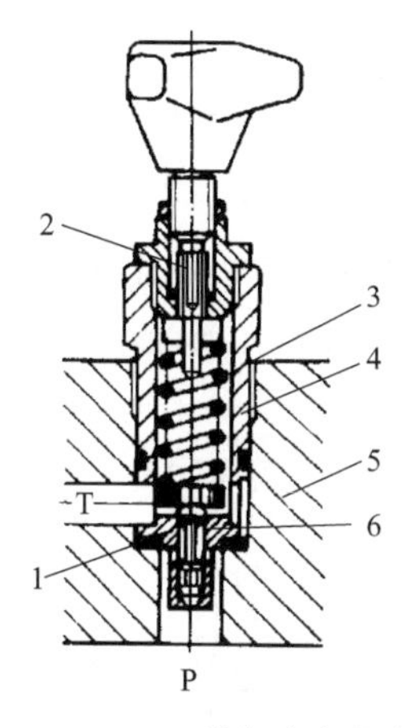

图 7-13　DBD 型直动式溢流阀

1—阀座；2—调节杆；3—弹簧；4—套管；5—阀体；6—锥阀

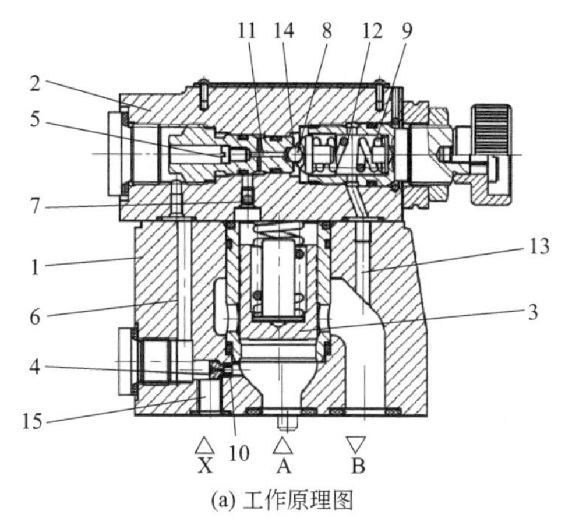

(a) 工作原理图

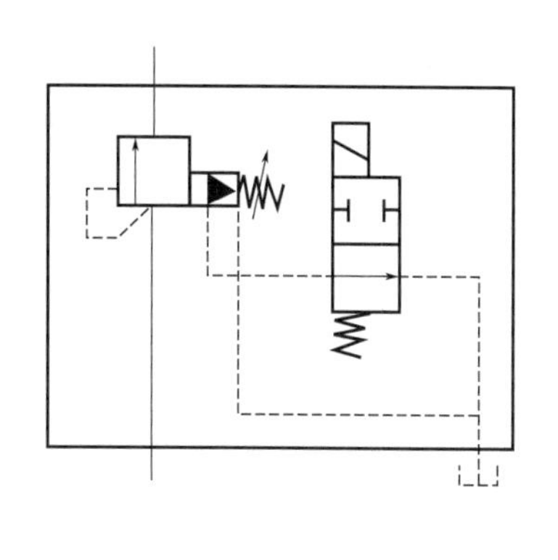

(b) 图形符号

图 7-14　DB 型先导式溢流阀

1—主阀；2—先导阀；3—主阀芯；4、5、11—节流孔；6、7、10、13、14—控制通路；8—球阀；9—调压弹簧；12—弹簧腔；15—外控油口

DBW 型溢流阀主要由 5 通径二位三通电磁阀、先导阀和主阀组成。其工作原理与 DB 型基本相同，不同之处在于它可以通过电磁阀使系统在任意时刻卸荷。DB 和 DBW 型溢流阀均设有控制油外部供油口和外排。这样根据需要可以选择不同的组合形式：内供内排、内供外排、外供内排和外供外排。

DB 和 DBW 型溢流阀采用铸造内流道，流通能力强、流量大，结构简单、噪音低、启闭特性好，性能稳定等特点。DB 和 DBW 型溢流阀广泛应用在轻工、机床、冶金、矿山、航天等多个领域中，是替代进口元件的优质元件。

7.3.2　减压阀

减压阀是一种将其出口液体压力（亦称二次回路压力）调节到低于它的进口液体压力（又称

一次回路压力）的压力控制阀。根据调节规律不同，减压阀分为定压减压阀、定差减压阀和定比减压阀三类。定压减压阀的出口压力为稳定的调定值，它不随外部干扰而改变；定差减压阀是其进口压力与出口压力之差的稳定的调定值；定比减压阀则是其进口压力与出口压力之比稳定的调定值。常用的是定压减压阀，定比减压阀一般应用较少。

定压减压阀的出口压力恒定，且不随外部干扰而改变，这种阀应用最广泛。定压减压阀有直动式和先导式两种结构形式。

（1）直动式定压减压阀

直动式定压减压阀的结构原理和图形符号如图7-15所示。压力为 p_1 的高压液体进入阀中后，经由阀芯与阀体间的节流口A减压，使压力降为 p_2 后输出。减压阀出口压力油通过孔道与阀芯下端相连，使阀芯上作用一向上的液压力，并靠调压弹簧与之平衡。当出口压力未达到阀的设定压力时，弹簧力大于阀芯端部的液压力，阀芯下移，使减压口增大，从而减小液阻，使出口压力增大，直到其设定值为止；相反，当出口压力因某种外部干扰而大于设定值时，阀芯端部的液压力大于弹簧力而使阀芯上升，使减压口减小，液阻增大，从而使出口压力减小，直到其设定值为止。由此可看出，减压阀就是靠阀芯端部的液压力和弹簧力的平衡来维持出口压力恒定的。

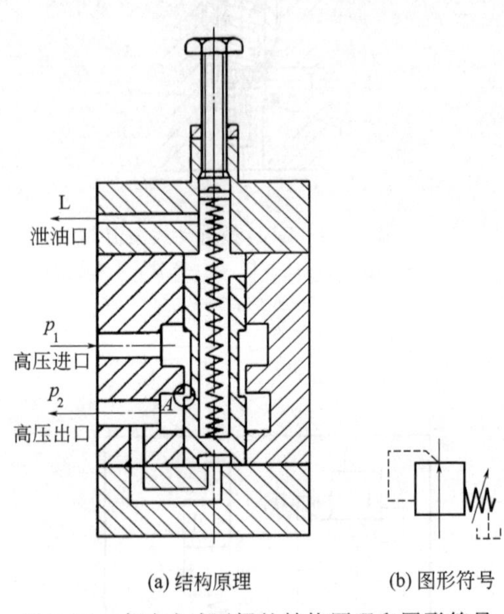

(a) 结构原理 (b) 图形符号

图7-15 直动式减压阀的结构原理和图形符号

调整弹簧的预压缩力，即可调整出口压力。图7-15中L为泄漏口，一般单独接回油箱，该方式称为外部泄漏。

直动式定压减压阀的弹簧刚度较大，因而阀的出口压力随阀芯的位移变化略有变化。为了减小出口压力的波动，常采用先导式定压减压阀。

（2）先导式定压减压阀

如图7-16所示，先导式定压减压阀由先导阀调压、主阀减压。进口压力 p_1 经减压口减压后压力变为 p_2（即出口压力），出口压力又通过主阀体6下部和端盖8上的通道进入主阀芯7下腔，再经主阀上的阻尼孔9进入主阀上腔和先导阀前腔，然后通过锥阀座4中的阻尼孔后，作用在导阀芯3上。当出口压力低于调定压力时，先导阀口关闭，阻尼孔9中没有液体流动，主阀上、下两端的油压力相等，主阀在弹簧力作用下处于最下端位置，减压口全开，不起减压作用，$p_1 \approx p_2$。当出口压力超过调定压力时，出油口部分液体经阻尼孔9、先导阀口、导阀盖5上的泄油口L流回油箱，阻尼孔9有液体通过，使主阀上、下腔产生压差（$p_2 > p_3$）。当此压差所产生的作用力大于主阀弹簧力时，主阀上移，使节流口（减压口）关小，减压作用增强，直至出口压力 p_2 稳定为先导阀所调定的压力值。

如果外来干扰使 p_1 升高，则 p_2 也升高，使主阀上移，节流口减小，p_2 又降低，在新的位置上处于平衡，出口压力 p_2 基本维持不变；反之亦然。

7.3.3 顺序阀

顺序阀的基本功用是以压力为信号，控制多个执行元件顺序动作。

根据控制压力来源的不同，顺序阀有内控式和外控式之分。其结构也有直动式和先导式之分。

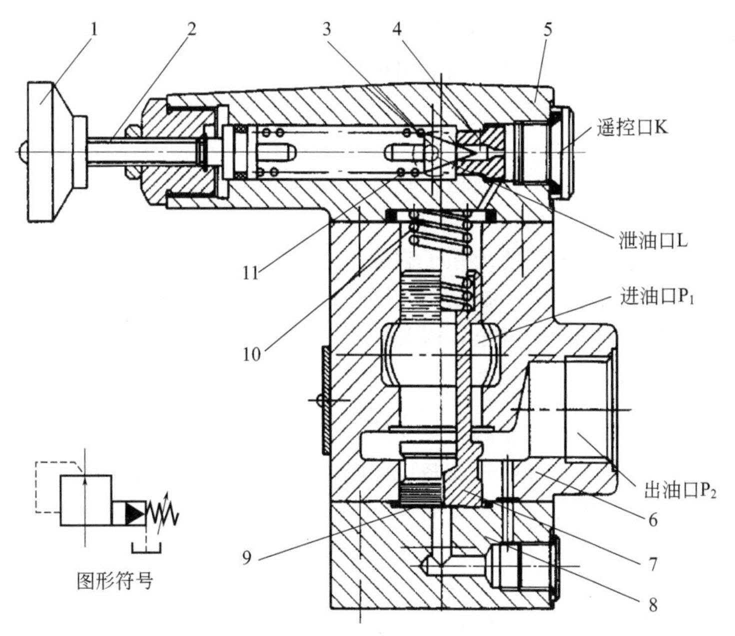

图 7-16　先导式定压输出减压阀

1—调压手轮；2—调节螺钉；3—导阀芯；4—导阀座；5—导阀盖；6—主阀体；7—主阀芯；8—端盖；9—阻尼孔；10—主阀弹簧；11—调压弹簧

（1）直动式顺序阀

图 7-17 介绍了三种直动式顺序阀的基本结构和装配形式。图 7-17(a) 为内控式顺序阀。当进液口的压力 p_1 低于其调定压力时，阀芯在弹簧力作用下处于下部位置，将出液口封闭，切断一次回路与二次回路；当进液口压力 p_1 达到或超过其调定压力值时，阀芯克服弹簧力上移，使阀口打开，接通进、出液口，使二次回路中的执行元件工作。

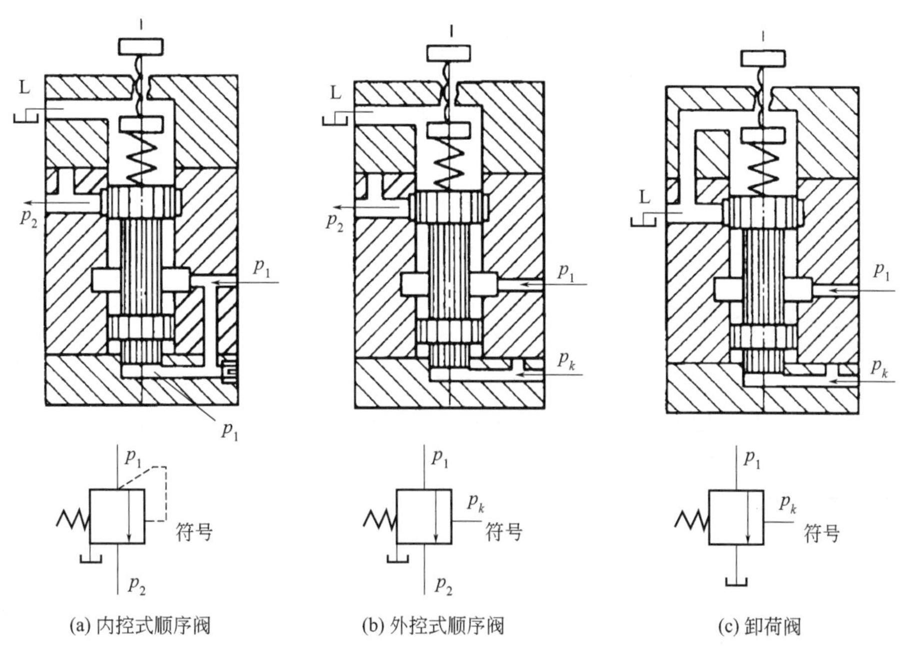

图 7-17　直动式顺序阀的工作原理和图形符号

将图 7-17(a) 中的下盖转过 90°后安装，并将盖上的螺钉打开形成外控口，如图 7-17(b) 所示，即为外控式顺序阀。这时，内部控制油路被切断，便于利用外控压力 p_k 来操纵阀的开、关。由于顺序阀的一次回路和二次回路均为压力回路，故必须设置泄漏口 L，使内部泄漏的液体引回油箱。

如果令外控式顺序阀的出液口接油箱，它就成为一个卸荷阀［图 7-17(c)］。这时可取消单独的泄漏油管，使泄漏口在阀内与回油口接通。

内控式顺序阀与溢流阀的不同之处在于它的出油口不接油箱，而通向某一压力油路。

综上所述，顺序阀实质上是一个控制压力可调的二位二通液动阀。为了减小其阀口的压力损失，顺序阀调压弹簧的刚度要尽量地小，因此采用了小的控制柱塞。

（2）先导式顺序阀

图 7-18 所示的 DZ 型顺序阀，主阀为单向阀式，先导阀为滑阀式。主阀芯在原始位置将进、出油口切断，进油口的压力油通过两条油路，一路经阻尼孔进入主阀上腔并到达先导阀中部环形腔，另一路直接作用在先导阀左端。当进油口压力低于先导阀弹簧调定压力时，先导阀在弹簧力的作用下处于图示位置；当进油口压力大于先导阀弹簧调定压力时，先导阀在左端液压力作用下右移，将先导阀中部环形腔与连通顺序阀出口的油路相通。于是顺序阀进口压力油经阻尼孔、主阀上腔、先导阀流往出油口。由于阻尼孔存在，主阀上腔压力低于下端（即进口）压力，主阀芯开启，顺序阀进、出油口相通。由于主阀芯上阻尼孔的泄漏，压力油不流向泄油口 L，而是流向出油口 P_2，又因主阀上腔油压与先导阀所调压力无关，仅仅通过刚度很弱的主阀弹簧与主阀芯下端液压力保持主阀芯的受力平衡，故出油口压力近似等于进油口压力，其压力损失小。

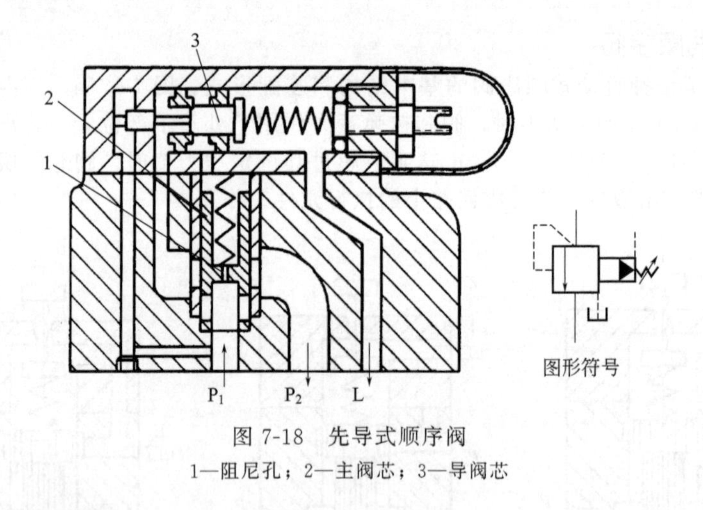

图 7-18 先导式顺序阀

1—阻尼孔；2—主阀芯；3—导阀芯

7.3.4 压力继电器

压力继电器是利用工作液体的压力来启、闭电气触点的液电信号转换元件，用于当系统达到压力继电器调定压力时，发出电信号，控制电气元件（电动机、电磁铁等）的动作，实现泵的卸荷或加载控制、执行元件的顺序动作，以及系统的安全保护和联锁等。

压力继电器按压力-位移转换部件的结构形式分为柱塞式、弹簧管式、膜片式及波纹管式 4 种。

图 7-19 为 HED1 型柱塞式压力继电器的结构图和图形符号。P 口进来的高压油作用于柱塞 1 上，其压力靠弹簧作用力与之平衡，调节螺钉 2 用来调节调定压力。当系统压力达到其调定压力时，作用于柱塞上的液压力克服弹簧力，顶杆 3 上移，使微动开关 4 的触点闭合，发出电信号。

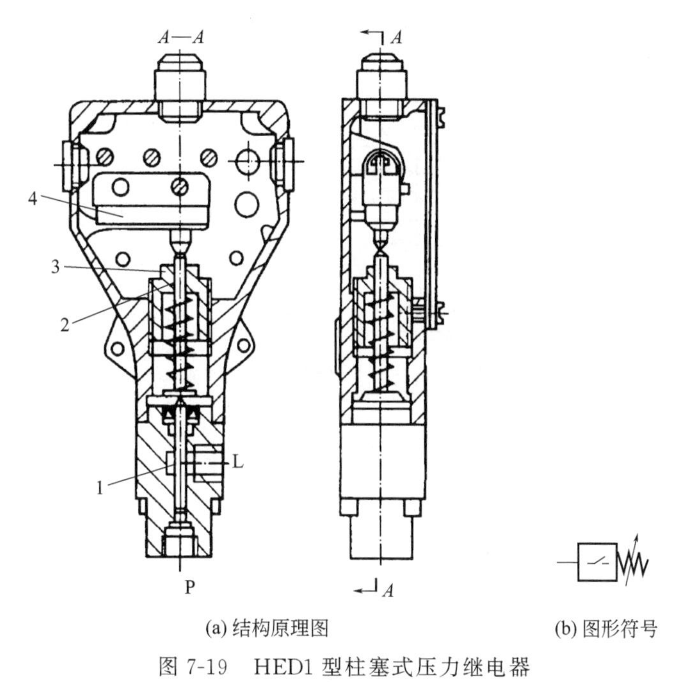

(a) 结构原理图　　(b) 图形符号

图 7-19　HED1 型柱塞式压力继电器

1—柱塞；2—调节螺钉；3—顶杆；4—微动开关

7.4　流量控制阀

流量控制阀简称流量阀，是液压系统中控制流量的液压阀。通过调节流量阀通流面积的大小，来控制流经阀的流量，从而实现对执行元件运动速度的调节或改变分支流量的大小。流量阀包括节流阀、调速阀和分流集流阀等。

7.4.1　节流阀

节流阀的基本功能就是在一定的阀口压差作用下，通过改变阀口的通流面积，来调节其通过流量，因而可对液压执行元件进行调速。另外，节流阀实质上还是一个局部的可变液阻，因而还可利用它对系统进行加载。对节流阀的性能要求主要是：要有足够宽的流量调节范围，微量调节性能要好；流量要稳定，受温度变化的影响要小；要有足够的刚度；抗堵塞性好；节流损失要小。

任何一个流量控制阀都有一个起节流作用的阀口，通常简称为节流口，其结构形式和几何参数如何，对流量控制阀的工作性能起着决定性作用。节流口的结构形式很多，常用的如表 7-2 所示。

表 7-2　常用节流口的结构图

序号	阀口结构	结构简图	特点
1	圆柱滑阀阀口	p_1 D x x p_2	阀口的通流截面面积 A 与阀芯轴向位移 x 成正比，是比较理想的薄壁小孔；面积梯度大，灵敏度高。但流量的稳定性较差，不适于微调。一般应用较少

续表

序号	阀口结构	结构简图	特点
2	锥形阀阀口	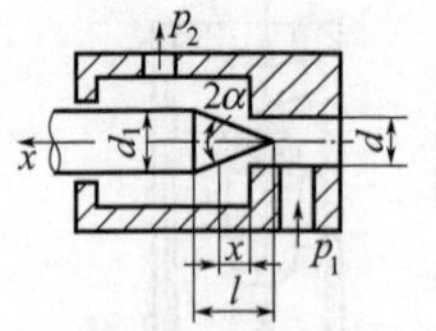	阀口的通流截面面积A与阀芯的轴向位移x近似成正比。阀口的距离较长，水力半径较小，在小流量时阀口易堵塞。但其阀芯所受径向液压力平衡，适用于高压节流阀
3	轴向三角形阀口	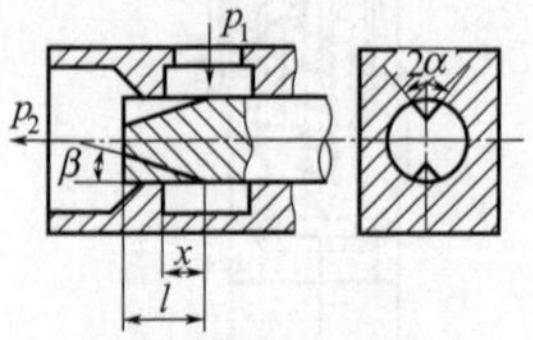	阀口的横断面一般为三角形或矩形，通常在阀芯上切两条对称斜槽，使其径向液压力平衡。这种阀口加工方便，水力半径较大，小流量时阀口不易堵塞。应用较广
4	圆周三角槽阀口	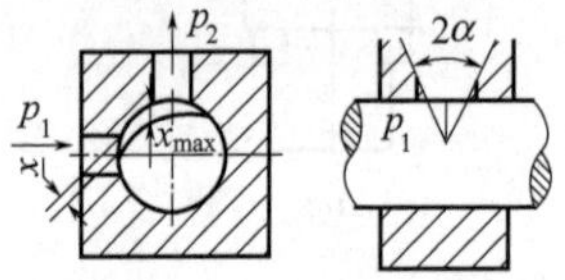	阀口的加工工艺性较好，但径向液压力不平衡。故不适用于高压节流阀
5	圆周缝隙阀口	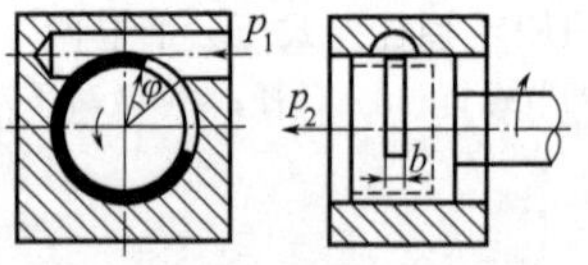	加工工艺性较差，但可设计成接近薄壁小孔的结构，因而可以获得较小的最小稳定流量值。但其阀芯的径向液压力不能完全平衡，所以只适用于中低压节流阀
6	轴向缝隙阀口	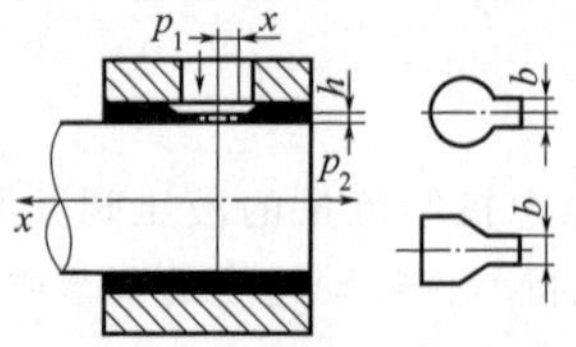	阀口开在套筒上，可以设计成很接近薄壁小孔的结构，流量受温度变化的影响较小，而且不易堵塞。缺点是结构比较复杂，缝隙在高压下易发生变形。主要应用于对流量稳定性要求较高的中低压节流阀中

图7-20是节流阀的结构、节流口形式及图形符号。该阀采用轴向三角槽式的节流口形式[图7-36(b)]，主要由阀体1、阀芯2、推杆3、调节手柄4和弹簧5等组成。油液从进油口P_1流入，经孔道a、节流阀阀口、孔道b，从出油口P_2流出。调节手柄4借助推杆3可使阀芯2做轴向移动，改变节流口过流断面积的大小，达到调节流量的目的。阀芯2在弹簧5的推力作用下，始终紧靠在推杆3上。

7.4.2 调速阀

图7-21(a)为调速阀的工作原理图。调速阀是由减压阀和普通节流阀串联成的组合阀。其工作原理是利用前面的减压阀保证后面节流阀的前后压差不随负载而变化，进而来保持速度稳定的。当压力为p_1的油液流入时，经减压阀阀口h后压力降为p_2，并又分别经孔道b和f进入油腔c和e。减压阀出口即d油腔，同时也是节流阀2的入口。油液经节流阀后，压力由p_2降为p_3，压力为p_3的油液一部分经调速阀的出口进入执行元件（液压缸），另一部分经孔道g进入减压阀芯1的上腔a。调速阀稳定工作时，其减压阀芯1在a腔的弹簧力、压力为p_3的油压力和c、e腔的压力为p_2的油压力（不计液动力、摩擦力和重力）的作用下，处在某个平衡位置上。当负载F_L增加时，p_3增加，a腔的油压力亦增加，阀芯下移至一新的平衡位置，阀口h增大，其减压能力降低，使压力为p_1的入口油压减少一些，故p_2值相对增加。所以，当p_3增加时，p_2

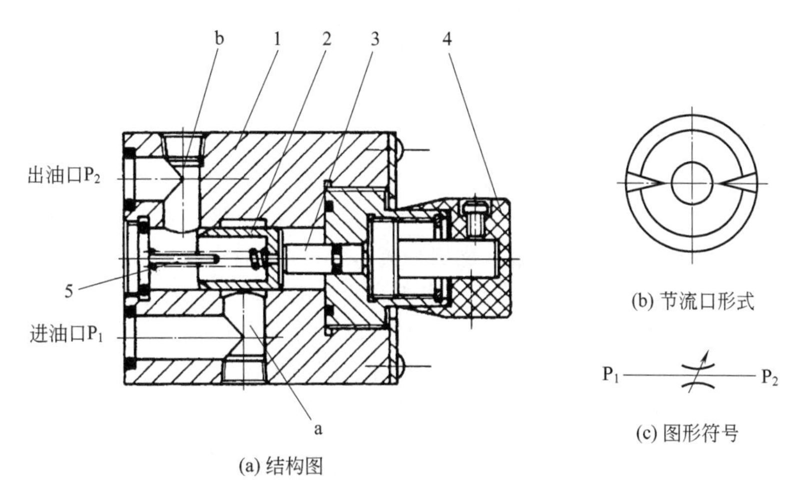

(a) 结构图

图 7-20　节流阀的结构、节流口形式及图形符号

1—阀体；2—阀芯；3—推杆；4—调节手柄；5—弹簧

也增加，因而 p_2 与 p_3 的差值基本保持不变。反之亦然。于是通过调速阀的流量不变，液压缸的速度稳定，不受负载变化的影响。

7.4.3　溢流节流阀

图 7-22 是溢流节流阀的工作原理和图形符号。该阀是由压差式溢流阀和节流阀并联而成，它也能保证通过阀的流量基本上不受负载变化的影响。来自液压泵压力为 p_1 的油液，进入阀后，一部分经节流阀 2（压力降为 p_2）进入执行元件（液压缸），另一部分经溢流阀阀芯 1 的溢油口流回油箱。溢流阀阀芯上腔 a 和节流阀出口相通，压力为 p_2；溢流阀阀芯大台肩下面的油腔 b、油腔 c 和节流阀入口的油液相通，压力为 p_1。当负载 F_L 增大时，出口压力 p_2 增大，因而溢流阀阀芯上腔 a 的压力增大，阀芯下移，关小溢流口，使节流阀入口压力 p_1 增大，因而节流阀前后压差基本保持不变；反之亦然。

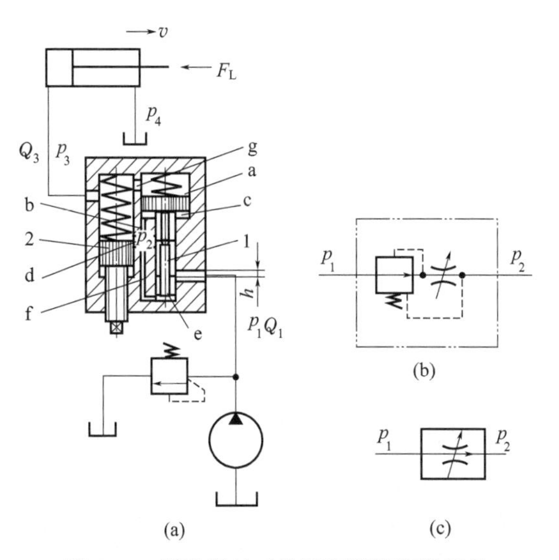

图 7-21　调速阀的工作原理图及职能符号

1—阀芯；2—节流阀；b、f、g—孔道；

a、c、d、e—油腔

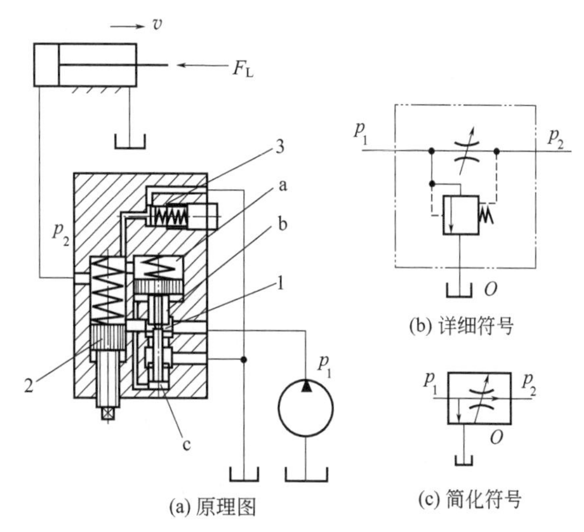

图 7-22　溢流节流阀的工作原理和图形符号

1—阀芯；2—节流阀；3—安全阀；

a、b、c—油腔

溢流节流阀上设有安全阀3。当出口压力 p_2 增大到等于安全阀的调整压力时，安全阀打开，使 p_2（因而也使 p_1）不再升高，防止系统过载。

7.4.4 分流集流阀

分流集流阀是分流阀、集流阀的总称。

分流阀的作用是使液压系统中由同一个能源向两个执行元件供应相同的流量（等量分流），或按一定比例向两个执行元件供应流量（比例分流），以实现两个执行元件的速度保持同步或定比关系。集流阀的作用则是从两个执行元件收集等流量或按比例的回油量，以实现元件间的速度同步或定比关系。分流集流阀则兼有分流阀和集流阀的功能。如图7-23所示为分流集流阀的图形符号。

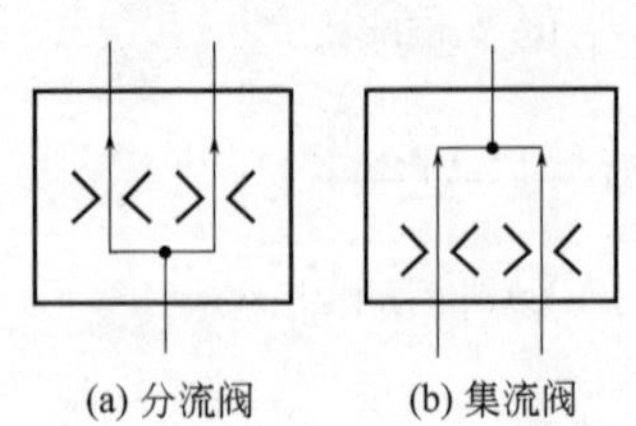
(a) 分流阀 (b) 集流阀

图7-23 分流集流阀的图形符号

(1) 分流阀的工作原理

图7-24所示为分流阀的结构原理图。设进口油液压力为 p_0，流量为 Q_0，进入阀后分两路分别通过两个面积相等的固定节流孔1、2，分别进入油室a、b，然后由可变节流口3、4经出油口Ⅰ和Ⅱ通往两个执行元件。如果两执行元件的负载相等，则分流阀的出口压力 $p_3=p_4$，因为阀中两支流道的尺寸完全对称，所以输出流量亦对称，$Q_1=Q_2=Q_0/2$，且 $p_1=p_2$。当由于负载不对称而出现 $p_3\neq p_4$，且设 $p_3>p_4$ 时，阀芯来不及运动而处于中间位置，由于两支流道上的总阻力相同，必定使 $Q_1<Q_2$，进而 $(p_0-p_1)<(p_0-p_2)$，则使 $p_1>p_2$。此时阀芯在不对称液压力的作用下左移，使可变节流口3增大，可变节流口4减小，从而使 Q_1 增大，Q_2 减小，直到 $Q_1\approx Q_2$，$p_1\approx p_2$ 为止，阀芯才在一个新的平衡位置上稳定下来，即输往两个执行元件的流量相等。当两执行元件尺寸完全相同时，运动速度将同步。

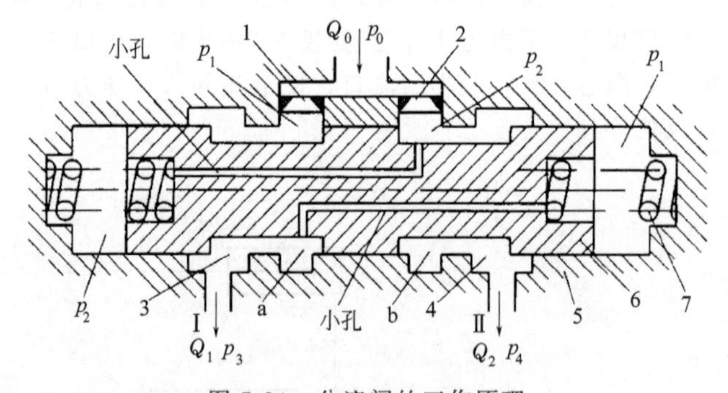

图7-24 分流阀的工作原理

1、2—固定节流口；3、4—可变节流口；5—阀体；6—阀芯；7—弹簧；Ⅰ、Ⅱ—出油口

(2) 分流集流阀的工作原理

图7-25(a) 为分流集流阀的结构图。阀芯5、6在各弹簧力作用下处于中间位置的平衡状态。

分流工况时，由于 p_0 大于 p_1 或 p_2，所以阀芯5和6处于相离状态，互相勾住。若负载压力 $p_4>p_3$，如果阀芯仍留在中间位置，必然使 $p_2>p_1$。这时连成一体的阀芯将左移，可变节流口3减小［见图7-25(b)］，使 p_1 上升，直至 $p_1=p_2$，阀芯停止运动。由于两个固定节流孔1和2的面积相等，所以通过两个固定节流孔的流量 $Q_1\approx Q_2$，而不受出口压力 p_3 及 p_4 变化的影响。

集流工况时，由于 p_0 小于 p_1 或 p_2，故两阀芯处于相互压紧状态。设负载压力 $p_4>p_3$，若阀芯仍留在中间位置，必然使 $p_2>p_1$。这时压紧成一体的阀芯左移，可变节流口4减小［见图7-25(c)］，使 p_2 下降，直至 $p_2\approx p_1$，阀芯停止运动，故 $Q_1\approx Q_2$，而不受进口压力 p_3 及 p_4

变化的影响。

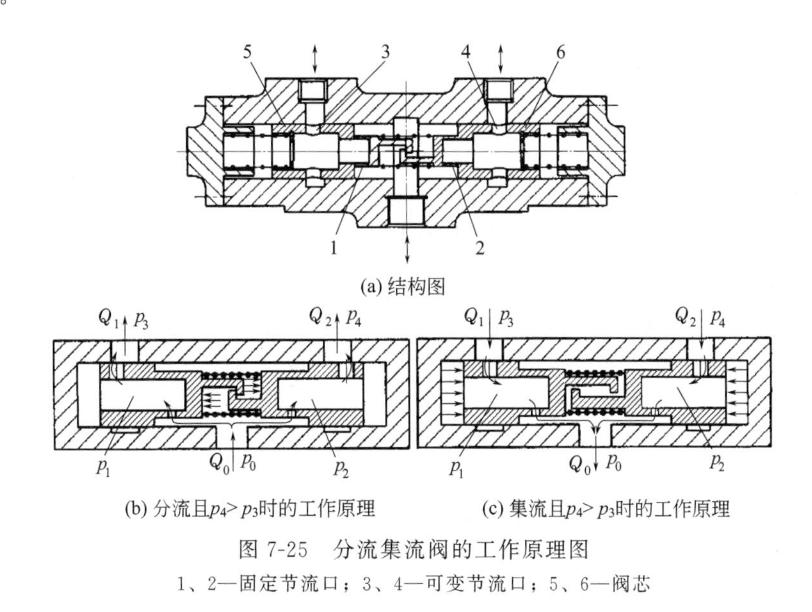

图 7-25　分流集流阀的工作原理图

1、2—固定节流口；3、4—可变节流口；5、6—阀芯

7.5　插装阀

方向、压力和流量三类普通液压控制阀，一般功能单一，通径最大不超过 32mm，而且结构尺寸大，不适应小体积、集成化的发展方向和大流量液压系统的应用要求。

插装阀具有通流能力强、密封性能好、抗污染、集成度高和组合形式灵活多样等特点，特别适合于大流量液压系统的应用要求。它是把作为主控元件的锥阀插装在油路块中，故得名插装阀。

7.5.1　插装阀的工作原理

插装阀由插装组件、控制盖板和先导阀等组成，如图 7-26 所示。插装组件（如图 7-27 所示）又称主阀组件，它由阀芯、阀套、弹簧和密封件等组成。插装组件有两个主油路口 A 和 B，一个控制油口 X，插装组件装在油路块中。

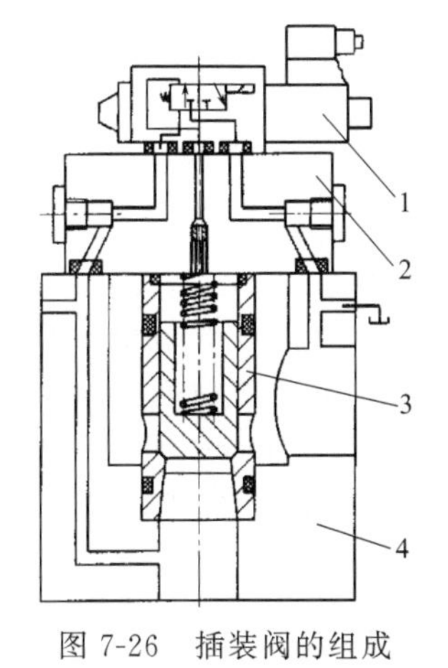

图 7-26　插装阀的组成

1—先导阀；2—盖板；3—插装组件；4—阀块体

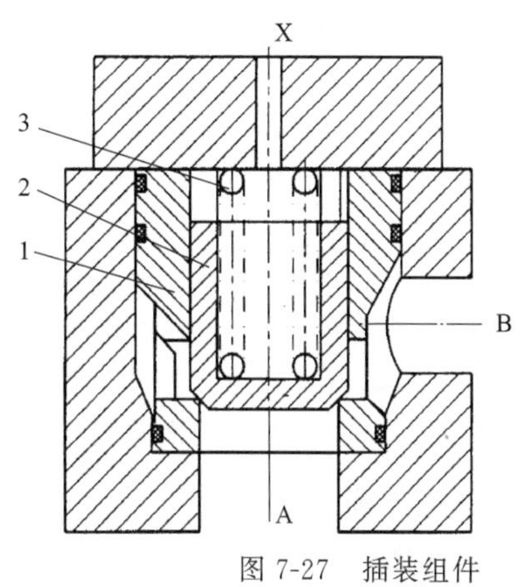

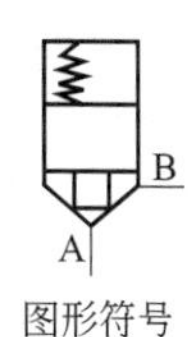

图 7-27　插装组件

1—阀芯；2—阀套；3—弹簧

插装组件的主要功能是控制主油路的流量、压力和液流的通断。控制盖板用来密封插装组件、安装先导阀和其他元件、连通先导阀和插装组件控制腔的油路。先导阀是对插装组件的动作进行控制的小通径标准液压阀。

7.5.2 插装方向控制阀

插装方向控制阀是根据控制腔X的通油方式来控制主阀芯的启闭。若X腔通油箱，则主阀阀口开启；若X腔与主阀进油路相通，则主阀阀口关闭。

（1）插装单向阀

如图7-28所示，将插装组件的控制腔X与油口A或B连通，即成为普通单向阀。其导通方向随控制腔的连接方式不同而异。在控制盖板上接一个二位三通液控换向阀（作先导阀）来控制X腔的连接方式，即成为液控单向阀。

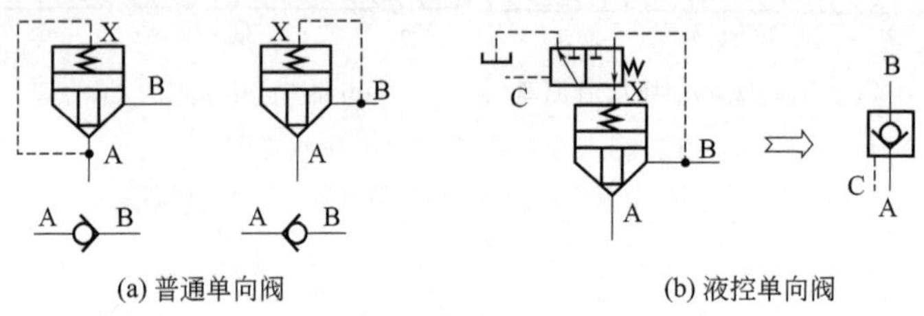

(a) 普通单向阀　　(b) 液控单向阀

图7-28　插装单向阀

（2）二位二通插装换向阀

如图7-29(a) 所示，由二位三通先导电磁阀控制主阀芯X腔的压力。当电磁阀断电时，X腔与B腔相通，从A到B液压油单向流通。当电磁阀通电时，X腔通油箱，A与B腔液压油双向相通。图7-48(b) 所示为在控制油路中增加一个梭阀，当电磁阀断电时，梭阀可保证A或B油路中压力较高者经梭阀和先导阀进入X腔，使主阀可靠地关闭，实现液流的双向切断。

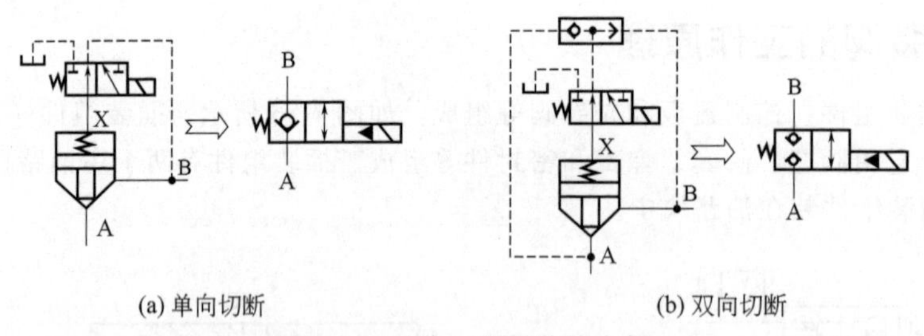

(a) 单向切断　　(b) 双向切断

图7-29　二位二通插装换向阀

（3）二位三通插装换向阀

如图7-30所示，由两个插装组件和一个二位四通电磁换向阀组成。当电磁铁断电时，电磁换向阀处于右端位置，插装组件1的控制腔通压力油，主阀阀口关闭，即P封闭；而插装组件2的控制腔通油箱，主阀阀口开启，A与T相通。当电磁铁通电时，电磁换向阀处于左端位置，插装组件1的控制腔通油箱，主阀阀口开启，即P与A相通；而插装组件2的控制腔通压力油，主阀阀口关闭，T封闭。二位三通插装换向阀相当于一个二位三通电液换向阀。

（4）二位四通插装换向阀

如图7-31所示，由四个插装组件和一个二位四通电磁换向阀组成。当电磁铁断电时，P与B相通，A与T相通；当电磁铁通电时，P与A相通，B与T相通。二位四通插装换向阀相当于一个二位四通电液换向阀。

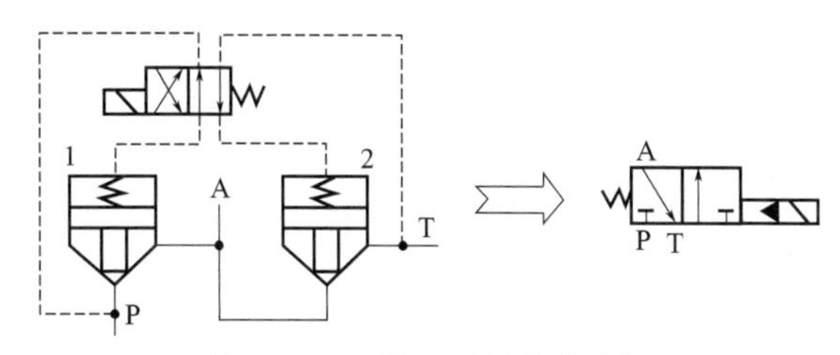

图 7-30　二位三通插装换向阀

1、2—插装组件

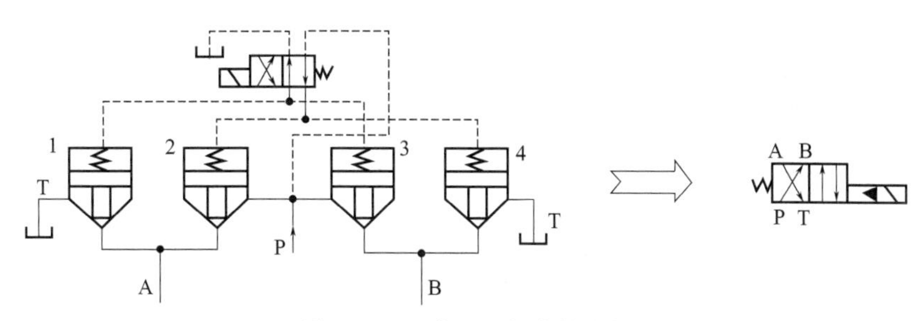

图 7-31　二位四通插装换向阀

1、2、3、4—插装组件

（5）三位四通插装换向阀

如图 7-32 所示，由四个插装组件组合，采用 P 型三位四通电磁换向阀作先导阀。当电磁阀处于中位时，四个插装组件的控制腔均通压力油，则油口 P、A、B、T 封闭。当电磁阀处于左端位置时，插装组件 1 和 4 的控制腔通压力油，而 2 和 3 的控制腔通油箱，则插装组件 1 和 4 的阀口开启且 2 和 3 的阀口关闭，即 P 与 B 相通，A 与 T 相通。同理，当电磁阀处于右端位置时，插装组件 2 和 3 的控制腔通压力油，而 1 和 4 的控制腔通油箱，即 P 与 A 相通，B 与 T 相通。三位四通插装换向阀相当于一个 O 型三位四通电液换向阀。

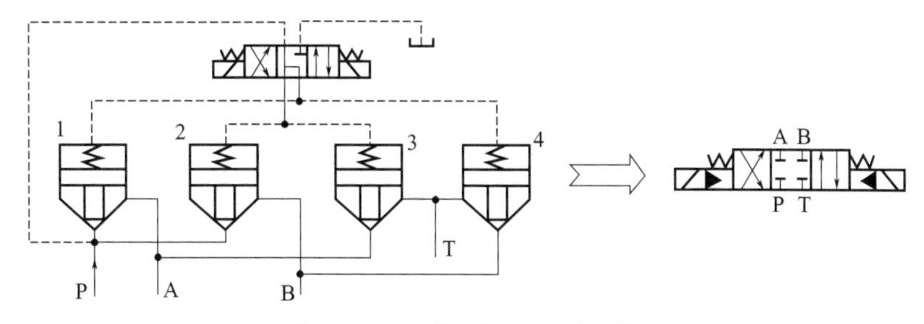

图 7-32　三位四通插装换向阀

1、2、3、4—插装组件

7.5.3　插装压力控制阀

由直动式调压阀作为先导阀对插装组件控制腔 X 进行压力控制，即构成插装压力控制阀。

（1）插装溢流阀

图 7-33(a) 所示为溢流阀的工作原理图时，B 口通油箱，A 口的压力油经节流小孔（此节流小孔也可直接放在锥阀阀芯内部）进入控制腔 X，并与先导压力阀相通。

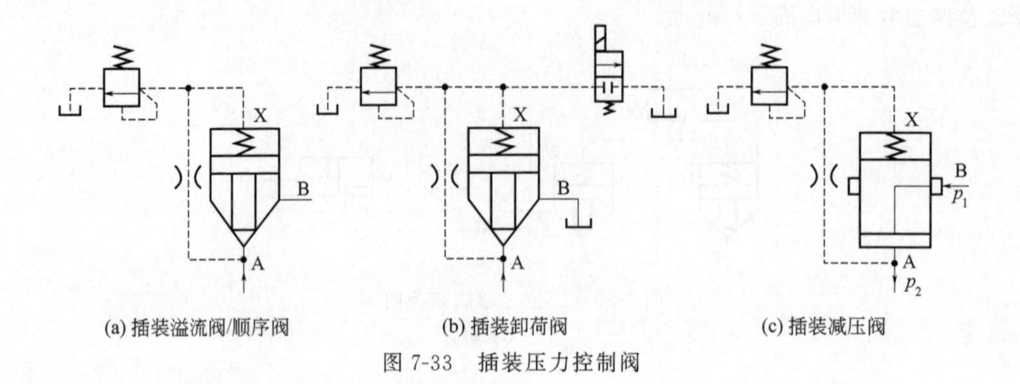

(a) 插装溢流阀/顺序阀　(b) 插装卸荷阀　(c) 插装减压阀

图 7-33　插装压力控制阀

（2）插装顺序阀

当图 7-33(a) 中的 B 口不接油箱而接负载时，即所示为插装顺序阀。

（3）插装卸荷阀

如图 7-33(b) 所示，在插装溢流阀的控制腔 X 再接一个二位二通电磁换向阀。当电磁铁断电时，具有溢流阀功能；电磁铁通电时，即成为卸荷阀。

（4）插装减压阀

如图 7-33(c) 所示，减压阀中的插装组件为常开式滑阀结构，B 为受到一次压力 p_1 的进油口，A 为出油口，A 腔的压力油经节流小孔与控制腔 X 相通，并与先导阀进口相通。由于控制油取自 A 口，因而能得到恒定的二次压力 p_2。相当于定压输出减压阀。

7.5.4 插装流量控制阀

（1）节流阀

如图 7-34 所示，锥阀单元尾部带节流窗口（也有不带节流窗口的），锥阀的开启高度由行程调节器（如调节螺杆）来控制，从而达到控制流量的目的。

（2）调速阀

如图 7-35 所示，定差减压阀阀芯两端分别与节流阀进出口相通，从而保证节流阀进出口压差不随负载变化，成为调速阀。

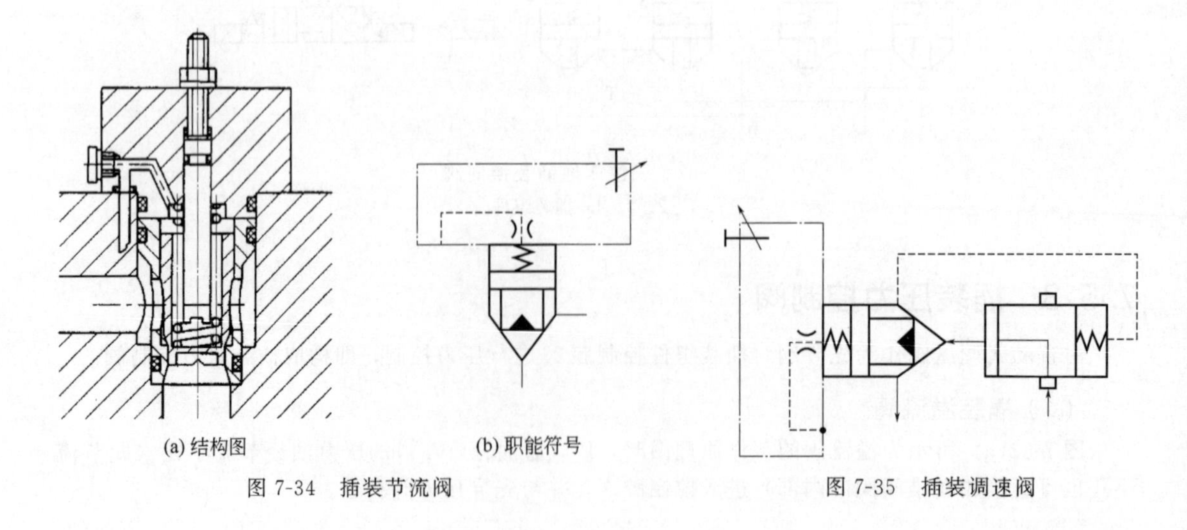

(a) 结构图　(b) 职能符号

图 7-34　插装节流阀

图 7-35　插装调速阀

7.6 电液控制阀

7.6.1 电液比例阀

电液比例阀简称比例阀。它是一种按给定的输入电气信号连续地、按比例地对液流的压力、流量和方向进行远距离控制的液压控制阀。

比例阀是在普通液压控制阀结构的基础上，以电-机械比例转换器（比例电磁铁、动圈式力马达、力矩马达、伺服电机、步进电机等）代替手调机构或普通开关电磁铁而发展起来的。

比例阀能连续地、按比例地对压力、流量和方向进行控制，避免了压力和流量有级切换时的冲击。采用电信号可进行远距离控制，既可开环控制，也可闭环控制。一个比例阀可兼有几个普通液压阀的功能，可简化回路，减少阀的数量，提高其可靠性。

（1）电液比例阀的工作原理

图 7-36 所示为比例阀工作原理框图。指令信号经比例放大器进行功率放大，并按比例输出电流给比例阀的比例电磁铁，比例电磁铁输出力并按比例移动阀芯的位置，即可按比例控制液流的流量和改变液流的方向，从而实现对执行机构的位置或速度控制。在某些对位置或速度精度要求较高的应用场合，还可对执行机构的位移或速度检测，构成闭环控制系统。

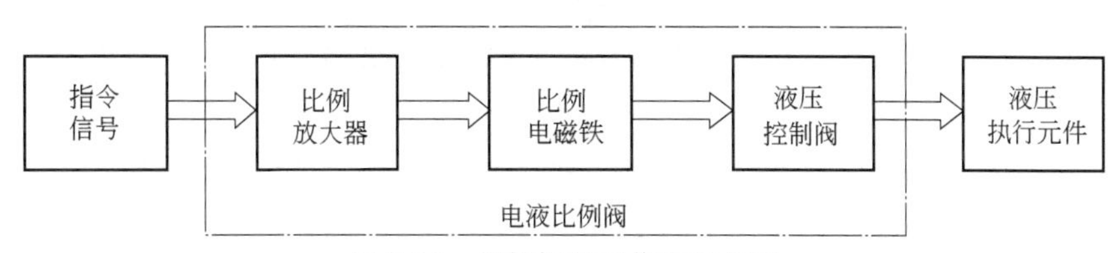

图 7-36　比例阀的工作原理框图

（2）比例电磁铁

比例电磁铁作为电液比例控制元件的电—机械转换器，其功能是将比例放大器输出的电信号转换成力或位移。比例电磁铁推力大、结构简单，对油液清洁度要求不高，维护方便、成本低，衔铁腔可做成耐高压结构，是电液比例控制元件中广泛应用的电-机械转换器。比例电磁铁的特性及工作可靠性，对电液比例控制系统和元件的性能具有十分重要的影响，是电液比例控制系统的关键部件之一。

对比例电磁铁的要求主要有：

① 水平的位移-力特性，即在比例电磁铁有效工作行程内，当输入电流一定时，其输出力保持恒定，基本与位移无关。

② 稳态电流-力特性具有良好的线性度，死区及滞环小。

③ 响应快，频带足够宽。

比例阀实现连续控制的核心是采用了比例电磁铁，比例电磁铁的工作原理如图 7-37 所示。当线圈 2 通电后，磁轭 1 和衔铁 3 中都产生磁通，产生电磁吸力，将衔铁吸向轭铁。衔铁上受的电磁力和阀上（或电磁铁上）的弹簧力平衡，电磁铁输出位移。当衔铁 3 运动时，气隙 δ 保

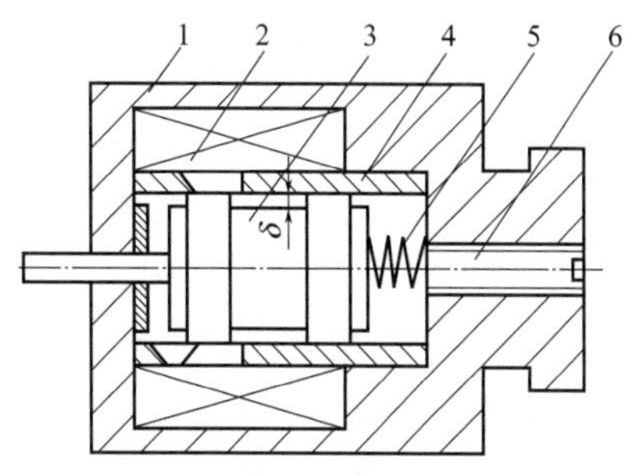

图 7-37　比例电磁铁原理图

1—磁轭；2—线圈；3—衔铁；4—导磁套；5—调整弹簧；6—调整螺钉

持恒值并无变化，所以，比例电磁铁的吸力 F 和 δ 无关。一般说来比例电磁铁的有效工作行程小于开关型电磁铁的有效工作行程，约为1.5mm左右。比例电磁铁的吸力在有效行程内和线圈中的电流成正比。

（3）电液比例阀的结构

如图7-38(a) 所示为带位置调节型比例电磁铁的直动式比例溢流阀的典型结构，位移传感器为干式结构。与带力控制型比例电磁铁的直动式比例溢流阀不同的是，这种阀采用位置调节型比例电磁铁，衔铁的位移由电感式位移传感器检测并反馈至放大器，与给定信号比较，构成衔铁位移闭环控制系统，实现衔铁位移的精确调节，即与输入信号成正比的是衔铁位移，力的大小在最大吸力之内由负载需要决定。

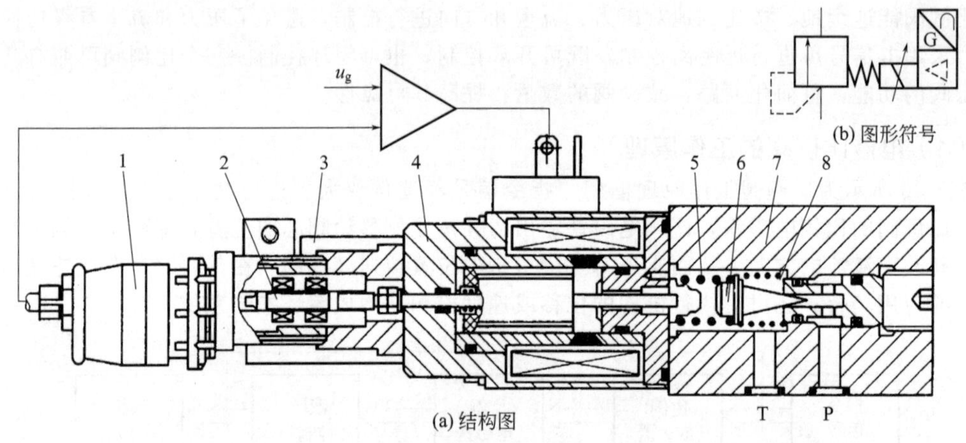

(b) 图形符号

(a) 结构图

图7-38 带位置调节型比例电磁铁的直动式比例溢流阀的典型结构

1—位移传感器插头；2—位移传感器铁芯；3—夹紧螺帽；4—比例电磁铁壳体；5—传力弹簧；6—锥阀芯；7—阀体；8—弹簧（防撞击）

图7-38中，衔铁推杆通过弹簧座压缩弹簧5，产生的弹簧力作用在锥阀芯6上，弹簧5称为指令力弹簧，其作用与手调直动式溢流阀的调压弹簧相同，用于产生指令力，与作用在锥阀上的液压力相平衡。这是直动式比例压力阀最常用的结构。弹簧座的位置（即电磁铁衔铁的实际位置）由电感式位移传感器检测，且与输入信号之间有良好的线性关系，保证了弹簧获得非常精确的压缩量，从而得到精确的调定压力。锥阀芯与阀座间的弹簧用于防止阀芯与阀座的撞击。

由于输入电压信号经放大器产生与设定值成比例的电磁铁衔铁位移，故该阀消除了衔铁的摩擦力和磁滞对阀特性的影响，阀的抗干扰能力强。在对重复精度、滞环等指标有较高要求时（如先导式电液比例溢流阀的先导阀），优先选用这种带电反馈的比例压力阀。

7.6.2 电液伺服阀

电液伺服阀是一种自动控制阀，它既是电液转换元件，又是功率放大元件，其功用是将小功率的电信号输入，转换为大功率液压能输出，从而实现对液压执行器位移（或转速）、速度（或角速度）、加速度（或角加速度）和力（或转矩）的控制。

（1）电液伺服阀的组成

电液伺服阀通常是由电-机械转换器（力马达或力矩马达）、液压放大器（先导级阀和功率级主阀）和检测反馈机构组成，如图7-39所示。若无先导级阀，则是单级阀，否则为多级阀。电-机械转换器用于将输入电信号转换为力或力矩，以产生驱动先导级阀运动的位移或转角；先导级阀又称前置级阀（可以是滑阀、锥形阀、喷嘴挡板阀或插装阀），用于接受小功率的电-机械转换器输入的位移或转角信号，将机械量转换为液压力驱动主阀；主阀（滑阀或插装阀）将先导级阀的液压力转换为流量或压力输出；设在阀内部的检测反馈机构（可以是液压或机械或电气反馈等）将先导阀或主阀控制口的压力、流量或阀芯的位移反馈到先导级阀的输入端或比例放大器的输入端，实现输入输出的比较，从而提高阀的控制性能。

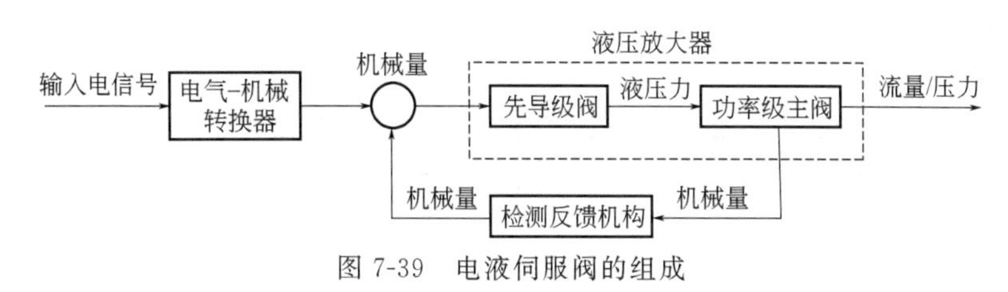

图 7-39 电液伺服阀的组成

电液伺服阀的主要优点是：输入信号功率很小，通常仅有几十毫瓦，功率放大因数高；能够对输出的流量或压力进行连续双向控制；直线性好、死区小、灵敏度高、动态响应速度快、控制精度高、体积小、结构紧凑。所以广泛用于快速高精度的各类机械设备的液压闭环控制中。

（2）液压放大器

液压放大器的结构形式有滑阀、射流管阀和喷嘴挡板阀三种。

① 滑阀 根据滑阀上控制边数（起控制作用的阀口数）的不同，有单边、双边和四边滑阀控制式三种结构类型，如图 7-40 所示。

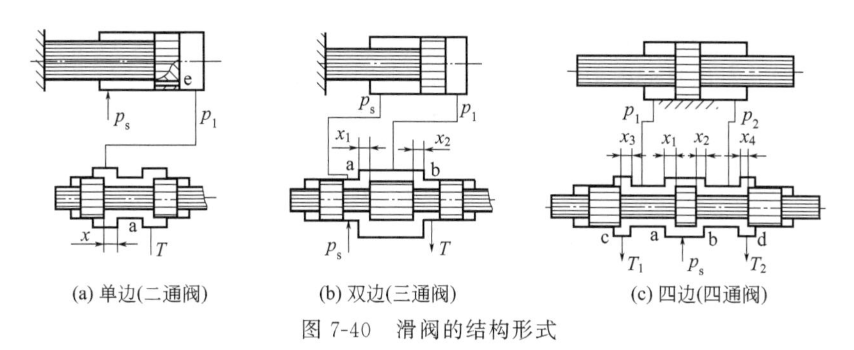

图 7-40 滑阀的结构形式

图 7-40(a) 所示为单边控制式滑阀。它有一个控制边 a（可变节流口），有负载口和回油口两个通道，故又称为二通伺服阀。压力油进入液压缸的有杆腔，通过活塞上的阻尼小孔 e 进入无杆腔，并通过滑阀上的节流边流回油箱。x 为滑阀控制边的开口量，当阀芯向左或向右移动时，阀口的开口量增大或减小，这样就控制了液压缸无杆腔中油液的压力和流量，从而改变液压缸运动的速度和方向。

图 7-40(b) 所示为双边控制滑阀。它有两个控制边 a、b（可变节流口）。有负载口、供油口和回油口三个通道，故又称为三通伺服阀。压力油一路直接进入液压缸有杆腔，另一路经阀口进入液压缸无杆腔并经阀口流回油箱。当阀芯向右或向左移动时，x_1 增大、x_2 减小，或 x_1 减小、x_2 增大，这样就控制了液压缸无杆腔中油液的压力和流量，从而改变液压缸运动的速度和方向。

以上两种形式只用于控制单杆的液压缸。

图 7-40(c) 所示为四边控制滑阀。它有四个控制边 a、b、c、d（可变节流口）。有两个负载口与供油口、回油口四个通道，故又称为四通伺服阀。其中 a 和 b 是控制压力油进入液压缸左右油腔的，c 和 d 是控制液压缸左右油腔回油的。当阀芯向左移动时，x_1、x_4 减小，x_2、x_3 增大，使 p_1 迅速减小，p_2 迅速增大，活塞快速左移。反之亦然。这样就控制了液压缸运动的速度和方向。这种滑阀的结构形式既可用来控制双杆的液压缸，也可用来控制单杆的液压缸。

由以上分析可知，三种结构形式滑阀的控制作用是相同的。四边滑阀的控制性能最好，双边滑阀居中，单边滑阀最差。但是单边滑阀容易加工、成本低，四边滑阀工艺性差、加工困难、成本高。一般四边滑阀用于精度和稳定性要求较高的系统，单边和双边滑阀用于一般精度的系统。

图 7-41 所示为滑阀在零位时的几种开口形式：图 7-41(a) 为负开口（正遮盖）；图 7-41(b) 为零开口（零遮盖）；图 7-41(c) 为正开口（负遮盖）。

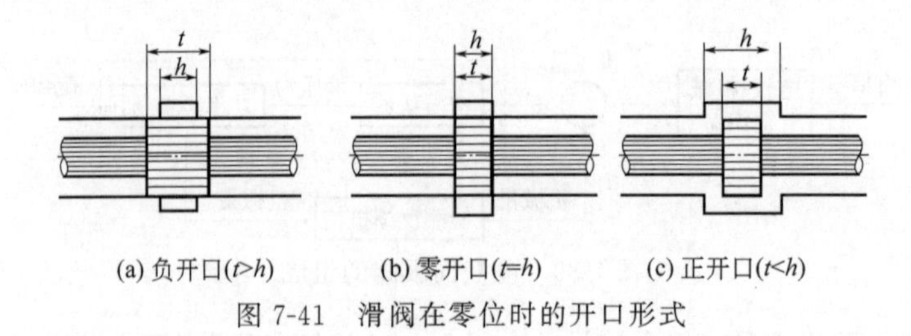

图 7-41 滑阀在零位时的开口形式

② 射流管阀 如图 7-42 所示，射流管阀由射流管 3、接收器 2 和液压缸 1 组成，射流管 3 由垂直于图面的轴 c 支承并可绕轴左右摆动一个不大的角度。接收器上的两个小孔 a 和 b 分别和液压缸 1 的两腔相通。当射流管 3 处于两个接受孔道 a、b 的中间位置时，两个接受孔道 a、b 内油液的压力相等，液压缸 1 不动。如有输入信号使射流管 3 向左偏转一个很小的角度时，两个接受孔道 a、b 内的压力不相等，液压缸 1 左腔的压力大于右腔的，液压缸 1 向右移动，反之亦然。在这种伺服元件中，液压缸运动的方向取决于输入信号的方向，运动速度取决于输入信号的大小。

射流管的优点是结构简单、加工精度要求低、抗污染能力强。缺点是惯性大、响应速度低、功率损耗大。因此这种阀只适用于低压及功率较小的伺服系统。

③ 喷嘴挡板阀 喷嘴挡板阀因结构不同分单喷嘴和双喷嘴两种形式，两者的工作原理相似。图 7-43 所示为双喷嘴挡板阀的原理图。它主要由挡板 1、喷嘴 3 和 6、固定节流小孔 2、7 和液压缸等组成。压力油经过两个固定阻尼小孔进入中间油室再进入液压缸的两腔，并有一部分经喷嘴挡板的两间隙 4、5 流回油箱。当挡板处于中间位置时，液压缸两腔压力相等，液压缸不动；当输入信号使挡板向左移动时，节流缝隙 5 关小、4 开大，液压缸向左移动。因负反馈的作用，喷嘴跟随缸体移动，直到挡板处于两喷嘴的中间位置时，液压缸停止运动，建立起一种新的平衡。

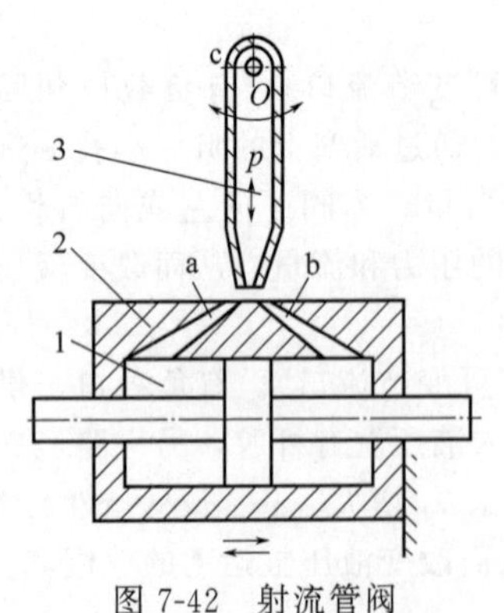

图 7-42 射流管阀

1—液压缸；2—接收器；3—射流管

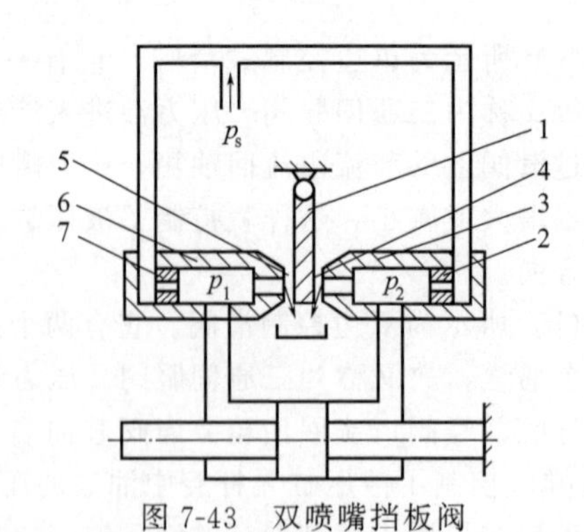

图 7-43 双喷嘴挡板阀

1—挡板；2、7—固定节流小孔；3、6—喷嘴；4、5—节流缝隙

喷嘴挡板阀的优点是结构简单、加工方便，运动部件惯性小、反应快，精度和灵敏度较高。缺点是无功损耗大、抗污染能力较差，常用于多级放大式伺服元件中的前置级。

（3）电液伺服阀的典型结构与工作原理

如图 7-44 所示为动圈式电液伺服阀结构原理图。它由左部电磁元件和右部液压元件组成。

电磁元件为动圈式力马达，由永久磁铁 3、导磁体 4、左右复位弹簧 7、调零螺钉 1 和带有线圈绕组的动圈 6 组成。动圈与一级阀芯 8 固连，并由其支承在两导磁体形成的气隙 5 之中。当有电流通过线圈绕组时，视电流的方向不同，动圈会带动一级阀芯向左或右移动。液压元件是带有四条节流工作边的滑阀式液压伺服阀（即四通液压伺服阀）。液压伺服阀阀芯 9（二级阀芯）是中空的，中间装有可随动圈左右移动的一级阀芯。

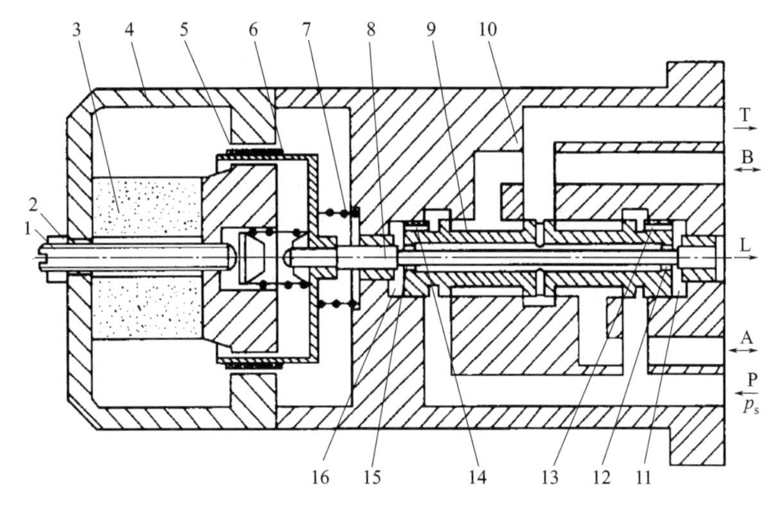

图 7-44　动圈式电液伺服阀

1—调零螺钉；2—锁紧螺母；3—永久磁铁；4—导磁体；5—气隙；6—动圈；7—复位弹簧；
8—一级阀芯；9—二级阀芯；10—阀体；11—右控制腔；12—右可变节流口；
13—右固定节流口；14—左固定节流口；15—左可变节流口；16—左控制腔

当电液伺服阀无控制信号输入（动圈绕组无电流通过）时，在两复位弹簧作用下，动圈和一级阀芯处于某一特定位置。与此同时，液压源输入的液压油经二级阀芯上的左、右两固定节流孔 13、14 进入二级阀芯左右端面处的控制腔 11、16 内，又穿过由一级阀芯的左右凸台和二级阀芯左右端面构成的可变节流口 12、15 进入一、二级阀芯之间形成的环形空间，经二级阀芯的径向孔流回油箱。由于二级阀芯处于浮动状态，在端面处的液压力作用下，一定会处于某一平衡位置，使得两可变节流口的开口相同，两端面控制腔内的液体压力相等。此时，二级阀芯的四条工作节流边应该正好将电液伺服阀的四个工作油口堵死，输出流量为零。否则，需调节调零螺钉，达到该要求。该调节过程称作电液伺服阀的调零。

当电液伺服阀有控制信号输入（动圈绕组有电流通过）时，动圈受磁场力的作用而移动（假设向左），一级阀芯被动圈拖动也左移，使左、右节流口开口分别增大和减小，左、右控制腔内的压力分别下降和上升，二级阀芯在压力差的作用下也跟随一级阀芯向左移动，直到左、右节流口的开口相等为止，又处于新的平衡位置。此时，P→B，A→T，伺服阀有液压油输出。若输入电流增大，阀口开启度增大，输出流量增大。若改变输入电流的方向，则会出现与上述相反的过程。

该阀的特点是：结构紧凑，抗污染能力强，流量和压力增益高；但力马达的动圈与一级阀芯固连，惯性大，故动态响应性能较差。

7.6.3　电液数字阀

用数字信号直接控制阀口的开启和关闭，从而控制液流的压力、流量和方向的阀类，称为电液数字阀，简称数字阀。数字阀可直接与计算机连接，不需 D/A 转换（digital-to-analog conversion，数模转换），在计算机实时控制的电液系统中，已部分取代伺服阀或比例阀。由于数字阀和比例阀的结构大体相同，且与普通液压阀相似，故制造成本比电液伺服阀低得多，对油液清洁度的要求数字阀比比例阀更低，操作维护更简单。而且数字阀的输出量准确、可靠地由脉冲频率或宽度调节控制，抗干扰能力强；滞环小，重复精度高，可得到较高的开环控制精度，因而得到较快发展。

（1）电液数字阀的工作原理

电液数字阀主要有增量式数字阀和快速开关式数字阀两大类。

增量式数字阀，以步进电机作为电-机械转换器，驱动液压阀芯工作。图 7-45 所示为增量式数字阀控制系统工作原理框图。微机的输出脉冲序列经驱动电源放大，作用于步进电机。步进电机是一个数字元件，根据增量控制方式工作。增量控制方式是由脉冲数字调制法演变而成的一种数字控制方法。是在脉冲数字信号的基础上，使每个采样周期的步数在前一采样周期的步数上，增加或减少一些步数，而达到需要的幅值，步进电机转过的角度与输入的脉冲数成比例，步进电机每得到一个脉冲信号，便沿着控制信号给定的方向转动一个固定的步距角。步进电机转角通过凸轮或螺纹等机械式转换器变成直线运动，控制液压阀阀口的开度，从而得到与输入脉冲数成比例的压力、流量。

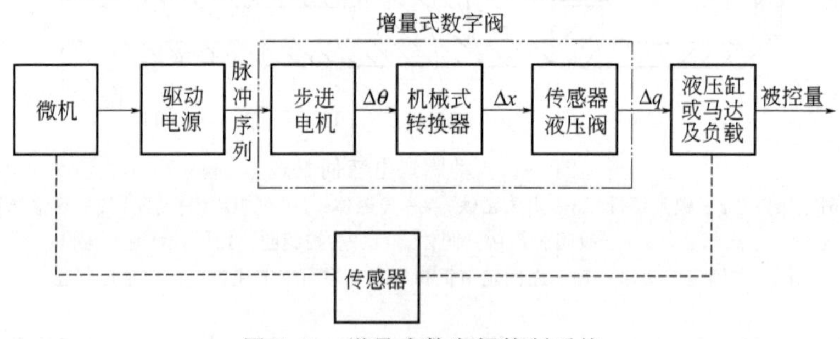

图 7-45 增量式数字阀控制系统

快速开关式数字阀又称脉宽调制式数字阀，其数字信号控制方式为脉宽调制式，即控制液压阀的信号是一系列幅值相等、在每一周期内宽度不同的脉冲信号。图 7-46 所示为快速开关式数字阀用于液压系统的框图。微机输出的数字信号通过脉宽调制放大器调制放大，作用于电-机械转换器，电-机械转换器驱动液压阀工作。图中双点画线为快速开关式数字阀。由于作用于阀上的信号是一系列脉冲，所以液压阀也只有与之相对应的快速切换的开和关两种状态，并以开启时间的长短来控制流量或压力。快速开关式数字阀中液压阀的结构与其他阀不同，它是一个快速切换的开关，只有全开、全闭两种工作状态。

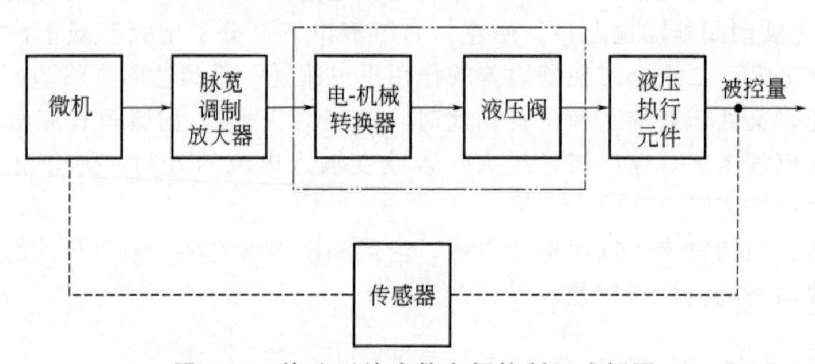

图 7-46 快速开关式数字阀控制组成框图

（2）电液数字阀的典型结构

图 7-47 所示为直接驱动增量式数字流量阀结构图。图中步进电机 1 的转动通过滚珠丝杠 2

转化为轴向位移，带动节流阀阀芯3移动，控制阀口的开度，从而实现流量调节。该阀的液压阀口由相对运动的阀芯3和阀套4组成，阀套上有两个通流阀口，左边一个为全周开口，右边为非全周开口，阀芯移动时先打开右边的阀口，得到较小的控制流量；阀芯继续移动，则打开左边阀口，流量增大，这种阀的控制流量可达3600L/min。阀的液流流入方向为轴向，流出方向与轴线垂直，这样可抵消一部分阀开口流量引起的液动力，并使结构较紧凑。连杆5的热膨胀可起温度补偿作用，减小温度变化引起流量的不稳定。阀上装有单独的零位移传感器6，在每个控制周期终了，阀芯由零位移传感器控制回到零位，以保证每个工作周期有相同的起始位置，提高阀的重复精度。

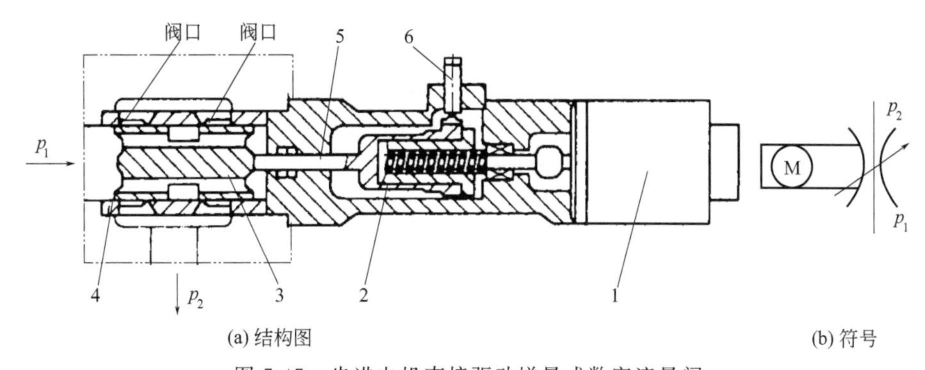

(a) 结构图　　(b) 符号

图7-47 步进电机直接驱动增量式数字流量阀

1—步进电机；2—滚珠丝杠；3—节流阀阀芯；4—阀套；5—连杆；6—零位移传感器

7.7 液压系统辅助元件

液压系统的辅助元件包括油箱、温控装置、过滤器、蓄能器、密封装置和管件等，它们是保证液压元件和系统安全、可靠运行以及延长使用寿命的重要辅助装置。

7.7.1 油箱

(1) 油箱的功能

典型的液压油源及油箱装置，俗称液压泵站，如图7-48所示。

油箱作为液压系统的重要组成部分，其主要功能有：

① 盛放油液　油箱必须能够盛放液压系统中的全部油液。

② 散发热量　液压系统中的功率损失导致油液温度升高，油液从系统中带回来的热量有一部分靠油箱壁散发到周围环境的空气中。因此，要求油箱具有较大的表面积，并应尽量设置在通风良好的位置上。

③ 逸出空气　油液中的空气将导致噪声和元件损坏。因此，要求油液在油箱内平缓流动，以利于分离空气。

④ 沉淀杂质　油液中未被过滤器滤除的细小污染物，可以沉落到油箱底部。

⑤ 分离水分　油液中游离的水分聚积在油箱中的最低点，以备清除。

图7-48 液压油源及油箱装置

1—油箱；2—电动机；3—液压泵；4—排出口；5—吸油口

⑥ 安装元件　在中小型设备的液压系统中，常把电动机、

液压泵装置或控制阀组件安装在油箱的箱顶上。因此，要求油箱的结构强度、刚度必须足够大，以支承这些装置。

（2）油箱的容量

油箱通常用钢板焊接成长方六面体或立方体的形状，以便得到最大的散热面积。而对清洁度要求较高的液压系统，则用不锈钢板制成，以防油箱内部生锈而污染液压油。

对于地面小功率设备，油箱有效容积可确定为液压泵每分钟流量的3～5倍；而对于行走机械上的液压系统，油箱的容积可确定为液压泵每分钟的流量；对于连续工作、压力超过中压的液压系统，其油箱容积应按发热量计算确定。

（3）油箱的结构特点

油箱的典型结构如图7-49所示。由图可见，油箱内部用隔板7将吸油管4、滤油器9和泄油管3、回油管2隔开。顶部、侧部和底部分别装有空气滤清器5、注油器1及液位计12和排放污油的放油塞8。安装液压泵及其驱动电机的安装板6则固定在油箱顶面上。它具有以下特点：

① 油箱应是完全密封，并在箱顶上安装用于通气的空气过滤器，既能滤除空气中的灰尘，又可使油箱内、外压力相同，从而保证油箱内液面发生剧烈变化时，不产生负压。

② 油箱底面应适当倾斜，并设置放油塞。为清洗方便，油箱侧面设有清洗窗口。

③ 油箱侧壁设有指示油位高、低的液位计。大型油箱可采用带传感器的液位计，以发出指示液位高低的电信号。油箱侧壁也可安装显示、控制油温的仪表装置等。

④ 油箱内吸油区、排油区之间设有隔板，以便油液流动时分离气泡、沉淀杂质。

⑤ 吸油管和回油管应当设置在最低液面以下，以防液压泵产生吸空和回油现象冲击液面形成泡沫。

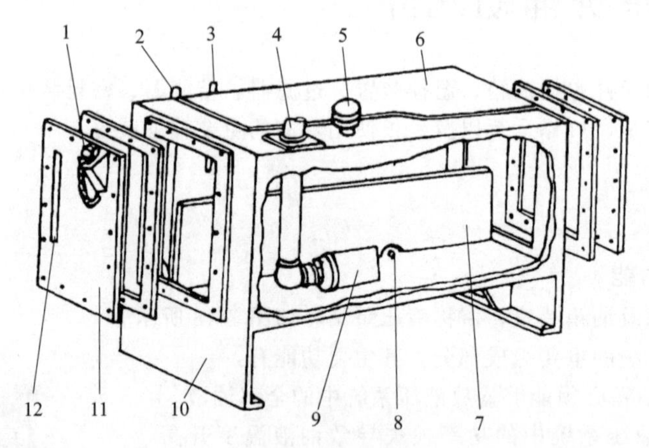

图7-49 油箱的结构特点

1—注油器；2—回油管；3—泄油管；4—吸油管；5—空气滤清器；6—安装板；7—隔板；8—放油塞；9—滤油器；10—箱体；11—端盖；12—液位计

近年来又出现了充气式的闭式油箱，它不同于开式油箱之处，在于油箱是整个封闭的，顶部有一个充气管，可送入经滤清、干燥的压缩空气。空气或直接与油液接触，充气式闭式油箱的气压不宜过高，以免油液中溶入过量的空气。充气工具一般是压力为0.7～0.8MPa的小型空压机或气源。这种油箱的优点是改善了液压泵的吸油条件，但它要求系统中的回油管、泄油管承受背压。油箱本身还需配置安全阀、电接点压力表等元件以稳定充气压力，因此，它只在特殊情况下使用。示意图如图7-50所示。

油箱的图形符号如图7-51所示。图7-51(a) 表示油管口在液面之上，图7-51(b) 表示油管口在液面之下。图 7-51(c) 表示有盖油箱，图 7-51(d) 表示液压油回到油箱。

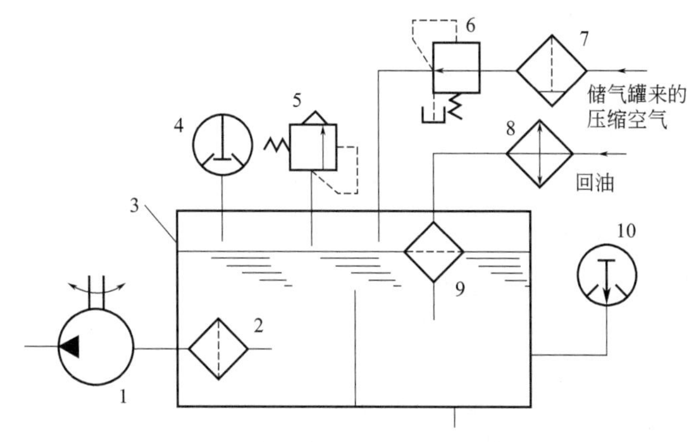

图 7-50　压力油箱示意图

1—液压泵；2—粗滤油器；3—压力油箱；4—电接点压力表；5—安全阀；6—减压阀；7—分水滤气器；8—冷却器；9—精滤油器；10—电接点温度表

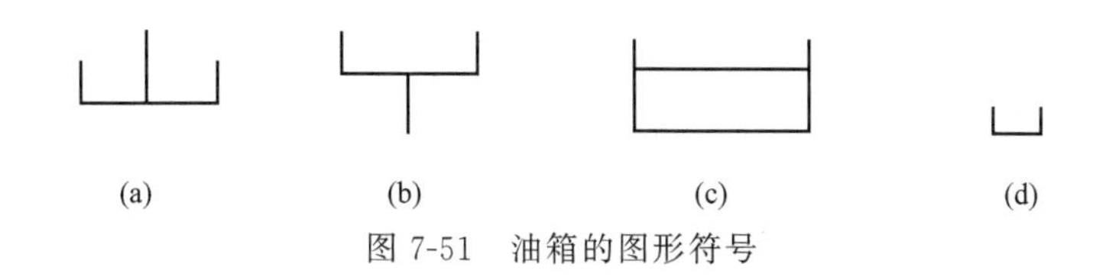

图 7-51　油箱的图形符号

7.7.2　滤油器

滤油器用于滤除油液中非可溶性颗粒污染物，对油液进行净化，以保证系统工作的稳定和延长液压元件的使用寿命。

液压系统中油液常有来自外部或系统内部的污染物。来自外部的污染物有液压元件及系统的加工、装配过程中，残留的切屑、毛刺、型砂、锈片、漆片、棉絮、灰尘等；来自系统内部的污染物有系统运行过程中，零件磨损的脱落物和油液因理化作用而生成的氧化物、胶状物等。这些污染物加速液压元件中相对运动表面磨损，擦伤密封件，影响元件及系统的性能和使用寿命。同时污染物亦可堵塞系统中的小孔、缝隙，卡住阀类元件，造成元件动作失灵甚至损坏。有资料记载，75%以上的液压系统故障是由于油液污染造成的。

(1) 过滤精度

过滤精度是滤油器的一项重要性能指标。过滤精度指滤芯所能过滤掉的杂质颗粒的公称尺寸，以 μm 来度量。例如，过滤精度为 20μm 的滤芯，从理论上说，允许公称尺寸小于或等于 20μm 的颗粒通过，而大于 20μm 的颗粒应完全被滤芯阻流。实际上在滤芯下游仍发现有少数大于 20μm 的颗粒。此种概念的过滤精度叫绝对过滤精度，简称过滤精度。滤油器按过滤精度可以分为粗过滤器、普通过滤器、精过滤器和特精过滤器四种，它们分别能滤去公称尺寸为 100μm 以上、10～100μm、5～10μm 和 5μm 以下的杂质颗粒。

液压系统所要求的过滤精度应使杂质颗粒尺寸小于液压元件运动表面间的间隙或油膜厚度，以免卡住运动件或加剧零件磨损，同时也应使杂质颗粒尺寸小于系统中节流孔和节流缝隙的最小开度，以免造成堵塞。液压系统不同，液压系统的工作压力不同，对油液的过滤精度要求也不同，其推荐值见表 7-3。

表 7-3 过滤精度推荐值表

系统类别	润滑系统	传动系统			伺服系统
系统工作压力/MPa	0～2.5	<14	14～32	>32	21
过滤精度/μm	<100	25～50	<25	<10	<5
滤油器精度	粗	普通	普通	普通	精

(2)滤油器的典型结构

液压系统中常用的滤油器，按滤芯形式分，有网式、线隙式、纸芯式、金属烧结式、磁式等；按滤芯的材料分，可以分为纸质滤芯滤油器、化纤滤芯滤油器、玻纤滤芯滤油器、不锈钢滤芯滤油器等；按滤油器安放的位置不同，还可以分为吸油滤油器，管路滤油器、回油滤油器。考虑到泵的自吸性能，吸油滤油器一般都是粗过滤器。

① 网式滤油器 网式滤油器结构如图 7-52 所示，它由上盖 2、下盖 4 和几块不同形状的金属丝编织的方孔网或特种网 3 组成。为了使滤油器具有一定的机械强度，金属丝编织方孔网或特种网包在四周都开有圆形窗口的金属和塑料圆筒芯架上。其标准产品的过滤精度只有 80μm、100μm、180μm 三种，压力损失小于 0.01MPa，最大流量可达 630L/min。网式滤油器属于粗滤油器，一般安装在液压泵吸油路上，以此保护液压泵。它具有结构简单、通油能力大、阻力小、易清洗等特点。

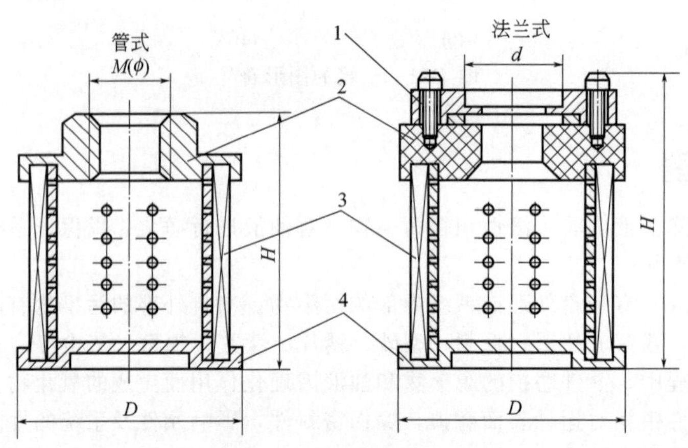

图 7-52 WU 型网式滤油器

1—法兰；2—上盖；3—滤网；4—下盖

② 线隙式滤油器 线隙式滤油器结构如图 7-53 所示，它由端盖 1、壳体 2、带有孔眼的筒型芯架 3 和绕在芯架外部的铜丝或铝丝 4 组成。过滤杂质的线隙是把每隔一定距离压扁一段的圆形截面铜线绕在芯架外部时形成的。这种滤油器工作时，油液从孔 a 进入滤油器，经线隙过滤后进入芯架内部，再由孔 b 流出。这种滤油器的优点是结构较简单，过滤精度较高，通油性能好；缺点是不易清洗，滤芯材料强度较低。这种滤油器一般安装在回油路或液压泵的吸油口处，有 30μm、50μm、80μm、100μm 四种精度等级，额定流量下的压力损失约为 0.02～0.15MPa。

③ 纸芯式滤油器 纸芯式滤油器与线隙式滤油器的区别只在于用纸质滤芯代替了线隙式滤芯，图 7-54 所示为其结构。纸芯部分是把平纹或波纹的酚醛树脂或木浆微孔滤纸绕在带孔的用镀锡铁片做成的骨架上。为了增大过滤面积，滤纸呈折叠形状。这种滤油器压力损失约为 0.01～0.12MPa，过滤精度高，有 5μm、10μm、20μm 等规格，但这种滤油器易堵塞，无法清洗，经常需要更换纸芯，因而费用较高，一般用于需要精过滤的场合。

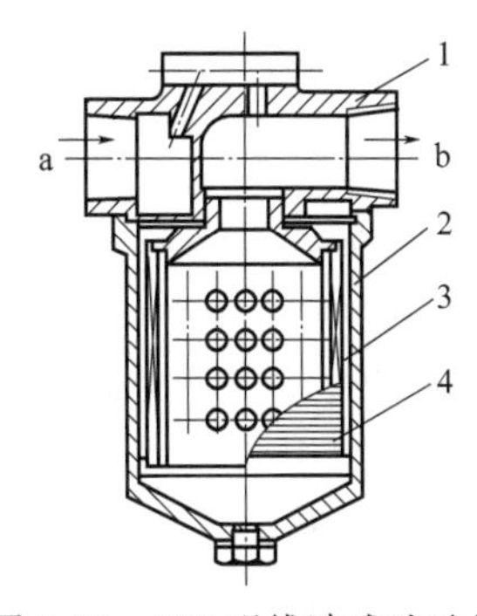

图 7-53 XU 型线隙式滤油器
1—端盖；2—壳体；3—筒形芯架；4—铜丝或铝丝

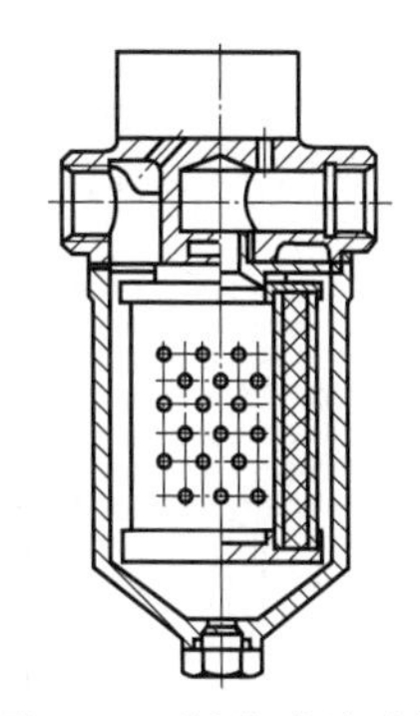

图 7-54 纸芯式滤油器

④ 金属烧结式滤油器 金属烧结式滤油器有多种结构形状，图 7-55 是其中一种，由端盖 1、壳体 2、滤芯铁环 3 等组成，有些结构加有磁环 4 用来吸附油液中的铁质微粒，效果尤佳。滤芯通常由颗粒状青铜粉压制后烧结而成，它利用铜颗粒的微孔过滤杂质。这种过滤器的过滤精度一般在 10～100μm 之间，压力损失为 0.03～0.2MPa。这种过滤器的特点是滤芯能烧结成杯状、管状、板状等各种不同的形状，它的强度大、性能稳定、抗腐蚀性好、制造简单、过滤精度高，适用于精过滤。缺点是铜颗粒容易脱落，堵塞后不易清洗。

⑤ 磁式滤油器 图 7-56 所示为管路中使用的一种磁式滤油器结构，滤芯由铁环 1、非磁性罩子 2、圆筒形永久磁铁 3 组成。各铁环分成两半，它们之间用铜条连接起来。工作液体流经滤芯时，铁磁性杂质被吸附于各铁环间的间隙中。当间隙被杂质堵满时，可将铁环取下清洗。

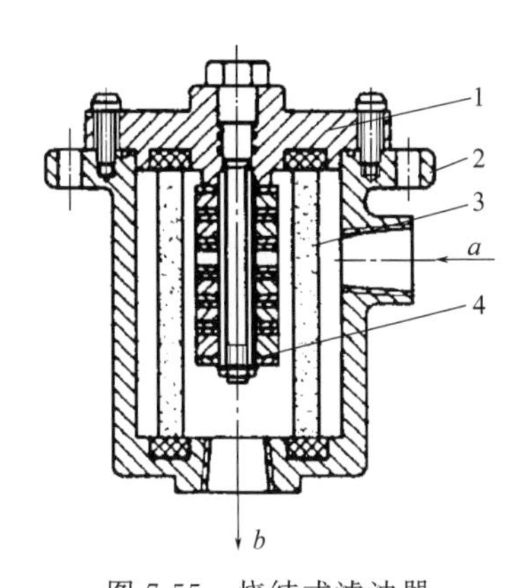

图 7-55 烧结式滤油器
1—端盖；2—壳体；3—滤芯铁环；4—磁环

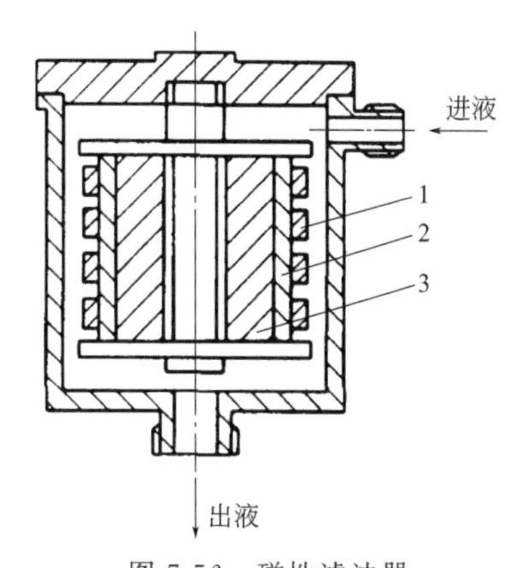

图 7-56 磁性滤油器
1—铁环；2—非磁性罩子；3—永久磁铁

7.7.3 蓄能器

蓄能器是一种储存压力液体的液压元件。当液压传动系统需要时，蓄能器所储存的压力液体在其加载装置作用下被释放出来，输送到液压传动系统中去工作；而当液压传动系统中工作液体过剩时，这些多余的液体又会克服加载装置的作用力，进入蓄能器储存起来。因此蓄能器既是液压传动系统的液压源，又是液压传动系统多余能量的吸收和储存装置。

（1）蓄能器的分类与结构

蓄能器按加载方式的不同，可分为弹簧式、充气式和重锤式三类。而应用最广泛的是充气式蓄能器。它一般充入氮气，利用密封气体的压缩、膨胀来储存和释放油液的压力能。

根据气体和油液隔离方式的不同，充气式蓄能器可分为气瓶式蓄能器、活塞式蓄能器和气囊式蓄能器等形式。图 7-57 所示为充气式蓄能器的结构。

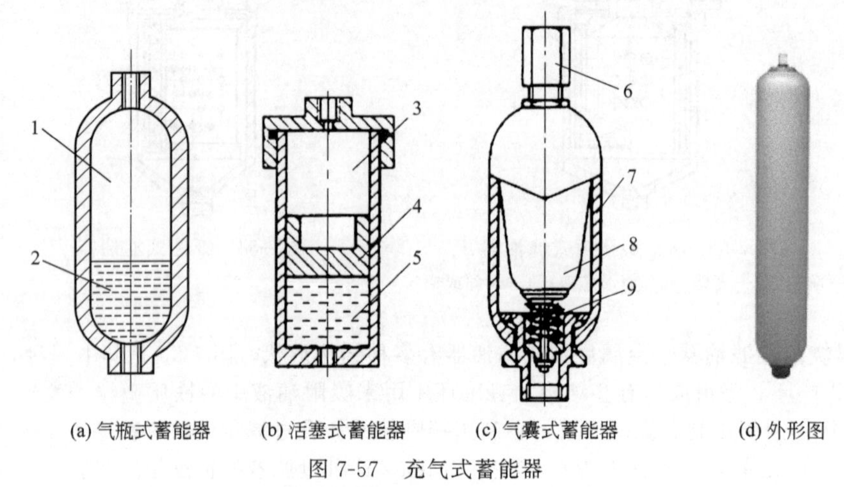

(a) 气瓶式蓄能器 (b) 活塞式蓄能器 (c) 气囊式蓄能器 (d) 外形图

图 7-57 充气式蓄能器

1、3—气体；2、5—液压油；4—活塞；6—充气阀；7—壳体；8—气囊；9—限位阀

图 7-57(b) 所示为活塞式蓄能器。它用带密封件的浮动活塞 4 把气体 3 与液压油 5 隔开，活塞上腔充入一定压力的氮气，下腔是工作油液。这种蓄能器容量大、结构简单，安装、维修方便，适用温度范围宽、寿命长。但由于活塞惯性大，活塞密封件有摩擦，其动态响应慢。图 7-58 为蓄能器的图形符号。

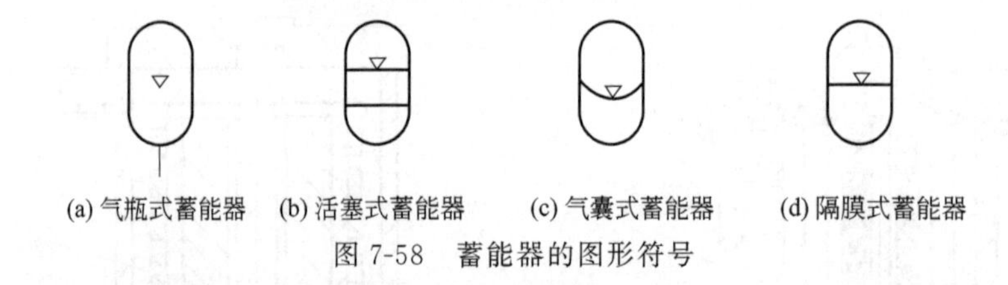

(a) 气瓶式蓄能器 (b) 活塞式蓄能器 (c) 气囊式蓄能器 (d) 隔膜式蓄能器

图 7-58 蓄能器的图形符号

（2）蓄能器的功用

① 作辅助动力源　当液压系统不同工作阶段所需的流量变化很大时，可采用蓄能器和液压泵组成液压油源，如图 7-59 所示。当系统工作压力高、需要流量小时，蓄能器蓄能储液；当系统压力降低、需要流量大时，蓄能器将储存的油液释放出来，与液压泵一起向系统提供峰值流量。这样，用蓄能器作辅助动力源，可选用较低的液压泵规格，并减少在系统需要小流量时，多余流量溢流而产生的功率损失现象。

② 保压和补充泄漏　对于执行元件长时间不动作，并要求保持恒定压力的系统，可用蓄能器来保压和补充泄漏。如图 7-60 所示，当系统压力达到所要求的值时，压力继电器发出电信号，使液压泵停机，而系统由单向阀和蓄能器组成的保压回路来保持恒定的压力。

③ 吸收压力冲击与压力脉动　如图 7-61 所示，当换向阀突然换向或关闭时，系统瞬时压力将剧增，特别是高压、大流量系统，将引起系统的振动和噪声，甚至损坏元件或系统。如在靠近换向阀的进油路上，安装一个动态响应快的蓄能器，便可吸收因换向而引起的压力冲击。若在液压泵的出口管路上安装蓄能器，也可吸收管路中一定的流量和压力脉动。

④ 作应急动力源　图 7-62 所示为采用蓄能器作应急动力源的液压系统。当电磁铁通电，二位三通电磁换向阀处于下端位置时，液压泵向液压缸的无杆腔供油，同时通过单向阀也向蓄能器

供油，因此，液压缸外伸，蓄能器充液、蓄能。若因故导致液压泵停止供油时，电磁铁断电，电磁换向阀处于上端位置，这时，蓄能器作为应急动力源可将其储存的压力油释放出来，向液压缸的有杆腔供油，使活塞退回。

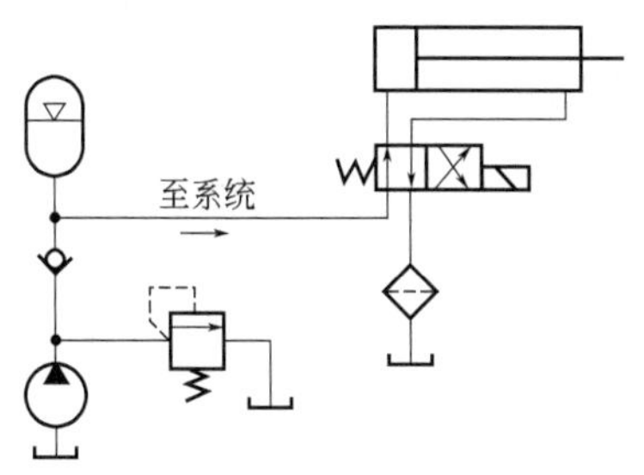

图 7-59　蓄能器作辅助动力源

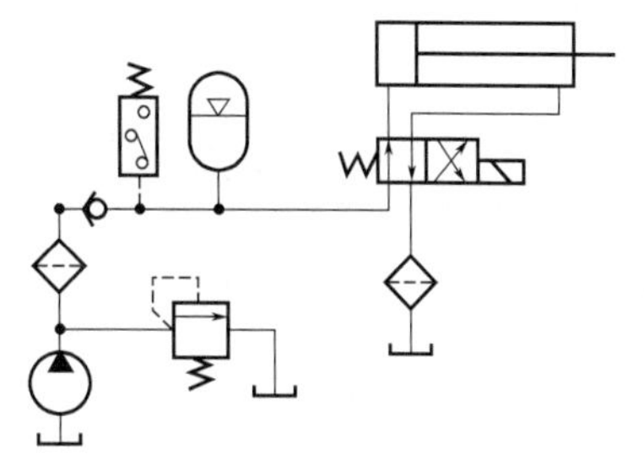

图 7-60　蓄能器保压和补充泄漏

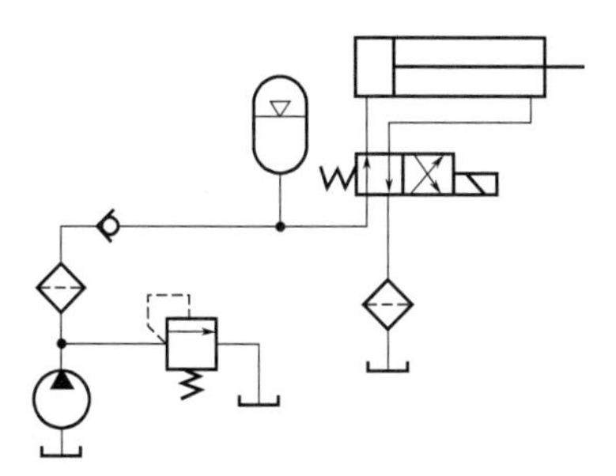

图 7-61　蓄能器吸收压力冲击

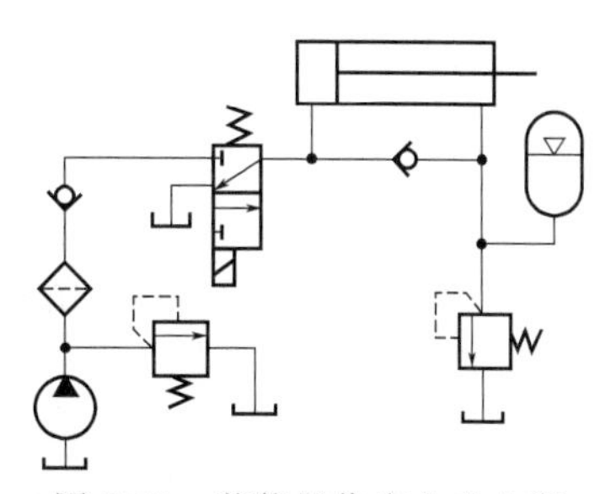

图 7-62　蓄能器作应急动力源

7.7.4　热交换器

液压系统工作时，液压泵和液压马达（液压缸）的容积损失和机械损失、阀类元件和管路的压力损失及液体摩擦损失等消耗的能量几乎全部转化为热量。这些热量除一部分散发到周围空间外，大部分使系统油液温度升高。如果油液温度过高（>80℃），将严重影响液压系统的正常工作。一般规定液压用油的正常油温范围为 15～65℃。保证油箱有足够的容量和散热面积，是一种控制油温过高的有效措施。但是，某些液压装置（如行走机械等）由于受结构限制，油箱不能很大，一些采用液压泵-马达的闭式回路，由于油液需要往复循环，工作时不能回到油箱冷却。这样就不可能单靠油箱散热来控制油温的升高。此外，有的液压装置还要求能够自动控制油液温度。对以上场合，就必须采取强制冷却的办法，通过冷却器来控制油液温度，使之合乎系统工作要求。

液压系统工作前，如果油液温度低于 10℃，将因油的黏度较大，使液压泵的吸入和启动发生困难。为保证系统正常工作，必须设置加热器，通过外界加热的办法来提高油液的温度。

综上所述，冷却器和加热器的作用在于控制液压系统的正常工作温度，保证液压系统的正常工作。二者又总称为热交换器。

（1）冷却器

冷却器按冷却介质可分为水冷、风冷和氨冷等形式，常用的是水冷和风冷。最简单的冷却器是蛇形管式冷却器（图 7-63）。它直接装在油箱内，冷却水从蛇形管内部通过，带走热量。这种冷却器结构简单，但冷却效率低、耗水量大。

液压系统中采用较多的冷却器是强制对流多管式冷却器（图 7-64）。油液从进油口流入，从出油口流出；冷却水从进水口进入，通过多根水管后由出水口流出。油液在水管外部流动时，它的行进路线因冷却器内设置了隔板而加长，因而增加了热交换效果，冷却效率高。但这种冷却器质量较大。

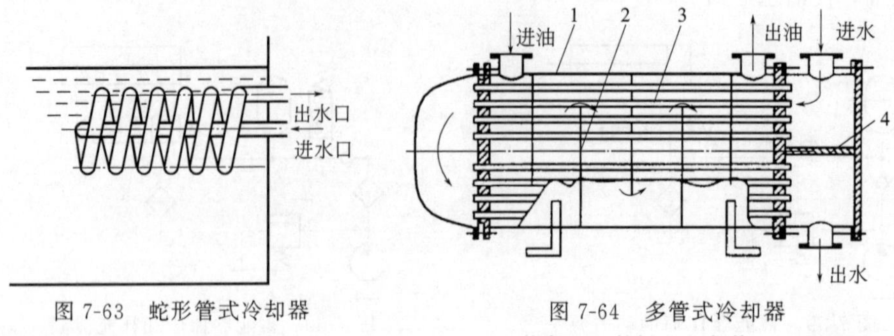

图 7-63 蛇形管式冷却器

图 7-64 多管式冷却器

1—外壳；2—挡板；3—铜管；4—隔板

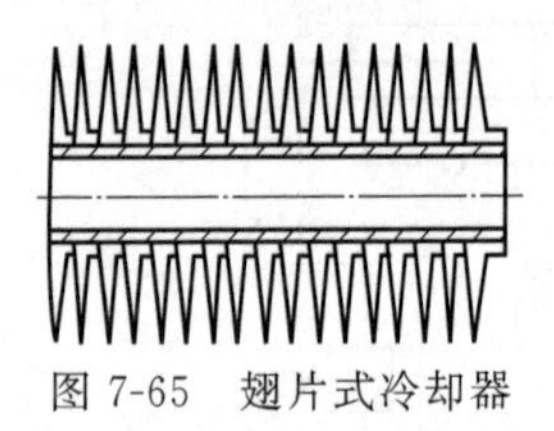

图 7-65 翅片式冷却器

此外，还有一种翅片式冷却器也是多管式水冷却器（图 7-65)。它是在圆管或椭圆管外嵌套上许多径向翅片，其散热面积可达光滑管的8～10倍。椭圆管的散热效果一般比圆管更好。

液压系统亦可采用汽车的风冷式散热器来进行冷却。这种方式不需要水源，结构简单，使用方便，特别适用于行走机械的液压系统，但冷却效果较水冷式差。如图 7-66 右侧所示为冷却器的图形符号。

冷却器造成的压力损失一般为 $(0.1\sim1)\times10^5$ MPa。冷却器一般应安装在回油管或低压管路上，图 7-66 所示为其在液压系统中的各种安装位置。图中：

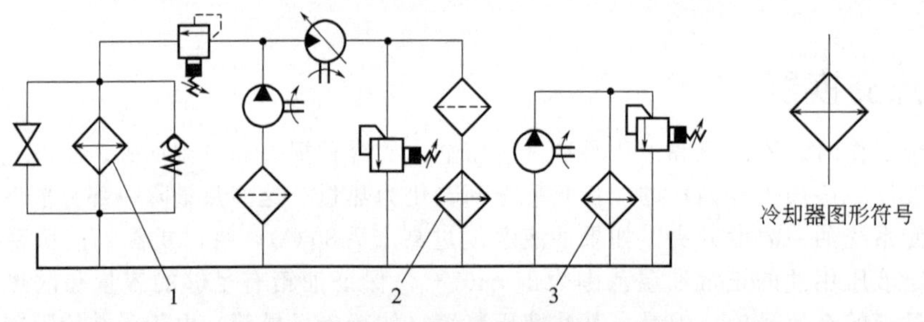

图 7-66 冷却器在液压系统中的各种安装位置及图形符号

冷却器 1：装在主溢流阀溢流口，溢流阀产生的热油直接获得冷却，同时也不受系统冲击压力影响，单向阀起保护作用，截止阀可在启动时使液压油液直接回油箱。

冷却器 2：直接装在主回油路上，冷却速度快，但系统回路有冲击压力时，要求冷却器能承受较高的压力。

冷却器 3：由单独的液压泵将热的工作介质通入其内，不受液压冲击的影响。

(2) 加热器

液压系统的加热一般常采用结构简单、能按需要自动调节最高和最低温度的电加热器。这种加热器的安装方式如图 7-67(a) 所示。加热器应安装在油箱内液流流动处，以利于热量的交换。由于油液是热的不良导体，单个加热器的功率容量不能太大，以免其周围油液过度受热后发生变质现象。图 7-67(b) 为加热器的

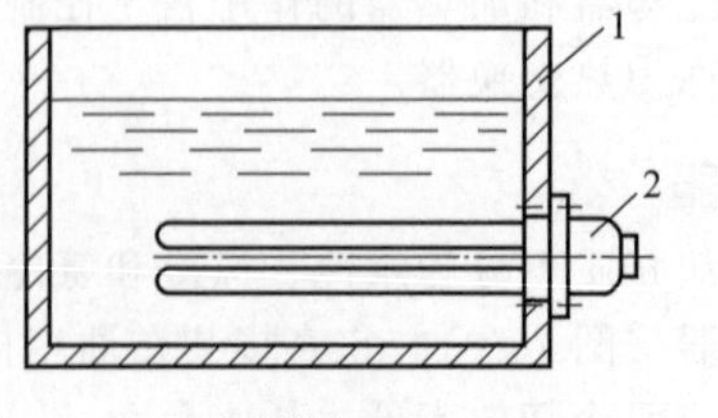

(a) 安装方式

(b) 图形符号

图 7-67 加热器的安装

1—油箱；2—电加热器

图形符号。

7.7.5　管件及管接头

管件包括管道、管接头和法兰等，其作用是保证油路的连通，并便于拆卸、安装。根据工作压力、安装位置可以确定管件的连接结构，与泵、阀等连接的管件应由其接口尺寸决定管径规格。

在液压系统中所有的元件，包括辅助元件在内，全靠管道和管接头等连接而成，管道和管接头的重量约占液压系统总重量的三分之一。它们的分布遍及整个系统。只要系统中任一根管道或任一个管接头损坏，都可能导致系统出现故障。因此，管件及其接头虽然结构简单，但在系统中起着不可缺少的作用。

（1）油管

液压系统中使用的油管种类很多，有钢管、铜管、尼龙管、塑料管、橡胶管等，须按照安装位置、工作环境和工作压力来正确选用。油管的特点及其适用范围如表 7-4 所示。

表 7-4　液压系统中使用的油管

种类		特点和适用场合
硬管	钢管	能承受高压，价格低廉，耐油，抗腐蚀，刚性好，但装配时不能任意弯曲，常在装拆方便处用作压力管道——中、高压用无缝管，低压用焊接管
	紫铜管	易弯曲成各种形状，但承压能力一般不超过 6.5～10MPa，抗振能力较弱，又易使油氧化，通常用在液压装置内配接不便之处
软管	尼龙管	乳白色半透明，加热后可以随意弯曲成形或扩口，冷却后又能定型不变，承压能力因材质而异，自 2.5MPa 至 8MPa 不等
	塑料管	质轻耐油，价格便宜，装配方便，但承压能力低，长期使用会变质老化，只宜用作压力低于 0.5MPa 的回油管、泄油管等
	橡胶管	高压管由耐油橡胶夹几层钢丝编织网制成，钢丝网层数越多，耐压越高，用作中、高压系统中两个相对运动件之间的压力管道 低压管由耐油橡胶夹帆布制成，可用作回油管道

（2）管接头

管接头是油管与油管、油管与液压元件间的可拆装的连接件。它应满足拆装方便、连接牢固、密封可靠、外形尺寸小、通油能力大、压力损失小及工艺性好等要求。管接头的种类很多：按其通路数和流向不同，可分为直通、弯头、三通和四通等；按管接头和油管的连接方式不同，又可分为扩口式、焊接式、卡套式等。管接头与液压元件之间都采用螺纹连接：在中低压系统中采用英制螺纹，外加防漏填料；在高压系统中采用公制细牙螺纹，外加端面垫圈。常用管接头类型如表 7-5 所示。

表 7-5　常用管接头的类型

序号	接头形式	结构图	结构特点
1	扩口式管接头	1　2	这种管接头利用油管 1 管端的扩口在管套 2 的紧压下进行密封。其结构简单，适用于铜管、薄壁钢管、尼龙管和塑料管低压管道的连接处

续表

序号	接头形式	结构图	结构特点
2	焊接式管接头	1	这种管接头连接牢固，利用球面进行密封，简单可靠。缺点是装配时球形头1需与油管焊接，因此适用于厚壁钢管。其工作压力可达31.5MPa
3	卡套式管接头	1 2	这种管接头利用卡套2卡住油管1进行密封。其轴向尺寸要求不严，装拆方便。但对油管的径向尺寸精度要求较高，需采用精度较高的冷拔钢管。其工作压力可达31.5MPa
4	扣压式管接头	1 2	这种管接头由接头外套1和接头芯子2组成，软管装好后再用模具扣压，使软管得到一定的压缩量。其具有较好的抗拔脱和密封性能，在机床的中、低压系统中得到应用
5	快速管接头	1 2 5 6 3 4	这种结构能快速拆装。当将卡箍6向左移动时，钢珠5可以从插嘴4的环形槽中向外退出，插嘴不再被卡住，就可以迅速从插座1中拔出来。这时管塞2和3在各自弹簧力的作用下将两个管口都关闭，使拆开后的管道内液体不会流失。这种管接头适用于经常拆卸的场合，其结构较复杂，局部阻力损失较大

7.7.6 密封装置

密封装置的作用是防止液体泄漏或污染杂质从外部侵入液压传动系统，密封装置应满足以下4点要求：

① 在工作压力下具有良好的密封性能，并随着压力的增大能自动提高密封性能。

② 密封装置对运动零件的摩擦阻力要小，并且摩擦阻力稳定。

③ 耐磨性好，工作寿命长。

④ 制造简单，便于安装和维修。

（1）密封装置的类型

密封的方法和形式很多：根据密封的原理不同，可分为间隙密封（非接触密封）和接触密封两大类；根据被密封部分的运动特性不同，可分为动密封和静密封。所谓动密封是指密封耦合且有相对运动（例如缸活塞与缸筒之间的密封）；静密封是指密封耦合且无相对运动（例如缸底与缸筒之间的密封、缸盖与缸筒之间的密封）。

① 间隙密封　间隙密封是利用运动件之间的微小间隙起密封作用，是最简单的一种密封形式，其密封效果取决于间隙的大小和压力差、密封长度和零件表面质量。其中以间隙大小及其均匀性对密封性能影响最大。因此这种密封对零件的几何形状和表面加工精度有较高的要求。由于配合零件之间有间隙存在，所以摩擦力小，发热少，寿命长；由于不用任何密封材料，所以结构简单紧凑，尺寸小。间隙密封一般都用于动密封，如液压泵和液压马达的柱塞与柱塞孔之间的密封；配流盘与缸体端面之间的密封；阀体与阀芯之间的密封等。间隙密封的缺点是由于有间隙，因而不可能完全阻止泄漏，所以不能用于严禁外漏的地方。另外，当尺寸较大时，要达到间隙密封所要求的表面加工精度比较困难，故对大直径，如大的液压缸，一般不采用间隙密封。

② 接触密封　接触密封是靠密封件在装配时的预压缩力和工作时在油压力作用下发生弹性

变形所产生的弹性接触力来实现的。其密封能力一般随压力的升高而提高，并在磨损后具有一定的自动补偿能力，这些性能靠密封材料的弹性、密封件的形状等来达到。就密封材料而言，要求在油液中有较好的稳定性，弹性好，永久变形小；有适当的机械强度；耐热、耐磨性好，摩擦系数小；与金属接触不互相黏着和腐蚀；容易制造，成本低。目前应用最广的是耐油橡胶（主要是丁腈橡胶），其次是聚氨酯。聚氨酯是继丁腈橡胶之后出现的密封材料，用它制造的密封件耐磨性及强度均比用丁腈橡胶的高。

（2）常用密封元件的结构和特点

目前常用的密封件以其断面形状命名，有O形、Y形、Y_x形、V形、J形等。密封件的形状应使密封可靠、耐久，摩擦阻力小，容易制造和装拆，特别是应能随压力的升高而提高密封能力和有利于自动补偿磨损。

① O形密封圈　O形密封圈是断面形状呈圆形的橡胶环，如图7-68所示。它的结构简单、密封性能好、摩擦阻力小、安装空间小、使用方便，广泛用于固定密封和运动密封。O形密封圈安装时有一定的预压缩量，同时受油压作用产生变形，紧贴密封表面而起密封作用。当压力较高或密封圈沟槽尺寸选择不当时，密封圈容易被挤出而造成严重的磨损。对于固定密封，一般当工作压力大于32MPa时要加设挡圈；对于运动密封，一般当工作压力大于10MPa时应加设挡圈。单侧受压时，在其非受压侧加设一个挡圈；双侧受压时，在其两侧各加设一个挡圈，如图7-69所示。这种密封圈不宜用于直径大、行程长、运动速度快的液压缸密封。

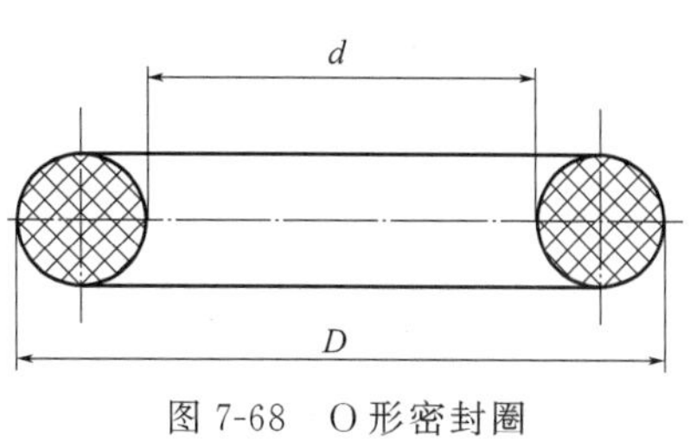

图7-68　O形密封圈

D—公称外径；d—公称直径

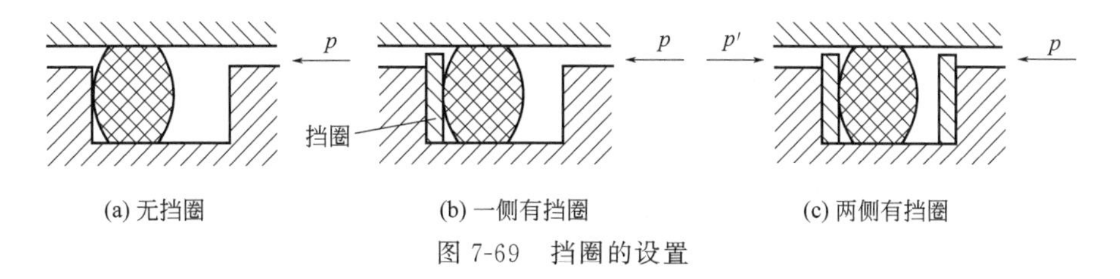

(a) 无挡圈　(b) 一侧有挡圈　(c) 两侧有挡圈

图7-69　挡圈的设置

② Y形和Y_x形密封圈　Y形密封圈一般由丁腈橡胶制成，其结构如图7-70所示。它一般在工作压力≤20MPa条件下工作，使用温度为－30～80℃。这种密封圈密封可靠、摩擦阻力小，适用于往返速度较高的液压缸密封。使用时Y形密封圈的唇边面向压力液体一方，在压力波动较大，运动速度较高情况下，为防止密封圈在工作中翻转和扭曲，要用支承环固定。

Y_x形密封圈由聚氨酯橡胶制成，其结构如图7-71(a)、(b)所示。这种密封圈强度高，耐高压，化学稳定性、耐磨性、低温性能好，能在－30～40℃的低温下工作，工作压力可达32MPa。目前Y_x形密封圈正逐渐代替Y形密封圈。它的缺点是耐高温性能较差，一般工作温度不超过＋100℃。

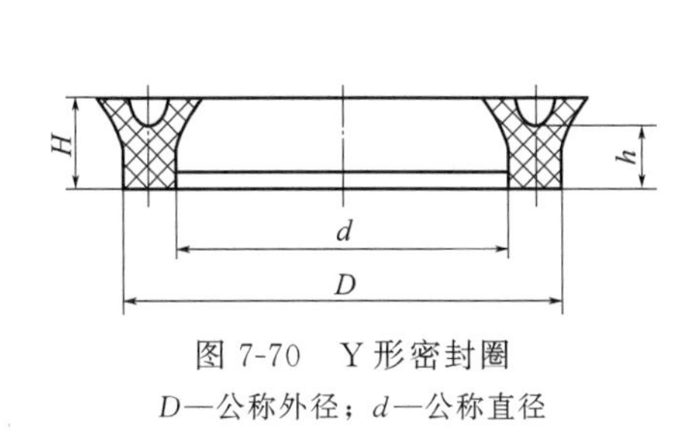

图7-70　Y形密封圈

D—公称外径；d—公称直径

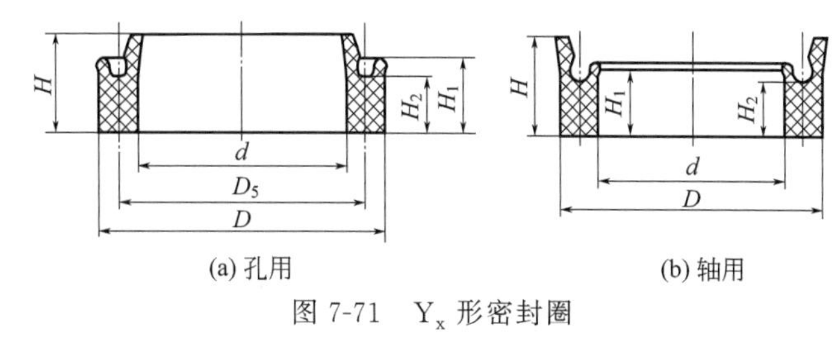

(a) 孔用　(b) 轴用

图7-71　Y_x形密封圈

③ V形密封圈 V形密封圈由多层涂胶织物制成，其结构如图7-72所示。它由支承环1，密封环2和压环3组装而成。V形密封圈耐高压性能好，可在50MPa以上的压力下工作，随着压力的增大，可以增加密封环的数目。它的耐久性也很好，当其长期工作下因磨损而渗漏时，可以调整压盖，压紧补偿。它的缺点是安装空间大，摩擦阻力大。安装V形密封圈时，应使唇边朝向压力液体一方，用螺纹压盖等压紧。

④ L形和J形密封圈 L形和J形密封圈均由耐油橡胶制成，其结构分别如图7-73和图7-74所示。这两种密封圈一般用于工作平稳、速度较低、压力在1MPa以下的低压缸中。L形密封圈用于活塞密封，J形密封圈用于活塞杆密封。

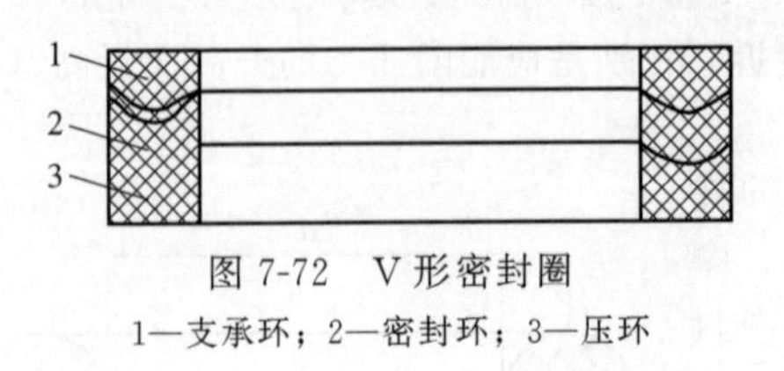

图7-72 V形密封圈

1—支承环；2—密封环；3—压环

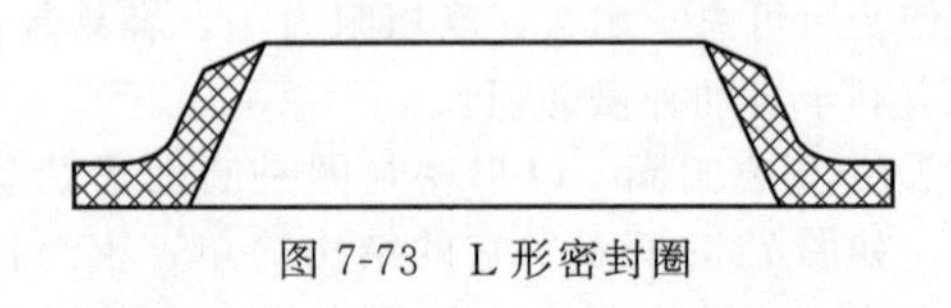

图7-73 L形密封圈

⑤ 鼓形密封圈 鼓形密封圈为各种液压支架液压缸中专用的密封元件。其结构如图7-75所示，截面呈鼓形，芯部为橡胶1，外层为夹布橡胶2。用于介质为乳化液、工作压力为20～60MPa的液压缸活塞的往复运动密封。当压力超过25MPa时，则应在两侧加L形活塞导向环。

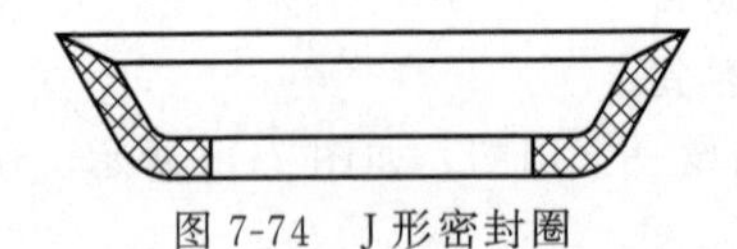

图7-74 J形密封圈

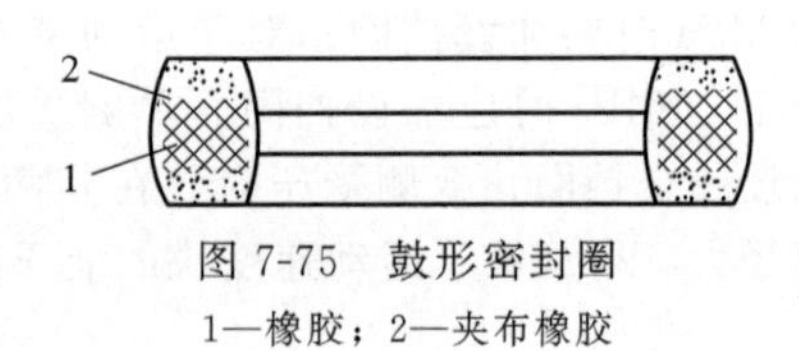

图7-75 鼓形密封圈

1—橡胶；2—夹布橡胶

⑥ 蕾形密封圈 蕾形密封圈也是专用于液压支架液压缸中的密封元件。其结构如图7-76所示，由橡胶1和夹布橡胶2两部分压制而成，截面呈蕾形。它用于液压缸口与活塞杆的密封上，使用工作压力与鼓形密封圈相同。当压力超过25MPa时，应加聚甲醛挡圈。

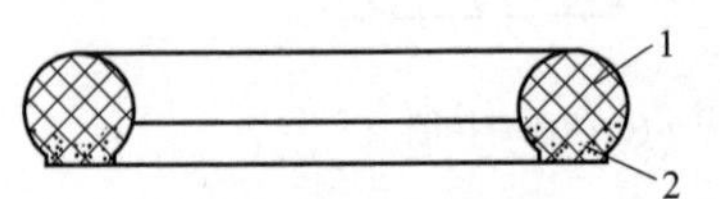

图7-76 蕾形密封圈

1—橡胶；2—夹布橡胶

⑦ 油封 用以防止旋转轴的润滑油外漏的密封件，通常称为油封。油封一般由耐油橡胶制成，形式很多。如图7-77(a)为J形无骨架式橡胶油封，图7-77(b)为该油封安装情况。

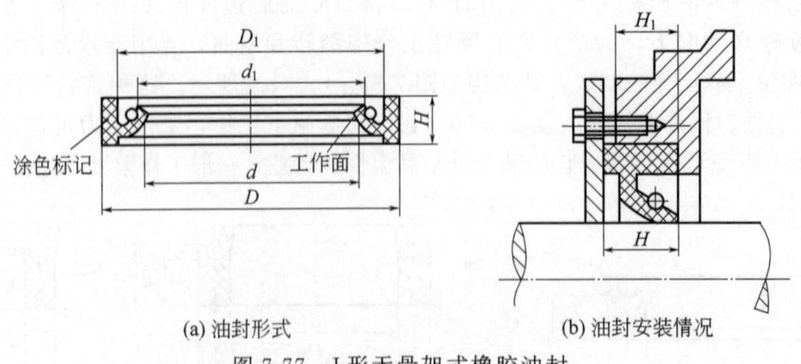

(a) 油封形式 (b) 油封安装情况

图7-77 J形无骨架式橡胶油封

油封主要用于液压泵、液压马达等旋转轴的密封，防止润滑介质从旋转部分泄漏，并防止泥土等杂物进入，起防尘圈的作用。

油封通常由耐油橡胶、骨架和弹簧3部分组成。油封在自由状态下，内径比轴径小，油封装进轴后，即使无弹簧，也对轴有一定的径向力，此力随油封使用时间的增加而逐渐减小，因此需要弹簧予以补偿。当轴旋转时，在轴与唇口之间形成一层薄而稳定的油膜而不致漏油，当油膜超过一定厚度时就会漏油。径向力的大小及其分布的均匀性、轴的加工质量对油封工作有很大影响，油封的使用寿命与胶料材质、油封结构、油的种类、油温及轴的线速度等有关，使用寿命随线速度的增加而降低。油封安装时应使唇边在油压力作用下贴在轴上，而不能装反。

⑧ 组合密封装置　随着液压技术的发展，液压系统对密封的要求越来越高，单独使用普通密封圈不能满足需要。因此，就出现了由两个以上元件组成的组合密封装置。常见的有组合密封垫圈和橡塑组合密封装置两种。

a. 组合密封垫圈。组合密封垫圈由软质密封环和金属环胶合而成，前者起密封作用，后者起支承作用。图 7-78 所示为组合密封圈，其外圈 1 由 Q235 钢制成，内圈 2 为耐油橡胶。组合密封垫圈安装方便，密封性能好，安装的压紧力小，承压高，广泛用于管接头或油塞的端面密封。

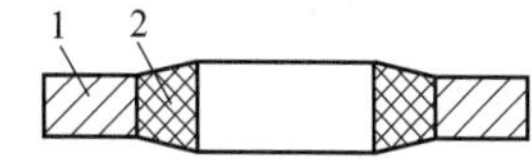

图 7-78　组合密封垫圈
1—钢圈；2—耐油橡胶

b. 橡塑组合密封装置。橡塑组合密封装置一般是由耐油橡胶和聚四氟乙烯塑料组成，如图 7-79 所示。图 7-79 中左图为方形断面格来圈和 O 形密封圈组合而成的，用于孔密封；右图为阶梯形断面斯特圈与 O 形密封圈组合而成，用于轴密封。

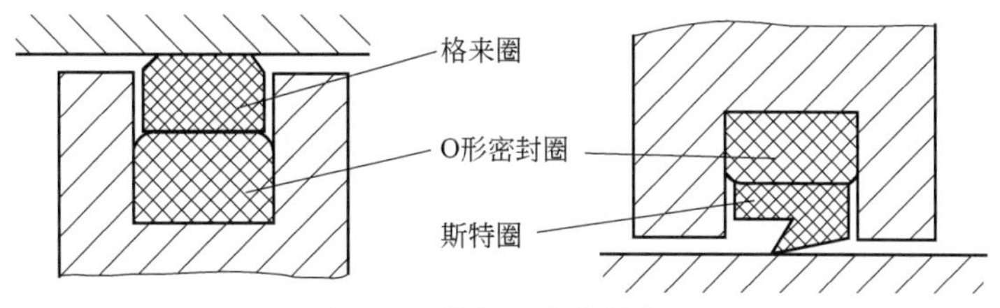

图 7-79　橡塑组合密封装置

组合密封装置中，O 形密封圈不与密封面直接接触，只是利用 O 形密封圈的良好弹性变形性能，通过预压缩产生的预压力将格来圈（或斯特圈）紧压在密封面上，实现密封。而与密封面接触的格来圈和斯特圈为聚四氟乙烯塑料，不仅具有极低的摩擦因数（0.02～0.04，仅为橡胶的 1/10），而且动、静摩擦因数相当接近，此外还具有自润滑性。因此，组合密封装置与金属组成摩擦副时不易黏着，启动摩擦力小，不存在橡胶密封低速时的爬行现象。

橡塑组合密封综合了橡胶与塑料的优点，耐高压、耐高温和高速，密封可靠，摩擦力小而稳定，寿命长。因此在工程上，特别是液压缸，应用日益广泛。

7.7.7　压力表及压力表开关

（1）压力表

压力表是用来观察、测量系统各工作点的工作压力的。图 7-80 所示为弹簧管式压力表。它由金属弯管 1、指针 2、刻度盘 3、杠杆 4、扇形齿轮 5 和小齿轮 6 等组成。压力油进入压力表后使弯管 1 变形，其曲率半径增大，通过杠杆 4 使扇形齿轮 5 摆动，经小齿轮 6 带动指针 2 偏转，从刻度盘 3 上即可读出压力值。

压力表有多种精度等级。普通精度的有 1、1.5、2.5…级；精密级的有 0.1、0.16、0.25…级等。

压力表测量压力时，被测压力不应超过压力表量程的 3/4，否则将影响压力表的使用寿命。压力表一般需直立安装，压力油接入压力表时，应通过阻尼小孔，以防被测压力突然升高而将表冲坏。

(2) 压力表开关

压力表开关用于接通或断开压力表与测量点的通路。压力表开关按能测量的压力点数目可分为一点、三点、六点等几种。图 7-81 为六点压力表开关结构图，6 个测试口沿圆周均匀分布，图示位置为非测量位置，此时压力表油路经沟槽 a、小孔 b 与油箱相通。测压时，将手柄向右推进去并转到需测压点位置，使沟槽 a 将压力表油路与测压点油路连通，与此同时，压力表油路与通往油箱的油路被断开，这时便测出该测压点的压力。如将手柄转至另一个测压点，便可测出另一点的压力。不需测压时，应将手柄拉出，使压力表油路与系统油路断开（与油箱接通），以保护压力表并延长压力表的使用寿命。

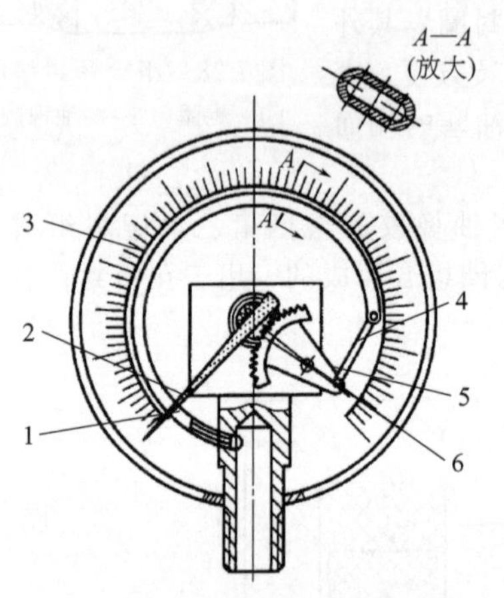

图 7-80 弹簧管式压力表结构图

1—弹簧弯管；2—指针；3—刻度盘；4—杠杆；5—扇形齿轮；6—小齿轮

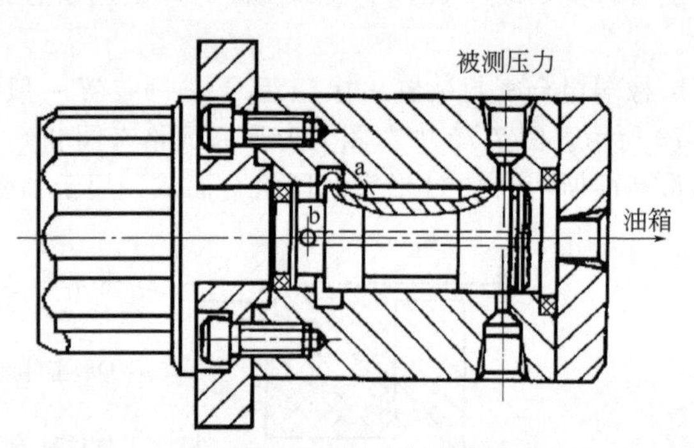

图 7-81 六点压力表开关

第8章　液压基本回路

一台设备的液压系统不论多么复杂或简单，都是由一些液压基本回路组成的。所谓液压基本回路就是由一些液压件组成的、完成特定功能的油路结构。例如：用来调节执行元件（液压缸或液压马达）速度的调速回路，用来控制系统全局或局部压力的调压回路、减压回路或增压回路，用来改变执行元件运动方向的换向回路等。这些都是液压系统中常见的基本回路。

一个液压系统中，一些由普通液压控制元件构成的基本回路中不包含有伺服、比例、数字控制元件；一些含有液压伺服控制元件的基本回路，称为液压伺服控制基本回路；若基本回路中含有液压比例控制元件，则称为液压比例控制基本回路；若基本回路中含有插装元件，则称为插装阀基本回路。

8.1　方向控制回路

方向控制回路的用途是利用方向阀控制油路中液流的接通、切断或改变流向，以使执行元件启动、停止或变换运动方向。主要包括换向回路和锁紧回路。

8.1.1　换向回路

换向回路用于控制液压系统中油流方向，从而改变执行元件的运动方向。为此，要求换向回路应具有较高的换向精度、换向灵敏度和换向平稳性。运动部件的换向多用电磁换向阀来实现；在容积调速的闭式回路中，利用变量泵控制油流方向来实现液压缸换向。

（1）电磁换向阀换向回路

采用二位四通、三位四通（或五通）电磁换向阀换向是最普遍应用的换向方法。其尤其在自动化程度要求较高的组合机床液压系统中应用广泛。图 8-1 是利用限位开关控制三位四通电磁换向阀动作的换向回路。按下启动按钮，1YA 通电，液压缸活塞向右运动，当碰上限位开关 2 时，2YA 通电、1YA 断电，换向阀切换到右位工作，液压缸右腔进油，活塞向左运动。当碰上限位开关 1 时，1YA 通电、2YA 断电，换向阀切换到左位工作，液压缸左腔进油，活塞又向右运动。这样往复变换换向阀的工作位置，就可自动变换活塞的运动方向。当 1YA 和 2YA 都断电时，活塞停止运动。

这种换向回路的优点是使用方便、价格便宜。其缺点是换向冲击力大，换向精度低，不易实现频繁的换向，工作可靠性差。

由于上述的特点，电磁换向阀的换向回路适用于低速、轻载和换向精度要求不高的场合。

（2）采用电液换向阀的换向回路

图 8-2 为采用电液换向阀的换向回路。当 1YA 通电时，三位四通电磁换向阀左位工作，控

制油路的压力油推动液动阀阀芯右移，液动阀处于左位工作状态，泵输出流量经液动阀输入到液压缸左腔，推动活塞右移。当1YA断电，2YA通电时，三位四通电磁换向阀换向，使液动阀也换向，液压缸右腔进油，推动活塞左移。

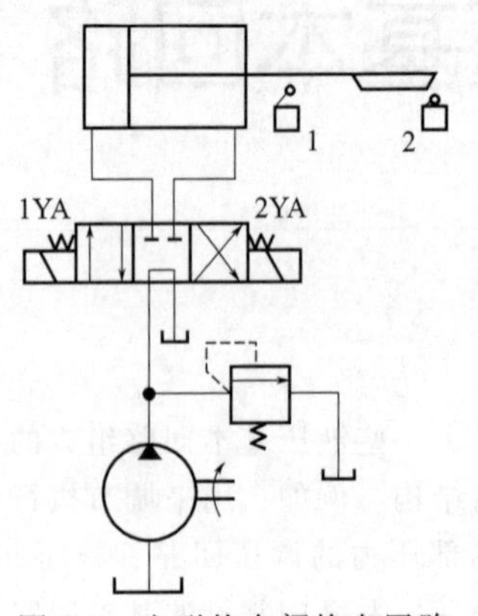

图 8-1 电磁换向阀换向回路

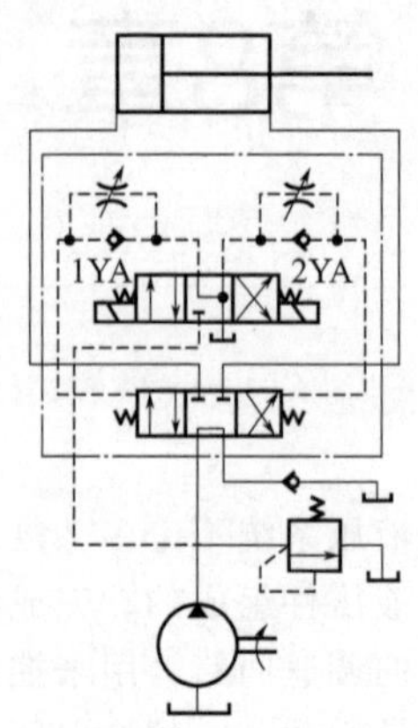

图 8-2 电液换向阀的换向回路

对于流量较大、换向平稳性要求较高的液压系统，除采用电液换向阀换向回路外，还经常采用手动、机动换向阀作为先导阀，以液动换向阀为主阀的换向回路。图 8-3 所示为手动换向阀作为先导阀控制液动换向阀的换向回路。回路中由辅助泵 2 提供低压控制油，通过手动换向阀来控制液动阀阀芯动作，以实现主油路换向。当手动换向阀处于中位时，液动阀在弹簧力作用下也处于中位，主油泵 1 卸荷。这种回路常用于要求换向平稳性高，且自动化程度不高的液压系统中。

图 8-4 是用行程换向阀作为先导阀控制液动换向阀的机动、液压操纵的换向回路。利用活塞上的撞块操纵行程阀 5 阀芯移动，来改变控制压力油的油流方向，从而控制二位四通液动换向阀阀芯移动方向，以实现主油路换向，使活塞正、反两方向运动。活塞上两个撞块不断地拨动二位四通行程阀 5，就可实现活塞自动地连续往复运动。图中减压阀 4 用于降低控制油路的压力，使液动换向阀 6 阀芯移动时得到合理的推力。二位二通电磁换向阀 3 用来使系统卸荷，当 1YA 通电时，液压泵 1 卸荷，液压缸停止运动。这种回路的特点是换向可靠，不像电磁阀换向时需要通过微动开关、压力继电器等中间环节，就可实现液压缸自动地连续往复运动。但行程阀必须配置在执行元件附近，不如电磁阀灵活。这种方法换向性能不佳：当执行元件运动速度过低时，会因瞬时失去动力，使换向过程终止；当执行元件运动速度过高时，又会因换向过快而引起换向冲击。

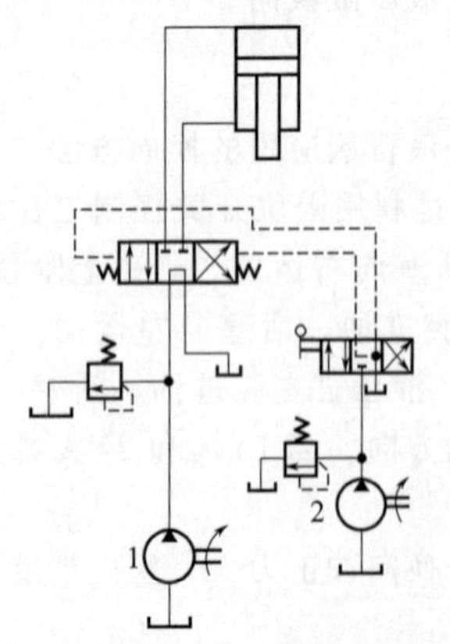

图 8-3 手动换向阀控制液动换向阀的换向回路

1—主油泵；2—辅助泵

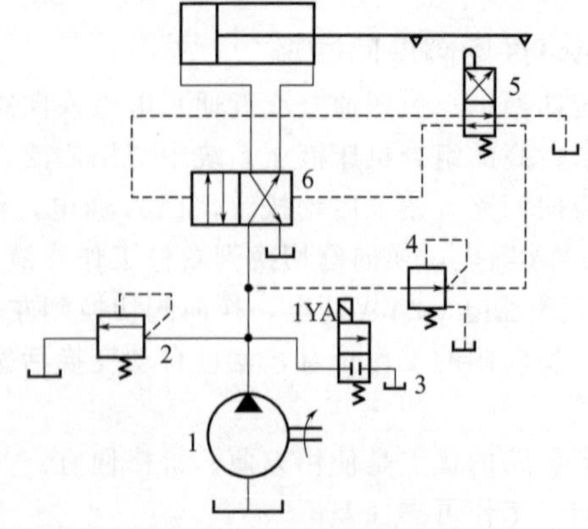

图 8-4 用行程换向阀控制液动换向阀的换向回路

1—主油泵；2—溢流阀；3—二位二通电磁换向阀；4—减压阀；5—二位四通行程阀；6—换向阀

(3) 采用双向变量泵的换向回路

在闭式回路中可用双向变量泵变更供油方向来直接实现液压缸（液压马达）换向。如图 8-5 所示，执行元件是单杆双作用液压缸 5，活塞向右运动时，其进油流量大于排油流量，双向变量泵 1 吸油侧流量不足，可用辅助泵 2 通过单向阀 3 来补充。变更双向变量泵 1 的供油方向，活塞向左运动时，排油流量大于进油流量，泵 1 吸油侧多余的油液通过由缸 5 进油侧压力控制的二位二通阀 4 和溢流阀 6 排回油箱。溢流阀 6 和 8 既可使活塞向左或向右运动时泵吸油侧有一定的吸入压力，又可使活塞运动平稳。溢流阀 7 是防止系统过载的安全阀。这种回路适用于压力较高、流量较大的场合。

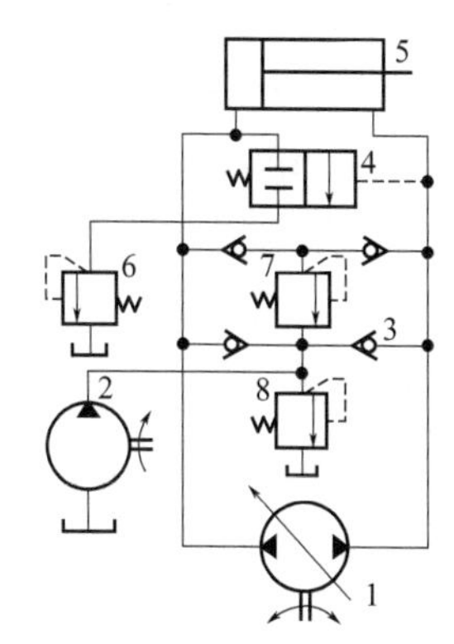

图 8-5　采用双向变量泵的换向回路

1—双向变量液压泵；2—辅助液压泵；3—单向阀；4—换向阀；5—液压缸；6～8—溢流阀

(4) 采用插装阀的换向回路

如图 8-6 所示为最简单的立式单作用柱塞缸的换向回路，柱塞的退回靠柱塞和滑块等运动部分本身的重量来实现。采用一个基本控制单元，两个方向插入元件由一个二位四通电磁阀作先导控制，控制油来自主系统。电磁铁断电时，阀 1 关，阀 2 开，柱塞下落；电磁铁通电时，阀 1 开，阀 2 关，柱塞上升，从它的功能看，相当于一个二位三通电液换向阀。

柱塞只能上升或下降，停在两端终点位置，不能停在行程中间的任意位置上。如果要求柱塞能够随意中途停止的话，则必须采用如图 8-7 所示的三位四通电磁阀进行控制。当电磁阀在中间位置时，阀 1 和阀 2 均关闭，液压缸锁闭，柱塞由缸内背压支承停止。因此，对应于电磁阀的 3 个工作位置，柱塞也有 3 种工作状态——上升、下降和停止。梭阀 4 的作用是当系统卸荷或其他液压缸工作造成压力管路 P 降压时保证阀 1 和阀 2 不会在阀体内反压作用下而自行开启，防止了柱塞自行下落。对于恒压系统，如带蓄能器系统或者液压泵始终不卸荷的中、低压系统，则自然可以不装这个梭阀。这个回路相当于一个三位三通电液换向阀。

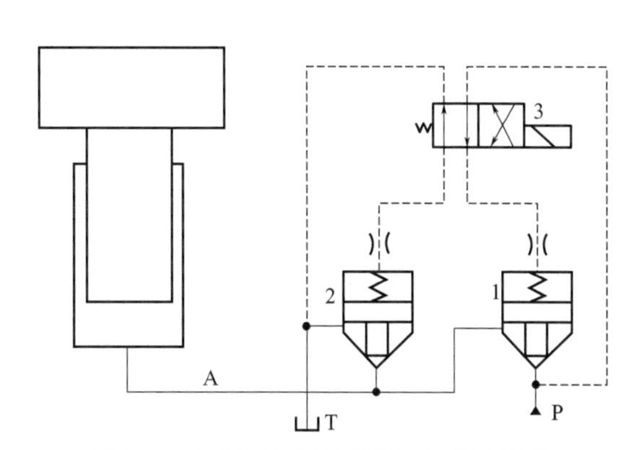

图 8-6　无中间位置的单作用缸换向回路

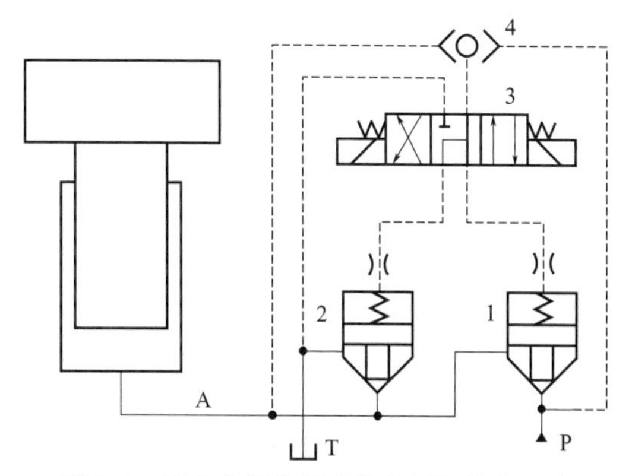

图 8-7　具有中间位置的单作用缸换向回路

8.1.2　锁紧回路

锁紧回路的功能是使液压执行机构能在任意位置停留，且不会因外力作用而移动位置。以下几种是常见的锁紧回路。

(1)用换向阀中位机能锁紧

图 8-8 所示为采用三位换向阀 O 型（也可用 M 型）中位机能锁紧的回路。其特点是结构简单，不需增加其他装置，但由于滑阀环形间隙泄漏较大，故其锁紧效果不太理想，一般只用于要求不太高或只需短暂锁紧的场合。

(2)用平衡阀锁紧

用平衡阀锁紧的回路在压力控制回路中的平衡回路中具体介绍。为保证锁紧可靠，必须注意平衡阀开启压力的调整。在采用外控平衡阀的回路中，还应注意采用合适换向机能的换向阀。

(3)用液控单向阀锁紧

图 8-9 所示为采用液控单向阀（又称双向液压锁）的锁紧回路。当换向阀 3 处于左工位时，压力油经左边液控单向阀 4 进入液压缸 5 左腔，同时通过控制口打开右边液控单向阀，使液压缸右腔的回油可经右边的液控单向阀及换向阀流回油箱，活塞向右运动；反之，活塞向左运动。到了需要停留的位置，只要使换向阀处于中位，因阀的中位为 H 型机能，所以两个液控单向阀均关闭，液压缸双向锁紧。由于液控单向阀的密封性好（线密封），液压缸锁紧可靠，其锁紧精度主要取决于液压缸的泄漏。这种回路被广泛应用于起重运输机械等有较高锁紧要求的场合。

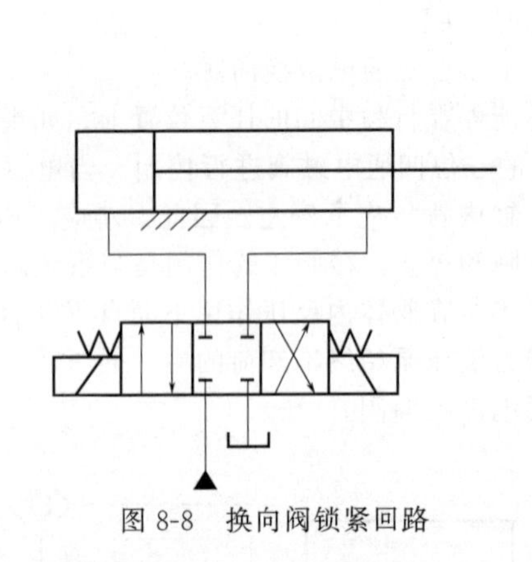

图 8-8 换向阀锁紧回路

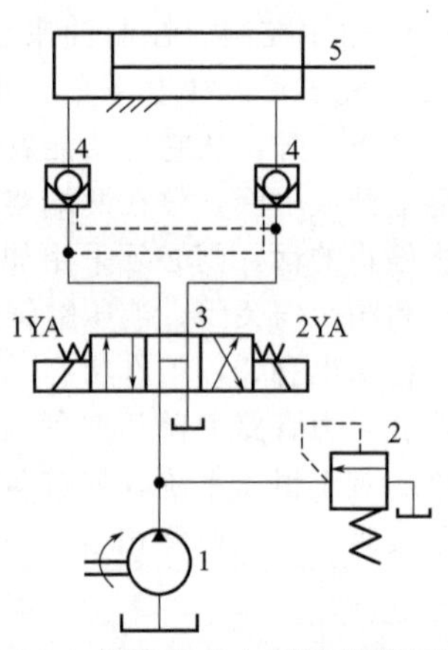

图 8-9 用液控单向阀的锁紧回路

(4)用制动器锁紧

上述几种锁紧回路都无法解决因执行元件内泄漏而影响锁紧的问题，特别是在用液压马达作为执行元件的场合，若要求完全可靠的锁紧，则可采用制动器。

一般制动器都采用弹簧上闸制动、液压松闸的结构。制动器液压缸与工作油路相通。当系统有压力油时，制动器松开；当系统无压力油时，制动器在弹簧力作用下上闸锁紧。制动器液压缸与主油路的连接方式有三种，如图 8-10 所示。

图 8-10(a) 中，制动器液压缸为单作用缸，它与起升液压马达的进油路相连接。采用这种连接方式，起升回路必须放在串联油路的最末端，即起升液压马达的回油直接通回油箱。若将该回路置于其他回路之前，则当其他回路工作而起升回路不工作时，起升液压马达的制动器也会被打开，因而容易发生事故。制动器回路中的单向节流阀的作用是：制动时快速，松闸时滞后。这样可防止开始起升负载时因松闸过快而造成负载先下滑然后再上升的现象。

图 8-10(b) 中，制动器液压缸为双作用缸，其两腔分别与起升液压马达的进、出油路相连接。这种连接方式使起升液压马达在串联油路中的布置位置不受限制，因为只有在起升液压马达工作时，制动器才会松闸。

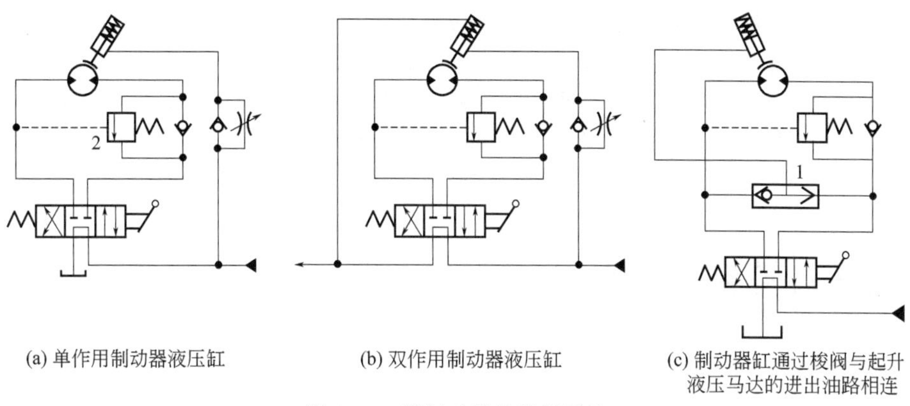

(a) 单作用制动器液压缸　(b) 双作用制动器液压缸　(c) 制动器缸通过梭阀与起升液压马达的进出油路相连

图 8-10 用制动器的锁紧回路

图 8-10（c）中，制动器缸通过梭阀 1 与起升液压马达的进出油路相连接。当起升液压马达工作时，不论是负载起升或下降，压力油均会经梭阀与制动器缸相通，使制动器松闸。为使起升液压马达不工作时制动器缸的油与油箱相通而使制动器上闸，回路中的换向阀必须选用 H 型机能的阀。显然，这种回路也必须置于串联油路的最末端。

8.1.3 制动回路

制动回路的功用是使执行元件平稳地由运动状态过渡到静止状态。这种回路应能够对过渡过程中油路出现的异常高压和负压迅速作出反应，制动时间尽可能短，冲击尽可能小。由于液压马达的旋转惯性较液压缸的惯性大得多，因此制动回路常在液压马达的制动中应用。

（1）采用溢流阀的制动回路

如图 8-11 所示为采用溢流阀的液压马达制动回路，在液压马达的回油路上串接一溢流阀 4。换向阀 2 左位接入回路时，液压马达由液压泵供油而旋转，液压马达的排油通过背压阀 3 流回油箱，背压阀的调定压力一般为 0.3～0.7MPa。当换向阀 2 右位接入回路时，马达经背压阀的回油路被切断，由于惯性负载作用，马达将继续旋转而转为泵工况，马达出口压力急剧增加，当压力超过溢流阀 4 的调定压力时溢流阀 4 打开，管路中的压力冲击得到缓解，马达在溢流阀 4 调定的背压下减速制动。同时泵在阀 3 调定压力下低压卸荷，并在马达制动时实现有压补油，使之不致吸空。溢流阀 4 的调定压力不宜调得过高，一般等于系统的额定工作压力。溢流阀 1 为系统安全阀。

（2）采用制动器的制动回路

图 8-12 所示回路也是液压马达制动回路，回路中采用常开式制动器，当需要制动时，辅助压力油进入制动缸使液压马达减速制动。图 8-12 为采用常闭式制动器的制动回路，制动器在弹

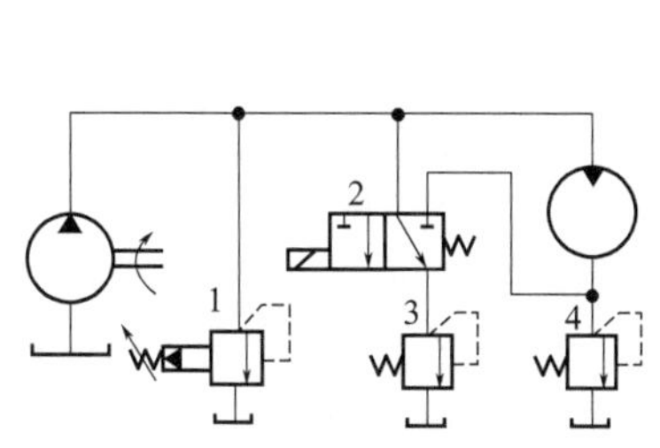

图 8-11 采用溢流阀的制动回路

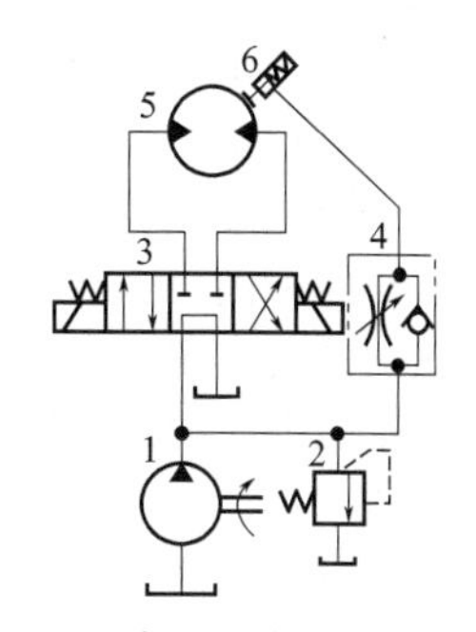

图 8-12 采用制动器的制动回路

簧作用下对液压马达进行制动，通入压力油后松开液压马达。回路中在制动器前串联一单向节流阀4是为了控制制动器6的开启时间，当开始向液压马达5供油时，制动器因节流阀的作用而延迟开启，保证马达的启动压力，使马达启动时有足够的输出转矩。当停止向液压马达供油时，由于单向阀的作用，制动器在弹簧作用下立即复位制动。这种回路常用于工程机械液压系统。

8.2 压力控制回路

压力控制回路在液压系统中不可缺少，它利用压力控制阀来控制或调节整个液压系统或液压系统局部油路上的工作压力，以满足液压系统不同执行元件对工作压力的不同要求。压力控制回路主要有调压回路、减压回路、增压回路、卸荷回路、保压回路、平衡回路等。

8.2.1 调压回路

调压回路用来调定或限制液压系统的最高工作压力，或者使执行元件在工作过程的不同阶段能够实现多种不同的压力变换。这一功能一般由溢流阀来实现。当液压系统工作时，如果溢流阀始终能够处于溢流状态，就能保持溢流阀进口的压力基本不变；如果将溢流阀并联在液压泵的出油口，就能达到使液压泵出口压力基本保持不变的目的。

（1）单级调压回路

单级调压回路中使用的溢流阀可以是直动式或先导型结构。图8-13所示为由先导式溢流阀1和远程调压阀3组成的基本调压回路。在转速一定的情况下，定量泵输出的流量基本不变。当改变节流阀2的开口大小来调节液压缸运动速度时，由于要排掉定量泵输出的多余流量，溢流阀1始终处于开启溢流状态，使系统工作压力稳定在溢流阀1调定的压力值附近，此时的溢流阀1在系统中作定压阀使用。若图8-13回路中没有节流阀2，则泵出口压力将直接随液压缸负载压力变化而变化，溢流阀1作安全阀使用。即当回路工作压力低于溢流阀1的调定压力时，溢流阀处于关闭溢流状态，此时系统压力由负载压力决定；当负载压力达到或超过溢流阀调定压力时，溢流阀处于开启溢流状态，使系统压力不再继续升高，溢流阀将限定系统最高压力，对系统起安全保护作用。如果在先导型溢流阀1的远控口处接上一个远程调压阀3，则回路压力可由阀3远程调节，实现对回路压力的远程调压控制。但此时要求主溢流阀1必须是先导型溢流阀，且阀1的调定压力（阀1中先导阀的调定压力）必须大于阀3的调定压力，否则远程调压阀3将不起远程调压作用。

（2）采用远程调压阀的多级调压回路

利用先导型溢流阀、远程调压阀和电磁换向阀的有机组合，能够实现回路的多级调压。图8-14所示为三级调压回路。主溢流阀1的远控口通过三位四通换向阀4可以分别接到具有不同调定压力的远程调压阀2和3上。当阀4处于左位时，阀2与阀1接通，此时回路压力由阀2调定；当阀4处于右位时，阀3与阀1接通，此时回路压力由阀3调定；当换向阀处于中位时，阀2和3都没有与阀1接通，此时回路压力由阀1来调定。这样就能实现液压系统在工作过程中三种不同工作压力的动态切换。在上述回路中，要求阀2和阀3的调定压力必须小于阀1的调定压力，其实质是用三个先导阀分别对一个主溢流阀进行控制，通过一个主溢流阀的工作，使系统得到三种不同的调定压力，并且三种调压情况下通过调压回路的绝大部分流量都经过阀1的主阀阀口流回油箱，只有极少部分经过阀2、阀3或阀1的先导阀流回油箱。多级调压对于动作复杂，负载、流量变化较大的系统的功率合理匹配、节能、降温具有重要作用。

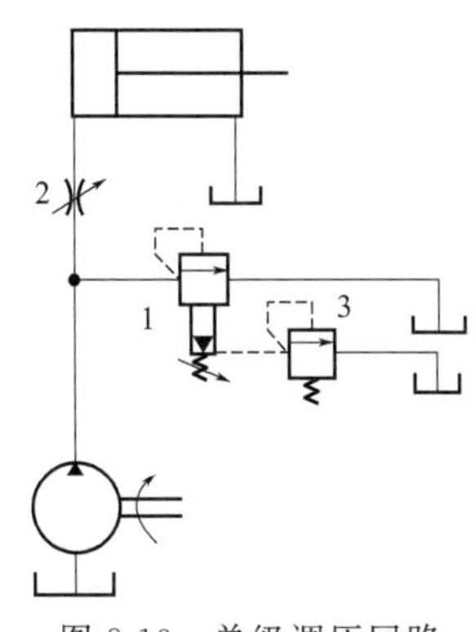

图 8-13 单级调压回路
1—溢流阀；2—节流阀；3—调压阀

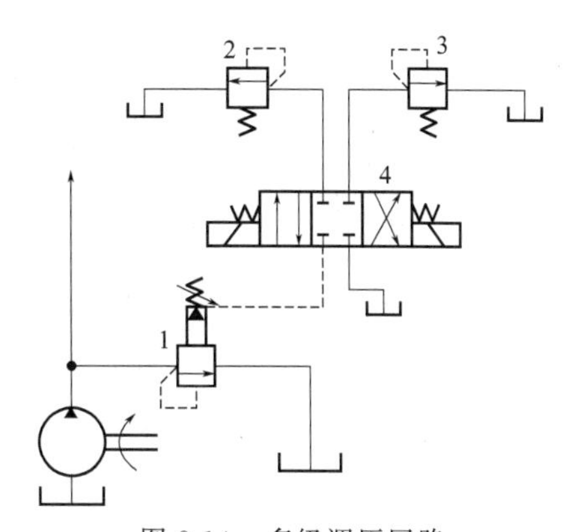

图 8-14 多级调压回路
1—溢流阀；2、3—调压阀；4—换向阀

(3) 采用电液伺服阀的压力控制回路

如图 8-15 所示，采用电液伺服阀的压力控制回路由液压泵、溢流阀、伺服阀、伺服放大器、压力传感器、液压缸等元件组成。当压力信号 u_i 输入后，它与压力传感器 F 的压力反馈信号 u_f 相比较，其偏差量（实际压力与给定压力的差值）经伺服放大器 AP 处理后产生电流 $\pm I$，输给伺服阀 SV，控制加载液压缸 C，这样就形成了电液伺服阀压力控制回路。加载液压缸的压力与指令信号一一对应。

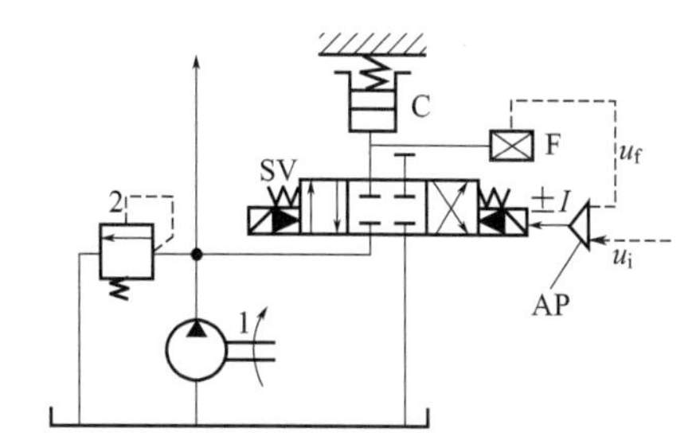

图 8-15 电液伺服阀压力控制回路
1—液压泵；2—溢流阀；F—压力传感器；C—加载液压缸；SV—伺服阀；AP—伺服放大器

(4) 采用电液比例阀的调压回路

与传统压力控制方式相比，电液比例压力控制可以实现无级压力控制，换言之，几乎可以实现任意的压力-时间（行程）曲线，并且可使压力控制过程平稳迅速。电液比例压力控制在提高系统技术性能的同时，可以大大简化系统油路结构。其缺陷是电气控制技术较为复杂，成本较高。

采用电液比例溢流阀可以构成比例调压回路，通过改变比例溢流阀的输入电信号，在额定值内任意设定系统压力（无级调压）。

比例调压回路的基本型式有两种。其一如图 8-16(a) 所示，用一个直动式电液比例溢流阀 2 与传统先导式溢流阀 3 的遥控口相连接，比例溢流阀 2 作远程比例调压，而传统先导式溢流阀 3 除作主溢流阀外，还起系统的安全阀作用。其二如图 8-16(b) 所示，直接用先导式电液比例溢流阀 5 对系统压力进行比例调节，电液比例溢流阀 5 的输入电信号为零时，可以使系统卸荷。接在阀 5 遥控口的传统直动式溢流阀 6，可以预防过大的故障电流输入，避免压力过高而损坏系统。图 8-16(c) 为电液比例控制所实现的压力-时间特性曲线。

(5) 采用插装阀的调压回路

液压缸工作压力的调整对插装阀系统来讲也是很方便的，只要基本控制单元的回油阀选用压力阀插入元件，配上相应的先导调压阀就可以实现液压缸各工作腔压力的单独调节，如图 8-17 所示。

方向阀插入元件同样也有限压的作用，当液压缸不需要单独调压时，可以利用插入元件 A、B、C 三腔间的压力平衡关系来达到控制液压缸最大工作压力的目的。例如差动缸的活塞腔加压时，由于两工作腔的面积差有可能造成活塞杆腔增压而发生事故，所以一般系统中常加溢流阀来防止这个可能。现在，不需任何措施便可达到，而且还有双重保护，如前文所述，既安全又简单。

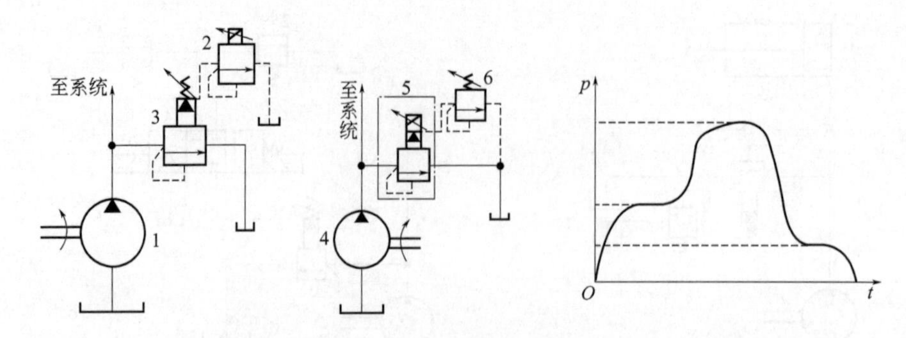

图 8-16 电液比例溢流阀的比例调压回路

1、4—定量液压泵；2—直动式电液比例溢流阀；3—传统先导式溢流阀；

5—先导式电液比例溢流阀；6—传统直动式溢流阀

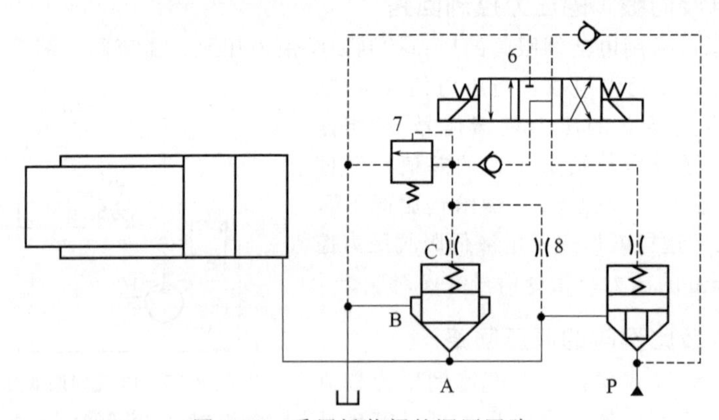

图 8-17 采用插装阀的调压回路

有时一个回路要求有几种调定压力，这时只要回油阀采用多级溢流阀的形式即可实现。如图 8-17 中，缸下腔可获得三级调压：高压由调压阀 7 调定，用作安全限压控制；中压由调压阀 6 调定，用作平衡控制；低压由阻尼塞 8 决定，用作自重快速下降时的背压控制（阻尼塞 8 可用另外一个先导调压阀代替）。

随着比例压力阀的发展，液压系统的压力控制变得更加方便和灵活了，在原压力阀插入元件上安装一个比例先导调压阀即可变为一个比例压力阀。随着输入电流的改变其调定压力也相应变化，可以实现无级调压，且压力转换十分平稳，消除了传统的多级调压控制时压力转换的超调和波动，调压精度高，稳定性好，还可实现远距离程序控制。

8.2.2 减压回路

液压系统的压力是根据系统主要执行元件的工作压力来设计的，当系统有较多的执行元件，且它们的工作压力又不完全相同时，在系统中就需要设计减压回路或增压回路来满足系统各部分不同的压力要求。减压回路的功能在于使系统某一支路上具有低于系统压力的稳定工作压力，如在机床的工件夹紧、导轨润滑及液压系统的控制油路中常需用减压回路。

（1）开关阀减压回路

最常见的减压回路是在所需低压的分支路上串联一个定值输出减压阀，如图 8-18(a) 所示。回路中的单向阀 3 用于防止当主油路压力由于某种原因低于减压阀 2 的调定值时，使液压缸 4 的压力受干扰而突然降低，达到液压缸 4 短时保压的作用。

图 8-18(b) 是二级减压回路。在先导型减压阀 2 的远控口上接入远程调压阀 6，当二位二通换向阀 5 处于图示位置时，缸 4 的压力由阀 2 的调定压力决定；当阀 5 处于右位时，缸 4 的压力由阀 6 的调定压力决定。阀 6 的调定压力必须低于阀 2 的。液压泵的最大工作压力由溢流阀 1 调定。减压回路也可以采用比例减压阀来实现无级减压。要使减压阀能稳定工作，其最低调整压力应高于 0.5MPa，最高调整压力应至少比系统压力低 0.5MPa。由于减压阀工作时存在阀口的压力损失和泄漏口的容积损失，故这种回路不宜在需要压力降低很多或流量较大的场合使用。

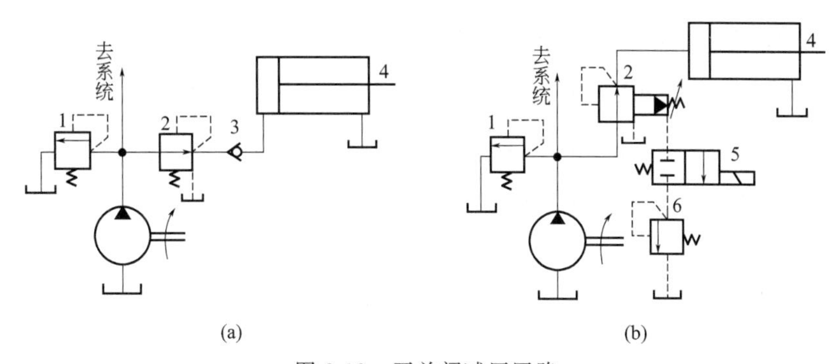

图 8-18　开关阀减压回路

1—溢流阀；2—减压阀；3—单向阀；4—液压缸；5—换向阀；6—调压阀

(2) 比例减压回路

采用电液比例减压阀可以构成电液比例减压回路，通过改变比例减压阀的输入电信号，在额定值内任意降低系统压力。

与电液比例调压回路一样，电液比例减压阀构成的电液比例减压回路基本形式也有两种，其一如图 8-19(a) 所示，用一个直动式电液比例压力阀 3 与传统先导式减压阀 4 的先导遥控口相连接，用比例减压阀 3 远程控制减压阀的设定压力，从而实现系统的分级变压控制，液压泵 1 的最大工作压力由溢流阀 2 设定。其二如图 8-19(b) 所示，直接用先导式电液比例减压阀 7 对系统压力进行减压调节，液压泵 5 的最大工作压力由溢流阀 6 设定。

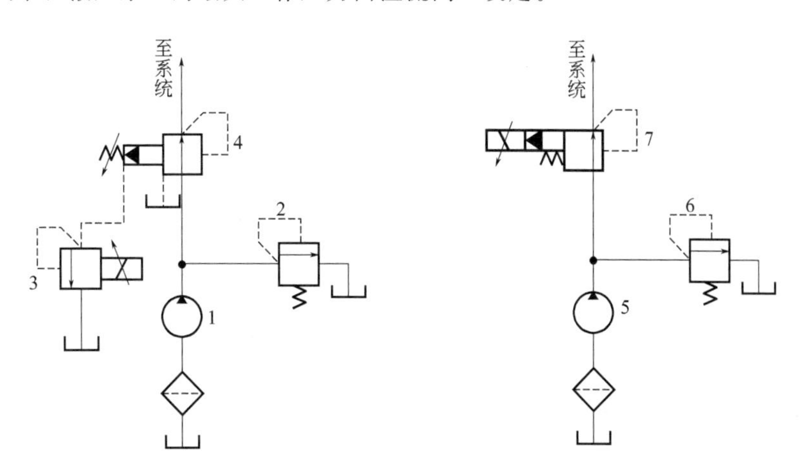

(a) 采用传统先导式减压阀和直动式电液比例减压阀　　(b) 采用先导式电液比例减压阀

图 8-19　电液比例减压阀的比例减压回路

1、5—定量液压泵；2、6—传统直动式溢流阀；3—直动式电液比例减压阀；
4—传统先导式减压阀；7—先导式电液比例减压阀

8.2.3 增压回路

目前国内外常规液压系统的最高压力等级只能达到32～40MPa，当液压系统需要高压力等级的油源时，可以通过增压回路等方法实现这一要求。增压回路用来使系统中某一支路获得比系统压力更高的压力油源。增压回路中实现油液压力放大的主要元件是增压器。增压器的增压比取决于增压器大、小活塞的面积之比。在液压系统中的超高压支路采用增压回路可以节省动力源，且增压器的工作可靠，噪声相对较小。

（1）单作用增压器增压回路

图8-20(a) 所示为单作用增压器的增压回路，它适用于单向作用力大、行程小、作业时间短的场合，如制动器、离合器等。其工作原理如下：当换向阀处于右位时，增压器1输出压力为$p_2=p_1A_1/A_2$的压力油进入工作缸2；当换向阀处于左位时，工作缸2靠弹簧力回程，高位油箱3的油液在大气压力作用下经油管顶开单向阀向增压器1右腔补油。采用这种增压方式，液压缸不能获得连续、稳定的高压油源。

（2）双作用增压器增压回路

图8-20(b) 所示为双作用增压器的增压回路，它能连续输出高压油，适用于增压行程要求较长的场合。当工作缸2向左运动遇到较大负载时，系统压力升高，油液经顺序阀4进入双作用增压器5，增压器活塞不论向左或向右运动，均能输出高压油，只要换向阀6不断切换，增压器2就不断往复运动，高压油就连续经单向阀7或8进入工作缸2右腔，此时单向阀9或10有效地隔开了增压器的高低压油路。工作缸2向右运动时增压回路不起作用。

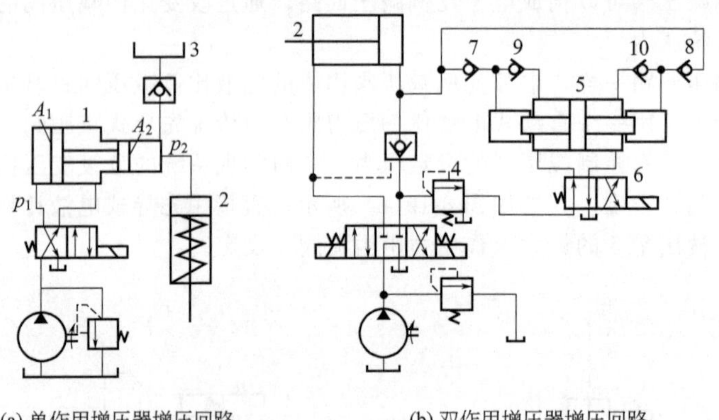

(a) 单作用增压器增压回路　　(b) 双作用增压器增压回路

图8-20　增压回路

1—增压器；2—工作缸；3—油箱；4—顺序阀；5—双作用增压器；6—换向阀；7～10—单向阀

8.2.4 卸荷回路

许多机电设备在使用时，执行装置并不是始终连续工作的，在执行装置工作间歇的过程中，一般设备的动力源却是始终工作的，以避免动力源频繁开停。当执行装置处在工作的间歇状态时，要设法让液压系统输出的功率接近于零，使动力源在空载状况下工作，以减少动力源和液压系统的功率损失，节省能源，降低液压系统发热，这种压力控制回路称为卸荷回路。

由液压传动基本知识可知：液压泵的输出功率等于压力和流量的乘积。因此使液压系统卸荷有两种方法：一种是将液压泵出口的流量通过液压阀的控制直接接回油箱，使液压泵接近零压的状况下输出流量，这种卸荷方式称为压力卸荷；另一种是使液压泵在输出流量接近零的状态下工作，此时尽管液压泵工作的压力很高，但其输出流量接近零，液压功率也接近零，这种卸荷方式称为流量卸荷。流量卸荷仅适于压力反馈变量泵系统。

（1）采用主换向阀中位机能的卸荷回路

在定量泵系统中，利用三位换向阀M、H型等中位机能的结构特点，可以实现泵的压力卸荷。如图8-21所示为采用M型中位机能的卸荷回路。这种卸荷回路的结构简单，但当压力较高、流量大时易产生冲击，一般用于低压、小流量场合。当流量较大时，可用液动或电液换向阀来卸荷，但应在其回油路上安装一个单向阀（作背压阀用），使回路在卸荷状况下，能够保持有0.3～0.5MPa控制压力，实现卸荷状态下对电液换向阀的操纵。但这样会增加一些系统的功率损失。

（2）采用二位二通电磁换向阀的卸荷回路

如图8-22所示为采用二位二通电磁换向阀的卸荷回路。在这种卸荷回路中，主换向阀的中位机能为O型，利用与液压泵和溢流阀同时并联的二位二通电磁换向阀的通与断，实现系统的卸荷与保压功能。但要注意二位二通电磁换向阀的压力和流量参数要完全与对应的液压泵相匹配。

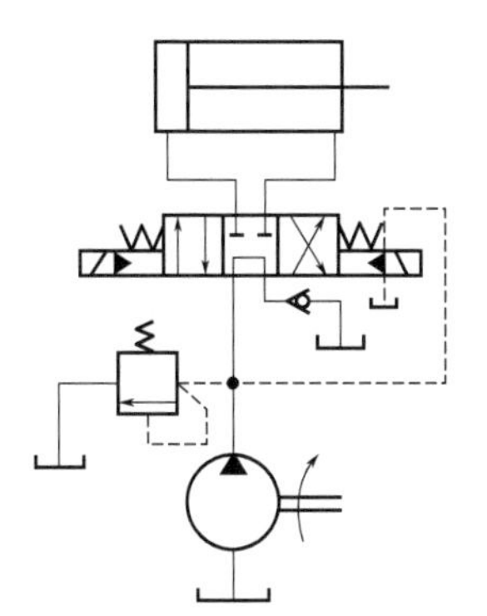

图8-21 用主换向阀中位机能的卸荷回路

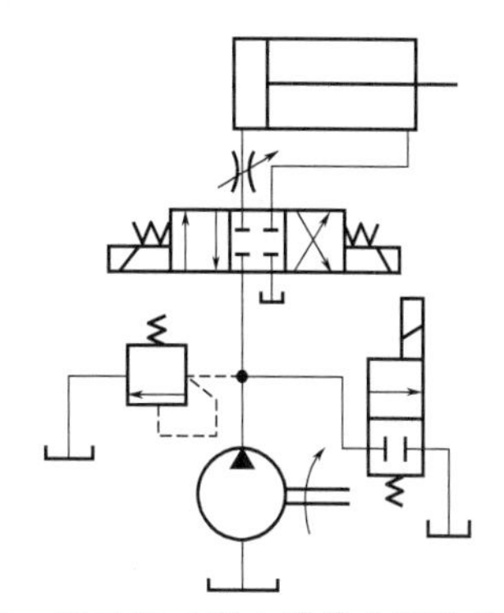

图8-22 用二位二通电磁换向阀的卸荷回路

（3）采用先导型溢流阀和电磁阀组成的卸荷回路

图8-23所示为采用二位二通电磁阀控制先导型溢流阀的卸荷回路。当先导型溢流阀1的远控口通过二位二通电磁阀2接通油箱时，阀1的溢流压力为溢流阀的卸荷压力，使液压泵输出的油液以很低的压力经溢流阀1和阀2回油箱，实现泵的卸荷。为防止系统卸荷或升压时产生压力冲击，一般在溢流阀远控口与电磁阀之间可设置阻尼孔3。这种卸荷回路可以实现远程控制，同时二位二通电磁阀可选用小流量规格，其卸荷时的压力冲击较采用二位二通电磁换向阀卸荷的冲击小一些。

（4）采用限压式变量泵的流量卸荷回路

利用限压式变量泵压力反馈来控制流量变化的特性，可以实现流量卸荷。如图8-24所示，当液压缸3活塞运动到行程终点或换向阀2处于中位时系统暂不需要流量输出，因此，限压式变量泵1的出口被堵死，造成泵1出口的压力不断升高。这种压力的升高反馈回泵1中使得泵的定子和转子的偏心距不断减少。引起泵1出口的流量不断减少。当泵1出口压力接近压力限定螺钉调定的极限值时，泵1定子和转子的偏心距接近于零，此时，泵1的输出流量全部用来补充液压泵、液压缸、换向阀等处的内泄漏，即此时泵1在压力很高、流量接近零的状态下工作，实现回路的保压卸荷。系统中的溢流阀4作安全阀用，以防止泵的压力补偿装置的零漂和动作滞缓导致的系统压力异常。这种回路在卸荷状态下具有很高的控制压力，特别适合各类成形加工机床模具的合模保压控制，使机床的液压系统在卸荷状态下实现保压，有效减少了系统的功率配置，极大地降低了系统的功率损失和发热损耗。

（5）利用蓄能器保压的卸荷回路

图 8-25 所示为系统利用蓄能器在使液压缸保持工作压力的同时实现系统卸荷的回路。当回路压力上升到卸荷溢流阀 2 的调定值时，定量泵通过阀 2 卸荷，此时单向阀 4 反向关闭，由充满压力油的蓄能器 3 向液压缸供油，补充系统泄漏，以保持系统压力；当泄漏引起的回路压力下降到低于卸荷溢流阀 2 的调定值时，阀 2 自动关闭，液压泵恢复向系统供油。

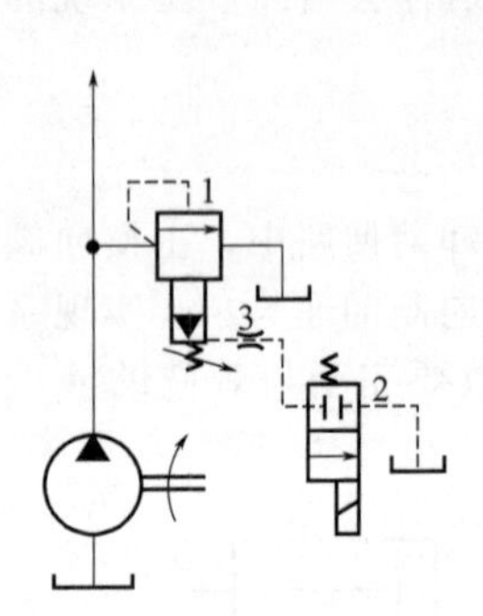

图 8-23 先导型溢流阀和电磁阀组成的卸荷回路
1—溢流阀；2—二位二通电磁阀；3—阻尼孔

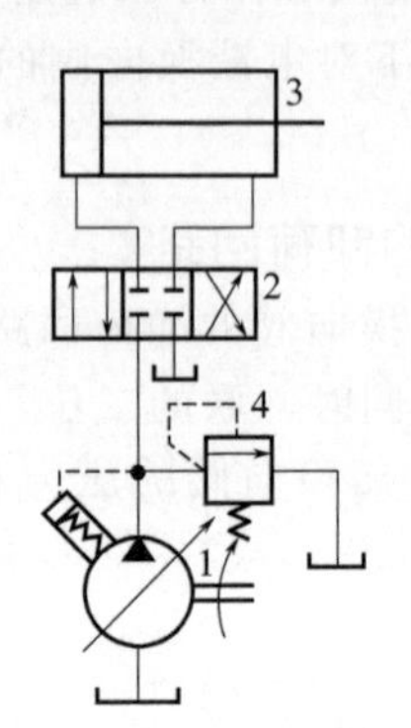

图 8-24 限压式变量泵卸荷回路
1—变量泵；2—换向阀；3—液压缸；4—溢流阀

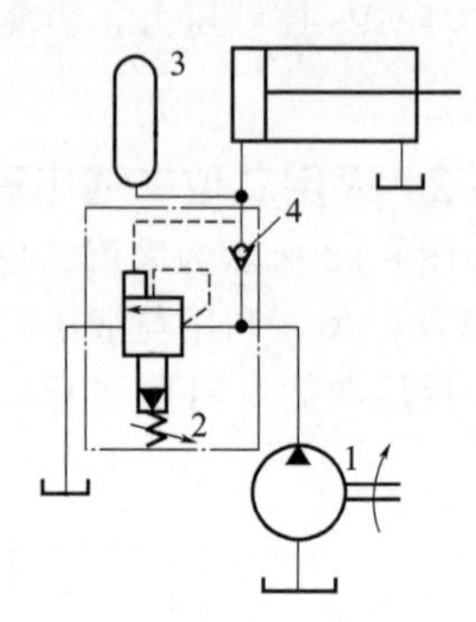

图 8-25 利用蓄能器保压的卸荷回路
1—定量泵；2—溢流阀；3—蓄能器；4—单向阀

8.2.5 保压回路

保压回路如图 8-26 所示，它的功能在于使系统在液压缸加载不动或因工件变形而产生微小位移的工况下能保持稳定不变的压力，并且使液压泵处于卸荷状态。保压性能的两个主要指标为保压时间和压力稳定性。

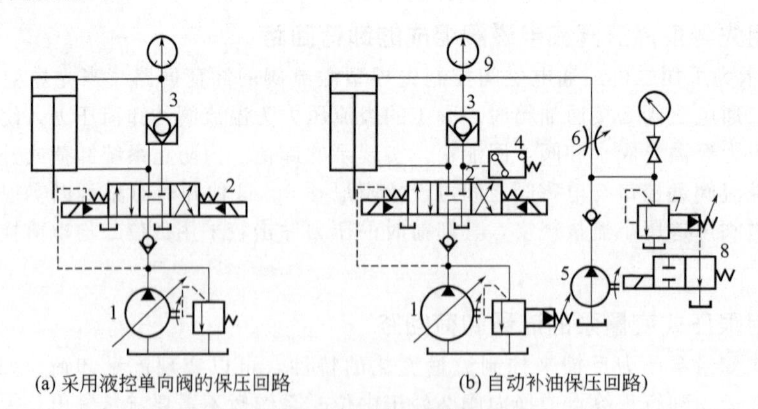

(a) 采用液控单向阀的保压回路　(b) 自动补油保压回路)

图 8-26 保压回路
1—液压泵；2、8—换向阀；3—单向阀；4—压力继电器；5—小流量高压阀；6—节流阀；7—溢流阀；9—压力计

（1）采用液控单向阀的保压回路

图 8-26(a) 所示为采用密封性能较好的液控单向阀 3 的保压回路，但阀座的磨损和油液的污染会使保压性能降低。它适用于保压时间短、对保压稳定性要求不高的场合。

（2）自动补油保压回路

图 8-26(b) 所示为采用液控单向阀 3、电接触式压力计 9 的自动补油保压回路，它利用了液控单向阀结构简单并具有一定保压性能的长处，避开了直接用泵供油保压而大量消耗功率的缺点。当换向阀 2 右位接入回路时，活塞下降加压；当压力上升到压力计 9 上限触点调定压力时，电接触式压力计发出电信号，使换向阀 2 中位接入回路，泵 1 卸荷，液压缸由液控单向阀 3 保压；当压力下降至电接触式压力计 9 下限触点调定压力时，电接触式压力计发出电信号，使换向阀 2 右位接入回路，泵 1 又向液压缸供油，使压力回升。这种回路保压时间长、压力稳定性高，液压泵基本处于卸荷状态，系统功率损失小。

（3）采用辅助泵或蓄能器的保压回路

如图 8-26(b) 所示，在回路中可增设一台小流量高压泵 5 作为辅助泵。当液压缸加压完毕要求保压时，由压力继电器 4 发出信号，使换向阀 2 中位接入回路，主泵 1 实现卸荷。同时二位二通换向阀 8 处于左位，由泵 5 向封闭的保压系统供油，维持系统压力稳定。由于辅助泵只需补偿系统的泄漏量，可选用小流量泵，尽量减少系统的功率损失。泵 5 保压的压力由溢流阀 7 确定。如果用蓄能器来代替辅助泵 5 也可以达到上述目的。

8.2.6 平衡回路

许多机床或机电设备的执行机构是沿垂直方向运动的，这些机床设备的液压系统无论在工作时或停止时，始终都会受到执行机构较大重力负载的作用，如果没有相应的平衡措施将重力负载平衡掉，将会造成机床设备执行装置的自行下滑或操作时的动作失控，其后果将十分危险。平衡回路的功能在于使液压执行元件的回油路上始终保持一定的背压力，以平衡掉执行机构重力负载对液压执行元件的作用力，使之不会因自重作用而自行下滑，实现液压系统对机床设备动作的平稳、可靠控制。

（1）采用单向顺序阀的平衡回路

图 8-27(a) 所示为采用单向顺序阀的平衡回路。调整顺序阀，使其开启压力与液压缸下腔作用面积的乘积稍大于垂直运动部件的重力。当活塞下行时，由于回油路上存在一定的背压来支承重力负载，只有在活塞的上部具有一定压力时活塞才会平稳下落；当换向阀处于中位时，活塞停止运动，不再继续下行。此处的顺序阀又被称作平衡阀。在这种平衡回路中，顺序阀调整压力调定后，若工作负载变小，则泵的压力需要增加，将使系统的功率损失增大。滑阀结构的顺序阀和换向阀存在内泄漏，活塞很难长时间稳定停在任意位置，且会造成重力负载装置下滑，故这种回路适用于工作负载固定且液压缸活塞锁定定位要求不高的场合。

（2）采用液控单向阀的平衡回路

如图 8-27(b) 所示。由于液控单向阀 1 为锥面密封结构，其闭锁性能好，能够保证活塞较长时间在停止位置处不动。在回油路上串联单向节流阀 2，用于保证活塞下行运动的平稳性。假如回油路上没有串联节流阀 2，活塞下行时液控单向阀 1 被进油路上的控制油打开，由于回油腔没有背压，运动部件因自重而加速下降，造成液压缸上腔供油不足而压力降低，使液控单向阀 1 因控制油路降压而关闭，加速下降的活塞突然停止；阀 1 关闭后控制油路又重新建立起压力，阀 1 再次被打开，活塞再次加速下降。这样不断重复，液控单向阀时开时闭，使活塞一路抖动向下运动，并产生强烈的噪声、振动和冲击。

（3）采用远控平衡阀的平衡回路

在工程机械液压系统中常采用图 8-27(c) 所示的远控平衡阀的平衡回路。这种远控平衡阀是一种特殊阀口结构的外控顺序阀，它不但具有很好的密封性，能起到对活塞长时间的锁闭定位作

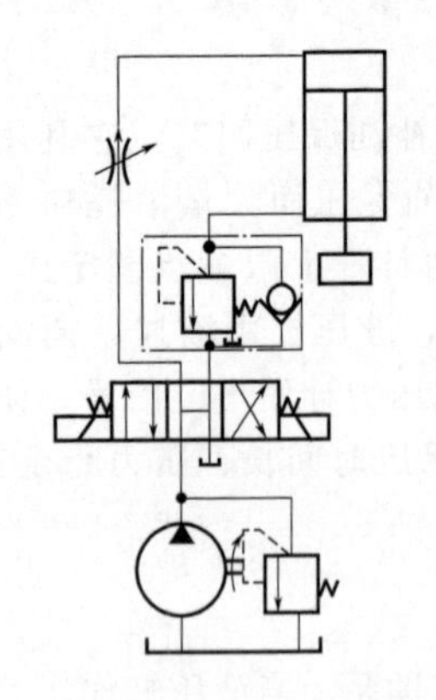

(a) 采用单向顺序阀的平衡回路

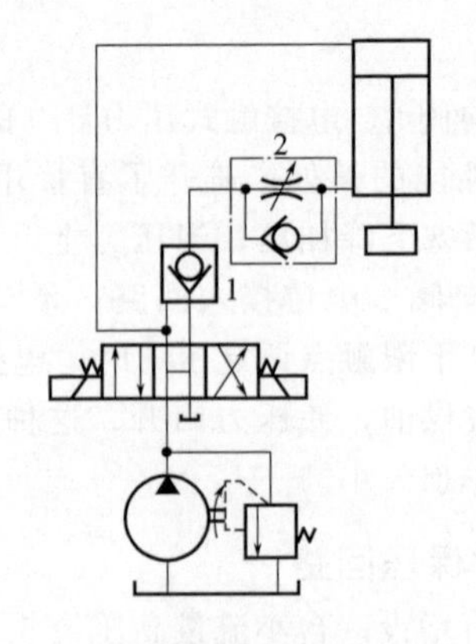

(b) 采用液控单向阀的平衡回路

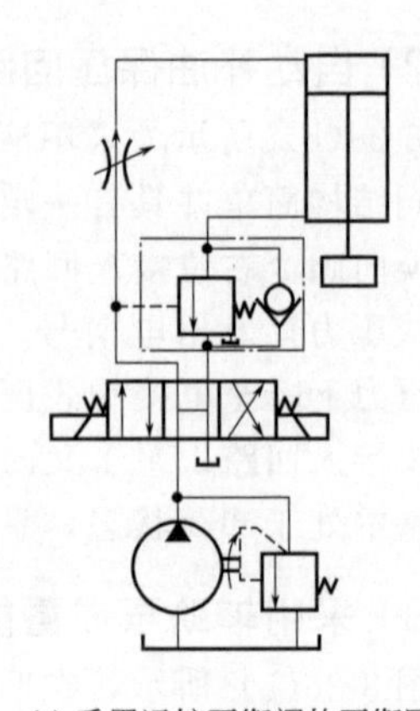

(c) 采用远控平衡阀的平衡回路

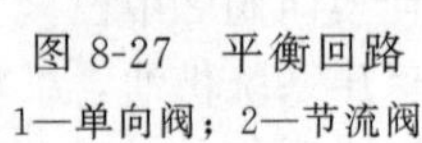

图 8-27 平衡回路

1—单向阀；2—节流阀

用，而且阀口开口大小能自动适应不同载荷对背压压力的要求，保证了活塞下降速度的稳定性不受载荷变化影响。这种远控平衡阀又称为限速锁。

8.3 速度控制回路

液压系统中用以控制调节执行元件运动速度的回路，称为速度控制回路。速度控制回路是液压系统的核心部分，其工作性能的好坏对整个系统性能起着决定性的作用。这类回路主要包括调速回路及快速运动回路。

调速回路的作用是调节执行元件的工作速度。在液压系统中，液压执行元件的主要形式是液压缸和液压马达，它们的工作速度或转速与其输入的流量及其相应的几何参数有关。在不考虑管路变形、油液压缩性和回路各种泄漏因素的情况下，液压缸和液压马达的速度存在如下关系

液压缸的速度
$$v=\frac{q}{A} \tag{8-1}$$

液压马达的转速
$$n=\frac{q}{V_M} \tag{8-2}$$

式中 q——输入液压缸或液压马达的流量；

A——液压缸的有效作用面积；

V_M——液压马达的排量。

由上面两式可知，要调节液压缸或液压马达的工作速度，可以改变输入执行元件的流量，也可以改变执行元件的几何参数。对于几何尺寸已经确定的液压缸和定量马达来说，要想改变其有效作用面积或排量是困难的，因此，一般只能用改变输入液压缸或定量液压马达流量大小的办法来对其进行调速。对变量液压马达来说，既可采用改变输入其流量的办法来调速，也可采用在其输入流量不变的情况下改变液压马达排量的办法来调速。对于比例调速回路，通过改变执行器的进/出流量或改变液压泵及执行元件的排量即可实现液压执行元件的速度控制。因此，常用的调速回路有节流调速、容积调速和容积节流调速三种。

8.3.1 节流调速回路

当液压系统采用定量泵供油，且泵的转速基本不变时，泵输出的流量 q_p 基本不变，其与负载的变化以及速度的调节无关。要想改变输入液压执行元件的流量 q_1，就必须在泵的出口处并

联一条装有溢流阀的支路，将液压执行元件工作时多余流量 $\Delta q=q_p-q_1$，经过溢流阀或流量阀流回油箱，这种调速方式称为节流调速回路。它主要由定量泵、执行元件、流量控制阀（节流阀、调速阀等）和溢流阀等组成，其中流量控制阀起流量调节作用，溢流阀起调定压力（溢流时）或过载安全保护（关闭时）作用。

定量泵节流调速回路根据流量控制阀在回路中安放位置的不同，分为进油节流调速、回油节流调速、旁路节流调速三种基本形式。回路中的流量控制阀可以采用节流阀或调速阀进行控制，因此这种调速回路有多种形式。

（1）进油节流调速回路

将节流阀串联在液压泵和液压缸之间，用它来控制进入液压缸的流量达到调速目的，即为进油节流调速回路，如图 8-28 所示。定量泵多余油液通过溢流阀回油箱。由于溢流阀处在溢流状态，定量泵出口的压力 P_B 为溢流阀的调定压力，且基本保持定值，与液压缸负载的变化无关。调节节流阀通流面面积，即可改变通过节流阀的流量，从而调节缸的速度。

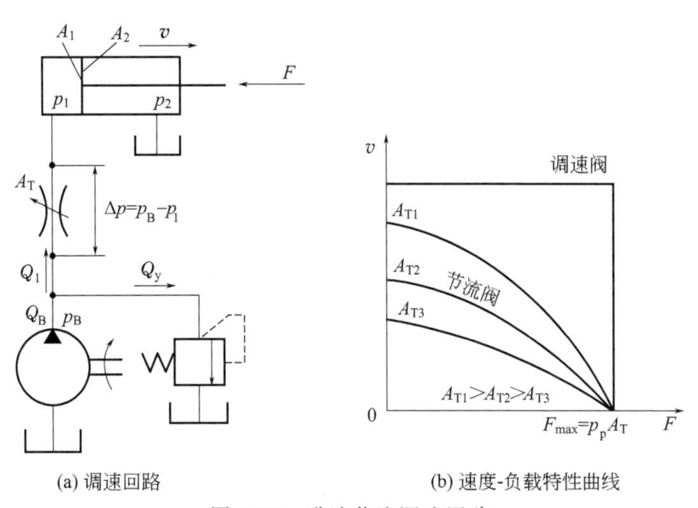

(a) 调速回路　　(b) 速度-负载特性曲线

图 8-28　进油节流调速回路

设 p_1、p_2 分别为缸的进油腔和回油腔的压力，由于回油腔直接通油箱，故 $p_2\approx 0$；F 为缸的负载；通过节流阀的流量为 Q_1；泵的出口压力为 p_p；A_T 为节流阀孔口截面积；C_q 为流量系数；ρ、μ 分别为液体密度和动力黏度；d、L 分别为细长孔直径和长度；K 为节流系数（对薄壁小孔 $K=C_q\sqrt{2/\rho}$，对细长孔 $K=d^2/(32\mu L)$；m 为孔口形状决定的指数（$0.5\leqslant m\leqslant 1$，对薄壁孔 $m=0.5$，对细长孔 $m=1$），则缸的运动速度为：

$$v=\frac{Q_1}{A_1}=\frac{KA_T}{A_1}\left(p_p-\frac{F}{A_1}\right)^m \tag{8-3}$$

式(8-3) 即为进油节流调速回路的负载特性方程。按式(8-3) 选用不同的 A_T 值，可作出一组速度-负载特性曲线，如图 8-28(b) 所示。曲线表明速度随负载变化的规律，曲线越陡，表明负载变化对速度的影响越大，即速度刚度越小。由图 8-28(b) 可以看出：

① 当节流阀流通面积 A_T 一定时，重载区比轻载区的速度刚度小。

② 在相同负载下工作时，节流阀通流面积大的比小的速度刚度小，即速度高时速度刚度差。

③ 多条特性曲线交汇于横坐标轴上的一点，该点对应的 F 值即为最大负载，这说明最大承载能力 F_{max} 与速度调节无关，因最大负载时缸停止运动（$v=0$），故由式(8-3) 可知该回路的最大承载能力为 $F_{max}=p_pA_1$。

可见，进油节流调速回路适用于轻载、低速、负载变化不大和对速度稳定性要求不高的小功率场合。

（2）回油节流调速回路

用溢流阀及串联在执行元件回油路上的流量阀，来调节进入执行元件的流量，从而调节执行元件运动速度的系统（图 8-29）。缸的运动速度为：

$$v=\frac{Q_2}{A_2}=\frac{KA_T}{A_{12}}\left(p_p\frac{A_1}{A_2}-\frac{F}{A_2}\right)^2 \tag{8-4}$$

式中 A_2——液压缸有杆腔的有效面积；

Q_2——通过节流阀的流量。

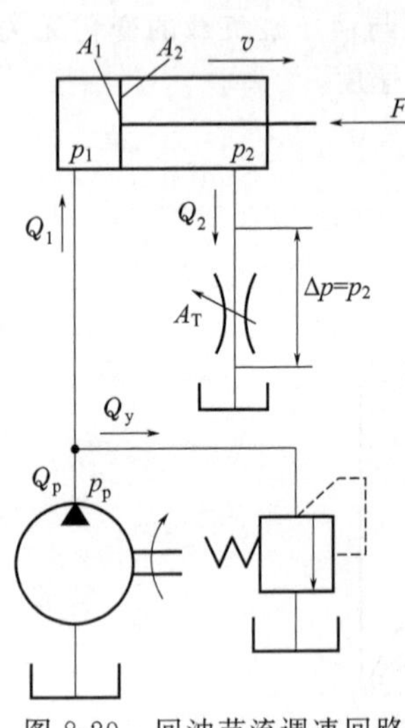

图 8-29 回油节流调速回路

比较式(8-3) 和式(8-4) 可以发现，回油节流调速与进油节流调速的速度-负载特性及速度刚度基本相同。若缸两腔有效工作面积相同，则两种节流调速回路的速度-负载特性和速度刚度就完全一样。因此，前面对进油节流调速回路的分析和结论都适用于本回路。但也有不同之处：

① 回油节流调速回路的流量阀使缸的回油腔形成一定的背压（$p_2\neq0$），因而能承受负值负载，并提高了缸的速度平稳性。

② 进油节流调速回路容易实现压力控制。因当工作部件在行程终点碰到挡铁后，缸的进油腔油压会上升到与泵压相等。利用这个压力变化，可使并联于此处的压力继电器发出信号，对系统的下步动作实现控制。而在回油节流调速时，进油腔压力没有变化，不易实现压力控制。

③ 若回路使用单出杆缸，无杆腔进油流量大于有杆腔回油流量，故在缸径、缸速相同的情况下，进油节流调速回路的流量阀开口较大，低速时不易堵塞。因此进油节流调速回路能获得更低的稳定速度。

④ 长期停车后缸内油液会流回油箱，当泵重新向缸供油时，在回油节流调速回路中，由于进油路上没有流量阀控制流量，会使活塞前冲；而在进油节流调速回路中，活塞前冲很小，甚至没有前冲。

⑤ 发热及泄漏对进油节流调速的影响均大于回油节流调速。

为了提高回路的综合性能，一般常采用进油节流调速，并在回油路上加背压阀，使其兼具二者的优点。

（3）旁路节流调速回路

将流量阀接在与执行元件并联的旁油路上的调速回路，即旁路节流调速回路，如图 8-30(a) 所示。通过调节节流阀的通流面积，来控制泵溢回油箱的流量，即可实现调速。由于溢流已由节流阀承担，故溢流阀实为安全阀，常态时关闭，过载时打开，其调定压力为最大工作压力的 1.1～1.2 倍，故泵工作过程中的压力随负载而变化。设泵的理论流量为 Q_1，泵的泄漏系数为 k_1，其他符号意义同前，则缸的运动速度为：

$$v=Q_1/A_1=[Q_t-k_1(F/A_1)-KA_T(F/A_1)^m]/A_1 \tag{8-5}$$

选取不同的 A_T 值，按式(8-5) 即可作出一组速度-负载特性曲线，如图 8-30(b) 所示。由曲线可见：当节流阀通流面积一定而负载增加时，速度下降较前两种调速回路更为严重，即特性很软，速度稳定性很差；在重载高速时，速度刚度较好，这与前两种调速回路恰好相反。其最大承载能力随节流口 A_T 的增加而减小，即旁路节流调速回路的低速承载能力很差，调速范围也小。

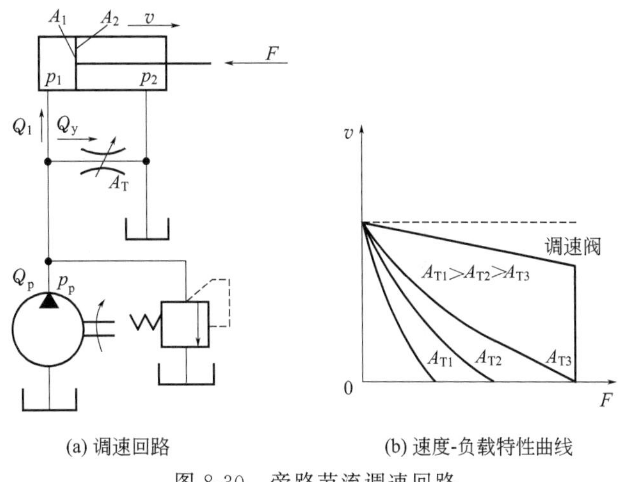

(a) 调速回路　　(b) 速度-负载特性曲线

图 8-30 旁路节流调速回路

这种回路只有节流损失而无溢流损失。泵压随负载变化，即节流损失和输入功率随负载而变。因此，此回路比前两种调速回路效率高。

旁路节流调速回路只适用于高速、重载和对速度稳定性要求不高的较大功率系统，如牛头刨床主运动系统、输送机械液压系统等。

（4）比例节流调速回路

比例节流调速回路采用定量泵供油，利用电液比例流量阀（节流阀或调速阀）或比例方向阀等作为节流控制元件，通过改变节流口的开度，即改变进/出执行器的流量来调速，并且可以很方便地按照生产工艺及设备负载特性的要求，实现一定的速度控制规律。与传统手调阀的速度控制相比，既可以大大简化控制回路及系统，又能改善控制性能，而且安装、使用和维护都较方便。

图 8-31 为电液比例节流阀的节流调速回路，图 8-31(a) 为进口节流调速，图 8-31(b) 为出口节流调速，图 8-31(c) 为旁路节流调速，其结构与功能的特点与传统节流阀的调速回路大体相同。所不同的是，电液比例调速可以实现开环或闭环控制，可以根据负载的速度特性要求，以更高精度实现执行器各种复杂的速度控制。将节流阀换为比例调速阀，即构成电液比例调速阀的节流调速回路。与采用节流阀相比，由于比例调速阀具有压力补偿功能，所以采用比例调速阀的节流调速回路时执行器的速度负载特性即速度平稳性要好。

8.3.2 容积调速回路

容积调速回路是通过改变液压泵或液压马达排量，使液压泵的全部流量直接进入执行元件来调节执行元件的运动速度。由于容积调速回路中没有流量控制元件，回路工作时液压泵与执行元件（马达或缸）的流量完全匹配，因此这种回路没有溢流损失和节流损失，回路的效率高，发热少，适用于大功率液压系统。

容积调速回路按其油路循环的方式不同，分为开式循环回路和闭式循环回路两种形式。

回路工作时，液压泵从油箱中吸油，经过回路工作以后的热油流回油箱，使热油在油箱中停留一段时间，达到降温、沉淀杂质、分离气泡之目的。这种油路循环的方式称为开式循环。开式循环回路的结构简单，散热性能较好。但回路的结构相对较松散，空气和脏物容易侵入系统，会影响系统的工作。

回路工作时，管路中的绝大部分油液在系统中被循环使用，只有少量的液压油通过补油液压泵从油箱中吸油进入到系统中，实现系统油液的降温、补油，这种油路循环的方式称为闭式循

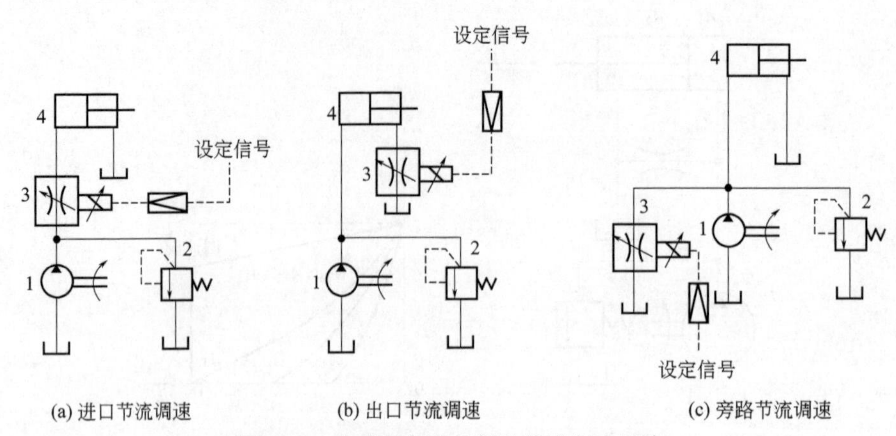

图 8-31 电液比例节流阀的节流调速回路

1—定量液压泵；2—溢流阀；3—电液比例调速阀；4—液压缸

环。闭式循环回路的结构紧凑，回路的封闭性能好，空气与脏物较难进入。但回路的散热性能较差，要配有专门的补油装置进行泄漏补偿，置换掉一些工作的热油，以维持回路的流量和温度平衡。

容积调速回路按变量元件不同可分为三种：变量泵-缸（定量马达）调速回路、定量泵-变量马达调速回路、变量泵-变量马达调速回路。

（1）变量泵-缸（定量马达）调速回路

图 8-32(a) 为变量泵-缸容积调速回路，改变变量泵 1 的排量可实现对缸的无级调速。单向阀 3 用来防止停机时油液倒流进入油箱和空气进入系统。

图 8-32(b) 为变量泵-定量马达容积调速回路。此回路为闭式回路，补油泵 8 将冷油送入回路，而从溢流阀 9 溢出回路中多余的热油，进入油箱冷却。

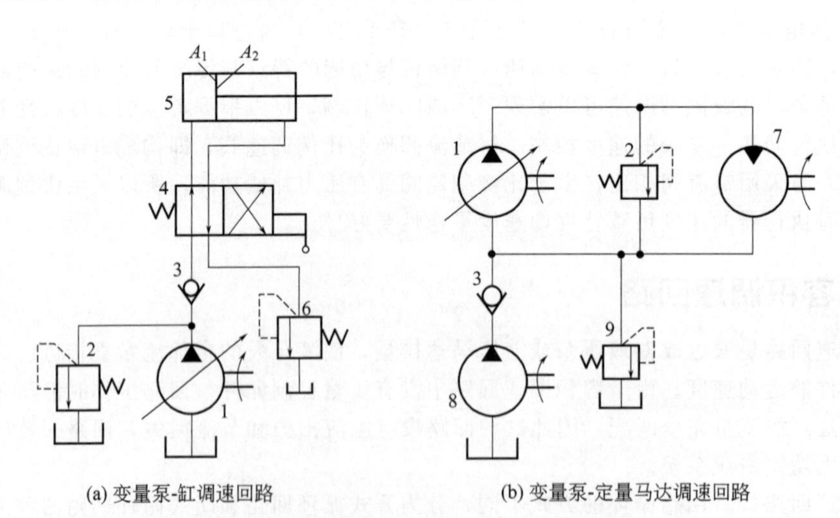

图 8-32 变量泵-缸（定量马达）调速回路

1—变量泵；2—安全阀；3—单向阀；4—换向阀；5—液压缸；6—背压阀；7—定量马达；8—补油泵；9—溢流阀

① 执行元件的速度-负载特性　这种回路泵的转速 n_p 和活塞面积 A_1（马达排量 V_M）为常数，当不考虑泵以外的元件和管道的泄漏时，执行元件的速度 v 为：

$$v=\frac{Q_p}{A_1}=\frac{Q_t-\frac{k_1F}{A_1}}{A_1} \tag{8-6}$$

式中 Q_p——变量泵的输出流量；

Q_t——变量泵的理论流量；

k_1——变量泵的泄漏系数；

F——负载。

将式(8-6) 按不同的 Q_t 值可作出一组平行直线，即速度-负载特性曲线（图 8-33）。由图可见，由于变量泵有泄漏，执行元件运动速度 v 会随负载 F 的加大而减小，即速度刚性要受负载变化的影响。负载增大到某值时，执行元件停止运动，如图 8-33(a) 所示，表明这种回路在低速下的承载能力很差。所以，在确定该回路的最低速度时，应将这一速度排除在调速范围之外。

② 执行元件的输出力 F（或转矩 T_M）和功率 P_M　如图 8-33(b) 所示，改变泵排量 V_p 可使 n_M 和 P_M 成比例地变化。输出转矩（或力）及回路的工作压力 p 都由负载决定，不因调速而发生变化，故称这种回路为等转矩（等推力）调速回路。由于泵和执行元件有泄漏，所以当 V_p 还未调到零值时，实际的 n_M、$F(T_M)$ 和 P_M 也都为零值。这种回路若采用高质量的轴向柱塞变量泵，其调速范围 R_B（即最高转速和最低转速之比）可达 40，当采用变量叶片泵时，其调速范围仅为 5～10。

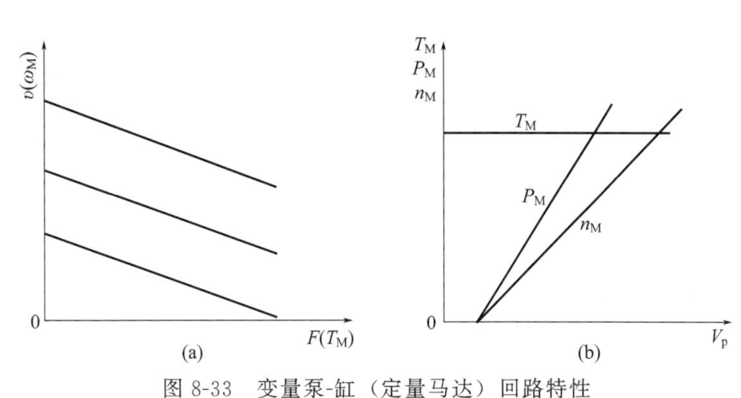

图 8-33　变量泵-缸（定量马达）回路特性

(2) 定量泵-变量马达调速回路

如图 8-34 所示，这种回路泵的速度和排量均为常数，改变马达排量 V_M 时，马达输出转矩 T_M 与马达排量 V_M 成正比变化，输出速度 n_M 与马达排量 V_M 成反比（按双曲线规律）变化。当马达排量 V_M 减小到一定程度，T_M 不足以克服负载时，马达便停止转动。这说明不仅不能在运转过程中用改变马达排量 V_M 的办法使马达通过 $V_M=0$ 点来实现反向，而且其调速范围 R_M 也很小，即使采用了高效率的轴向柱塞马达，调速范围也只有 4 左右。在不考虑泵和马达效率变化的情况下，由于定量泵的最大输出功率不变，故马达的输出功率 P_M 也不变，故称这种回路为恒功率调速回路，如图 8-34(b) 所示。这种回路能最大限度发挥原动机的作用。要保证输出功率为常数，马达的调节系统应是一个自动的恒功率装置，其原理就是保证马达的进、出口压差为常数。

(3) 变量泵-变量马达调速回路

如图 8-35(a) 所示，单向阀 4、5 的作用是始终保证补油泵来的油液只能进入双向变量泵的低压腔，液动滑阀 8 的作用是始终保证低压溢流阀 9 与低压管路相通，使回路中的一部分热油由低压管路经溢流阀 9 排入油箱冷却。当高、低压管路的压差很小时，液动滑阀处于中位，切断了低压溢流阀 9 的油路，此时补油泵供给的多余的油液就从低压安全阀 10 流掉。

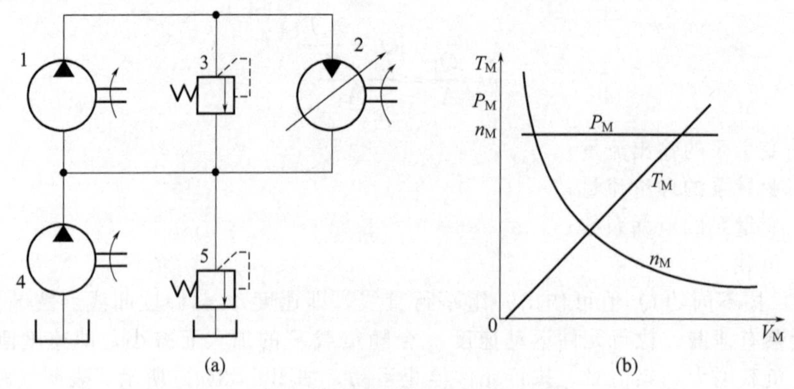

图 8-34 定量泵-变量马达调速回路

1—主泵；2—马达；3—安全阀；4—辅助泵；5—低压溢流阀

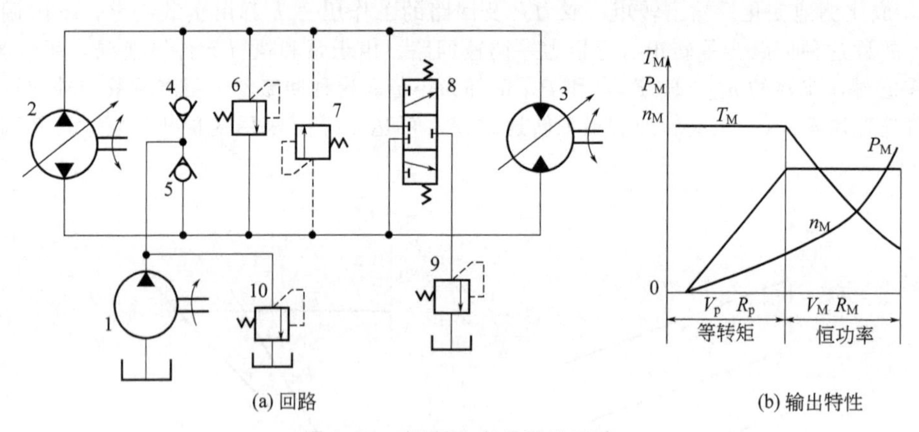

图 8-35 变量泵-变量马达回路

1—补油泵；2—双向变量泵；3—双向变量马达；4、5—单向阀；6、7—高压安全阀；
8—液动滑阀；9—低压溢流阀；10—低压安全阀

该回路中，泵的速度 n_p 为常数，泵排量 V_p 及马达排量 V_M 都可调，故扩大了马达的调速范围。

该回路的调速一般分为两段进行：第一，当马达转速 n_M 由低速向高速调节（即低速阶段）时，将马达排量 V_M 固定在最大值上，改变泵的排量 V_p，使其从小到大逐渐增加，马达转速 n_M 也由低向高增大，直到 V_p 达到最大值。在此过程中，马达最大转矩 T_M 不变，而功率 P_M 逐渐增大，这一阶段为等转矩调速，调速范围为 R_p；第二，高速阶段时，将泵的排量 V_p 固定在最大值上，使马达排量 V_M 由大变小，而马达转速 n_M 继续升高，直至达到马达允许的最高转速为止。在此过程中，马达输出转矩 T_M 由大变小，而输出功率 P_M 不变，这一阶段为恒功率调节，调节范围为 R_M。这样的调节顺序，可以满足大多数机械低速时要求的较大转矩，高速时能输出较大功率的要求。这种调速回路实际上是上述两种调速回路的组合，其总调速范围为上述两种回路调速范围之乘积，即 $R=R_pR_M$。图 8-35(b) 所示为此回路的输出特性。

(4) 比例容积调速回路

比例容积调速采用比例排量调节变量泵与定量执行器或定量泵与比例排量调节液压马达等组合方式来实现，通过改变液压泵或液压马达的排量进行调速，具有效率高的优势，但其控制精度不如节流调速。比例容积调速适用于大功率液压系统。

比例变量泵的容积调速回路如图 8-36 所示，变量泵 1 内附电液比例阀 2 及其控制的变量缸

3，通过变量缸操纵泵的变量机构改变泵1的排量，改变进入液压执行器（液压缸8）的流量，从而达到调速的目的。在某一给定控制电流下，泵1像定量泵一样工作。变量缸3的活塞不会回到零流量位置处，即不存在截流压力，所以回路中应设置过流量足够大的安全阀6。比例排量泵调速时，供油压力与负载压力相适应，即工作压力随负载而变化。泵和系统的泄漏量的变化会对调速精度产生影响，但是，可以在负载变化时，通过改变输入控制信号的大小来补偿。例如，当负载由大变小时，速度将会增加。这时可使电液比例阀2的控制电流相应减小，输出流量因而减小。这样使因负载变化而引起的速度变化得到补偿。比例排量泵的调速回路由于没有节流损失，故效率较高，适宜大功率和频繁改变速度的场合采用。

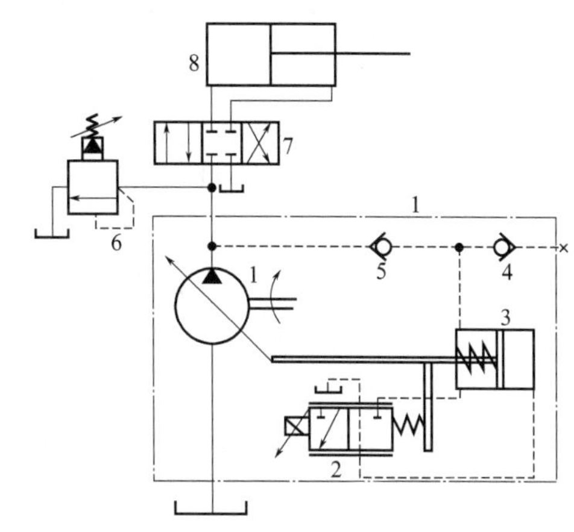

图8-36 比例变量泵的容积调速回路

1—变量泵；2—电液比例阀；3—变量缸；4、5—单向阀；6—安全阀；7—三位四通换向阀；8—执行液压缸

8.3.3 容积节流调速回路

容积节流调速回路采用压力补偿变量泵供油，用节流阀或调速阀调定流入或流出液压缸的流量，以调节活塞运动速度，并使变量泵的输油量自动与缸所需流量相适应。这种调速回路，没有溢流损失，效率较高，速度稳定性也比单纯的容积调速回路好。

（1）限压式变量泵与调速阀组成的容积节流调速回路

如图8-37(a)所示，空载时，泵以最大流量输出，经电磁阀3进入液压缸使其快速运动。工进时，电磁阀3通电使其所在油路断开，压力油经调速阀流入缸内。工进结束后，压力继电器5发送信号，使阀3和阀4换向，调速阀再被短接，液压缸快退。

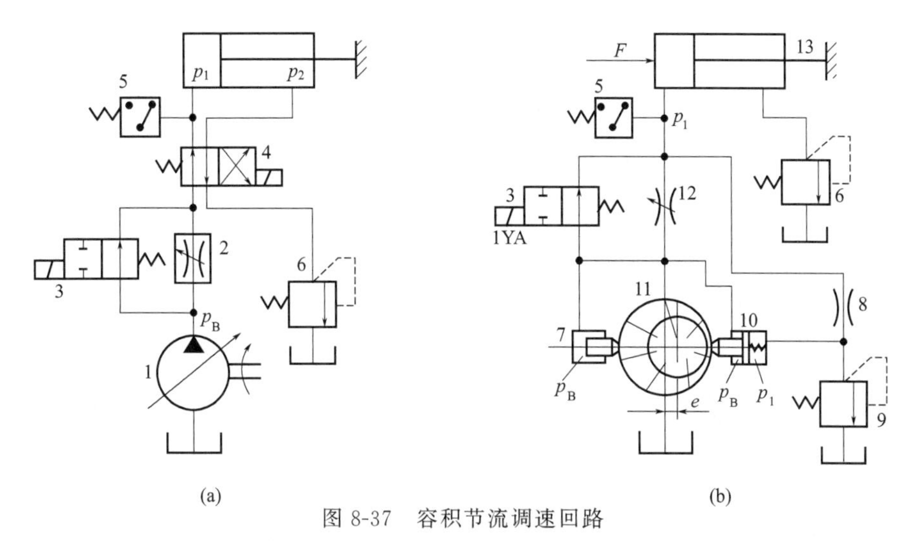

图8-37 容积节流调速回路

1、11—变量泵；2—调速阀；3—二位二通电磁阀；4—二位四通电磁换向阀；5—压力继电器；6—背压阀；7、10—控制缸；8—不可调节流阀；9—溢流阀；12—可调节流阀；13—液压缸

当回路处于工进阶段时，缸的运动速度由调速阀中节流阀的通流面积A_T来控制。变量泵的输出流量Q_p和出口压力p_B自动保持相应的恒定值，故又称此回路为定压式容积节流调速回路。

这种回路适用于负载变化不大的中小功率场合，如组合机床的进给系统等。

（2）差压式变量泵和节流阀组成的容积节流调速回路

如图 8-37(b) 所示，设 p_B、p_1 分别表示节流阀 12 前、后的压力，F_s 为控制缸 10 中的弹簧力，A 为控制缸 10 活塞右端面积，A_1 为控制缸 7 和控制缸 10 的柱塞面积，则作用在泵定子上的力平衡方程式为：

$$p_BA_1+p_B(A-A_1)=p_1A+F_s$$

故得节流阀前后压差为：

$$\Delta p=p_B-p_1=F_s/A \tag{8-7}$$

系统在图示位置时，泵排出的油液经阀 3 进入液压缸 13，故 $p_B=p_1$，泵的定子仅受弹簧力 F_s 的作用，因而使定子与转子间的偏心距 e 为最大，泵的流量最大，液压缸 13 实现快进。

快进结束，1YA 通电，阀 3 关闭，泵的油液经节流阀 12 进入液压缸 13，故 $p_B>p_1$，定子右移，使 e 减小，泵的流量就自动减小至与节流阀 12 调定的开度相适应为止。液压缸 13 实现慢速工进。

由于弹簧刚度小，工作中伸缩量也很小（$\leqslant e$），所以 F_s 基本恒定，由式(8-7) 可知，节流阀前后压差 Δp 基本上不随外负载而变化，经过节流阀的流量也近似等于常数。

当外负载 F 增大（或减小）时，液压缸 13 工作压力 p_1 就增大（或减小），则泵的工作压力 p_B 也相应增大（或减小），故又称此回路为变压式容积节流调速回路。由于泵的供油压力随负载而变化，回路中又只有节流损失，没有溢流损失，因而其效率比限压式变量泵和调速阀组成的调速回路要高。这种回路适用于负载变化大，速度较低的中小功率场合，如某些组合机床进给系统。

（3）比例容积节流调速回路

比例容积节流调速回路如图 8-38 所示，变量泵 1 内附电液比例节流阀 2、压力补偿阀 3 和限压阀 4。由于有内部的负载压力补偿，泵的输出流量与负载无关，是一种稳流量泵，具有很高的稳流精度。应用本泵可以方便地用电信号控制系统各工况所需流量，并同时做到泵的压力与负载压力相适应，故称为负载传感控制。

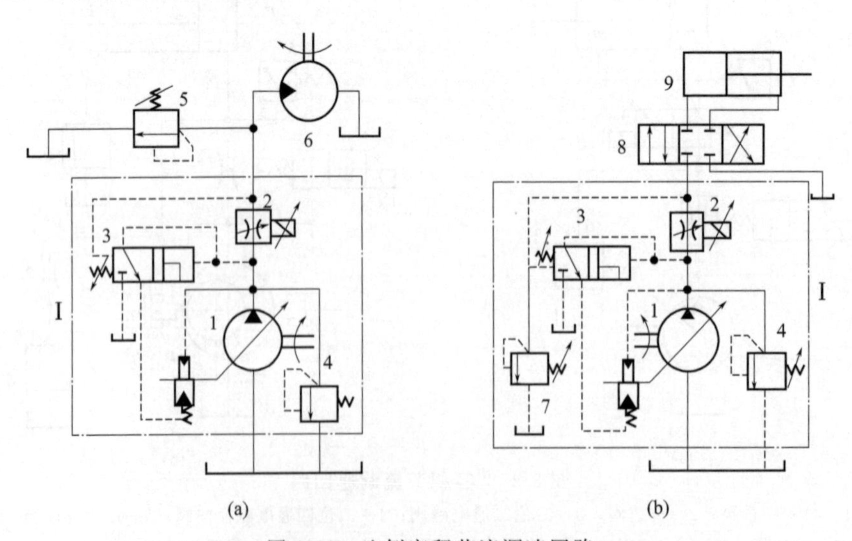

图 8-38 比例容积节流调速回路

1—变量泵；2—电液比例节流阀；3—负载压力补偿阀；4—限压阀；5—溢流阀；6—单向定量液压马达；7—截流压力调节阀；8—三位四通换向阀；9—液压缸

图 8-38(a) 所示为不带压力控制的比例流量调节，由于该泵不会回到零流量处，系统必须设置足够大的溢流阀 5，使在不需要流量时能以合理的压力排走所有的流量。图 8-38(b) 中的泵 1 内除附有图 8-38(a) 中的元件外，还附有截流压力调节阀 7，通过该阀可以调定泵的截流压力。当压力达到调定值时，泵便自动减小输出流量，维持输出压力近似不变，直至截流。但有时为了避免变量缸的活塞频繁移动，上述的溢流阀仍是必要的。

比例容积节流调速回路由于存在节流损失，因而其系统会有一定程度的发热，限制了它在大功率范围的使用。

8.3.4 快速运动回路

快速运动回路的功用是加快液压执行器空载运行时的速度，缩短机械的空载运动时间，以提高系统的工作效率并充分利用功率。

（1）液压缸差动连接的快速运动回路

如图 8-39 所示为利用具有 P 型中位机能三位四通电磁换向阀的差动连接快速运动回路。当电磁铁 1YA 和 2YA 均不通电使换向阀 3 处于中位时，液压缸 4 由阀 3 的 P 型中位机能实现差动连接，液压缸快速向前运动；当电磁铁 1YA 通电使换向阀 3 切换至左位时，液压缸 4 转为慢速前进。

差动连接快速运动回路结构简单，应用较多。

（2）使用蓄能器的快速动作回路

如图 8-40 所示为使用蓄能器的快速运动回路。当系统短期内需要较大流量时，液压泵 1 和蓄能器 4 共同向液压缸 6 供油，使液压缸动作速度加快；当三位四通电磁换向阀 5 处于中位时，液压缸停止工作时，液压泵经单向阀 3 向蓄能器充液，蓄能器的压力升到卸荷阀 2 的设定压力后，卸荷阀开启，液压泵卸荷。采用蓄能器可以减小液压泵的流量规格。

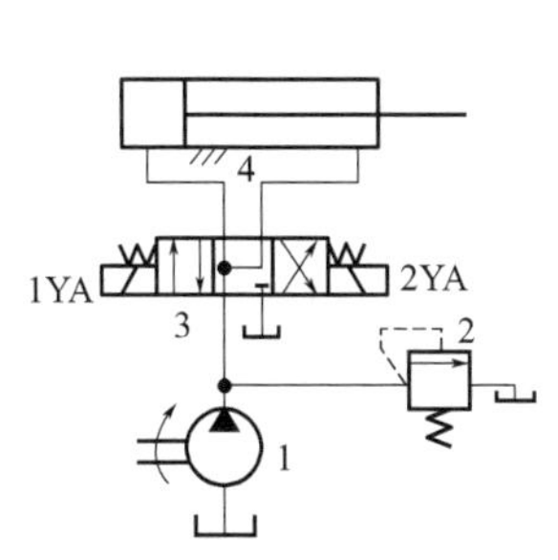

图 8-39 液压缸差动连接的快速运动回路

1—液压泵；2—溢流阀；3—三位四通电磁换向阀；4—液压缸

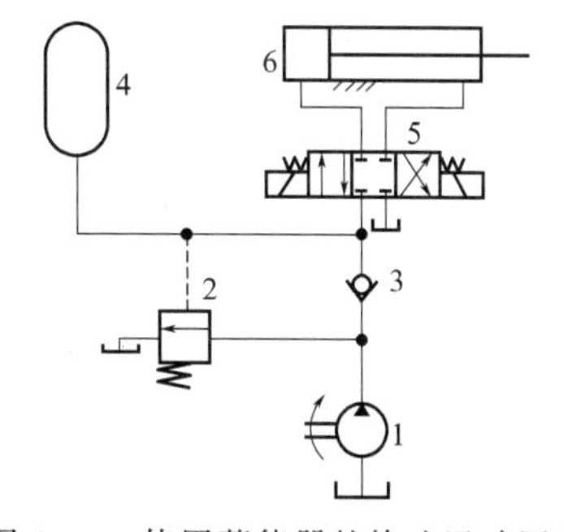

图 8-40 使用蓄能器的快速运动回路

1—液压泵；2—卸荷阀；3—单向阀；4—蓄能器；5—三位四通电磁换向阀；6—液压缸

（3）高低压双泵供油快速运动回路

如图 8-41 所示为高低压双泵供油快速运动回路。在液压执行器快速运动时，低压大流量泵 1 输出的压力油经单向阀 4 与高压小流量泵 2 输出的压力油一并进入系统。在执行器工作行程中，系统的压力升高，当压力达到液控顺序阀 3 的调定压力值时，液控顺序阀打开使泵 1 卸荷，泵 2 单独向系统供油。系统的工作压力由溢流阀 5 调定，阀 5 的调定压力必须大于阀 3 的调定压力，否则泵 1 无法卸荷。这种双泵供油回路主要用于轻载时需要很大流量，而重载时却需高压小流量的场合，其优点是回路效率高。高低压双泵可以是两台独立单泵，也可以是双联泵。

(4)复合缸式快速运动回路

如图8-42所示为复合缸式快速运动回路。执行器为三腔(a、b、c腔,作用面积分别为A_a、A_b、A_c)复合液压缸5,通过三位四通电磁换向阀2和二位四通电磁换向阀4改变油液的循环方式及缸在各工况的作用面积,可实现快、慢速及运动方向的转换。单向阀1作背压阀用,以防止缸在上下端点及换向时产生冲击。液控单向阀3用以防止立置复合缸在系统卸荷及不工作时,其活塞(杆)及工作机构因自重而自行下落。液压泵可以通过三位四通电磁换向阀2的H型中位机能实现低压卸荷。

工作时,电磁铁1YA通电使换向阀2切换至左位,液压源的压力油经阀2进入缸5的小腔a,同时导通液控单向阀3,压力油的作用面积A_a较小,因而活塞(杆)快速下行,缸的大腔c在经阀3和4向中腔b补油的同时,将少量油液通过阀2和1排回油箱。快速下行结束时,电磁铁3YA通电使换向阀4切换至右位,b腔与a腔连通,缸的作用面积由A_a增大为A_a+A_b,液压源的压力油同时进入缸的a腔与b腔,故系统自动转入慢速工作过程,c腔经阀2和阀1向油箱排油。电磁铁2YA通电使换向阀2切换至右位时,液压源经阀3向大腔c供油。同时,3YA断电使换向阀4复至左位,腔b与c连通为差动回路,因此,活塞(杆)快速上升(回程)。在等待期间,所有电磁铁断电,液压源通过阀2的中位实现低压卸荷。

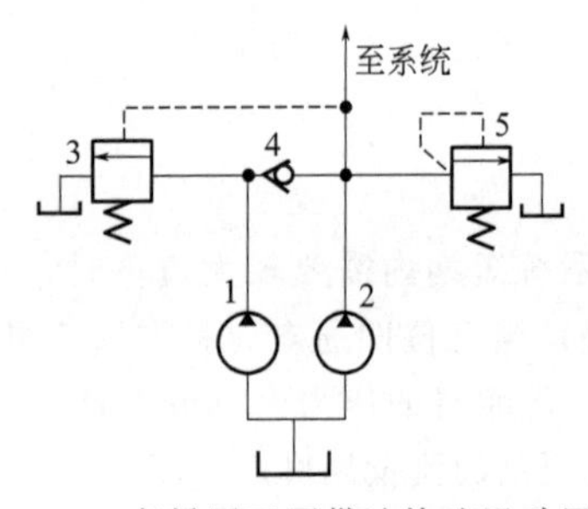

图8-41 高低压双泵供油快速运动回路
1—低压大流量泵;2—高压小流量泵;3—液控顺序阀;4—单向阀;5—溢流阀

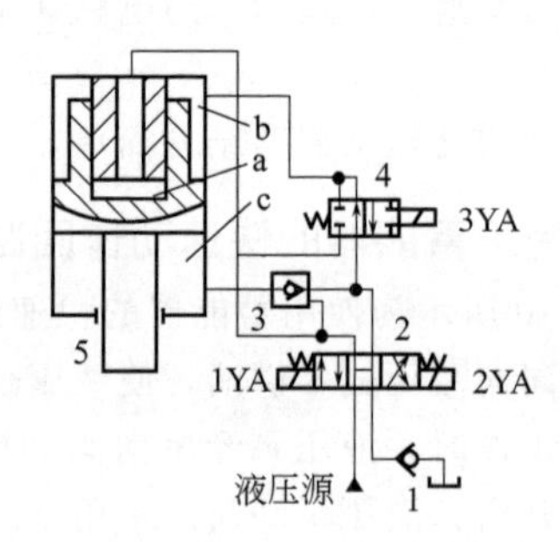

图8-42 复合缸式快速运动回路
1—单向阀;2—三位四通电磁换向阀;3—液控单向阀;4—二位四通电磁换向阀;5—复合液压缸

复合缸式快速运动回路可以大幅度减小液压源的规格及系统的运行能耗,由于通过液压缸的面积变化实现快慢速自动转换,故运动平稳。其适合在试验机、液压机等机械设备的液压系统中使用。

8.3.5 速度换接回路

速度换接回路的功用是使液压执行器在一个工作循环中从一种运动速度变换成另一种运动速度,常见的转换包括快、慢速的换接和二次工进速度之间的换接。

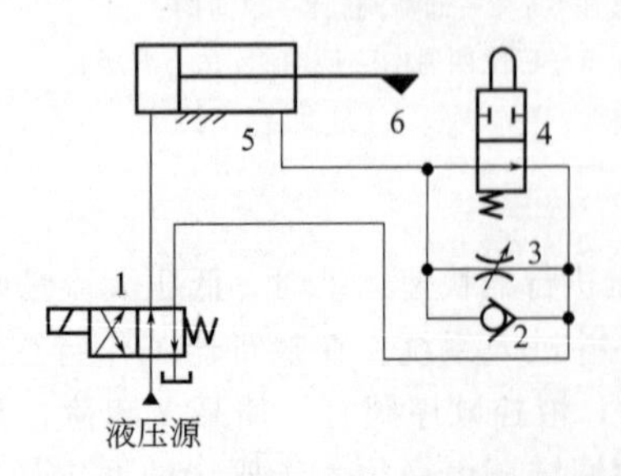

图8-43 用行程阀的快、慢速换接回路
1—二位四通电磁换向阀;2—单向阀;3—节流阀;4—行程阀;5—液压缸;6—挡块

(1)采用行程阀的快、慢速换接回路

图8-43所示为采用行程阀的快、慢速换接回路。主换向阀1断电处于图示右位时,液压缸5快进。当与活塞所连接的挡块6压下常开的行程阀4时,行程阀关闭(上位),液压缸5有杆腔油液必须通过节流阀3才能流回油箱,因此活塞转为慢速。当阀1通电切换至左位时,压力油经单向阀2进入缸的有杆腔,活塞快速向左返回。这种回路的快、慢速的换接过程比较平稳,换接点的位

置较准确，但其缺点是行程阀的安装位置不能任意布置，管路连接较为复杂。若将行程阀 4 改为电磁阀，并通过用挡块压下电气行程开关来操纵，也可实现快、慢速的换接，其优点是安装连接比较方便，但速度换接的平稳性、可靠性以及换向精度比采用行程阀的差。

（2）二次工进速度的换接回路

图 8-44 所示为采用两个调速阀的二次工进速度的换接回路。图 8-44(a) 中的两个调速阀 2 和 3 并联，由二位三通电磁换向阀 4 实现速度换接。在图示位置时，输入液压缸 5 的流量由调速阀 2 调节。当换向阀 4 切换至右位时，输入液压缸 5 的流量由调速阀 3 调节。当一个调速阀工作，另一个调速阀没有油液通过时，没有油液通过的调速阀内的定差减压阀处于最大开口位置，所以在速度换接开始的瞬间会有大量油液通过该开口，而使工作部件产生突然前冲的现象，因此它不适用于在工作过程中进行速度换接时场合，而只适用于预先有速度换接的场合。

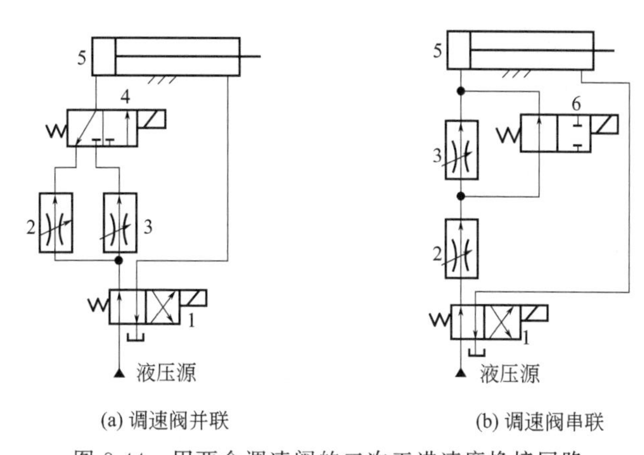

(a) 调速阀并联　　(b) 调速阀串联

图 8-44　用两个调速阀的二次工进速度换接回路

1—二位四通电磁换向阀；2、3—调速阀；4—二位三通电磁换向阀；5—液压缸；6—二位二通电磁换向阀

图 8-44(b) 中的两个调速阀 2 和 3 串联。在图示位置时，因调速阀 3 被二位二通电磁换向阀 6 短路，输入液压缸 5 的流量由调速阀 2 控制。当阀 6 切换至右位时，由于人为调节使通过调速阀 3 的流量比调速阀 2 的小，所以输入液压缸 5 的流量由调速阀 3 控制。这种回路中由于调速阀 2 一直处于工作状态，它在速度换接时限制了进入调速阀 3 的流量，因此它的速度换接平稳性较好，但由于油液经过两个调速阀，所以能量损失较大。

8.4　多执行元件控制回路

机器设备的动作要求是由其特有的功能决定的，在许多情况下机器设备的运动动作复杂多变，往往需要多个运动部件的相互协调、配合与联动才能完成，这些机器设备中的液压系统一定要有多个相互有联系的液压执行件才能满足上述要求。在一个液压系统中，如果由一个油源给多个执行元件供油，各执行元件会因回路中压力、流量的相互影响而在动作上受到牵制。可以通过压力、流量、行程的控制来实现多执行元件预定动作的要求，这种控制回路就称为多执行元件控制回路。

8.4.1　顺序动作回路

顺序动作回路的功用在于使几个执行元件严格按照预定顺序依次动作。按控制方式不同，顺序动作回路分为压力控制和行程控制两种。

(1)压力控制顺序动作回路

利用液压系统工作过程中运动状态变化引起的压力变化使执行元件按顺序先后动作，这种回路就是压力控制顺序动作回路，如图 8-45(a) 所示。假设机床工作时液压系统的动作顺序为：夹具夹紧工件、工作台进给、工作台退回、夹具松开工件。其控制回路的工作过程如下：回路工作前，夹紧缸 1 和进给缸 2 均处于起点位置，当换向阀 5 左位接入回路时，夹紧缸 1 的活塞向右运动使夹具夹紧工件，夹紧工件后会使回路压力升高到顺序阀 3 的调定压力，阀 3 开启，此时缸 2 的活塞才能向右运动进行切削加工；加工完毕，通过手动或操纵装置使换向阀 5 右位接入回路，缸 2 活塞先退回到左端点后，引起回路压力升高，使阀 4 开启，缸 1 活塞退回原位将夹具松开，这样完成了一个完整的多缸顺序动作循环。如果要改变动作的先后顺序，就要对两个顺序阀在油路中的安装位置进行相应的调整。

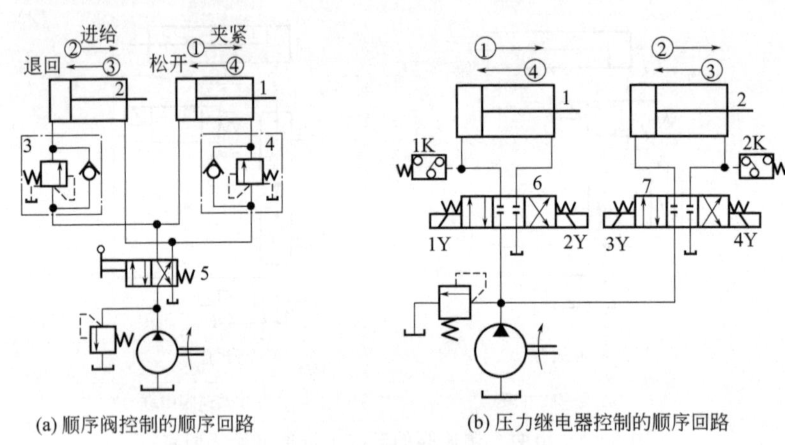

(a) 顺序阀控制的顺序回路 (b) 压力继电器控制的顺序回路

图 8-45 压力控制顺序动作回路

1、2—液压缸；3、4—顺序阀；5—换向阀；6、7—电磁换向阀

图 8-45(b) 所示为用压力继电器控制电磁换向阀来实现顺序动作的回路。按启动按钮时，电磁铁 1Y 得电，电磁换向阀 6 的左位接入回路，缸 1 活塞前进到右端点后，回路压力升高，压力继电器 1K 动作，使电磁铁 3Y 得电，电磁换向阀 7 的左位接人回路，缸 2 活塞向右运动。按返回按钮时，1Y、3Y 同时失电，4Y 得电，使阀 6 中位接入回路、阀 7 右位接入回路，导致缸 1 锁定在右端点位置、缸 2 活塞向左运动。当缸 2 活塞退回原位后，回路压力升高，压力继电器 2K 动作，使 2Y 得电，阀 6 右位接入回路，缸 1 活塞后退直至到起点。在压力控制的顺序动作回路中，顺序阀或压力继电器的调定压力必须大于前一动作执行元件的最高工作压力的 10%～15%，否则在管路中的压力冲击或波动下会造成误动作，引起事故。这种回路只适用于系统中执行元件数目不多、负载变化不大的场合。

(2)行程控制顺序动作回路

图 8-46(a) 所示为采用行程阀控制的多缸顺序动作回路。图示位置下两液压缸活塞均退至左端点。当电磁阀 3 左位接入回路后，缸 1 活塞先向右运动，当活塞杆上的行程挡块压下行程阀 4 后，缸 2 活塞才开始向右运动，直至两个缸先后到达右端点；当电磁阀 3 右位接入回路后，缸 1 活塞先向左退回，在运动当中其行程挡块离开行程阀 4 后，行程阀 4 自动复位，其下位接入回路，这时缸 2 活塞才开始向左退回，直至两个缸都到达左端点。这种回路动作可靠，但要改变动作顺序较为困难。

图 8-46(b) 所示为采用行程开关控制电磁换向阀的多缸顺序动作回路。按启动按钮，电磁铁 1Y 得电，缸 1 活塞先向右运动，当活塞杆上的行程挡块压下行程开关 2S 后，使电磁铁 2Y 得电，缸 2 活塞才向右运动，直到压下 3S，使 1Y 失电，缸 1 活塞向左退回，而后压下行程开关 1S，使

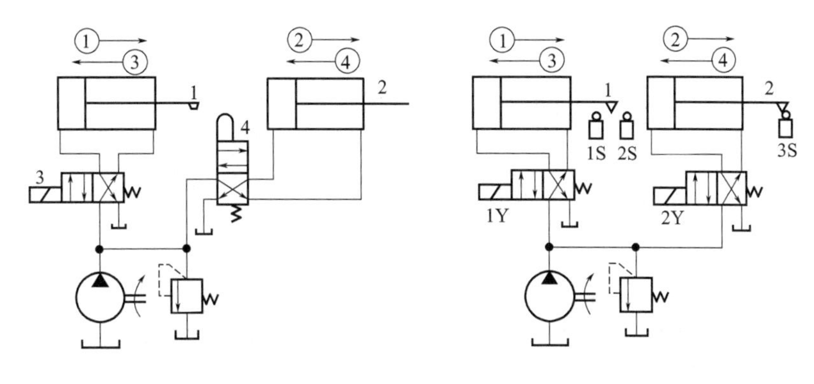

(a) 行程阀控制的顺序回路　　(b) 行程开关控制的顺序回路

图 8-46 行程控制顺序动作回路

1、2—液压缸；3—电磁阀；4—行程阀

2Y 失电，缸 2 活塞再退回。在这种回路中，调整行程挡块位置，可调整液压缸的行程，通过电控系统可任意改变动作顺序，方便灵活，应用广泛。

8.4.2 同步回路

同步回路的功用是使系统中多个执行元件克服负载、摩擦阻力、泄漏、制造质量和结构变形上的差异，而保证在运动上的同步。同步运动分为速度同步和位置同步两类。速度同步是指各执行元件的运动速度相等，而位置同步是指各执行元件在运动中或停止时都保持相同的位移量。实现多缸同步动作的方式有多种，它们的控制精度和价格也相差很大，实际中根据系统的具体要求，进行合理设计。

（1）用流量控制阀的同步回路

图 8-47(a) 中，在两个并联液压缸的进（回）油路上分别串接一个单向调速阀，仔细调整两个调速阀的开口大小，控制进入两液压缸或自两液压缸流出的流量，可使它们在一个方向上实现速度同步。这种回路结构简单，但调整比较麻烦，同步精度不高，不适用于偏载或负载变化频繁的场合。

如图 8-47(b) 所示，采用分流阀 3（同步阀）代替调速阀来控制两液压缸的进入或流出的流量。分流阀具有良好的偏载承受能力，可使两液压缸在承受不同负载时仍能实现速度同步。回路中的单向节流阀 2 用来控制活塞的下降速度，液控单向阀 4 的作用是防止活塞停止时两缸负载不同而通过分流阀的内节流孔窜油。由于同步作用靠分流阀自动调整，使用较为方便。但效率低，压力损失大，不适用于低压系统。

（2）用串联液压缸的同步回路

将有效工作面积相等的两个液压缸串联起来便可实现两缸同步，这种回路允许较大偏载，因偏载造成的压差不影响流量的改变，只导致微量的压缩和泄漏，因此同步精度较高，回路效率也较高。这种情况下泵的供油压力至少是两缸工作压力之和。由于制造误差、内泄漏及混入空气等因素的影响，经多次行程后，将积累为两缸显著的位置差别。为此，回路中应具有位置补偿装置，如图 8-48 所示。当两缸活塞同时下行时，若缸 5 活塞先到达行程端点，则挡块压下行程开关 1S，电磁铁 3Y 得电，换向阀 3 左位接入回路，压力油经换向阀 3 和液控单向阀 4 进入缸 6 上腔，进行补油，使其活塞继续下行到达行程端点。如果缸 6 活塞先到达端点，行程开关 2S 使电磁铁 4Y 得电，换向阀 3 右位接入回路，压力油进入液控单向阀 4 的控制腔，打开阀 4，缸 5 下腔与油箱接通，使其活塞继续下行到达行程端点，从而消除积累误差。

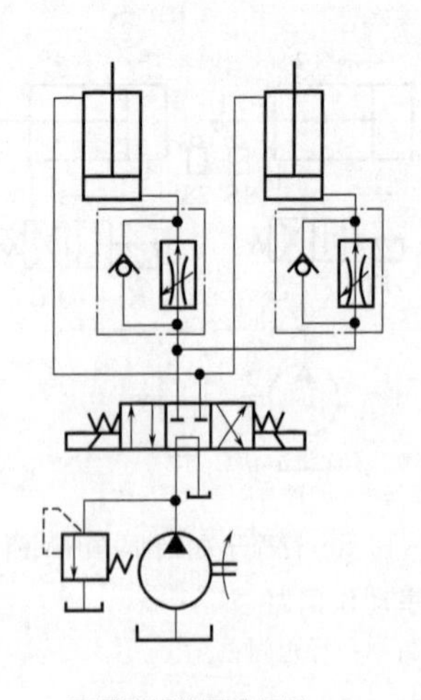

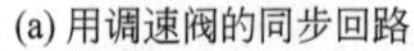

(a) 用调速阀的同步回路

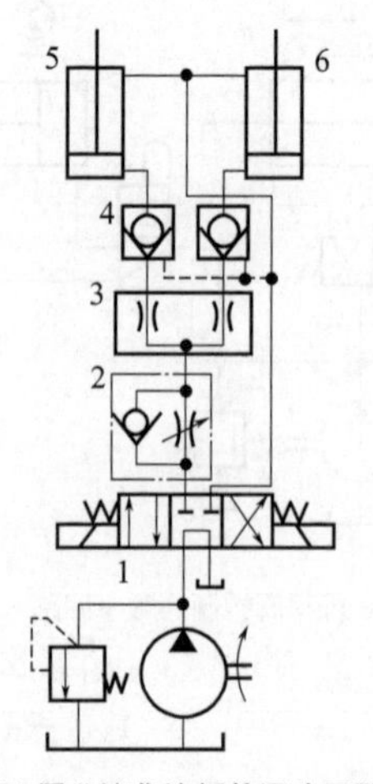

(b) 用分流集流阀的同步回路

图 8-47　用流量控制阀的同步回路

1—换向阀；2—单向节流阀；3—分流阀；4—单向阀；5、6—液压缸

（3）用同步缸或同步马达的同步回路

图 8-49(a) 所示为用同步缸的同步回路。同步缸 3 是两个尺寸相同的缸体和两个活塞共用一个活塞杆的液压缸，活塞向左或向右运动时输出或接受相等容积的油液，在回路中起着配流的作用，使有效面积相等的两个液压缸实现双向同步运动。同步缸的两个活塞上装有双作用单向阀 4，可以在行程端点消除误差。和同步缸一样，用两个同轴等排量双向液压马达 5 作配油环节同步马达，输出相同流量的油液亦可实现两缸双向同步，如图 8-49(b) 所示。节流阀 6 用于行程端点消除两缸位置误差。这种回路的同步精度比采用流量控制阀的同步回路高，但专用的配流元件使系统复杂，制作成本高。

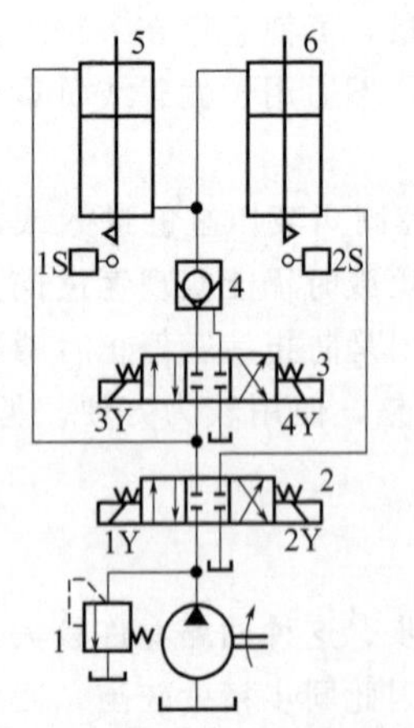

图 8-48　用带补偿装置的串联缸同步回路

1—溢流阀；2、3—换向阀；
4—单向阀；5、6—液压缸

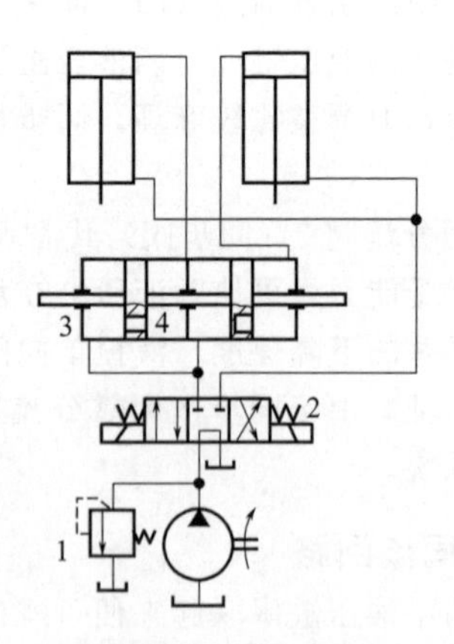

(a) 用同步缸的同步回路

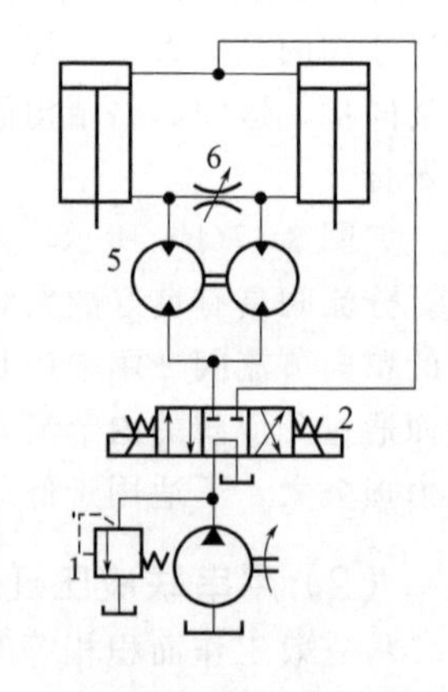

(b) 用同步马达的同步回路

图 8-49　用同步缸、同步马达的同步回路

1—溢流阀；2—换向阀；3—同步缸；4—双作用单向阀；
5—液压马达；6—节流阀

8.4.3　多执行元件互不干扰回路

这种回路的功用是使系统中几个执行元件在完成各自工作循环时彼此互不影响。图 8-50 所示为通过双泵供油来实现多缸快、慢速互不干扰的回路。液压缸 1 和 2 各自要完成快进—工进—快退的自动工作循环。当电磁铁 1Y、2Y 得电时，两缸均由大流量泵 10 供油，并作差动连接实现快进。如果缸 1 先完成快进动作，挡块和行程开关使电磁铁 3Y 得电，1Y 失电，大泵进入缸 1 的油路被切断，而改为小流量泵 9 供油，由调速阀 7 获得慢速工进，不受缸 2 快进的影响。当两缸均转为工进、都由小泵 9 供油后，若缸 1 先完成了工进，挡块和行程开关使电磁铁 1Y、3Y 都得电，缸 1 改由大泵 10 供油，使活塞快速返回。

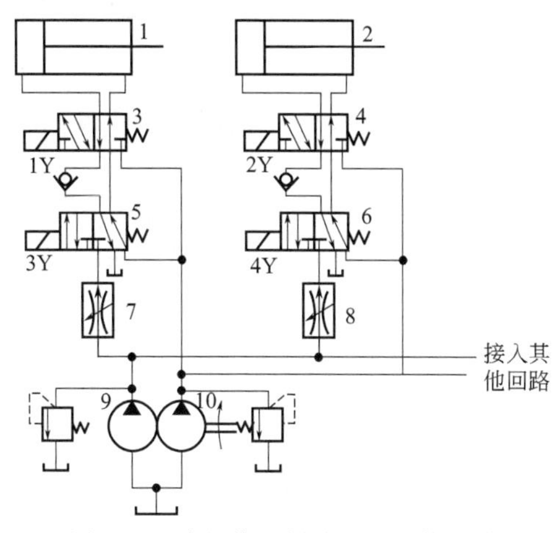

图 8-50　多缸快、慢速互不干扰回路

1、2—液压缸；3～6—换向阀；7、8—调速阀；9、10—液压泵

这时缸 2 仍由泵 9 供油继续完成工进，不受缸 1 影响。当所有电磁铁都失电时，两缸都停止运动。此回路采用快、慢速运动由大、小泵分别供油，并由相应的电磁阀进行控制的方案来保证两缸快慢速运动互不干扰。

8.4.4　多缸卸荷回路

在多缸工作的液压系统中，当各液压缸都不工作时，应使液压泵卸荷。图 8-51 所示是多缸卸荷回路。当各缸都停止工作时，各换向阀都处于中位，这时溢流阀的远控口经各换向阀中位的一个通路与油箱连接，泵卸荷。只要某一换向阀不在中位工作时，溢流阀的远控口就不会与油箱接通，这时泵就结束卸荷状态向系统供给压力油。

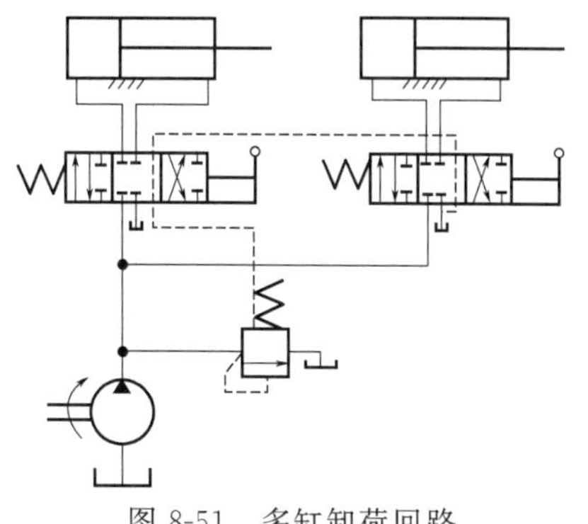

图 8-51　多缸卸荷回路

8.5　其他基本回路

8.5.1　自锁回路

当要求液压设备的执行机构能可靠地停留在任意位置时，为了防止因油泄漏导致的机构滑移，要求液压系统具有自锁功能。对于二通插装阀控制系统的自锁回路，就是如何使主回路的插入元件能可靠关闭的问题。那么很显然要想使插入元件可靠地关闭，只有保证控制压力 p_C。但由于控制压力油源是各种各样的，因此要想确保控制 p_C 可不是一件很容易的事情。

如图 8-52 所示，A、B 是两个负载工作腔。

当控制 p_C（油源压力）$>p_A>p_B$ 时，主阀经过压力选择阀将 p_C 供给其控制腔 C，使其可靠关闭。

如果 p_A（负载压力）$>p_C>p_B$，主阀则由 A 腔提供控制压力油，使其可靠关闭。

如果 p_B（负载压力）$>p_A>p_C$，主阀将由 B 腔提供控制压力油，使其可靠关闭。

通过以上分析，可以得出结论，这个主阀单元的控制回路完全具备了可靠的自锁功能。图 8-53 是实际当中常用的带有双向液压锁的 O 型机能的三位四通换向回路。

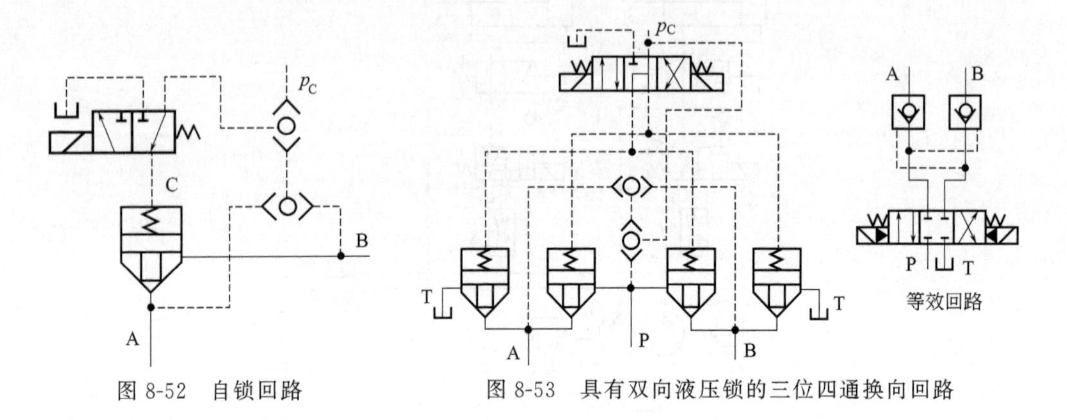

图 8-52 自锁回路

图 8-53 具有双向液压锁的三位四通换向回路

8.5.2 缓冲制动回路

图 8-54 所示为使用溢流阀的缓冲制动回路。当换向阀在中位时，液压马达进出液口被封闭，由于负载质量的惯性作用，使液压马达转入泵工况，出口产生高压，此时溢流阀 4 或 5 打开，起缓冲和制动作用。图 8-54(a) 为采用两个安全阀组成的缓冲制动阀组，可实现双向缓冲制动。图 8-54(b) 所示为采用了单向阀组从油箱向液压马达吸油侧补油的回路。

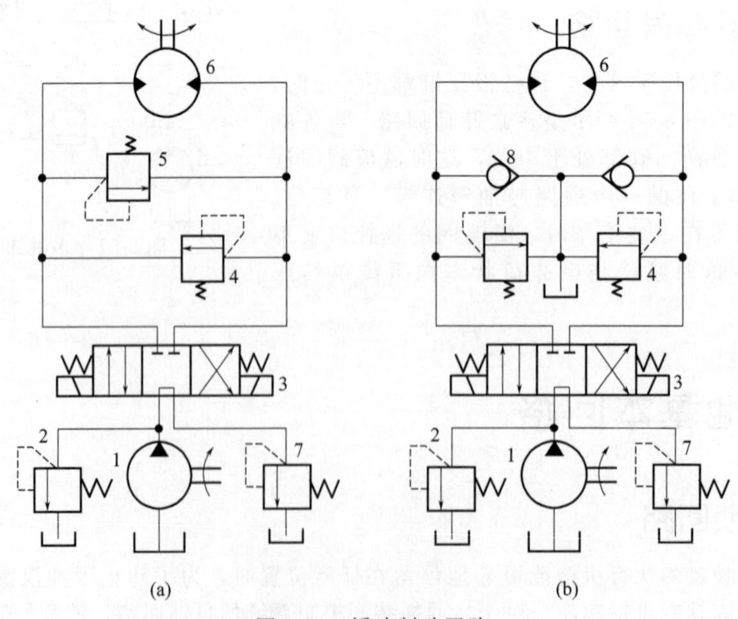

图 8-54 缓冲制动回路

1—泵；2、4、5—溢流阀；3—换向阀；6—液压马达；7—背压阀；8—单向阀

8.5.3　浮动回路

浮动回路是把执行元件的进、回油路连通或同时接通油箱，借助于自重或负载的惯性力，使其处于无约束的自由浮动状态。

图 8-55 所示为采用 H 型三位四通阀的浮动回路。

图 8-56 所示为利用二位二通阀 2 实现起重机吊钩液压马达浮动的回路。当二位二通阀的上位接回路时，起重机吊钩在自重作用下不受约束地快速下降（即“抛钩”）。液压马达浮动时若有外泄漏，单向补油阀 4（或 5）可自动补油，以防空气进入。

对于径向柱塞式内曲线液压马达而言，若使定子内充满压力油，柱塞缩回缸体，液压马达外壳就处于浮动状态。这种液压马达用于起重机械，能实现抛钩；用于行走机械，可以滑行。

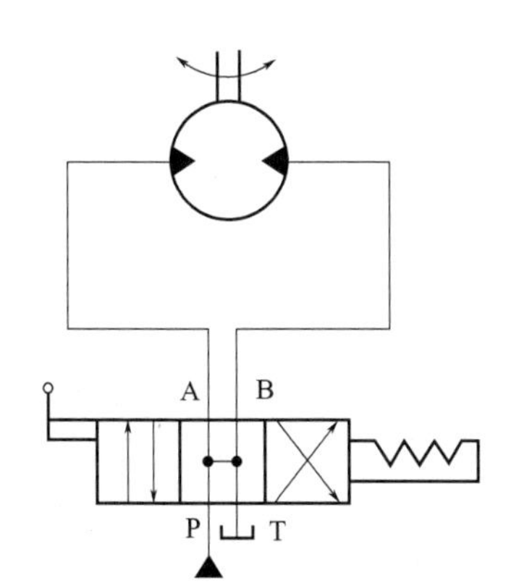

图 8-55　H 型三位四通阀的浮动回路

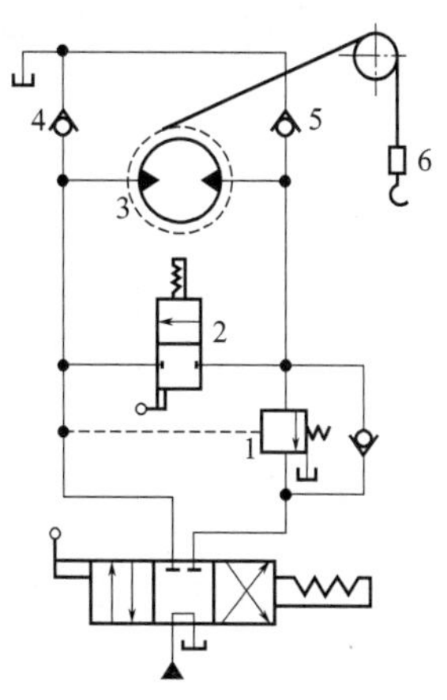

图 8-56　用二位二通阀的浮动回路

1—外控顺序阀；2—二位二通阀；3—液压马达；4、5—单向阀；6—吊钩

第9章　如何识读液压系统图

9.1　液压系统图的识读方法

在识读设备的液压系统图时，可以运用以下一些识读液压系统图的基本方法：

① 根据液压系统图的标题名称、该液压系统所要完成的任务、需要完成的工作循环，以及所需要具备的特性、或图上所附的循环图及电磁铁工作表，可以估计该液压系统实现的工作循环，所需具有的特性或应满足的要求。当然这种估计不会是全部准确的，但却往往能为进一步读图打下一定的基础。

② 在查阅液压系统图中所有的液压元件及它们连接的关系时，要弄清楚各个液压元件的类型、性能和规格，要特别弄清它们的工作原理和性能，估计它们在系统中的作用。

在查阅和分析液压元件时，首先找出液压泵，然后找出执行机构（液压缸或液压马达）。其次是各种控制操纵装置及变量机构，再其次是辅助装置。要特别注意各种控制操作装置（尤其是换向阀、顺序阀等元件）变量机构的工作原理、控制方式及各种发信号的元件（如挡块、行程开关、压力继电器等）的内在关系。

③ 对于复杂的液压系统图，在分析执行机构实现各种动作的油路时，最好从液压泵到执行机构的各液压元件及各油路分别编码表示，以便于用简要的方法画出油路路线。

在分析油路走向时，应首先从液压泵开始，并将每一个液压泵的各条输油路线的“来龙去脉”弄清楚，其中要着重分析清楚驱动执行机构的油路，即主油路及控制油路。画油路时，要按每一个执行机构来画，从液压泵开始，到执行机构，再回到油箱，形成一个循环。

液压系统有各种工作状态。在分析油路路线时，可先按图面所示状态进行分析，然后再分析其他工作状态。在分析每一工作状态时，首先要分析换向阀和其他一些控制操作元件（开停阀、顺序阀、先导型溢流阀等）的通路状态和控制油路的通路情况，然后再分别分析各个主油路。要特别注意液压系统中的一个工作状态转换到另一个工作状态，是由哪些元件发出信号的，是使哪些换向阀或其他操纵控制元件动作改变通路状态而实现的。对于一个工作循环，应在一个动作的油路分析完以后，接着作下一个油路动作的分析，直到全部动作的油路分析依次作完为止。

9.2　液压系统图的识读步骤

掌握了一些基本的识图方法后，在阅读、分析液压系统图时，可以按以下几个步骤进行：

① 了解液压设备的任务以及完成该任务应具备的动作要求和特性，即弄清任务和要求。

② 在液压系统图中找出实现上述动作要求所需的执行元件，并搞清其类型、工作原理及性能。

③ 找出系统的动力元件，并弄清其类型，工作原理，性能，以及吸、排油情况。

④ 理清各执行元件与动力元件的油路联系，并找出该油路上相关的控制元件，弄清其类型、工作原理及性能，从而将一个复杂的系统分解成了一个个单独系统。

⑤ 分析各单独系统的工作原理，即分析各单独系统由哪些基本回路组成，每个元件在回路中的功用及其相互间的关系，实现各执行元件的各种动作的操作方法，弄清油液流动路线，写出进、回油路线，从而弄清了各单独系统的基本工作原理。

⑥ 分析各单独系统之间的关系，如动作顺序、互锁、同步、防干扰等，搞清这些关系是如何实现的。

在读懂系统图后，归纳出系统的特点，加深对系统的理解。

阅读液压系统图应注意以下两点：

① 液压系统图中的符号只表示液压元件的职能和各元件的连通方式，而不表示元件的具体结构和参数。

② 各元件在系统图中的位置及相对位置关系，并不代表它们在实际设备中的位置及相对位置关系。

9.3　识读液压系统图的主要要求

在识读设备的液压系统图时，不但要了解该液压系统的结构、性能、技术参数、使用和操作要点，而且要了解该液压传动的动作原理，了解使用、操作和调整的方法。因此，学会看懂液压系统图，对于设备操作人员、设备维修人员和有关工程技术人员来说是非常重要的。

① 应很好地掌握液压传动的基础知识，了解液压系统的液压回路及液压元件的组成、各液压传动的基本参数等。

② 熟悉各液压元件（特别是各种阀和变量机构）的工作原理和特性。

③ 了解油路的进、出分支情况，以及系统的综合功能。

④ 熟悉液压系统中的各种控制方式及液压图形符号的含义与标注。

除以上所述的基本要求以外，还应多读多练，特别要多读各种典型设备的液压系统图，了解各自的特点，这样就可以起到触类旁通、举一反三和熟能生巧的作用。

9.4　液压传动系统的分类和特点

液压系统种类繁多，在识读液压系统图时，首先要分辨清楚系统图的类型。

液压传动系统一般为不带反馈的开环系统，这类系统以动力传递为主，以信息传递为辅，追求传动特性的完善，系统的工作特性由各组成液压元件的特性和它们的相互作用来确定，其工作质量受工作条件变化的影响较大。

液压传动系统可按照液流在主回路中的循环方式、执行元件类型和系统回路的组合方式等进行分类。

9.4.1　按油液循环方式分类

液压传动系统按照工作油液循环方式不同，可分为开式系统和闭式系统。

常见的液压传动系统大部分都是开式系统，如图 9-1 所示，开式系统的特点是，液压泵从油箱吸取油液，经换向阀送入执行元件（液压缸或液压马达），执行元件的回路经换向阀返回油箱，工作油液在油箱中冷却及分离沉淀杂质后再进入工作循环，循环油路在油箱中断开，执行元件往往是采用单出杆双作用液压缸，运动方向靠换向阀、运动速度靠流量阀来调节，在油路上进回油的流量不相等，也不会影响系统的正常工作。

在闭式系统内，液压泵输出的油液直接进入执行元件，执行元件的回路与液压泵的吸油管直接相连。如图 9-2 所示，执行元件通常是能连续旋转的液压马达，如图 9-2(a) 所示，液压泵常用双向变量液压泵，以适应液压马达转速和旋转方向变化的要求。用补油泵来补充液压泵和液压马达的泄漏。如果执行元件是单出杆双作用液压缸，如图 9-2(b) 所示，在往复运动时，进回油流量不相等，就要采取补油或排油的措施。

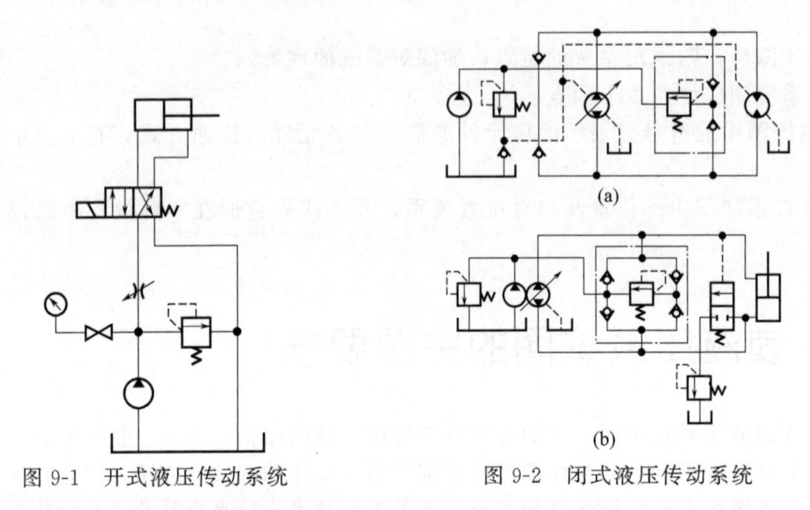

图 9-1 开式液压传动系统　　图 9-2 闭式液压传动系统

在液压缸活塞杆伸出时，有杆腔的回油不足以满足无杆腔所需的油液，补油泵的流量除了补充液压泵的泄漏外，必须要补足两腔进回油流量的差值。

9.4.2 按液压能源的组成形式分类

(1) 定量泵-溢流阀恒压能源

液压传动系统为获得恒压油源，大多使用这种回路，如图 9-3 所示。这种回路能量损耗大、效率低，只用于中小功率的液压传动系统中，为改善执行元件不工作时的能源损耗，采用图 9-3(b) 所示的中位机能为 M 型换向阀，当执行元件不工作时，液压泵输出的油液经换向阀直接排回油箱，能量损耗减至最小，在执行元件速度和压力变化都很大的液压传动系统采用定量泵-溢流阀恒压能源系统显然是不合理的。

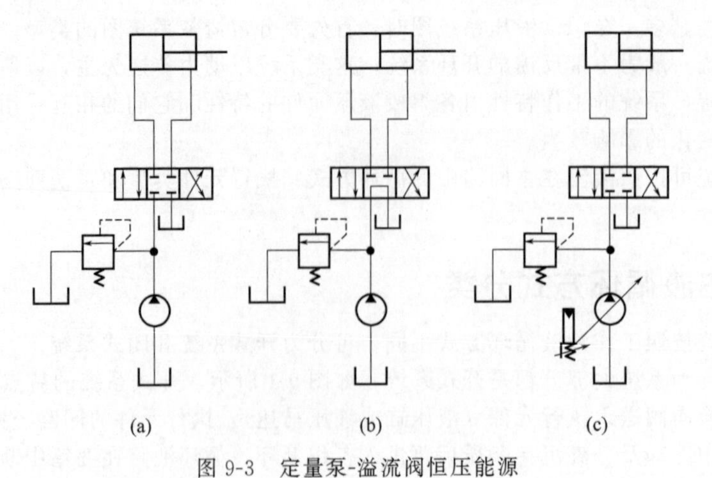

图 9-3 定量泵-溢流阀恒压能源

（2）定量泵-旁通型调速阀液压能源

图 9-4 为定量泵-旁通型调速阀的压力适应回路，液压泵的工作压力不是由通常的定压溢流阀控制，而是由旁通型调速阀控制。旁通型调速阀将多余的油液排回油箱，仅供负载（由旁通型调速阀中的节流阀调定）需要的流量。液压泵的工作压力能自动随负载压力而变化，始终比负载压力高一恒定值，故称作压力适应回路，回路效率大为提高。

（3）双泵高低压供油系统

如果执行元件运动中是轻载高速接近工件和慢速加压工作两个过程，可采用图 9-5 所示高低压系统。卸载阀 4 设定双泵同时供油的工作压力，当系统压力低于卸载阀 4 的调定压力时，两个泵同时向系统供油。溢流阀 3 设定最高工作压力。当系统压力超过卸载阀 4 的压力时，低压泵 1 输出的油液通过卸载阀流回油箱，只有高压泵 2 向系统供油，减少了功率损耗。

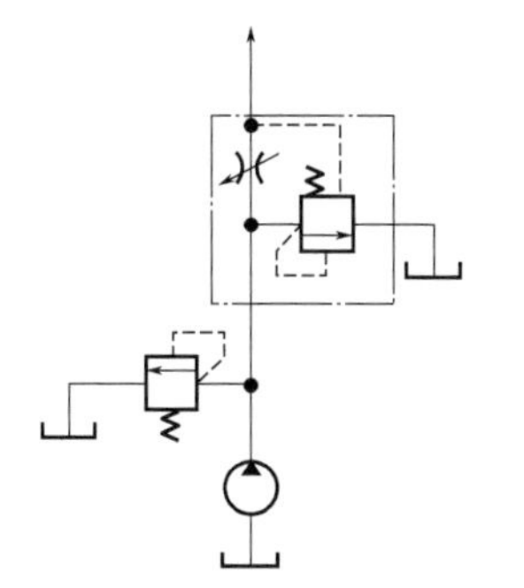

图 9-4　定量泵-旁通型调速阀液压能源

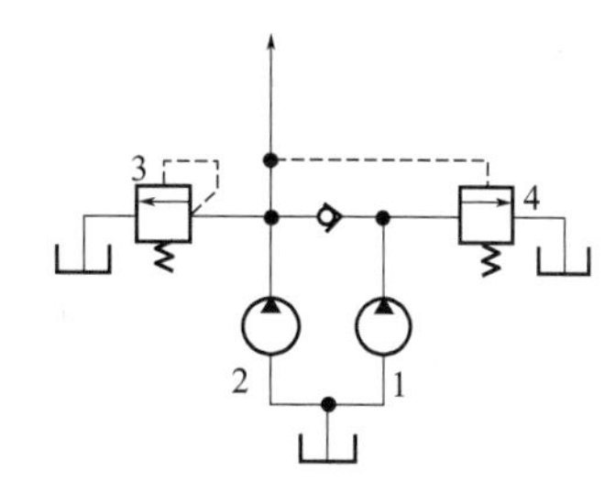

图 9-5　双泵高低压供油系统

（4）多泵分级流量供油系统

多泵分级流量供油系统，一般是 3 台或 3 台以上的定量泵。同双泵系统一样，一种方案是电动机驱动一组相同流量的定量泵，根据系统压力来自动切换向系统供油定量泵数目，达到恒功率输出的目的，如图 9-6(a)、(b) 所示，充分利用电动机功率。如果 3 台定量泵的流量不相等，并在各个泵出口分别控制加压或卸荷，以不同的组合，可以获得多级流量，其工作原理如图 9-6(c) 所示，它为液压传动系统数字控制提供了方便。

（5）定量泵-蓄能器供油系统

对于工作周期长、执行元件间歇运转的液压机械，用定量泵-蓄能器供油方案是可行的，如图 9-7 所示，当执行元件不工作或低速运转时，蓄能器把液压泵所输出的压力油储存起来，蓄能器内压力升高到某一调定值，使卸载溢流阀打开，如图 9-7(a) 所示，或压力继电器发出信号使电磁溢流阀卸载，如图 9-7(b) 所示，液压泵输出的油液通过溢流阀无压流回油箱，泵处于卸载状态，单向阀把充压的蓄能器和卸载的液压泵隔开。执行元件需要高速运动时，泵和蓄能器同时向系统供油，此时选用流量较小的液压泵，降低装机的功率，减少能量的消耗。

（6）压力补偿变量泵液压能源

如图 9-8 所示，用压力补偿变量泵作液压能源，低压时变量泵输出大流量，随着负载压力的增高，泵的输出流量减少，泵的输出流量决定于负载的需要，因回路效率高、经济性强而被广泛地采用。这种系统可以替代图 9-5 所示的双泵高低压供油系统，但采用一台大流量变量泵成本较高，而且在外界不需要流量时，大流量变量泵在最高压力和零排量下，空载功率的损失要超过大流量定量泵卸载的损失，较经济和节能的解决办法最好是用一台小流量变量泵和大流量定量泵协同工作，代替两个不同流量的定量泵。

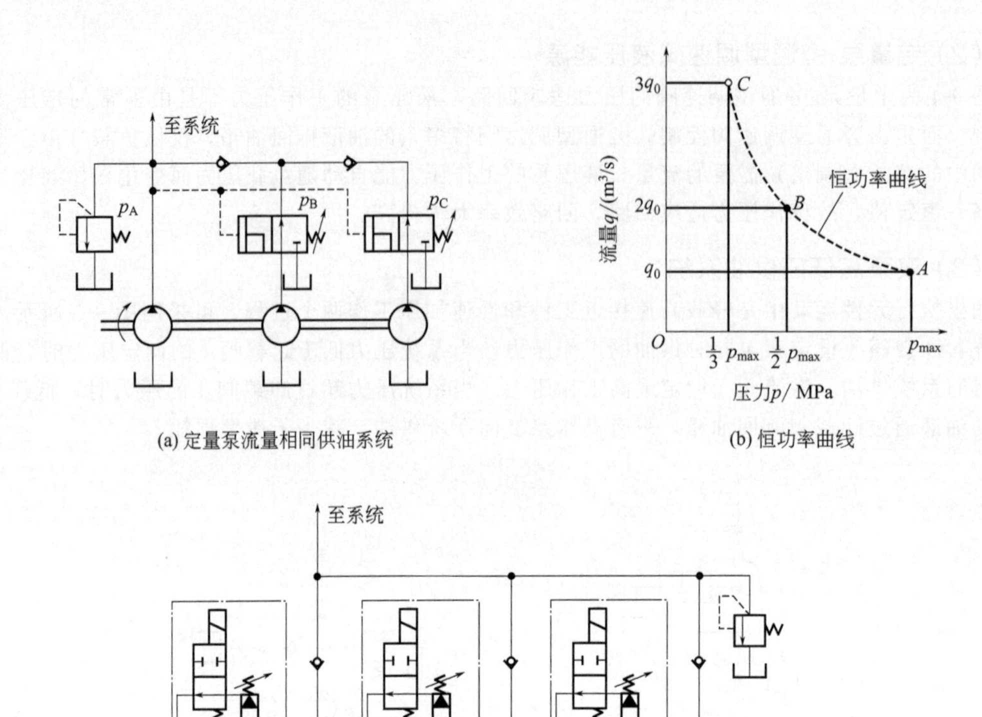

(a) 定量泵流量相同供油系统

(b) 恒功率曲线

至系统

(c) 定量泵流量不相同供油系统

图 9-6 多泵分级流量供油系统

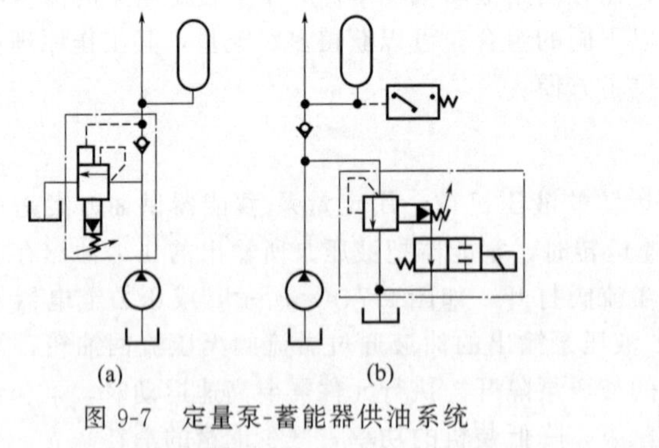

(a)

(b)

图 9-7 定量泵-蓄能器供油系统

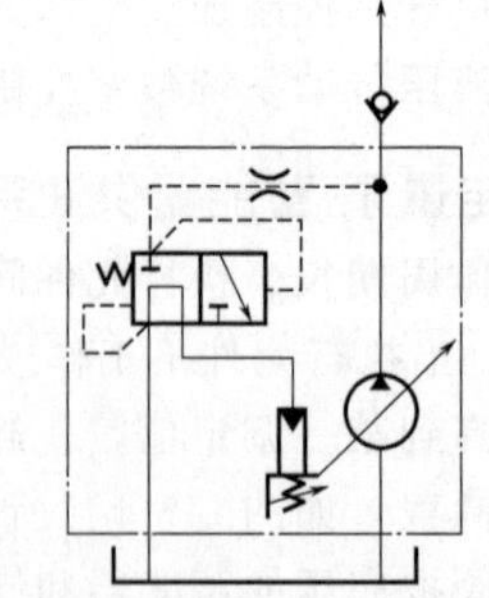

图 9-8 压力补偿变量泵液压能源

(7) 负载敏感变量泵液压能源

图 9-9 为带负载敏感阀 2 和变量泵 1 组成的负载敏感回路。在这种回路中，通过负载敏感阀将可调节流阀 3 检测出来的负载压力反馈给变量泵，自动控制变量泵的输出流量，使变量泵的输出流量和压力均与负载需要相适应。大功率液压传动系统采用负载敏感变量泵液压能源时，不论负载压力还是流量在较宽范围内变化，输入功率始终都适应于输出功率，因此节约能源是相当可观的。

（8）变量泵闭式调速系统

图 9-2 所示闭式系统调速回路中，变量液压泵输出的油液直接进入执行元件（液压马达或液压缸），主油路上没有串接任何的控制阀，在旁路上的溢流阀作为安全阀，限定系统最高压力。正常工作时不打开溢流阀，只是在系统压力超过最高限定压力时，才打开溢流阀，保护系统中各个元件，此系统既没有溢流功率损失，又没有串接在油路上阀口的节流功率损失。补油泵消耗的功率比起主泵功率来说，只占很小的比例，故闭式系统的效率最高。

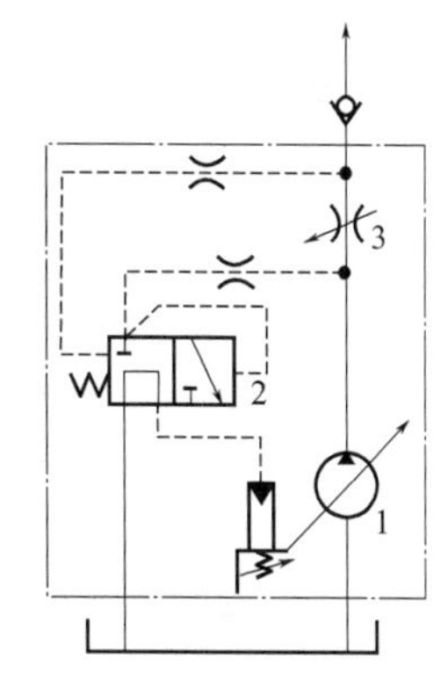

图 9-9 负载敏感变量泵液压能源

9.4.3 按系统回路的组合方式分类

液压控制系统按系统回路的组合方式不同分为并联系统、串联系统、串并联系统和复合系统。

在同一个液压传动系统中，当液压泵向两个或两个以上执行元件供液时，各执行元件回路有以下几种连接方式：

① 并联系统：液压泵排出的高压油液同时进入两个或多个执行元件，各执行元件的回油同时流回油箱的系统。

并联系统中，液压泵的输出流量等于进入各执行元件流量之和，而泵的出口压力则由外载荷最小的执行元件决定。当两个执行元件同时启动时，油液首先进入外载荷小的元件，而且系统中任一执行元件的载荷发生变化时，都会引起系统流量重新分配，致使各执行元件的运动速度也发生变化。所以，这种系统只适用于外载荷变化较小、对执行元件的运动速度要求不严格的场合。

② 串联系统：在两个及两个以上的执行元件中，除第一个执行元件的进口和最后一个执行元件的出口分别与液压泵和油箱相连外，其余执行元件的进、出液口依次顺序相连，这样的系统称为串联系统。

在相同情况下，串联系统中液压泵的工作压力应比并联系统的大，而流量应比并联系统的小。串联系统适用于负载不大、速度稳定的小型设备。

应当指出，液压缸和液压马达不能混合串联，因为液压缸的往复间歇运动，会影响液压马达的稳定运转。

③ 串并联系统：在多执行元件系统中，各换向阀之间进油路串联，而回油路并联的系统称为串并联系统。它的特点是一个液压泵在同一时间内，只能向一个执行元件供液。这样的系统可以避免各执行元件的动作相互干扰。

④ 复合系统：由上述 3 种系统的任何 2 种或 3 种组成的系统，称为复合系统。

9.5 液压控制系统的分类和特点

液压控制系统多采用伺服阀等电液控制阀组成的带反馈的闭环系统，以传递信息为主，以传递动力为辅，追求控制特性的完善。由于加入了检测反馈，故系统可用一般元件组成精确的控制系统，其控制质量受工作条件变化的影响较小。

液压控制系统的类型繁杂，可按不同方式分类，每一种分类方式均代表一定特点。

9.5.1 按系统的输出量分类

液压控制系统可分为位置控制、速度控制、加速度控制和力（或压力）控制系统。

9.5.2 按控制方式分类

液压控制系统可分为阀控系统和泵控系统。阀控系统又称节流控制式系统，其主要控制元件是液压控制阀，具有响应快、控制精度高的优点，缺点是效率低，特别适合在中小功率快速高精度控制系统中使用。按照控制阀的不同，阀控系统还可分为伺服阀式、比例阀式、数字阀式系统等。泵控系统主要的控制元件是变量泵，具有效率高、刚性大的优点，但响应速度慢、结构复杂，适合在大功率且响应速度要求不高的控制场合中使用。

9.5.3 按控制信号传递介质分类

按控制信号传递介质的不同，液压控制系统可分为：机械液压控制系统、电气液压控制系统。

机械液压控制系统简称机液控制系统，系统中的给定、反馈和比较元件都是机械构件。其优点是简单可靠、价格低廉、环境适应性好，缺点是偏差信号的校正及系统增益的调整不如电气液压控制系统方便，难以实现远距离操作。此外，反馈机构的摩擦和间隙都会对系统的性能产生不利影响。

电气液压控制系统简称电液控制系统，系统中偏差信号的检测、校正和初始放大都是采用电气、电子元件来实现的。其优点是信号的测量、校正和放大都较为方便，容易实现远距离操作，容易与响应速度快、抗负载刚性大的液压动力元件实现整合，组成以电子、电气为“神经”，以液压为“筋肉”的电液控制系统。具有很大的灵活性与广泛的适应性，响应速度快，控制精度高。

由于机电一体化技术的发展和计算机技术的普及，电液控制系统已在工程上普遍得到应用，并成为液压控制中的主流系统。

9.6 各种液压图形符号的绘制

9.6.1 符号要素和功能要素

识读液压系统图的另一个关键之处，是识别各种液压元件的类型，只有正确识别了液压元件，下面所有的工作才是有效的。而所有的液压图形符号都是由一些最基本的符号要素组成的，为了表达各种液压元器件的功能，在符号要素的基础上，还需要用到一些线条、图形和文字，即功能要素，如表 9-1 和表 9-2 所示。

表 9-1 图形符号要素

名称	符号	用途或符号解释	名称	符号	用途或符号解释	名称	符号	用途或符号解释
实线	b 图线宽度b按GB/T 4457.4规定	工作管路 控制供给管路 回油管路 电气线路	点画线	$\approx\frac{1}{3}b$	组合元件框线	大圆	l_1	一般能量转换元件（泵、马达、压缩机）
虚线	$\approx\frac{1}{3}b$	控制管路 泄油管路或放气管路 过滤器 过渡位置	双线	$\frac{1}{5}l_1$	机械连接的轴、操纵杆、活塞杆等	中圆	$\frac{3}{4}l_1$	测量仪表

续表

名称	符号	用途或符号解释	名称	符号	用途或符号解释	名称	符号	用途或符号解释
小圆	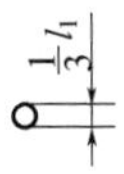 $\frac{1}{3}l_1$	单向元件 旋转接头 机械铰链滚轮	正方形	$\frac{1}{2}l_1$，$\frac{1}{2}l_1$	蓄能器重锤	长方形	$\frac{1}{4}l_1$，$\frac{1}{2}l_1$	执行器中的缓冲器
圆点	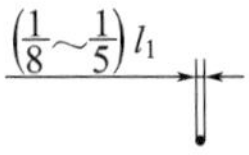 $\left(\frac{1}{8}\sim\frac{1}{5}\right)l_1$	管路连接点，滚轮轴	长方形	$l_2>l_1$，l_2，l_1	缸、阀	半矩形	$\frac{1}{2}l_1$，l_2	油箱
半圆	 l_1	限定旋转角度的马达或泵	长方形	$\frac{1}{4}l_1$，l_1	活塞	囊形	l_1，$2l_1$	压力油箱 气罐 蓄能器 辅助气瓶
正方形	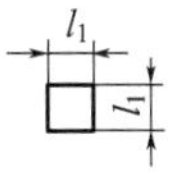 l_1，l_1	控制元件 除电动机外的原动机	长方形	l_1，l_1	某种控制方法			
正方形	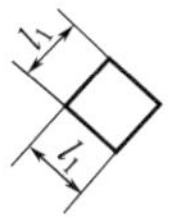 l_1，l_1	调节器件（过滤器、分离器、油雾器和热交换器等）						

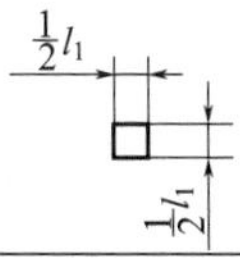

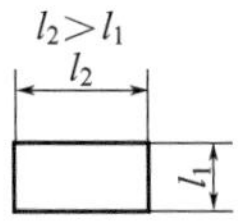

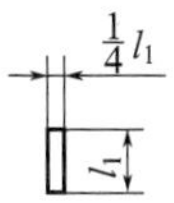

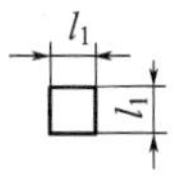

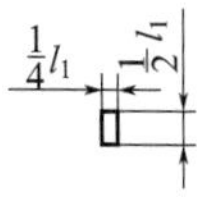

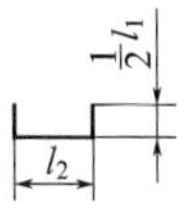

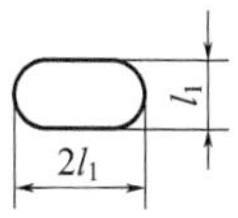

表9-2 功能要素

名称	符号	用途或符号解释	名称	符号	用途或符号解释	名称	符号	用途或符号解释
实心正三角形	▶	液压	长斜箭头		可调性符号（可调节的泵、弹簧、电磁铁等）	其他		温度指示或温度控制
						其他	M	原动机
			弧线箭头	90°，l	旋转运动方向	其他	W	弹簧
空心正三角形	▷	气动[①]	其他		电气符号	其他		节流
			其他		封闭油、气路或油气口	其他	90°	单向阀简化符号的阀座
直箭头或斜箭头	≈30°，$0.3l$	直线运动 流体流过阀的通路和方向 热流方向	其他	\ /	电磁操纵路	其他		固定符号

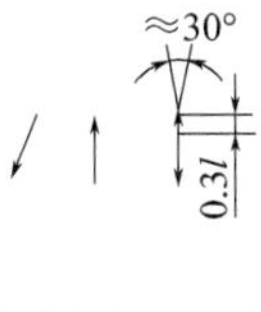

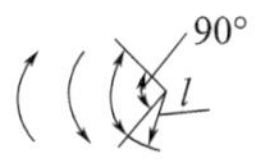

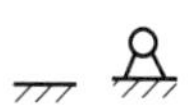

① 包括排气。

9.6.2 控制机构符号的绘制规则及图例（表9-3）

表 9-3 控制机构符号的绘制规则及图例

符号种类	符号绘制规则		图例	
能量控制和调节元件符号	能量控制和调节元件符号由一个长方形（包括正方形，下同）或相互邻接的几个长方形构成			
	流动通路（流路）、连接点、单向及节流等功能符号，除另有规定者外，均绘制在相应的主符号中		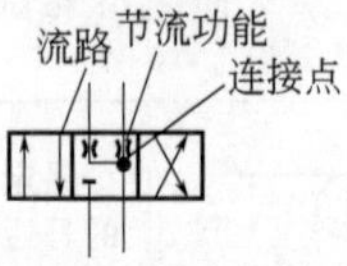 流路 节流功能 连接点	
	外部连接口，如右图所示，以一定间隔与长方形相交		$\frac{1}{4}l_1$ $\frac{1}{2}l_1$ $\frac{1}{4}l_1$	
	二通阀的外部连接口绘制在长方形中间		$\frac{1}{2}l_1$ l_1	
	泄油管路符号绘制在长方形的顶角处			
	旋转型能量转换元件的泄油管路符号绘制在与主管路符号成45°的方向，和主符号相交			
	过渡位置的绘制，如右图所示，把相邻动作位置的长方形拉开，其间上下边框用虚线			
	具有数个不同动作位置及节流程度连续变化的中间位置的阀，如右图所示，在长方形上下外侧画上平行线来表示			
	为便于绘制，具有两个不同动作位置的阀，可用一般符号表示。其间，表示流动方向的箭头应绘制在符号中	名称	详细	简化
		二通阀（常闭可变节流）		
		二通阀（常开可变节流）		
		三通阀（常开可变节流）		
	阀的控制机构符号可以绘制在长方形端部的任意位置上			

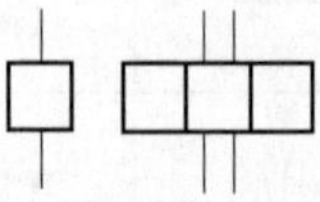

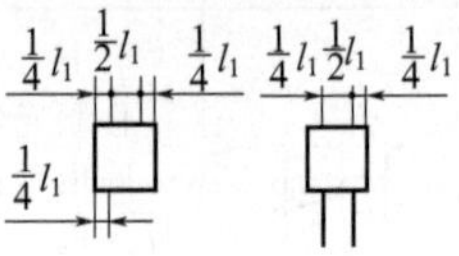

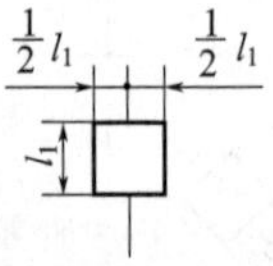

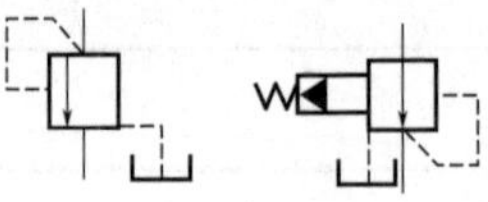

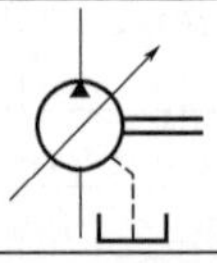

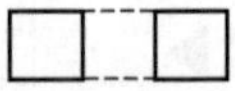

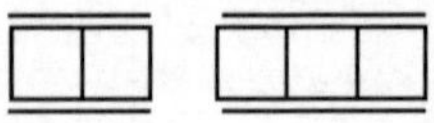

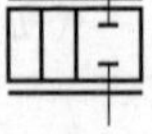

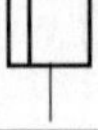

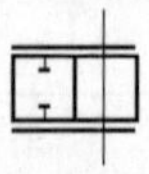

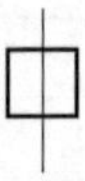

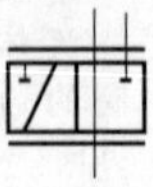

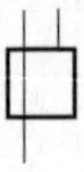

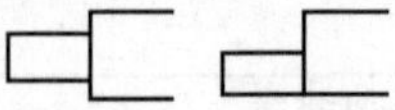

续表

符号种类	符号绘制规则	图例
单一控制机构符号	表示可调节元件的可调节箭头可以延长或转折，与控制机构符号相连	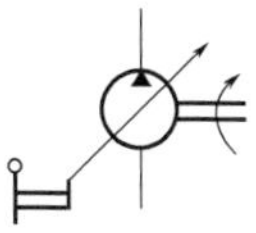
	双向控制的控制机构符号，原则上只需绘制一个	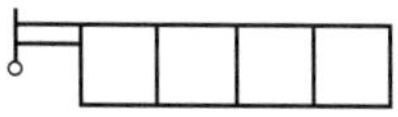
	在双作用电磁铁控制符号中，当必须表示电信号和阀位置关系时，采用两个单作用电磁铁符号	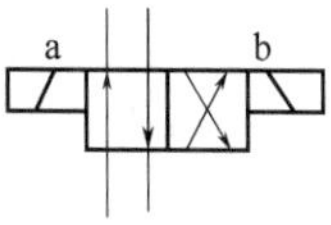 a b
复合控制机构符号	单一控制方向的控制符号绘制在被控制符号要素的邻接处	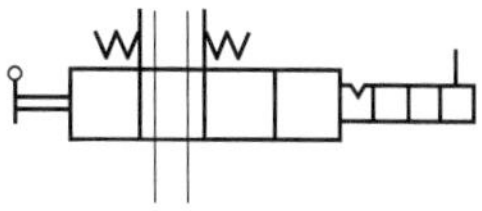
	三位或三位以上阀的中间位置控制符号绘制在该长方形内边框线向上或向下的延长线上，如右图所示	
	在不被错解时，三位阀的中间位置的控制符号也可以绘制在长方形的端线上，如右图所示	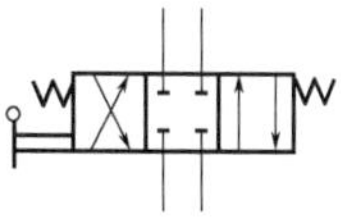
	压力对中时，可以将功能要素的正三角形绘制在长方形端线上，如右图所示	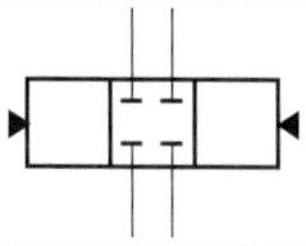
	先导控制(间接压力控制)元件中的内部控制管路和内部泄油管路，在简化符号中通常可省略，如右图所示	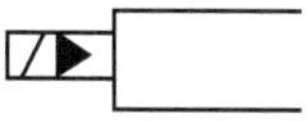
	先导控制(间接压力控制)元件中的单一外部控制管路和外部泄油管路仅绘制在简化符号的一端；任何附加的控制管路和泄油管路绘制在另一端；元件符号必须绘制出所有的外部连接口，如右图所示	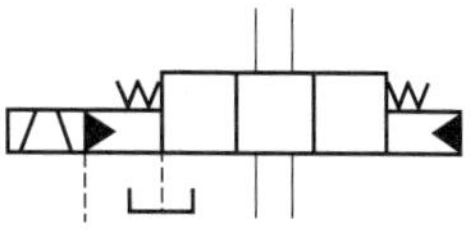
	选择控制的控制符号并列绘制，必要时，也可以绘制在相应长方形边框线的延长线上，如右图所示	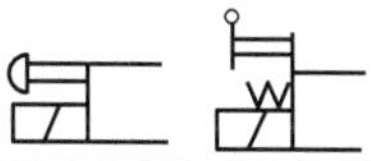
	顺序控制的控制符号按顺序依次排列，如右图所示	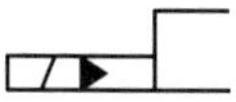

9.6.3　旋转式能量转换元件的标注规则与符号实例（表 9-4 与表 9-5）

表 9-4　旋转式能量转换元件的标注规则

名称	标注规则
旋转方向	旋转方向用从功率输入指向功率输出的围绕主符号的同心箭头表示，双向旋转的元件仅需标注其中一个旋转方向，通轴式元件应选定一端标注
泵的旋转方向	泵的旋转方向用从传动轴指向输出管路的箭头表示
马达的旋转方向	马达的旋转方向用从输入管路指向传动轴的箭头表示

续表

名称	标注规则
泵-马达的旋转方向	泵-马达的旋转方向的规定与“泵的旋转方向”的规定相同
控制位置	控制位置用位置指示线及其上的标注来表示
控制位置指示线	控制位置指示线为垂直于可调节箭头的一根直线，其交点即为元件的静止位置
控制位置标注	控制位置标注用 M、ϕ、N 表示。ϕ 表示零排量位置，M 和 N 表示最大排量的极限控制位置，如右图所示 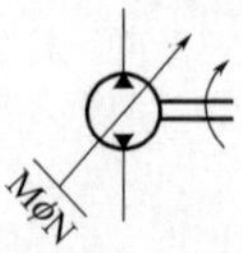 MϕN
旋转方向和控制位置关系	旋转方向和控制位置关系必须表示时，控制位置标注在同心箭头的顶端附近。两个旋转方向的控制特性不同时，在旋转方向的箭头顶端附近分别表示出不同特性的标注

表 9-5 旋转式能量转换元件的标注符号实例

名称	符号	说明
定量液压马达	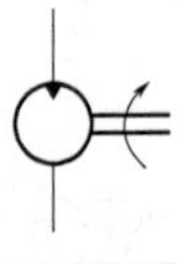	单向旋转，不指示和流动方向有关的旋转方向箭头
定量液压泵或马达	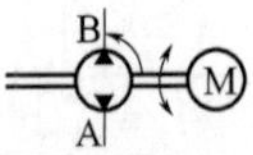 B A M (1) 可逆式旋转泵 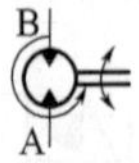 B A (2) 可逆式旋转马达	双向旋转，双出轴，输入轴左向旋转时，B 口为输出口 B 口为输入口时，输出轴左向旋转
变量液压马达	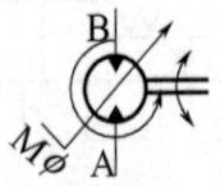 B Mϕ A	双向旋转，B 口为输入口时，输出轴左向旋转
变量液压泵	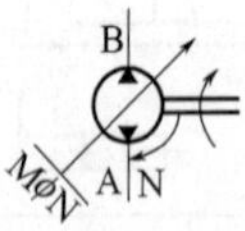 B MϕN A N	单向旋转，向控制位置 N 方向操作时，A 口为输出口
变量可逆式旋转液压泵	 B MϕN A M	双向旋转，输入轴右向旋转，A 口为输出口，变量机构在控制位置 M 处
变量可逆式旋转液压马达	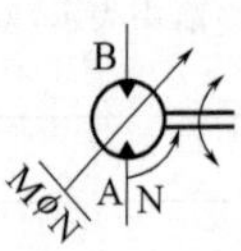 B MϕN A N	A 口为入口时，输出轴向左旋转，变量机构在控制位置 N 处
定量/变量可逆式旋转液压泵	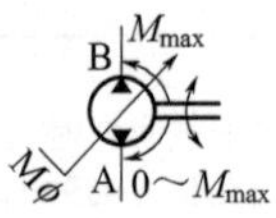 B M_{max} Mϕ A $0\sim M_{max}$	双向旋转，输入轴右向旋转时，A 口为输入口，实现变量液压泵功能； 左向旋转时，为最大排量的定量泵
定量液压泵-马达	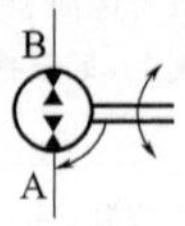 B A	双向旋转，实现泵功能时，输入轴右向旋转时，A 口为输出口
变量液压泵	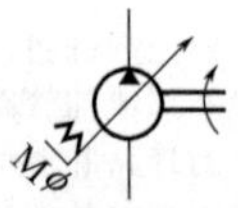 Mϕ	单向旋转，不指示和流动方向有关的箭头
变量液压泵-马达	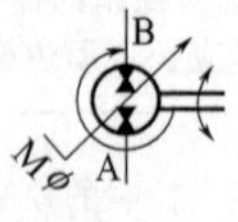 B Mϕ A	双向旋转，实现泵功能时，输入轴右向旋转，B 口为输出口
变量可逆式旋转液压泵-马达	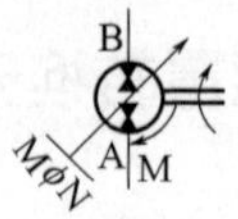 B MϕN A M	单向旋转，实现泵功能时，输入轴右向旋转，A 口为输出口，变量机构在控制位置 M 处
	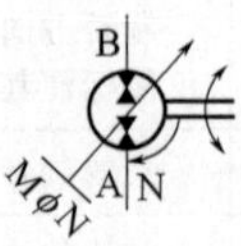 B MϕN A N	双向旋转，实现泵功能时，输入轴右向旋转，A 为输出口，变量机构在控制位置 N 处

9.7　液压泵和液压马达图形符号的识读

表 9-6 为液压泵和液压马达的图形符号。由表 9-6 可知，液压泵和液压马达的主要区别为主符号中的实心正三角形的指向，主符号中的实心三角形指向外的为液压泵，主符号的实心三角形指向圆心的则为液压马达。

表 9-6　液压泵和液压马达的图形符号

名称		符号	说明
液压泵	液压泵（一般）		一般符号
	单向定量液压泵		单向旋转、单向流动、定排量
	双向定量液压泵		双向旋转，双向流动，定排量
	单向变量液压泵		单向旋转，单向流动，变排量
	双向变量液压泵		双向旋转，双向流动，变排量
能量源	液压源		一般符号
	气压源		一般符号
	电动机	M	
	原动机	M	电动机除外
液压马达	液压马达（一般）		一般符号
	单向定量液压马达		单向流动，单向旋转
	双向定量液压马达		双向流动，双向旋转，定排量
	单向变量液压马达		单向流动，单向旋转，变排量
	双向变量液压马达		双向流动，双向旋转，变排量
	摆动马达		双向摆动，定角度
泵-马达	定量液压泵-马达		单向流动，单向旋转，定排量
	变量液压泵-马达		双向流动，双向旋转，变排量，外部泄油
	液压整体式传动装置		单向旋转，变排量泵，定排量马达

9.8 各种液压阀图形符号的识读

9.8.1 机械控制装置和控制方法图形符号

机械控制装置和控制方法图形符号如表9-7所示。

表9-7 机械控制装置和控制方法图形符号

名称		符号	说明	名称		符号	说明
机械控制件	直线运动的杆		箭头可省略	先导型压力控制方法	液压先导型加压控制		内部压力控制
机械控制件	旋转运动的轴		箭头可省略	先导型压力控制方法	液压先导型加压控制		外部压力控制
机械控制件	定位装置			先导型压力控制方法	液压二级先导型加压控制		内部压力控制,内部泄油
机械控制件	锁定装置		*为开锁的控制方法	先导型压力控制方法	气液先导型加压控制		气压外部控制,液压内部控制,外部泄油
机械控制件	弹跳机构			先导型压力控制方法	电液先导型加压控制		液压外部控制,内部泄油
机械控制方法	顶杆式			先导型压力控制方法	液压先导型卸压控制		内部压力控制,内部泄油
机械控制方法	可变行程控制式			先导型压力控制方法	液压先导型卸压控制		外部压力控制(带遥控泄放口)
机械控制方法	弹簧控制式			先导型压力控制方法	电液先导型卸压控制		电磁铁控制、外部压力控制,外部泄油
机械控制方法	滚轮式		两个方向操作	先导型压力控制方法	先导型压力控制阀		带压力调节弹簧,外部泄油,带遥控泄放口
机械控制方法	单向滚轮式		仅在一个方向上操作,箭头可省略	先导型压力控制方法	先导型比例电磁式压力控制阀		先导级由比例电磁铁控制,内部泄油

续表

名称		符号	说明
人力控制方法	人力控制方法(一般)		一般符号
	按钮式		
	拉钮式		
	按-拉式		
	手柄式		
	单向踏板式		
	双向踏板式		
直接压力控制方法	加压或卸压控制		
	内部压力控制	45°	控制通路在元件内部
	差动控制	2 1	

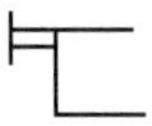

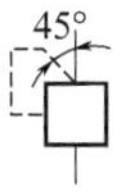

名称		符号	说明
电气控制方法	单作用电磁铁		电气引线可省略，斜线也可朝向右下方
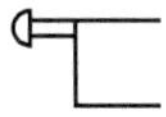	双作用电磁铁	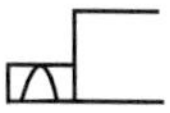	
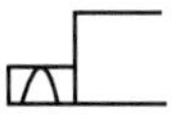	单作用可调电磁操作	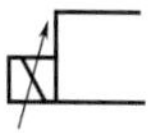	如比例电磁铁，力马达等
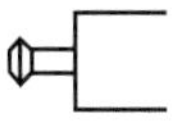	双作用可调电磁操作		如力矩马达等
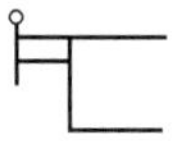	旋转运动电气控制装置	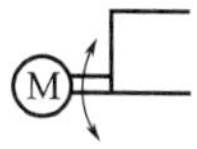 M	
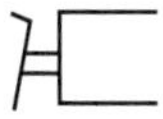 反馈控制方法	反馈控制	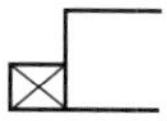	一般符号
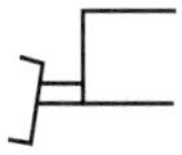	电反馈	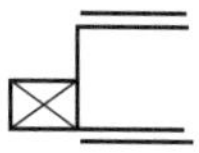	如电位器、差动变压器等检测位置
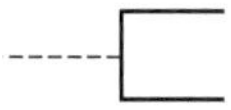	内部机械反馈	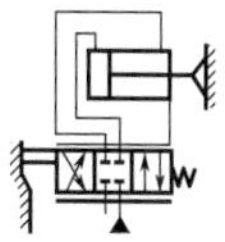	如随动阀仿形控制回路等
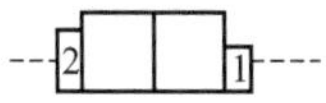	外部压力控制	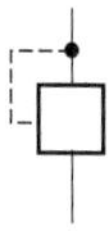	控制通路在元件外部

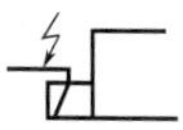

9.8.2　压力控制阀的图形符号

压力控制阀的图形符号如表 9-8 所示。

表 9-8　压力控制阀的图形符号

名称		符号	说明	名称		符号	说明
溢流阀	溢流阀(一般)	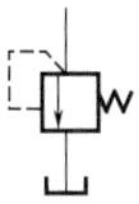	一般符号或直动型溢流阀	溢流阀	先导型电磁溢流阀	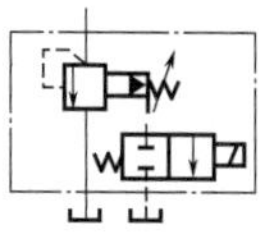	(图示为常闭)
	先导型溢流阀	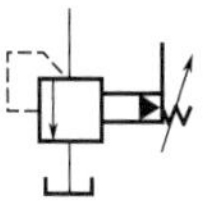			直动型比例溢流阀	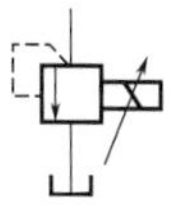	

续表

名称		符号	说明	名称		符号	说明
溢流阀	先导型比例溢流阀			减压阀	定差减压阀		
	卸荷溢流阀	p_2 p_1	$p_2 > p_1$ 时卸荷	顺序阀	顺序阀（一般）		一般符号或直动型顺序阀
	双向溢流阀		直动型，外部泄油		先导型顺序阀		
减压阀	减压阀（一般）		一般符号或直动型减压阀		单向顺序阀（平衡阀）		
	先导型减压阀			卸荷阀	卸荷阀（一般）		一般符号或直动型卸荷阀
	溢流减压阀				先导型电磁卸荷阀	p_1 p_2	$p_1 > p_2$ 时卸荷
	先导型比例电磁溢流减压阀			制动阀	双溢流制动阀		
	定比减压阀	3	减压比 1/3		溢流油桥制动阀		

9.8.3 方向控制阀的图形符号

方向控制阀的图形符号如表 9-9 所示。

表 9-9 方向控制阀的图形符号

名称	符号	说明	名称	符号	说明
单向阀		详细符号	单向阀		简化符号（弹簧可省略）

续表

名称		符号	说明
液控单向阀	液控单向阀	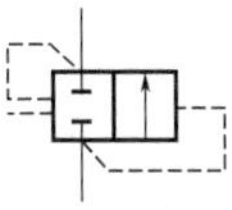	详细符号（控制压力关闭阀）
			简化符号
		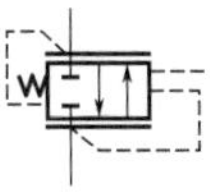	详细符号（控制压力打开阀）
			简化符号（弹簧可省略）
	双液控单向阀	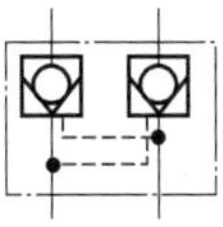	
梭阀	或门型	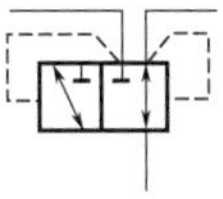	详细符号
		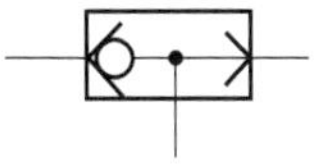	简化符号
换向阀	二位二通电磁阀	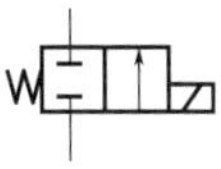	常断
		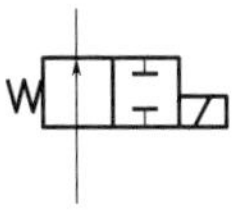	常通
	二位三通电磁阀	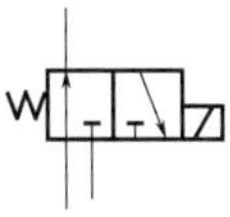	
	二位三通电磁球阀	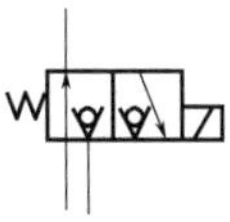	
	二位四通电磁阀	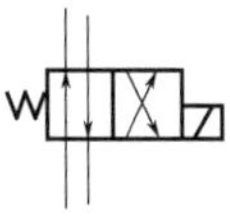	

名称		符号	说明
换向阀	二位五通液动阀	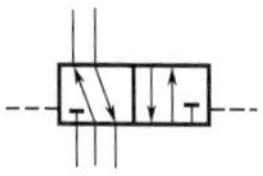	
	二位四通机动阀	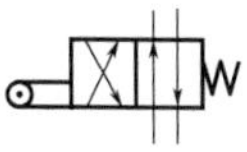	
	三位四通电磁阀		
	三位四通电液阀	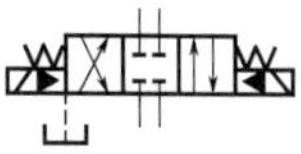	简化符号（内控外泄）
	三位六通手动阀		
	三位五通电磁阀		
	三位四通电液阀	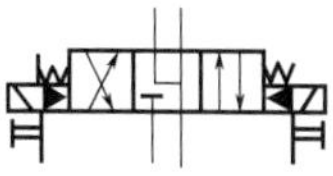	外控内泄（带手动应急控制装置）
	三位四通比例阀	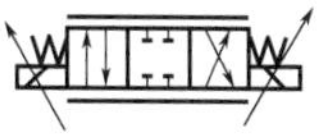	节流型，中位正遮盖
	三位四通比例阀	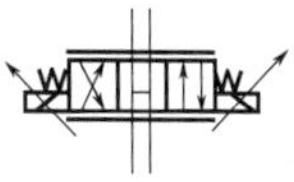	中位负遮盖
	二位四通比例阀	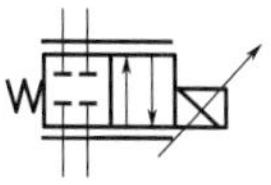	
	三位四通伺服阀	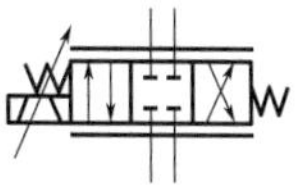	
	三位四通电液伺服阀	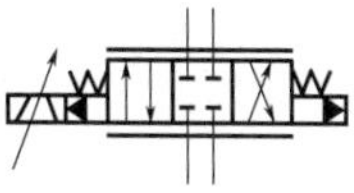	二级
		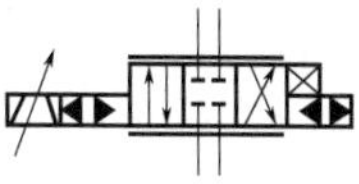	带电反馈三级

在识读换向阀时，要注意以弹簧复位的二位四通电磁换向阀，一般控制源（如电磁铁）在阀的通路机能同侧，复位弹簧或定位机构等在阀的另一侧，如图 9-10 所示。

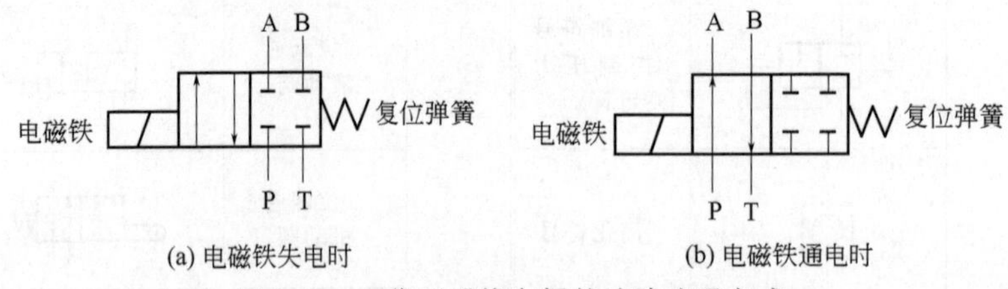

(a) 电磁铁失电时　　(b) 电磁铁通电时

图 9-10　二位四通换向阀的油路连通方式

换向阀有多个工作位置，油路的连通方式因位置不同而异，换向阀的实际工作位置应根据液压系统的实际工作状态进行判别。一般将阀两端的操纵驱动元件的电磁铁复位弹簧动力视为推力，若电磁铁没有通电，此时的图形符号换向阀处于右位，如图 9-10(a) 所示，P、T、A、B 各油口互不相通。同理，若电磁铁通电，则阀芯在电磁铁的作用下向右移动，换向阀处于左位，如图 9-10(b) 所示，此时 P 口与 A 口相通，B 口与 T 口相通。称阀位于左位、右位是相对于图形符号而言，并不是指阀芯的实际位置。

9.8.4 流量控制阀的图形符号

流量控制阀的图形符号如表 9-10 所示。

表 9-10　流量控制阀的图形符号

名称		符号	说明
节流阀	可调节流阀		详细符号
			简化符号
	不可调节流阀		一般符号
	单向节流阀		
	双单向节流阀		
	截止阀		
	滚轮控制节流阀(减速阀)		

名称		符号	说明
调速阀	调速阀（一般）		详细符号
	调速阀（一般）		简化符号
	旁通型调速阀		简化符号
	温度补偿型调速阀		简化符号
	单向调速阀		简化符号

续表

名称		符号	说明	名称		符号	说明
同步阀	分流阀	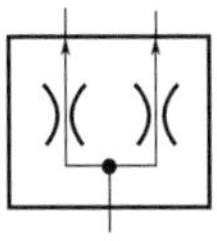		同步阀	集流阀	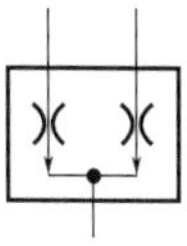	
	单向分流阀	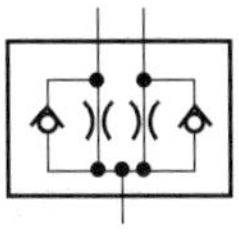			分流集流阀	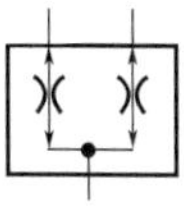	

9.8.5 油箱的图形符号

油箱的图形符号如表 9-11 所示。

表 9-11　油箱的图形符号

名称		符号	说明	名称		符号	说明
通大气式油箱	管端在液面上			通大气式油箱	局部泄油或回油		
	管端在液面下		带空气过滤器	加压油箱或密闭油箱		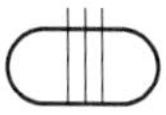	三条油路
	管端在油箱底部						

9.8.6 流体调节器的图形符号

流体调节器的图形符号如表 9-12 所示。

表 9-12　流体调节器的图形符号

名称		符号	说明	名称		符号	说明
过滤器	过滤器（一般）		一般符号	空气过滤器		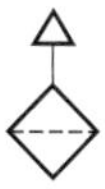	
	带污染指示器的过滤器			温度调节器			
	磁性过滤器			冷却器	冷却器（一般）		一般符号
	带旁通阀的过滤器				带冷却剂管路的冷却器		
	双筒过滤器	P_2　P_1	P_1：进油口 P_2：回油口	加热器			一般符号

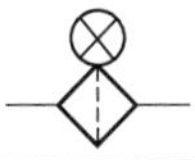

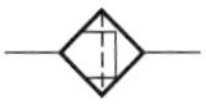

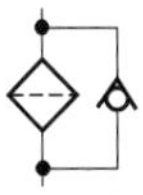

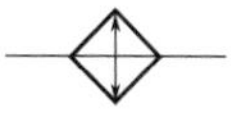

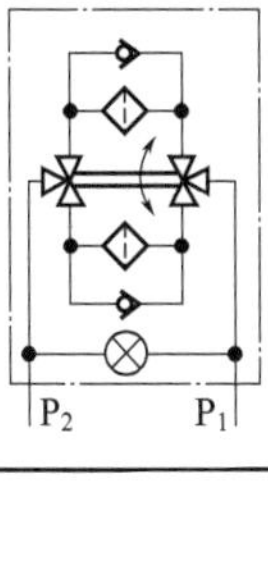

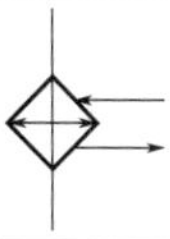

9.8.7 检测器、指示器的图形符号

检测器、指示器的图形符号如表9-13所示。

表 9-13 检测器、指示器的图形符号

名称		符号	说明	名称		符号	说明
压力检测器	压力指示器			流量检测器	检流计（液流指示器）		
	压力表（计）				流量计		
	电接点压力表（压力显控器）				累计流量计		
	压差控制表			温度计			
液位计				转速仪			
				转矩仪			

9.8.8 其他辅助元器件的图形符号

其他辅助元器件的图形符号如表9-14所示。

表 9-14 其他辅助元器件的图形符号

名称		符号	说明	名称		符号	说明
压力继电器（压力开关）			详细符号	压差开关			
			一般符号	传感器	传感器（一般）		一般符号
行程开关			详细符号		压力传感器		
			一般符号		温度传感器		
联轴器	联轴器（一般）		一般符号	放大器			
	弹性联轴器						

9.8.9 管路、管路接口和接头的图形符号

管路、管路接口和接头的图形符号如表 9-15 所示。

表 9-15 管路、管路接口和接头的图形符号

名称		符号	说明	名称		符号	说明
管路	管路（一般）		压力管路、回油管路	管路	交叉管路		两管路交叉不连接
	连接管路		两管路相交连接		柔性管路		
	控制管路		可表示泄油管路		单向放气装置（测压接头）		
快换接头	不带单向阀的快换接头			旋转接头	单通路旋转接头		
	带单向阀的快换接头				三通路旋转接头		

9.9 液压缸的图形符号的识读

液压缸的图形符号如表 9-16 所示。

表 9-16 液压缸的图形符号

名称		符号	说明	名称		符号	说明
单作用缸	单活塞杆缸		详细符号	双作用缸	单活塞杆缸		详细符号
			简化符号				简化符号
	单活塞杆缸（带弹簧复位）		详细符号		双活塞杆缸		详细符号
			简化符号				简化符号
	柱塞缸				不可调单向缓冲缸		详细符号
	伸缩缸						简化符号

续表

名称		符号	说明	名称		符号	说明
双作用缸	可调单向缓冲缸	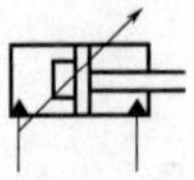	详细符号	双作用缸	可调双向缓冲缸	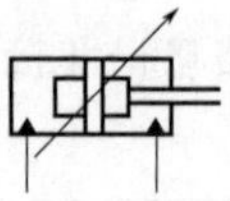	详细符号
		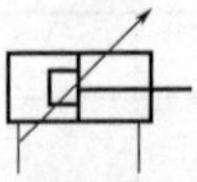	简化符号			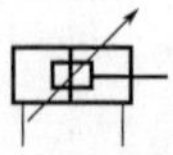	简化符号
	不可调双向缓冲缸	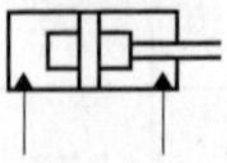	详细符号		伸缩缸	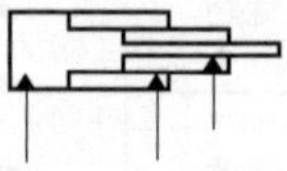	
		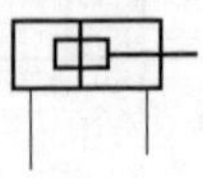	简化符号				

9.10 蓄能器的图形符号的识读

蓄能器的图形符号如表9-17所示。

表9-17 蓄能器的图形符号

名称		符号	说明	名称		符号	说明
蓄能器	蓄能器		一般符号	蓄能器	重锤式		
	气体隔离式				弹簧式		

9.11 识读液压系统图实例

图9-11所示为液压缸顺序控制油路的液压系统图。若只有一张液压系统图，没有任何说明，应分析一下它的工作原理，其方法与步骤如下。

① 估计和了解液压系统要完成的任务　从图9-11图名可知，这是一张液压缸顺序控制系统图，这个液压系统能实现A、B两液压缸按某个顺序的动作。但这个顺序是什么，暂时还不知道，这就要通过分析这个液压系统的油路来解决。

② 熟悉元件、元件编码、分析元件的作用　可先将各元件及各油路加以编号，如图所示。此液压系统是由液压泵1供油，执行机构是单杆液压缸A和B。溢流阀2起溢流作用。压力表8用于测量液压系统中的压力。背压阀3安装在主油路的回路上主要起背压作用。电磁换向阀4起控制执行机构换向的作用，从元件符号图可知，它是一个三位四通电磁换向阀。单向顺序阀5、6可使A、B两液压缸按压力不同发生顺序动作。单向行程节流阀7由一个节流阀、一个单向阀和一个行程阀组成。由液压缸B活塞杆下方固定的挡块来控制其动作，因此可使液压缸B的速

度按行程控制的办法实现换接的作用。

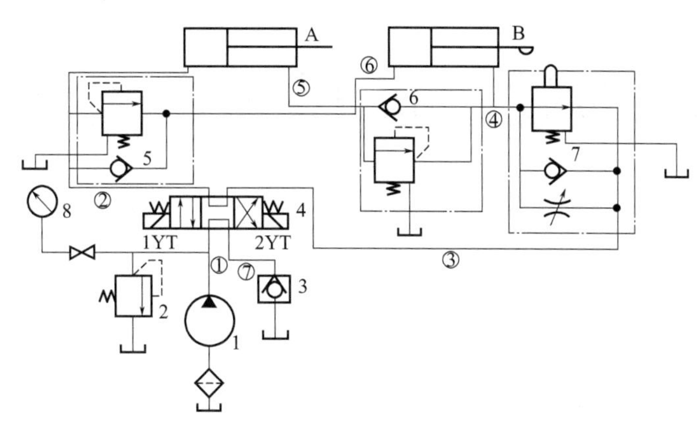

图 9-11　液压缸顺序控制油路液压系统图

1—液压泵；2—溢流阀；3—背压阀；4—电磁换向阀；5、6—单向顺序阀；7—单向行程节流阀；8—压力表

③ 进行液压系统动作油路分析

a. 在图示状态时，液压泵 1→管路①→电磁换向阀 4→管路⑦→背压阀 3→油箱，液压泵 1 卸荷。由于没有压力油进入液压缸 A、B，所以它们都处于停止状态。液压泵 1 的卸荷压力由压力表 8 测出。由于卸荷压力很低，因此溢流阀 2 处于封闭状态。

b. 令电磁换向阀 4 的 1YT 通电、2YT 断电时，液压泵 1→管路①→电磁换向阀 4→管路②→液压缸 A 左腔。液压缸 A 右腔的油液→管路⑤→单向顺序阀 6 的单向阀→单向行程节流阀 7（少量油经节流阀）→管路③→电磁换向阀 4→管路⑦→背压阀 3→油箱。于是液压缸 A 的活塞被压力油推动快速右行。此时，油路②的压力较低，单向顺序阀 5 关闭，没有压力油进入液压缸 B，故液压缸 B 活塞仍保持停止。

当液压缸 A 的活塞右行到右端尽头，或行至不能再右行的位置时（如夹紧工件），油路②的压力升高，打开单向顺序阀 5，压力油经管路⑥进入液压缸 B 的左腔。而液压缸 B 右腔的油液→管路④→阀 7 中的行程阀→管路③→电磁换向阀 4→背压阀 3→油箱，液压缸 B 的活塞便快速右行。

当液压缸 B 的活塞右行到了预定位置时，固定连接在活塞杆上的挡块压下行程阀截断液压油的通路，液压缸 B 右腔的油液→阀 7 中的节流阀→管路③→电磁换向阀 4→背压阀 3→油箱，而活塞用较慢的速度运动。

c. 当液压缸 B 的活塞右行到预定位置时，固定在活塞杆上的挡块压下行程开关，使 1YT 断电、2YT 通电，管路①、③相通和管路②、⑦相通。此时的油路是：液压泵 1→管路①→电磁换向阀 4→管路③→单向行程节流阀 7（少量油经节流阀）→管路④→液压缸 B 的右腔。液压缸 B 左腔的油液→管路⑥→单向顺序阀 5→管路②→电磁换向阀 4→管路⑦→背压阀 3→油箱。于是液压缸 B 的活塞便快速左行。此时，管路④中压力较低，不足以打开单向顺序阀 6，所以没有压力进入液压缸 A 的右腔。液压缸 A 的活塞仍保持停止。

当液压缸 B 的活塞左行到尽头时，管路④的压力升高，打开单向顺序阀 6，压力油便经管路⑤进入液压缸 A 的右腔。而缸 A 的左腔的油液可经管路②→电磁换向阀 4→管路⑦→背压阀 3→油箱。所以液压缸 A 的活塞便快速左行。

d. 当液压缸 A 的活塞左行到尽头时，固定在活塞杆上的挡块压下行程开关，使 2YT 断电，整个系统便恢复到图示的停止状态。这样，此液压系统便完成了一个工作循环。

如果液压缸 A 的活塞左行到尽头时，固定在此活塞杆上的挡块压下行程开关，使 2YT 断电、1YT 通电，液压系统便可重复上述工作循环。

第10章　典型液压系统

10.1　机床液压系统

10.1.1　液压机液压系统

液压机是用于对金属、木材、塑料、橡胶、粉末等进行压力加工的机械，在许多工业部门得到了广泛的应用。液压机的类型很多：按其所用的工作液体不同，可分为油压机和水压机两种；根据机体结构不同，可分为单臂式、柱式、框式三种，其中柱式液压机应用较广泛。其液压系统以压力变换为主，系统压力高，为 10～140MPa，流量大、功率大，空行程和加压行程的速度差异大。

（1）YB32-200 型液压机的工作原理

YB32-200 型液压机，属于立式四柱双缸式，其液压最大工作压力为 20MPa，上液压缸驱动上滑块，实现快速下行→慢速加压→保压延时→释压换向→快速返回→原位停止的动作循环；下液压缸驱动下滑块，实现向上顶出→停留→向下退回→原位停止的动作循环（见图 10-1）。在这种液压机上，可以进行冲剪、弯曲、翻边、拉深、装配、冷挤等多种加工工艺。图 10-2 为该机液压系统图，表 10-1 则为该系统的动作循环表。

表 10-1　YB32-200 型液压机液压系统的动作循环表

<table>
<tr><th colspan="2" rowspan="2">动作名称</th><th rowspan="2">信号来源</th><th colspan="4">液压元件工作状态</th></tr>
<tr><th>先导阀 3</th><th>上缸换向阀 7</th><th>下缸换向阀 2</th><th>释压阀 9</th></tr>
<tr><td rowspan="6">上块滑</td><td>快速下行</td><td>1YA 通电</td><td rowspan="2">左位</td><td rowspan="2">左位</td><td rowspan="6">中位</td><td rowspan="3">上位</td></tr>
<tr><td>慢速加压</td><td>上滑块接触工件</td></tr>
<tr><td>保压延时</td><td>压力继电器 8 使 1YA 断电</td><td>中位</td><td rowspan="2">中位</td></tr>
<tr><td>释压换向</td><td rowspan="2">时间继电器使 2YA 通电</td><td rowspan="2">右位</td><td rowspan="3">下位</td></tr>
<tr><td>快速返回</td><td>右位</td></tr>
<tr><td>原位停止</td><td>上滑块压行程开关使 2YA 断电</td><td rowspan="5">中位</td><td rowspan="5">中位</td></tr>
<tr><td rowspan="4">下滑块</td><td>向上顶出</td><td>4YA 通电</td><td rowspan="2">右位</td><td rowspan="4">上位</td></tr>
<tr><td>停留</td><td>下活塞触及液压缸盖</td></tr>
<tr><td>向下退回</td><td>4YA 断电，3YA 通电</td><td>左位</td></tr>
<tr><td>原位停止</td><td>3YA、4YA 断电</td><td>中位</td></tr>
</table>

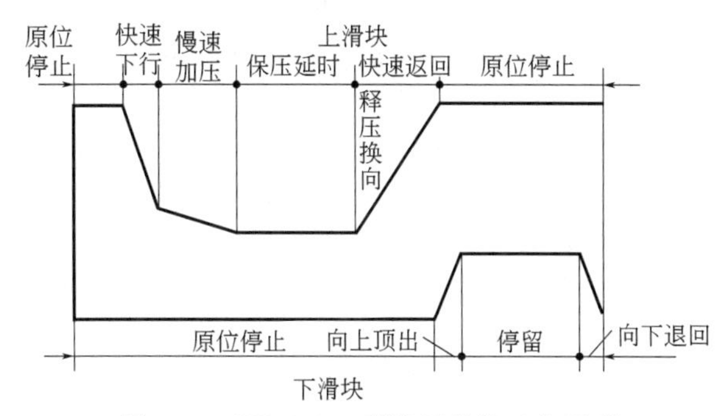

图 10-1 YB32-200 型液压机的工作原理

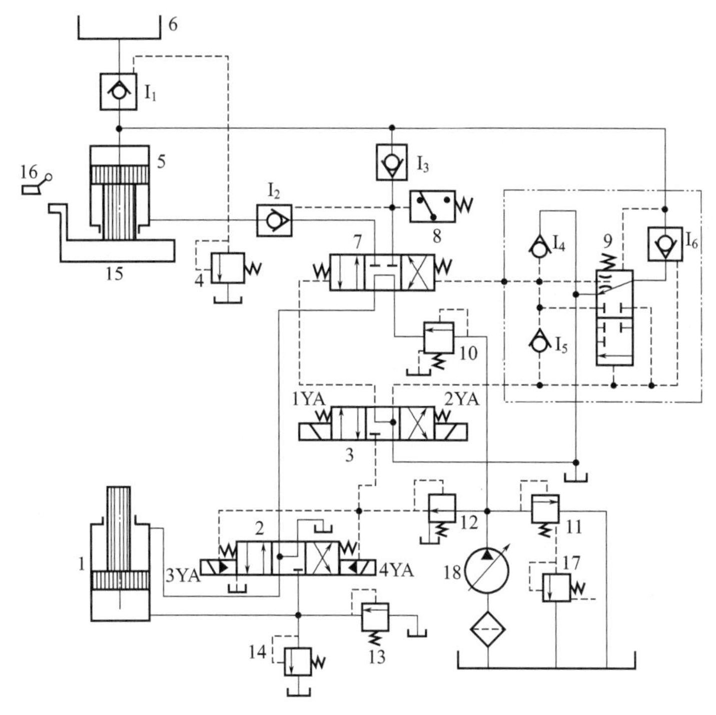

图 10-2 YB32-200 型液压机液压系统图

1—下液压缸；2—下缸换向阀；3—先导阀；4—上缸安全阀；5—上液压缸；6—副油箱；7—上缸换向阀；8—压力继电器；9—释压阀；10—顺序阀；11—溢流阀；12—减压阀；13—下缸溢流阀；14—下缸安全阀；15—上滑块；16—行程开关；17—远程调压阀；18—液压泵

(2) 液压机上滑块的工作情况

① 快速下行：电磁铁 1YA 通电，先导阀 3 和上缸换向阀 7 左位接入系统，液压单向阀 I_2 被打开，这时系统中的油液流动情况如下：

进油路为液压泵→顺序阀 10→上缸换向阀 7（左位）→单向阀 I_3→上液压缸 5 上腔。

回路油为上液压缸 5 下腔→液控单向阀 I_2→上缸换向阀 7（左位）→下缸换向阀 2（中位）→油箱。

上滑块在自重作用下迅速下降。由于液压泵的流量较小，这时液压机顶部副油箱 6 中的油经液控单向阀 I_1 也流入上液压缸 5 上腔内。

② 慢速加压：在上滑块接触工件时开始，此时上液压缸 5 上腔压力升高，液控单向阀 I_1 自

动关闭，变量泵供油，实现慢速加压，油液流动情况与快速下行时相同。

③ 释压换向，保压延时：当上液压缸5上腔油压达到调定值时，压力继电器8动作，一方面使1YA断电，另一方面使时间继电器（图10-2中未画出）动作，实现保压延时（0～24min）。保压时除了液压泵在较低压力下卸荷外，系统中没有油液流动，即此时系统中油液流动情况为：

液压泵→顺序阀10→上缸换向阀7（中位）→下缸换向阀2（中位）→油箱。

④ 快速返回：保压结束，时间继电器动作，2YA通电，先导阀3右位接入系统，释压阀9使上缸换向阀7也以右位接入系统（详情见下文），快速返回开始。这时，液控单向阀I_1被打开，油液流动情况为：

进油路为液压泵→顺序阀10→上缸换向阀7（右位）→液控单向阀I_2→上液压缸5下腔。

回油路为上液压缸5上腔→液控单向阀I_1→副油箱6。

当副油箱6内液面超过预定位置时，多余油液由溢流管流回主油箱（图10-2中未画出）。

⑤ 原位停止：当上滑块15上升至其挡块撞着行程开关16时，电磁铁2YA断电，先导阀3和上缸换向阀7都处于中位时，原位停止阶段开始。这时上滑块停止不动，液压泵在低压力下卸荷，系统中的油液流动情况与保压延时相同。

在这里应注意的是释压阀9的作用和其工作原理。它是为了防止保压状态向快速返回状态转变过快，在系统中引起压力冲击并使上滑块动作不平稳而设置的，它的主要功用是使液压缸5上腔释压后，压力油才能通入该缸下腔。工作原理是：在保压阶段，该阀以上位接入系统；当电磁铁2YA通电，先导阀3右位接入系统时，操纵油路中的压力油虽到达释压阀阀芯的下端，但由于其上端的高压未曾释放，阀芯不动。可是，液控单向阀I_6是可以在控制压力低于其主油路压力下打开的，因此有：

上液压缸5上腔→液控单向阀I_6→释压阀9（上位）→油箱。

于是上液压缸5上腔的油压被卸除，释压阀9向上移动，以其下位接入系统，它一方面切断上液压缸5上腔通向油箱的通道，一方面使操纵油路中的油输到上缸换向阀7阀芯右端，使该阀芯右位接入系统，以便实现上滑块的快速返回。由图10-2可见，上缸换向阀7在由左位转换到中位时，阀芯右端由油箱经单向阀I_4补油；在由右位转换到中位时，阀芯右端的油经单向阀I_5流回油箱。

（3）液压机下滑块的工作情况

① 向上顶出：此时电磁铁4YA通电，系统中的油液流动情况如下：

进油路为液压泵→顺序阀10→上缸换向阀7（中位）→下缸换向阀2（右位）→下液压缸1下腔。

回油路为下液压缸1上腔→下缸换向阀2（右位）→油箱。

② 停留：下滑块上移，至下液压缸1中的活塞碰上缸盖时，停留在这个位置上。

③ 向下退回：当电磁铁4YA断电，3YA通电时，下滑块向下退回。此时系统中油液的流动情况如下：

进油路为液压泵→顺序阀10→上缸换向阀7（中位）→下缸换向阀2（左位）→下液压缸1上腔。

回油路为下液压缸1下腔→下缸换向阀2（左位）→油箱。

④ 原位停止：在电磁铁3YA、4YA都断电时，下缸换向阀2处于中位时下液压缸1原位停止。这时液压系统中油液流动情况为：

油泵→顺序阀10→上缸换向阀7（中位）→下缸换向阀2（中位）→油箱。

（4）液压系统的特点

① 液压机的液压系统是以压力变换为主的高压系统，系统使用一个轴向柱塞式高压变量泵供油，系统的工作压力应能根据需要进行自动控制和调节，远程调压阀17可使液压机在不同压

力下工作。溢流阀 11 用于防止系统过载。

② 系统利用主缸活塞、滑块自重的作用实现快速下行，并利用副油箱补油，从而减少了泵的流量，简化油路结构。但对于有严格加压时间要求的工作，该方法不可取。

③ 系统中采用了专用的专用释压阀来实现上滑块快速返回时上缸换向阀的换向，保证液压机动作平稳，不会在换向时产生液压冲击和噪声。

④ 此液压机系统中，上、下两缸的动作协调是由阀 2、3、7 的互锁来保证的：一个缸必须在另一个缸静止不动时才能动作。但是，在拉深操作中，为了实现压边这个工步，上液压缸活塞必须推着下液压缸活塞移动，这时上液压缸下腔的油进入下液压缸的上腔，而下液压缸下腔中的油则经下缸溢流阀排回油箱，这时虽两缸同时动作，但不存在动作不协调的问题。

⑤ 系统中的顺序阀 10 规定了液压泵须在 2.5MPa 的压力下卸荷，从而使操纵油路能确保具有 2MPa 左右的压力。

⑥ 系统中的两个液压缸各有一个安全阀（上液压缸 5 的安全阀为上缸安全阀 4，下液压缸 1 的安全阀为下缸安全阀 14）进行过载保护。

10.1.2　万能外圆磨床液压系统

外圆磨床主要用于磨削圆柱形或圆锥形外圆和内孔，也能磨削阶梯轴轴肩和尺寸不大的平面，成品尺寸精度可达 1～2 级，表面粗糙度可达 0.8～0.2μm。

（1）M1432A 型万能外圆磨床的液压系统工作原理

图 10-3(a) 是用职能符号表示的 M1432A 万能外圆磨床液压系统中工作台的换向回路，图 10-3(b) 是用半结构符号和职能符号混合表示的 M1432A 液压系统原理图。图 10-3(b) 中部下边用立体示意图表示出开停阀 E 的阀芯形状，图 10-3(a)、(b) 中的数字标号一一对应。

① 工作台的纵向往复运动　如图 10-3 所示状态，开停阀 E 打开，工作台处于向右运动状态。油液流动情况如下：

进油路为泵 B→1→ ┬→阀 D→2→Z_1 右腔
　　　　　　　　　└→阀 E 的 $d_1—d_1$ 截面→缸 K，手摇机构脱开

回油路为缸 Z_1 左腔→3→阀 D→5→阀 C→6→阀 E 的 $a_1—a_1$ 截面→阀 E 的轴向槽［见图 10-3(b) 中开停阀阀芯立体图］→$b_1—b_1$ 截面→14→阀 F 的 $b_2—b_2$ 截面及轴向槽→$a_2—a_2$ 截面及轴向槽→$a_2—a_2$ 截面上的节流口→油箱。

当工作台右行到预先调定的位置时，固定在工作台侧壁的左挡块通过拨杆推动先导阀 C 的阀芯左移，阀 D 两端的控制油路开始切换。此时油路的情况下：

进油路为泵 B→精滤油器 A_2→阀 C(7→9) →H_1，先导阀 C 迅速左移，彻底打开 C(7→9)，关闭 C(7→8)，打开 C(4→6) 及 C(8→0)，泵 B→A_2→阀 C(7→9) →I_2→换向阀右端。

回油路为阀 H_2→阀 C_8→油箱。

因为压力油已进入阀 D 的右腔，换向阀将开始换向，其具体过程是：换向阀左端→8→阀 C→油箱。因为回油畅通，所以换向阀阀芯快速移动，完成第一次快跳。快跳结果是阀芯刚好处于中位，孔被阀芯盖住，阀芯中间一节台阶比阀体中间那段沉割槽窄，于是油路 1 分别与 2 和 3 相通，液压缸 Z_1 两腔都通压力油，工作台迅速停止运动。工作台虽已停止运动，但换向阀阀芯在压力油作用下还在继续缓慢移动，此时换向阀 D 的左腔油只能通过节流阀 J_1 回油，阀芯以 J_1 调定的速度移动。液压缸 Z_1 两腔继续连通，处于停留阶段，当阀芯向左慢移到使油路 10 和 8 相通时，阀芯左端油便通过 10→8→油箱，因为回油又畅通，所以阀芯又一次快速移动，完成第二次快跳。结果换向阀阀芯左移到底，主油路被迅速切换，工作台便反向起步。这时油路情况是：

进油路为泵 B→1→阀 D(右位) →3→缸 Z_1 左腔。

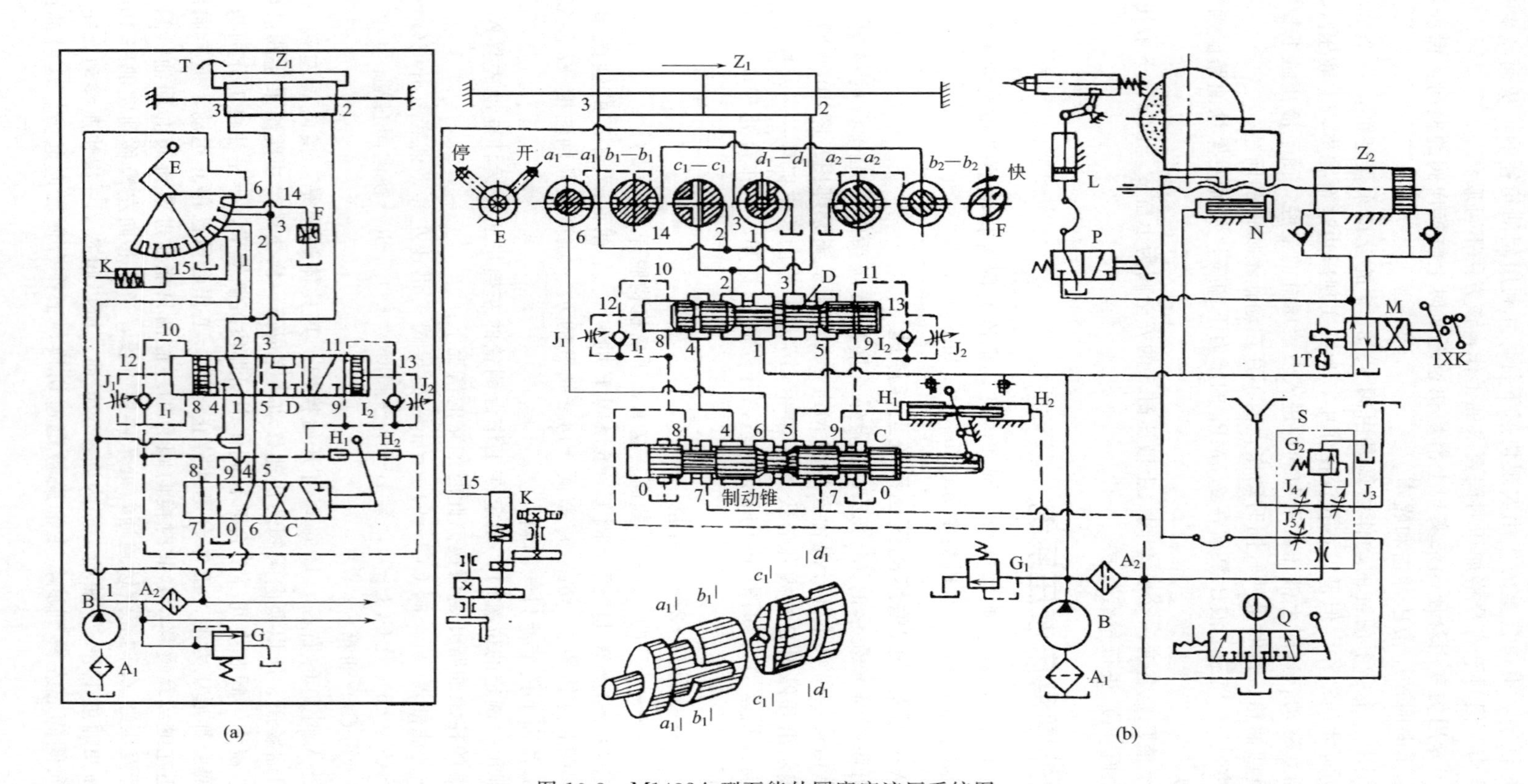

图 10-3　M1432A 型万能外圆磨床液压系统图

A_1—滤油器；A_2—精滤油器；B—齿轮泵；C—先导阀；D—液控换向阀；E—开停阀（转阀）；F—节流阀；G、G_1、G_2—溢流阀；H_1、H_1—抖动阀；I_1、I_2—单向阀；J_1、J_2、J_3、J_4、J_5—节流阀；K—手摇机构液压缸；L—尾架液压缸；M—快动阀；N—闸缸；P—脚踏式换向阀；Q—压力表开关；S—润滑油稳定器；1T—联锁电磁铁；1XK—启动头架和冷却泵用行程开关；Z_1—工作台液压缸；Z_2—砂轮架快进快退液压缸；T—排气阀

回油路为缸 Z_1 右腔→2→阀 D(右位) →4→阀 C(右位) →6→阀 E 的 b_1—b_1 截面→14→阀 F 的 b_2—b_2 截面→阀 F 的 a_2—a_2 截面上的节流口→油箱。

液压缸 Z_1 向左移动，运动到预定位置，右挡块碰上拨杆后，先导阀 C 以同样的过程使其控制油路换向，接着主油路切换，工作台又向右运动，如此循环，工作台便实现了自动纵向往复运动。

从以上分析不难看出，不管工作台向左还是向右运动，其回油总是通过节流阀 F 上的 a_2—a_2 截面上的节流口回油箱，所以是出口节流调速。调节阀 F 的开口即可实现工作台在 0.05～4m/min 之间的无级调速。

若将开停阀 E 转到停的位置，开停阀 E 的 b_1—b_1 截面就关闭了通往节流阀 F 的回油路，而 c_1—c_1 截面却使液压缸两腔相通（2 与 3 相通），工作台处于停止状态，缸 K 内的油经 15 到阀 E 的 d_1—d_1 截面上径向孔回油箱，在缸 K 中弹簧作用下，使齿轮啮合，工作台就可以通过摇动手柄来操作了。

② 砂轮架横向快进快退运动　砂轮架的快速进退运动是由快动阀 M 操纵，由砂轮架快进快退液压缸 Z_2 来实现的。图 10-3 所示砂轮架处于后退状态。当扳动阀 M 手柄使砂轮快进时，行程开关 1XK 同时被压下，使头架和冷却泵均启动。若翻下内圆磨具进行内圆磨削时，磨具压下砂轮架前侧固定的行程开关，电磁铁 1T 吸合，阀 M 被锁住，这样不会因误扳快速进退手柄而引起砂轮后退时与工作台相碰。快进终点位置是靠活塞与缸盖的接触保证的。为了防止砂轮架在快速运动终点处引起冲击和提高快进运动的重复位置精度，快动缸 Z_2 的两端设有缓冲装置（图 10-3 中未画出），并设有抵住砂轮架的闸缸 N，用以消除丝杠和螺母间的间隙。快动阀 M 右位接入系统时，砂轮架快速前进到最前端位置。

③ 尾架顶尖的伸缩运动　尾架顶尖的伸缩可以手动实现，也可以利用脚踏式换向阀 P 来实现。因阀 P 的压力油来自液压缸 Z_2 的前腔，即阀 P 的压力油需在快动阀 M 左位接入时才能通向尾架处，所以当砂轮架快速前进磨削工件时，即使误踏阀 P，顶尖也不会退回，只有在砂轮后退时，才能使尾架顶尖缩回。

④ 润滑油路　由泵 B 经 A_2 到润滑油稳定器 S 的压力油用于手摇机构、丝杠螺母副、导轨等处的润滑，J_3、J_4、J_5 用来调节各润滑点所需流量，溢流阀 G_2 用于调节润滑油压力（0.05～0.2MPa）和溢流。润滑油稳定器 S 上的固定阻尼孔在工作台每次换向产生的压力波动作用下，作一次微量抖动，这可防止阻尼孔堵塞。压力油进入闸缸 N，使闸缸的柱塞始终顶住砂轮架，消除了进给丝杠螺母副的间隙，可保证横向进给的准确性。压力表开关 Q 用于测量泵出口和润滑油路上的压力。

（2）换向分析

① 换向方法及换向性能　从磨床的性能及系统的工作原理可知，磨床液压系统的核心问题是换向回路的选择和如何实现高性能换向精度的要求。

实现工作台换向的方法很多。采用手动阀换向换向可靠，但不能实现工作台自动往复运动。采用机动阀换向，可以实现工作台自动往复运动，但低速时的换向死点（换向阀阀芯处于中位时不能换向）和高速换向时的换向冲击问题，使它不能在磨床液压系统中应用。采用电磁换向，虽然解决了死点问题，但由于换向时间短（0.08～0.15s），同样会产生换向冲击。所以最好的途径就是采用机动-液动换向阀回路。如图 10-3(a) 所示，M1432A 采用的换向回路正是一种机-液换向阀的换向回路，阀 C 是个二位七通阀（习惯称先导阀，主换向阀 D 实际是一个二位五通液动阀）。该回路的特点是先导阀阀芯移动的动力源来自工作台，只有先导阀换向后，液动阀才换向，消除了换向死点；液动阀 D 两端控制油路设置了单向节流阀，其换向快慢便能得到调节，换向冲击问题也基本得到解决。

② 液压操纵箱制动控制方式　在磨床液压系统中，常常把先导阀、液动阀、节流阀和开停

阀组合在一起，装在一个壳体内，叫作液压操纵箱。按控制方式的不同，液压操纵箱可分为两大类，即时间控制式液压操纵箱和行程控制式液压操纵箱。两种控制方式各具优缺点，在实际应用中应根据具体情况决定取舍。

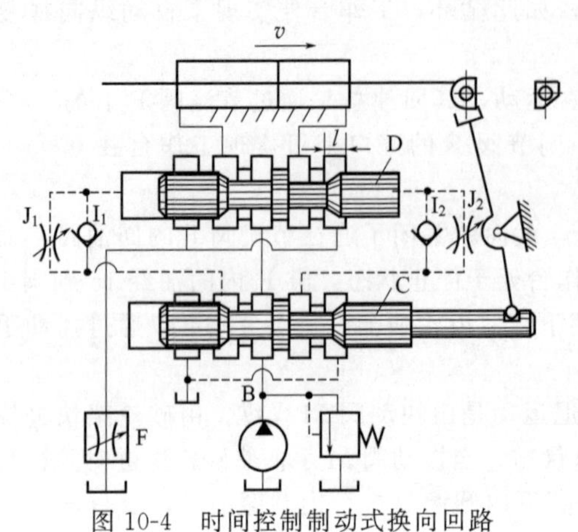

图 10-4　时间控制制动式换向回路

a. 时间控制式液压操纵箱及应用。如图 10-4 所示，为一时间控制制动式换向回路。该回路属机液换向回路。由图 10-4 可见，液压缸右腔的油是经过阀 D 的阀芯右边台肩锥面（也称制动锥）回油箱的。在图示状态若先导阀 C 左移，制动锥处缝隙逐渐减小，液压缸活塞运动必然减速制动，直到换向阀阀芯走完距离 l，封死液压缸右腔的回油通道，活塞才能停下来（制动结束）。这样无论原来液压缸活塞运动速度多大、先导阀换向多快，工作台要停止，必须等换向阀阀芯走完固定行程 l。所以在节流阀 J_1 和 J_2 开口一定、油液黏度基本不变的情况下，工作台从挡块碰上拨杆到停止的时间是一定的。因此，工作台低速换向时，其制动行程（减速行程）短，冲出量小；高速换向时，冲出量大；变速换向精度低。在工作台速度一定时，尽管节流阀 J_1、J_2 开口已调定，但由于油温的变化、油内杂质的存在、阀芯摩擦阻力的变化等因素，会使换向阀阀芯移动速度变化，因而使制动时间（减速时间）有变化，所以等速换向精度也不高。

综上所述，时间控制制动式操纵箱适用于换向频率高、换向平稳、无冲击，但对换向精度要求不高的场合，如平面磨床、专磨通孔的内圆磨床及插床等的液压系统。

b. 行程控制式液压操纵箱及其应用。图 10-5 为行程控制式操纵箱换向回路，与图 10-4 相比，液压缸右腔的油不但经过阀 D，而且还要经过阀 C 才能回油箱，当左挡块碰上拨杆使阀 C 的阀芯向左移动时，阀 C 右侧制动锥首先关小 5 与 6 的通道，使工作台减速（实现预制动）。阀 C 右制动锥口全部闭死 5 至 6 通道时，液压缸右腔回油被切断，此时不论阀 D 是否换向，工作台一定停止。即从挡块碰上拨杆开始到工作台停止，阀 C 从其制动锥开口最大到关闭所移动的距离 l 是一定的（M1432A 型号下为 9mm），杠杆比也是一定的（1：1.5），故液压缸从开始到停止，其活塞移动的距离也是一定的（13.5mm）。这样，不论工作台原来速度多大，只要挡块碰上拨杆，工作台走过该距离就停止，这种制动方式叫行程制动式。该制动方式大大提高了换向精度。对于高速换向的工作台来说，由于换向时间短，换向冲击就大。但对于 M1432A 型万能外圆磨床来说，工作台纵向往复速度不高（<4m/min），换向冲击不是主要问题，所以采用这种控制操纵箱是合适的。

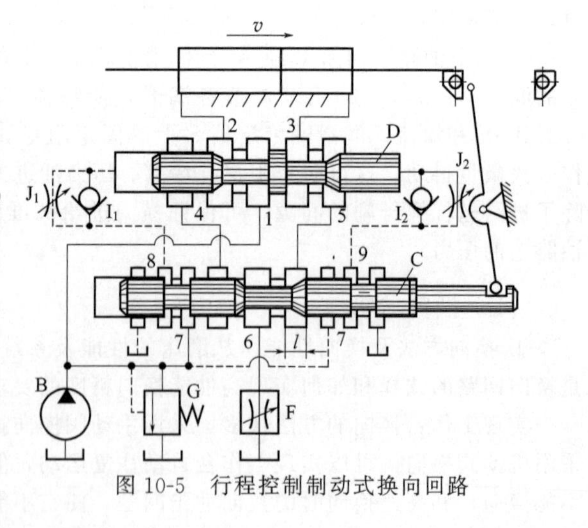

图 10-5　行程控制制动式换向回路

（3）M1432A 型万能外圆磨床液压系统的特点

① 系统采用了活塞杆固定式双杆液压缸，保证了进退两方向运动速度相等，并使机床占地

面积不大。

② 系统采用了快跳式操纵箱，结构紧凑，操纵方便，换向精度和换向平稳性都较高。

③ 系统设置了抖动缸，使工作台在很短的行程内实现快速往复运动，有利于提高切入磨削的加工质量。

④ 系统采用出口节流式调速回路，功率损失小，这对调速范围需求不大、负载较小且基本恒定的磨床来说是很合适的。此外，出口节流的形式在液压缸回油腔中造成背压力，工作台运动平稳，使质量较大的磨床工作台加速制动，也有助于防止系统中渗入空气。

10.1.3　数控加工中心液压系统

数控加工中心是在数控机床基础上发展起来的多功能数控机床。现代数控机床和数控加工中心都采用计算机数控（Computerized Numerical Control，简称 CNC）技术，在数控加工中心机床上配备有刀库和换刀机械手，可在一次装夹中完成对工件的钻、扩、铰、镗、铣、锪、螺纹加工、复杂曲面加工和测量等多道加工工序，是集机、电、液、气、计算机、自动控制等技术于一体的高效柔性自动化机床。数控加工中心机床各部分的动作均由计算机的指令控制，具有加工精度高、尺寸稳定性好、生产周期短、自动化程度高等优点，特别适合于加工形状复杂、精度要求高的多品种成批、中小批量及单件生产的工件，因此数控加工中心目前已在国内相关企业中普遍使用。数控加工中心一般由主轴组件、刀库、换刀机械、*XYZ* 三个进给坐标轴、床身、CNC 系统、伺服驱动、液压系统、电气系统等部件组成。立式加工中心结构原理图如图 10-6 所示。

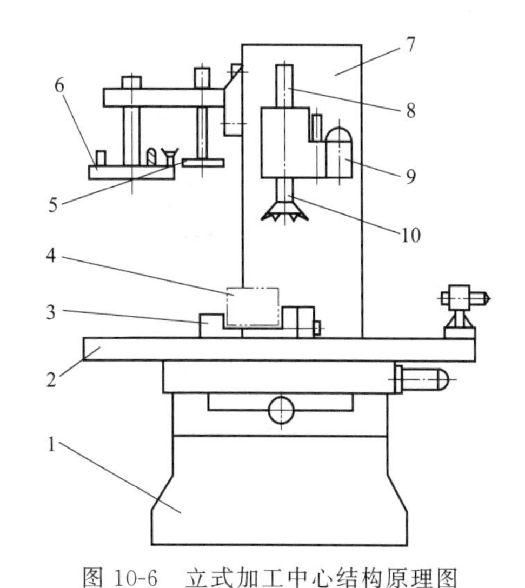

图 10-6　立式加工中心结构原理图

1—床身；2—工作台；3—台虎钳；4—工件；5—换刀机械手；6—刀库；7—立柱；8—拉刀装置；9—主轴箱；10—刀具

（1）系统工作原理

加工中心机床中普遍采用了液压传动技术，主要完成机床的各种辅助动作，如主轴变速、主轴刀具拉紧与松开、刀库的回转与定位、换刀机械手的换刀、数控回转工作台的定位与夹紧等。图 10-7 所示为一卧式镗铣加工中心液压系统原理图，其组成部分及工作原理如下：

① 液压油源　该液压系统采用变量叶片泵和蓄能器联合供油方式，以便获得高质量的液压油源。液压泵为限压式变量叶片泵，最高工作压力为 7MPa。溢流阀 4 作安全阀用，其调整压力为 8MPa，只有系统过载时起作用。手动换向阀 5 用于系统卸荷，过滤器 6 用于对系统回油进行过滤。

② 液压平衡装置　由溢流减压阀 7、溢流阀 8、手动换向阀 9、液压缸 10 组成平衡装置，蓄能器 11 用于吸收液压冲击。液压缸 10 为支承加工中心立柱丝杠的液压缸。为减小丝杠与螺母间的摩擦，并保持摩擦力均衡，保证主轴精度，用溢流减压阀 7 维持液压缸 10 下腔的压力，使丝杠在正、反向工作状态下处于稳定的受力状态。当液压缸上行时，压力油和蓄能器向液压缸下腔充油，当液压缸在滚珠丝杠带动而下行时，缸下腔的油又被挤回蓄能器或经过溢流减压阀 7 回油箱，因而起到平衡作用。调节溢流减压阀 7 可使液压缸 10 处于最佳受力工作状态，其受力的大小可通过测量 *Y* 轴伺服电动机的负载电流来判断。手动换向阀 9 用于使液压缸卸载。

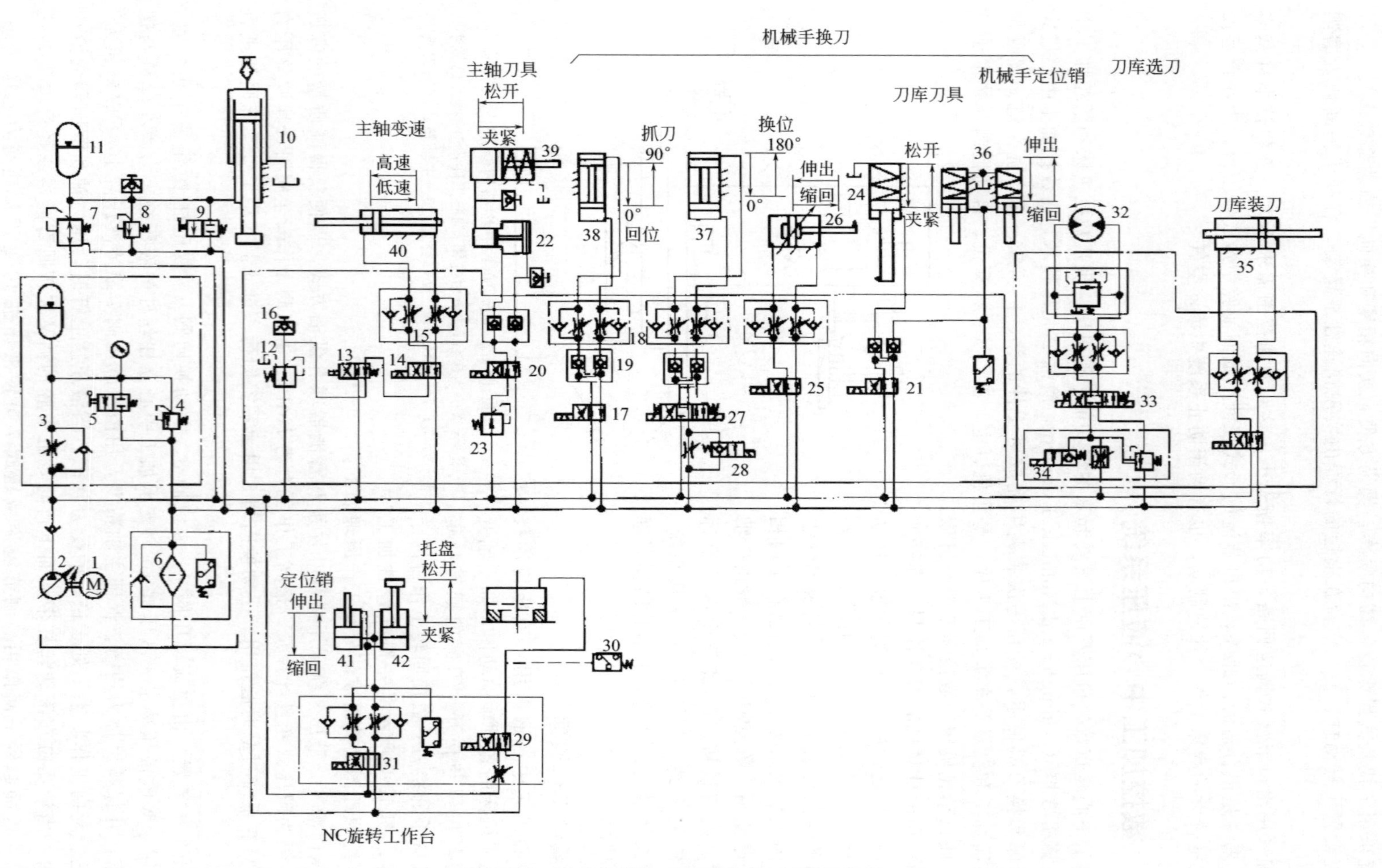

图 10-7 卧式镗铣加工中心液压系统原理图

1—电动机；2—限压式变量叶片泵；3—单向节流阀；4、8—溢流阀；5、9—手动换向阀；6—过滤器；7—溢流减压阀；10、24、26、35、36、37、38、39、40、41、42—液压缸；11—蓄能器；12、23—减压阀；13、14、17、20、21、25、27、28、29、31、33—电磁阀；15、18—双单向节流阀；16—测压接头；19—双液控制单向阀；22—增压器；30—压力继电器；32—液压马达；34—控制单元

③ 主轴变速回路　主轴通过交流变频电动机实现无级调速。为了得到最佳的转矩性能，将主轴的无级调速分成高速和低速两个区域，并通过一对双联齿轮变速来实现。主轴的这种换挡变速由液压缸40完成。在图10-7所示位置时，压力油直接经电磁阀13右位、电磁阀14右位进入缸40左腔，完成由低速向高速的换挡。当电磁阀13切换至左位时，压力油经减压阀12、电磁阀13、14进入缸40右腔，完成由高速向低速的换挡。换挡过程中缸40的速度由双单向节流阀15来调整。

④ 换刀回路及动作　加工中心在加工零件的过程中，当前道工序完成后就需换刀，此时机床主轴退至换刀点，且处在准停状态，所需置换的刀具已处在刀库预定换刀位置。换刀动作由机械手完成，其换刀过程为：机械手抓刀—刀具松开和定位—机械手拔刀—机械手换刀—机械手插刀—刀具夹紧和松销—机械手复位。

a. 机械手抓刀。当系统收到换刀信号时，电磁阀17切换至左位，压力油进入齿条缸38下腔，推动活塞上移，使机械手同时抓住主轴锥孔中的刀具和刀库上预选的刀具。双单向节流阀18控制抓刀和回位的速度，双液控制单向阀19保证系统失压时机械手位置不变。

b. 刀具松开和定位。当抓刀动作完成后，发出信号使电磁阀20切换至左位，电磁阀21处于右位，从而使增压器22的高压油进入液压缸39左腔，活塞杆将主轴锥孔中的刀具松开。同时，液压缸24的活塞杆上移，松开刀库中预选的刀具。此时，液压缸36的活塞杆在弹簧力作用下将机械手上两个定位销伸出，卡住机械手上的刀具。松开主轴锥孔中刀具的压力可由减压阀23调节。

c. 机械手拔刀。当主轴、刀库上的刀具松开后，无触点开关发出信号，电磁阀25处于右位，由缸26带动机械手伸出，使刀具从主轴锥孔和刀库链节中拔出。缸26带有缓冲装置，以防止行程终点发生撞击和噪声。

d. 机械手换刀。机械手伸出后发出信号，使电磁阀27换向至左位。齿条缸37的活塞向上移动，使机械手旋转180°，转位速度由双单向节流阀调节，并可根据刀具的质量，由电磁阀28确定两种换刀速度。

e. 机械手插刀。机械手旋转180°后发出信号，使电磁阀25换向，缸26使机械手缩回，刀具分别插入主轴锥孔和刀库链节中。

f. 刀具夹紧和松销。机械手插刀后，电磁阀20、21换向。缸39使主轴中的刀具夹紧，缸24使刀库链节中的刀具夹紧，缸36使机械手上定位销缩回，以便机械手复位。

g. 机械手复位。刀具夹紧后发出信号，电磁阀17换向，缸38使机械手旋转90°回到起始位置。

至此，整个换刀动作结束，主轴启动进入零件加工状态。

⑤ 数控旋转工作台回路

a. 数控工作台夹紧。数控旋转工作台可使工件在加工过程中连续旋转，当进入固定位置加工时，电磁阀29切换至左位，使工作台夹紧，并由压力继电器30发出信号。

b. 托盘交换。交换工件时，电磁阀31处于右位，缸41使定位销缩回，同时缸42松开托盘，由交换工作台交换工件，交换结束后电磁阀31换向，定位销伸出，托盘夹紧，即可进入加工状态。

⑥ 刀库选刀、装刀回路　在零件加工过程中，刀库需把下道工序所需的刀具预选列位。首先判断所需的刀具在刀库中的位置，确定液压马达32的旋转方向，使电磁阀33换向，控制单元34控制液压马达的启停和转速，刀具到位后由旋转编码器组成的闭环系统发出信号。双向溢流阀起安全保护作用。

液压缸35用于刀库装卸刀具。

（2）系统特点

① 在加工中心中，液压系统所承担的辅助动作的负载力较小，主要负载是运动部件的摩擦

力和启动时的惯性力，因此，一般采用压力在10MPa以下的中低压系统，且液压系统流量一般在30L/min以下。

② 加工中心在自动循环过程中，各个阶段流量需求的变化很大，并要求压力基本恒定。采用限压式变量泵与蓄能器组成的液压源，可以减小流量脉动、能量损失和系统发热，提高机床加工精度。

③ 加工中心的主轴刀具需要的夹紧力较大，而液压系统其他部分需要的压力为中低压，且受主轴结构的限制，不宜选用缸径较大的液压缸。采用增压器可以满足主轴刀具对夹紧力的要求。

④ 在齿轮变速箱中，采用液压缸驱动滑移齿轮来实现两级变速，可以扩大伺服电动机驱动的主轴的调速范围。

⑤ 加工中心的主轴、垂直拖板、变速箱、主电动机等连成一体，由伺服电动机通过Y轴滚珠丝杠带动其上下移动。采用平衡阀—平衡缸的平衡回路，可以保证加工精度，减小滚珠丝杠的轴向受力，且结构简单、体积小、质量轻。

10.1.4 机械手液压系统

（1）机械手液压系统概述

机械手是模仿人的手部动作，按给定程序、轨迹和要求实现自动抓取、搬运和操作的自动装置。它特别在高温、高压、多粉尘、易燃，易爆、放射性等恶劣环境中，以及笨重、单调、频繁的操作中能代替人作业，因此获得日益广泛的应用。

机械手一般由执行机构、驱动系统、控制系统及检测装置四大部分组成，智能机械手还具有感觉系统和智能系统。驱动系统多数采用电液（或电气）机联合传动。

JS01工业机械手属于圆柱坐标式、全液压驱动机械手，具有手臂升降、伸缩、回转和手腕回转四个自由度。执行机构相应由手指夹紧机构、手腕回转机构、手臂伸缩机构、手臂升降机构、手臂回转机构和回转定位装置等组成，每一部分均由液压缸驱动与控制。它完成的动作循环为：插定位销→手臂前伸→手指张开→手指夹紧抓料→手臂上升→手臂缩回→手腕回转180°→拔定位销→手臂回转95°→插定位销→手臂前伸→手臂中停（此时主机的夹头下降夹料）→手指张开（此时主机夹头夹着料上升）→手指闭合→手臂缩回→手臂下降→手腕反转复位→拔定位销→手臂反转复位→待料，泵卸荷。

（2）JS01工业机械手液压系统原理及特点

JS01工业机械手液压系统如图10-8所示。各执行机构的动作均由电控系统发送信号控制相应的电磁换向阀，按程序依次步进动作。电磁铁动作顺序见表10-2。该液压系统的特点归纳如下：

表10-2 JS01工业机械手液压系统电磁铁、压力继电器动作顺序表

动作顺序	1YA	2YA	3YA	4YA	5YA	6YA	7YA	8YA	9YA	10YA	11YA	12YA	K26
插销定位	+											+	±
手臂前伸					+							+	+
手指张开	+								+			+	+
手指抓料	+											+	+
手臂上升			+									+	+
手臂缩回						+						+	+

续表

动作顺序	1YA	2YA	3YA	4YA	5YA	6YA	7YA	8YA	9YA	10YA	11YA	12YA	K26
手腕回转	＋									＋		＋	＋
拔定位销	＋												
手臂回转	＋						＋						
插定销位	＋											＋	±
手臂前伸					＋							＋	＋
手臂中停												＋	＋
手指张开	＋								＋			＋	＋
手指闭合	＋											＋	＋
手臂缩回						＋						＋	＋
手臂下降				＋								＋	＋
手腕反转	＋										＋	＋	＋
拔定位销	＋												
手臂反转	＋							＋					
待料，泵卸荷	＋	＋											

① 系统采用了双联泵供油，额定压力为 6.3MPa，手臂升降及伸缩时由两个泵同时供油，流量为（35＋18）L/min，手臂及手腕回转、手指松紧及定位缸工作时，只由小流量泵 2 供油，大流量泵 1 自动卸载。由于定位缸和控制油路所需压力较低，在定位缸支路上串联有减压阀 8，使之获得稳定的 1.5～1.8MPa 压力。

② 手臂的伸缩和升降采用单杆双作用液压缸驱动，手臂的伸出和升降动作分别采用单向调速阀 15、13 和 11 的回油节流调速；手臂及手腕的回转由摆动液压缸驱动，其正反向运动亦采用单向调速阀 17 和 18、23 和 24 的回油节流调速。

③ 执行机构的定位和缓冲是机械手工作平稳可靠的关键。从提高生产率来说，希望机械手正常工作速度越快越好，但工作速度越高，启动和停止时的惯性力就越大，振动和冲击就越大，这不仅会影响到机械手的定位精度，严重时还会损伤机件。因此为达到机械手的定位精度和运动平稳性的要求，一般在定位前要采取缓冲措施。

该机械手手臂伸出、手腕回转由死挡铁定位保证精度，端点到达前发信号切断油路，滑行缓冲；手臂缩回和手臂上升由行程开关适时发信号，提前切断油路滑行缓冲并定位。此外，手臂伸缩缸和升降缸采用了电液换向阀换向，调节换向时间，亦增加缓冲效果。由于手臂的回转部分质量较大，转速较高，运动惯性矩较大，系统的手臂回转缸除采用单向调速阀回油节流调速外，还在回油路上安装有行程节流阀 19 进行减速缓冲，最后由定位缸插销定位，满足定位精度要求。

④ 为使手指夹紧缸夹紧工件后不受系统压力波动的影响，保证牢固地夹紧工件，采用了液控单向阀 21 的锁紧回路。

⑤ 手臂升降缸为立式液压缸，为支承平衡手臂运动部件的自重，采用了单向顺序阀 12 的平衡回路。

（3）JS01 工业机械手电气控制系统

JS01 工业机械手采用了液压、电气联合控制。液压负责控制各部位动作的力和速度，电气

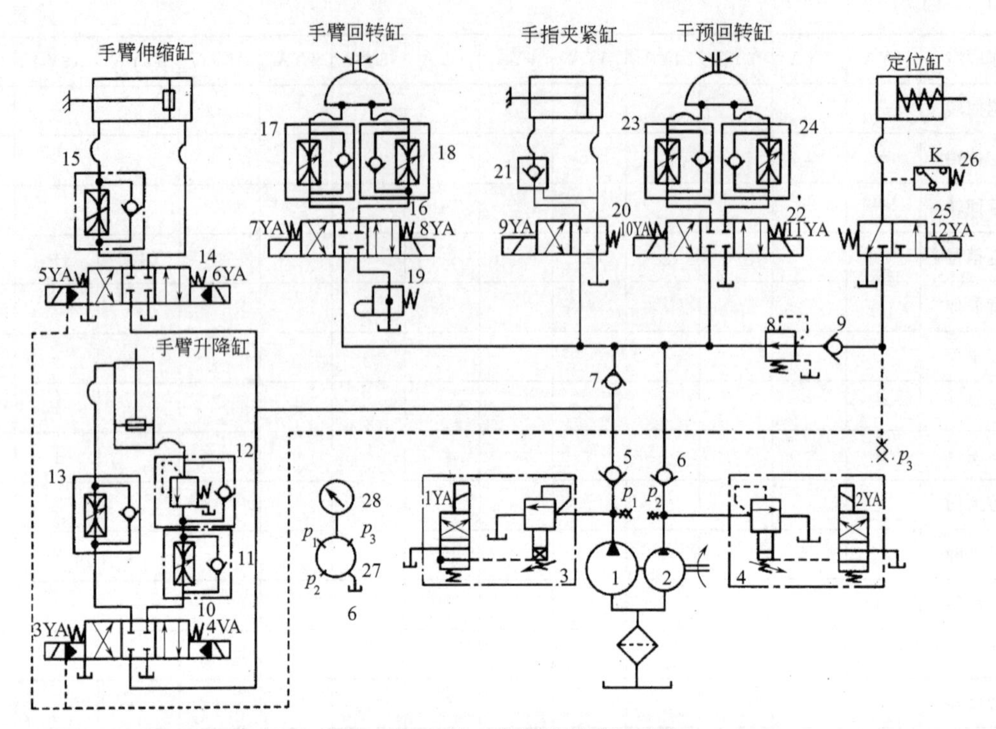

图 10-8 JS01 工业机械手液压系统

1—大流量泵；2—小流量泵；3、4—先导型电磁溢流阀；5、6、7、9—单向阀；8—减压阀；10、14、16、22—三位四通电液换向阀；11、13、15、17、18、23、24—单向调速阀；12—单向顺序阀；19—行程节流阀；20—二位四通电液换向阀；21—液控单向阀；25—二位三通电磁阀；26—压力继电器；27—油箱；28—压力表

负责控制各部位动作的顺序。下面简单介绍该机械手的电气控制系统，原理图如图 10-9 所示。

① 控制方式为点位程序控制。程序设计采用开关预选方式，机械手的自动循环采用步进继电器控制。步进动作是由每一个动作完成后，使行程开关的触点闭合而发出信号，或依据每一步的动作预设停留时间。

② 发信指令完成由相应的中间继电器 K 来实现，收发指令的完成方式为机械手相应动作结束的同时使步进继电器再动作，复位指令完成是给相应的中间继电器通电，使机械手回到工作准备状态。

③ 机械手除能实现自动循环外，还设有调整电路，可通过手动按钮 SB 进行单个动作调试。

④ 液压泵的供油与卸载和每步动作之间的对应关系由控制电器保证。只有在 2K、3K、4K、5K、6K、7K、8K、9K、10K 等九个中间继电器全部不通电（所有液压缸不动作）时中间继电器 12K 才通电，使电磁铁 1YA、2YA 通电，大、小泵同时卸载。上列九个中间继电器中任意一个通电（即任一液压缸动作），则 12K 断电，小泵停止卸载；中间继电器 2K、3K、5K、6K 中任意一个通电（即手臂升降、手臂伸缩），大泵则停止卸载。

⑤ 手臂定位与手臂回转由继电器互锁。在插定位销后，定位缸压力上升，压力继电器 K 升压发令，一方面由常开触点接通手臂升降、手臂伸缩、手指松夹、手腕回转等部分的自动循环电气线路，另一方面由常闭触点断开手臂回转的电气线路。同时，在定位缸用电磁铁 12YA 的线圈两边串联有中间继电器 9K（手臂回转）和 10K（手臂反转）的常闭触头和 11K（插定位销）的常开触头。这些互锁措施保证了任何情况下手臂回转只在拔定位销之后进行。

⑥ 因机械手工作环境存在金属粉尘，在电磁铁的线圈两边各串联了一个中间继电器的常开触头，用以保证继电器断电后常开触头可靠脱开，液压缸及时停止工作。

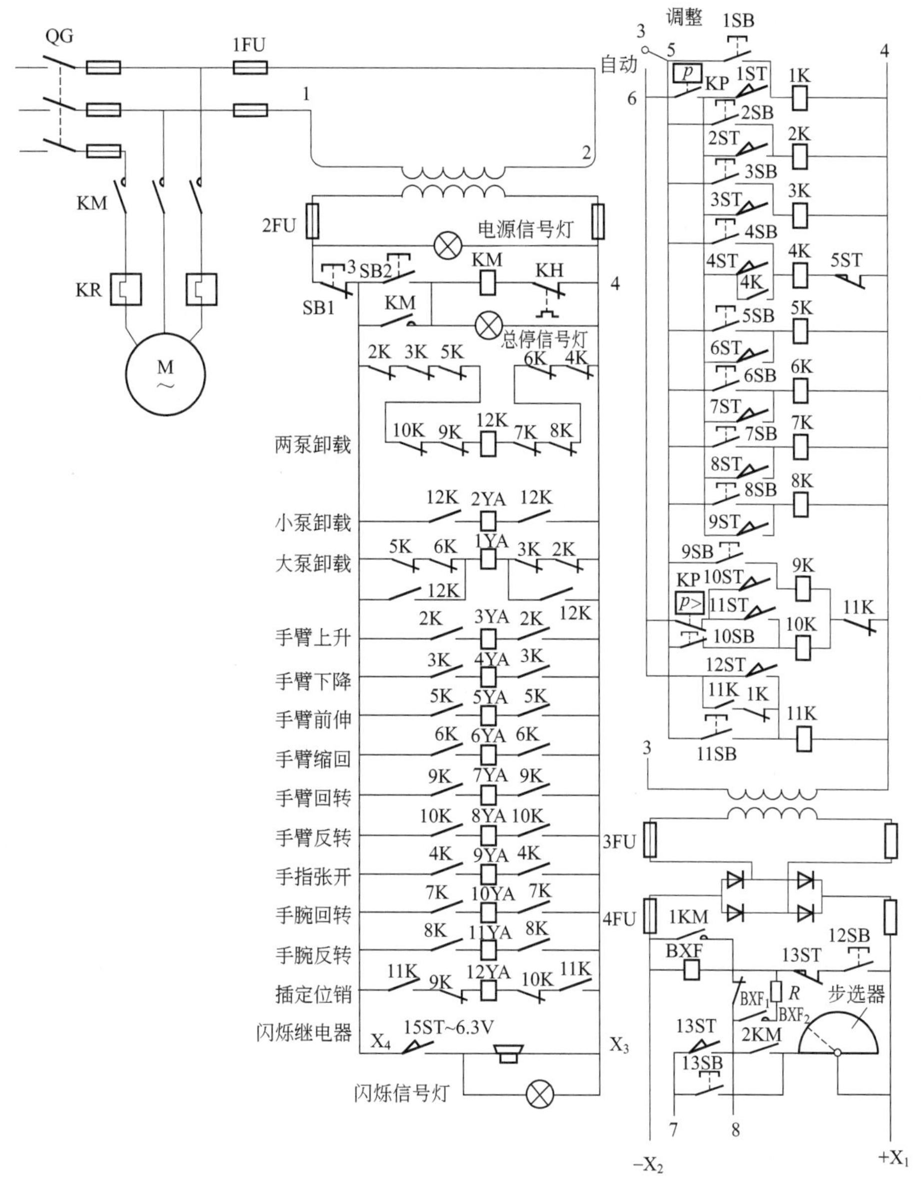

图 10-9　JS01 工业机械手电气控制系统原理图

10.2　工程机械液压系统

10.2.1　汽车起重机液压系统

汽车起重机是将起重机安装在汽车底盘上的一种起重运输设备。它主要由起升、回转、变幅、伸缩和支腿等工作机构组成，这些动作的完成由液压系统来实现。对于汽车起重机的液压系统，一般要求输出力大，动作要平稳，耐冲击，操作要灵活、方便、可靠、安全。

图 10-10 是 Q-8 型汽车起重机外形简图。这种起重机采用液压传动，最大起重量为 80kN（幅度 3m 时），最大起重高度为 11.5m，起重装置可连续回转。该机具有较高的行走速度，可与

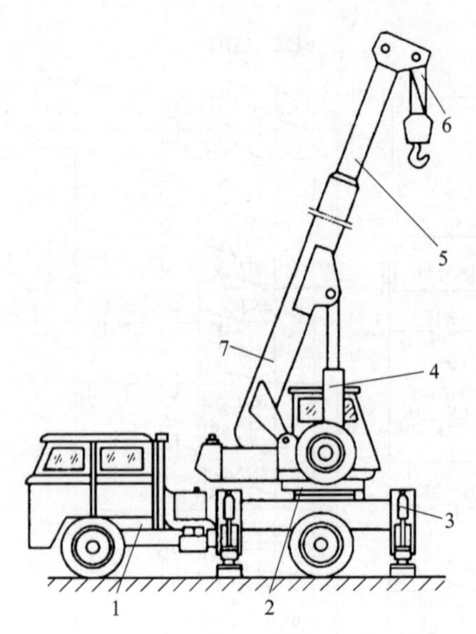

图 10-10 Q-8 型汽车起重机外形简图

1—载重汽车；2—回转机构；3—支腿；4—大臂变幅缸；5—大臂伸缩缸；6—起升机构；7—基本臂

装运工具的车编队行驶，机动性好。当装上附加吊臂后（图中未表示），可用于建筑工地吊装预制件，吊装的最大高度为 6m。液压起重机承载能力大，可在有冲击、振动、温度变化大和环境较差的条件下工作。但其执行元件要求完成的动作比较简单，位置精度较低。因此液压起重机一般采用中高压手动控制系统，系统对保证安全性较为重视。

（1）汽车起重机液压系统的工作原理

图 10-11 是 Q-8 型汽车起重机液压系统图。该系统的液压泵由汽车发动机通过装在汽车底盘变速箱上的取力箱传动。液压泵工作压力为 21MPa，每转排量为 40mL，转速为 1500r/min，泵通过中心回转接头从油箱吸油，输出的压力油经手动阀组 A 和手动阀组 B 输送到各个执行元件。阀 12 作安全阀，用以防止系统过载，调整压力为 19MPa，其实际工作压力可由压力表读取。这是一个单泵、开式、串联（串联式多路阀）液压系统。

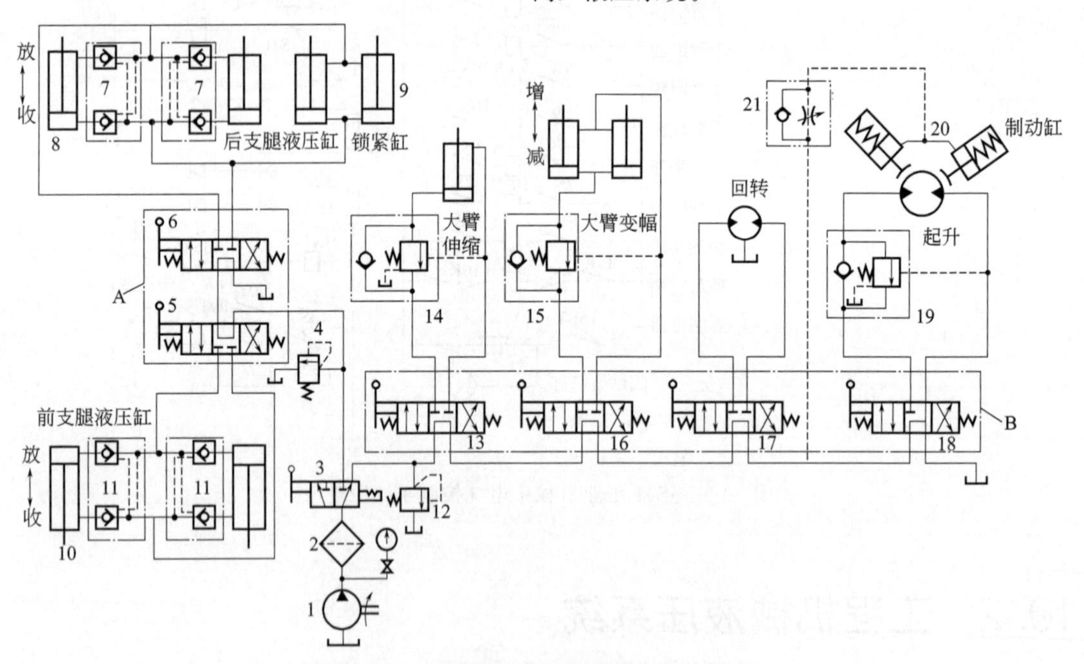

图 10-11 Q-8 型汽车起重机液压系统原理

1—液压泵；2—滤油器；3—二位三通手动换向阀；4、12—溢流阀；5、6、13、16、17、18—三位四通手动换向阀；7、11—液压锁；8—后支腿缸；9 锁紧缸；10—前支腿缸；14、15、19—液控顺序阀；20—制动缸；21—单向节流阀

系统中除液压泵、滤油器、安全阀、阀组 A 及支腿部分外，其他液压元件都装在可回转的上车部分。其中油箱也在上车部分，兼作配重。上车和下车部分的油路通过中心回转接头连通。

起重机液压系统包含支腿收放机构、起升机构、大臂伸缩机构、大臂变幅机构、回转机构等五个部分。各部分都有相对的独立性。

① 支腿收放回路　由于汽车轮胎的支承能力有限，在起重作业时必须放下支腿，使汽车轮胎架空。汽车行驶时则必须收起支腿。前、后各有两条支腿，每一条支腿配有一个液压油缸。两条前支腿用一个三位四通手动换向阀 6 控制其收放，而两条后支腿则用另一个三位四通阀 5 控制。三位四通换向阀都采用 M 型中位机能，油路上是串联的。每一个油缸上都配有一个双向液压锁，以保证支腿被可靠地锁住，防止在起重作业过程中发生软腿现象（液压缸上腔油路泄漏引起）或行车过程中液压支腿自行下落（液压缸下腔油路泄漏引起）。

② 起升回路　起升机构要求所吊重物可升降或在空中停留，速度要平稳、变速要方便、冲击要小、启动转矩和制动力要大，本回路中采用 ZMD40 型柱塞式液压马达带动重物升降，变速和换向是通过改变手动换向阀 18 的开口大小来实现的，用液控顺序阀 19 来限制重物超速下降。单作用液压缸 20 是制动缸，单向节流阀 21 保证液压油先进入马达，马达产生一定的转矩再解除制动可以防止重物带动马达旋转而向下滑。保证吊物升降停止时，制动缸中的油马上与油箱相通，使马达迅速制动。

起升重物时，手动换向阀 18 切换至左位工作，泵 1 打出的油经滤油器 2、阀 3 右位、阀 13、16、17 中位、阀 18 左位、阀 19 中的单向阀进入马达左腔，同时压力油经单向节流阀到制动缸 20，从而解除制动，使马达旋转。

重物下降时，手动换向阀 18 切换至右位工作，液压马达反转，回油经缸 20 的液控顺序阀 19、阀 18 右位回油箱。

当停止作业时，阀 18 处于中位，泵卸荷。制动缸 20 上的制动瓦在弹簧作用下使液压马达制动。

③ 大臂伸缩回路　本机大臂伸缩采用单级长液压缸驱动。工作中，改变阀 13 的开口大小和方向，即可调节大臂运动速度和使大臂伸缩。行走时，应将大臂缩回。大臂缩回时，因液压力与负载力方向一致，为防止大臂在重力作用下自行收缩，在收缩缸的下腔回油腔安置了液控顺序阀 14，提高了收缩运动的可靠性。

④ 大臂变幅回路　大臂变幅机构是用于改变作业高度，要求能带载变幅，动作要平稳。本机采用两个液压缸并联，提高了变幅机构承载能力。其要求以及油路与大臂伸缩油路相类似。

⑤ 回转油路　回转机构要求大臂能在任意方位起吊。本机采用 ZMD40 型柱塞式液压马达，回转速度 1～3r/min。由于惯性小，一般不设缓冲装置，操作换向阀 17，可使马达正、反转或停止。

（2）汽车起重机液压系统的特点

Q-8 型汽车起重机液压系统的特点是：

① 因重物在下降时以及大臂收缩和变幅时，负载与液压力方向相同，执行元件会失控，为此，在其回油路上必须设置平衡阀。

② 因工况作业的随机性较大，且动作频繁，所以大多采用手动弹簧复位的多路换向阀来控制各动作。换向阀常用 M 型中位机能。当换向阀处于中位时，各执行元件的进油路均被切断，液压泵出口通油箱使泵卸荷，减少了功率损失。

10.2.2 单斗液压挖掘机液压系统

单斗液压挖掘机在建筑、交通运输、水利施工、露天采矿及现代化军事工程中都有着广泛应用，是各种土石方施工中不可缺少的重要机械设备。

单斗液压挖掘机是一种周期作业的机械设备，其组成如图 10-12 所示。它由工作装置、回转装置和行走装置三部分组成。工作装置包括动臂、斗杆以及根据工作需要可更换的各种换装设备，如正铲、反铲、装载斗和抓斗等，其典型工作循环如下：

①挖掘　在坚硬土壤中挖掘时，一般以斗杆缸动作为主，用铲斗缸调整切削角度，配合挖

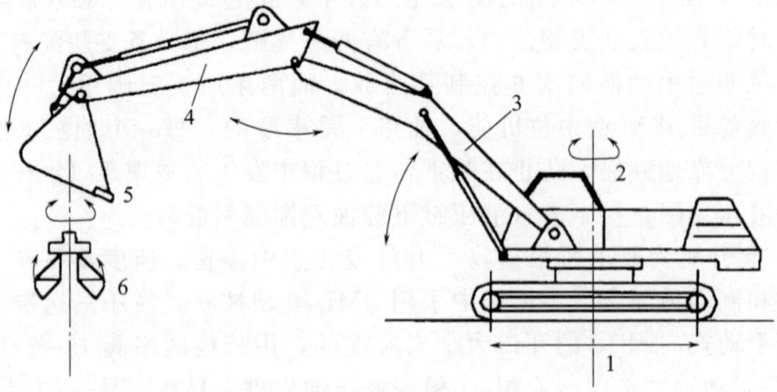

图 10-12 单斗液压挖掘机外形图

1—行走装置；2—回转装置；3—动臂；4—斗杆；5—铲斗；6—抓斗

掘；在松软土壤中挖掘时，则以铲斗缸动作为主；在有特殊要求的挖掘动作中，则使铲斗缸、斗杆缸和动臂缸三者复合动作，以保证铲斗按特定轨迹运动。

② 满斗提升及回转 挖掘结束，铲斗缸推出，动臂缸升起，满斗提升，同时回转装置启动，转台向卸土方向回转。

③ 卸载 转台转到卸载地点，转台制动斗杆缸调整卸料半径，铲斗缸收回，转斗卸载。当对卸载位置及高度有严格要求时，还需动臂缸配合动作。

④ 返回 卸载结束后，转台向反向回转，同时动臂与斗杆缸配合动作，使空斗下放到新的挖掘位置。

挖掘机的液压系统类型很多，习惯上按主泵数量和类型、变量和功率调节方式及回路数量分类：定量系统（单路或双路或多路，单泵或双泵或多泵）；变量系统（分功率或全功率调节，双泵双路）；定量-变量混合系统（多泵多路）。但以双泵双路定量系统和双泵双路变量系统应用较多。

（1）双泵双回路定量系统

图 10-13 为 WY-100 型全液压挖掘机的液压系统图。铲斗容量为 $1m^3$。液压系统是双泵双回路定量系统，串联油路，手控合流。油路的配置是：液压泵 1 向回转液压马达 6、左行走液压马达 9、铲斗液压缸 22、调幅用辅助液压缸 20 供油；液压泵 2 向动臂液压缸 19、斗杆液压缸 21、右行走液压马达 8 和推土板升降用液压缸 11 供油。通过合流阀 16 可以实现某一执行元件的快速动作，一般用作动臂液压缸或斗杆液压缸的合流。各执行元件均有限压阀，除回转液压马达调定压力为 25MPa，低于系统安全阀压力 27MPa，其他均为 30～32MPa。

① 一般操作回路 单动作供油时，操纵某一手柄，使相应的换向阀处于左工位或右工位，切断卸载回路，使液压油进入执行元件，回油通过多路换向阀、限速阀 12（阀组 15 的回油还需通过合流阀 16）到回油总管 B。

串联供油时，须同时操纵几个手柄，使相应的阀杆移动切断卸载回路，油路呈串联连接，液压油进入第一个执行元件，其回油就成了后一执行元件的进油，以此类推。最后一个执行元件的回油排到回油总管。

② 合流回路 电磁合流阀 16 在正常情况下不通电，起分流作用。当使合流阀 16 的电磁铁通电时，液压泵 1 排出的油液经阀组 15 导入阀组 13，使两泵合流，提高工作速度，同时也能充分利用发动机功率。

③ 限速与调速回路 两组阀的回油经限速阀 12 至回油总管 B，当挖掘机下坡时可自动控制行走速度，防止超速溜坡。限速阀是一个液控节流阀，其控制压力信号通过装在阀组上的梭阀 14 取自两组多路阀的进油口，当两个分路的进口压力均低于 0.8～1.5MPa 时，限速阀自动开始

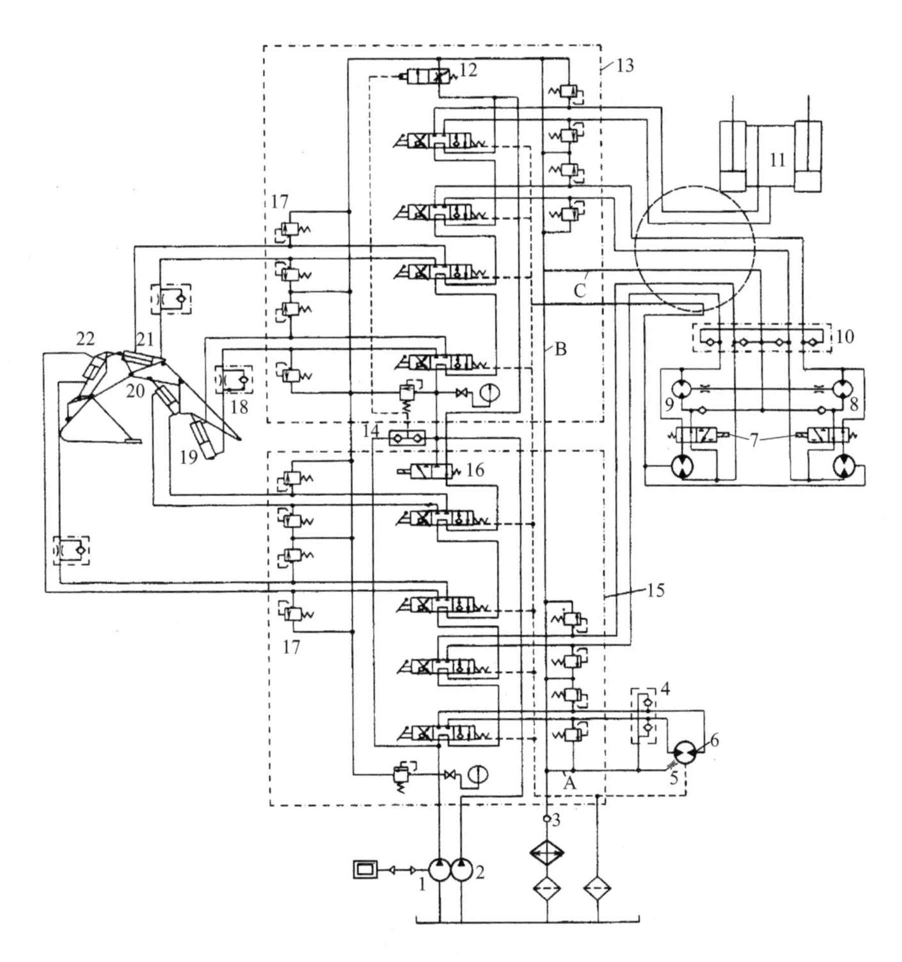

图10-13 WY-100型全液压挖掘机液压系统图

1、2—液压泵；3—单向阀；4、10—补油阀；5—阻尼孔；6、8、9—液压马达；7—双速阀；
11、19、20、21、22—液压缸；12—限速阀；13、15—阀组；14—梭阀；16—合流阀；17—溢流阀；18—单向节流阀

对回油进行节流，增加回油阻力，从而达到自动限制速度作用。由于梭阀14的选择作用，当两个油路系统中有任意一个的压力0.8～1.5MPa时，限速阀不起节流作用。因此限速阀只是当行走下坡时起限速作用，而对挖掘作业是不起作用的。

行走液压马达采用串联回路。一般情况下，行走液压马达并联供油，为低速挡。如操纵双速阀7，则串联供油，为高速挡。单向节流阀18用来限制动臂的下降速度。

④ 背压回路　为使内曲线液压马达的柱塞滚轮和滚道接触，从单向阀3前的回油总管B上引出管路C和A，分别经双向补油阀10向行走液压马达8、9和回转液压马达6强制补油。单向阀3调节压力为0.8～1.4MPa，这个压力是保证液压马达补油和少现液控所必需的。

⑤ 加热回路　从背压油路上引出的低压热油，经节流孔5节流减压后，通向液压马达壳体内，使液压马达即使在不运转的情况下，壳体仍保持一定的循环油量，其目的是：将液压马达壳体内的磨损物冲洗掉；对液压马达进行预热，防止外界温度过低时，液压马达温度较低，由主油路通入温度较高的工作油液会引起配油轴及柱塞副等精密配合部位局部产生不均匀的热膨胀，使液压马达卡住或咬死而产生故障，即所谓的热冲击。

⑥ 回油和泄漏油路的过滤　主回油路经过冷却器后，通过油箱上主滤油器，经磁性纸质双重过滤回油箱。当滤油器堵塞时，滤油器内部压力升高，可使纸质滤芯与顶盖之间自动断开实现

溢流（图中未示出），并通过压力传感器将信号反映到驾驶室仪表箱上，使驾驶员及时发现进行清洗。

各液压马达及阀组均单独引出泄漏油管，经磁性滤油器回油箱。

（2）双泵双回路全功率变量系统

图 10-14 为中小型单斗挖掘机液压系统原理图。它由一对双联轴向柱塞泵和一组双向对流油路的三位六通液控多路阀、液压缸、回转与行走液压马达等元件组成。

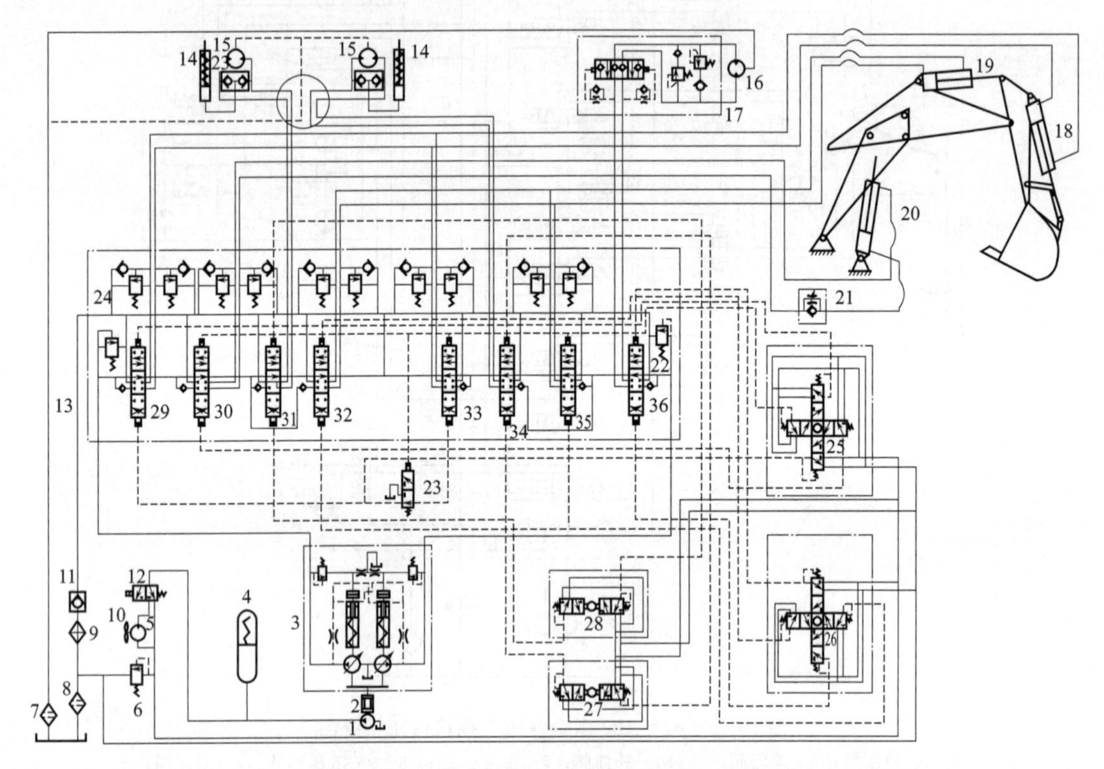

图 10-14 中小型单斗挖掘机液压系统原理图

1—齿轮泵（辅助泵）；2—变速（取力）器；3—恒功率联合调节装置［含一对恒功率主变量泵（图中无序号）］；4—蓄能器；5—齿轮液压马达；6—溢流阀；7、8—滤油器；9—冷却器 10—风扇；11—单向阀；12—电磁换向阀；13—主回液管路；14—制动液压缸；15—行走液压马达；16—回转液压马达；17—液压制动装置；18—铲斗缸；19—斗杆缸；20—动臂缸；21—单向节流阀；22—主溢流阀；23—电液换向阀；24—安全阀（10个）；25～28—手动减压阀式先导阀；29～36—液控换向阀

主泵为一对斜轴式轴向柱塞泵，恒压恒功率组合调节装置 3 包括以液压方式互相联系的两个调节器，保证铲土时两泵摆角相同。油路以顺序单动及并联方式组成，能实现两个执行元件的复合动作及左、右履带行走时斗杆的伸缩，后者可帮助挖掘机自救出坑及跨越障碍。

① 一般操作回路　斗杆缸 19 单独动作时，通过液控阀 32、35 合流供油，提高动作速度。铲斗缸 18 转斗铲土时通过换向阀 29 与换向阀 33 实现自动合流。两阀的合流是由电液换向阀 23 控制的。回斗卸土时则只通过换向阀 29 单独供油。同样，动臂缸 20 提升时，通过换向阀 30 与换向阀 33 自动合流供油，提高上升速度。动臂下降则只通过换向阀 30 单独供油，以减少节流发热损失。

在两个主泵的油路系统中，各有一个能通过全流量的溢流阀，同时在每个换向阀和执行元件之间都装有安全阀和单向阀组，以避免换向和运动部件停止时，产生过大的压力冲击，一腔出现高压时安全阀打开，另一腔出现负压时，则通过单向阀补油。主溢流阀 22 调定压力为 25MPa，安全阀 24（10 个）的调定压力为 30MPa。

在回转液压马达 16 的油路上装有液压制动装置 17，可实现液压马达回转制动、补油，防止启动、制动开始时产生的液压冲击及溢流损失等。

在行走液压马达 15 上装有常闭液压制动缸 14，通过梭阀与行走液压马达连锁，即行走液压马达任一侧的油压超过一定压力（$p>3.5$MPa）时，液压制动缸 14 即完全松开。因而它可起停车、制动、挖掘工作时行走装置制动及行驶过程中超速制动的作用。

系统回油总管中装有纸质滤油器 8，在驾驶室内有滤油器污染指示灯。液压马达的泄漏油路中有小型磁性滤油器 7。

② 冷却回路　回油总管中装有风冷式油冷却器 9，风扇 10 由专门的齿轮液压马达 5 带动，它由装在油箱中的温度传感器及油路中的电磁换向阀 12 控制，由小流量齿轮泵 1 供油，组成单独冷却回路。当油温超过一定值时，油箱中的温度传感器发出信号使电磁换向阀 12 通电，接通齿轮液压马达 5，带动风扇 10 旋转，液压油被强制冷却；反之，电磁换向阀 12 断电，风扇停转，使液压油保持在适当的温度范围内，可节省风扇功率，并能缩短冬季预热启动时间。

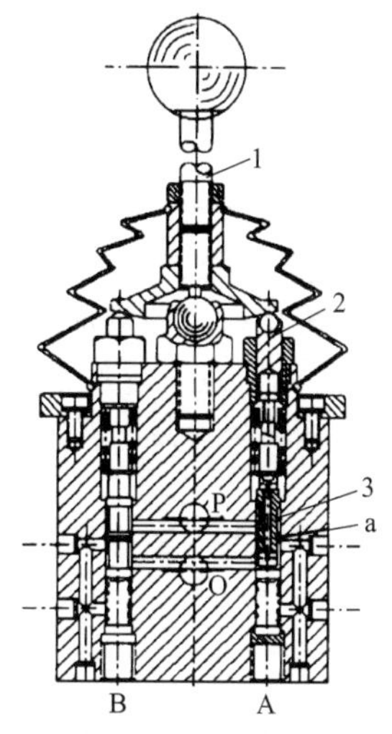

图 10-15　减压阀结构图

1—手柄；2—控制杆；3—阀芯；a—内部通道；A、B—负载接口；P—进油口；O—回油口

③ 手动减压阀式先导阀操纵回路　四个手动减压阀式先导阀 25、26、27 和 28 操纵液控多路阀。减压式先导阀 25、26 的操纵手柄为万向铰式，每个手柄可操纵四个先导阀芯，每个先导阀芯控制换向阀的一个单向动作，因此四个先导阀芯可操纵两个换向阀。阀 27、28 可操纵行走机构的两个液压马达。减压阀式先导阀的操纵油路和结构如图 10-15 所示，搬动先导阀手柄 1，则控制杆 2 被压下，阀芯 3 向下运动，P（压力油进油口）与 A（负载接口）连通。由于 A 处节流产生二次压力，当该压力超过弹簧调定值时，阀芯向上移动，A 至 P 通路被切断，而 A 与 O（回油口）连通，这时 A 处压力随之降低。当这压力降低到小于弹簧力时，阀芯 3 向下移动，则 A 与 P 又连通，这样可得到与手柄行程成比例的二次压力，从而使换向滑阀行程和先导阀操纵手柄行程保持比例关系。手动减压阀式先导阀和油冷却系统共用一个小流量齿轮泵，压力为 1.4～3MPa，二次压力在 0～2.5MPa 范围内变动，而手柄的操纵力不大于 30N，操作时既轻便省力，又可以感觉到操纵力的大小，操纵手柄少，操作方便。为清晰起见，将图 10-14 中各先导阀控制换向阀与执行机构动作列表表明，见表 10-3。

表 10-3　先导阀控制换向阀和执行机构动作表

先导阀	手柄位置	被控对象				合流情况
		换向阀（元件序号）	阀位置	执行机构	工作腔	
25	向下	29、33	下位	铲斗缸 18	大腔	合流
	向上	29	上位		小腔	
	向左	30、33	上位	动臂缸 20	大腔	合流
	向右	30	下位		小腔	

续表

先导阀	手柄位置	被控对象				合流情况
		换向阀（元件序号）	阀位置	执行机构	工作腔	
26	向下	36	下位	回转液压马达 16	下腔	单独供油
	向上	36	上位		上腔	
	向左	35、32	上位	斗杆缸 19	小腔	合流
	向右	35、32	下位		大腔	
27	向左	31	下位	左行走液压马达	左腔	单独供油
	向右	31	上位		右腔	
28	向左	34	下位	右行走液压马达	右腔	单独供油
	向右	34	上位		左腔	

全功率变量系统有以下特点：

① 发动机功率能得到充分利用。发动机功率可按实际需要在两泵之间自动分配和调节。在极限情况下，当一台液压泵空载时，另一台液压泵可以输出全部功率。

② 两台液压泵流量始终相等，可保证履带式全液压挖掘机两条履带同步运行，便于驾驶员掌握、调速。

③ 两台液压泵传递功率不等，因此其中某台液压泵有时在超载下运行，对寿命有一定的影响。

10.3 专用机械液压系统

10.3.1 采煤机牵引部液压系统

如图 10-16 所示，为 DY-150 型采煤机牵引部液压系统图，该系统是一个典型的闭式系统，由以下基本回路组成。

① 主回路　其为由伺服变量轴向柱塞泵 1 及内曲线式径向柱塞液压马达 2 组成的闭式容积调速系统，马达主轴直接带动主动链轮。

② 补油回路　补油回路由滤油器 6、辅助泵 7 和单向阀组、精滤油器 8 及单向阀 16 等组成，用来向闭式系统补充油液，进行热交换。

③ 热交换回路　马达 2 回油侧的热油经液动换向阀 3、低压溢流阀 4 及冷却器 17 回油箱，实现热油的冷却。

④ 高、低压保护回路　高压安全阀 5（13MPa）进行高压保护，低压溢流阀 4（0.8～1MPa）进行低压保护。当低压系统压力小于 0.5MPa 时，旁通阀 14 在弹簧作用下复位，高、低压油路串通，液压马达停止工作。此回路也起低压保护的作用。

⑤ 回链敲缸保护　当机器停电，辅助泵 7 停止供液时，液压马达在锚链弹性作用下呈泵工况，旁通阀 14 复位，油液经旁通阀 14 节流孔循环，防止马达“敲缸”。

⑥ 调速回零机构　液压马达的牵引速度，由手柄 11 经螺旋副带动调速回零机构 10 的弹簧套，并经连杆带动伺服阀进行调速。调速前，首先要使二位三通阀 9 通电，系统向调速回零机构 10 的液压缸供液，使活塞杆升起进行解锁，才能转动手柄 11。电动机停电时，阀 9 复位，调速机构上锁，主泵自动回零。

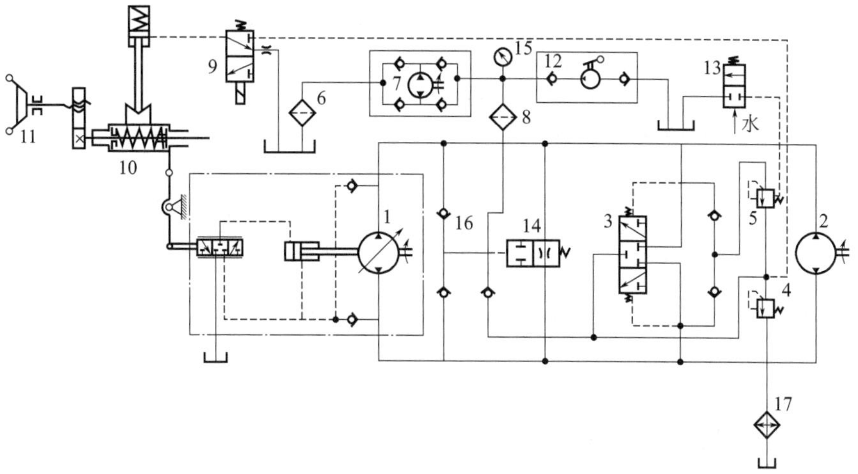

图 10-16　DY-150 型采煤机牵引部液压系统

1—轴向柱塞泵；2—液压马达；3—液动换向阀；4—低压溢流阀；5—高压安全阀；
6、8—滤油器；7—辅助泵；9—二位三通阀；10—调速回零机构；11—手柄；12—手摇泵；
13—二位二通阀；14—旁通阀；15—压力表；16—单向阀；17—冷却器

当电动机超载时，电磁阀 9 动作，液压缸的活塞杆在弹簧力的作用下，插入 90°的 V 形块，使弹簧套带动伺服机构回零，牵引速度立即下降，以实现超载保护。

⑦ 保护回路　图 10-16 液压系统中有以下保护回路：

a. 初次启动前利用手摇泵 12 对全系统进行冲液及排气，以保护系统正常启动。

b. 当机器无冷却喷雾水或当水压小于 0.3MPa 时，水控的二位二通阀 13 复位，通过远控口使高压安全阀 5 卸荷，机器停止运动。

c. 当压力表 15 的压力达到 1.8MPa 时，表示精滤油器 8 严重堵塞，应及时更换阀芯；当压力低于 0.9MPa 时，表示系统背压过低，辅助泵部分可能出现故障或磨损严重，这时应停机检查。

可以看出 DY-150 型采煤机牵引部液压系统是一个典型的闭式系统，它包括了前面介绍过几种基本回路，也包括了几种保护回路：低速大扭矩内曲线马达的回链敲缸保护回路，初次启动保护回路，无冷却水保护回路，高、低压保护回路。其可以满足采煤机工作的要求。

10.3.2　塑料注射成型机液压系统

（1）塑料注射成型机的功用及工艺流程

塑料注射成型机（简称塑机）是热塑性塑料制品注射成型的加工设备，能制造外形复杂、尺寸较精密或带有金属嵌件的塑料制品。

由于塑料制品的应用广泛，要求塑机对各种塑料（聚苯乙烯、聚乙烯、聚丙烯、聚碳酸酯等）制品的加工适应性强，具有高的生产效率和可靠性，以适应大批量不同形状塑料制品的加工。

根据塑料制品的尺寸和质量不同，塑机按注射缸的最大推力（吨位）分成不同的规格。根据塑料制品的加工精度要求和系统的节能要求不同，塑机采用不同的控制方案。

塑机加工塑料制品的过程和原理是：装在料筒内的塑料颗粒由塑化螺杆输送到加热区，加热至流动状态。熔化的塑料到达注射口（喷嘴）处后，以很高的压力和较快的速度注入温度较低的闭合模具内，保压一段时间，经冷却、凝固，成型为塑料制品。然后打开模具，将成品从模具中顶出。

根据上述原理，塑机在一个加工周期中的工艺流程如图 10-17 所示。

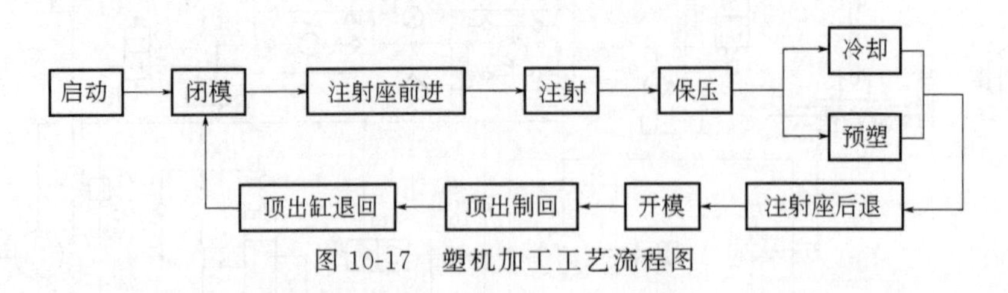

图 10-17 塑机加工工艺流程图

为了完成上述流程，一台完整的塑机由注射部件、合模部件、液压系统、电气控制系统及床身组成。

① 注射部件 注射部件的作用是使塑料均匀地熔化成流动状态（这一过程称为预塑或塑化），并以足够的压力和速度将熔料射入模腔。

预塑由液压马达驱动注射装置中的螺杆完成。为了使塑料达到最佳塑化状态，马达需要进行无级调速，且具备足够的背压，以满足不同塑料的塑化要求。当塑化的塑料达到所需的注射量时，压力油进入注射液压缸，推动活塞，驱动螺杆完成注射。

② 合模部件 其功能是保证成型模具可靠闭合，实现模具启、闭动作，取出制品。

新型塑机一般采用五支点双曲轴液压＋机械式合模机构。当压力油进入合模缸时，活塞带动与其连接的连杆机构推动模板向前运动，当模具的分型面刚贴合时，连杆机构尚未伸成一线排列，此时合模缸继续升压，强迫连杆机构成直线排列，合模系统因发生弹性变形而产生预应力，使模具可靠闭合。然后，卸去合模缸压力，整个合模系统仍处于自锁平衡状态，合模力保持不变。为快速、可靠地调节模具厚度，还用液压马达驱动齿轮装置来调换模具。

新型塑机采用五支点双曲轴液压＋机械式合模机构的原因在于，它较全液压式的合模机构具有更高的强度和刚度，还有自锁和力放大作用，易于实现高速及平稳变速，能耗小、刚性好。

③ 预塑工艺 塑料注射前要进行预塑，此时，要控制塑料的熔融和混合程度，使卷入的空气及其他气体从料斗中排出。预塑有 3 种方式：

a. 固定加料。塑机在工作循环过程中，注射座始终处在前端位置，保持喷嘴与模具浇口始终接触。这种预塑方式适用于加工温度变化范围较广的一般性塑料。

b. 前加料。预塑过程结束后，注射座自动后退，使喷嘴与模具浇口脱离接触。这种方式主要用于开式喷嘴或需要较高背压进行预塑的场合，如聚碳酸酯、有机玻璃、增强塑料等高黏度的塑料加工。

c. 后加料。指注射座整体后退后，方可由螺杆进行预塑。这种方式下喷嘴与较冷的模具接触时间最短，故适用于结晶型塑料的加工。

④ 防流涎 为防止熔化的塑料从喷嘴端部流出（称为流涎），由注射缸强迫螺杆后退，后退距离可由行程开关或位移传感器控制。

（2）全液压驱动的塑料注射成型机液压系统的构成

采用全液压驱动的塑机液压系统包括以下执行机构：

① 合模液压缸 不同形状的塑料制品由不同的模具成型。模具分为定模和动模。其中，定模固定在塑机床身上一般不动，动模在导轨上由合模液压缸控制移动，完成模具的闭合和分离。要求合模液压缸空行程快速移动，慢速接触定模。如果没有五支点双曲轴液压＋机械式合模机构，则合模液压缸在注射过程中要能可靠保压，以免注射时模腔压力增大使动模与定模分离。

② 顶出液压缸 在模腔内成型的塑料制品由动模带出后，仍粘在动模的模腔内，这时，可用顶出液压缸将制品从动模腔中顶出。

③ 注射液压缸 作用是将熔化的塑料挤入模腔。根据塑料制品用料多少的差别，注射液压

缸的驱动力和移动速度在很大范围内变化。

④ 预塑液压马达　作用是驱动塑化螺杆，将常温下的塑料颗粒从料斗经加热区（温度逐步提高，最终使塑料颗粒熔化）送到喷嘴处，为注射做好准备。

⑤ 注射座移动缸　设置在注射座前的移动缸驱动注射部件整体在导轨上往复运动，使喷嘴和模具离开或紧密地贴合。当注射时，将喷嘴送进定模，注射完成后将喷嘴移出定模。

⑥ 调模液压马达　加工不同的塑料制品需要调换不同的模具。一般通过改变定模模板的固定位置来调整模具厚度。调模机构采用液压马达驱动：通过液压马达带动大齿圈运动，然后由大齿圈带动 4 个调模螺母上的齿轮同步转动，使动模板、连杆等一起向前或向后移动，达到不同的装模厚度及所需的模具闭紧要求。

（3） SZ-250A 型塑料注射成型机液压系统的工作原理

SZ-250A 型注塑机属中小型注射机，每次最大注射容量 250mL，是一种常用的注塑设备。图 10-17 所示为 SZ-250A 型注射机液压系统原理图。表 10-4 是 SZ-250A 型注射机动作循环及电磁铁动作顺序表。现将液压系统原理说明如下。

表 10-4　SZ-250A 型注塑机动作循环及电磁铁动作顺序表

动作循环		1YA	2YA	3YA	4YA	5YA	6YA	7YA	8YA	9YA	10YA	11YA	12YA	13YA	14YA
合模	慢速		+	+											
	快速	+	+	+											
	慢速		+	+											
	低压		+	+										+	
	高压		+	+											
注射座前移			+						+						
注射	慢速	+	+				+		+			+			
	快速	+	+				+		+	+		+			
保压			+						+			+			+
预塑		+	+						+				+		
防流涎			+						+		+				
注射座后退			+					+							
开模	慢速		+		+										
	快速	+	+		+										
	慢速		+		+										
顶出	顶出缸前进		+			+									
	顶出缸后退		+												
螺杆前进			+									+			
螺杆后退			+								+				

① 合模　合模过程按慢→快→慢三种速度进行。合模时首先应将安全门关上，如图 10-18 所示。此时行程阀 V_4 恢复常位，控制油可以进入液动换向阀 V_2 阀芯右腔。

a. 慢速合模。电磁铁 2YA、3YA 通电，小流量液压泵 2 的工作压力由高压溢流阀 V_{20} 调整，电液换向阀 V_2 处于右位。由于 1YA 断电，大流量液压泵 1 通过溢流阀 V_1 卸荷，小流量泵 2 的压力油经换向阀 V_2 至合模缸左腔，推动活塞带动连杆进行慢速合模。合模缸右腔油液经单向节

流阀 V_3、换向阀 V_2 和冷却器回油箱（系统所有回油都接冷却器）。

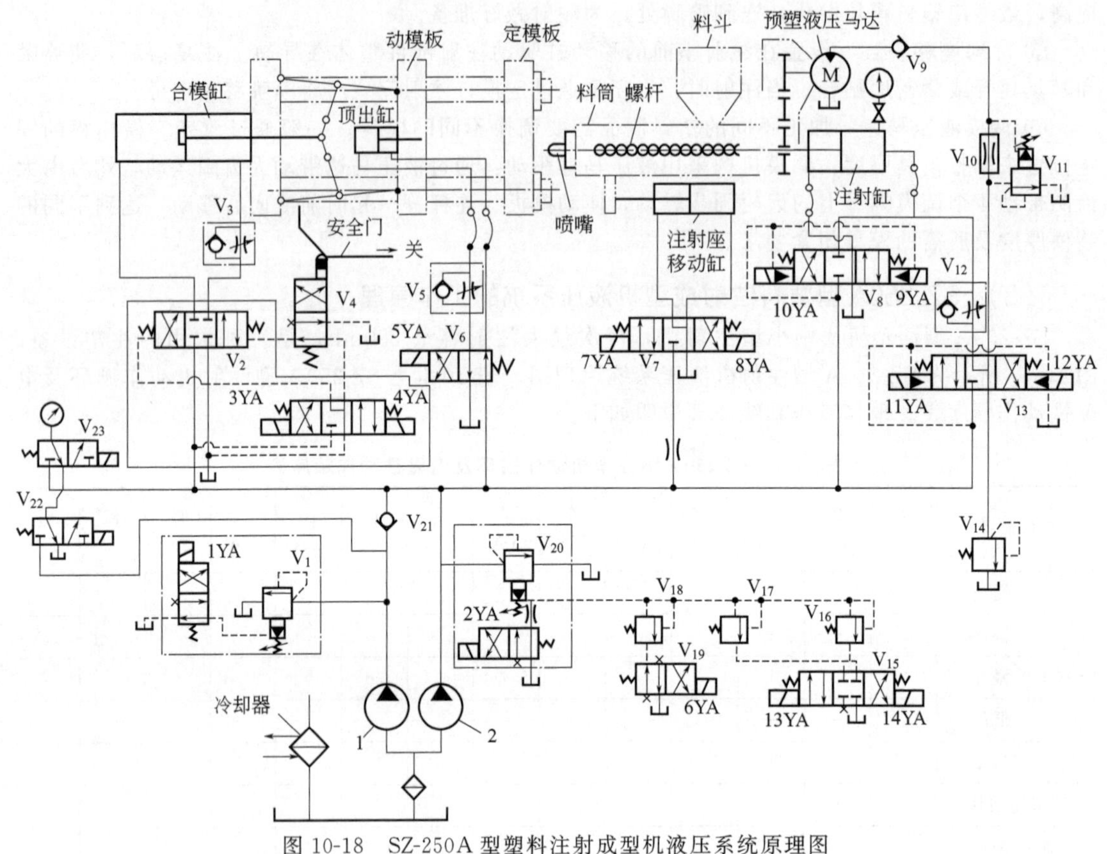

图 10-18 SZ-250A 型塑料注射成型机液压系统原理图

b. 快速合模。电磁铁 1YA、2YA 和 3YA 通电。液压泵 1 不再卸荷，其压力油通过单向阀 V_{21} 而与液压泵 2 的供油汇合，同时向合模缸供油，实现快速合模。此时压力由 V_1 调整。

c. 低压合模。电磁铁 2YA、3YA 和 13YA 通电。液压泵 2 的压力由溢流阀 V_{20} 的低压远程调压阀 V_{16} 控制。由于是低压合模，缸的推力较小，所以即使在两个模板间有硬质异物，继续进行合模动作也不会损坏模具表面。

d. 高压合模。电磁铁 2YA 和 3YA 通电。系统压力由高压溢流阀 V_{20} 控制。大流量液压泵 1 卸荷，小流量液压泵 2 的高压油用来进行高压合模。模具闭合并使连杆产生弹性变形，牢固地锁紧模具。

② 注射座前移　电磁铁 2YA 和 8YA 通电。液压泵 1 卸荷，液压泵 2 的压力油经电磁阀 V_7 进入注射座移动缸右腔，推动注射座整体向前移动，注射座移动缸左腔液压油则经电磁换向阀 V_7 和冷却器回油箱。

③ 注射

a. 慢速注射。电磁铁 1YA、2YA、6YA、8YA 和 11YA 通电。液压泵 1 和液压泵 2 的压力油经电液阀 V_{13} 和单向节流阀 V_{12} 进入注射缸右腔，注射缸的活塞推动注射头螺杆进行慢速注射，注射速度由单向节流阀 V_{12} 调节。注射缸左腔油液经电液阀 V_8 中位回油箱。

b. 快速注射。电磁铁 1YA、2YA、6YA、8YA、9YA 和 11YA 通电。液压泵 1 和液压泵 2 的压力油经电液阀 V_8 进入注射缸右腔，由于未经过单向节流阀 V_{12}，压力油全部进入注射缸右腔，使注射缸活塞快速运动。注射缸左腔回油经电液阀 V_8 回油箱。快、慢注射时的系统压力均由远

程调节阀 V_{18} 调节。

④ 保压　电磁铁2YA、8YA、11YA和14YA通电。由于保压时只需要极少量的油液，所以大流量液压泵1卸荷，仅由小流量液压泵2单独供油，多余油液经溢流阀 V_{20} 溢回油箱。保压压力由远程调压阀 V_{17} 调节。

⑤ 预塑　电磁铁1YA、2YA、8YA和12YA通电。液压泵1和液压泵2的压力油经电液阀 V_{13}、节流阀 V_{10} 和单向阀 V_9 驱动预塑液压马达。液压马达通过齿轮减速机构使螺杆旋转，料斗中的塑料颗粒进入料筒，被转动着的螺杆带至前端，进行加热塑化。注射缸右腔的油液在螺杆反推力作用下，经单向节流阀 V_{12}、电液阀 V_{13} 和背压阀 V_{14} 回油箱，其背压力由背压阀 V_{14} 控制。同时，注射缸左腔产生局部真空，油箱的油液在大气压力作用下，经电液阀 V_8 中位而被吸入注射缸左腔。液压马达旋转速度可由节流阀 V_{10} 调节，并由于差压式溢流阀 V_{11}（由节流阀 V_{10} 和溢流阀 V_{11} 组成溢流节流阀）的控制，使节流阀 V_{10} 两端压差保持定值，故可得到稳定的转速。

⑥ 防流涎　电磁铁2YA、8YA和10YA通电。液压泵1卸荷，液压泵2的压力油经电磁换向阀 V_7 使注射座前移，喷嘴与模具保持接触。同时，压力油经电液阀 V_8 进入注射缸左腔，强制螺杆后退，以防止喷嘴端部流涎。

⑦ 注射座后退　电磁铁2YA和7YA通电。液压泵1卸荷，液压泵2的压力油经电磁换向阀 V_7 使注射座移动缸后退。

⑧ 开模

a. 慢速开模。电磁铁2YA和4YA通电。液压泵1卸荷，液压泵2的压力油经电液换向阀 V_2 和单向节流阀 V_3 进入合模缸右腔，合模缸左腔则经电液换向阀 V_2 回油。

b. 快速开模。电磁铁1YA，2YA和4YA通电。液压泵1和液压泵2的压力油同时经先导减压阀 V_2 和单向节流阀 V_3 进入合模缸右腔，开模速度提高。

⑨ 顶出

a. 顶出缸前进。电磁铁2YA和5YA通电。液压泵1卸荷，液压泵2的压力油经电磁阀 V_6 和单向节流阀 V_5，进入顶出缸左腔，推动顶出杆顶出制品，其速度可由单向节流阀 V_5 调节。顶出缸右腔则经电磁阀 V_6 回油。

b. 顶出缸后退。电磁铁2YA通电。液压泵2压力油经电磁阀 V_6 右腔使顶出缸后退。

⑩ 螺杆前进和后退　为了拆卸和清洗螺杆，有时需要螺杆后退。这时电磁铁2YA和10YA通电。液压泵2压力油经电液阀 V_8 使注射缸携带螺杆后退。当电磁铁10YA断电、11YA通电时，注射缸携带螺杆前进。

在注塑机液压系统中执行元件数量较多，因此它是一种速度和压力均变化的系统。在完成自动循环时，主要依靠行程开关，而速度和压力的变化主要靠电磁阀切换不同减压阀来得到。近年来，开始采用比例阀来改变速度和压力，这样可使系统中的执行元件数量减少。

（4）SZ-250A型塑料注射成型机液压系统的工作原理

综上所述，SZ-250A型注塑机液压系统的特点为：

① 系统采用液压＋机械组合式合模机构，合模液压缸通过具有增力和自锁作用的五连杆机构来进行合模和开模，这样可使合模缸压力相应减小，且合模平稳、可靠。最后合模是依靠合模液压缸的高压，使连杆机构产生弹性变形从而保证所需的合模力，并能把模具牢固地锁紧。这样可确保熔融的塑料以40～150MPa的高压注入模腔时，模具闭合严密，不会产生塑料制品的溢边现象。

② 系统采用双泵供油回路来实现执行元件的快速运动。这可以缩短空行程的时间并提高生产率。合模机构在合模与开模过程中可按慢速→快速→慢速的顺序变化，平稳而不损坏模具和制品。

③ 系统采用了节流调速回路和多级调压回路。可保证在塑料制品的几何形状、品种、模具

浇注系统不相同的情况下，压力和速度是可调的。采用节流调速可保证注射速度的稳定。为保证注射座喷嘴与模具浇口紧密接触，注射座移动缸右腔在注塑机注射时一直与压力油相通，使注射座具有足够的推力移动缸活塞。

④ 注射动作完成后，注射缸仍通高压油保压，这可使塑料充满容腔而获得精确形状，同时在塑料制品冷却收缩过程中，熔融塑料可不断补充，防止浇料不足而出现残次品。

⑤ 当注塑机安全门未关闭时，行程阀切断了电液换向阀的控制油路，这样合模缸不通压力油，合模缸不能合模，保证了操作安全。

该液压传动系统所用元件较多，能量利用不够合理，系统发热较大。近年来，多采用比例阀和变量泵来改进注塑机液压系统。如采用比例压力阀和比例流量阀，系统的元件数量可大为减少；若以变量泵来代替定量泵和流量阀，可提高系统效率，减少发热损失。采用计算机控制其循环，可优化其注塑工艺。

第11章　气源装置、气动辅助元件及真空元件

气源装置和气动辅助元件是气动系统的两个不可缺少的重要组成部分。气源装置给系统提供清洁、干燥且具有一定压力和流量的压缩空气；气动辅助元件具有提高系统元件连接可靠性、使用寿命，以及改善工作环境等功能。另外，在许多利用负压工作的机械设备的气动管路中，还应用到大量的真空元件。

11.1　气源装置

气源装置是气压系统的动力源，为气动系统提供满足一定质量要求的压缩空气，是系统的重要组成部分之一。气源装置的主体是空气压缩机，空气压缩机产生的压缩空气需经过降温、净化、减压、稳压等一系列处理。

11.1.1　气源装置的组成

气源装置一般由以下四个部分组成：

① 气压发生装置　如空气压缩机。

② 净化、贮存压缩空气的装置和设备　如后冷却器、油水分离器、干燥器、过滤器、贮气罐等。

③ 传输压缩空气的管道系统　如管道、管接头、压力表等。

④ 气动三联件。

可根据气动系统对压缩空气质量的要求来设置气源装置，一般气源装置的组成和布置如图11-1所示。

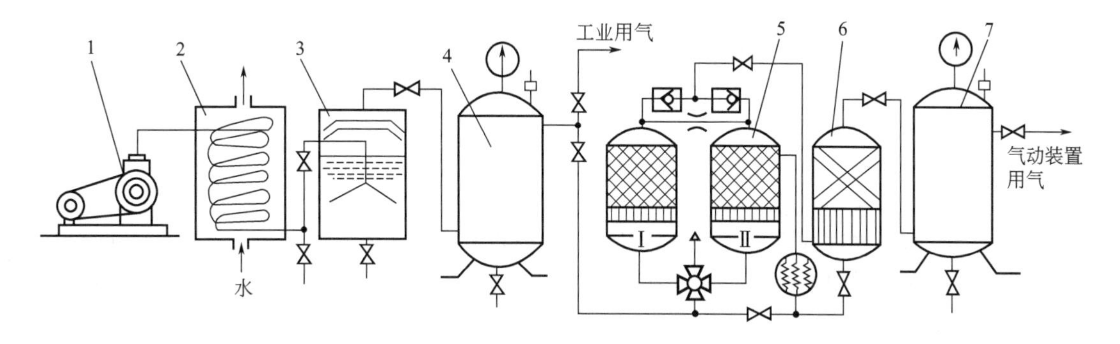

图 11-1　气源装置的组成和布置示意图

1—空气压缩机；2—冷却器；3—油水分离器；4，7—贮气罐；5—干燥器；6—过滤器

空气压缩机1产生具有一定压力和流量的压缩空气，其吸气口装有空气过滤器，以减少进入压缩机中空气的污染程度；冷却器2（又称后冷却器）将压缩空气温度从140～170℃降至40～50℃，并使高温汽化的油分、水分凝结出来；油水分离器3用以分离并排出降温冷却凝结的水滴、油滴、杂质等。贮气罐4和7用以贮存压缩空气，稳定压缩空气的压力，并除去部分油分和水分。干燥器5用以进一步吸收或排除压缩空气中的水分及油分，使之变成干燥空气。过滤器6用以进一步过滤压缩空气中的灰尘、杂质颗粒。

贮气罐4中的压缩空气可用于一般要求的气动系统，贮气罐7输出的压缩空气可用于要求较高的气动系统（如气动仪表、射流元件等组成的控制系统）。

气动三联件的组成及布置由用气设备确定，图11-1中没有画出。

11.1.2 空气压缩机

空气压缩机简称空压机，是气源装置的主要设备，可将电动机输出的机械能转化为气体的压力能。

按可输出压力的大小不同分为低压（0.2～<1.0MPa）、中压（1.0～<10MPa）、高压（≥10MPa）三大类。

按工作原理不同分为容积式（通过缩小单位质量气体体积的方法来获得压力）和速度式（通过提高单位质量气体的速度并使动能转化为压力能来获得压力）。速度式又因气体流动方向和机轴方向夹角不同分为离心式（方向垂直）和轴流式（方向平行）。

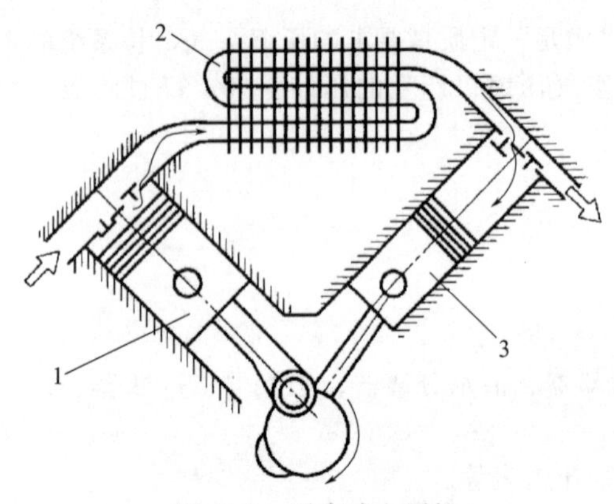

图11-2 活塞式空压机
1,3—活塞；2—中间冷却器

常见的低压、容积式空压机按结构不同可分为活塞式、叶片式、螺杆式。图11-2为活塞式空压机的工作示意图，其工作原理与液压泵相同，由一个可变的密闭空间的变化产生吸排气，加上适当的配流机构来完成工作过程。由于空气无自润滑性因此必须另设润滑，这带来了空气中混有污油的问题。为解决这个问题可在空压机的材料或结构上设法制成无油润滑空压机。

选择空气压缩机的根据是气压传动系统所需要的工作压力和流量两个主要参数。

一般空气压缩机为中压空气压缩机，额定排气压力1.0MPa。另外，还有低压空气压缩机，排气压力0.2MPa；高压空气压缩机，排气压力10MPa；超高压空气压缩机，排气压力100MPa。

输出流量的选择，要根据整个气动系统对压缩空气的需要量再加一定的备用余量，作为选择空气压缩机（或机组）流量的依据。空气压缩机铭牌上的流量是自由空气流量。

11.1.3 气源净化装置

对于不同的空压机，由于工作原理不同排出的压缩空气的温度也不同，一般二级活塞式空压机约为140～170℃，螺杆式空压机约为70℃，并且含有水汽、油气及固体颗粒等杂质。必须设置净化装置对压缩空气进行冷却、干燥和过滤，以提高压缩空气的干燥度和清洁度，降低对气动元件和系统的影响。常用的空气净化装置有油水分离器、后冷却器、气罐和干燥器等。

（1）油水分离器

油水分离器安装在后冷却器的管道上，起到分离和清除压缩空气中凝结的水分和油分等杂质的作用，使压缩空气得到初步净化。油水分离器的结构形式有环形回转式、离心式、水浴式及组合式等。油水分离器主要是利用回转产生的离心撞击、水洗等方法使水滴、油滴及其他杂质颗粒从压缩空气中分离出来，其结构示意图举例如图 11-3 和图 11-4 所示。

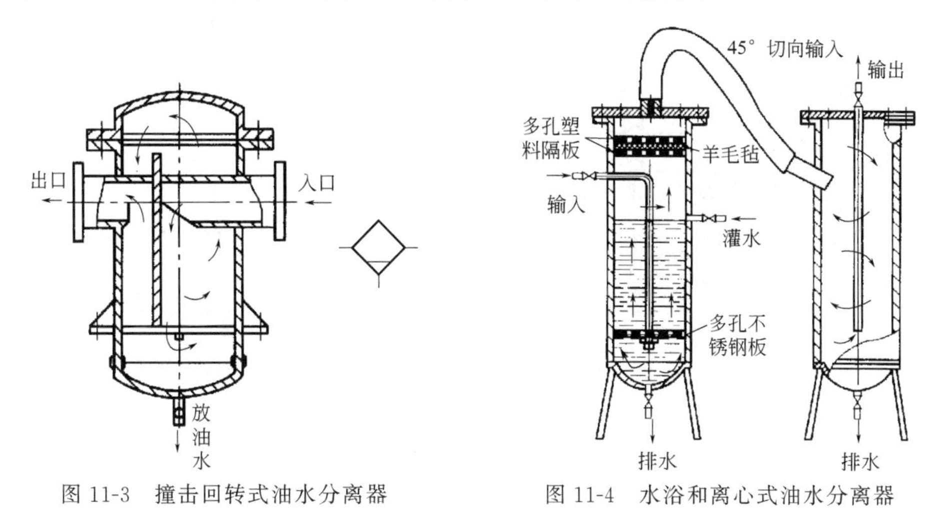

图 11-3　撞击回转式油水分离器

图 11-4　水浴和离心式油水分离器

（2）后冷却器

空压机的排气温度较高，为降低排气温度，便于分离水分、油和空气，在空压机出口安装后冷却器。

水冷式后冷却器的结构及图形符号如图 11-5 所示，用冷却水与热空气在不同管道中逆向流动，通过管壁的热交换使热空气降温冷却。

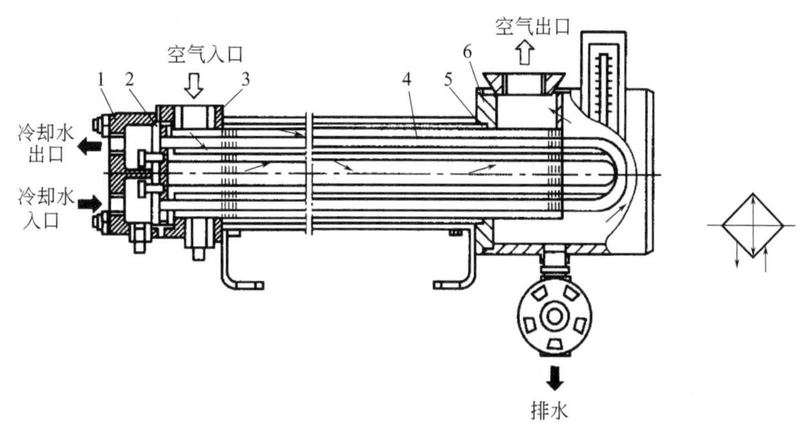

图 11-5　水冷式后冷却器的结构及图形符号

1—水室盖；2、5—垫圈；3—外筒；4—散热片管束；6—气室盖

风冷式后冷却器的结构及图形符号如图 11-6 所示，其原理是用风扇产生的冷空气强迫吹向带有散热片的热气管道来降温冷却。

（3）气罐

气罐的主要作用是储存一定量的压缩空气，减少气源输出气流的脉动，增加气流的连续性，并利用气体膨胀和自然冷却使压缩空气降温，进一步分离压缩空气中的水分。图 11-7 所示为立式气罐的结构及图形符号。

气罐一般是立式的，进气口在下，出气口在上。进、出气口间要有一定的距离，上部设安全阀，下部设排水阀。

气罐用作应急气源使用时，应按实际需要来设计，设计要符合压力容器的有关规定。

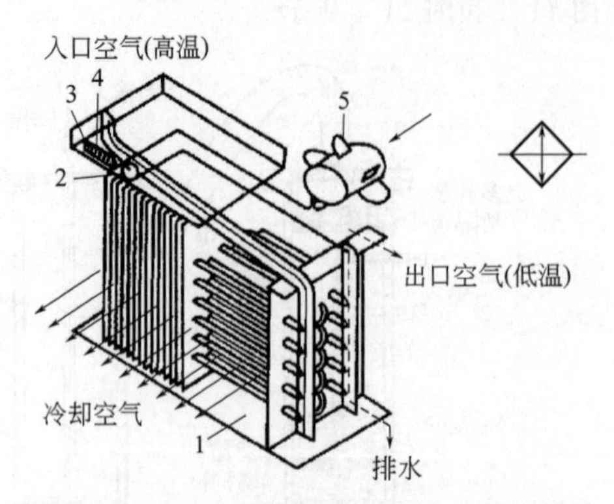

图 11-6 风冷式后冷却器的结构及图形符号

1—冷却器；2—出口温度计；3—指示灯；4—按钮开关；5—风扇

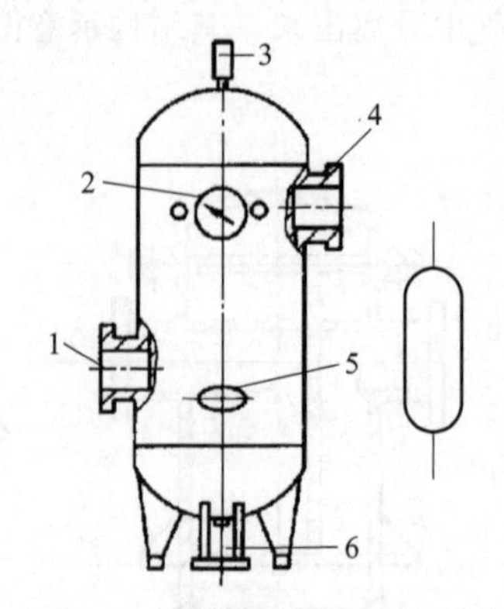

图 11-7 立式气罐的结构及图形符号

1—进气口；2—压力表；3—安全阀；4—出气口；5—清理窗口；6—排水阀

（4）干燥器

干燥器起到进一步除去压缩空气中的水分、油分和颗粒杂质，使压缩空气干燥的作用，为气动装置等提供高质量的压缩空气。干燥器有冷冻式、吸附式等不同类型。

冷冻式干燥器的作用是用制冷剂使压缩空气降到零点温度以下，将过饱和水蒸气凝结成水滴析出，以降低含湿量，增加压缩空气的干燥度。

吸附式干燥器的结构及图形符号如图 11-8 所示，其工作原理是使压缩空气通过栅板、吸附剂（如焦炭、硅胶、铝胶、分子筛等）、铜丝过滤网等，达到干燥和过滤的目的。为避免吸附剂被油污染而影响吸湿能力，在进气管上应安装除油器。

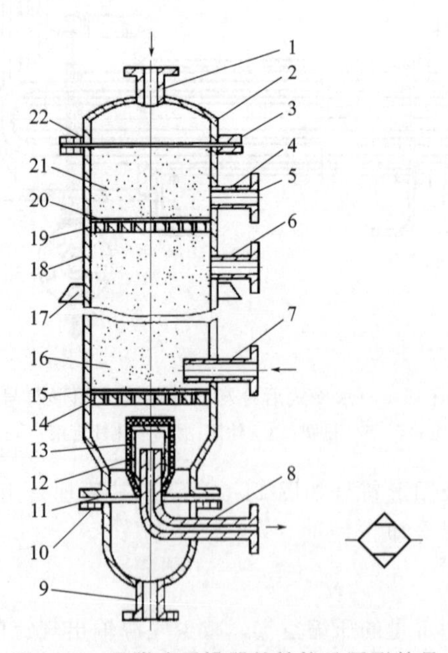

图 11-8 吸附式干燥器的结构及图形符号

1—空气进气管；2—顶盖；3、5、10—法兰；4、6—再生空气排气管；7—再生空气进气管；8—干燥空气输出管；9—排水管；11、22—密封圈；12、15、20—铜丝过滤网；13—毛毡；14—下栅板；16、21—吸附剂层；17—支承板；18—筒体；19—上栅板

11.2　气动辅助元件

气压辅助元件主要包括分水过滤器、油雾器、消声器、管道和管接头等，是气压传动系统不可缺少的重要组成部分之一。

气动系统中，常将分水过滤器、减压阀和油雾器组合在一起使用，组成气源调节装置，通常称为气动三联件，其安装顺序及图形符号如图 11-9 所示。

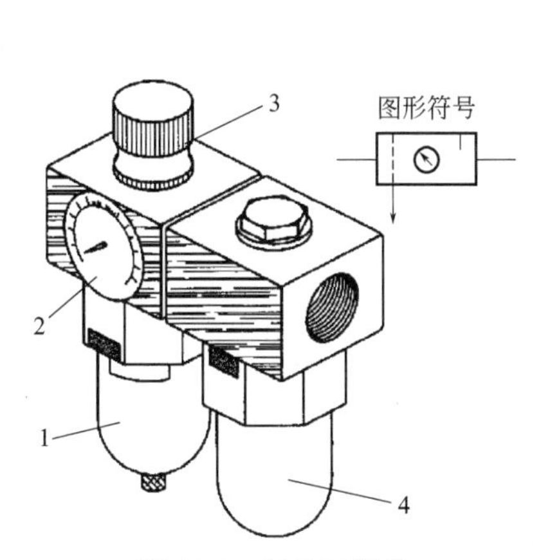

图 11-9　气动三联件

1—分水过滤器；2—压力表；3—减压阀；4—油雾器

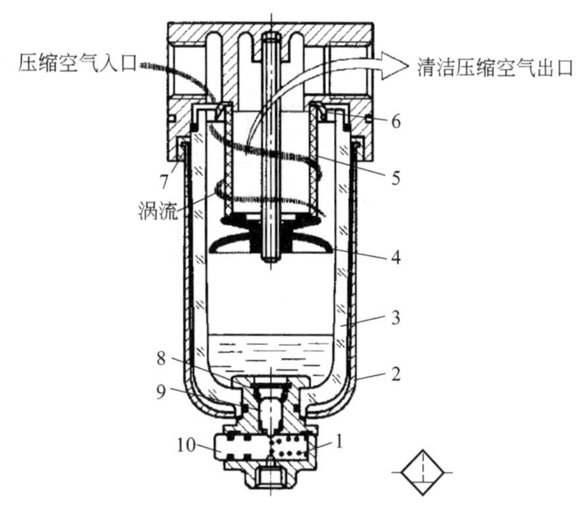

图 11-10　分水过滤器

1—复位弹簧；2—保护罩；3—水杯；4—挡水板；5—滤芯；6—导流片；7—卡环；8—锥形弹簧；9—阀芯；10—按钮

11.2.1　分水过滤器

分水过滤器又被称为二次过滤器，其作用是滤除压缩空气中的灰尘和杂质，并将压缩空气中液态的水滴和油污分离出来，使压缩空气进一步净化。其排水方式有手动和自动之分。

常见的普通手动排水分水过滤器如图 10-10 所示。分水过滤器的工作原理是间隙过滤，离心分离。当压缩空气从入口流入后，经导流片 6 的切线方向缺口流入并高速旋转，空气中的水滴、油滴及较大灰尘颗粒在离心力作用下被甩到水杯 3 的内壁上，流到杯底，除去液态油滴、水滴及较大杂质的压缩空气后，再通过滤芯 5 进一步除去微小灰尘颗粒，而后空气从出口流出。

按动按钮 10 时可将杯底液态油水和杂质排出。为防止积存在底部的液态油水重新混入压缩空气，设有挡水板 4。

分水过滤器的滤芯有烧结型、纤维聚结型和金属网型三种。装配分水过滤器总成前，应去掉各零件上的切屑、灰尘等，防止密封材料碎片混入配管中；应将分水过滤器安装在远离空气压缩机处，以提高分水效率；分水过滤器必须垂直安装，并使放水阀朝向下，壳体上箭头所示方向为气体流动方向，不得装反；使用时，必须经常放水，定期清洗滤芯，且当分水过滤器进、出口两端的压力差大于 0.05MPa 时，要更换滤芯。

11.2.2　油雾器

气动系统中某些元件（如气缸、气阀）在正常工作时，其相对运动部位需要良好的润滑，而这些部位常工作在密封气室内，因此不能使用一般的注油方法。油雾器的作用是在压缩空气流经该件时，将润滑油喷射成雾状，与压缩空气混合后进入气动系统，以达到润滑元件的目的。

油雾器的工作原理如图11-11所示。压缩空气从输入口进入后，从输出气道流出。在其气流通道中有一个立柱1，立柱上有两个通道口，上面背向气流的是喷油口B，下面正对气流的是油面加压通口A。气流通过立柱1上正对着气流方向的小孔A并经截流阀2进入储油杯3的上腔C，从而使储油杯内油面加压。储油杯内的油液经吸油管4、单向阀5和调节针阀6滴入视油器7。视油器与立柱背面小孔B相通。油从B孔被主管道中的气流喷射出来并雾化，后随压缩空气输出。视油器上的调节针阀用于调节滴油量。

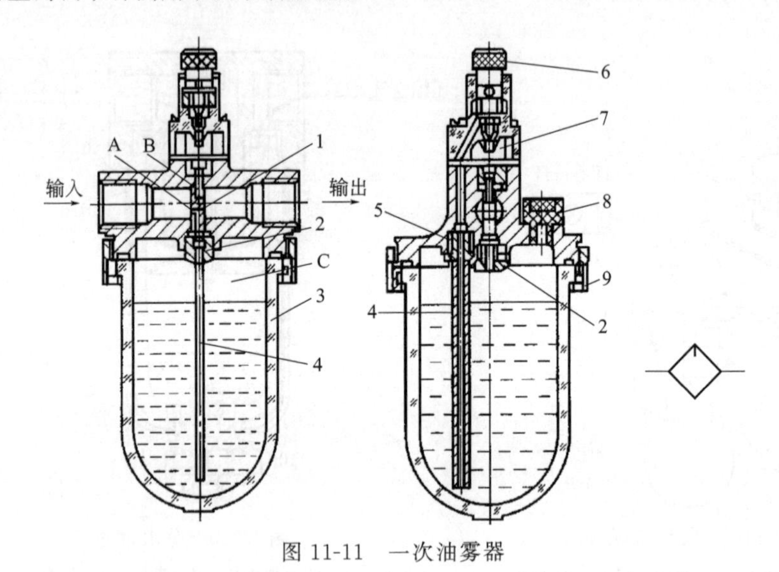

图11-11 一次油雾器

1—立柱；2—截流阀；3—储油杯；4—吸油管；5—单向阀；6—调节针阀；7—视油器；8—油塞；9—螺母

11.2.3 消声器

在执行元件完成动作后，压缩空气经换向阀的排气口排入大气。由于压力作用，排气速度较高，一般接近声速，空气急剧膨胀，引起气体振动，由此产生了较大的排气噪声。噪声的强弱与排气速度、排气量和排气通道的形状有关，如不经特殊处理，可达到80～100dB。长期工作在噪声环境下，会对人体健康造成损伤，对安全生产造成影响。在车间内噪声高于75dB时，就应当采取消声措施。典型的消声措施是在阀的排气口处加装消声器。

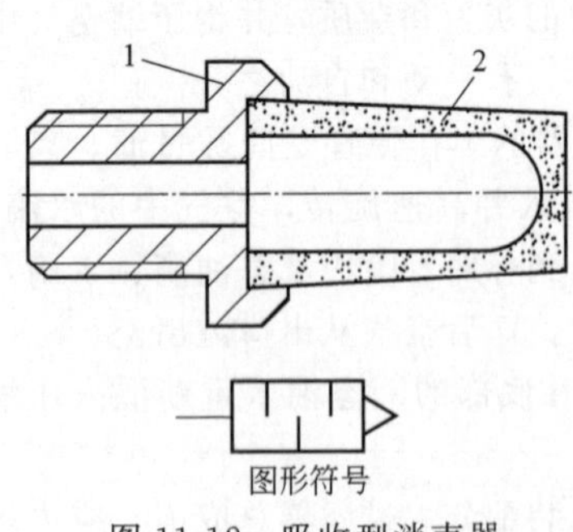

图11-12 吸收型消声器

1—接头；2—吸声罩

最常用的消声器是吸收型消声器。其消声原理是让空气通过多孔吸声材料，以达到降低排气声音的目的。如图11-12所示，吸声材料多使用聚氯乙烯纤维、玻璃纤维、烧结铜等。吸收型消声器具有良好的消除中、高频噪声的性能。

此外，还可以采用集中排气法消除噪声，方法是把一些气阀排出的气体引至内径足够大的总排气管中，总排气管的出口安装排气洁净器，也可将排气管引至室外或地沟，以降低工作环境的噪声。集中排气法可采用膨胀干涉的原理来降低噪声。

11.2.4 转换器

在气动装置中，控制部分的介质都是气体，但信号传感部分和执行部分可能采用液体和电信号，这样各部分之间就需要能量转换装置——转换器。常用的转换器有气-电转换器、电-气转换器和气-液转换器等。

（1）气-电转换器

图 11-13 所示为低压气-电转换器结构，其输入气压小于 0.1 MPa。它是把气信号转换成电信号的元件。硬芯与焊片是两个常断电触点。当有一定压力的气动信号由信号输入口进入时，膜片向上弯曲，带动硬芯上移与限位螺钉接触，即与焊片导通，发出电信号。在气信号消失后，膜片带动硬芯复位，触点断开，电信号消失。调节螺钉可以调节导通气压力的大小。这种气-电转换器一般用来提供信号给指示灯，指示气信号的有无。也可以将输出的电信号经过功率放大后带动电力执行机构工作。

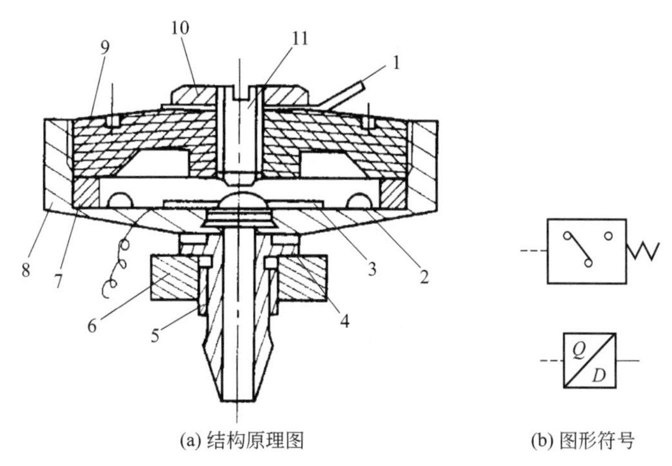

(a) 结构原理图　　(b) 图形符号

图 11-13　低压气-电转换器结构

1—焊片；2—硬芯；3—膜片；4—密封垫；5—气动信号输入孔；
6,10—螺母；7—压圈；8—外壳；9—盖；11—限位螺钉

图 11-14(a) 所示为一种高压气-电转换器结构原理图，其输入信号压力大于 1.0MPa。膜片 1 受压后，推动顶杆 2 克服弹簧的弹簧力向上移动，带动爪枢 3，两个微动开关 4 发出电信号。旋转螺帽 5 可调节控制压力范围，这种气-电转换器的调压范围有 0.025～0.5MPa，0.065～1.2MPa 和 0.6～3.0MPa。这种依靠弹簧调节控制压力范围的气-电转换器也被称为压力继电器。当气罐内压力升到一定压力值时，压力继电器控制电机停止工作；当气罐内压力降到一定压力值时，压力继电器又控制电机启动。其图形符号如图 11-14(b) 所示。

（2）电-气转换器

图 11-15 所示是低压电-气转换器原理图。其作用与气-电转换器相反，是将电信号转换为气信号的元件，如同小型电磁阀。当无电信号时，在弹簧 1 的作用下橡胶挡板 4 上抬，喷嘴打开，气源输入气体经喷嘴排空，输出口无输出；当线圈 2 通有电信号时，产生磁场吸下衔铁 3，橡胶挡板 4 挡住喷嘴，输出口有气信号输出。

图 11-16 所示为低压电-气转换器的结构图，其工作原理为：当线圈 2 不通电时，由于弹性支承 1 的作用，衔铁 3 带动挡板 4 离开喷嘴 5，这样，从气源来的气体绝大部分从喷嘴排向大气，输出端无输出；当线圈通电时，将衔铁吸下，橡皮挡板封住喷嘴，从气源来的有压气体便从输出端输出。电磁铁的直流电压为 6～12V，电流为 0.1～0.14A；气源电压为 1.0～10kPa。

（3）气-液转换器

气-液转换器是把气压直接转换成液压的压力装置。作为推动执行元件的有压力流体，使用

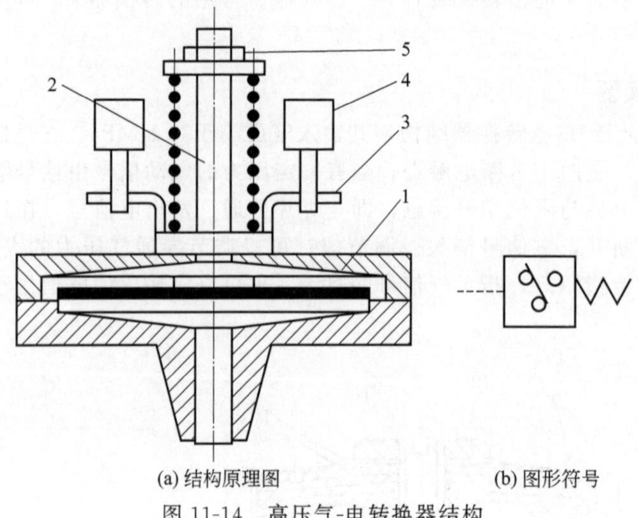

图 11-14 高压气-电转换器结构

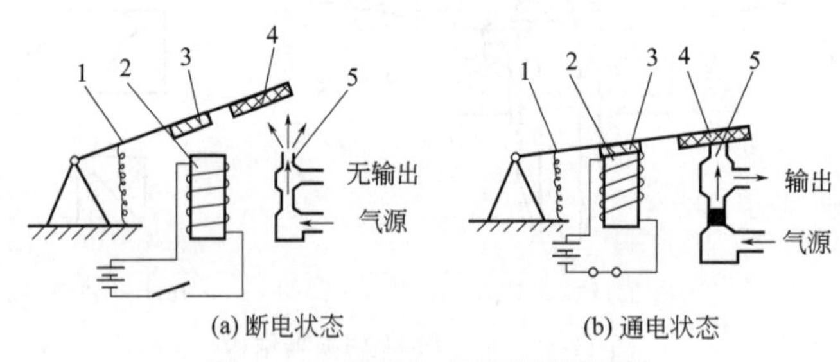

图 11-15 低压电-气转换器原理图

1—弹簧；2—线圈；3—衔铁；4—橡胶挡板；5—喷嘴

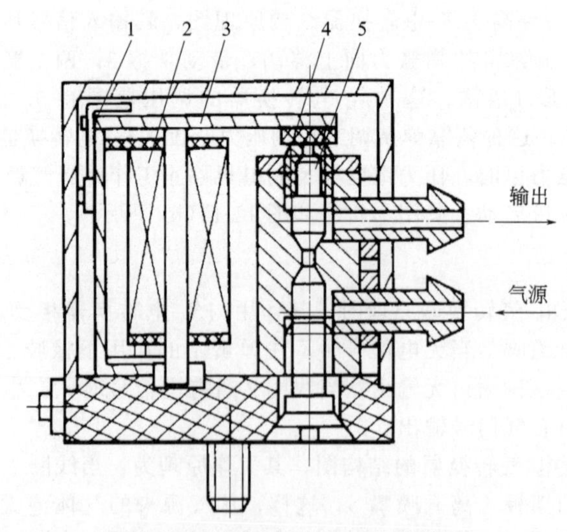

图 11-16 低压电-气转换器结构图

1—弹性支承；2—线圈；3—衔铁；4—挡板；5—喷嘴

气压力比液压力简便，但空气有压缩性，不能得到匀速运动和低速（50mm/s 以下）平稳运动，中停时的精度不高。液体可压缩性小，但液压系统配管较困难，成本也高。使用气-液转换器，用气压力驱动气液联用缸动作，就避免了空气可压缩性的缺陷：启动时和负载变动时，也能得到平稳的运动速度；低速动作时，也没有爬行问题。因此，它最适用于精密稳速输送、中停、急速进给和旋转执行元件的慢速驱动等。

气动系统中常常用到气-液阻尼缸或使用液压缸作执行元件，以求获得平稳的速度。气-液转换器一般有两种类型：一种是直接作用式，即在一筒式容器内，压缩空气直接作用在液面上，或通过活塞隔膜等作用在液面上，推压液体以同样的压力向外输出；另一种是换向阀式，即它是一个气控液压换向阀。采用气控液压换向阀需要另外备有液压源。

图 11-17 所示为气-液直接接触式转换器。压缩空气由上部输入管输入后，经过缓冲装置使压缩空气作用在液压油面上，因而液压油以与压缩空气压力相等的力，由转换器下部的排油孔输出到液压缸，使其动作。

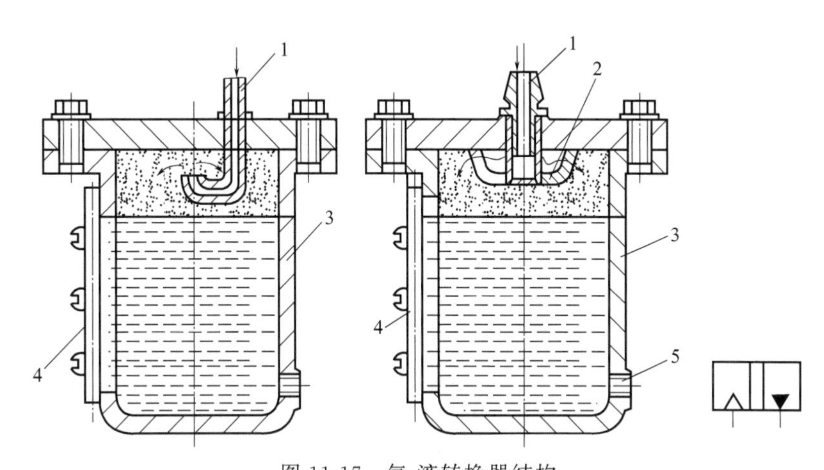

图 11-17　气-液转换器结构

1—空气输入管；2—缓冲装置；3—本体；4—油标；5—油液输出口

11.3　真空元件

以真空吸附为动力源实现自动化的技术，已经在电子元器件组装、汽车组装、轻工食品机械、医疗机械、印刷机械、包装机械和机器人等方面得到广泛的应用。这是因为对于任何有较光滑表面的物体，特别是那些不适合夹紧的非金属物体（如柔软的薄纸张、塑料膜、铝箔、玻璃及其制品、集成电路等精密零件），都可以使用真空吸附来完成各种作业。

在真空压力下工作的相关元件，统称真空元件。真空元件包括真空发生装置、真空阀、真空执行机构和真空辅助件。真空发生装置有真空泵和真空发生器两种，真空泵用在需要大规模连续真空高压的场合，真空发生器适用于间歇工作、真空抽吸流量较小的情况。真空阀包括压力控制阀、方向控制阀和流量控制阀，真空阀的结构和工作原理与普通阀类相类似，其中流量控制阀用于控制真空产生和破坏的快慢。真空执行机构包括真空吸盘和真空气缸。真空辅助件包括真空过滤器、真空计、真空压力开关和真空管件等。

11.3.1　真空发生器

真空发生器是指利用气体的高速流动来产生真空的元件。

真空发生器的结构原理如图 11-18 所示。它由先收缩后扩张的拉瓦尔喷管 1、负压腔 2 和接收管 3 等组成，有供气口 P、排气口 T 和真空口 A。压力气体由供气口进入真空发生器，通过拉瓦尔喷管1时被加速，形成超声速射流。射流在负压腔2内不会分散，将全部射入接收管3，并且吸收负压腔2内的气体，在负压腔2中形成真空。在真空口处接上真空吸盘，便可吸、掉物体。真空发生器的结构简单，无可动机械部件，故使用寿命长。

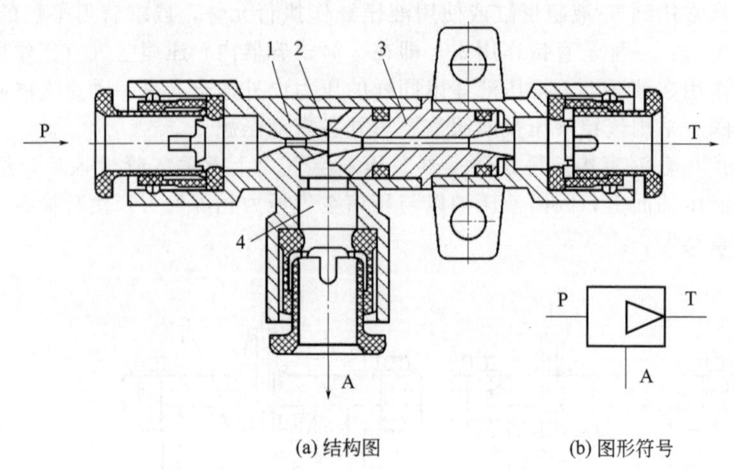

(a) 结构图 (b) 图形符号

图 11-18 真空发生器的结构原理图

1—拉瓦尔喷管；2—负压腔；3—接收管

（1）真空发生器主要性能指标

真空发生器的主要性能指标有耗气量、真空度和抽吸时间。

① 耗气量　真空发生器的耗气量是指供给拉瓦尔喷管的流量，它不但由喷嘴的直径决定，还与供气压力有关。同一喷嘴直径的耗气量随供气压力的增加而增加。喷嘴直径是选择真空发生器的主要依据。喷嘴直径越大，抽吸流量和耗气量越大，真空度越低；喷嘴直径越小，抽吸流量和耗气量越小，真空度越高。

② 真空度　所谓真空，是指在给定的空间内，压强低于101325Pa（即一个标准大气压约101kPa）的气体状态。

真空度是指处于真空状态下的气体稀薄程度。若所测设备内的压强低于大气压强，其压力测量需要读真空表。从真空表所读得的数值称真空度。真空度数值是绝对压强数值低于大气压强的数值，即

真空度＝大气压强－绝对压强

（绝对压强＝大气压＋表压）

③ 抽吸时间　它是表示真空发生器的动态指标，在工作压力为0.6MPa的实验条件下，真空发生器抽吸1L容积空气所需要的时间为抽吸时间。

（2）真空发生器使用注意事项

在使用真空发生器时，应注意以下事项：

① 供给气源应是净化的、不含油雾的空气。因真空发生器的最小喷嘴喉部直径为0.5mm，故供气口之前应设置过滤器和油雾分离器。在恶劣环境中工作时，真空压力开关前要装过滤器。

② 真空发生器与吸盘之间的连接管应尽量短，连接管不得承受外力，拧动管接头时要防止连接管扭曲变形或造成泄漏。真空回路的各连接处及各元件应严格检查，不得向真空系统内部漏气。

③ 由于各种原因使吸盘内的真空度未达到要求时，为防止被吸吊工件吸吊不牢而跌落，回路中必须设置真空压力开关。吸附电子元件或精密小零件时，应选用小孔口吸着确认型真空压力开关。对于吸吊重工件或搬运危险品的情况，除要设置真空压力开关外，还应设真空表，以便随时监视真空压力的变化，及时处理问题。

④ 为了在停电情况下仍保持一定真空度，以保证安全，对真空泵系统应设置真空罐。对真空发生器系统，真空吸盘与真空发生器之间应设置单向阀。供给阀宜使用具有自保持功能的常通型电磁阀。

⑤ 真空发生器的供给压力在 0.40～0.45MPa 为最佳，压力过高或过低都会降低真空发生器的性能。

11.3.2　真空吸盘

真空吸盘是真空系统中专门用于吸附、抓取物件的执行元件。通常由橡胶材料与金属骨架压制而成。

真空吸盘需要根据所吸附的物体不同进行设计，除要求吸盘的性能要适应外，其结构和安装方式也要与吸附物件的工作要求相适应。图 11-19 所示为常见真空吸盘的结构和形式。

图 11-19　常见真空吸盘的结构和形式

真空吸盘的主要性能指标是吸力。真空吸盘的实际吸力应考虑被吸吊物件的重量、搬运过程中的运动速度、加速度、振动和晃动的影响，并且应该留出足够的余量，以保证吸吊的安全。对于面积大的、质量重的、有振动的吸吊物，通常使用多个吸盘同时进行吸掉。

（1）真空吸盘的工作原理

图 11-20 所示为真空吸盘的典型结构。根据工件的形状和大小，可以在安装支架上安装单个或多个真空吸盘。

平直型真空吸盘的工作原理如图 11-21 所示。首先将真空吸盘通过接管与真空设备（如真空发生器等）接通，然后将其与待提升物如玻璃、纸张等接触，启动真空设备抽吸，使吸盘内产生负气压，从而将待提升物吸牢，然后即可开始搬送待提升物。当提升物被搬送到目的地时，平稳地充气进真空吸盘内，使真空吸盘内由负气压变成零气压或稍为正的气压，真空吸盘就脱离待提升物，从而完成提升搬送重物的任务。

（2）真空吸盘的特点

① 易损耗　由于它一般用橡胶制造，直接接触物体，所以磨损严重、损耗很快。它是气动易损件。

② 易使用　不管被吸物体是由什么材料做的，只要能密封，不漏气，则均能使用真空吸盘。电磁吸盘就不行，它只能用在钢材上，对其他材料的板材或者物体是不能吸的。

③ 无污染　真空吸盘特别环保，不会污染环境，没有光、热，电磁等产生。

④ 不伤工件　真空吸盘由于是橡胶材料制造，吸取或者放下工件时不会对工件造成任何损伤。

而挂钩式吊具和钢缆式吊具就不行。在一些行业，对工件表面的要求特别严格，只能用真空吸盘。

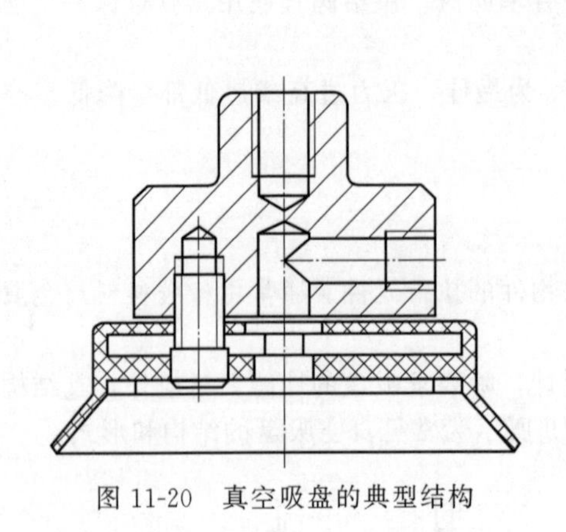

图 11-20 真空吸盘的典型结构

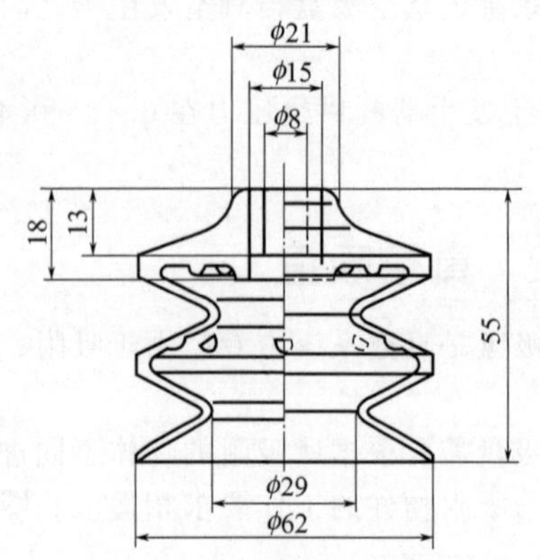

图 11-21 平直型真空吸盘

（3）使用真空吸盘的注意事项

使用真空吸盘时应注意：

① 用真空吸盘吸持及搬送重物时，严禁超过理论吸持力的 40%，以防止过载，造成重物脱落。

② 若发现真空吸盘因老化等原因而失效时，应及时更换新的真空吸盘。

③ 在使用过程中，必须保持真空压力稳定。

④ 选择真空吸盘时应考虑：移送物体的质量、形状、表面状态、高低、工作环境（温度）和缓冲距离等。它们决定了真空吸盘的种类。

⑤ 真空吸盘的吸附面积要比吸吊工件表面小，以免出现泄漏。面积大的板材宜用多个吸盘吸吊，但要合理布置吸盘的位置，增强吸吊平稳性，要防止边上的真空吸盘出现泄漏。为防止板材翘曲，宜选用大口径真空吸盘；对有透气性的被吊物，如纸张、泡沫塑料，应使用小口径真空吸盘。漏气太大，应提高真空吸吊能力，加大气路的有效截面积。吸附柔性物，如纸、聚乙烯薄膜时，由于易变形、易皱折，应选用小口径真空吸盘或带肋真空吸盘，且真空度宜小。

⑥ 真空吸盘靠近工件时，应避免受大的冲击力，以免真空吸盘过早变形、龟裂和磨耗。吸附高度变化的工件应使用缓冲型真空吸盘如带回转止动的缓冲型真空吸盘。

⑦ 对于真空泵系统来说，真空管路上一条支线装一个真空吸盘是理想的，如图 11-22(a) 所

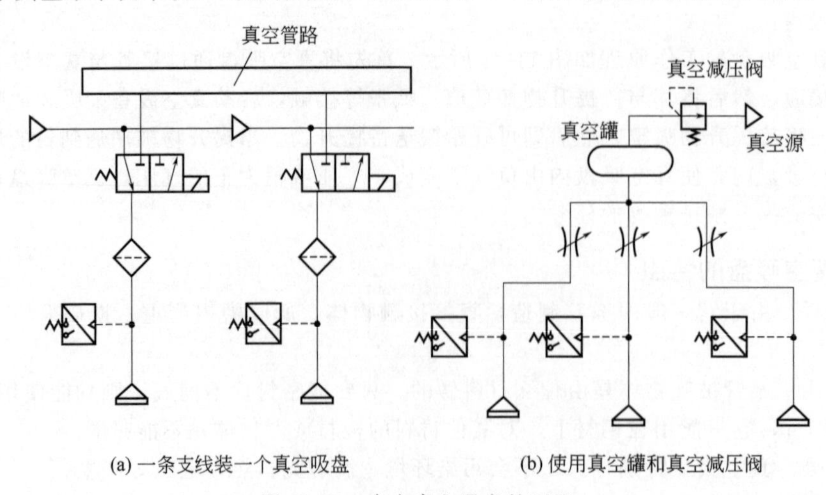

图 11-22 多个真空吸盘的匹配

示。若真空管路上要装多个真空吸盘，则吸附或未吸附工件的真空吸盘个数变化或出现泄漏时，会引起真空压力源的压力变动，使真空压力开关的设定值不易确定，特别是对小孔口吸附的场合影响更大。

为了减少多个真空吸盘吸吊工件时相互间的影响，可设计成图 11-22(b) 那样的回路。使用真空罐和真空减压阀可提高真空压力的稳定性。必要时，可在每条支路上装真空切换阀。这样当一个吸盘泄漏或未吸附工件，也不会影响其他吸盘的吸附工作。

11.3.3 真空阀

(1) 真空减压阀

压力管路中的减压阀应使用一般减压阀。真空管路中的减压阀应使用真空减压阀。真空减压阀的动作原理如图 11-23 所示。真空口接真空泵，输出口接负载用的真空罐。

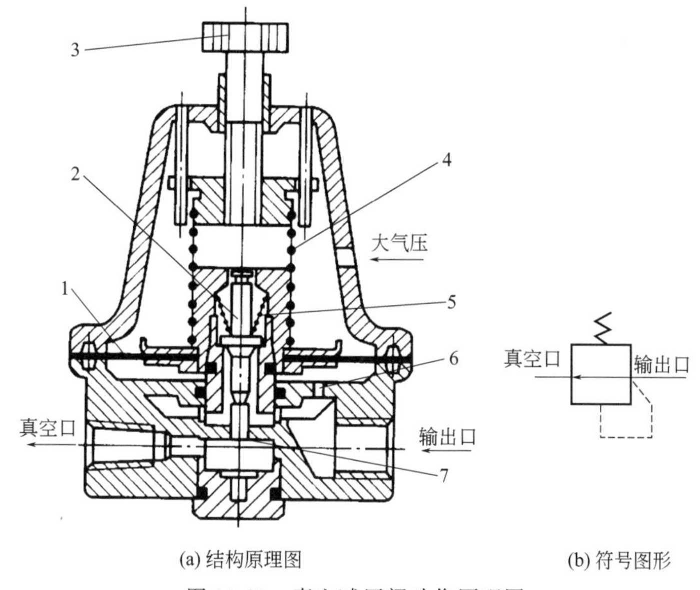

(a) 结构原理图　　(b) 符号图形

图 11-23 真空减压阀动作原理图

1—膜片；2—给气阀；3—手轮；4—设定弹簧；5—复位弹簧；6—反馈孔；7—给气孔

当真空泵工作后，真空口压力降低。顺时针旋转手轮 3，设定弹簧 4 被拉伸，膜片 1 上移，带动给气阀 2 的阀芯抬起，则给气孔 7 打开，输出口与真空口接通。输出真空压力通过反馈孔 6 作用于膜片下腔。当膜片处于力平衡时，输出口真空压力便达到一定值，且吸入一定流量的气体。当输出口真空压力上升时，膜片上移。阀的开度加大，则吸入流量增大。当输出口压力接近大气压力时，吸入流量达最大值。反之，当吸入流量逐渐减小至零时，输出口真空压力逐渐下降，直至膜片下移，给气口被关闭，真空压力达最低值。手轮全松，复位弹簧推动给气阀，封住给气口，则输出口和设定弹簧室都与大气相通。

(2) 换向阀

使用真空发生器的回路中的换向阀，有供给阀和真空破坏阀、真空切换阀和真空选择阀等。

供给阀是供给真空发生器压缩空气的阀；真空破坏阀是破坏吸盘内的真空状态来使工件脱离吸盘的阀；真空切换阀是接通或断开真空压力源的阀；真空选择阀可控制吸盘对工件力吸着或脱离，一个阀具有两个功能，可以简化回路设计。

供给阀因设置于压力管路中，可选用一般的换向阀。真空破坏阀、真空切换阀和真空选择阀设置于真空回路或存在有真空状态的回路中，故必须选用能在真空压力条件下工作的换向阀。

真空用换向阀要求不泄漏，且不用油雾润滑，故使用截止式和膜片式阀芯结构比较理想，通径大时可使用外部先导式电磁阀。不给油润滑的软质密封滑阀，由于其通用性强，也常作为真空用换向阀使用；间隙密封滑阀存在微漏，只能用于允许存在微漏的真空回路中。

真空破坏阀和真空切换阀一般使用二位二通阀，真空选择阀应使用二位三通阀，使用三位三通阀可节省能量并减少噪声，控制双作用真空气缸应使用二位五通阀。

（3）节流阀

真空系统中的节流阀用于控制真空破坏的快慢，节流阀的出口压力不得高于0.5MPa，以保护真空压力开关和抽吸过滤器。

（4）单向阀

单向阀有两个方面的作用，一是当供给阀停止供气时，保持吸盘内的真空压力不变，可节省能量；二是一旦停电，可延缓被吸吊工件脱落的时间，以便采取安全对策。一般应选用流通能力大、开启压力低（0.01MPa）的单向阀。

11.3.4 真空压力开关

真空压力开关是用于检测真空压力的开关。当真空压力未达到设定值时，开关处于断开状态；当真空压力达到设定值时，开关处于接通状态，发出电信号，指挥真空吸附机构动作。

一般使用的真空压力开关，有以下用途：

① 真空系统的真空度控制。

② 有无工件的确认。

③ 工件吸附确认。

④ 工件脱离确认。

真空压力开关按功能分，有通用型和小孔口吸附确认型；按电触点的形式可分为无触点式（电子式）和有触点式（磁性舌簧开关式等）。一般使用的压力开关，主要用于确认设定压力，但真空压力开关确认设定压力的工作频率高，故真空压力开关应具有较高的开关频率，即响应速度要快。

图11-24所示为小孔口吸附确认型真空压力开关的外形，它与吸附孔口的连接方式如图11-25所示。

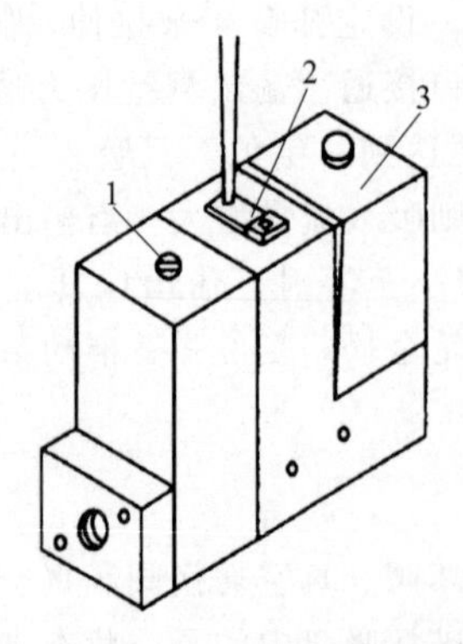

图11-24 小孔口吸附确认型真空压力开关外形

1—调节用针阀；2—指示灯；3—抽吸过滤器

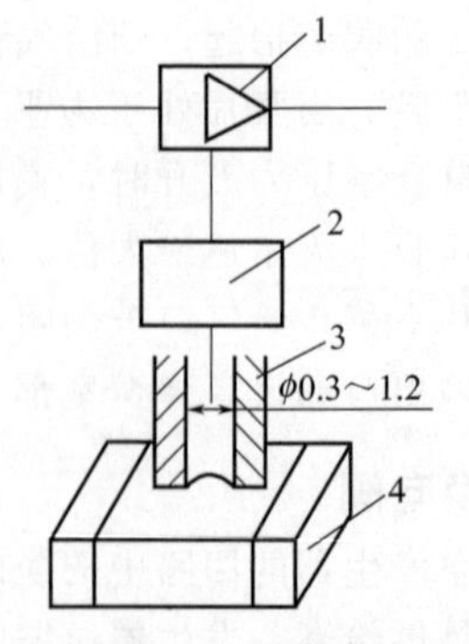

图11-25 压力开关与吸附孔口的连接方式

1—真空发生器；2—小孔口吸附确认型开关；3—吸附孔口；4—数毫米宽小工件

图 11-26 所示为小孔口吸附确认型真空压力开关的工作原理。图中 S_4 代表吸附孔口的有效截面积，S_2 是可调针阀的有效截面积，S_1 和 S_3 是小孔口吸附确认型开关内部的孔径，$S_1=S_3$。

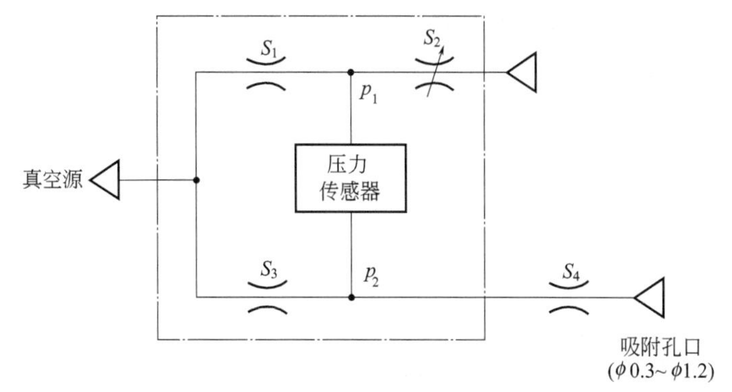

图 11-26　小孔口吸附确认型真空压力开关的工作原理

工件未吸附时，S_4 值较大。调节针阀，即改变 S_2 值大小，使压力传感器两端的压力平衡，即 $p_1=p_2$；当工件被吸附时，$S_4=0$，出现压差（p_1-p_2），可被压力传感器检测出。

真空压力开关的维护指标主要有以下几项。

① 需要用手直接触及真空压力开关进行检修时，真空压力开关必须处于断开状态，同时还必须断开开关的主回路和控制回路，并将主回路接地后才可以开始检修。

② 真空压力开关的检查工作结束时，要认真清查工具和器材，防止遗漏丢失。

③ 真空压力开关中采用电动的弹簧操作机构时，一定要松开合闸弹簧后，才可以开始检修。

④ 真空压力开关上装有浪涌保护器（又称阻容保护回路）时，一定要按照使用说明书的注意事项，采取接地措施。

⑤ 需要更换管子时，不可碰伤真空管子的绝缘外壳、焊接部位和排气管等；不要使波纹管受到扭力；安装好后应对触头行程尺寸等进行必要的调整。

⑥ 不可用湿手、脏手触摸真空压力开关。

11.3.5 其他真空元件

（1）真空过滤器

真空过滤器是将从大气中吸入的污染物（主要是尘埃）收集起来以防止真空系统中的元件受污染而出现故障的真空元件。真空吸盘与真空发生器（或真空阀）之间，应设置真空过滤器。真空发生器的排气口、真空阀的吸气口（或排气口）和真空泵的排气口也都应装上消声器，这不仅能降低噪声而且能起过滤作用，以提高真空系统工作的可靠性。

对真空过滤器的要求是：滤芯污染程度的确认简单，清扫污染物容易，结构紧凑，不会致使真空到达时间增长。

真空过滤器有箱式结构和管式连接两种。前者便于集成化，滤芯呈叠褶形状，故过滤面积大，可通过流量大，使用周期长；后者若使用万向接头，配管可在 360°范围内自由安装，若使用快换接头，装卸配管更迅速。

当真空过滤器两端压降大于 0.02MPa 时，滤芯应卸下清洗或更换。

真空过滤器耐压 0.5MPa，滤芯耐压差 0.15MPa，过滤精度为 30μm。

安装时，注意进出口方向不得装反，配管处不得有泄漏，维修时密封件不得损伤，真空过滤器入口压力不要超过 0.5MPa，这依靠调节减压阀和节流阀来保证。真空过滤器内流速不大，空气中的水分不会凝结，故该过滤器无需分水功能。

(2) 真空组件

真空组件是将各种真空元件组合起来的多功能元件。

图 11-27 所示为采用真空发生器组件的回路。典型的真空发生器组件由真空发生器 3、真空吸盘 7、真空压力开关 5 和电磁阀 1、2、4 等构成。当电磁阀 1 通电后，压缩空气通过真空发生器 3，由于气流的高速运动产生真空，真空压力开关 5 检测真空度，并发出信号给控制器，真空吸盘 7 将工件吸起。当电磁阀 1 断电，电磁阀 2 通电时，真空发生器停止工作，真空状态消失，压缩空气进入真空吸盘，将工件与吸盘吹开。此回路中，真空过滤器 6 的作用是防止在抽吸过程中将异物和粉尘吸入发生器。

(3) 真空表

真空表是测定真空压力的计量仪表，装在真空回路中，显示真空压力的大小，便于检查和发现问题。常用真空计的量程是 0～100kPa，3 级精度。其外形结构如图 11-28 所示。

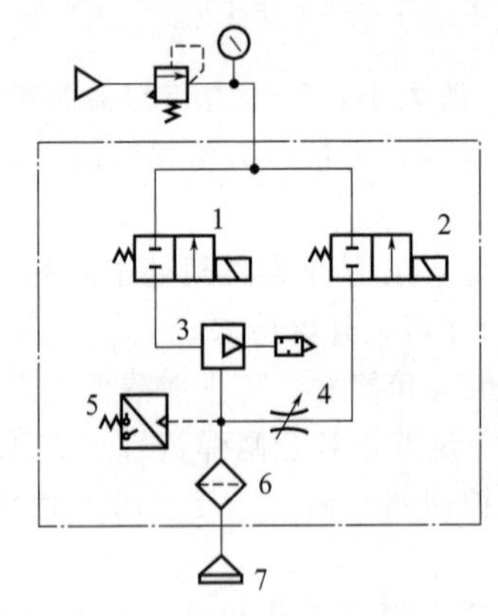

图 11-27 真空发生器组件的回路

1、2—电磁阀；3—真空发生器；4—节流阀；5—真空压力开关；6—真空过滤器；7—真空吸盘

图 11-28 真空表

(4) 管道及管接头

真空回路中，应选用真空压力下不变形的管子，可使用硬尼龙管、软尼龙管和聚氨酯管。管接头要使用可在真空状态下工作的。

(5) 空气处理元件

在真空系统中，处于压力回路中的空气处理元件可使用过滤精度为 5μm 的空气过滤器，及过滤精度为 0.3μm 的油雾分离器，出口侧油雾浓度小于 1.0mg/m^3。

(6) 真空用气缸

常用的真空用自由安装型气缸，具有以下特点。

① 是双作用垫缓冲无给油方形体气缸，有多个安装面可供自由选用，安装精度高。

② 活塞杆带导向杆，为杆不回转型气缸。

③ 活塞杆内有通孔，作为真空通路。真空吸盘安装在活塞杆端部，有螺纹连接式和带倒钩的直接安装式，这样可省去配管，节省空间，结构紧凑。

④ 真空口有缸盖连接型和活塞杆连接型。前者缸盖及真空口连接管不动，活塞运动，真空口端活塞杆不会伸出缸盖外；后者气缸轻、结构紧凑，缸体固定，活塞杆运动。

⑤ 在缸体内可以安装磁性开关。

第12章　气动执行元件

气动执行元件是一种把压缩空气的压力能转换成直线运动机械能（如气缸）或旋转运动机械能（如气动马达），来实现系统能量输出的气动元件。气动执行元件与液压执行元件有许多相同或相似之处，例如：多数普通气缸或气动马达的工作原理、基本结构、输出力计算公式等与液压缸或液压马达基本相同，但由于所用工作介质的差别，导致它们的换向性、速度稳定性、具体结构组成形式等方面存在一些差异，同时也产生了一些与液压执行元件的原理完全不同的新型气动执行元件。

12.1　气缸

气缸是气动系统中使用最广泛的一种执行元件，它是将压缩气体的压力能转换为机械能的气动执行元件，用于实现直线运动或往复摆动。根据使用条件、场合的不同，其结构、形状和功能也不一样，种类很多。

气缸一般根据作用在活塞上力的方向，以及气缸的结构特点、功能、安装方式来分类。

按压缩空气在活塞端面作用力的方向可分为单作用气缸与双作用气缸。单作用气缸只有一个运动方向，靠压缩空气推动，复位靠弹簧力、自重或其他力。双作用气缸的往返运动全靠压缩空气推动。

按气缸的结构特点分为活塞式、膜片式、柱塞式、摆动式气缸等。

按气缸的功能分为普通气缸和特殊气缸。特殊气缸包括冲击气缸、缓冲气缸、气液阻尼气缸、步进气缸、摆动气缸、回转气缸和伸缩气缸等。

按气缸的安装方式不同分为耳座式、法兰式、销轴式和凸缘式。

12.1.1　普通气缸

在各类气缸中使用最多的是活塞式单活塞杆型气缸，称为普通气缸。普通气缸可分为单作用气缸和双作用气缸两种。

（1）单作用气缸

图12-1(a) 所示为单作用气缸的结构原理图，图12-1(b) 所示为单作用气缸的图形符号。所谓单作用气缸是指压缩空气仅在气缸的一端进气并推动活塞或柱塞运动，而活塞或柱塞的返回借助于其他外力，如弹簧力、重力等。单作用气缸多用于短行程及对活塞杆推力、运动速度要求不高的场合。

这种气缸的特点是：

① 结构简单，由于只需向一端供气，耗气量小。

② 复位弹簧的反作用力随压缩行程的增大而增大，因此活塞的输出力随活塞运动行程的增

加而减小。

③ 缸体内安装弹簧，增加了缸筒长度，缩短了活塞的有效行程。这种气缸多用于行程短、对输出力和运动速度要求不高的场合。

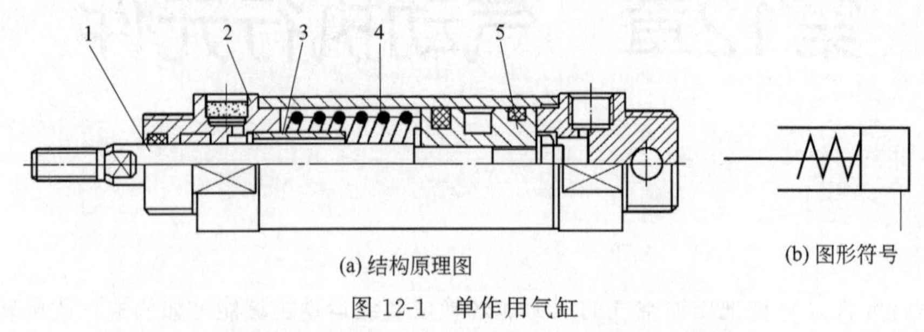

(a) 结构原理图　　(b) 图形符号

图 12-1 单作用气缸

1—活塞杆；2—过滤片；3—止动套；4—弹簧；5—活塞

（2）双作用气缸

图 12-2(a) 是单活塞杆双作用气缸的结构简图。它由缸筒、前后缸盖、活塞、活塞杆、紧固件和密封件等零件组成。

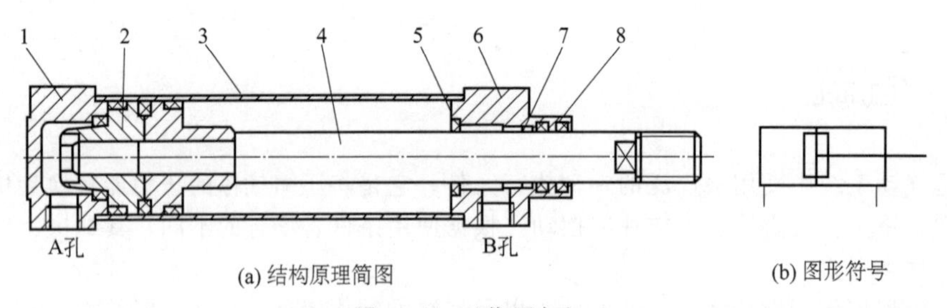

(a) 结构原理简图　　(b) 图形符号

图 12-2 双作用气缸

1—后缸盖；2—活塞；3—缸筒；4—活塞杆；5—缓冲密封圈；6—前缸盖；7—导向套；8—防尘圈

当 A 孔进气、B 孔排气时，压缩空气作用在活塞左侧面积上的作用力大于作用在活塞右侧面积上的作用力和摩擦力等反向作用力时，压缩空气推动活塞向右移动，使活塞杆伸出。反之，当 B 孔进气、A 孔排气时，压缩空气推动活塞向左移动，使活塞和活塞杆缩回到初始位置。

由于该气缸缸盖上设有缓冲装置，所以它又被称为缓冲气缸，图 12-2(b) 为这种气缸的图形符号。

12.1.2 特殊气缸

（1）薄膜式气缸

图 12-3 为薄膜气缸结构示意图，它是一种利用压缩空气通过膜片推动活塞杆做往复直线运动的气缸。它由缸体、膜片、膜盘、活塞杆等主要零件组成，有单作用式，也有双作用式。

图 12-3(a) 所示为单作用式薄膜气缸，当压缩气体由其 A 口进入到膜片 2 上侧时，膜片 2 受到高压气体的作用而变形，带动活塞杆 4 向下运动，当 A 口与大气相通时，膜片依靠弹簧 5 复位。图 12-3(b) 所示为双作用式薄膜气缸，其活塞的往复运动均靠压缩空气驱动。与活塞式气缸相比：薄膜式气缸没有密封件，没有活塞与缸体间的摩擦；工作元件是弹性膜片，由法兰式缸体夹持，具有良好的密封性、泄漏少。所以，这种气缸具有结构紧凑、简单，重量轻、维修方便、制造成本低、寿命长、效率高等特点。

由于膜片的变形量有限，薄膜式气缸的行程较小，一般不超过 40～50mm。如果为平膜片气缸，其行程有时只有几毫米。故这类气缸只适用于气动夹具、自动调节阀等短行程工作的场合。

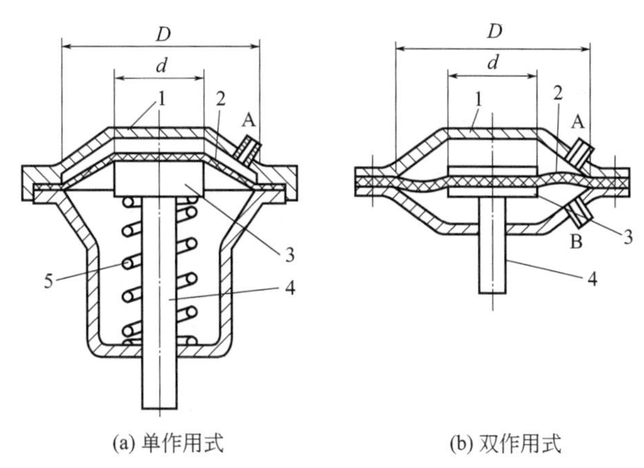

(a) 单作用式　　(b) 双作用式

图 12-3　薄膜气缸

1—缸体；2—膜片；3—膜盘；4—活塞杆；5—弹簧

（2）气液阻尼缸

气液阻尼缸是气缸和液压缸的组合缸，用气缸产生驱动力，用液压缸的阻尼调节作用获得平稳的运动。

用于机床和切削加工，实现进给驱动的气缸，不仅要有足够的驱动力来推动刀具，还要求进给速度均匀、可调，在负载变化时能保持其平稳性，以保证加工的精度。由于空气的可压缩性，普通气缸在负载变化较大时容易产生爬行或自走现象。用气液阻尼缸可克服这些缺点，满足驱动刀具进行切削加工的要求。

气液阻尼缸按其结构不同，可分为串联式和并联式两种。

图 12-4 所示为串联式气液阻尼缸，它由一根活塞杆将气缸 2 的活塞和液压缸 3 的活塞串联在一起，两缸之间用隔板 7 隔开，防止空气与液压油互窜。工作时由气缸驱动，由液压缸起阻尼作用。节流机构（由节流阀 4 和单向阀 5 组成）可调节油缸的排油量，从而调节活塞运动的速度。油杯 6 起储油或补油的作用。由于液压油可以看作不可压缩流体，排油量稳定，只要缸径足够大，就能保证活塞运动速度的均匀性。

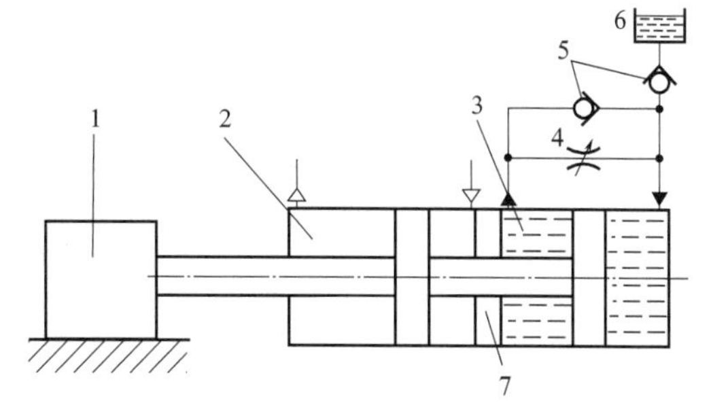

图 12-4　串联式气液阻尼缸

1—负载；2—气缸；3—液压缸；4—节流阀；5—单向阀；6—油杯；7—隔板

上述气液阻尼缸的工作原理是：当气缸活塞向左运动时，推动液压缸左腔排油，单向阀油路不通，只能经节流阀回油到液压缸右腔。由于排油量较小，活塞运动速度缓慢、匀速，实现了慢速进给的要求。其速度大小可通过调节节流阀的流通面积来控制。反之，当活塞向右运动时，液压缸右腔排油，经单向阀流到左腔。由于单向阀流通面积大，回油快，使活塞快速退回。这种缸有慢进快退的调速特性，常用于空行程较快而工作行程较慢的场合。

图 12-5 所示为并联式气液阻尼缸，其特点是液压缸与气缸并联，用一块刚性连接板相连，液压缸活塞杆可在连接板内浮动一段行程。

并联式气液阻尼缸的优点是缸体长度短、占机床空间位置小，结构紧凑，空气与液压油不互窜。缺点是液压缸活塞杆与气缸活塞杆安装在不同轴线上，运动时易产生附加力矩，增加导轨磨损，产生爬行现象。

气液阻尼缸按调速特性不同，可分为如下几种类型。

① 双向节流型，即慢进慢退型，采用节流阀调速。

② 单向节流型，即慢进快退型，采用单向阀和节流阀并联的方式。

③ 快速趋进型，采用快速趋进式线路控制。

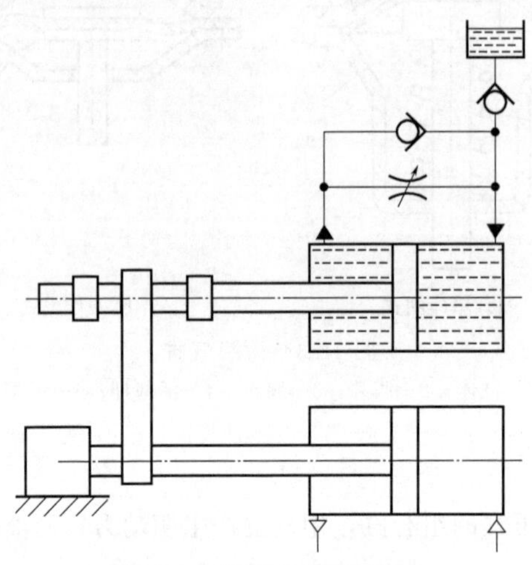

图 12-5 并联式气液阻尼缸

其各类调速类型的作用原理、结构、特性曲线及应用特性见表 12-1。

表 12-1 气液阻尼缸各类调速类型的作用原理、结构、特性曲线及应用特性

调速类型	作用原理	结构示意图	特性曲线	应用特性
双向节流型	在阻尼缸的油路上装节流阀，使活塞慢速往复运动		L, 慢进, 慢退, O, t	适用于空行程和工作行程都较短的场合
单向节流型	在调速回路中并联单向阀，慢进时单向阀关闭，节流阀调速；快退时单向阀打开，实现快速退回		L, 慢进, 快退, O, t	适用于加工时空行程短而工作行程较长的场合
快速趋进型	向右进时，右腔油先从b→a回路流入左腔，快速趋进；活塞至b点后，流经节流阀，实现慢进；退回时，单向阀打开，实现快退	a, b	L, 慢进, 快退, 快进, O, t	快速趋进节省了空行程时间，提高了劳动生产率

在气液阻尼缸的实际回路中，除了上述几种常用调速方法之外，也可采用行程阀和单向节流阀等，来达到实际所需的调速目的。还有一种气液精密调速缸可组成 6 种调速类型，调速范围为 0.08～120mm/s。

（3）制动气缸

带有制动装置的气缸称为制动气缸，也称为锁紧气缸。制动装置一般安装在普通气缸的前端，其结构有卡套锥面式、弹簧式和偏心式等多种形式。

图 12-6 所示为卡套锥面式制动气缸结构示意图，它是由气缸和制动装置两部分组合而成的特殊气缸。气缸部分与普通气缸结构相同，它可以是无缓冲气缸。制动装置由缸体、制动活塞、制动闸瓦和弹簧等构成。

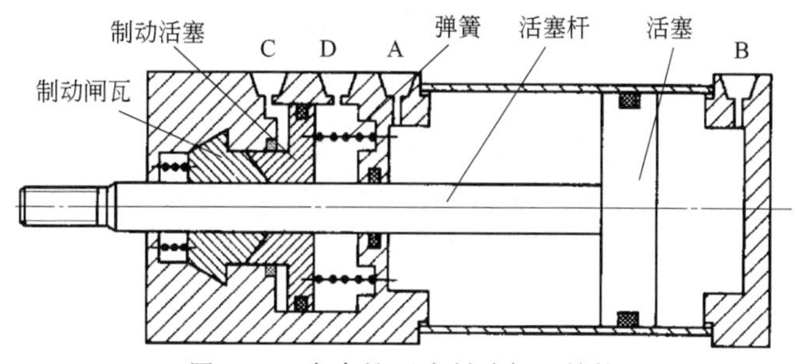

图 12-6 卡套锥面式制动气缸结构

制动气缸在工作过程中，其制动装置有两个工作状态，即放松状态和制动夹紧状态。

① 放松状态 当 C 孔进气、D 孔排气时，制动活塞右移，则制动机构处于松开状态，气缸活塞和活塞杆即可正常自由运动。

② 制动夹紧状态 当 D 孔进气，C 孔排气时，弹簧和气压同时使制动活塞复位，并压紧制动闸瓦。此时制动闸瓦抱紧活塞杆，对活塞杆产生很大的夹紧力——制动力，使活塞杆迅速停止下来，达到正确定位的目的。

在工作过程中即使动力气源出现故障，由于弹簧力的作用，仍能锁定活塞杆使其不能移动。这种制动气缸夹紧力大，动作可靠。

为使制动气缸工作可靠，气缸的换向回路可采用图 12-7 所示的平衡换向回路。回路中的减压阀用于使气缸平衡。制动气缸在使用过程中制动动作和气缸的平衡是同时进行的，而制动的解除与气缸的再启动也是同时进行的。这样，制动夹紧力只要抵消运动部件的惯性力就可以了。

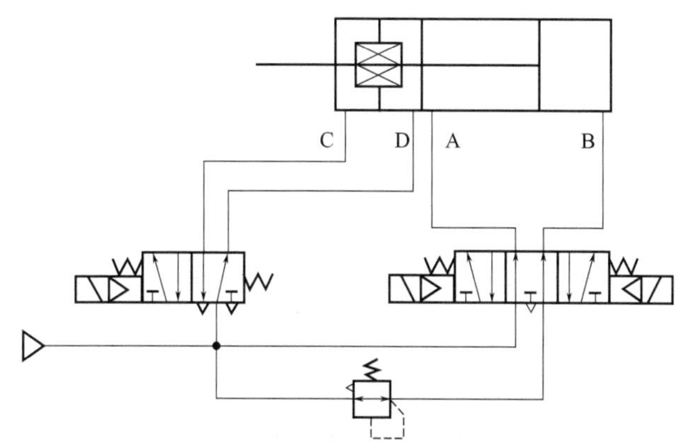

图 12-7 制动气缸的平衡换向回路

在气动系统中，采用三位换向阀能控制气缸活塞在中间任意位置停止。在外界负载较大且有波动，或气缸垂直安装使用，及对其定位精度与重复精度要求高时，可选用制动气缸。

（4）磁性开关气缸

图 12-8 所示为带磁性开关气缸的结构原理图，它由气缸和磁性开关组合而成。气缸可以是

无缓冲气缸，也可以是缓冲气缸或其他气缸。将信号开关直接安装在气缸上，同时，在气缸活塞上安装一个永久磁性橡胶环，随活塞运动。

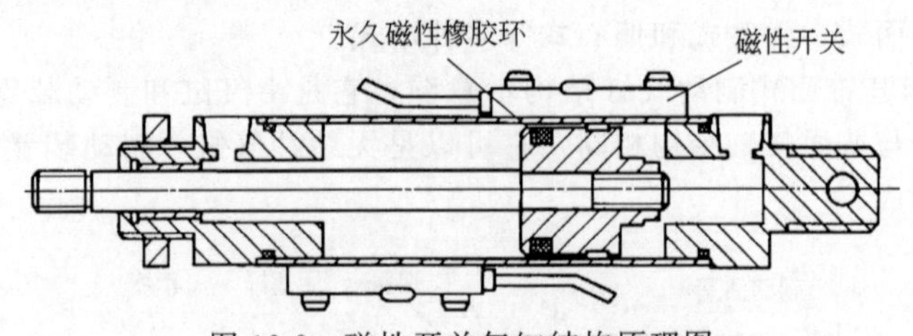

图 12-8 磁性开关气缸结构原理图

磁性开关又名舌簧开关或磁性发信器。其内部装有舌簧片式的开关、保护电路和动作指示灯等，均用树脂封在一个盒子内，其电路原理如图 12-9 所示。当装有永久磁铁的活塞运动到舌簧开关附近时，两个簧片被吸引使开关接通。当永久磁铁随活塞离开时，磁力减弱，两簧片弹开，使开关断开。

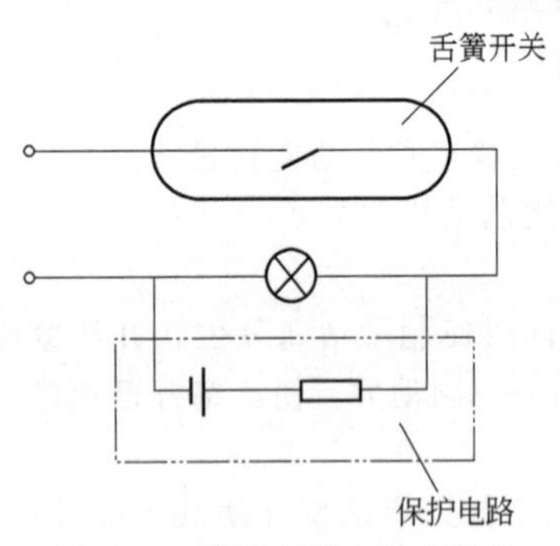

图 12-9 磁性开关电路原理图

磁性开关可安装在气缸拉杆（紧固件）上，且可左右移动至气缸任何一个行程位置上。若装在行程末端，即可在行程末端发送信号；若装在行程中间，即可在行程中途发送信号，比较灵活。因此，磁性开关气缸结构紧凑、安装和使用方便，是一种有发展前途的气缸。

这种气缸的缺点是缸筒不能用廉价的普通钢材、铸铁等导磁性强的材料，而要用导磁性弱、隔磁性强的材料例如黄铜、硬铝、不锈钢等。

注意事项：磁性开关的电压和电流不能超过其允许范围。一般不能与电源直接接通，必须同负载（如继电器等）串联使用。磁性开关附近不能有其他强磁场，以防干扰。磁性开关装在中间位置时，气缸最大速度应在 0.3m/s 以内，使继电器等负载的灵敏度最大。

（5）带阀气缸

带阀气缸是一种为了节省阀和气缸之间的接管，将两者制成一体的气缸。如图 12-10 所示，此带阀气缸由标准气缸、阀、中间连接板和连接管道组合而成。阀一般用电磁阀，也可用气控阀。其按气缸的工作形式可分为通电伸出型和通电退回型两种。

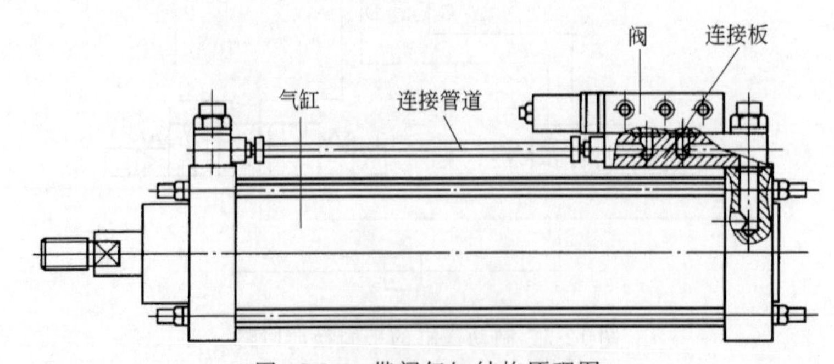

图 12-10 带阀气缸结构原理图

带阀气缸省掉了阀与气缸之间的管路连接，可节省管道材料和接管人工，并减少了管路中的耗气量。具有结构紧凑、使用方便、节省管道和耗量小等优点，深受用户的欢迎，近年来已在国内大量生产。其缺点是无法将阀集中安装，必须逐个安装在气缸上，维修不便。

（6）磁性无活塞杆气缸

图 12-11 所示为磁性无活塞杆气缸的结构原理图。它由缸体、活塞组件、移动支架组件三部分组成，其中活塞组件由内磁环、内隔板、活塞等组成；移动支架组件由外磁环、外隔板、套筒等组成。两组件内的磁环形成的磁场产生磁性吸力，使移动支架组件跟随活塞组件同步移动。移动支架组件承受负载，其承受的最大负载力不仅取决于磁体的性能和磁环的组数，还取决于气缸筒的材料和壁厚。

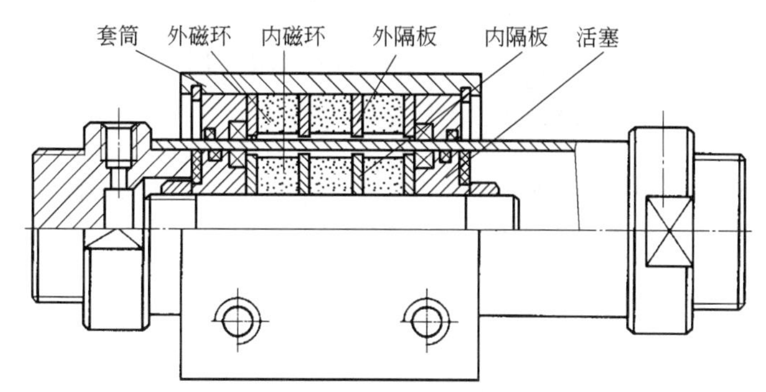

图 12-11 磁性无活塞杆气缸结构原理图

磁性无活塞杆气缸中一般使用稀土类永久磁铁，它具有高剩磁、高磁能等特性，价格相对较低，但它受加工工艺的影响较大。

气缸套筒应选用具有较高的机械强度且不导磁的材料。磁性无活塞杆气缸常用于超长行程的场合，故在成形工艺中采取精密冷拔的方法，内外圆尺寸精度可达三级精度，表面粗糙度和形状公差也可满足要求，一般来讲可不进行精加工。对直径在 ϕ40mm 以下的缸筒的壁厚，推荐采用 1.5mm，这对承受 1.5MPa 的气压和驱动轴向负载时所受的倾斜力矩来说已足够了。

磁性无活塞杆气缸具有结构简单、质量轻、占用空间小（因没有活塞杆伸出缸外，故可比普通缸节省空间 45%左右）、行程范围大（D/S，即直径/行程一般可达 1/100，最大可达 1/150，例如 ϕ40mm 的气缸，最大行程可达 6m）等优点，已被广泛用于：数控机床，大型压铸机、注塑机等机床的开门装置，纸张、布匹、塑料薄膜机中的切断装置，重物的提升、多功能坐标移动等场合。但当速度快时，如负载过大，内外磁环易脱开。

（7）薄型气缸

薄型气缸结构紧凑，轴向尺寸较普通气缸短。其结构原理如图 12-12 所示。活塞上采用 O 形密封圈密封，缸盖上没有空气缓冲机构，缸盖与缸筒之间采用弹簧卡环固定。气缸行程较短，常用缸径为 10～100mm，行程为 50mm 以下。

薄型气缸有供油润滑薄型气缸和不供油润滑薄型气缸两种，除采用的密封圈不同外，其结构基本相同。不供油润滑薄型气缸的特点是：

① 结构简单、紧凑，质量轻，美观。

② 轴向尺寸最短，占用空间小，特别适用于短行程场合。

③ 可以在不供油条件下工作，节省油雾器，且对周围环境减少了油雾污染。

不供油润滑薄型气缸适宜用于对气缸动态性能要求不高，而要求空间紧凑的轻工、电子、机械等行业。不供油（无给油）润滑气缸中采用了一种特殊的密封圈，在此密封圈内预先填充了 3 号主轴润滑脂或其他油脂，在运动中靠此油脂来润滑，而不需用油雾器供油润滑（若系统中装有油雾器，也可使用），润滑脂一般每半年到一年换、加一次。

（8）回转气缸

图 12-13 所示为回转气缸的结构原理图。它一般都与气动夹盘配合使用，由气缸活塞的进退

来控制工件松开和夹紧，应用于机床的自动装夹。

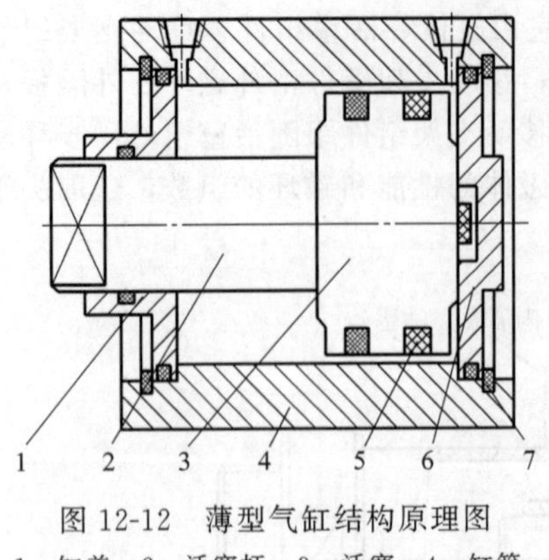

图 12-12 薄型气缸结构原理图

1—缸盖；2—活塞杆；3—活塞；4—缸筒；
5—磁环；6—后缸盖；7—弹性卡环

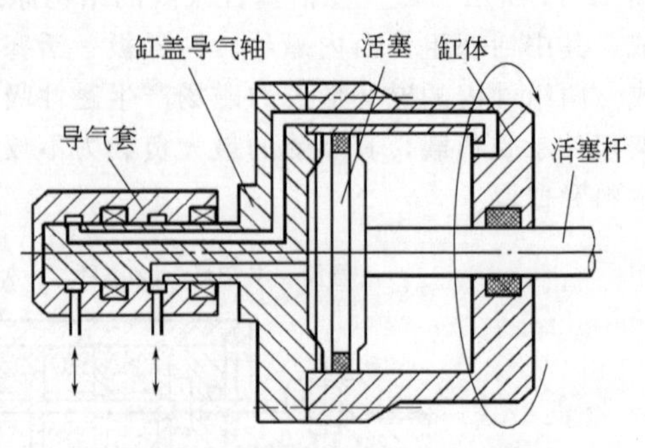

图 12-13 回转气缸结构原理图

气缸缸体连接在机床主轴后端，随主轴一起转动，而导气套不动，气缸本体的导气轴可以在导气套内相对转动。气缸随机床主轴一起作回转运动的同时，活塞作往复运动。导气套上的进、排气孔的径向孔端与导气轴的进、排气槽相通。导气套与导气轴因需相对转动，之间装有滚动轴承，并配有间隙密封。

(9) 冲击气缸

冲击气缸是一种较新型的气动执行元件。冲击气缸是把压缩空气的能量转换为活塞和活塞杆等运动部件高速运动的动能（最大速度可达 10m/s 以上）的一种特殊气缸。它能在瞬间产生很大的冲击能量而做功，因而能应用于打印、铆接、锻造、冲孔、下料、锤击、拆件、压套、装配、弯曲成形、破碎、高速切割、打钉、去毛刺等加工中。

常用的冲击气缸有普通型冲击气缸、快排型冲击气缸、压紧活塞式冲击气缸。它们的工作原理基本相同，差别只是快排型冲击气缸在普通型冲击气缸的基础上增加了快速排气结构，以获得更大的能量。

图 12-14 所示为普通型冲击气缸的结构原理图，它由缸体、中盖、活塞和活塞杆等主要零件组成。和普通气缸不同的是，此冲击气缸有一个带有流线型喷口的中盖和蓄能腔，喷口的直径为缸径的 1/3。其工作过程如图 12-15 所示，分为三个阶段。

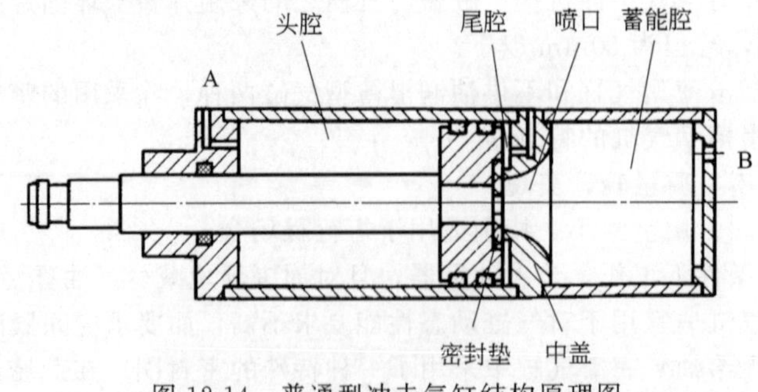

图 12-14 普通型冲击气缸结构原理图

① 第一阶段是初始状态 气动回路（图中未画出）中的气缸控制阀处于原始状态，压缩空气由 A 孔进入冲击气缸头腔，蓄能腔、尾腔与大气相通，活塞处于上限位置，活塞上安装有密封垫片，封住中盖上的喷嘴口，中盖与活塞间的环形空间（即此时的无杆腔）经小孔与大气相通。

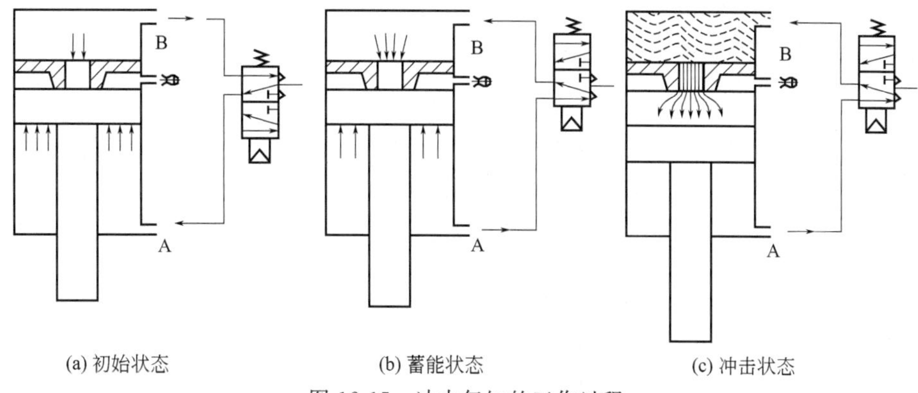

(a) 初始状态　(b) 蓄能状态　(c) 冲击状态

图 12-15 冲击气缸的工作过程

② 第二阶段是蓄能状态　换向阀换向，工作气压向蓄能腔充气，头腔排气。由于喷口的面积为缸径的 1/9，只有当蓄能腔压力为头腔压力的 8 倍时，活塞才开始移动。

③ 第三阶段是冲击状态　活塞开始移动的瞬间，蓄能腔内的气压已达到工作压力，尾腔通过排气口与大气相通。一旦活塞离开喷口，则蓄能腔内的压缩空气经喷口以声速向尾腔充气，且气压作用在活塞上的面积突然增大 8 倍，于是活塞快速向下冲击做功。

经过上述三个阶段后，控制阀复位，冲击气缸又开始另一个循环。

（10）摆动气缸

摆动气缸是一种在一定角度范围内往复摆动的气动执行元件。它将压缩空气的压力能转换成机械能，输出转矩，使机构实现往复摆动。

图 12-16 所示为叶片式摆动气缸的结构原理图。它由叶片轴转子（即输出轴）、定子、缸体和前后端盖等部分组成。定子和缸体固定在一起，叶片和转子连在一起。

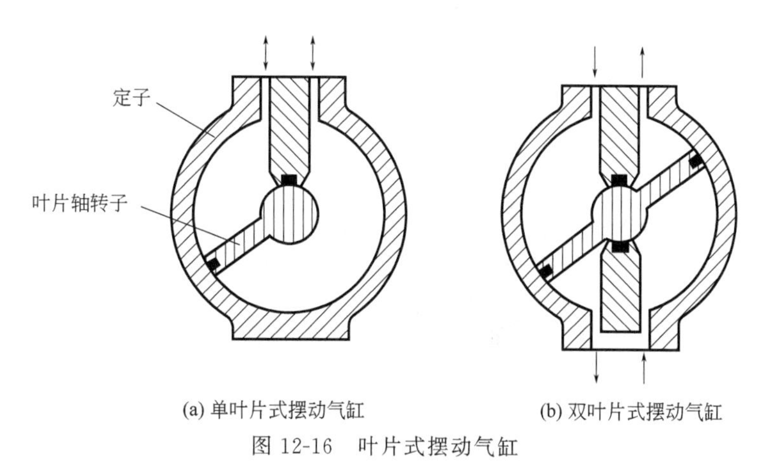

(a) 单叶片式摆动气缸　(b) 双叶片式摆动气缸

图 12-16 叶片式摆动气缸

叶片式摆动气缸可分为单叶片式和双叶片式两种。

图 12-16(a) 所示为单叶片式摆动气缸。在定子上有两条气路，当左路进气、右路排气时，压缩空气推动叶片带动转子逆时针转动；反之，顺时针转动。单叶片输出转角较大，摆角范围小于 360°。

图 12-16(b) 所示为双叶片式摆动气缸。其输出转角较小，摆角范围小于 180°。叶片式摆动气缸多用于安装位置受到限制或回转工作部件转动角度小于 360°的场合，例如夹具的回转、阀门的开启、车床转塔刀架的转位、自动线上物料的转位等。

12.2 气动马达

气动马达是将压缩空气的压力能转换成旋转机械能的气动执行元件。其作用与电动机、液压马达一样，用于输出转矩，驱动工作机构做旋转运动。

气动马达具有一些比较突出的特点，在某些工业场合，它比电动马达和液压马达更适用。这些特点包括：

① 与电动机相比，气动马达单位功率尺寸小、质量轻，制造简单，结构紧凑。

② 适宜恶劣环境中使用。由于气动马达的工作介质空气本身的特性和结构设计上的考虑，使其能够在工作中不产生火花，故可在易燃、易爆、高温、振动、多尘等环境中工作，并能用于空气极潮湿的环境，而无漏电的危险。

③ 可长时间满载荷工作，而且升温小，且有过载保护的性能。

④ 功率、转速范围宽。功率可从数百瓦到数万瓦；转速可从每分钟数转到每分钟上万转。

⑤ 具有较高的启动转矩，可以直接带负荷启动。

⑥ 换向容易、操纵方便、维修容易、成本低廉。

⑦ 速度稳定性较差。

⑧ 输出功率小、效率低、运行噪声大，易产生振动。

按结构不同，气动马达可分为叶片式、活塞式和齿轮式等。在气动传动中，使用最广泛的是叶片式和活塞式两种气动马达。

12.2.1 叶片式气动马达

如图 12-17 所示，叶片式气动马达主要由定子、转子、叶片及壳体构成。它一般有 3～10 个叶片。定子上有进、排气槽孔，转子上铣有径向长槽，槽内装有叶片。定子两端有密封盖，密封盖上有弧形槽与两个进、排气孔及叶片底部相连通。转子与定子偏心安装。这样，由转子外表面、定子的内表面、相邻两叶片及两端密封盖形成了若干个密封的工作空间。

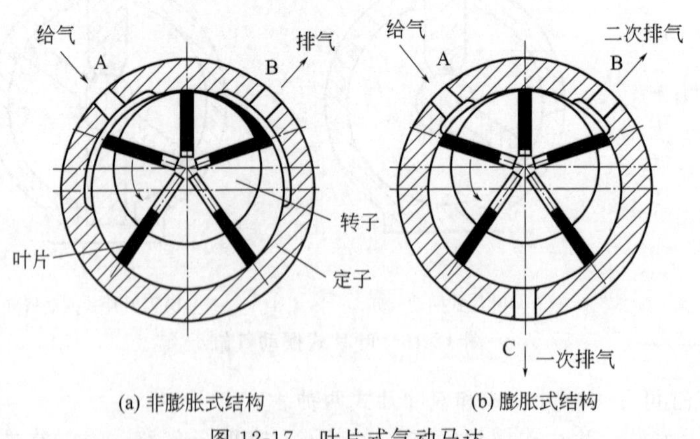

图 12-17 叶片式气动马达

图 12-17(a) 所示的机构采用了非膨胀式结构。当压缩空气由 A 输入后，分成两路：一路压缩空气经定子两面密封盖的弧形槽进入叶片底部，将叶片推出。叶片就是靠此压力及转子转动时的离心力的综合作用而紧密地抵在定子内壁上的；另一路压缩空气经 A 孔进入相应的密封工作空间，作用在叶片上，由于前后两叶片伸出长度不一样，作用面积也就不相等，作用在两叶片上的转矩大小也不一样，且方向相反，因此转子在两叶片的转矩差的作用下，按逆时针方向旋转。

做功后的气体由定子排气孔 B 排出。反之，当压缩空气由 B 孔输入时，就产生顺时针方向的转矩差，使转子按顺时针方向旋转。

图 12-17(b) 中的机构采用了膨胀式结构。当转子转到排气口 C 位置时，工作室内的压缩空气进行一次排气，随后其余压缩空气继续膨胀直至转子转到输出口 B 位置进行二次排气。气动马达采用这种结构能有效地利用部分压缩空气膨胀时的能量，提高输出功率。

叶片式气动马达一般在中小容量及高速回转的应用条件下使用，其耗气量比活塞式大，体积小，质量轻，结构简单。其输出功率为 0.10～20kW，转速为 500～25000r/min。另外，叶片式气动马达启动及低速运转时的性能不好，转速低于 500r/min 时必须配用减速机构。叶片式气动马达主要用于矿山机械和气动工具中。

12.2.2 活塞式气动马达

活塞式气动马达是一种通过曲柄或斜盘将若干个活塞的直线运动转变为回转运动的气动马达。按其结构不同，可分为径向活塞式和轴向活塞式两种。

图 12-18 所示为径向活塞式气动马达的结构原理图。其工作室由缸体和活塞构成。3～6 个气缸围绕曲轴呈放射状分布，每个气缸通过连杆与曲轴相连。通过压缩空气分配阀向各气缸顺序供气，压缩空气推动活塞运动，带动曲轴转动。当配气阀转到某角度时，气缸内的余气经排气口排出。改变进、排气方向，可实现气动马达的正反转换向。

活塞式气动马达适用于转速低、转矩大的场合。其耗气量不小，且构成零件多，价格高。其输出功率为 0.2～20kW，转速为 200～4500r/min。活塞式气动马达主要应用于矿山机械，也可用作传送带等的驱动马达。

12.2.3 齿轮式气动马达

图 12-19 所示为齿轮式气动马达结构原理图。这种气动马达的工作室包含一对齿轮构成，压缩空气由对称中心处输入，齿轮在压力的作用下回转。采用直齿轮的气动马达可以按正反两个方向转动，但供给的压缩空气通过齿轮时不膨胀，因此效率低；当采用人字齿轮或斜齿轮时，压缩空气膨胀 60%～70%，提高了效率，但只能按照规定的方向运转。

齿轮式气动马达与其他类型的气动马达相比，具有体积小、质量轻、结构简单、对气源质量要求低、耐冲击及惯性小等优点，但转矩脉动较大，效率较低。小型气动马达转速能高达 10000r/min；大型的能达到 1000r/min，功率可达 50kW。其主要用于矿山机械。

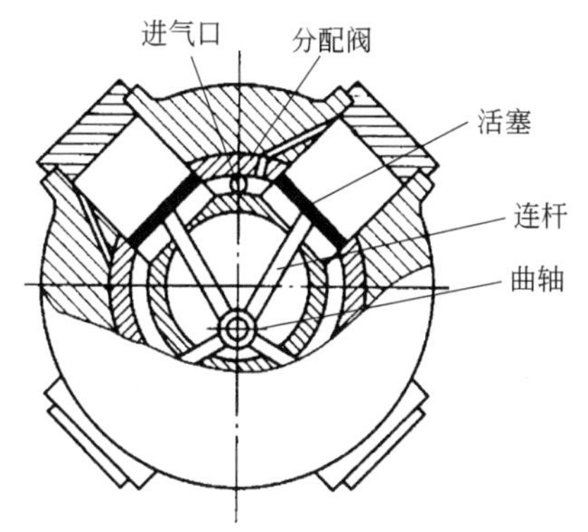

图 12-18 径向活塞式气动马达结构原理图

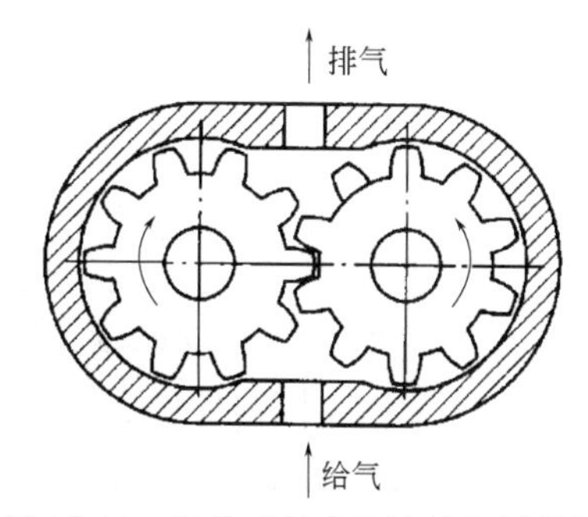

图 12-19 齿轮式气动马达结构原理图

第13章 气动控制元件

在气压传动系统中，气动控制元件是用来控制和调节压缩空气的压力、流量、流动方向和发送信号的重要元件。利用它们可以组成各种气动控制回路，以保证系统按设计要求正常工作。控制元件按功能和用途，可分为方向控制阀、流量控制阀和压力控制阀三大类。除此之外，还有通过改变气流方向和通断实现各种逻辑功能的气动逻辑元件。

13.1 方向控制阀

气动方向控制阀与液压方向控制阀相似，是用来控制压缩空气的流动方向和气流通断的，其分类方法也与液压换向阀大致相同。

按其阀、芯结构不同，可分为滑阀式（又称为柱塞式）、截止式（又称提动式）、平面式（又称滑块式）、旋塞式和膜片式，其中以截止式和滑阀式应用较多。

按其控制方式不同，可以分为电磁换向阀、气动换向阀、机动换向阀和手动换向阀，其中后三类换向阀的工作原理和结构与液压换向阀中相应的阀类基本相同。

按其作用特点，可以分为单向型和换向型控制阀；按通口数和阀芯工作位置，可分为二位二通、二位三通、三位四通、三位五通等。

13.1.1 单向型控制阀

只允许气流沿一个方向流动的控制阀叫单向型控制阀。它主要包括单向阀、梭阀、双压阀和快速排气阀等。

（1）单向阀

单向阀是指气流只能向一个方向流动，而不能反方向流动的阀。它的结构如图 13-1(a) 所示，图形符号如图 13-1(b) 所示，其工作原理与液压单向阀基本相同。

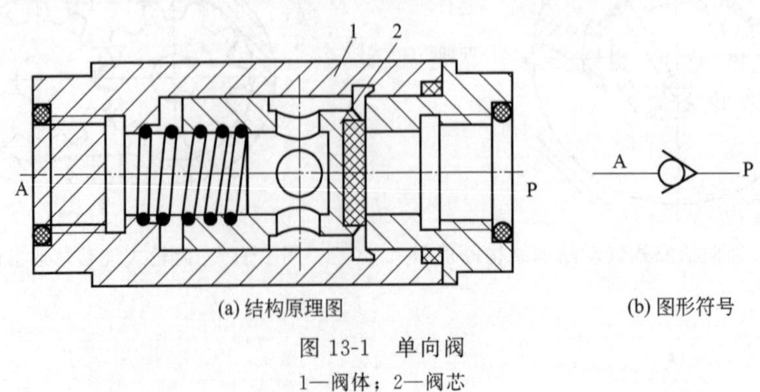

图 13-1 单向阀

1—阀体；2—阀芯

正向流动时，P 腔气压推动活塞的力大于作用在活塞上的弹簧力和活塞与阀体之间的摩擦阻力，则活塞被推开，P、A 接通。为了使活塞保持开启状态，P 腔与 A 腔应保持一定的压差，以克服弹簧力。反向流动时，受气压力和弹簧力的作用，活塞关闭，A、P 不通。弹簧的作用是增加阀的密封性，防止低压泄漏，另外，在气流反向流动时帮助阀迅速关闭。

单向阀特性包括最低开启压力、压降和流量特性等。因单向阀是在压缩空气作用下开启的，故在阀开启时，必须满足最低开启压力，否则不能开启。即使阀处在全开状态也会产生压降，因此在精密的压力调节系统中使用单向阀时，需预先了解阀的开启压力和压降值。一般最低开启压力为 $(0.1\sim0.4)\times10^5$ Pa，压降为 $(0.06\sim0.1)\times10^5$ Pa。

在气动系统中，为防止储气罐中的压缩空气倒流回空气压缩机，在空压机和储气罐之间应装有单向阀。单向阀还可与其他的阀组合成单向节流阀、单向顺序阀等。

（2）或门型梭阀

图 13-2 所示为或门型梭阀的结构简图。这种阀相当于由两个单向阀串联而成。无论是 P_1 口还是 P_2 口输入，A 口总是有输出的，其作用相当于实现逻辑或门的逻辑功能。

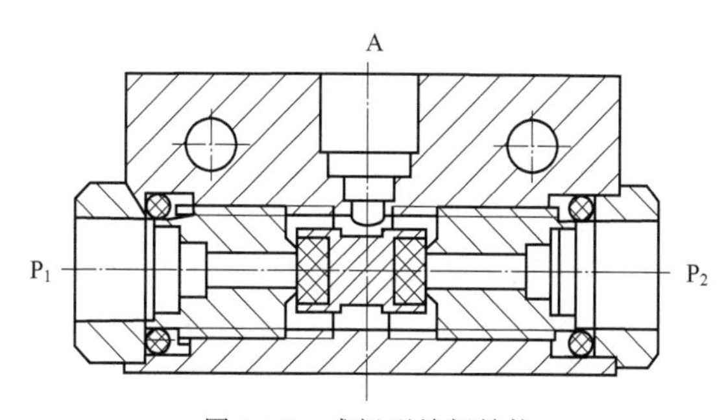

图 13-2　或门型梭阀结构

其工作原理如图 13-3 所示。当输入口 P_1 进气时，将阀芯推向右端，通路 P_2 被关闭，于是气流从 P_1 进入通路 A，如图 13-3(a) 所示；当 P_2 有输入时，则气流从 P_2 进入 A，如图 13-3(b) 所示；若 P_1、P_2 同时进气，则哪端压力高，A 就与哪端相通，另一端就自动关闭。图 13-3(c) 为其图形符号。

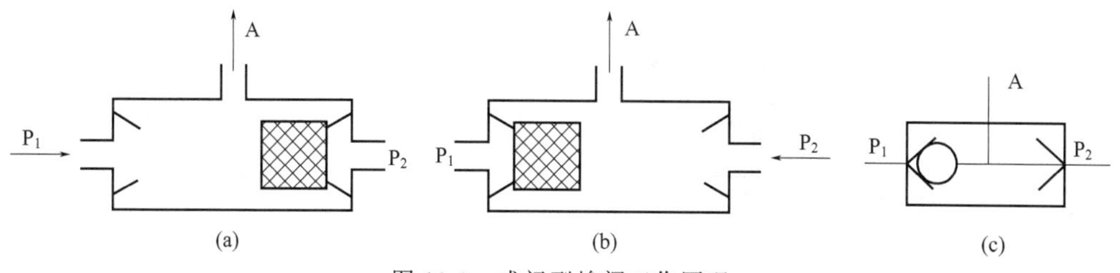

图 13-3　或门型梭阀工作原理

（3）与门型梭阀（双压阀）

与门型梭阀（即双压阀）有两个输入口，一个输出口。当输入口 P_1、P_2 同时都有输入时，A 才会有输出，因此，具有逻辑与的功能。图 13-4 所示为与门型梭阀的结构，图 13-5 所示为与门型梭阀的工作原理。

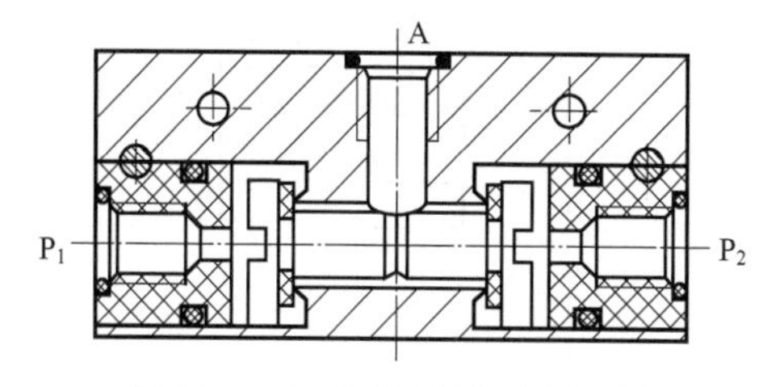

图 13-4　与门型梭阀结构原理图

当 P_1 输入时，A 无输出，如图 13-5(a) 所示；当 P_2 输入时，A 无输出，如图 13-5 (b)；当两输入

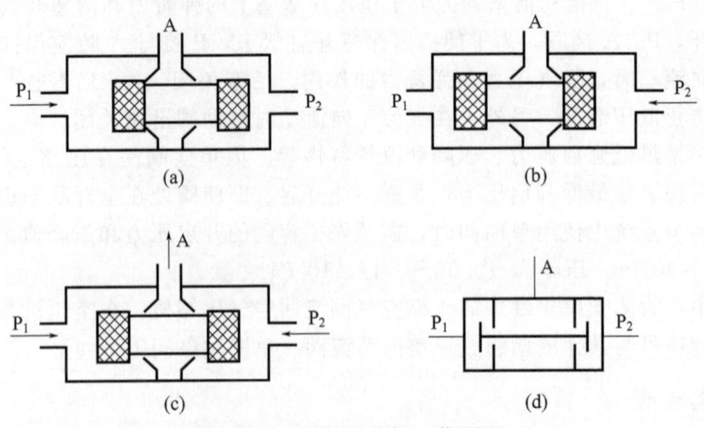

图 13-5 与门型梭阀工作原理

口 P_1 和 P_2 同时有输入时，A 有输出，如图 13-5(c) 所示。与门型梭阀的图形符号如图 13-5(d) 所示。

（4）快速排气阀

快速排气阀是用于给气动元件或装置快速排气的阀。

通常气缸排气时，气体从气缸经过管路，由换向阀的排气口排出。当气缸到换向阀的距离较长，而换向阀的排气口又小时，排气时间就较长，气缸运动速度较慢。若采用快速排气阀，则气缸内的气体就能直接由快速排气阀排向大气，加快气缸的运动速度。

图 13-6 所示是快速排气阀的结构原理图，其中图 13-6(a) 为结构示意图，图 13-6(b) 为外形图。当 P 进气时，膜片被朝排气口 O 方向压下，封住排气孔 O，气流经膜片四周小孔从 A 腔输出，如图 13-6(c) 所示；当 P 腔排空时，A 腔压力将膜片顶起，隔断 P、A 通路，A 腔气体经排气孔口 O 迅速排向大气，如图 13-6(d) 所示。快速排气阀的图形符号如图 13-6(e) 所示。

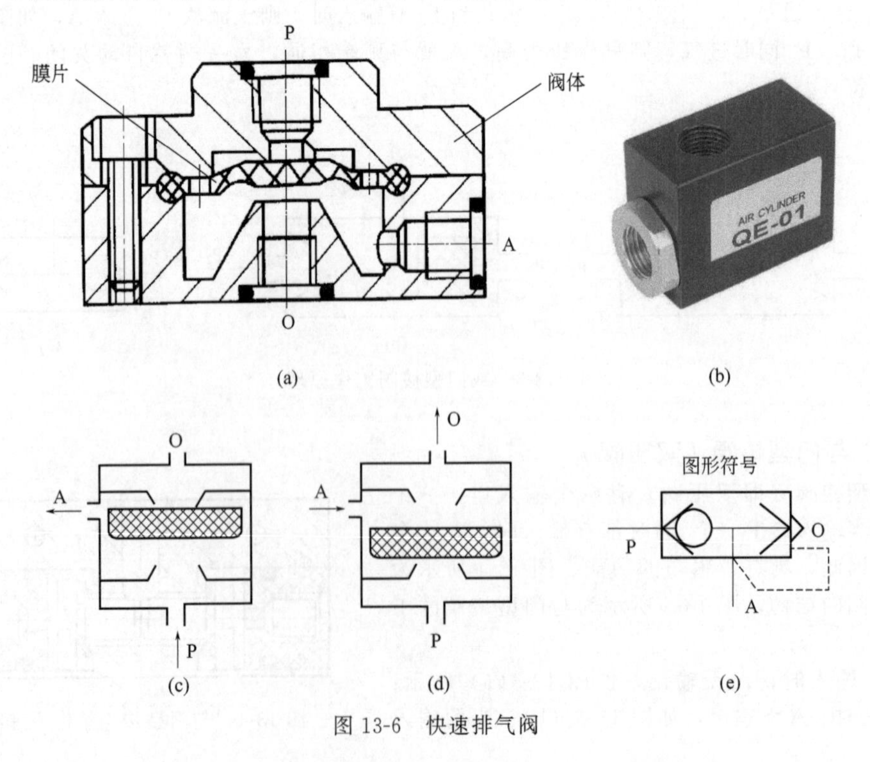

图 13-6 快速排气阀

13.1.2　换向型控制阀

气动换向型控制阀的基本原理与液压换向阀相似，都是在外力作用下使阀芯移动，以切换流体流动方向或控制流道的通断，换向型控制阀包括电磁控制换向阀、气压控制换向阀、时间控制换向阀、机械控制换向阀和人力控制换向阀等。

（1）电磁控制换向阀

电磁控制换向阀是指利用电磁力来推动阀芯移动，实现气流的切换或流道的通断，从而控制气流方向的控制阀。根据电磁力的作用方式，换向型控制阀可以分为直动式和先导式两类，电磁铁又有单电磁铁和双电磁铁之分。

图 13-7(a)、(b) 所示为单电磁铁直动式换向阀的工作原理，通电时，电磁铁推动阀芯下移封闭 O 口，P 口与 A 口接通。断电时. 阀芯在弹簧力作用下上移复位封闭 P 口 A 口与 0 口接通排气。无电信号时 P 口与 A 口不通，实际是一种二位三通常断式换向阀。图 13-7(c)、(d) 所示为单电磁铁直动式换向阀的图形符号及外形图。

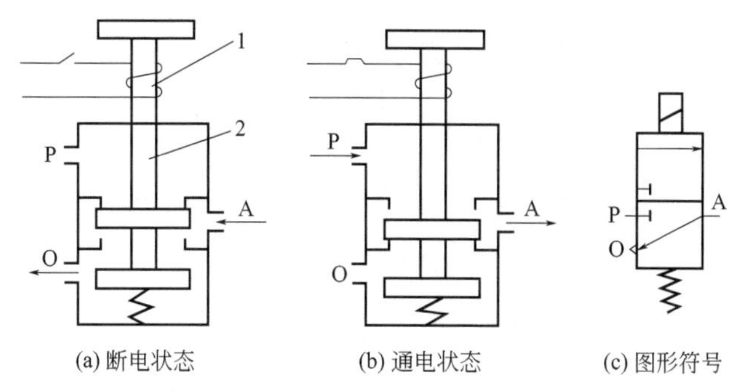

图 13-7　单电磁铁直动式换向阀的工作原理、图形符号

1—电磁铁；2—阀芯

图 13-8 所示为双电磁铁先导式电磁换向阀的工作原理图及图形符号。该结构为二位五通换向阀，电磁先导阀 1 通电、电磁先导阀 2 断电时，主阀 3 的 K_1 腔进气，K_2 腔排气。主阀 3 的阀芯右移，P 口与 A 口，B 口与 O_2 口接通，如图 13-8(a) 所示；反之，电磁先导阀 2 通电、电磁先导阀 1 断电时，K_2 腔进气，K_1 腔排气，主阀 3 的阀芯左移，P 口与 B 口，A 口与 O_1 口通气，如图 13-8(b) 所示。双电磁铁先导式电磁换向阀具有记忆功能，即通电时换向，断电时不复位，直到另一侧通电为止，相当于双稳逻辑元件。

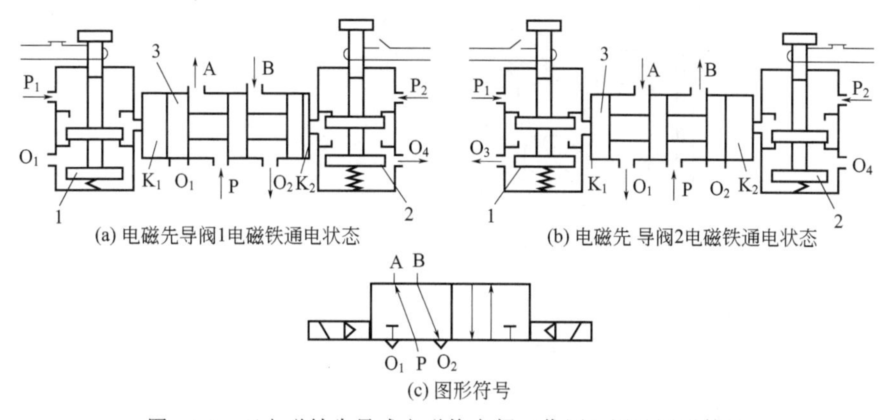

图 13-8　双电磁铁先导式电磁换向阀工作原理图及图形符号

1、2—电磁先导阀；3—主阀

（2）气压控制换向阀

气压控制换向阀由外部供给压力推动阀芯移动，实现气流的换向或流道的通断。按照气压控制作用原理，常用气压控制换向阀可分为加压控制和差压控制，控制气压的方式有单气控和双气控两种。

图 13-9 所示为二位三通单气控加压换向阀的结构。加压控制是指作用在阀芯上的控制信号压力逐渐升高，当压力升高到一定值时阀换向。当 K 口无信号输入时，A 口与 O 口相通，阀处于排气状态；当 K 口有信号输入时，压缩空气进入活塞 12 右端，使阀芯 4 左移，P 口与 A 口接通，阀输出气压。

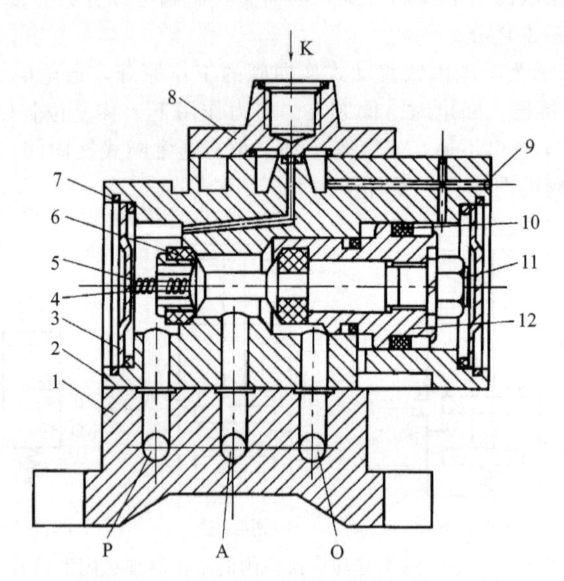

图 13-9 二位三通单气控加压换向阀结构原理图

1—阀板；2—阀体；3—端盖；4—阀芯；5—弹簧；6—密封圈；7—挡圈；8—气控接头；9—钢球；10—Y 形密封圈；11—螺母；12—活塞

图 13-10 所示为二位五通差压控制换向阀的结构。差压控制换向阀利用控制气压在阀芯两端不等面积上所产生的压差使阀换向。

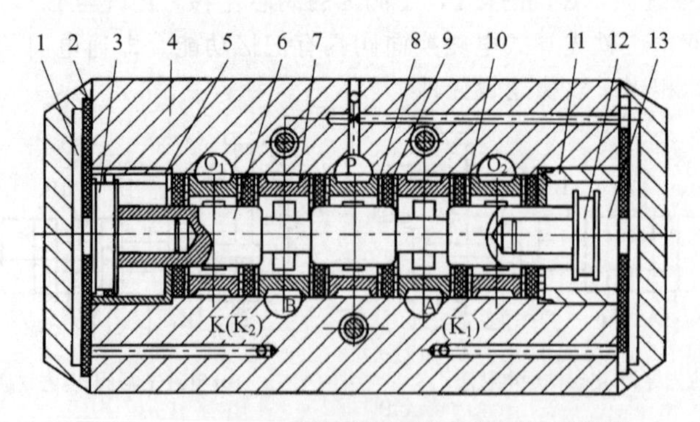

图 13-10 二位五通差压控制换向阀结构原理图

1—进气腔；2—组件垫；3—控制活塞；4—阀体；5—衬套；6—阀芯；7—隔套；8—垫圈；9—组合密封圈；10—E 形密封圈；11—复位衬套；12—复位活塞；13—复位腔

此阀采用气源进气差动式结构，即 P 口与复位腔 13 相通。在 K 口没有控制信号时，复位活塞 12 上气压力推动阀芯 6 左移，P 口与 A 口接通，有气输出，B 口与 O_2 口接通排气；当 K 口有控制信号时，作用在控制活塞3上的作用力将克服复位活塞12上的作用力和摩擦力（控制活塞3的面积比复位活塞大得多），推动阀芯右移，P口与B口相通，有气输出，A口与O_1口接通排气，完成切换。一旦K口控制信号消失，阀芯6在复位腔13内的气压力作用下复位。

（3）时间控制换向阀

时间控制换向阀是使气流通过阻尼（如小孔、缝隙等）节流后到储气空间中，经一定时间在储气空间内建立起一定压力后，再使阀芯动作的换向阀。对于不允许使用时间继电器的易燃、易爆、粉尘大的场合，用气动时间控制换向阀就显示出其优越性。根据对时间控制的方式不同，常用的有延时阀和脉冲阀两种。

图13-11所示为二位三通延时换向阀，它是由延时部分和换向部分组成的。在图示位置，当无气控信号时，P口与A口断开，A口无输出；当有气控信号时，气体从K口输入经可调节流阀2节流后到储气腔a内，使储气腔内不断充气，直到储气腔内的气压上升到某一值时，阀芯3由左向右移动，使P口与A口接通，A口有输出。当气控信号消失后，储气腔内气压经单向阀1到K口排空。这种阀的延时时间可在0～20s间调整。

图13-12所示为二位三通脉冲换向阀，它与延时阀一样也是靠气流流经气阻，气容的延时作用，使压力输入长信号变为短暂的脉冲信号输出。当有气压从P口输入时，阀芯在气压作用下向上移动，A端有输出。同时，气流从阻尼小孔向储气腔充气，在充气压力达到动作压力时，阀芯下移，输出消失。这种脉冲换向阀的工作气压范围为0.15～0.8MPa，脉冲时间小于2s。

气动换向型控制阀中，机械控制和人力控制换向阀是靠机动（行程挡块等）和人力（手动或脚踏等）来使阀产生切换动作，其工作原理与液压阀中的相应阀相似。

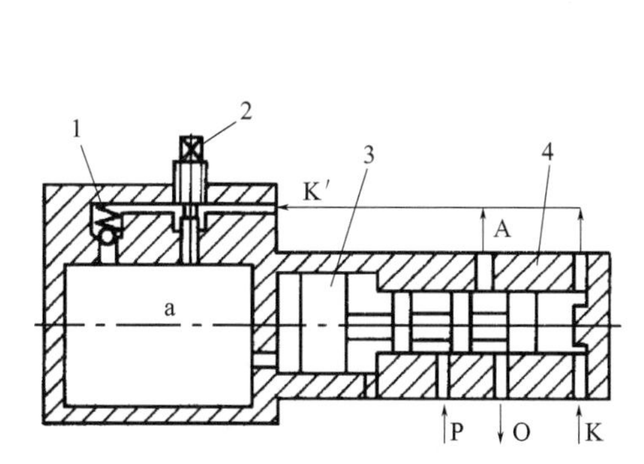

图13-11　二位三通延时换向阀结构原理图

1—单向阀；2—可调节流阀；
3—阀门；4—阀体

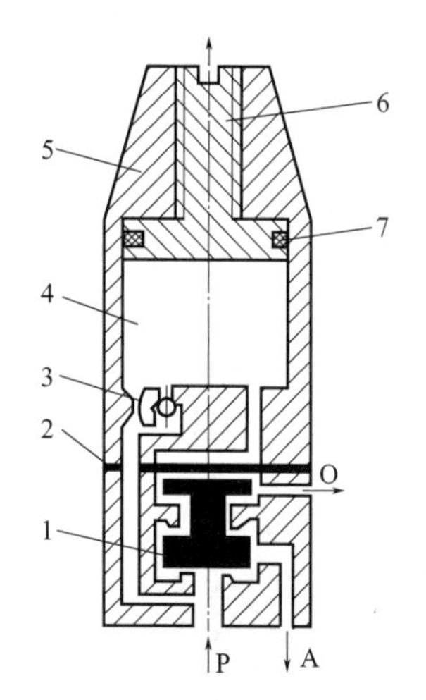

图13-12　二位三通脉冲换向阀结构原理图

1—阀芯；2—膜片；3—气阻；4—储气腔；
5—阀体；6—调节螺母；7—密封

13.2　压力控制阀

气动压力控制阀主要用来控制气动系统中气体的压力，以满足各种压力要求。其按功能可分为三类：第一类是起降压稳压作用的减压阀、定值器；第二类是起限压安全保护作用的安全阀、限压切断阀等；第三类是根据气路压力不同进行某种控制的顺序阀、平衡阀等。与液压压力控制阀类似，所有的气动压力控制阀，都是利用空气压力和弹簧力相平衡的原理来工作的。

13.2.1 减压阀

图13-13所示为QTY型直动式减压阀。其工作原理是：当阀处于工作状态时，调节手柄1、调压弹簧2、3及膜片5，通过阀杆6使阀芯8下移，进气阀口被打开，左端输入的有压气流P_1，经阀芯8与阀座9间的阀口节流减压后从右端输出P_2。输出气流的一部分由阻尼孔7进入膜片气室a，在膜片5的下方产生一个向上的推力，当作用于膜片上的推力与调压弹簧力相平衡后，减压阀的输出压力便保持一定。当输入压力p_1瞬时升高时，输出压力p_2也会增高，a腔压力也增高，膜片上移，有少量气体经溢流口4、排气孔11排出。在膜片上移的同时，膜片5在复位弹簧10的作用下也上移，阀口开度减小，节流作用增强，又使得输出压力p_2降低，直到新的平衡为止，重新平衡后的输出压力又基本上恢复至原值。反之，会使输出压力瞬时下降，膜片下移，进气阀口开度增大，节流作用减小，最终输出压力又基本上回升至原值。

调节手柄1使弹簧2、3恢复自由状态，输出压力降至零，阀芯8在复位弹簧10的作用下，关闭进气阀口，这样，减压阀便处于截止状态，无气流输出。

QTY型直动式减压阀的调压范围为0.05～0.63MPa。为限制气体流过减压阀所造成的压力损失，规定气体通过阀内通道的流速在15～25m/s范围内。

当减压阀的输出压力较大、流量较大时使用直动式调压阀，需要调压弹簧刚度很大，这使得阀的结构尺寸也将增大，流量变化时输出压力波动也大。为了克服这些缺点，可采用先导式减压阀。先导式减压阀的工作原理与直动式基本相同。先导式减压阀所用的调压气体，是由小型直动式减压阀供给的。若把小型直动式减压阀装在主阀阀体内部，则称为内部先导式减压阀；若将小型直动式减压阀装在主阀阀体外部，则为外部先导式减压阀。

图13-14所示为内部先导式减压阀的结构图，与直动式减压阀相比，该阀增加了喷嘴9、挡板1、固定节流孔8及上气室2所组成的喷嘴挡板放大装置。当气压的微小变化使得喷嘴与挡板之间距离发生微小变化时，上气室2中的压力将发生明显变化，这会使膜片产生较大的位移，由膜片的位移控制阀芯5的上下运动来控制进气阀口7的开度。这就实现了用气压的微小变化信号来控制阀口开度的目的，从而提高了对阀芯控制的灵敏度，亦提高了稳压精度。

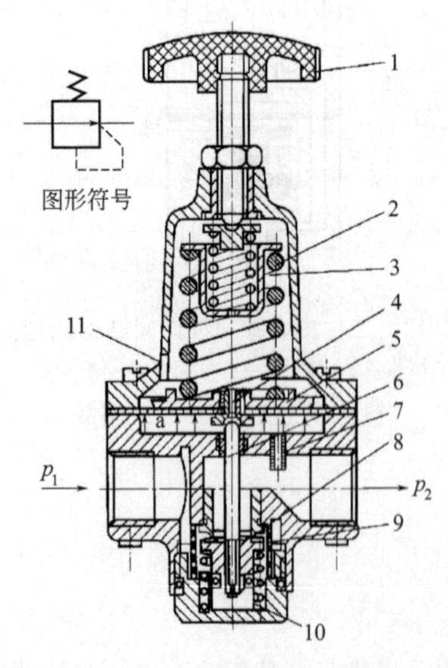

图13-13 QTY型直动式减压阀结构原理图

1—手柄；2、3—调压弹簧；4—溢流口；5—膜片；6—阀杆；7—阻尼孔；8—阀芯；9—阀座；10—复位弹簧；11—排气孔

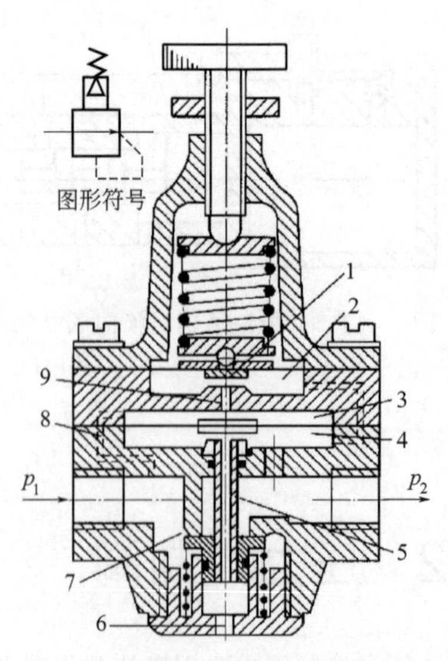

图13-14 内部先导式减压阀结构原理图

1—挡板；2—上气室；3—中气室；4—下气室；5—阀芯；6—排气孔；7—进气阀口；8—固定节流孔；9—喷嘴

13.2.2 安全阀

当气动系统中压力超过调定值时，安全阀打开向外排气，起到保护系统安全的作用。图 13-15 为安全阀工作原理。当系统中气体压力在调定范围内时，作用在活塞 3 上的压力小于弹簧 2 的调定压力，活塞处于关闭状态，如图 13-15(a) 所示。当系统压力升高，作用在活塞 3 上的压力大于弹簧 2 的调定压力时，活塞 3 向上移动，阀门开启排气，如图 13-15(b) 所示，直到系统压力降到调定范围以下，活塞又重新关闭。开启压力的大小与弹簧的预压缩量有关。图 13-15(c) 为安全阀的图形符号。

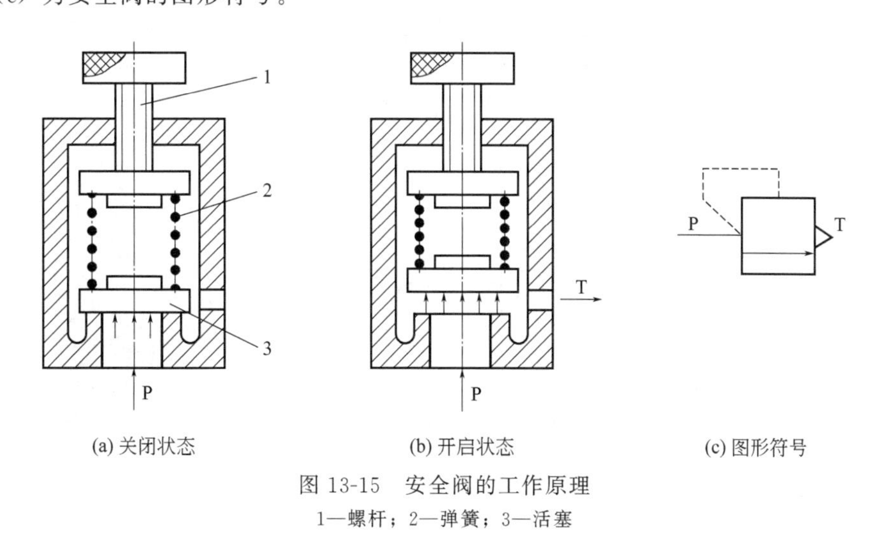

(a) 关闭状态　(b) 开启状态　(c) 图形符号

图 13-15 安全阀的工作原理

1—螺杆；2—弹簧；3—活塞

13.2.3 顺序阀

顺序阀是依靠气路中压力的作用来控制执行元件按顺序动作的压力控制阀，顺序阀常与单向阀配合在一起，构成单向顺序阀。

图 13-16 所示为单向顺序阀的工作原理图。当压缩空气由左端进入阀腔 1 后，作用于活塞 4 下部，气压力超过上部弹簧 3 的调定值时，将活塞顶起，压缩空气从入口经阀腔 5 从 A 口输出，如图 13-16(a) 所示，此时单向阀 6 在压力及弹簧力的作用下处于关闭状态。气流反向流动时，压缩空气压力将顶开单向阀 6 由 O 口排气，如图 13-16(b) 所示。

调节旋钮可改变单向顺序阀的开启压力，以便在不同的开启压力下控制执行元件的顺序动作。

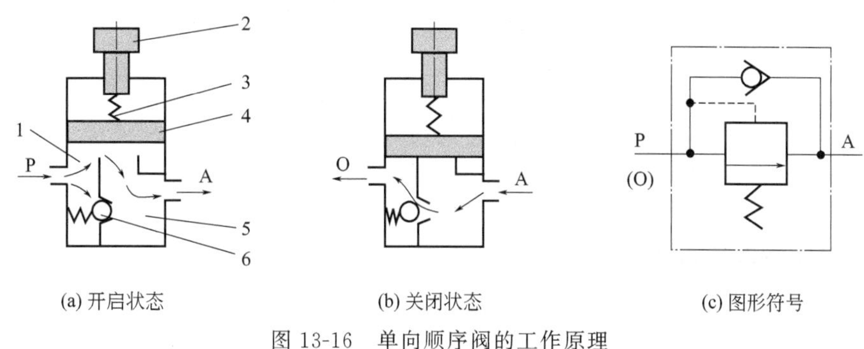

(a) 开启状态　(b) 关闭状态　(c) 图形符号

图 13-16 单向顺序阀的工作原理

1—阀左腔；2—调节手柄；3—弹簧；4—活塞；5—阀右腔；6—单向阀

13.3 流量控制阀

流量控制阀就是通过改变阀的通流截面积来实现流量控制的元件，常用的流量控制阀包括节流阀、单向节流阀、排气节流阀和柔性节流阀等。

13.3.1 节流阀

图 13-17 为圆柱斜切型节流阀结构原理、职能符号图 13-18 为该节流阀外形图。压缩空气由 P 口进入，经过节流后，由 A 口流出。旋转螺杆 1，就可改变阀芯 3 节流口的开度，这样就调节了压缩空气的流量。由于这种节流阀的结构简单、体积小，故使用范围较广。

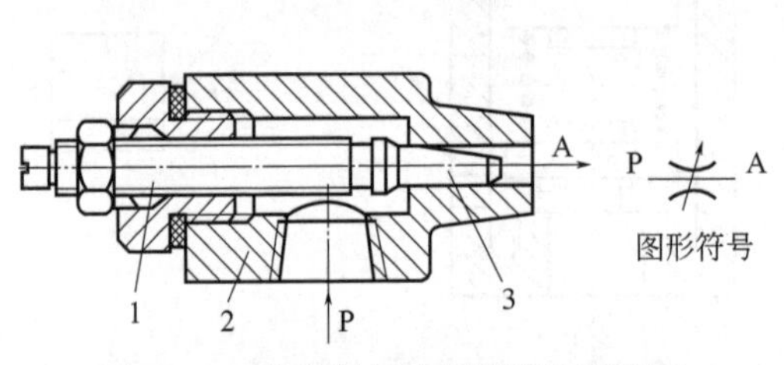

图 13-17 节流阀结构原理及职能符号

1—螺杆；2—阀体；3—阀芯

图 13-18 节流阀外形

13.3.2 单向节流阀

单向节流阀是由单向阀和节流阀并联而成的组合式流量控制阀，如图 13-19 所示。当压缩空气沿着 P→A 方向流动时，气流只能经节流阀口流出；旋动阀针的调节螺杆，调节节流口的开度，即可调节气流量，若气流反方向流动（由 A→P）时，单向阀芯被打开，气流不需经过节流阀节流。单向节流阀常用于气缸的调速和延时回路。

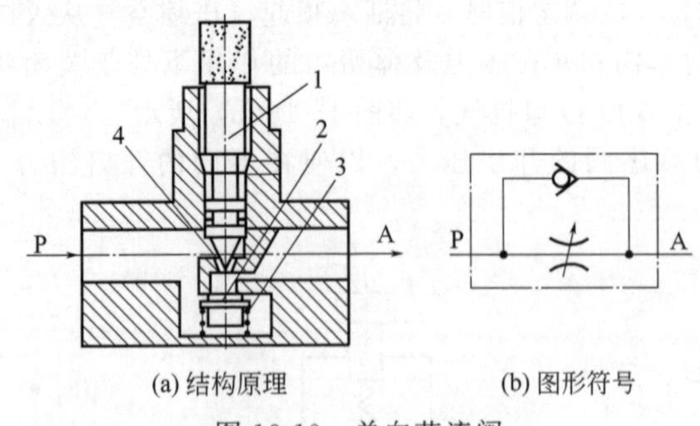

图 13-19 单向节流阀

1—阀针调节螺杆；2—单向阀阀芯；3—弹簧；4—节流口

13.3.3 排气节流阀

排气节流阀是装在执行机构的排气气路上，用以调节执行机构排入大气中的气体流量，以此来调节执行机构的运动速度的一种控制阀。排气节流阀常带有消声器件，所以也能起降低排气噪声的作用。图 13-20 为排气节流阀的结构原理图与图形符号，气体从 A 口进入，经阀座 1 与阀芯 2 间的节流口节流后经消声套 3 排出。节流口的开度由螺杆旋钮调节，调定后用锁紧螺母固定。

排气节流阀通常安装在换向阀的排气口处与换向阀联用，起单向节流阀的作用。实际上它是节流阀的一种特殊形式。由于其结构简单、安装方便、能简化回路，故得到了日益广泛的应用。

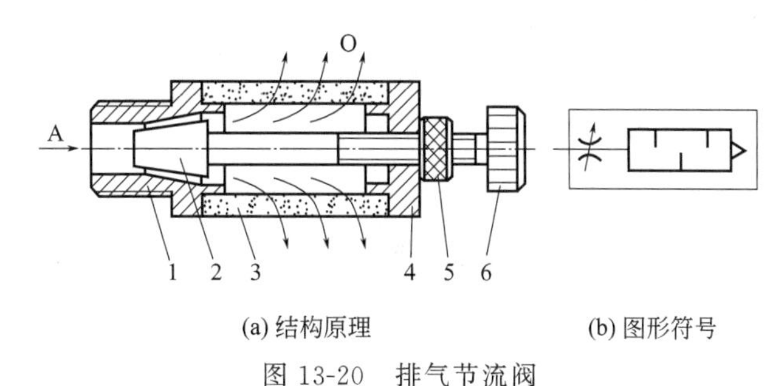

(a) 结构原理　　(b) 图形符号

图 13-20　排气节流阀

1—阀座；2—阀芯；3—消声套；4—法兰；5—锁紧螺母；6—螺杆旋钮

13.3.4　柔性节流阀

图 13-21 所示为柔性节流阀的工作原理，依靠阀杆 1 夹紧柔韧的橡胶管 2，改变其通流面积，从而产生节流作用。也可以利用气体压力来代替阀杆压缩橡胶管。柔性节流阀结构简单，动作可靠性高，对污染不敏感，工作压力小，通常工作压力范围为 0.3～0.6MPa。

用流量控制阀控制气动执行元件的运动速度，其控制精度远低于液压控制。特别是在超低速控制中，要按照预定行程变化来控制速度，仅靠气动控制是很难实现的。在外部负载变化较大时，只用气动流量阀也不会得到满意的调速效果。在要求较高的场合，为提高其运动平稳性，一般采用气液联动的方式。

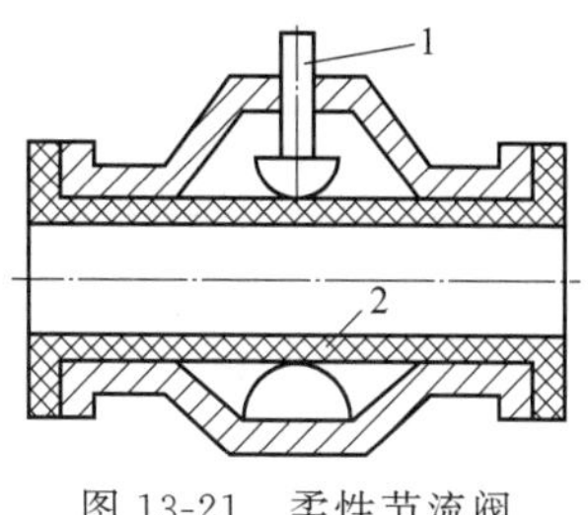

图 13-21　柔性节流阀

1—阀杆；2—橡胶管

13.4　气动逻辑元件

气动逻辑元件是具有逻辑控制功能的各种元件，以压缩空气为信号，改变气流方向以实现一定的逻辑功能。由于空气的可压缩性，气动逻辑元件响应时间较长，响应速度较慢，但是匹配简单，调试容易，适应性强；负载能力强，元件无功耗，用气量低；结构紧凑。在气动控制系统中得到广泛应用。

气动逻辑元件按工作压力可分为高压元件（>0.2～0.8MPa）、低压元件（0.02～0.2MPa）及微压元件（低于 0.02MPa）三种；按逻辑功能可分为是门元件、与门元件、或门元件、非门元件、双稳元件等；按结构形式可分为截止式逻辑元件、膜片式逻辑元件和滑阀式逻辑元件等。高压截止式逻辑元件是常用的一种气动逻辑元件。

13.4.1　高压截止式逻辑元件

高压截止式逻辑元件是依靠控制气压信号推动阀芯或通过膜片的变形推动阀芯动作，改变气流的流动方向以实现一定逻辑功能的逻辑元件。这类元件的特点是行程小、流量大、工作压力高、对气源净化要求低，便于实现集成安装和实现集中控制，其拆卸也很方便。

（1）或门元件

截止式逻辑元件中的或门元件，大多由硬芯膜片及阀体所构成，膜片可水平安装，也可垂直安装。图 13-22(a) 所示为或门元件的结构原理图，图中 A、B 为信号输入孔，S 为信号输出孔。当只有 A 有信号输入时，阀芯 a 在信号气压作用下向下移动，封住信号孔 B，气流经 S 输出；当只有 B 有输入信号时，阀芯 a 在此信号作用下上移。封住 A 信号孔通道，S 也有输出；当 A、B 均有输入信号时，阀芯 a 在两个信号作用下或上移、下移或保持在中位，S 均会有输出。也就是说，或者 A，或者 B，或者 A、B 二者都有，S 均有输出。图 13-22(b) 所示为或门元件的图形符号。

（2）是门和与门元件

图 13-23(a) 为是门和与门元件的结构原理图，图中 A 为信号输入孔，S 为信号输出孔，中间孔接气源 P 时即为是门元件。也就是说，在 A 输入孔无信号时，阀芯 2 在弹簧及气源压力的作用下处于图示位置，封住 P、S 间的通道，使输出孔 S 与排气孔相通，S 无输出信号。反之，当 A 有输入信号时，膜片 1 在输入信号作用下将阀芯 2 推动下移，封住输出口与排气孔间通道，P 与 S 相通，S 有输出信号。也就是说，无输入信号时无输出；有输入信号时就有输出信号。元件的输入和输出信号之间始终保持相同的状态。

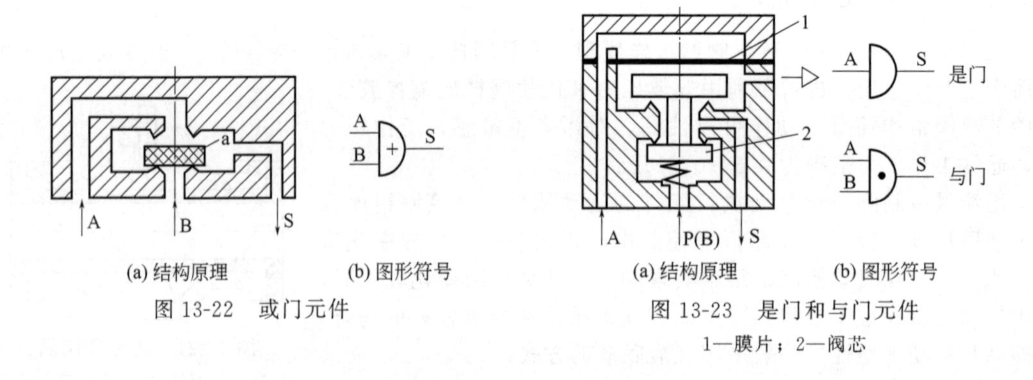

(a) 结构原理　(b) 图形符号

图 13-22　或门元件

(a) 结构原理　(b) 图形符号

图 13-23　是门和与门元件

1—膜片；2—阀芯

若将中间孔不接气源而换接另一输入信号孔 B，则成与门元件，也就是只有当 A、B 同时有输入信号时，S 才有输出图 13-23(b) 所示为是门和与门元件的图形符号。

（3）非门和禁门元件

图 13-24(a) 所示中间孔作气源孔 P 时为非门元件的结构原理图。当元件的输入端 A 没有信号输入时，阀芯 3 在气源压力作用下紧压在上阀座上，输出端 S 有输出信号；反之，当元件的输入端 A 有输入信号时，作用在膜片 2 上的气压使阀芯 3 向下移动，关断气源通路，没有输出信号。也就是说，当 A 有信号输入时，S 就没有输出信号；当 A 没有信号输入时，S 就有输出信号。显示活塞 1 用以显示有无输出信号。

若把中间孔不作气源孔 P，而改作另一输入信号孔 B，该元件即为禁门元件。也就是说。当 A、B 均有输入信号时，阀芯 3 在 A 输入信号作用下封住 B 孔，S 无输出信号；在 A 无输入信号而 B 有输入信号时，S 就有输出信号。A 的输入信号对 B 的输入信号起禁止作用。

（4）或非元件

图 13-25 所示为或非元件的工作原理图，它是在非门元件的基础上增加两个信号输入端，即具有 A、B、C 三个输入信号孔。很明显，当所有的输入端都没有输入信号时，元件输出孔 S 处有输出，只要三个输入端中有一个有输入信号，元件输出孔 S 处就没有输出。

或非元件是一种多功能逻辑元件，用这种元件可以实现是门、或门、与门、非门及双稳等各种逻辑功能，见表 13-1。

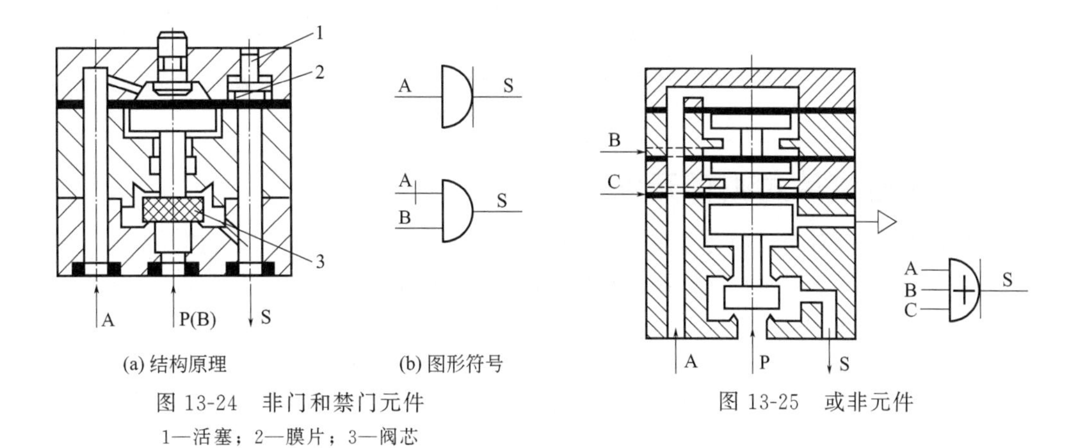

图 13-24　非门和禁门元件

1—活塞；2—膜片；3—阀芯

图 13-25　或非元件

表 13-1　或非元件实现的逻辑功能

序号	名称	逻辑符号	逻辑功能
1	是门	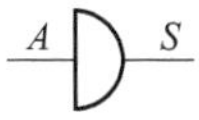 A　S	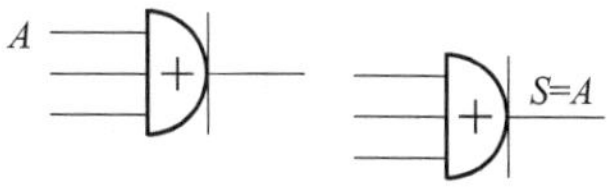 A　$S=A$
2	或门	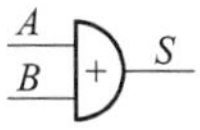 A　B　S	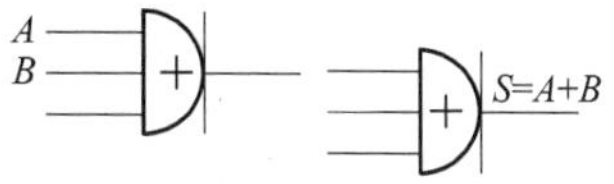 A　B　$S=A+B$
3	与门	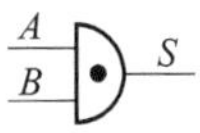 A　B　S	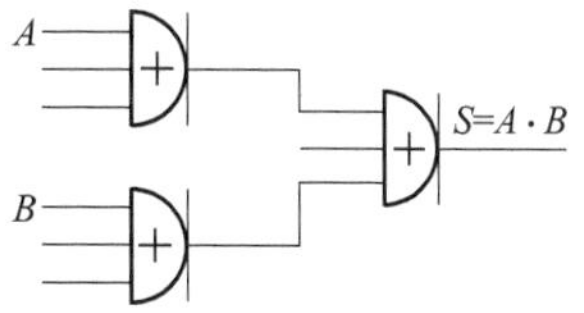 A　B　$S=A\cdot B$
4	非门	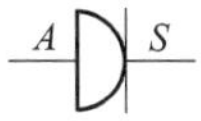 A　S	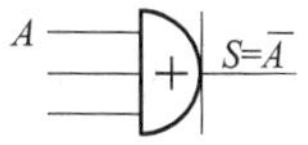 A　$S=\overline{A}$
5	双稳	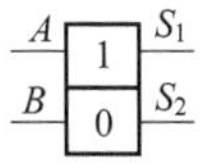 A　B　1　0　S_1　S_2	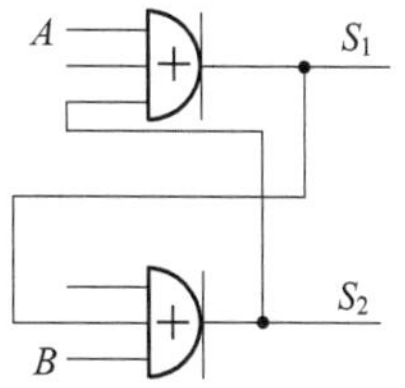 A　B　S_1　S_2

（5）双稳元件

双稳元件属记忆元件，在逻辑回路中起着重要的作用。图 13-26 所示为双稳元件的工作原理图。当 A 有输入信号时，阀芯 a 被推向图中所示的右端位置，气源的压缩空气便由 P 通至 S_1 输出，而 S_2 与排气口相通，此时双稳元件处于“1”状态；在控制端 B 的输入信号到来

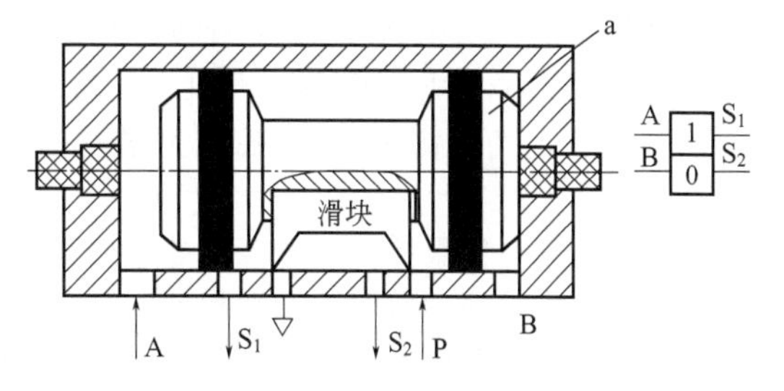

图 13-26　双稳元件的工作原理图

之前，A的信号虽然消失，但阀芯a仍保持在右端位置，S_1总是有输出；当B有输入信号时，阀芯a被推向左端，此时压缩空气由P至S_2输出，而S_1与排气孔相通，于是双稳元件处于“0”状态，在B的信号消失之后、A的信号输入之前，阀芯a仍处于左端位置，S2总有输出，所以该元件具有记忆功能。但是在使用中不能在双稳元件的两个输入端同时加输入信号，那样元件将处于不定工作状态。

13.4.2 高压膜片式逻辑元件

高压膜片式逻辑元件可动部分是膜片，利用膜片两侧受压面积不等，可使膜片变形，关闭或开启相应的孔道，可实现逻辑功能。高压膜片式逻辑元件的基本单元是三门元件，其他逻辑元件是由三门元件派生出来的。

图13-27所示为三门元件，a为控制孔，b为输入孔，s为输出孔。因元件有三个通道，故称三门。当a无信号，由b输入的气流将膜片顶开，从s输出，此时元件的输出状态为有气。当a有信号时，若s为开路（如与大气相通），则膜片上气室压力高于下气室压力，膜片下移，堵住s口，s无气输出；若s是封闭的，则因a、b输入气体的压力相同，膜片上下两侧受力面积相同，膜片处于中间位置，s处于有气状态，但无流量输出。

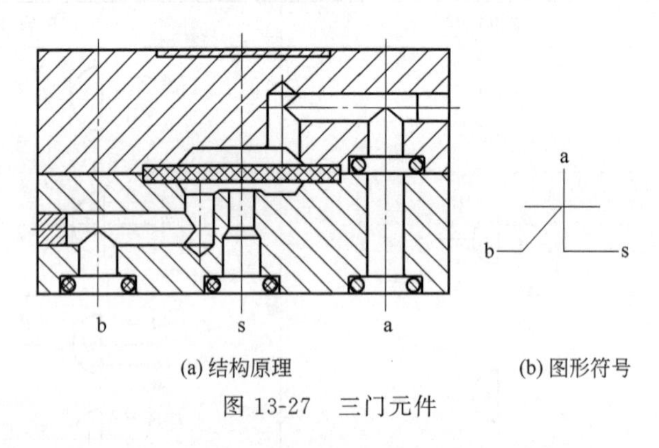

(a) 结构原理　　(b) 图形符号

图13-27 三门元件

13.5 气动比例控制阀与伺服控制阀

气动控制系统与液压控制系统相比，最大的不同点在于空气与液压的压缩性和黏性的不同。空气的压缩性大、黏性小，有利于构成柔软型驱动机构和实现高速运动。但同时，压缩性大会带来压力响应的滞后；黏性小意味着系统阻尼小或衰减不足，易引起系统响应的振动。另外，由于阻尼小，系统的增益系数不可能高，系统的稳定性易受外部干扰和系统参数变化的影响，难于实现高精度控制。过去人们一直认为气动控制系统只能用于气缸行程两端的开关控制，难于满足对位置或力连续可调的高精度控制要求。

随着新型的气动比例/伺服控制阀的开发和现代控制理论的导入，气动比例/伺服控制系统的控制性能得到了极大的提高。再加上气动系统所具有的轻量、价廉、抗电磁干扰和过载保护能力强等优点，气动比例/伺服控制系统越来越受到设计者的重视，其应用领域正在不断地扩大。

比例控制阀与伺服控制阀的区别并不明显，但比例控制阀消耗的电流大、响应慢、精度低、价廉和抗污染能力强，而伺服阀则相反。再者，比例控制阀适用于开环控制，而伺服控制阀则适用于闭环控制。由于比例/伺服控制阀正处于不断地开发和完善中，新类型较多。

13.5.1　气动比例控制阀

气动比例控制阀能够通过控制输入信号（电压或电流），实现对输出信号（压力或流量）的连续成比例控制。按输出信号的不同，可分为比例压力阀和比例流量阀两大类。其中比例压力阀按所使用的电控驱动装置的不同，又有喷咀挡板型和比例电磁铁型之分。其分类如图 13-28 所示。

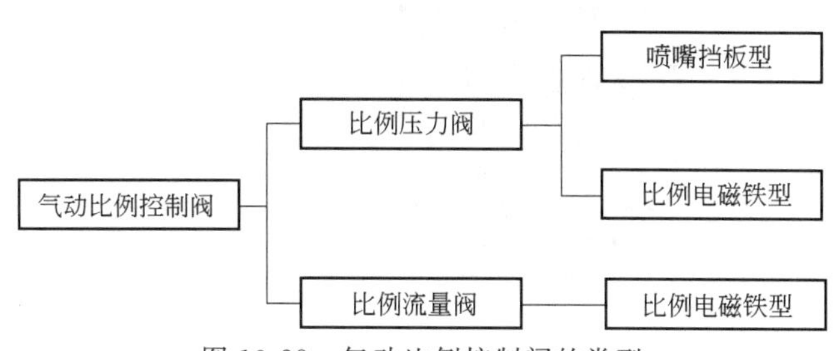

图 13-28　气动比例控制阀的类型

（1）气动比例压力阀

气动比例压力阀是一种比例元件，阀的输出压力与信号压力成比例，如图 13-29 为比例压力阀的结构原理。当有信号压力输入时，控制压力膜片 6 变形，推动硬芯使主阀芯 2 向下运动，打开主阀口，气源压力经过主阀芯节流后形成输出压力。输出压力膜片 5 起反馈作用，并使输出压力与信号压力之间保持比例。当输出压力小于信号压力时，膜片组向下运动。使主阀口开度增大，输出压力增大。当输出压力大于信号压力时，控制压力膜片 6 向上运动，溢流阀芯 3 开启，多余的气体排至大气。调节针阀的作用是使输出压力的一部分加到信号压力腔，形成正反馈，增加阀的工作稳定性。

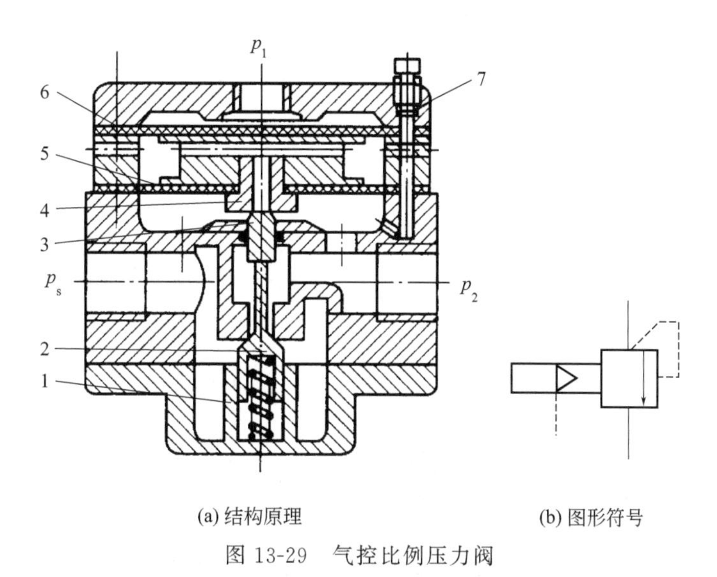

图 13-29　气控比例压力阀

1—弹簧；2—主阀芯；3—溢流阀芯；4—阀座；5—输出压力膜片；6—控制压力膜片；7—调节针阀

如图 13-30 所示为喷嘴挡板式电控比例压力阀。它由动圈式比例电磁铁、喷嘴挡板放大器、气控比例压力阀三部分组成，比例电磁铁由永久磁铁 10、线圈 9 和片簧 8 构成。当电流输入时，线圈 9 带动挡板 7 产生微量位移，改变其与喷嘴 6 之间的距离，使喷嘴 6 的背压改变。膜片组 4 为控制阀芯 2 的位置，从而控制输出压力。喷嘴 6 的压缩空气由气源节流阀 5 供给。

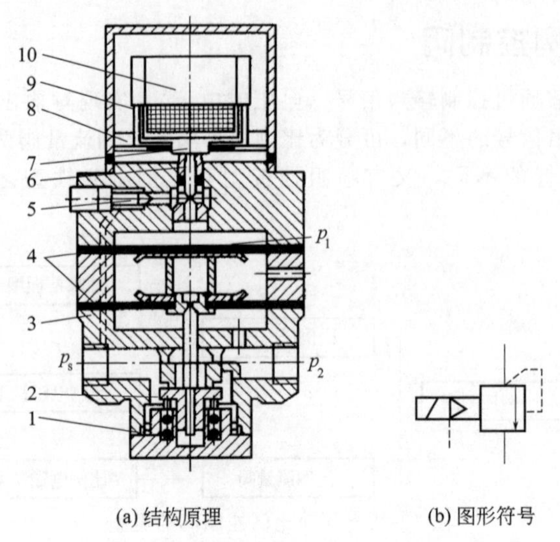

(a) 结构原理　　(b) 图形符号

图 13-30 喷嘴挡板式电控比例压力阀

1—弹簧；2—阀芯；3—溢流口；4—膜片组；5—节流阀；6—喷嘴；7—挡板；8—片簧；9—线圈；10—永久磁铁

(2) 气动比例流量阀

气动比例流量阀是通过控制比例电磁铁中的电流来改变阀芯的开度（有效断面面积），实现对输出流量的连续成比例控制，其外观和结构与压力型的相似。所不同的是压力型的阀芯具有调压特性，靠二次压力与比例电磁铁相平衡来调节二次压力的大小；而流量型的阀具有节流特性，靠弹簧力与比例电磁铁相平衡来调节流量的大小和流量的方向。按通径的不同，气动比例流量阀又有二通与三通之分，其动作原理如图 13-31 所示。

在图 13-31 中，依靠与 F_2 的平衡来改变阀芯的开口面积和位置。随着输入电流的变化，三通阀的阀芯按①—②—③的顺序移动，二通阀的阀芯则按②—③的顺序移动。气动比例流量阀主要用于气缸或气动马达的位置或速度控制。

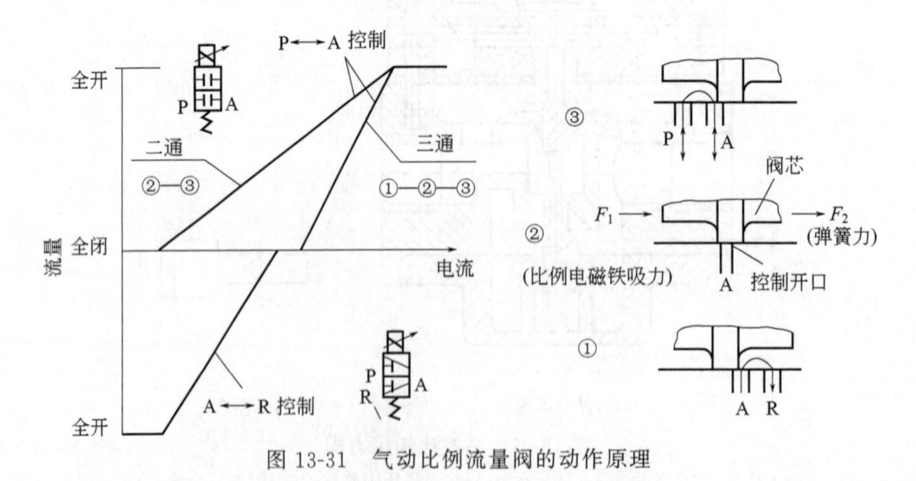

图 13-31 气动比例流量阀的动作原理

13.5.2 气动伺服控制阀

气动伺服控制阀（气动伺服阀）的工作原理与气动比例控制阀类似，它也是通过改变输入信号来对输出信号的参数进行连续、成比例的控制的。与电液比例控制阀相比，除了在结构上有差异外，主要在于伺服阀具有很高的动态响应和静态性能。但其价格较贵，使用维护较为困难。

气动伺服阀的控制信号均为电信号，故又称电-气伺服阀。是一种将电信号转换成气压信号的电气转换装置。它是电-气伺服系统中的核心部件。

图 13-32 为力反馈式电-气伺服阀结构原理图。其中第一级气压放大器为喷嘴挡板阀，由力矩马达控制，第二级气压放大器为滑阀，滑阀阀芯位移通过反馈弹簧杆转换成机械力矩反馈到力矩马达上。其工作原理为：当有一电流输入力矩马达控制线圈时，力矩马达产生电磁力矩，使挡板偏离中位（假设其向左偏转），反馈弹簧杆变形。这时两个喷嘴挡板阀的喷嘴前腔产生压差（左腔高于右腔），在此压差的作用下，滑阀移动（向右），反馈弹簧杆端点随着一起移动，反馈弹簧杆进一步变形，变形产生的力矩与力矩马达的电磁力矩相平衡，使挡板停留在某个与控制电流相对应的偏转角上。反馈弹簧杆的进一步变形使挡板被部分拉回中位，反馈弹簧杆端点对阀芯的反作用力与阀芯两端的气动力相平衡，使阀芯停留在与控制电流相对应的位移上。这样，伺服阀就输出一个对应的流量，从而达到用电流控制流量的目的。

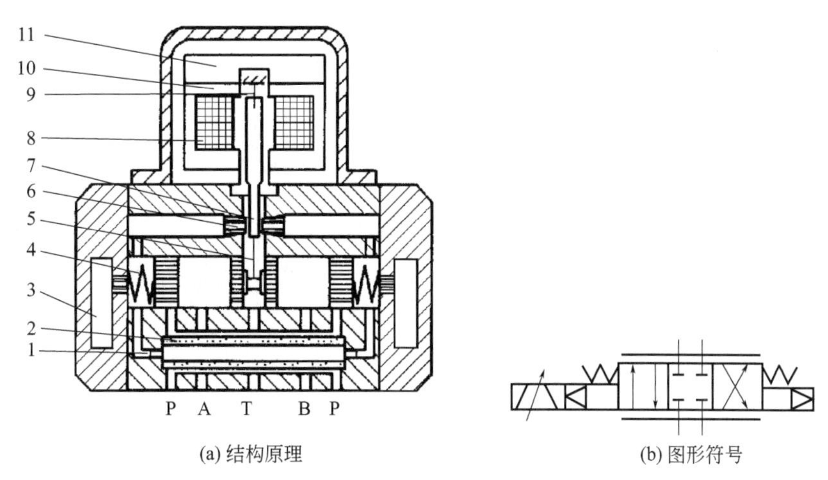

(a) 结构原理　　(b) 图形符号

图 13-32 力反馈式电-气伺服阀结构原理图

1—固定节流孔；2—滤气器；3—阻尼气室；4—补偿弹簧；5—反馈弹簧杆；
6—喷嘴；7—挡板；8—线圈；9—支承弹簧；10—导磁体；11—永久磁铁

脉宽调制气动伺服控制是数字式伺服控制，采用的控制阀大多为开关式气动电磁阀，称为脉宽调制伺服阀，也称为气动数字阀。脉宽调制伺服阀用在气动伺服控制系统中，实现信号的转换和放大作用。常用的脉宽调制伺服阀的结构有四通滑阀型和三通球阀型。图 13-33 为滑阀式脉宽调制伺服阀结构图。滑阀两端各有一个电磁铁，脉冲信号电流轮流加在两个电磁铁上，控制阀芯按脉冲信号的频率作往复运动。

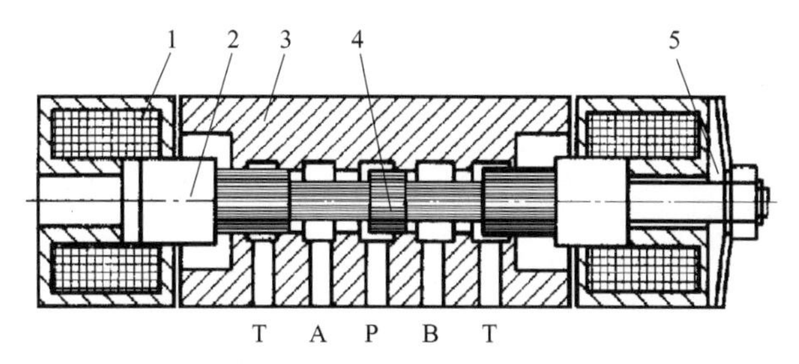

图 13-33 滑阀式气动数字阀（脉宽调制伺服阀）结构图

1—电磁铁；2—衔铁；3—阀体；4—阀芯；5—反馈弹簧

初期的气动伺服阀是仿照液压伺服阀中的喷嘴挡板型加工而成的，由于种种原因一直未能得到推广应用，气动伺服阀也因此一度被认为是气动技术的死区。直到现在，气动伺服阀才又重新展现在人们面前，MPAE型气动伺服阀是Festo（费斯托）公司开发的一种直动式气动伺服阀，其结构如图13-34所示。这种伺服阀主要由力马达、阀芯位移检测传感器、控制电路、主阀等组成。阀芯由双向电磁铁直接驱动，其用传感器检测出阀芯位移信号并反馈给控制电路，从而调节输入电信号与输出流量成比例关系。这种阀采用双向电磁铁调节阀芯位置，没有弹簧，电磁铁不受弹簧力，功耗小。此阀采用直动式滑阀结构，不需外加比例放大器，响应速度快且控制精度高，能构成高精度位移伺服系统。

如图13-34所示，MPAE型气动伺服阀为三位五通阀，O型中位机能。电源电压为24V DC，输入电压为5～10V。图13-35中的输入电压对应着不同的阀口面积与位置，也就是不同的流量和流动方向。电压为5V时，阀芯处于中位；电压为0～5V时，P口与A口相同；电压为5～10V时，P口与B口相同。如果突然停电，阀芯返回到中位，气缸原位停止，系统的安全性得以保障。

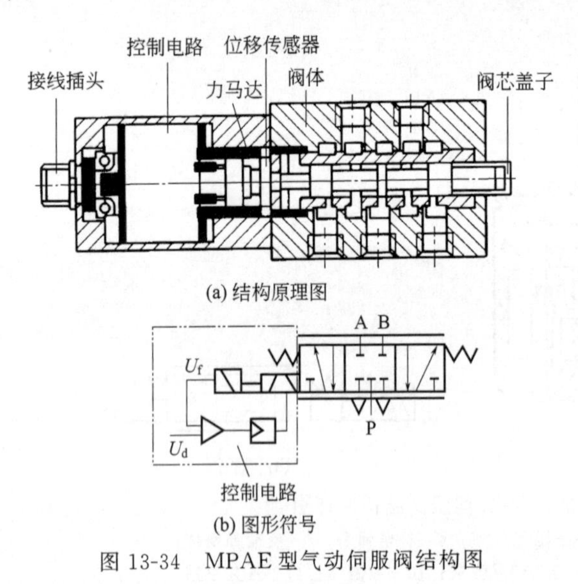

图13-34 MPAE型气动伺服阀结构图

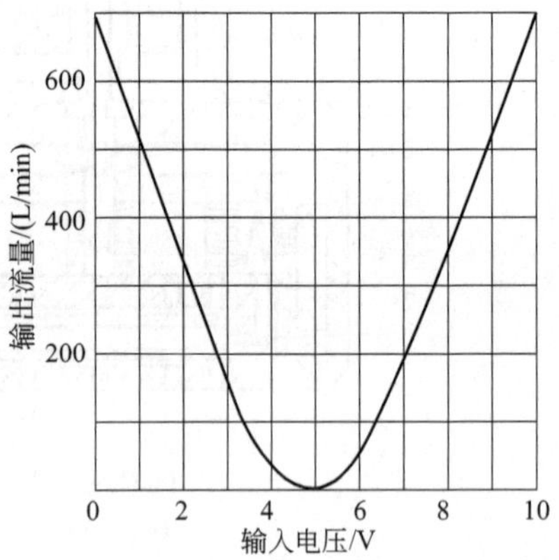

图13-35 输入电压-输出流量的特性曲线

第14章　气动基本回路

与液压系统一样，复杂的气动系统一般都是由一些简单的基本回路组成的。所谓基本回路，就是由相关元件组成的用来完成特定功能的典型管路结构。熟悉并掌握基本回路的组成结构、工作原理及其性能特点，对分析、掌握和设计气压传动系统是非常必要的。

按照回路控制的不同功能，气动基本回路包括压力控制回路、方向控制回路、速度控制回路和其他控制回路。

14.1　压力控制回路和力控制回路

对气动系统的压力进行调节和控制的回路称为压力控制回路。增大气缸活塞杆输出力的回路称为力控制回路。

14.1.1　压力控制回路

对气动控制系统进行压力调节和控制的回路称为压力控制回路。压力控制和调节主要有两个目的，第一是为了提高系统的安全性，主要是指一次压力控制；第二是给元件提供稳定的工作压力，使其能充分发挥元件的功能和性能，主要指二次压力控制。

（1）一次压力控制回路

图14-1所示的压力控制回路用于把空气压缩机的输出压力控制在调定值以下，又称为一次压力控制。一般情况下，空气压缩机的出口压力为0.8MPa左右，并设置贮气罐，贮气罐上装有压力表、安全阀等。回路中采用电接点压力表或压力继电器控制空气压缩机的启动和停止，使贮气罐内的压力保持在要求的范围内。安全阀用于限定贮气罐内的最高压力。

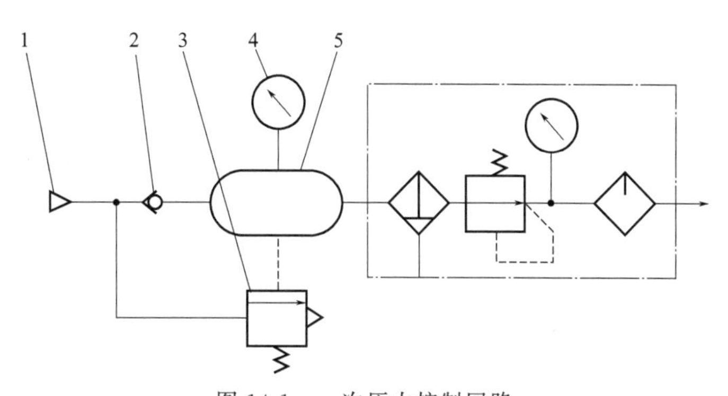

图14-1　一次压力控制回路

1—气源；2—单向阀；3—安全阀；4—压力表；5—储气罐

（2）二次压力控制回路

图 14-2 所示的压力控制回路是向每台气动设备提供气源的压力调节回路，又称为二次压力控制回路。其主要由分水过滤器、减压阀、油雾器气动三大件组成。如图 14-2(a) 所示，通过调节减压阀，可以得到气动设备所需的工作压力。如图 14-2(b) 所示通过换向阀可向气动设备提供两种不同的工作压力。图 14-2(c) 所示是采用两个减压阀对同一台气动设备的不同执行元件提供两种不同的工作压力。

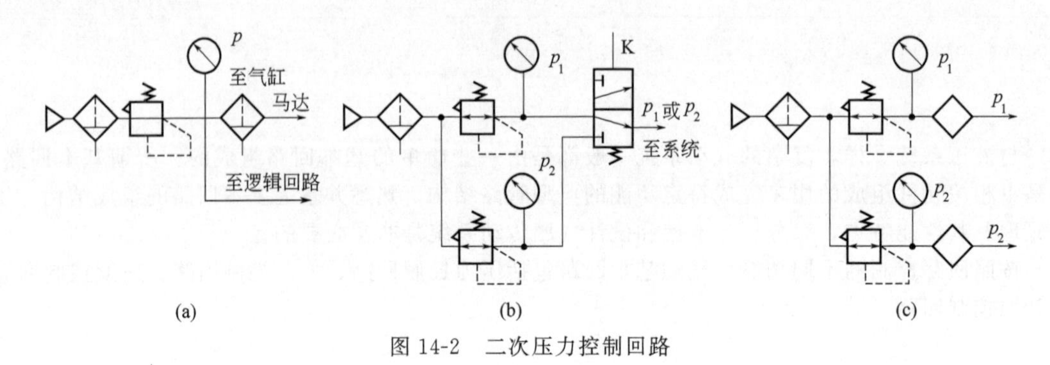

图 14-2 二次压力控制回路

14.1.2 力控制回路

气动系统工作压力一般较低，通过改变执行元件的作用面积或利用气液增压器来增加输出力的回路称为力控制回路。

（1）串联气缸增力回路

图 14-3 所示是采用三段式气缸串联的增力回路。通过控制电磁阀的通电个数，实现对活塞杆推力的控制。气缸串联数越多，输出的推力越大。

（2）气液增压器增力回路

图 14-4 所示为利用气液增压器 1 把较低的气体压力转变为较高的液体压力，提高了气液缸 2 的输出力。

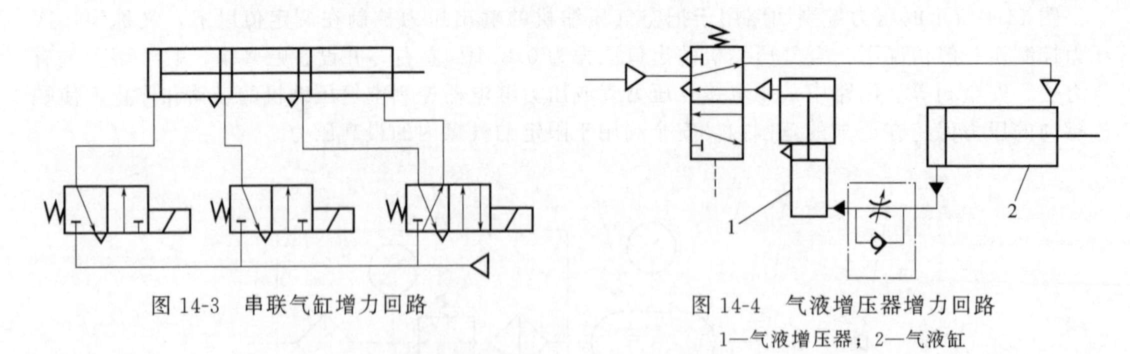

图 14-3 串联气缸增力回路

图 14-4 气液增压器增力回路

1—气液增压器；2—气液缸

14.2 方向控制回路

气动执行元件的换向主要是利用方向控制阀来实现的，通过换向阀的工作位置来使执行元件改变运动方向。

14.2.1　单作用气缸换向回路

单作用气缸活塞杆运动时，其伸出方向的运动靠压缩空气驱动，另一个方向的运动则靠外力，例如重力、弹力等驱动，回路简单，一般可选用二位三通换向阀来控制换向。

图 14-5(a) 所示为用二位三通电磁阀控制的换向回路。当电磁铁得电时，活塞杆伸出；当失电时，在弹力作用下活塞杆缩回。

图 14-5(b) 所示为用三位三通阀控制的换向回路。当换向阀右侧电磁铁通电时，气缸的无杆腔与气源相通，活塞杆伸出；当左侧电磁铁通电时，气缸的无杆腔与排气口相通，活塞杆靠弹簧力返回；当左、右电磁铁同时断电时，活塞可以停止在任意位置，但定位精度不高，且定位时间不长。

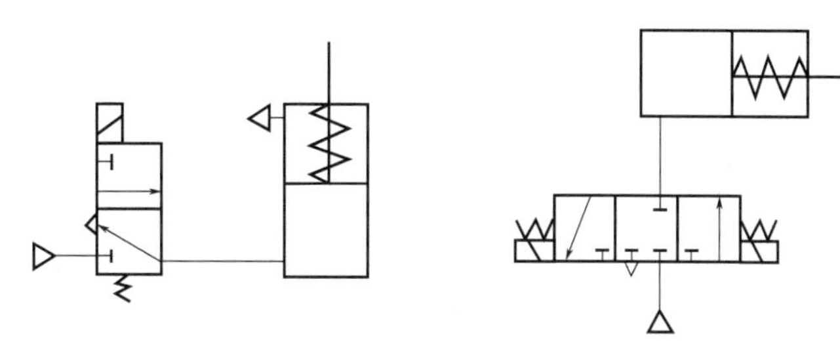

(a) 用二位三通电磁阀控制的换向回路　　(b) 用三位三通阀控制的换向回路

图 14-5　单作用气缸换向回路

14.2.2　双作用气缸换向回路

双作用气缸的活塞杆伸出或缩回都是靠压缩空气驱动，通常选用二位五通换向阀来控制。

(1) 换向回路

图 14-6 所示是采用电控二位五通换向阀控制双作用气缸伸缩的回路。

(2) 单往复动作回路

图 14-7 所示是由电动机换向阀和手动换向阀组成的单往复动作回路。按下手柄阀后，二位五通换向阀换向，气缸外伸；当活塞杆挡块压下机动阀后，二位五通换向阀换至图 14-7 所示位置，气缸缩回并停止。按一次手动阀，气缸完成一次往复运动。

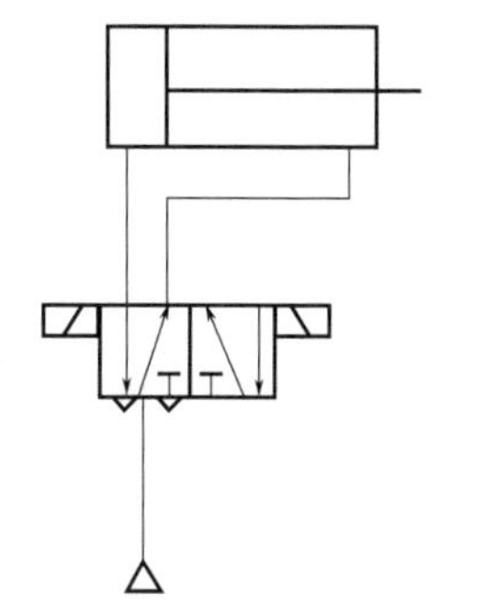

图 14-6　双作用气缸换向回路

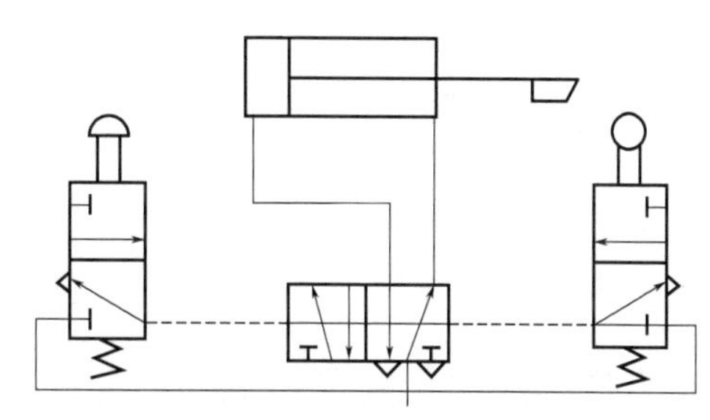

图 14-7　单往复动作回路

(3) 连续往复动作回路

如图 14-8 所示，按下手动阀 1 后，手动阀 1 换向，高压气体经过阀 3 使阀 2 换向，气缸活塞

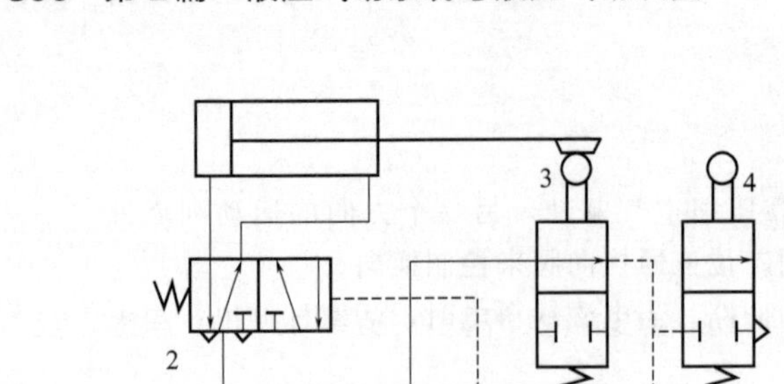

图 14-8 连续往复动作回路

杆外伸，阀 3 复位，活塞杆行至挡块压下行程阀 4 时，阀 2 换向至图 14-8 所示位置，活塞杆缩回，阀 4 复位。当活塞杆缩回到行程终点压下行程阀 3 时，阀 2 再次换向，如此循环，实现连续往复运动。

14.2.3 气马达换向回路

图 14-9 采用三位五通电气换向阀控制气马达的正转、反转和停止三种状态。由于气马达排气噪声较大，该回路在排气管上通常接消声器，如果不需要节流阀调速，两条排气管可供一个消声器。

14.2.4 差动换向回路

差动控制是指气缸的无杆腔进气，活塞伸出时，有杆腔排出的气体回到气缸的无杆腔。如图 14-10 所示，回路采用二位三通手拉阀控制。当操作手拉阀使该阀处于右位时，气缸的无杆腔进气，活塞杆伸出，有杆腔的排气回到无杆腔形成差动控制回路。当操作手拉阀处于左位时，气缸的有杆腔进气，无杆腔余气经手拉阀排气口排空，活塞杆缩回。

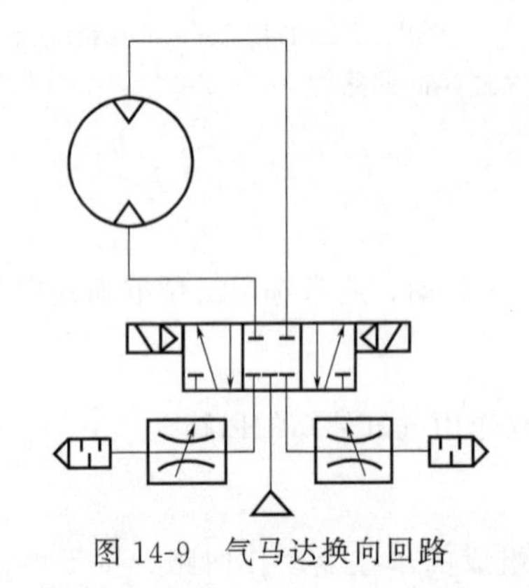
图 14-9 气马达换向回路

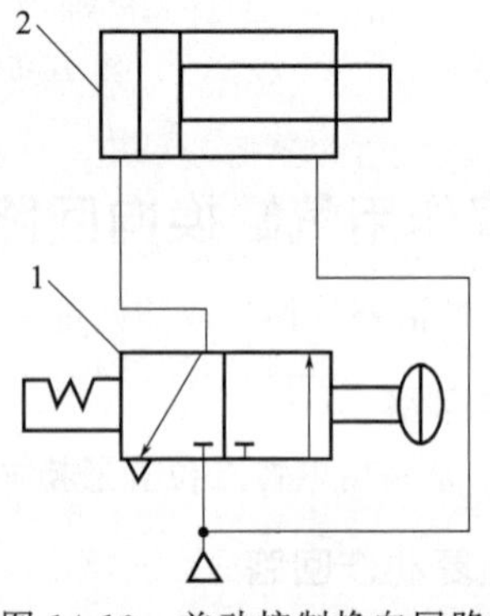

图 14-10 差动控制换向回路

1—手拉阀；2—差动缸

该回路与非差动连接回路相比较，在输入同等流量的条件下，其活塞的运动速度可提高，但活塞杆上的输出力会减小。

14.3 速度控制回路

速度控制是指通过对流量阀的调节达到对执行元件运动速度的控制。因气动系统使用功率不大，故调速方法主要为节流调速，常使用排气节流调速。

14.3.1 单作用气缸速度控制回路

如图 14-11 所示回路，两个单向节流阀串联，分别实现进气节流和排气节流，控制气缸活塞杆伸出和缩回的运动速度。

如图 14-12 所示，活塞杆伸出时节流调速，活塞杆退回时，通过快速排气阀排气，快速退回。

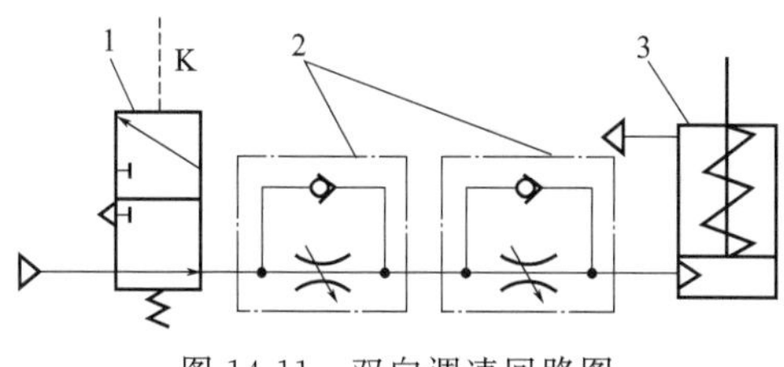

图 14-11　双向调速回路图

1—换向阀；2—单向节流阀；3—单作用气缸

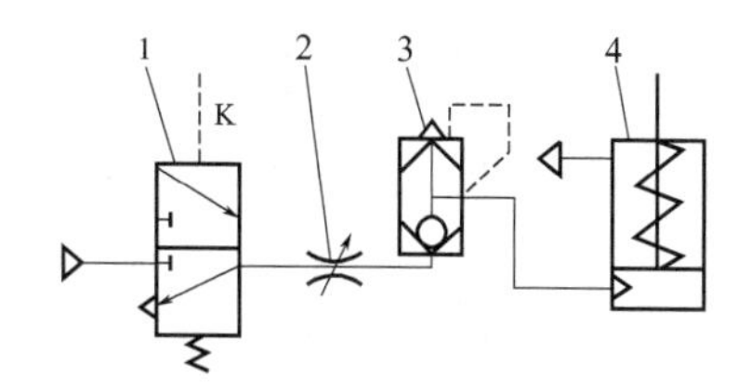

图 14-12　慢进快退调速回路

1—换向阀；2—节流阀；3—快排阀；4—单作用气缸

14.3.2 双作用气缸速度控制回路

如图 14-13(a) 所示是采用单向节流阀的双向调速回路；图 14-13(b) 所示是采用排气节流阀的双向调速回路。当外负载变化不大时，采用排气节流调速，进气阻力小，比单向节流调速回路效果好。排气节流阀与消声器通常连在一体，可以直接安装在二位五通阀上。

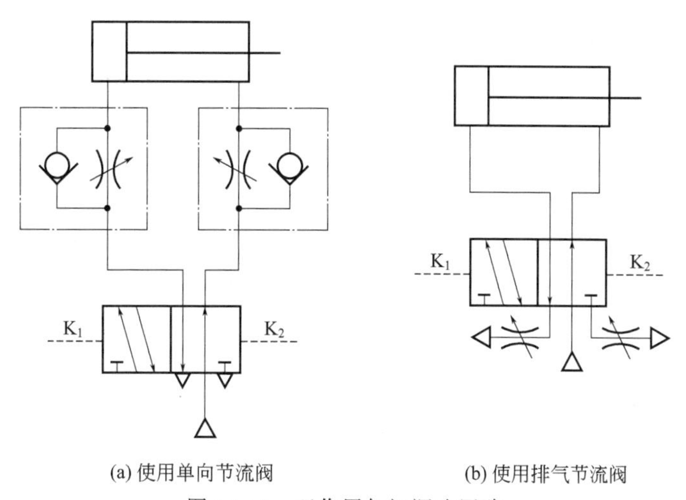

(a) 使用单向节流阀　　(b) 使用排气节流阀

图 14-13　双作用气缸调速回路

14.3.3 气液联动速度控制回路

气体具有可压缩性，这使得气动执行机构的运动稳定性低，定位精度不高。在要求气动调速、定位精度高的场合，可采用气液联动调速。它以气压为动力，利用气-液转换器或气液阻尼缸，把气压传动变为液压传动来控制执行机构的速度，将气压的响应快与液压的速度稳定性高结合起来，达到优势互补的目的。

（1）气液联动调速回路

如图 14-14 为利用气-液转换器 1、2 和单向节流阀 3、4 的回油节流调速回路图。液压缸活塞杆伸出或退回的速度是通过调节回油路上节流阀来控制的。

图 14-15 所示回路采用串联式气液阻尼缸，利用液压油可压缩性小的特点，通过调节两个相向串联安装的单向节流阀 1、2，实现两个方向的无级调速，并获得稳定的速度。补油杯 3 用于补充液压缸中的容积误差和泄漏。若省去单向节流阀 1，则只能实现活塞杆伸出时的调速和稳速。

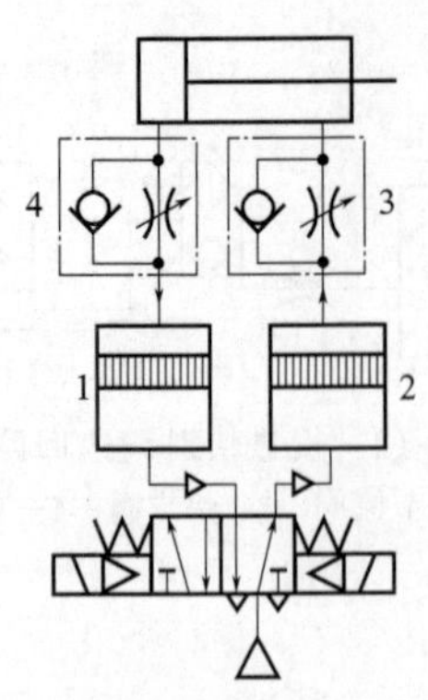

图 14-14 用气-液转换器的调速回路

1、2—气-液转换器；3、4—单向节流阀

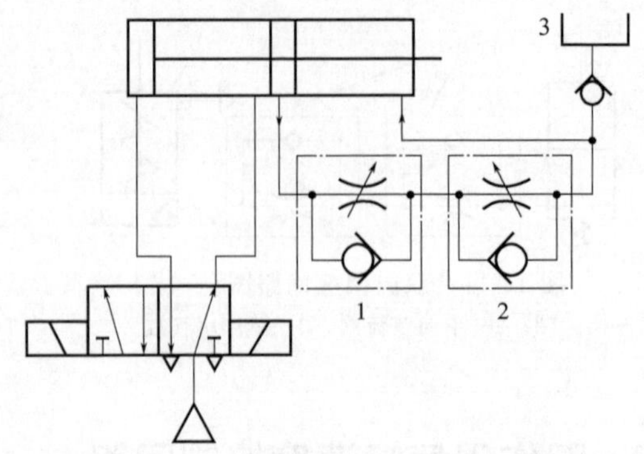

图 14-15 用气液阻尼缸的调速回路

1、2—单向节流阀；3—补油杯

（2）速度换接回路

图 14-16 所示回路采用行程阀实现快速与慢速的换接。当活塞杆右移且挡块 A 未碰到行程阀时，液压缸右腔的排油经行程阀（下位）直接进入左腔而实现快进；当活塞杆右移到挡块。A 碰到行程阀时，液压缸右腔的排油须经节流阀后才进入左腔而实现慢速运动。改变挡块或行程阀的位置即可改变速度换接的位置。

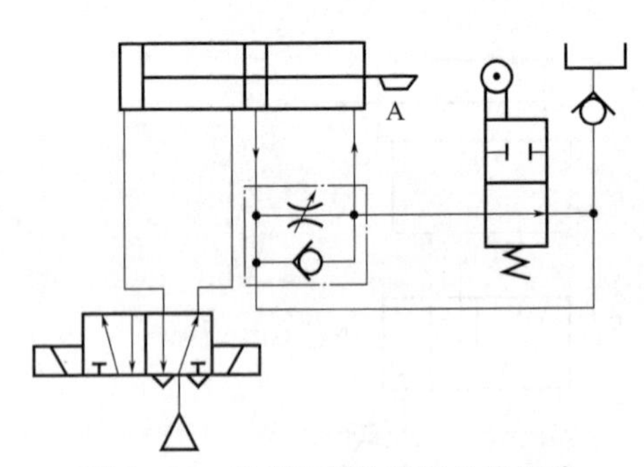

图 14-16 用行程阀的速度换接回路

图 14-17 所示采用气缸与液压阻尼缸并联的速度换接回路。固连于气缸 5 活塞杆端的滑块空套于液压阻尼缸 4 的活塞杆上。三位五通电气换向阀 8 处于左位工作时，控制气流通过梭阀 7 进入二位二通气控换向阀 3 上端使其处于上位工作，这时气缸向右运动，当滑块运动至碰到定位调节螺母 6 时，气缸推着阻尼缸右移，由气缸快进转为两缸同步慢进，阻尼缸右腔的油液经单向节流阀 2 的节流阀、换向阀 3（上位）进入液压阻尼缸 4 左腔，运动速度由节流阀控制，弹簧式蓄能器 1 用于补充液压阻尼缸中流量的变化。气缸反向运动时的情况相类似。调节阻尼缸活塞杆上的定位调节螺母可以改变速度换接的位置。无论换向阀 8 切换到左位还是右位，控制气流均可经梭阀 7 使换向阀 3 切换到上位，使液压阻尼缸能通过单向节流阀 2 实现调速。

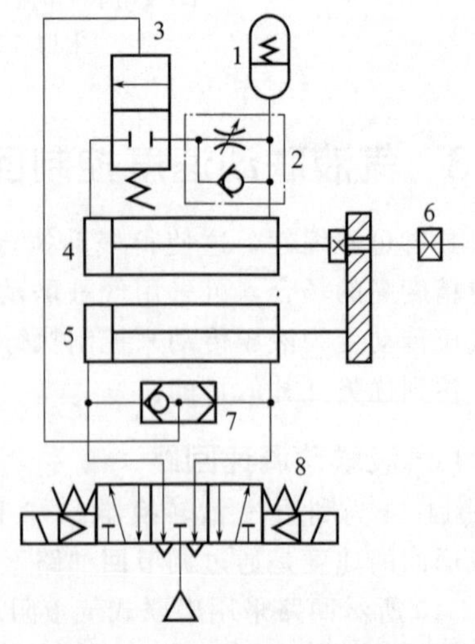

图 14-17 用气缸与液压阻尼缸并联的速度换接回路

1—弹簧式蓄能器；2—单向节流阀；3—二位二通气控换向阀；4—液压阻尼缸；5—气缸；6—定位调节螺母；7—梭阀；8—三位五通电气换向阀

14.3.4 缓冲回路

考虑到气缸应用行程较长，速度较快的场合，气缸一定要有缓冲的功能。图 14-18 所示回路是单向节流阀与二位二通机控行程阀配合使用的缓冲回路。当换向阀处于左位时，气缸无杆腔进气，活塞杆快速伸出，此时，有杆腔

气体经过二位二通行程阀和换向阀排气口排空。当活塞杆伸出至活塞杆上的挡块压下二位二通行程阀时，二位二通行程阀的快速排气通道被切断。此时，有杆腔气体只能经节流阀和换向阀的排气口排空，使活塞的运动速度由快速转为慢速，从而达到缓冲的目的。

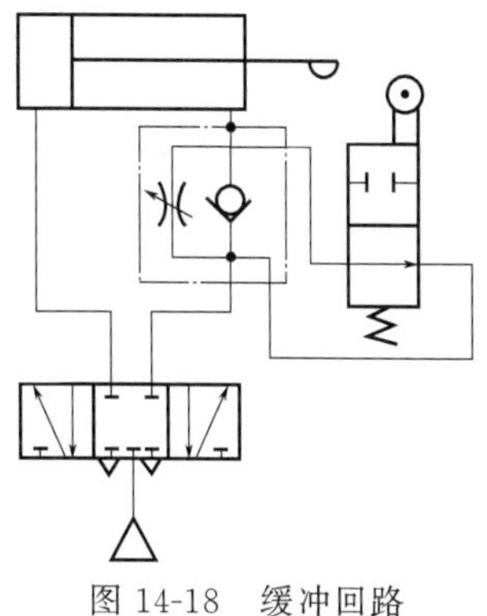

图 14-18　缓冲回路

14.4　其他常用回路

气动基本回路除了压力控制回路、方向控制回路、速度控制回路、力控制回路外，还有位置控制回路、安全保护回路、同步控制回路、气动逻辑回路和真空吸附回路等其他控制回路。

14.4.1　位置控制回路

位置控制回路就是能控制执行机构停在行程中的某一位置的回路。

（1）纯气动的位置控制回路

图 14-19 所示回路均为利用三位换向阀的中位机能来控制气缸位置的回路。其中图 14-19(a) 采用中间封闭型三位阀。这种回路定位精度较差，而且要求不能有任何泄漏。图 14-19(b) 采用中间卸压型三位阀。它适用于需用外力自由推动活塞移动，要求活塞在停止位置处于浮动状态的场合，其缺点是活塞运动的惯性较大时，停止位置难以控制。图 14-19(c)、(d) 采用中间加压型三位阀。其原理是保持活塞两端受力的平衡，使活塞可停留在行程的任何位置。对于图 14-19 (d) 所示的单出杆气缸，因活塞两端受压面积不等，故需要用减压阀来使活塞两端受力平衡。中间加压型三位换向阀的位置控制回路适用于缸径小而需要快速停止的场合。

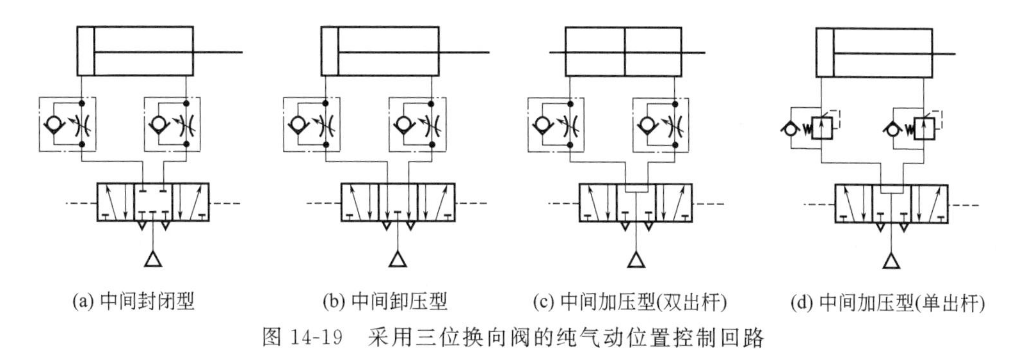

(a) 中间封闭型　(b) 中间卸压型　(c) 中间加压型(双出杆)　(d) 中间加压型(单出杆)

图 14-19　采用三位换向阀的纯气动位置控制回路

由于空气的可压缩性及气体不易长时间密封，单纯靠控制缸内空气压力平衡来定位的方法难以保证较高的定位精度。所以，只有在定位精度要求不高时才使用上述纯气动的位置控制回路，在定位精度要求较高的场合，则要采用机械辅助定位或气液联动定位等方法来提高执行机构的定位精度。

（2）利用机械辅助定位的位置控制回路

如图 14-20 所示，当气缸推动小车 1 向右运动时，先碰到缓冲器 2 进行减速，直到碰到挡块 3 时小车才被迫停止。这种在需要定位的地点设置挡块来控制位置的方法，结构简单、定位可靠，但调整困难。挡块的频繁碰撞、磨损会使定位精度下降。设计的挡块既要考虑有一定的刚度，又要考虑具有吸收冲击的缓冲能力。

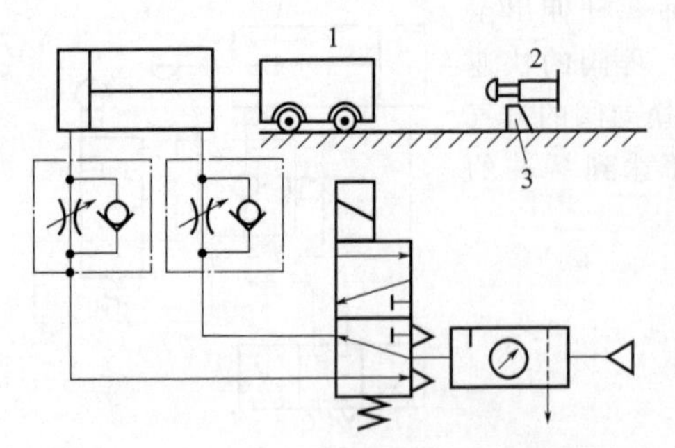

图 14-20 采用机械挡块的位置控制回路

1—小车；2—缓冲器；3—挡块

（3）利用多位气缸的位置控制回路

利用多位气缸可实现多点位置的精确控制。其原理是可以控制一个或数个气缸的活塞杆的伸出或缩回，并通过不同的组合来实现输出杆多个位置的控制。

图 14-21 所示回路是由两个行程不等的单作用气缸首尾串联接成一体的单出杆气缸。当切换阀 1 时，A 缸活塞杆推动 B 缸活塞杆从Ⅰ位伸出到Ⅱ位；再切换阀 2，B 缸活塞杆继续伸出至Ⅲ位；若仅切换阀 3，两缸都处于回缩状态。所以对于伸出的活塞杆（即 B 缸活塞杆）来说则有三个位置。若在两缸端盖处安装与活塞杆平行的调节螺钉，就可以调节每段定位行程。

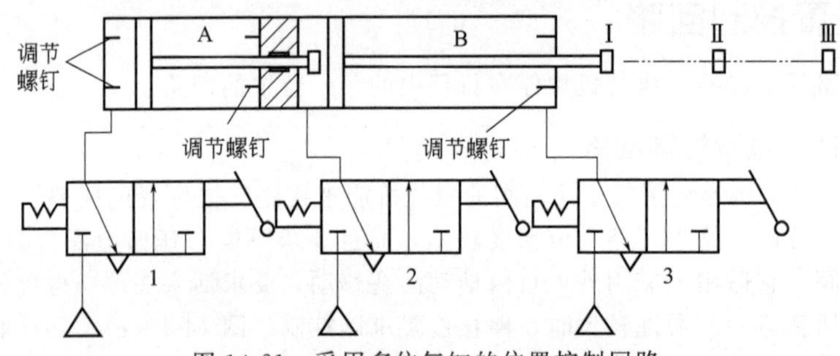

图 14-21 采用多位气缸的位置控制回路

（4）气液联动的位置控制回路

当定位精度要求较高时，可采用图 14-22 所示两种气液联动位置控制回路，将气压缸的位置控制转换成液压缸的位置控制，从而弥补气动位置控制精度不高的缺点，提高位置控制的精度。

图 14-22(a) 为采用气-液转换器的气液联动位置控制回路。当主控阀 1 和电磁二通阀 4 同时通电换向，液压缸 5 的活塞杆伸出。在运动到预定位置时，若使阀 4 断电回位，液压缸有杆腔的液压油被封闭，活塞杆在预定位置上停止。调节单向节流阀 3、6 便可控制活塞杆的运动速度。

图 14-22(b) 所示为串联式气液阻尼缸的气液联动位置控制回路，只要主控阀 1 处于中位，二通阀 4 就会复位并切断阻尼缸 3 的油路，活塞便可在任意位置上停止。主控阀 1 切换到左位时，活塞杆伸出，换到右位时则缩回。单向节流阀 6 可使活塞杆实现快进慢退。采用串联气液阻尼缸，应注意密封，以免油、气相混，影响定位精度。

14.4.2 安全保护回路

由于气动机构负荷的过载、气压的突然降低以及气动执行机构的快速动作等原因都可能危及操作人员或设备安全，因此在气动回路中，常常要加入安全回路。需要指出的是，在设计任何气动回路中，特别是安全回路中，都不可缺少过滤装置和油雾器。这是因为污脏空气中的杂物可能堵塞阀中的小孔与通路，使气路发生故障。缺乏润滑油，很可能使阀发生卡死或磨损，以致整个系统的安全发生问题。下面介绍几种常用的安全保护回路。

（1）互锁回路

图 14-23 所示为互锁回路。该回路能防止各气缸的活塞同时动作，而保证只有一个活塞动作。该回路的技术要点是利用梭阀 1、2、3 及换向阀 4、5、6 进行互锁。

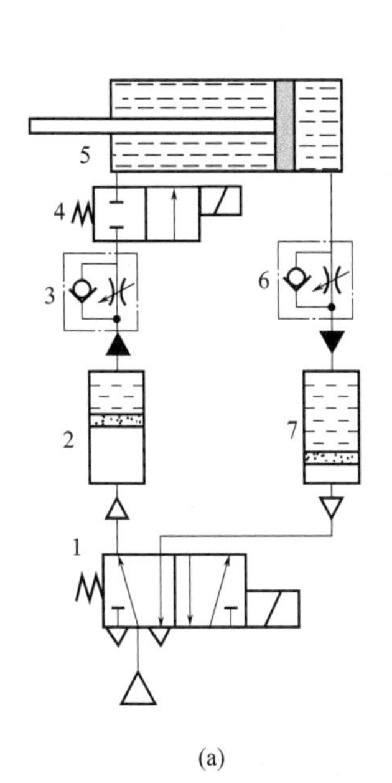

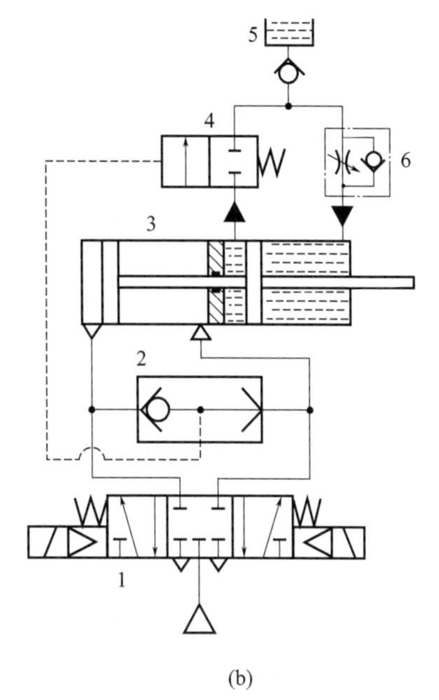

(a)

1—主控阀；2、7—气-液转换器；3、6—单向节流阀；4—电磁二通阀；5—液压缸

(b)

1—主控阀；2—梭阀；3—气-液阻尼缸；4—气控二通阀；5—高位油箱；6—单向节流阀

图 14-22 气液联动位置控制回路

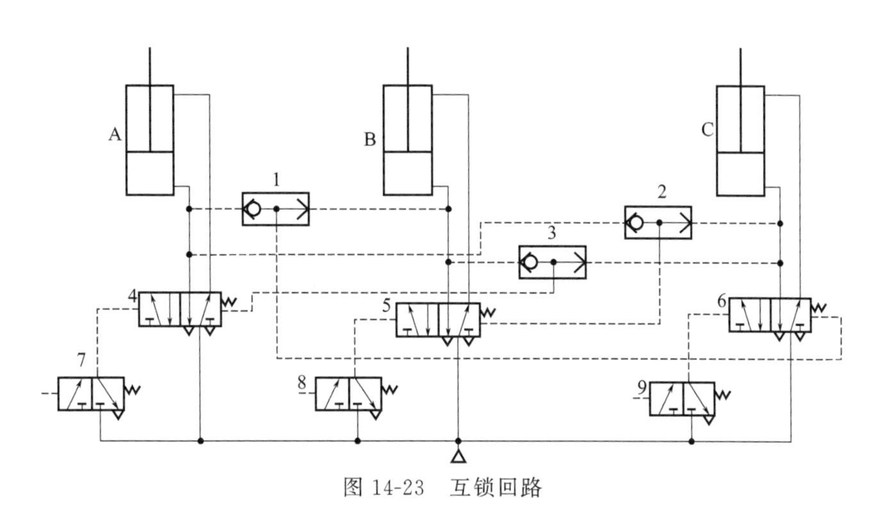

图 14-23 互锁回路

例如，当换向阀 7 切换至左位时，则换向阀 4 切换至左位，使 A 缸活塞杆上移伸出。与此同时，气缸进气管路的压缩空气使梭阀 1、2 动作，把换向阀 5、6 锁住，B 缸和 C 缸活塞杆均处于下降状态。此时换向阀 8、9 即使有信号，B、C 缸也不会动作。如果改变缸的动作，必须把前动作缸的气控阀复位。

（2）过载保护回路

当活塞杆在伸出途中遇到故障或其他原因使气缸过载时，活塞能自动返回的回路称为过载保护回路。

如图 14-24 所示的过载保护回路，按下手动换向阀 1，二位五通换向阀 2 处于左位，活塞右移前进。正常运行时，挡块压下行程阀 5 后，活塞自动返回；当活塞运行中途遇到障碍物 6，气缸左腔压力升高超过预定值时，顺序阀 3 打开，控制气体可经梭阀 4 将二位五通换向阀 2 切换至右位（图示位置），使活塞缩回，气缸左腔压缩空气经阀 2 排掉，可以防止系统过载。

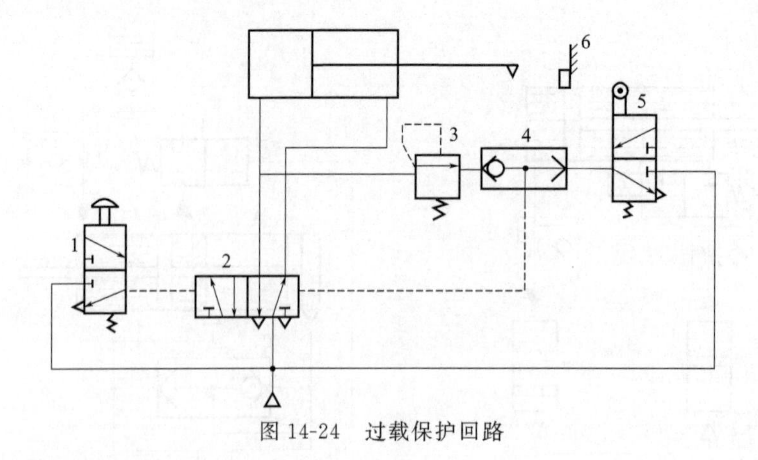

图 14-24 过载保护回路

(3) 双手操作安全回路

所谓双手操作安全回路，就是使用了两个启动用的手动阀，且只有同时按动这两个阀时才动作的回路。这在锻压、冲压设备中常用来避免误动作，以保护操作者的安全及设备的正常工作。

图 14-25(a) 所示回路需要双手同时按下手动阀时，才能切换主阀，气缸活塞才能下落并锻、冲工件。实际上，给主阀的控制信号相当于阀 1、2 相“与”的信号。如阀 1（或 2）的弹簧折断不能复位，此时单独按下一个手动阀，气缸活塞也可以下落，所以回路并不十分安全。

在图 14-25(b) 所示的回路中，当双手同时按下手动阀时，气罐 3 中预先充满的压缩空气经节流阀 4，延迟一定时间后切换阀 5，活塞才能落下。如果双手不同时按下手动阀，或因其中任何一个手动阀弹簧折断不能复位，气罐 3 中的压缩空气都将通过手动阀 1 的排气口排空，不足以建立起控制压力，因此阀 5 不能被切换，活塞不能下落。所以，此回路比图 14-25(a) 所示回路更为安全。

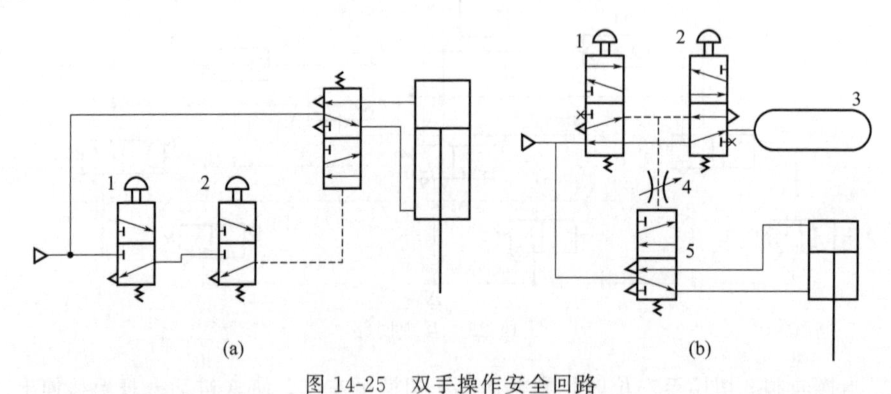

图 14-25 双手操作安全回路

14.4.3 同步控制回路

同步控制回路是指控制两个和两个以上的气缸以相同速度移动或在预定位置同时停止的回路。其实质是一种速度控制回路。由于气体的可压缩性及负载变化等因素的影响，单纯利用调速阀调节气缸的速度以使多个气缸实现较高精度的同步是很困难的。所以，实现同步控制的可靠方法是气动与机械并用的方法或气液联动控制的方法。

(1) 机械连接的同步回路

图 14-26 所示为两个气缸用连杆连接而达到同步的回路。这是一种刚性的同步回路，两缸的同步是靠机械连接强制完成的，故可实现可靠的同步，但两缸的布置受连接机构的限制。载荷不

对称时容易出现卡死现象。

（2）气液联动同步回路

图 14-27 所示为两个气液缸的同步控制回路，缸 A 的无杆腔与缸 B 的有杆腔管路相连，油液密封在回路之中。缸 A 的有杆腔与缸 B 的无杆腔分别与气路相连，只要缸 A 无杆腔的有效承压面积 S_1，与缸 B 有杆腔的有效承压面积 S_2：相等，就可实现两缸活塞杆的同步伸缩。使用时应注意避免油气混合，否则会破坏两缸同步动作的精度。打开气堵 3 可及时放掉混入液压油中的空气和补充油液。

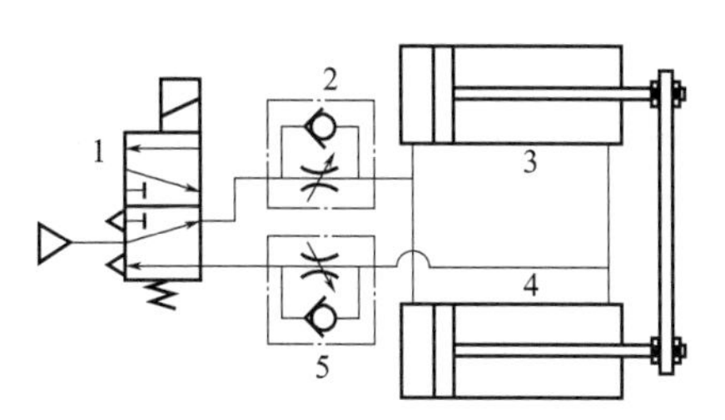

图 14-26　机械连接的同步回路

1—主控阀；2、5—单向节流阀；3、4—气缸

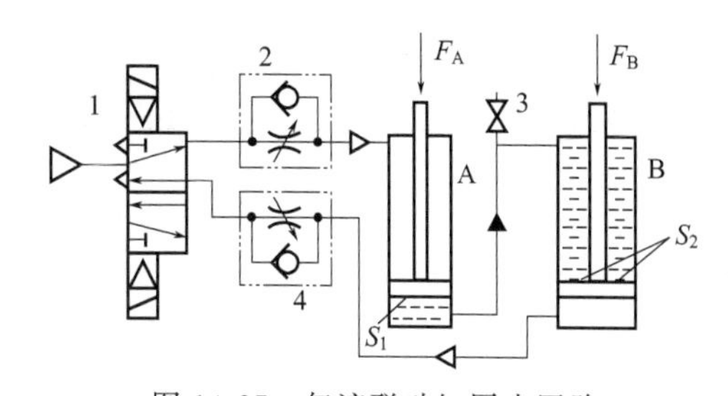

图 14-27　气液联动缸同步回路

1—主控阀；2、4—单向节流阀；3—气堵；A、B—气液缸

14.4.4　气动逻辑回路

气动逻辑回路就是将气动元件按逻辑关系组成具有一定逻辑功能的控制回路。气动逻辑回路可以由各种逻辑元件组成，也可以由阀类元件组成。在实际气动控制系统中的逻辑控制回路都是由一些基本逻辑回路组合而成的。表 14-1 列出了几种常见的用阀类元件组成的基本逻辑回路，表中 a、b 为输入信号，s、s_1、s_2 为输出信号。有源元件是指一个元件有恒定的供气气源的元件。

表 14-1　基本气动逻辑回路

名称	逻辑符合及表示式	气动元件回路	真值表	说明
是回路	$s=a$	s　a	a s 0 0 1 1	有信号 a 则有输出 s，无 a 则无输出 s
非回路	$s=\bar{a}$	s　a	a s 0 1 1 0	有信号 a 则无输出 s，无 a 则有输出 s
与回路	$s=a\cdot b$	(a) 无源　(b) 有源	a b s 0 0 0 1 0 0 0 1 0 1 1 1	只有当信号 a 和 b 同时存在时，才输出 s
或回路	$s=a+b$	(a) 无源　(b) 有源	a b s 0 0 0 0 1 1 1 0 1 1 1 1	有 a 或 b 任意一个信号就有输出 s

续表

名称	逻辑符合及表示式	气动元件回路	真值表	说明
禁回路	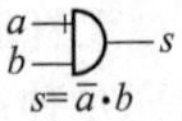 $s=\bar{a}\cdot b$	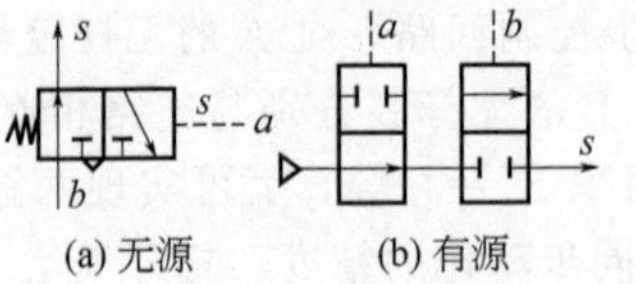 (a) 无源 (b) 有源	a b s 0 0 0 0 1 1 1 0 0 1 1 0	有信号 a 则无输出 s(a 禁止了输出 s);当无信号 a、有信号 b 时,才有输出 s
记忆回路	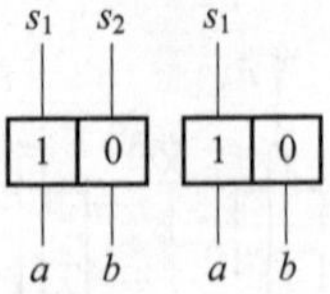 (a) (b)	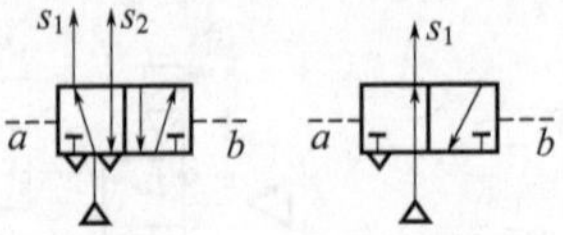 (a) 双稳 (b) 单记忆	a b s 0 1 0 1 1 0 0 0 1 1 0 1	有信号 a 时,有输出 s_1;a 消失,仍有输出 s_1;直到有信号 b 时,才无输出[图(b)为单记忆]。要求 a、b 不能同时施加信号
脉冲回路		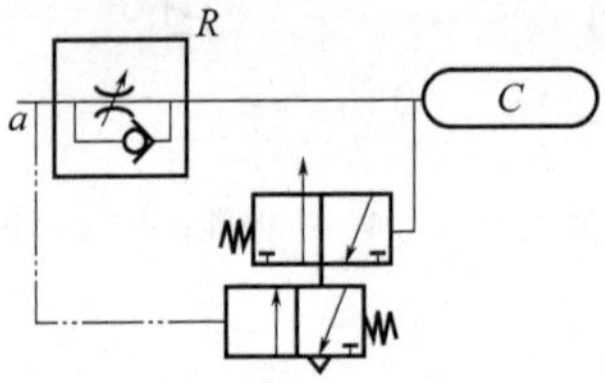		回路可把长信号 a 变为一脉冲信号 s 输出,脉冲宽度可由气阻 R 和气容 C 调节。回路要求 a 的持续时间大于脉冲宽度
延时回路	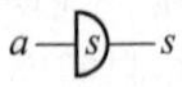	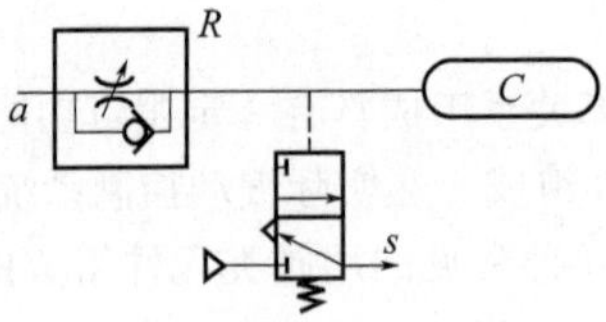		当有信号 a 时需延时 t 时间后,才有输出 s,调节气阻 R 和气容 C,可调 t。回路要求 a 持续时间大于 t

14.4.5 真空吸附回路

图 14-28 所示回路是采用三位三通换向阀控制真空吸附和真空破坏。当三位三通换向阀 4 的 A 端电磁铁得电时,真空发生器 1 与真空吸盘 7 接通,真空开关 6 检测真空度,并发出信号给控制器,真空吸盘将工件吸起。当三位三通换向阀断电时,保持真空吸附状态。当三位三通阀 4 的 B 端的电磁铁得电时,压缩空气进入真空吸盘,真空破坏,真空吸盘与工件分离。此回路应注意尽量避免配管的泄漏和工件表面处的泄露。

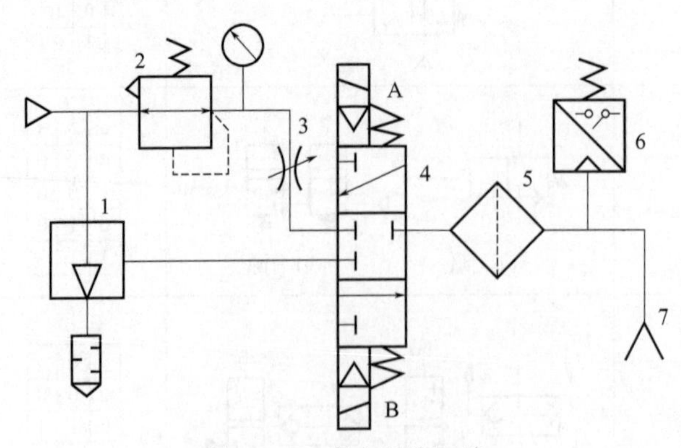

图 14-28 真空吸附回路

1—真空发生器;2—减压阀;3—节流阀;4—三位三通换向阀;5—过滤器;6—真空开关;7—真空吸盘

第15章 典型气动系统

15.1 数控加工中心气动换刀系统

如图 15-1 所示为某数控加工中心气动换刀系统原理图，该系统在换刀过程中实现主轴定位、主轴松刀、拔刀、向主轴锥孔吹气和插刀、刀具夹紧动作。

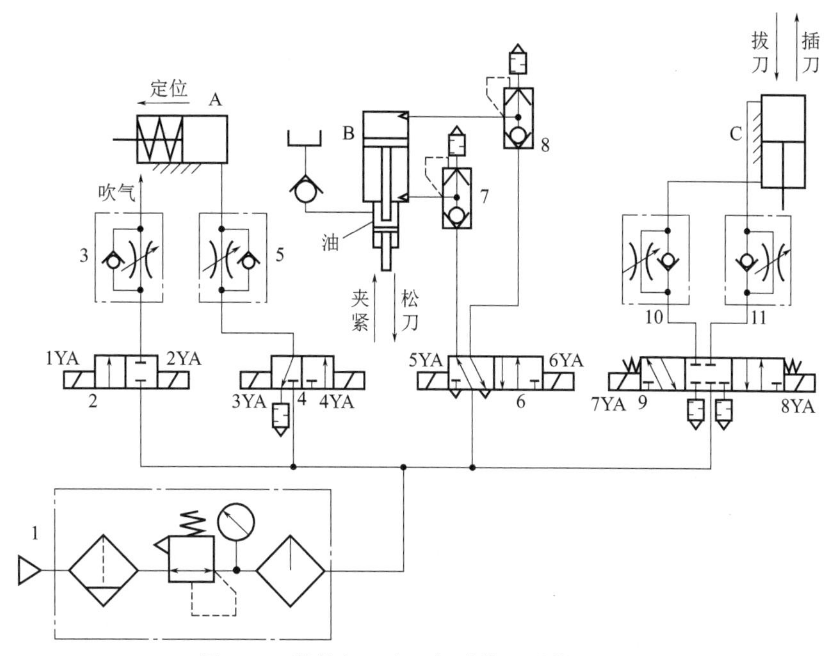

图 15-1 数控加工中心气动换刀系统原理图

1—气动三联件；2、4、6、9—换向阀；3、5、10、11—单向节流阀；7、8—快速排气阀

动作过程如下：

当数控系统发出换刀指令时，主轴停止旋转，同时 4YA 得电，压缩空气经气动三联件 1、换向阀 4、单向节流阀 5 进入主轴定位缸 A 的右腔，缸 A 的活塞左移，使主轴自动定位。

定位后压下无触点开关，使 6YA 得电。压缩空气经换向阀 6、快速排气阀 8 进入气液增压缸 B 的上腔，增压腔的高压油使活塞伸出，实现主轴松刀，同时使 8YA 通电。压缩空气经换向阀 9、单向节流阀 11 进入缸 C 的上腔，缸 C 下腔排气，活塞下移实现拔刀。

由回转刀库交换刀具，同时 1YA 通电，压缩空气经换向阀 2、单向节流阀 3 向主轴锥孔吹气。稍后 1YA 失电、2YA 得电，停止吹气，8YA 失电、7YA 得电，压缩空气经换向阀 9、单向节流阀 10 进入缸 C 的下腔，活塞上移，实现插刀动作。

6YA失电、5YA得电，压缩空气经阀6、快速排气阀7进入气液增压缸B的下腔，使活塞退回，主轴的机械机构使刀具夹紧。4YA失电、3YA得电，缸A的活塞靠弹簧力作用复位，回复到开始状态，换刀结束。

15.2 气动机械手系统

气动机械手具有结构简单和制造成本低等优点，并可以根据各种自动化设备的工作需要，按照设定的控制程序动作。因此，它在自动生产设备和生产线上被广泛采用。

如图15-2所示是用于某专用设备上的气动机械手结构示意图，它由4个气缸组成，可在3个坐标内工作。图中A缸为夹紧缸，其活塞杆退回时夹紧工件，活塞杆伸出时松开工件。B缸为长臂伸缩缸，可实现伸出和缩回动作。C缸为立柱升降缸。D缸为立柱回转缸，该气缸有两个活塞，分别装在带齿条的活塞杆两头。齿条的往复运动带动立柱上的齿轮旋转，从而实现立柱的回转。

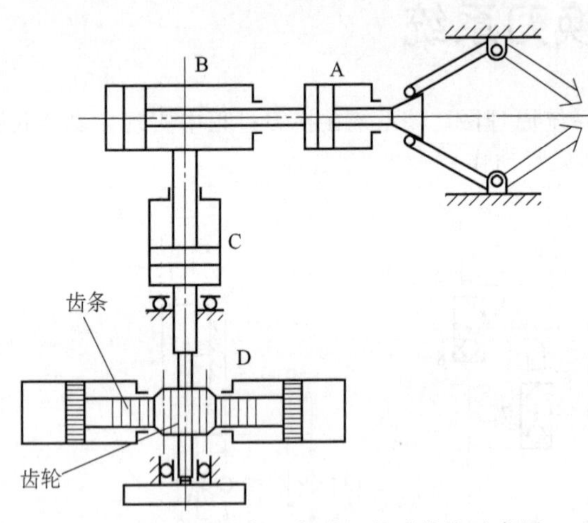

图15-2 专用设备上气动机械手结构示意图

图15-3是气动机械手的控制回路原理图，若要求该机械手的动作顺序为：立柱下降C0→伸臂B1→夹紧工件A0→缩臂B0→立柱顺时针转D1→立柱上升C1→放开工件A1→立柱逆时针转动D0，则该传动系统的工作循环分析如下：

① 按下启动阀q，主控阀C将处于C0位，C缸活塞杆退回，即得到C0。

② 当C缸活塞杆上的挡铁碰到c0，则控制气将使主控阀B处于B1位，使B缸活塞杆伸出，即得到B1。

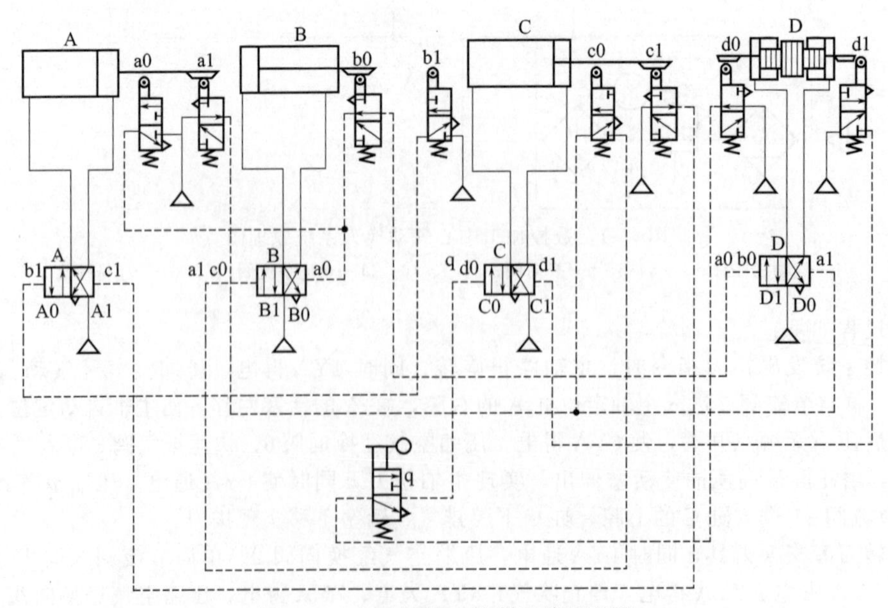

图15-3 气动机械手控制回路原理图

③ 当 B 缸活塞杆上的挡铁碰到 b1，则控制气将使主控阀 A 处于 A0 位，A 缸活塞杆退回，即得到 A0。

④ 当 A 缸活塞杆上的挡铁碰到 a0，则控制气将使主控阀 B 处于位 B0 位，B 缸活塞杆退回，即得到 B0。

⑤ 当 B 缸活塞杆上的挡铁碰到 b0，则控制气使主控阀 D 处于 D1 位，D 缸活塞杆往右，即得到 D1。

⑥ 当 D 缸活塞杆上的挡铁碰到 d1，则控制气使主控阀 C 处于 C1 位，使 C 缸活塞杆伸出，得到 C1。

⑦ 当 C 缸活塞杆上的挡铁碰到 c1，则控制气使主控阀 A 处于 A1 位，使 A 缸活塞杆伸出，得到 A1。

⑧ 当 A 缸活塞杆上的挡铁碰到 a1，则控制气使主控阀 D 处于 D0 位，使 D 缸活塞杆往左，即得到 D0。

⑨ 当 D 缸活塞杆上的挡铁碰到 d0，则控制气经启动阀 q 又使主控阀 C 处于 C0 位，于是又开始新的一轮工作循环。

15.3　机床夹具气动系统

在机械加工自动化生产线、组合机床中通常都采用气动系统来实现对加工工件的夹紧动作。图 15-4 所示为机床夹具气动系统的工件夹紧气动系统工作原理图，其工作过程为：当工件运行到指定位置后，定位锁紧气缸 6 的活塞杆首先伸出（向下）将工件定位锁紧后，两侧的气缸 3 和 9 的活塞杆再同时伸出，对工件进行两侧夹紧，然后进行机械加工，加工完成后各夹紧缸退回，将工件松开。

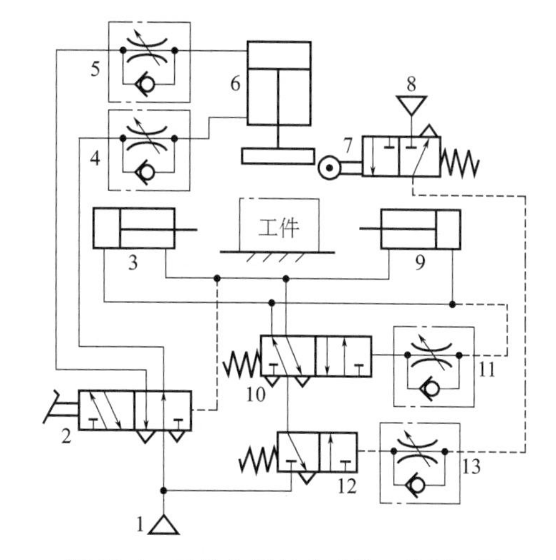

图 15-4　工件夹紧气动系统工作原理图

1、8—压缩空气源；2—脚踏换向阀；3、6、9—气缸；4、5、11、13—单向节流阀；7—二位三通机动行程阀；10—二位五通气控换向阀；12—二位三通气控换向阀

具体工作原理如下：

当踩下脚踏换向阀（为二位五通换向阀）2 时，脚踏换向阀 2 的左位处于工作状态，来自气源 1 的压缩空气经单向节流阀 5 进入定位锁紧气缸 6 无杆腔，有杆腔经单向节流阀 4、脚踏换向阀 2 左位排气，定位锁紧气缸 6 的活塞杆和夹紧头一起下降至锁紧位置后使二位三通机动行程阀 7 换向，二位三通机动行程阀 7 左位处于工作状态。

此时，来自气源 8 的压缩空气经单向节流阀 13 进入二位三通气控换向阀 12 右腔，使其换向右位处于工作状态（调节节流阀 13 的开度可控制阀 12 的延时接通时间）。压缩空气经二位三通气控换向阀 12 的右位再通过二位五通气控换向阀 10 的左位进入两侧夹紧气缸 3 和 9 的无杆腔，有杆腔经二位五通气控换向阀 10 左位排气，使两夹紧气缸 3 和 9 的活塞杆同时伸出，夹紧工件。

同时，一部分压缩空气经单向节流阀 11 作用于二位五通气控换向阀 10 右腔，使其换向到右位（调节节流阀 11 的开度可控制二位五通气控换向阀 10 的延时接通时间，使其延时时间比加工时间略长），压缩空气经二位三通气控换向阀 12 右位和二位五通气控换向阀 10 右位进入夹紧气缸 3 和 9 有杆腔，无杆腔经二位五通气控换向阀 10 右位排气，两夹紧气缸 3 和 9 的活塞杆同时快退返回。

在两夹紧气缸3和9的活塞杆返回的过程中，有杆腔的压缩空气使脚踏换向阀2复位，压缩空气经脚踏换向阀2右位和单向节流阀4进入定位锁紧气缸6有杆腔，无杆腔经单向节流阀5和脚踏换向阀2右位排气，使定位锁紧气缸6活塞杆向上返回，带动夹紧头上升，二位三通机动行程阀7、二位五通气控换向阀10和二位三通气控换向阀12也相继复位，夹紧气缸3和9的无杆腔通过二位五通气控换向阀10左位和二位三通气控换向阀12左位排气，至此完成一个工作循环。

该回路中只有再踏下脚踏换向阀2，才能开始下一个工作循环。

15.4 铸造震压造型机气动系统

由于铸造生产劳动强度大，工作条件恶劣，所以气动技术在铸造生产中应用较早，且其自动化程度比较成熟和完善，下例是某铸造厂气动造型生产线上所用的四立柱低压微震造型机的电磁-气控系统。此系统在电控部分配合下可实现自动、半自动和手动三种方式的控制。

图15-5为机器的示意图。空砂箱3由滚道送入机器左上方。推杆气缸1将空砂箱推入机器，同时顶出前一个已造好的砂型4，砂型沿滚道被送至合箱机（若是下箱则进翻箱机，合箱机和翻箱机图中均未画出）。推杆气缸1复位后，接箱气缸10上升举起工作台，当工作台将砂箱举离滚道一定高度并压在填砂框8上以后停止。推杆气缸7将定量砂斗5拉到填砂框上方，压头6随之移出（砂斗与压头连为一体），进行加砂，同时进行预震击。

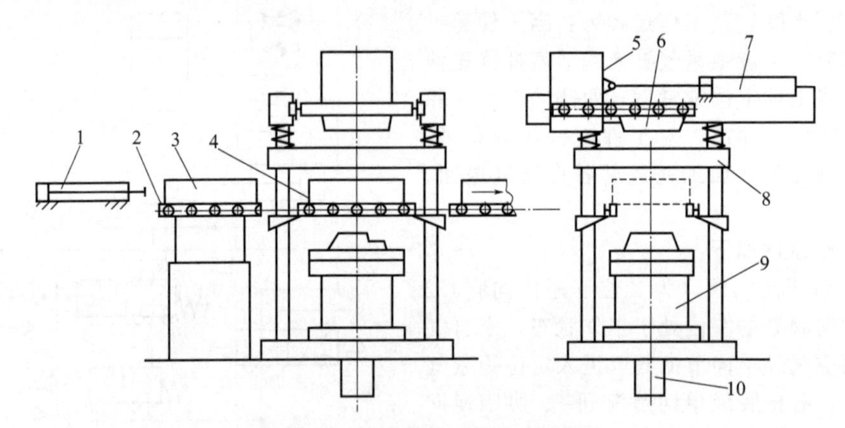

图15-5 气控震压造型机示意图

1—砂箱推杆气缸；2—滚道；3—空砂箱；4—砂型；5—定量砂斗；6—压头；7—砂斗推杆气缸；8—填砂框；9—震压气缸；10—接箱气缸

震击一段时间后，推杆气缸7将砂斗推回原位，压头6随之又进入工作位置，震压气缸9（压实气缸与震击气缸的复合气缸）将工作台连同砂箱继续举起，压向压头，同时震击，使砂型紧实。在压实气缸上升时，接箱活塞返回原位。经过一定时间压实，压实活塞带动砂箱和工作台下降，当砂箱接近滚道时减速，进行起模。砂型留在滚道上，工作台继续落回到原位，准备下一循环。

气动系统的工作原理如图15-6所示。按下按钮阀6，阀7换位使气源接通。当上一工序的信号使4DT接通时，阀15换向，接箱气缸G上升，举起工作台并接住滚道上的空砂箱后停在加砂位置上。同时压合行程开关5XK，使2DT通电，阀9换向，气缸B把砂斗D拉到左端并压合3XK，使3DT接通，阀16换向，进行加砂和震击。与此同时，采用时间继电器对加砂和震击计时，到一定时间后 2DT、3DT 断电，阀 9、阀 16 复位，加砂和震击停止。砂斗回到原位，同时压头 C 进入压实位置并压合 4XK 使 5DT 通电，阀 13 换向，压实气缸 F 上升，4DT 断电，阀 15 复位，接箱气缸 G 经快速排气阀 14 排气，并快速落回原位。

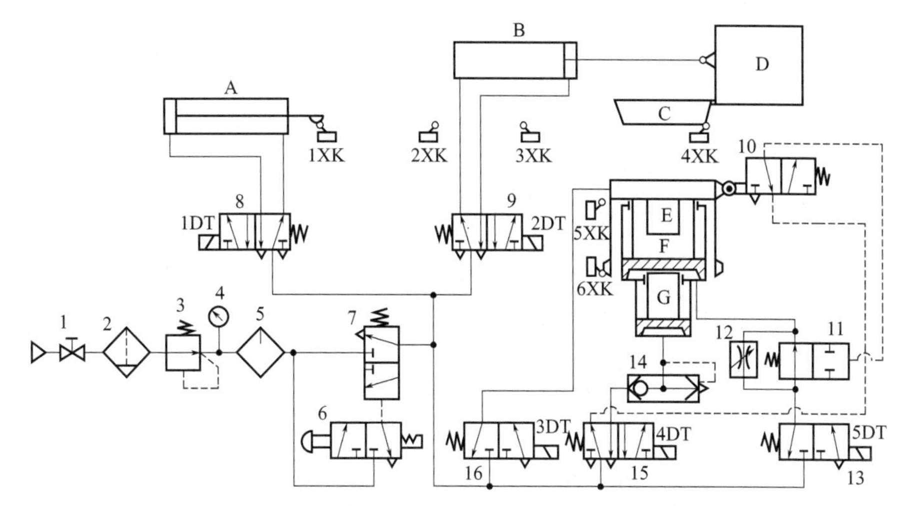

图 15-6 气控震压造型机气动系统原理图

1—总阀；2—分水滤气器；3—减压阀；4—压力表；5—油雾器；6—按钮阀；7、11—气动换向阀；8、9、13、15、16—电磁换向阀；10—行程阀；12—节流阀；14—快速排气阀；1XK～6XK—行程开关；A—砂箱推杆气缸；B—砂斗推杆气缸；C—压头；D—定量砂斗；E—震击气缸；F—压实气缸；G—接箱气缸

压实时间由时间继电器计时，压实到一定时间后，5DT 断电，阀 13 复位，压实活塞下降。为满足起模和行程终点缓冲的要求，应用行程阀 10、气动换向阀 11、节流阀 12 和电磁换向阀 13 实现气缸行程中的变速。

当砂箱下落接近滚道时，撞块压合行程阀 10，阀 11 关闭，压实气缸经节流阀 12 排气，压实活塞低速下降。待模型起出后撞块脱离阀 10，压实气缸经由阀 11 和 13 排气，活塞快速下降。快到终点时，再次压合阀 10，使其控制阀 11 切断快速排气通路，活塞慢速回到原位并压合 6XK 使 1DT 通电，阀 7 换向，推杆气缸 A 前进把空箱推进机器，同时推出造好的砂型。

在行程终点压合 2XK，使 1DT 断电，阀 8 复位，A 缸返回。至此，完成一个工作循环。

15.5 气动张力控制系统

在印刷、纺织、造纸等许多工业领域中，张力控制是不可缺少的工艺手段。由力的控制回路构成的气动张力控制系统已有大量应用，它价格低廉，张力稳定、可靠，因而大有取代电磁张力控制机构之趋势。

卷筒纸印刷机工作时，为了能够进行正常的印刷，在输送纸张时，需要给纸带施加合理而且恒定的张力。由于印刷时，卷筒纸的直径逐渐变小，因此张力对纸筒轴的力矩以及纸带的加速度都在不断地变化，从而引起张力变化。另外卷筒纸本身几何形状引起的径向跳动，以及系统启动、刹车等因素的影响，也会引起张力的波动。所以张力控制系统不但要提供一定的张力，而且要能根据变化自动调整，将张力稳定在一定的范围之内。

图 15-7(a)、(b) 分别为卷筒纸印刷机气动张力控制系统的示意图和控制回路原理图。纸带的张力主要由制动气缸 4 通过制动器对给纸系统 3 施加反向制动力矩来实现。由具有 Y 型中位的换向阀 10、调压阀 11、减压阀 9、张力气缸 8 构成的可调压力差动控制回路再对纸带施加一个给

定的微小张力。某一时刻纸带中张力的变化由调压阀 11 调整。重锤 7、油柱 6 和压力控制阀 5 组成位置-压力比例控制器，它可将张力的变化量与给定小张力之差产生的位移转换为气压的变化，此气压的变化可控制制动气缸 4 改变对给纸系统的制动力矩，以实现恒张力控制。存纸托架 14 为一浮动托架，受张力差的作用可上下浮动，使张力差转变为位置变动量，同时能控制张力的波动，还能储存一定数量的纸，供不停机自动换纸卷筒用。当纸带张力变化时，通过该气动系统便可保持恒定张力，其动作如下：

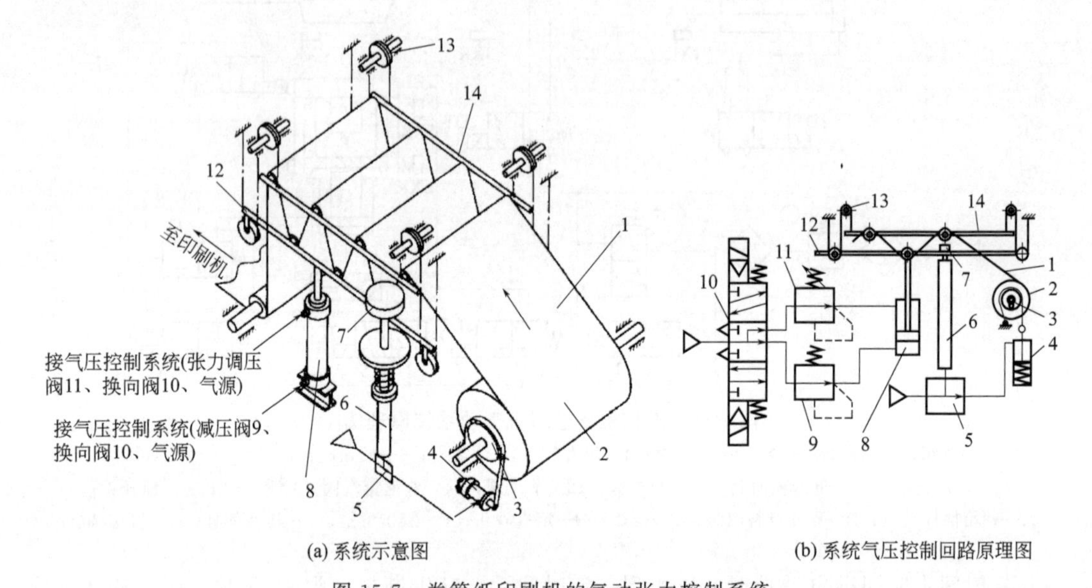

图 15-7 卷筒纸印刷机的气动张力控制系统

1—纸带；2—卷纸筒；3—给纸系统；4—制动气缸；5—压力控制阀；6—油柱；7—重锤；8—张力气缸；9—减压阀；10—换向阀；11—张力调压阀；12—连接杆；13—链轮；14—存纸托架

如果纸张中张力增大，使存纸托架 14 下移，因为存纸托架是通过链轮 13 与连接杆 12 连接在一起的，于是带动连接杆上升，连接杆又使油柱 6 上升。油柱上升使压力控制阀 5 的输出压力按比例下降，从而使制动气缸对卷纸筒的制动力矩减小，最后使纸张内张力下降。如果纸张内张力减小，则张力气缸 8 在给定力作用下使连杆及油柱下降（也使存纸托架上升）。油柱下降使压力控制阀输出压力按比例上升，这样制动气缸对卷纸筒的制动力矩增大，纸张的张力上升。当纸张内张力与张力气缸给定张力平衡时，存纸托架稳定在某一位置，此时位移变动量为零，压力控制阀输出稳定压力。

系统中 11、5 均为普通的精密调压阀。油柱 6 是一根细长而充满油的液压气缸，底部装一钢球盖住下面压力控制阀的先导控制口，由通过存纸托架 14 的上下位置变化在油柱中产生的阻尼力来控制喷口大小，从而控制输出压力的大小。用压力差动控制回路，可输出较小的给定力，从而提高控制的精度。

15.6 全自动灌装机气动控制系统

压力灌装主要适用于黏稠物料的灌装，可以提高灌装速度。如：食品中的番茄沙司、肉糜、炼乳、糖水、果汁等；日用品中的冷霜、牙膏、香脂、发乳、鞋油等；医药中的软膏以及工业上用的润滑脂、油漆、油料、胶液等。另外，某些液体如医药用的葡萄糖液、生理盐水、袋血浆等，因采用软性无毒无菌塑料袋或复合材料袋包装，其注液管道软细，阻力大，也要采用压力灌装，因此，压力灌装应用场合十分广泛。

由于采用的压力和计量方法不同，压力灌装有多种形式。其中应用最广的是容积式压力灌装。容积式压力灌装又称机械压力灌装，由各种定量泵（如活塞泵、刮板泵、齿轮泵等）施加灌装压力，并进行灌装计量。而其中采用活塞泵的容积式灌装方法应用最广泛，其工作原理如图 15-8 所示，旋转阀 3 上开有夹角为 90°的两个孔，其中一个为进料口，另一个为出料口。旋转阀 3 作往复转动。当其进料口与料斗 1 的料口相通时，出料口与下料管 6 隔断，活塞 2 向左移动，将物料吸入计量室 5；当旋转阀 3 转动使其出料口与下料管 6 相通时，进料口与料斗 1 隔断，活塞 2 向右移动，物料在活塞 2 的推动下经下料管 6 流入包装容器 7。灌装容积为计量容积，通过调节活塞行程即可调节灌装容积。

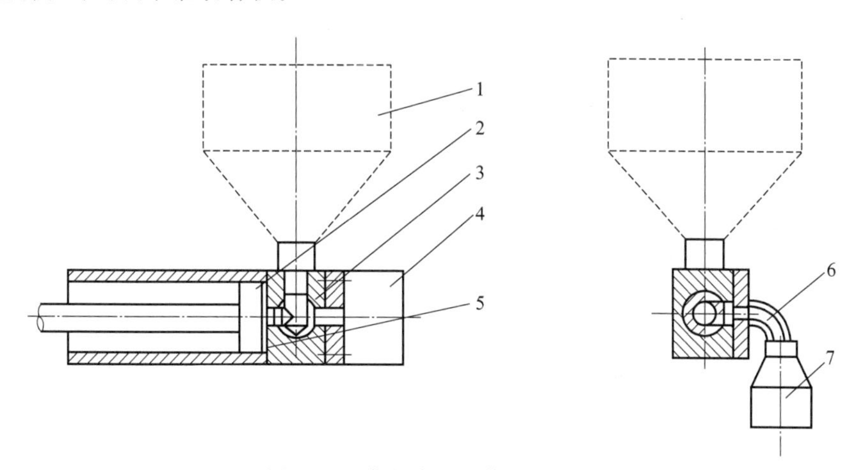

图 15-8 容积式压力灌装原理图

1—料斗；2—活塞；3—旋转阀；4—旋转气缸；5—计量室；6—下料管；7—包装容器

活塞泵的两个主要动作通常需要通过机械传动来实现。为了控制运动速度及保证整个灌装动作协调完成，该机构设计得比较复杂。另外，还需设计电气控制系统，以实现灌装的自动化，因此制造成本较高。如采用气动技术则可以很方便地完成前述活塞容积式灌装的两个动作。

气动控制回路原理如图 15-9 所示。首先，按下复位按钮，19 口得气，同时 38 口得气，使整个气动回路复位至如图示位置，旋转气缸转动 90°，带动转阀 3 转动，使转阀的进料口与料 1 的料口相通时，出料口与下料管 6 隔断，同时气阀 32 得气，使气缸活塞 2 向左移动，将物料吸入计量 5，然后，按下启动按钮，11 口得气，使气阀换向，旋转气缸又回转 90°，带动旋转阀 3 转动，使转阀出料口与下料 6 相通时，进料口与料斗 1 隔断，同时气阀 34 口得气，气缸活塞 2 向右移动，物料在气缸活塞 3 的推动下经下料管 6 流入包装容器 7，气缸活塞移动致容积调节磁控开关时，磁控开关动作，使 18 口得气，然后 19 口得气，整个气动回路复位。第二次按启动按钮，则重复上述动作。该气动回路设有自动和急停开关，当自动开关闭合时整个气动回路自动运行，若此时遇到紧急情况，可立即按下急停按钮，让系统停止工作。

本气动控制回路全部采用气控信号控制，双气控滑阀、分水减压阀选用日本 SMC 公司产品，启动、自动/手动、复位、急停按钮、节流调速阀、或阀、磁控开关、直线气缸、旋转气缸等选用英国 Norgren Martonair 公司产品；气动传感接头选用韩国 Sanwo 系列产品，这种传感接头在气缸到达行程末端时，可依靠探测到的排气压降而工作，用来提供一个气信号。它提供一种全气动控制，可取代磁性开关。

该气动控制回路实现了容积式灌装方法中对活塞泵的两个主要动作的协调，完成了压力灌装的自动化，并通过控制气缸压力及行程对灌装压力及灌装容积实行无级调节，该气动回路实现了变速灌装，同时灌装速度和吸料速度也实行无级调节。因此，气动技术实现包装机械的自动化是具有显著优势的。

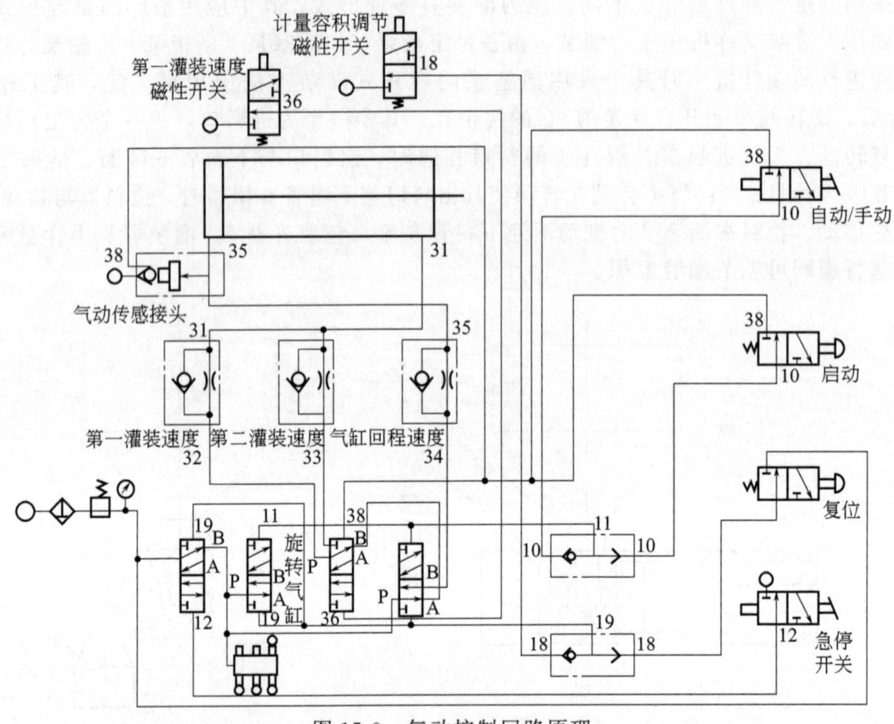

图 15-9 气动控制回路原理

第3篇　电气设备系统与电气工程识图

第16章　电气工程识图基本知识

16.1　电气工程图中的常用元器件及电气符号

16.1.1　电路常用元器件

（1）基本元器件

① 电阻　电阻在电子电路中是用得最多的元件之一。它在电路中常用来控制电流、分配电压。电阻的文字符号用字母“R”表示。

电阻按结构形式分类，有固定电阻、可变电阻两大类。

固定电阻的种类比较多，按材料不同，主要分为碳质电阻、碳膜电阻、线绕电阻等。固定电阻的电阻值是固定不变的。

可变电阻主要是指可调电阻、电位器。它们的阻值可以在某一个范围内变化。

电阻按用途的不同，可分为精密电阻、高频电阻、高压电阻、大功率电阻、热敏电阻、熔断器等。常见的电阻外形如图16-1所示。

电阻的国际单位是欧姆（Ω），其单位除欧姆（Ω）外，还有千欧（kΩ）、兆欧（MΩ），它们之间的换算关系为

$$1\text{k}\Omega=1000\Omega=10^3\Omega$$

$$1\text{M}\Omega=1000\text{k}\Omega=10^6\Omega$$

② 电容器　电容器是由两个金属板中间夹有绝缘材料构成的。

电容器在电路中具有隔断直流电、通过交流电的作用，常用于级间耦合、滤波、去耦、旁路及信号调谐等方面，是电子电路中不可缺少的基本元件。

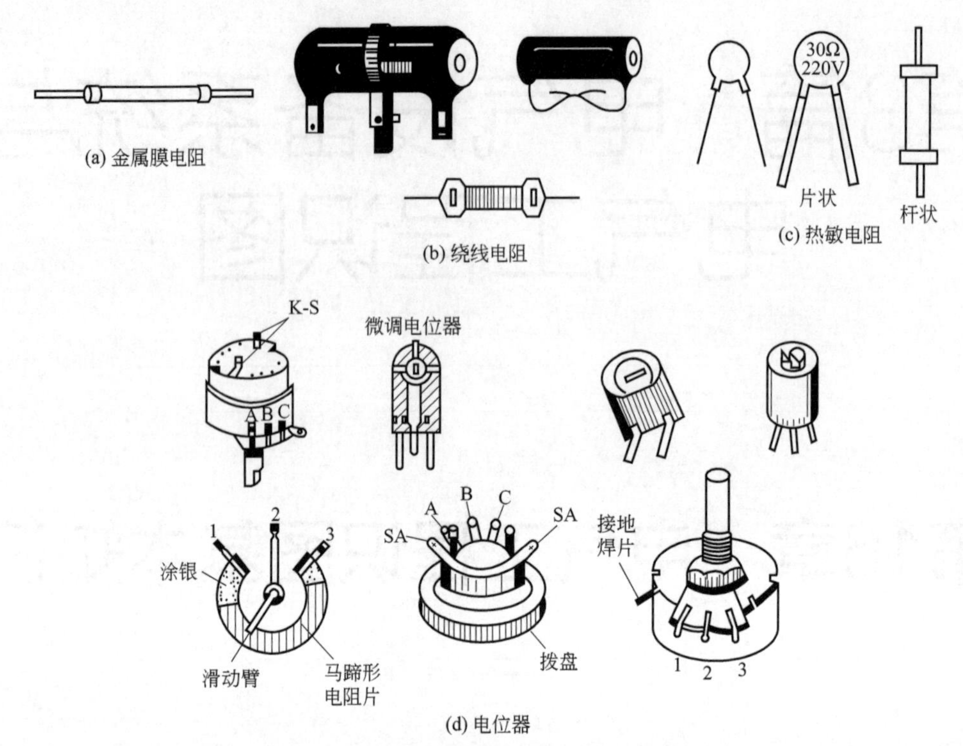

图 16-1 常见电阻的外形

电容器的种类繁多，不同种类电容器的性能、用途不同。电容器按结构可分为固定电容器、可变电容器、半可变电容器。

固定电容器的电容量是固定不变的，它的性能和用途与两极板间的介质有密切关系，一般常用的介质有空气、云母、陶瓷、金属氧化物、纸介质、铝电解质等。电解电容器是有正负极之分的，使用时切记不可将极性接反。

电容量在一定范围内可以调节的电容器叫可变电容器。半可变电容器又叫微调电容器，在电路中它常用作补偿电容。

电容器的文字符号用字母“C”表示，常见电容器的外形如图 16-2 所示。

电容器的电容量简称电容。电容的国际单位是法拉（F），但法拉单位较大，在实际应用中常用微法（μF）、皮法（pF），它们之间的换算关系为

$$1\mu F=10^{-6}F$$

$$1pF=10^{-6}\mu F=10^{-12}F$$

③ 电感器 电感器在电路中有阻交流、通直流的作用，同样是电子电路中不可缺少的基本元件。

电感器的种类很多，而且分类方法也不一样。通常按电感器的形式分，有固定电感器、可变电感器、微调电感器；按磁体的性质分，有空心线圈、磁心线圈；按结构特点分，有单层线圈、多层线圈、蜂房线圈等。

各种电感器都具有不同的特点和用途。但它们都是用漆包线、纱包线、镀银裸铜线，绕在绝缘骨架上、铁芯上构成，而且每圈与每圈之间要彼此绝缘。为适应各种用途的需要，电感器做成各式各样的形状，如图 16-3 所示。

电感器的文字符号用字母“L”表示。

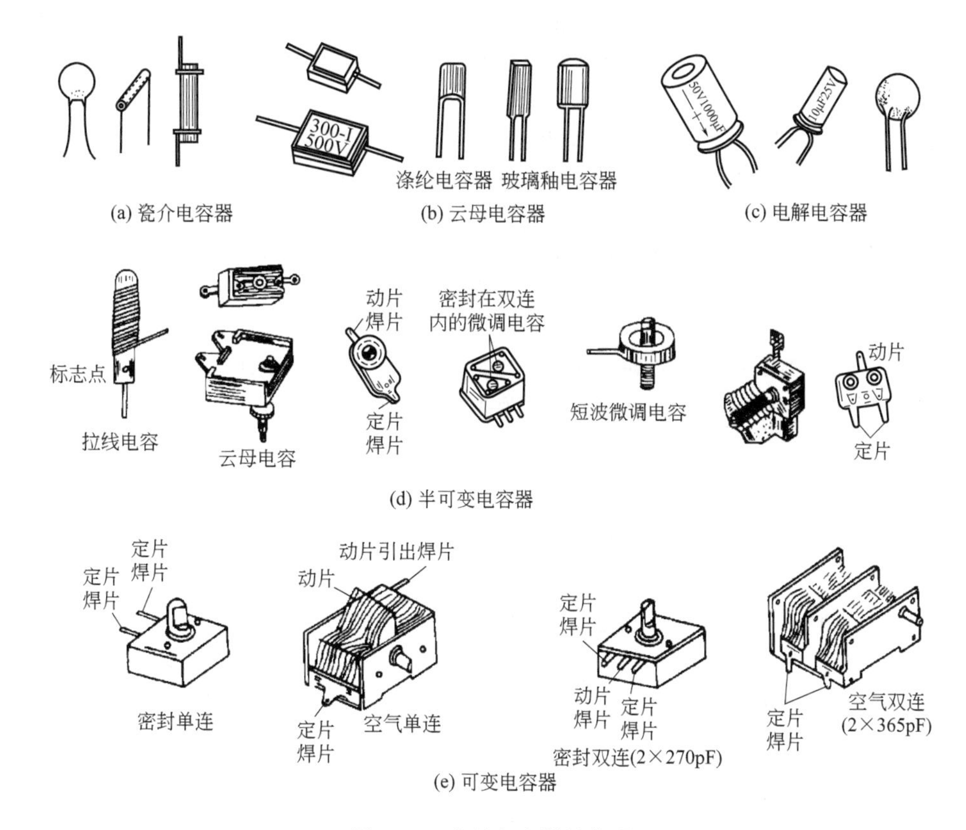

图 16-2　常见电容器的外形

电感量的国际单位是亨利（H），常用的单位还有毫亨（mH）、微亨（μH）。它们之间的换算关系为

$$1\text{H}=10^{3}\text{mH}=10^{6}\mu\text{H}$$

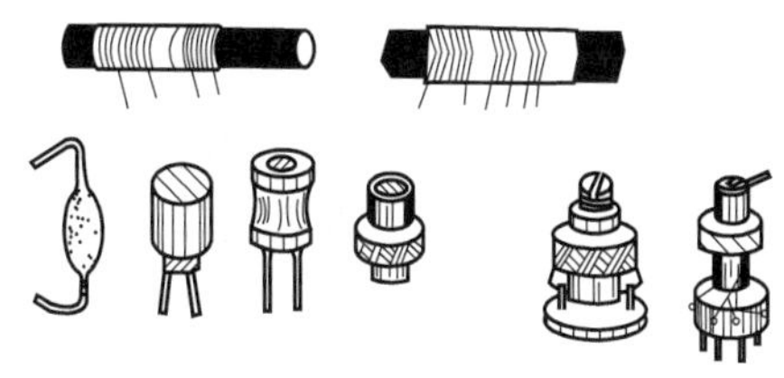

图 16-3　常见电感器的外形

（2）半导体器件

所谓半导体，顾名思义，就是它的导电能力介于导体和绝缘体之间。如硅、锗、硒以及大多数金属氧化物和硫化物都是半导体。

很多半导体的导电能力在不同条件下有很大的差别。例如有些半导体（如钴、锰、镍等的氧化物）对温度的反应特别灵敏，环境温度增高时，它们的导电能力要增强很多。利用这种特性就做成了各种热敏电阻。又如有些半导体（如镉、铅等的硫化物与硒化物），受到光照时，它们的导电能力变得很强；当无光照时，又变得像绝缘体那样不导电。利用这种特性就做成了各种光敏电阻。

更重要的是，如果在纯净的半导体中掺入微量的某种杂质后，它的电阻率就从大约 $2\times10^{3}\Omega\cdot\text{m}$ 减小到 $4\times10^{-3}\Omega\cdot\text{m}$ 左右。利用这种特性就做成了各种不同用途的半导体器件，如二极管、三极管、场效应管及晶闸管等。由于掺入的杂质不同，杂质半导体分为两大类：一类是在硅或锗的晶体中掺入磷形成的半导体，该半导体中自由电子是主要的导电方式，故称为电子半导体或 N 型半导体；另一类是在硅或锗的晶体中掺入硼（或其他三价元素）形成的半导体，这种半导体是以空穴作为主要的导电方式，称为空穴半导体或 P 型半导体。半导体一般都具有晶体结构，所以半导体也称为晶体，这就是晶体管名称的由来。

P 型或 N 型半导体的导电能力虽然大大增强，但并不能直接用来制造半导体器件。通常是在一块 N 型（P 型）半导体的局部再掺入浓度较大的三价（五价）杂质，便其变为 P 型（N 型）半导体。在 P 型半导体和 N 型半导体的交界面就形成 PN 结。这 PN 结是构成各种半导体器件的基础。

① 二极管　二极管是由一个 PN 结加上电极引线与外壳制成。由 P 区引出的电极称为阳极或正极，由 N 区引出的电极称为阴极或负极。它是电子电路中的基本器件。

二极管的种类很多。二极管按材料不同，可分为硅二极管、锗二极管、砷化镓二极管等；按结构不同，可分为点接触型二极管和面接触型二极管；按用途分，可分为整流二极管、检波二极管、变容二极管、稳压二极管、开关二极管、发光二极管、光敏二极管等。常见二极管的外形如图 16-4 所示。

二极管的基本特性是具有单向导电性。即当二极管所加的正向电压超过死区电压时，二极管导通；当二极管加反向电压时，二极管截止。典型的硅二极管的伏安特性曲线如图 16-5 所示。

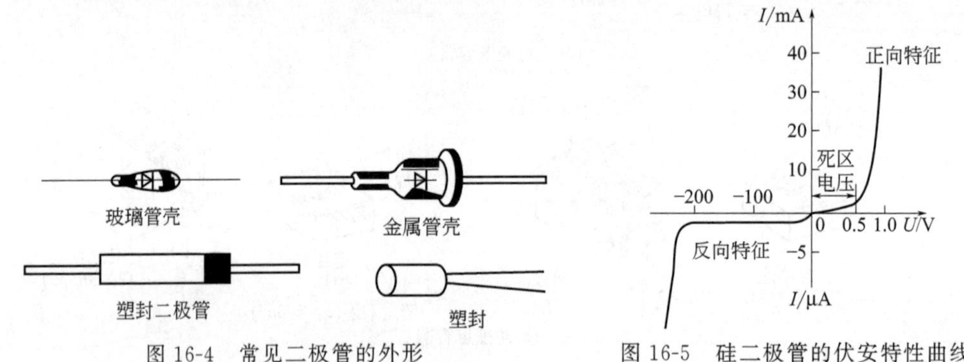

图 16-4　常见二极管的外形

图 16-5　硅二极管的伏安特性曲线

由图 16-5 可见，当二极管的正向电压超过死区电压后，正向电流增长很快，而电压的变化极小（硅二极管约为 0.6～0.7V，锗二极管约为 0.2～0.3V），此电压称为导通电压。此时，二极管导通。

当二极管加的是反向电压时，反向电流很小，而且在一定范围内，反向电流基本上恒定，与反向电压的高低无关，此电流称为反向饱和电流。此时二极管截止。当外加反向电压超过某一高值时，反向电流将突然增大，反向击穿电压。一般的二极管在反向击穿后将因反向电流过大而损坏。

二极管的主要参数有：

a. 最大整流电流 I_{FM}。最大整流电流是指二极管长时间使用时，允许流过的最大正向平均电流。使用时通过二极管的平均电流要小于这个电流，否则，电流过大，PN 结过热会将二极管烧坏。点接触型二极管的最大整流电流在几十毫安以下，而专门为整流电路设计的整流二极管的最大整流电流可达几安。

b. 最高反向工作电压 U_{RM}。为确保二极管安全使用所允许施加的最大反向电压。一般给出的最高反向工作电压为击穿电压的 1/2～2/3。点接触型二极管的最高反向工作电压一般为数十伏，面接触型二极管的最高反向工作电压可达数百伏。

c. 反向饱和电流 I_R。当二极管加最高反向工作电压时的反向电流。此值越小，说明二极管的单向导电性越好。

② 三极管　半导体三极管，简称晶体管，是最重要的一种半导体器件。

晶体管有两个 PN 结，即发射结和集电结；有三个电极，即发射极 E、基极 B、集电极 C。按 PN 结的构成不同，有 NPN 和 PNP 两种类型。

晶体管按结构分，有点接触型和面接触型；按材料分，有锗管和硅管；按工作频率分，有高频管、低频管；按功率大小分，有大功率、中功率、小功率晶体管；按封装形式分，有金属封装和塑料封装等形式。常见晶体管的外形和电路图形符号如图 16-6 所示。

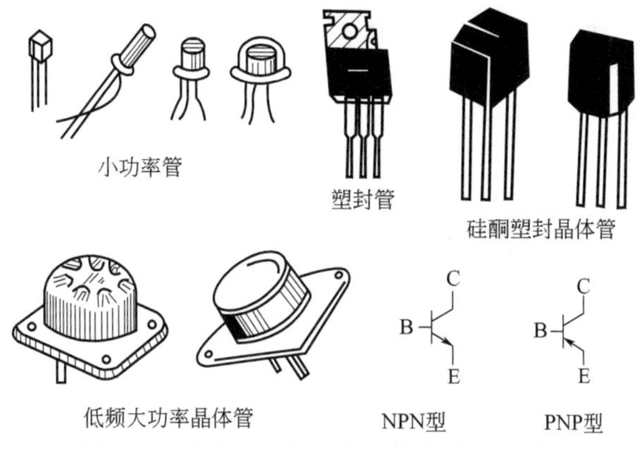

图 16-6　常见三极管的外形和电路图形符号

如果将一个 NPN 型晶体管按图 16-7 所示的电路接线，则两个 PN 结在外部形成两个电路：基极电路和集电极电路。这种电路以发射极作为两个电路的公共端，称为三极管的共发射极放大电路。要使晶体管起电流放大作用，通常采用这种电路。

晶体管的输出特性曲线是指当基极电流 I_B 为常数时，输出电路（集电极电路）中集电极电流 I_C 与集电极-发射极电压 U_{CE} 之间的关系曲线 $I_C=f(U_{CE})$。在不同的 I_B 下，可得出不同的曲线，所以晶体管的输出特性曲线是一组曲线，如图 16-8 所示。

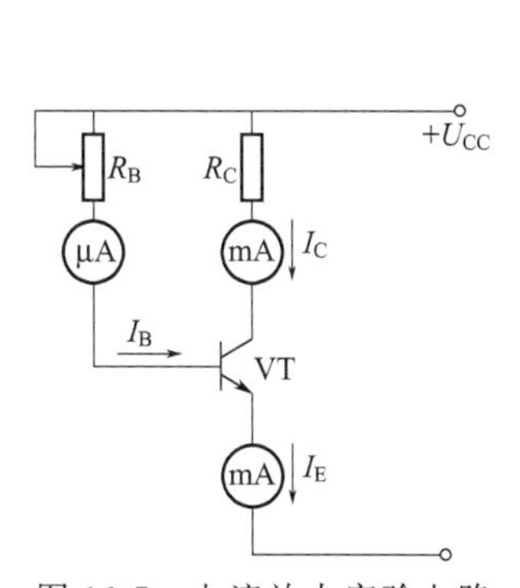

图 16-7　电流放大实验电路

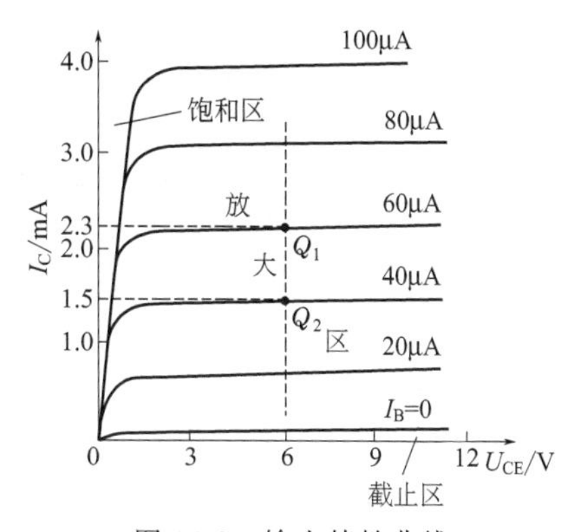

图 16-8　输出特性曲线

当 I_B 一定时，从发射区扩散到基区的电子数大致是一定的。在 U_{CE} 超过一定数值（约 1V）以后，这些电子的绝大部分被拉入集电区而形成 I_C，以致当 U_{CE} 继续增高时，I_C 也不再有明显的增加，具有恒流特性。

当 I_B 增大时，相应的 I_C 也增大，曲线上移，而且 I_C 比 I_B 增加得多，这就是晶体管的电流放大作用。

通常把晶体管的输出特性曲线分为放大区、截止区、饱和区三个工作区（图 16-8）。

在数字电路中，晶体管常用作开关器件，这时，晶体管就工作在截止区和饱和区。

晶体管的主要参数有：

a. 静态电流（直流）放大系数 $\overline{\beta}$。当晶体管接成共发射极电路时，在静态（无输入信号）时集电极电流 I_C（输出电流）与基极电江 I_B（输入电流）的比值，称为共发射极静态电流（直流）放大系数

$$\bar{\beta}=\frac{I_C}{I_B}$$

b. 动态电流（交流）放大系数 β。当晶体管工作在动态（有输入信号）时，基极电流的变化量为 ΔI_B，它引起集电极电流的变化量为 ΔI_C。ΔI_C 与 ΔI_B 的比值称为动态电流（交流）放大系数

$$\beta=\frac{\Delta I_C}{\Delta I_B}$$

c. 集电极-发射极反向截止电流 I_{CEO}。I_{CEO} 是基极开路，集电结反偏（对 NPN 型管，集电极接电源正极，发射极接电源负极）时的集电极电流。由于这个电流似乎是从集电区穿过基区流至发射区，所以也称穿透电流。I_{CEO} 具有很强的热敏性，当温度升高时，I_{CEO} 增长很快。所以 I_{CEO} 越小，晶体管的热稳定性越好。

d. 集电极最大允许电流 I_{CM}。集电极电流过大时会引起 β 下降，当 β 值下降到正常值的 2/3 时的集电极电流，称为集电极最大允许电流。作为放大管使用时，I_C 不宜超过 I_{CM}，超过时引起 β 值下降，输出信号失真，过大时也会烧坏管子。

e. 集电极-发射极反向击穿电压 $U_{(BR)CEO}$。基极开路时，加在集电极和发射极之间的最大允许电压，称为集电极-发射极反向击穿电压 $U_{(BR)CEO}$。当晶体管的集电极-发射极电压大于此值时，I_{CEO} 突然大幅度上升，说明晶体管已被击穿。电子器件上给出的一般是常温（25℃）时的值，在高温下，其反向击穿电压将要降低，使用时应特别注意。

f. 集电极最大允许耗散功率 P_{CM}。由于集电极电流在流经集电结时要产生功率损耗，使结温升高，从而会引起晶体管参数变化，当晶体管因受热而引起的变化不超过允许值时，集电结所消耗的最大功率，称为集电极最大允许耗散功率 P_{CM}，$P_{CM}=U_{CE}I_C$。

可在晶体管输出特性曲线上作出 P_{CM} 线，它是一条双曲线，如图 16-9 所示。

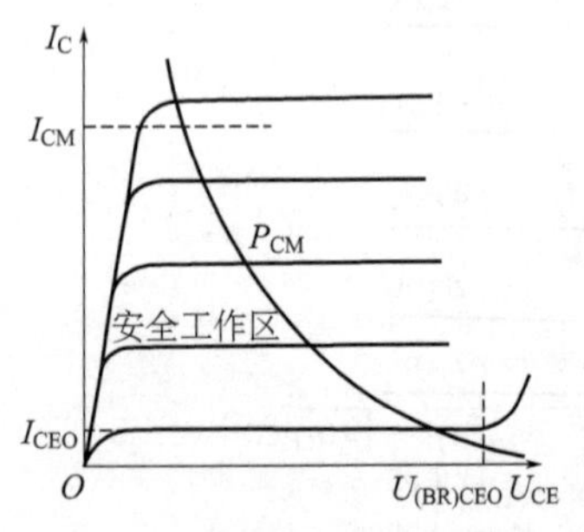

图 16-9 晶体管安全工作区

③ 其他几种常用的半导体器件

a. 场效应晶体管。场效应晶体管是一种新型的半导体器件，其外形与晶体管相似，它也有三个电极，即栅极 G、源极 S、漏极 D，同样具有放大作用，但两者的控制特性却不相同。晶体管是电流控制器件，通过改变基极电流达到控制集电极电流的目的，它工作在放大状态时，发射结正向偏置，需要信号源提供输入电流，因此它的输入电阻较低，仅有 $10^2\sim10^4\Omega$。而场效应晶体管则是电压控制器件，它的输出电流 I_D 决定于输入信号电压 U_{GS} 的大小，利用 U_{GS} 的变化控制漏极电流 I_D 的变化是场效应晶体管放大作用的一个重要标志。它工作时不需要从信号源提供电流，即它的输入电阻极高，可达 $10^9\sim10^{14}\Omega$。同时它还具有噪声小、热稳定性好、抗辐射能力强、便于集成化等优点，因此在大规模集成电路中应用极为广泛。

场效应晶体管的文字符号为“VF”。

场效应晶体管可分为结型场效应晶体管和绝缘栅型场效应晶体管。

场效应晶体管的主要参数有夹断电压 $U_{GS(off)}$、开启电压 $U_{GS(th)}$、饱和漏电流 I_{DSS}、直流输入电阻 R_{GS}、跨导 G_m、击穿电压 $U_{(BR)DS}$、漏极最大耗散功率 P_{DM} 等。

b. 稳压二极管。稳压二极管是一种特殊的面接触型硅二极管，专为在电路中稳定电压而设计，故简称为稳压管。稳压二极管的文字符号为“VS”或“VZ”。

稳压二极管通过专门设计，与一般二极管相比有两个特别的地方：一是稳压二极管工作的反向击穿电压一般比较低，它在反向击穿时，其两端的电压基本保持不变，起到稳压的作用，故它的反向击穿电压就是稳压值；二是稳压二极管的反向击穿是可逆的，即当外加电压去掉后，稳压二极管又恢复常态，故它可长期工作在反向击穿区而不至于损坏。

与一般二极管不同，稳压管的主要参数有：

• 稳定电压 U_Z。稳定电压是稳压管在正常工作时，管子两端的电压。电子器件上给出的稳定电压值是在规定的工作电流和温度下测试出来的，由于制造工艺的分散性，同一型号的稳压管其稳压值可能有所不同，但每一个管子的稳压值是一定的。如 2CW14 的 U_Z 为 6～7.5V，指的是这种型号稳压管稳压值的范围。具体到各个管子，其稳压值可能是不同的，所以在使用之前一定要测试。

• 最大稳定电流 I_{Zmax}。最大稳定电流是指稳压管允许通过的最大反向电流。稳压管在工作时所通过的电流不应超过此值。

• 动态电阻 r_Z。动态电阻是指稳压管两端电压的变化量与相应的电流的变化量的比值，即

$$r_Z=\frac{\Delta U_Z}{\Delta I_Z}$$

r_Z 的大小反映了稳压管稳压性能的好坏。动态电阻越小，表示电流变化量 ΔI_Z 很大时，电压变化量 ΔU_Z 很小，稳压性能好。

c. 发光二极管。发光二极管是一种能把电能变成光能的半导体器件。常用来作为显示器件，除单个使用外，也常做成七段式或矩阵式。它和普通二极管一样，具有单向导电性。当发光二极管正偏且达到额定电流时就会发光。

发光二极管的种类按发光颜色的不同，可分为红色、黄色、绿色和红外光二极管等。

对于发红光、绿光、黄光的发光二极管管脚引线，较长者都为正极，较短者为负极。如管帽上有凸起标志，那么靠近凸起标志的管脚为正极。

发光二极管的文字符号为“VL”。

发光二极管可以用直流、交流等电源驱动。发光二极管使用时必须正向偏置且必须接限流电阻 R。改变 R 的大小，就可以改变发光二极管发光的亮度。

d. 光敏二极管。光敏二极管是这样一种器件：其反向电流随光照强度的增加而上升。也就是说，当没有光照射时反向电流很小，反向电阻很大；当有光照射时反向电阻减小，反向电流增大。因此其可用作光的测量，当制成大面积的光敏二极管时，可当作一种能源，称为光电池。

在光敏二极管的管壳上有一个玻璃窗口，以便于接受光照。

光敏二极管在无光照射时的反向电流叫暗电流，有光照射时的反向电流叫光电流，光敏二极管在使用时必须反向偏置。

光敏二极管的主要参数有暗电流、光电流和最高工作电压。其中，最高工作电压是指暗电流不超过允许值时的最大反向电压。

e. 光敏晶体管。光敏晶体管的工作原理与光敏二极管基本相同，它与光敏二极管的不同之处是，它将光照后产生的电信号又进行了放大，因而灵敏度比光敏二极管高。光敏晶体管的管脚引线有三个的，也有两个的。在两引线的管子中，光窗口即为基极。光敏晶体管有硅管和锗管之分，锗管的灵敏度比硅管高，但是锗管的暗电流较大。

f. 晶闸管。晶闸管是硅晶体闸流管的简称，又称可控硅（SCR），是一种功率半导体器件。晶闸管具有容量大、体积小、效率高、寿命长、控制特性好等优点。在控制电路中应用较广泛。晶闸管包括普通晶闸管和双向、逆导、可关断、快速、光控等特殊晶闸管。其中普通晶闸管应用最普遍，主要用于整流、逆变、开关、调压等方面。晶闸管是一种大功率 PNPN 四层结构的半导体器件，其外形、结构及符号如图 16-10 所示。

晶闸管的外形与大功率整流二极管相似，只是多了一个控制极 G（又称门极）。在 PNPN 四层结构中，有三个电极：阳极 A、阴极 K 和控制极 G。有三个 PN 结：J_1、J_2、J_3。

晶闸管的工作原理是：由图 16-10(b) 晶闸管内部结构可以看出，当晶闸管阳极 A 和阴极 K 之间加正向电压，控制极 G 不加电压时，晶闸管处于阻断状态；当阳极和阴极之间加反向电压

时，无论控制极是否加电压，晶闸管都不能导通，呈反向阻断状态。只有在晶闸管阳极和阴极之间加正向电压，控制极和阴极间加一定大小的正向触发电压，此时，管子才能导通。当管子一旦导通后，控制极就失去了控制作用。此时要使已导通的管子关断，必须使阳极电压降到足够小或使阳极电流降到（维持电流/H）以下才能实现。维持电流是晶闸管的一个重要参数。

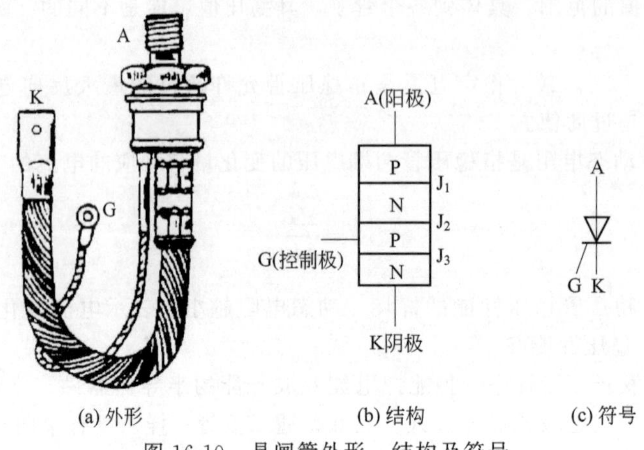

(a) 外形　(b) 结构　(c) 符号

图 16-10　晶闸管外形、结构及符号

晶闸管的应用范围很广，利用它能将交流电能变成可以调节的直流电能，也可以将直流电能变成交流电能甚至变成频率可调的交流电能，还可以做成各式各样的无触点的功能开关等。

（3）集成电路

集成电路是一种微型电子器件或部件，常被称为继电子管和晶体管之后的第三代电子器件。采用一定的工艺，把一个电路中所需的晶体管、二极管、电阻、电容和电感等元器件及布线互连一起，制作在一小块或几小块半导体晶片或介质基片上，然后封装在一个管壳内，成为具有所需电路功能的微型结构。其中所有元器件在结构上已组成一个整体，使电子元器件向着微小型化、低功耗和高可靠性方向迈进了一大步。它看上去是一个器件可又是一个电路，它把元器件、电路甚至整个系统一体化了。它在电路中用字母“IC”表示。

图 16-11 是常用几种集成电路的外形结构示意图。

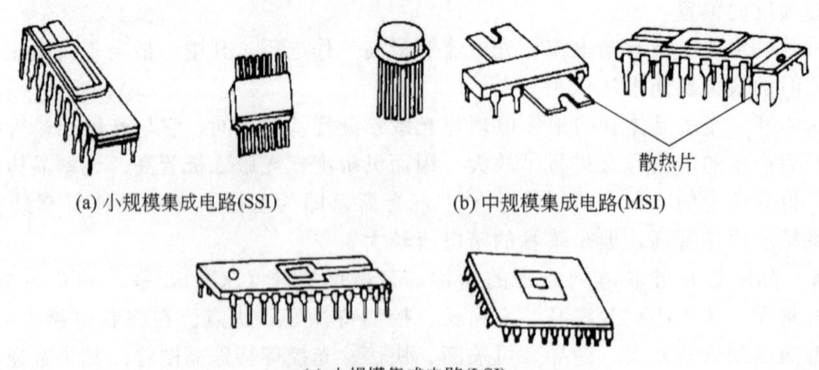

(a) 小规模集成电路(SSI)　(b) 中规模集成电路(MSI)

(c) 大规模集成电路(LSI)

图 16-11　常用集成电路外形结构示意图

① 集成电路的特点　集成电路具有体积小、重量轻、引出线和焊接点少、寿命长、可靠性高、性能好等优点，同时成本低，便于大规模生产。它不仅在工、民用电子设备如收录机、电视机、计算机等方面得到广泛的应用，同时在军事、通信、遥控等方面也得到广泛的应用。用集成电路来装配电子设备，其装配密度比晶体管可提高几十倍至几千倍，设备的稳定工作时间也可大

大提高。

② 集成电路的分类　集成电路的分类方法有很多，按其功能、结构的不同，可以分为模拟集成电路、数字集成电路和数/模混合集成电路三大类。

模拟集成电路又称线性电路，用来产生、放大和处理各种模拟信号（指幅度随时间变化的信号），其输入信号和输出信号成比例关系。数字集成电路用来产生、放大和处理各种数字信号（指在时间上和幅度上离散取值的信号）。数字集成电路中的晶体管都工作在开关状态，即稳态时处于导通饱和或截止状态。数字集成电路的基本逻辑门和多功能逻辑门电路各自具有其本身的逻辑功能，所以也常常被称为逻辑电路。

集成电路按应用领域可分为标准通用集成电路和专用集成电路。

集成电路按外形可分为圆形（金属外壳晶体管封装型，一般适合用于大功率）、扁平型（稳定性好，体积小）和双列直插型三种集成电路。集成电路按集成度高低的不同可分为小规模集成电路（SSI）、中规模集成电路（MSI）、大规模集成电路（LSI）、超大规模集成电路（VLSI）、特大规模集成电路（ULSI）、巨大规模集成电路（也被称作极大规模集成电路或超特大规模集成电路，GSI）。

（4）手动控制元件

手动操作的控制元件，需要操作者用手直接操纵控制元件动作，如手动空气开关、组合开关、按钮开关、电源插头等。

① 刀开关　刀开关又名闸刀开关，是一种带有刀刃楔形触头及结构比较简单的开关。它可作手动不频繁地接通和切断空载或轻载电路或隔离电源之用，也可以作小型异步电动机不频繁直接启动及停止用。

② 组合开关　组合开关是一种结构更紧凑的手动主令开关。它是由装在同一根轴上的单个或多个单极旋转开关叠装在一起组成的，如图16-12所示为HZ2-10/3型组合开关的结构图。

普通组合开关各极是同时接通或同时断开的。这类开关主要用作电源引入使用，有时也用来直接启停那些不需经常启动和停止的小型电动机，如小型砂轮机、冷却液电泵、小型通风机电动机等。

③ 按钮开关　按钮开关是电路中最常见的控制元件，按钮开关种类很多，体积大的小的都有，形状圆的方的都有。按照动作情况分类，可以分为两类：一类是普通按钮开关（不带自锁装置，自动返回式按钮），另一类是带记忆按钮开关（有自锁装置，不能自动返回）。普通按钮开关的结构见图16-13所示。

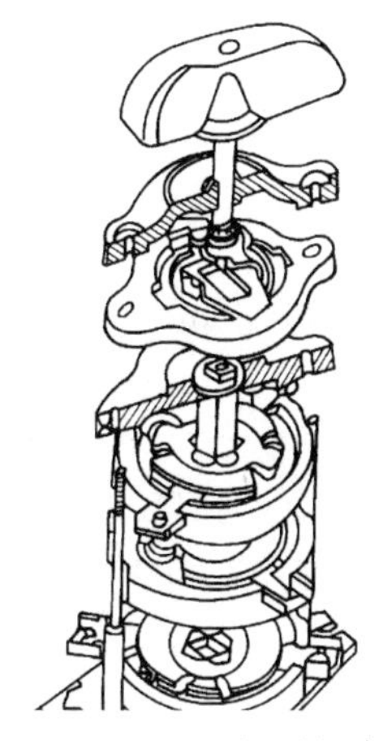

图16-12　HZ2-10/3型组合开关

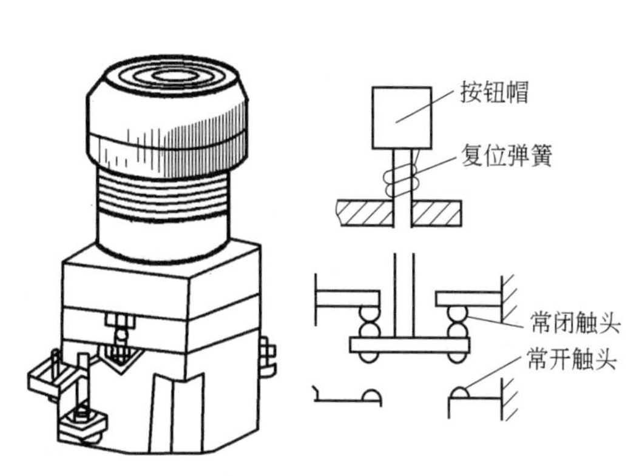

图16-13　按钮开关

带记忆按钮开关与普通按钮开关的区别，就在于带记忆按钮开关有自锁机构；自锁按钮开关（记忆按钮）用手按动一次，它的状态就改变一次。例如自锁按钮开关原始态为常闭触点闭合、常开触点断开，第1次按动按钮，按钮会通过机械机构锁住，常闭触点先断开，常开触点接着闭合，这种状态可以一直保持下去，第2次按动按钮时，按钮开关才恢复为原状态。

④ 断路器（空气开关） 断路器主要用作总电源的控制开关。断路器主要分为两种类型：一种是单极（220V），另一种是三极（380V）。断路器通断电流能力等级为10A、20A、50A、100A、150A、200A、400A、600A等。断路器的结构及符号如图16-14所示。

由图16-14可见，断路器动触点动作是通过杠杆机构操纵的。断路器的脱扣装置能自动动作。当电流过大（电流过载）或电路短路时，脱扣装置会立即动作，从而自动切断负载与电源之间联系，起到保护电源和保护负载的作用。

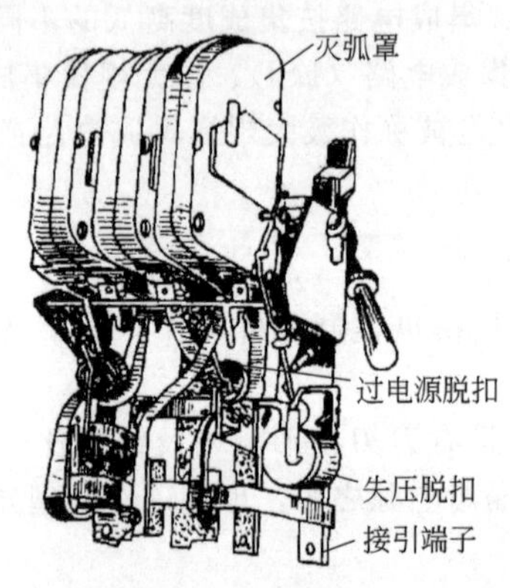

(a) DY型自动空气开关

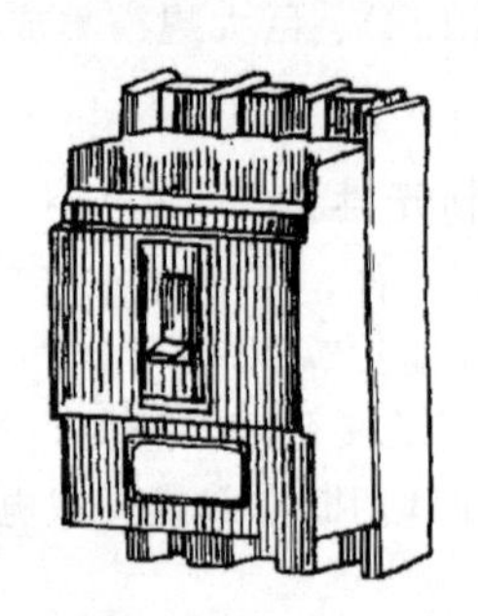

(b) DZ1型自动空气开关

图16-14 断路器结构

（5）自动控制元件

自动动作的控制元件，其动作是按照指令信号、程序，或者某些物理量（如压力、温度）的变化而自动动作的控制元件，如继电器、接触器、行程开关、熔断器、互感器等。

① 继电器 继电器是当某一输入量（电量或非电量）达到预定值时，其触头闭合或断开，从而实现对电气线路的控制和保护的一种自动电器。继电器是由输入电路（又称感应元件）和输出电路（又称执行元件）两个部分组成的。当感应元件中的输入量（电流、电压、温度、压力等）变化到某一定值时继电器动作，执行元件便接通或断开控制回路。

继电器的种类很多，常用的有中间继电器、空气阻尼式时间继电器、热继电器、固态继电器等。

a. 中间继电器。中间继电器根据电磁线圈所加电压类型，可分为交流中间继电器和直流中间继电器两类。交流中间继电器线圈额定电压有220V AC和380V AC两种。直流中间继电器线圈额定电压多为110V DC。

中间继电器主要用于传递信号和增扩信号，有时也用中间继电器控制小功率电动机的启动和停止。图16-15为JZ7-44中间继电器结构图。

由图16-15可见，中间继电器是由塑料壳体、静铁芯、动铁芯、常开触点、常闭触点、复位弹簧、线圈等部件组成。中间继电器没有灭弧罩，但在塑料壳体上部有电弧隔离栅（隔弧栅）。中间继电器虽然有交流和直流两大类，但两类中间继电器的结构是相同的，动作原理是相同的，用途也是相同的，只是线圈所加电压种类不同。

b. 空气阻尼式时间继电器。图16-16是空气阻尼式时间继电器结构图，它分为通电延时型和断电延时型两种。空气阻尼式时间继电器是利用空气阻尼作用来实现延时的，它主要由电磁铁、触头（微动开关）、气室及传动机构组成。当吸引线圈通电后，衔铁连同固定在它上面的托板一起被静铁芯吸住，因而固定在活塞杆上的撞块便失去托板的支持，在弹簧的作用下向下移动。

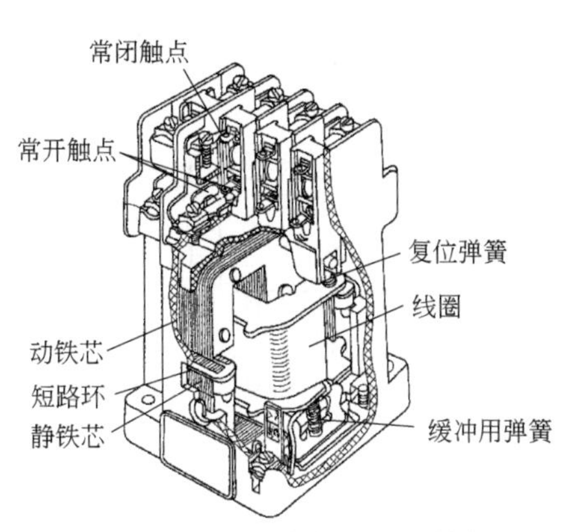

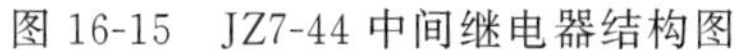
图 16-15　JZ7-44 中间继电器结构图

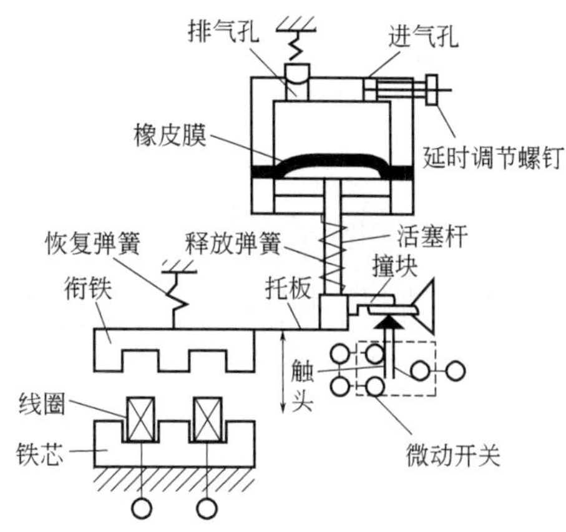

图 16-16　空气阻尼式时间继电器结构图

在橡皮膜上面形成空气稀薄的空间（气室），活塞因受空气的阻力，不能迅速下降，其下降的速度视进气孔的大小而定，可通过延时调节螺钉进行调整。经过一定的延时后，撞块才能触及微动开关的推杆，使微动开关的触头动作间有一个时间间隔，即继电器的延时时间。线圈断电时，弹簧使衔铁立即复位，活塞杆、撞块及橡皮膜迅速上移，空气经由排气孔迅速排出，触头即瞬时复位。

c. 热继电器。热继电器是在电力拖动电路中保护电动机并避免过载的控制元件，称为过载保护元件。图 16-17 所示为热继电器的基本结构示意图。

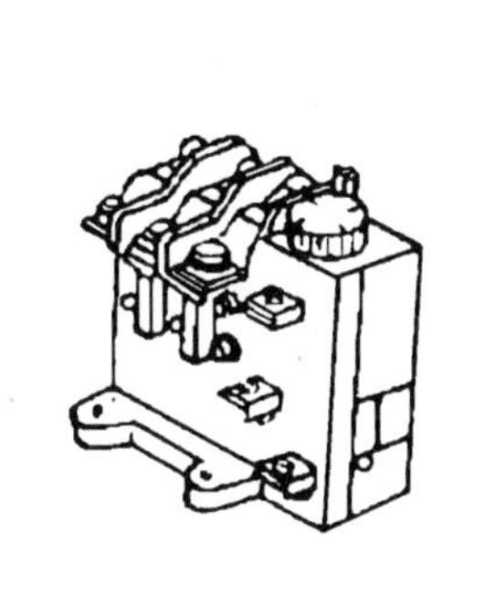
(a) 外形图

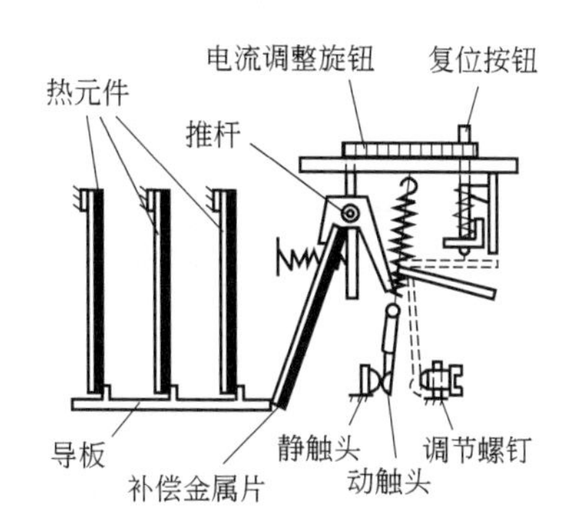

(b) 结构示意图

图 16-17　热继电器的基本结构示意图

热继电器的热元件串接于电动机三根电源线中。当电动机超负荷运行时，电流很大（超过额定电流），此电流使热元件受热后变形大（弯曲程度大），当热元件弯曲变形到一定程度，则变形的热元件推动推杆（俗称为扣板）移动，推杆使热继电器常闭触点断开。常闭触点断开致使控制电动机启动的接触器断电，接触器主触点断开，使电动机断电停止转动。

热继电器的常开触点电路是作报警电路用的。当热继电器动作时，常闭触点断开，使电动机断电停转，常开触点闭合，使报警电路通电，报警器件动作（发光、鸣叫等）。

d. 固态继电器。固态继电器也称固体继电器，简称 SSR，是一种无机械触点的电子开关元件。它是一种采用固体半导体器件组装而成的新颖无触点开关元件，它用电子电路实现常规机电式继电器（简称 MER）的功能，并依靠内装的光耦合器实现控制电路和被控对象（或电路）之间的隔离。它对被控电路优异的通断能力和初、次级间的高度隔离（绝缘），使它的使用功能扩展到自动控制、数字程控、数据处理等领域。由于它的接通和断开不依靠机械接触部件，因而具有开关速度快、工作频率高、使用寿命长、噪声低、动作可靠等优点，在自动控制装置、数字程控装置、微电机控制装置、数据处理系统以及计算机终端接口电路中得到了广泛应用。

图 16-18 所示为部分固态继电器的外形和结构。

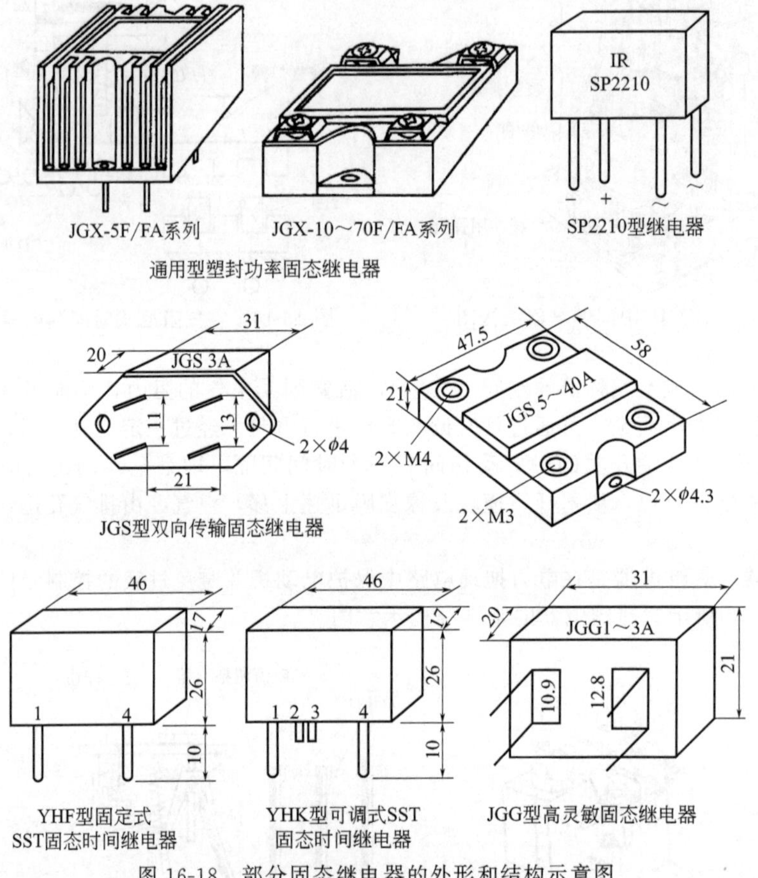

图 16-18 部分固态继电器的外形和结构示意图

固态继电器具有如下特点：

控制功率小。SSR 的驱动电压（或电流）很小，也就是只需给输入端一个很小的信号，就可实现对被控电路或系统的控制。因此，可由 TFL、CMOS 等数字电路直接驱动。

开关速度快。SSR 主要由固体半导体器件组装而成，因而响应快，在通与断的瞬间不会产生电火花。直流型 SSR 的响应时间为几十微秒，与电磁式继电器相比其响应速度提高了几百至上千倍；过零交流型 SSR 的转换时间不大于市电（交流 220V）周期的一半，即 10ms 左右。

抗干扰能力强，对外界干扰小。SSR 没有触点跳动，消除了因电火花而导致的电磁干扰，故对外界系统的干扰小。其次，由于交流型 SSR 采用的是过零触发技术，它对外界的电磁干扰极小。另外，由于 SSR 在输入、输出间采取了光电隔离等措施，故抗干扰能力强。

能承受的浪涌电流大。SSR 对感性负载的浪涌电流的承受能力，可为其额定工作电流的 6～10 倍。

耐压水平高。SSR 的输入、输出之间的介质耐压可高达 2.5kV 以上。

对电源电压的适应范围宽。交流型 SSR 的工作电压可以在 30～220V 范围内任意选择。

可靠性高。由于 SSR 内部无机械接触部件，故工作可靠性高。SSR 的外壳采用绝缘防水材料制成，抗潮湿、抗腐蚀。

寿命长。SSR 属于永久性或半永久性电子元件，其使用寿命可高达 10^{12}～10^{13} 次；而普通电磁式继电器的寿命一般为 10^{5}～10^{6} 次。

SSR 的优点尽管很多，但与传统的常规机电式继电器（MER）相比较，SSR 有漏电流大、接触电压大、使用温度范围窄、触点单一、过载能力差以及成本偏高等不足。

继电器按其通常状态分类时，主要有三类，即常开（N. O）继电器、常闭（N. C）继电器和常开常闭混合型继电器。这三类继电器的正常（通常）状态如表 16-1 所示。

表 16-1 继电器的三种正常（通常）状态

常开(N. O)继电器	常闭(N. C)继电器	混合型继电器
圆圈 不通 白 不通 不通	黑 通 黑点	不通 通 通 不通

由表 16-1 内的状态图看出：常开继电器平时触点是断开的，继电器动作后触点才接通电器；混合型继电器，平时常闭触点接通，常开触点断开，通电后，则变成相反的状态；常闭继电器平时触点是闭合的，动作后触点断开，切断被控制的电路。

② 接触器　接触器是利用电磁吸力及弹簧反作用力配合动作，而使触头闭合和断开的一种电器。在机床电气控制线路中，用它来接通或断开电动机的电源和控制电路的电源。接触器的主触点比中间继电器的触点要大得多，通断电流能力也要大得多。接触器通常分为交流接触器和直流接触器两大类。虽然两类接触器线圈所加电压不同，但它们的外观、内部结构、动作原理和应用范围是相同的。图 16-19 为 CJ10-40 接触器外形与结构图。

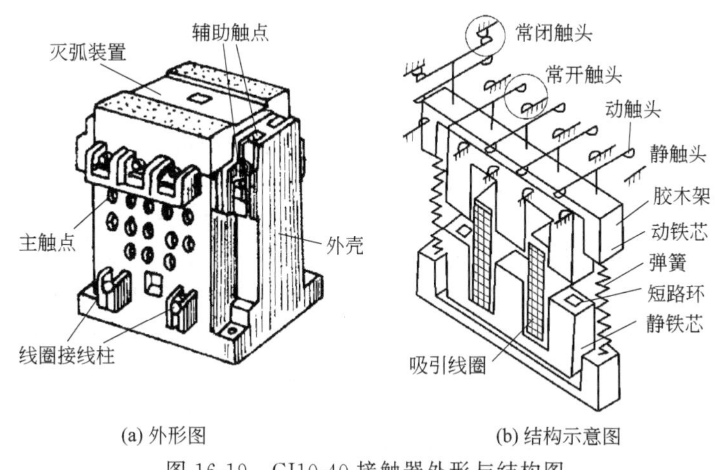

(a) 外形图　　(b) 结构示意图

图 16-19　CJ10-40 接触器外形与结构图

由图 16-19 可见，交流接触器主要动作部件有动触头部件、动铁芯和胶木架部件、复位弹簧等，其他部件都是固定不动的。交流接触器有三对主触点（常开触点），有两对常开和两对常闭的辅助触点。当交流接触器的吸引线圈通以交流电流时，定铁芯和动铁芯同时被磁化，动铁芯被吸引动作，动铁芯与定铁芯闭合。动铁芯移动时，带动胶木架和动触点移动，使得接触器的常闭触点断开，常开触点闭合。动铁芯移动时压缩复位弹簧，使复位弹簧贮存势能。当吸引线圈断电时，复位弹簧迫使动铁芯、胶木架、动触点返回初始状态（原态）。

③ 行程开关（限位开关） 行程开关是机床控制电路、电力提升系统电路中最常用的控制元件。机械式行程开关有直柄式、曲柄式、重锤式三种基本形式。如图 16-20 所示为曲柄机械式行程开关的外形、内部结构示例。

当压力轮受外力作用时，曲柄转动，从而使压头及联动杆移动，联动杆带动动触头移动，使行程开关的常闭触点先断开，常开触点后闭合。

联动杆移动还压缩复位弹簧，为行程开关的曲柄、联动杆、动触点的复位储存能量。外力消失后，行程开关立即返回到初始状态。

④ 熔断器 熔断器主要用作短路保护。当电路短路时，电流急剧增大，熔体过热而熔断器熔断，使线路或电气设备脱离电源。它起到保护作用，是一种保护电器。

熔断器分为高压和低压熔断器两类。高压熔断器多为管状，它用于高压线路。低压熔断器是指用于 660V 以下电路中的熔断器。低压熔断器可分为管式、插入式、螺旋式三种结构类型。熔断器主要由熔体、接线柱、壳体（或插座）组成。图 16-21 所示为几种常用熔断器的结构。

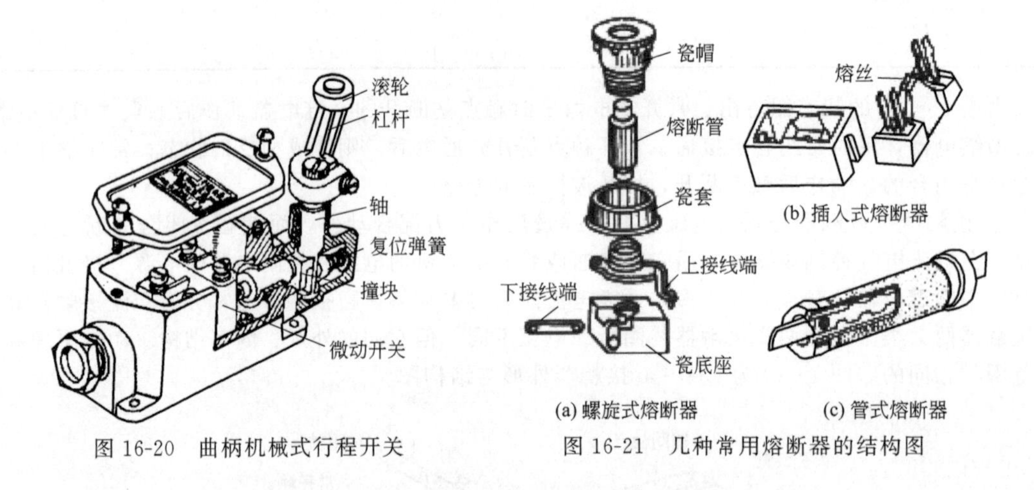

图 16-20 曲柄机械式行程开关

图 16-21 几种常用熔断器的结构图

⑤ 电流互感器 电流互感器主要用于将被测试的交流大电流按比例地变为容易测量的小电流，以便用安培计进行测量。通过电流互感器测量交流大电流时，小量程电流计测得的数值乘电流互感器的变比，就是线路中被测大电流的实际值。

电流互感器原边绕组匝数很少（只有 1 匝或几匝），而副边绕组匝数多。电流互感器原边绕组串接于被测线路中，而副边绕组接电流计。电流互感器的外形如图 16-22 所示。

⑥ 电压互感器 电压互感器是用来将高电压（交流）降为低电压的专用器件。通常电压表的量程不能满足高电压的测量，扩大电压表的量程又增加了仪表绝缘性能的要求，同时，直接用电压表测高电压对人身安全不利，所以在实际中都是通过电压互感器将高压降为低压后再进行测量。

电压互感器原边匝数很多，它并联于被测电压的两根导线上；电压互感器的副边（次级）绕组匝数很少，它接于电压表两个接线柱上。在具体使用电压互感器时，其副边绕组绝对不允许短路，因为副边绕组匝数很少，一旦副边短路，其电流特别大，会立即烧毁绕组。

电压互感器的外形如图 16-23 所示。

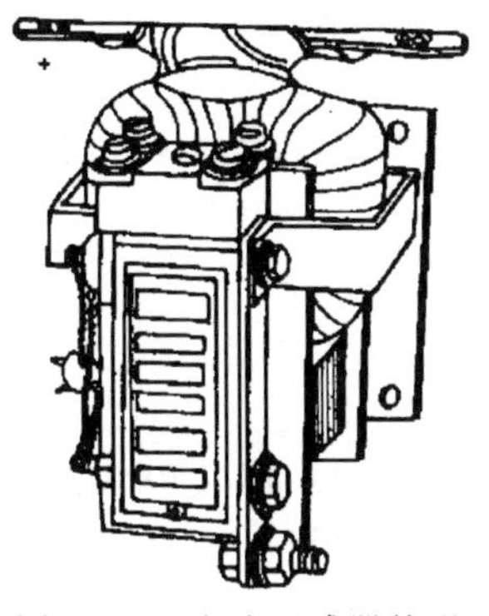

图 16-22　电流互感器外形

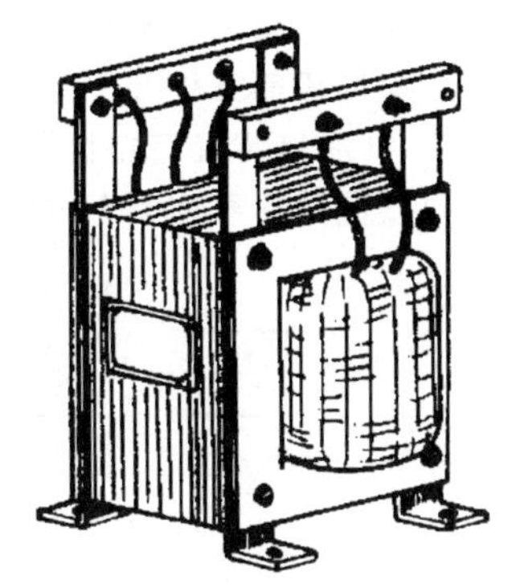

图 16-23　电压互感器外形

（6）电路图中常见电气设备

① 电动机

a. 三相笼型异步电动机。三相笼型异步电动机又称为鼠笼式三相异步电动机，它的转子绕组为笼型，定子绕组为三相绕组（AX、BY、CZ）。根据电动机的功率不同，三相笼型异步电动机启动方法不同，所以定子绕组接法也就不同。

三相异步电动机功率超过 3kW 时，定子绕组应为三角形接法；三相异步电动机功率在 10kW 以内时可以直接全压启动；而功率超过 10kW 时，则应采取降压启动。在具体接线时一定按电动机铭牌标明的接线方式接线。

图 16-24 为三相笼型异步电动机定子绕组常见的三种接线方式。

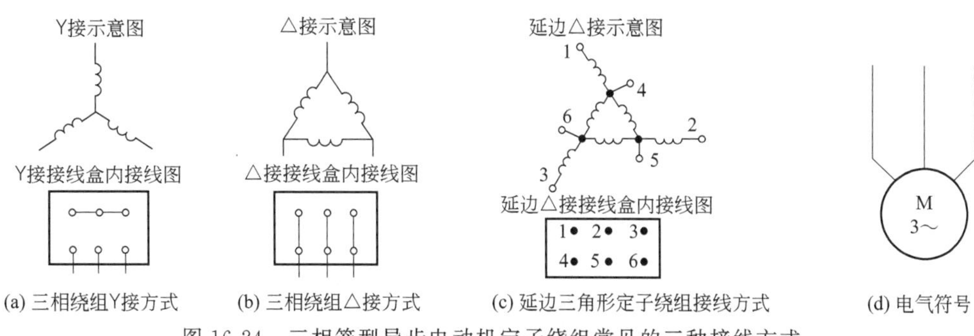

图 16-24　三相笼型异步电动机定子绕组常见的三种接线方式

b. 三相绕线型异步电动机。三相绕线型异步电动机的转子绕组和定子绕组一样也是分为三相绕组，转子绕组一端（三相绕组的尾端或首端）接在一起，而另外的三个端头经过引出线分别接到固定在轴上的三个相互绝缘的滑环上，三个滑环通过电刷与外电路相接通。三相绕线型异步电动机转子绕组接线图如图 16-25 所示。

三相绕线型异步电动机由于转子绕组可以通过滑环和电刷串联的电阻提高电动机启动力矩，所以它被广泛地应用于提升设备。其绕组接线方式与三相笼型异步电动机定子绕组接线方式相同。

c. 单相异步电动机（单相笼型异步电动机）。单相异步电动机所使用的电源为单相 220V 交流电。它的转子结构与三相笼型异步电动机转子结构相同，但其定子绕组却特殊。

罩极式单相异步电动机功率一般在 500W 以内，分相式单相异步电动机功率一般在 2kW 以内。单相异步电动机多用于启动阻力很小的装置上，如作仪器风扇电动机，台式风扇电动机等。

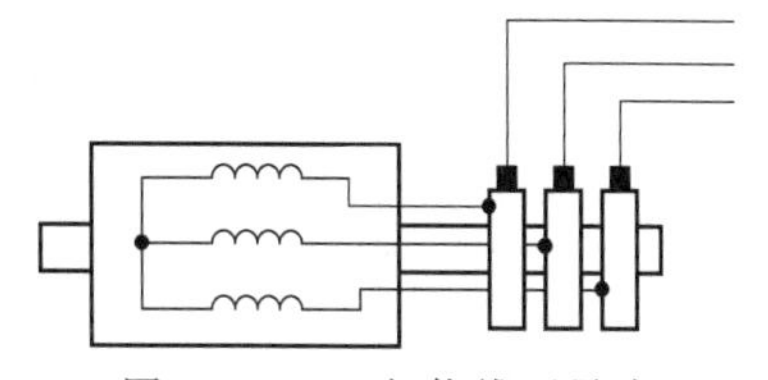

图 16-25　三相绕线型异步电动机转子绕阻接线图

d. 直流电动机。直流电动机有永磁直流电动机、他励直流电动机、并励直流电动机、串励直流电动机和复励直流电动机等五种类型。

② 电加热装置　电加热装置有电阻加热装置、电弧炉、感应加热炉、电解槽和电镀槽等。以上电加热装置的电气图形符号如图 16-26 所示。

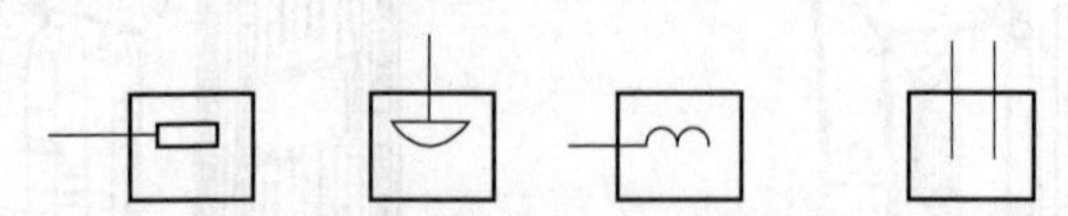

(a) 电阻加热装置　(b) 电弧炉　(c) 感应加热炉　(d) 电解槽或电镀槽

图 16-26　电加热装置的电气图形符号

③ 照明灯和信号灯　照明灯有白炽灯、投光灯、聚光灯、泛光灯、普通荧光灯、防爆荧光灯、专用电路事故照明灯等。信号灯用作信号指示用，信号灯有红色、绿色和黄色等几种。照明灯和信号灯电气图形符号如图 16-27 所示。

(a) 白炽灯　(b) 投光灯　(c) 聚光灯　(d) 泛光灯　(e) 专用电路事故照明灯　(f) 信号灯　(g) 普通荧光灯　(h) 防爆荧光灯

图 16-27　照明灯和信号灯电气图形符号

16. 1. 2　图形符号

图形符号通常用于图样或其他文件，用以表示一个设备或概念的图形、标记或字符。图形符号包括符号要素、一般符号和限定符号。

符号要素是一种具有确定意义的简单图形，必须同其他图形结合才构成一个设备或概念的完整符号。如接触器常开主触点的符号就由接触器触点功能符号和常开触点符号组合而成。

一般符号用以表示一类产品和此类产品特征的一种简单的符号。如电动机可用一个圆圈表示。

限定符号是一种加在其他符号上提供附加信息的符号。

运用图形符号绘制电气图时应注意：

① 符号尺寸大小、线条粗细依国家标准可放大与缩小，但在同一张图样中，统一符号的尺寸应保持一致，各符号之间及符号本身比例应保持不变。

② 标准中示出的符号方位，在不改变符号含义的前提下，可根据图面布置的需要旋转，或成镜像位置，但是文字和指示方向不得倒置。

③ 大多数符号都可以附加上补充说明标记。

④ 对标准中没有规定的符号，可选取国家标准中给定的符号要素、一般符号和限定符号，按其中规定的原则进行组合。

(1) 电流电压图形符号（表 16-2）

表 16-2　电流电压图形符号

序号	名称	图形符号	序号	名称	图形符号
1	直流	——	3	交流	∼
2	直流	-------- (若序号1符号可能引起混乱，用本符号)	4	交直流	∼

续表

序号	名称	图形符号	序号	名称	图形符号
5	正极	+	7	接地一般符号	
6	负极	−	8	接机壳或接底板	或

（2）导线、端子和导线的连接符号（表 16-3）

表 16-3　导线、端子和导线的连接符号

序号	名称	图形符号	序号	名称	图形符号
1	导线		4	接点	●
2	柔软导线		5	端子	○
3	当用单线表示一组导线时若需示出导线数可加小短斜线或画一条短斜线加数字表示	3 （示例：三根导线）	6	端子板（示出带线端标记的端子板）	11 12 13 14 15 16
			7	导线的连接	
			8	导线的分支连接	
			9	导线的交叉连接	
			10	导线的不连接	

（3）电阻器、电容器、电感器的图形符号（表 16-4）

表 16-4　电阻器、电容器、电感器的图形符号

类别	名称	图形符号	文字符号	类别	名称	图形符号	文字符号
电阻器	电阻器		R	电容器	电容器		C
	可变电阻器		RH		可变电容器		CV
	压敏电阻器	U	RV		极性电容器	+	C
	热敏电阻器	t°	RT	电感器	电感器、线圈、绕组、扼流圈		L
	滑线式变阻器		RH		带铁芯的电感器		L
	滑动触点电位器		RP		电压互感器		TV
	分路器		RS		电流互感器		TA
	光敏电阻器		RL		电抗器		L

（4）半导体器件的图形符号（表16-5）

表16-5 半导体器件的图形符号

序号	名称	图形符号	文字符号	序号	名称	图形符号	文字符号
1	二极管一般符号		VD	4	PNP型三极管	E C B	VT
2	稳压二极管		VD	5	集电极接管壳三极管(NPN型)	E C B	VT
3	发光二极管		VD				

（5）触点与控制元件的图形符号（表16-6）

表16-6 触点与控制元件的图形符号

类别	名称	图形符号	文字符号	类别	名称	图形符号	文字符号
开关	单极控制开关	或	SA	接触器	线圈操作器件		KM
	手动开关一般符号		SA		常开主触头		KM
	三极控制开关		QS		常开辅助触头		KM
	三极隔离开关		QS		常闭辅助触头		KM
	三极负荷开关		QS	时间继电器	通电延时(缓吸)线圈		KT
	组合旋钮开关		QS		断电延时(缓放)线圈		KT
	低压断路器		QF		瞬时闭合的常开触头		KT
					瞬时断开的常闭触头		KT
	控制器或操作开关	后 前 2 1 0 1 2	SA		延时闭合的常开触头	或	KT

续表

类别	名称	图形符号	文字符号	类别	名称	图形符号	文字符号
时间继电器	延时断开的常闭触头	 或	KT	按钮	复合按钮		SB
	延时闭合的常闭触头	 或	KT		急停按钮		SB
	延时断开的常开触头	 或	KT		钥匙操作式按钮		SB
电磁操作器	电磁铁的一般符号	 或	YA	热继电器	热元件		FR
	电磁吸盘	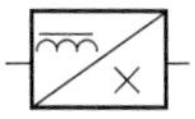	YH		常闭触头		FR
	电磁离合器	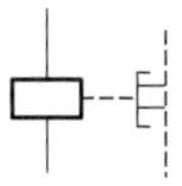	YC	中间继电器	线圈		KA
	电磁制动器	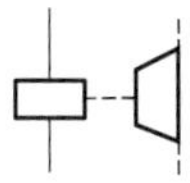	YB		常开触头		KA
	电磁阀	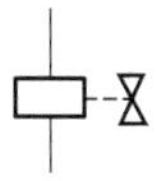	YV		常闭触头		KA
位置开关	常开触头		SQ	电流继电器	过电流线圈	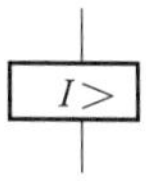 $I>$	KA
	常闭触头		SQ		欠电流线圈	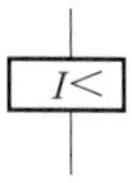 $I<$	KA
	复合触头		SQ		常开触头		KA
按钮	常开按钮		SB		常闭触头		KA
	常闭按钮		SB				

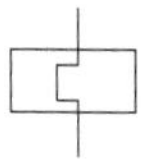

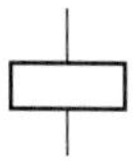

续表

类别	名称	图形符号	文字符号	类别	名称	图形符号	文字符号
电压继电器	过电压线圈	$U>$	KV	非电量控制的继电器	速度继电器常开触头	n	KS
	欠电压线圈	$U<$	KV		压力继电器常开触头	p	KP
	常开触头		KV	熔断器	熔断器		FU
	常闭触头		KV				

（6）电源及用电设备的图形符号（表16-7）

表16-7 电源及用电设备的图形符号

类别	名称	图形符号	文字符号	类别	名称	图形符号	文字符号
电池	蓄电池			变压器	单相变压器		TC
	蓄电池组				三相变压器		TM
发电机	发电机	G	G	电动机	三相笼型异步电动机	M 3～	M
	直流测速发电机	TG	TG		三相绕线转子异步电动机	M 3～	M
灯	信号灯（指示灯）		HL		他励直流电动机	M	M
	照明灯		EL		并励直流电动机	M	M
接插器	插头和插座	或	X 插头 XP 插座 XS		串励直流电动机	M	M

16.1.3 文字符号

文字符号用于电气技术领域中技术文件的编制，也可以标注在电气设备、装置和元器件上或近旁，以表示电气设备、装置和元器件的名称、功能、状态和特性。

文字符号分为基本文字符号和辅助文字符号，常用文字符号见表 16-8 和表 16-9。

表 16-8 电气设备常用基本文字符号

设备、装置和元器件种类	名称	基本字母符号	
		单字母	双字母
组件、部件	分离元件放大器	A	
	激光器		
	调节器		
	本表其他地方未提及的组件、部件		
	电桥		AB
	晶体管放大器		AD
	集成电路放大器		AJ
	磁放大器		AM
	电子管放大器		AV
	印制电路板		AP
	抽屉柜		AT
	支架盘		AR
非电量到电量变换器或电量到非电量变换器	热电传感器	B	
	热电池		
	光电池		
	测功计		
	晶体换能器		
	送话器		
	拾音器		
	扬声器		
	耳机		
	自整角机		
	旋转变压器		
	模拟和多级数字变换器或传感器(用作指示和测量)		
	压力变换器		BP
	位置变换器		BQ
	旋转变换器(测速发电机)		BR
	温度变换器		BT
	速度变换器		BV

续表

设备、装置和元器件种类	名称	基本字母符号	
		单字母	双字母
电容器	电容器	C	
二进制元件、延迟器件、存储器件	数字集成电路和器件	D	
	延迟线		
	双稳态元件		
	单稳态元件		
	磁芯存储器		
	寄存器		
	磁带记录机		
	盘式记录机		
其他元器件	本表其他地方未规定的器件	E	
	发热器件		EH
	照明灯		EL
	空气调节器		EV
保护器件	过电压放电器件	F	
	具有瞬时动作的限流保护器件		FA
	具有延时动作的限流保护器件		FR
	具有延时和瞬时动作的限流保护器件		FS
	熔断器		FU
	限压保护器件		FV
发生器、发电机、电源	旋转发电机	G	
	振荡器		
	发生器		GS
	同步发电机		
	异步发电机		GA
	蓄电池		GB
	旋转式或固定式变频机		GF
信号器件	声响指示器	H	HA
	光指示器		HL
	指示灯		HL
继电器、接触器	瞬时接触继电器	K	KA
	瞬时有或无继电器		KA
	交流继电器		KA
	闭锁接触继电器(机械闭锁或永磁铁式有或无继电器)		KL
	双稳态继电器		KL
	接触器		KM

续表

设备、装置和元器件种类	名称	基本字母符号	
		单字母	双字母
继电器、接触器	极化继电器	K	KP
	簧片继电器		KR
	延时有或无继电器		KT
	逆流继电器		KR
电感器、电抗器	感应线圈	L	
	线路陷波器		
	电抗器(并联和串联)		
电动机	电动机	M	
	同步电动机		MS
	可用作发电机或电动机的电机		MG
	力矩电动机		MT
模拟元件	运算放大器	N	
	混合模拟/数字器件		
测量设备、实验设备	指示器件	P	
	记录器件		
	积算测量器件		
	信号发生器		
	电流表		PA
	(脉冲)计数器		PC
	电度表		PJ
	记录仪表		PS
	时钟、操作时间表		PT
	电压表		PV
电力电路的开关器件	断路器	Q	QF
	电动机保护开关		QM
	隔离开关		QS
电阻器	变阻器	R	
	电位器		RP
	测量分路表		RS
	热敏电阻器		RT
	压敏电阻器		RV
控制、记忆、信号电路的开关器件选择	拨号接触器	S	
	连接级		
	控制开关		SA
	选择开关		SA
	按纽开关		SB

续表

设备、装置和元器件种类	名称	基本字母符号	
		单字母	双字母
控制、记忆、信号电路的开关器件选择	机电式有或无传感器(单级数字传感器)	S	
	液体标高传感器		SL
	压力传感器		SP
	位置传感器(包括接近传感器)		SQ
	转数传感器		SR
	温度传感器		ST
变压器	电流互感器	T	TA
	控制电路电源用变压器		TC
	电力变压器		TM
	磁稳压器		TS
	电压互感器		TV
调制器、变换器	鉴频器	U	
	解调器		
	变频器		
	编码器		
	变流器		
	逆变器	U	
	整流器		
	点板译码器		
电子管、晶体管	气体放电管	V	
	二极管		
	晶体管		
	晶闸管		
	电子管		VE
	控制电路用电源的整流器		VC
传输通道、波导、天线	导线	W	
	电缆		
	母线		
	波导		
	波导定向耦合器		
	偶极天线		
	抛物天线		
端子、插头、插座	连接插头和插座	X	
	接线柱		
	电缆封端和接头		
	焊接端子板		

续表

设备、装置和元器件种类	名称	基本字母符号	
		单字母	双字母
端子、插头、插座	连接片	X	XB
	测试插孔		XJ
	插头		XP
	插座		XS
	端子板		XT
电气操作的机械器件	气阀	Y	
	电磁铁		YA
	电磁制动器		YB
	电磁离合器		YC
	电磁吸盘		YH
	气动阀		YM
	电磁阀		YV
终端设备	电缆平衡网络	Z	
混合变压器	压缩扩展器		
滤波器	晶体滤波器		
均衡器			
限幅器	网络		

表 16-9 电气设备常用辅助文字符号

序号	文字符号	名称	序号	文字符号	名称	序号	文字符号	名称
1	AC	交流	8	C	控制	15	FW	正，向前
2	A、AUT	自动	9	D	延时	16	IN	输入
3	ACC	加速	10	D	数字	17	OFF	断开
4	ADD	附加	11	DC	直流	18	ON	闭合
5	ADJ	可调	12	PE	接地	19	OUT	输出
6	B、BRK	制动	13	F	快速	20	P	保护
7	BW	向后	14	FB	反馈	21	ST	启动

基本文字符号有单字母符号与双字母符号两种。单字母符号按拉丁字母顺序将各种电气设备、装置和元器件划分为 23 类，每一类用一个专用单字母符号表示，如 C 表示电容器类，R 表示电阻器类等。

双字母符号由一个表示种类的单字母符号与另一个字母组成，且以单字母符号在前，另一个字母在后的次序排列。如 F 表示保护器件类，则 FU 表示为熔断器，FR 表示为热继电器。

辅助文字符号用来表示电气设备、装置和元器件以及电路的功能、状态和特征。如“L”表示限制，RD 表示红色等。辅助文字符号也可以放在表示种类的单字母符号之后组成双字母符号，如 YB 表示电磁制动器，SP 表示压力传感器等。辅助字母还可以单独使用，如 ON 表示闭合接通，M 表示中间线，PE 表示保护接地等。

16.2 电气工程图类型

16.2.1 电路框图与程序流程图

(1) 电路框图

电路框图又称方框图，是一个方框，方框内有说明电路功能的文字，一个方框代表一个基本单元电路或者集成电路中一个功能单元电路等。电气设备中任何复杂的电路都可以用相互关联的方框图形象地表述出来。

电路框图是电气设备的核心和灵魂。从电路框图能比较轻松地从整体上把握各种电气设备的基本结构，进而对设备整机电路和信号的走向有一个框架式的认识，根据这个框架去分析设备原理图，框出它的各单元电路，了解各单元电路在原理图中的位置、相互关系及功能，就能很好地把握该设备的电路工作原理。

如图16-28所示为某无线表决系统主控制装置的电路框图。无线表决系统用于完成表决信息的采集、处理和显示，主要由主控制装置、表决器和PC机三部分组成。

从图16-28可知主控制装置主要包括单片机控制电路、无线模块、射频卡读卡器和RS-232接口电路等组成。主控制装置通过RS-232接口与PC机连接。

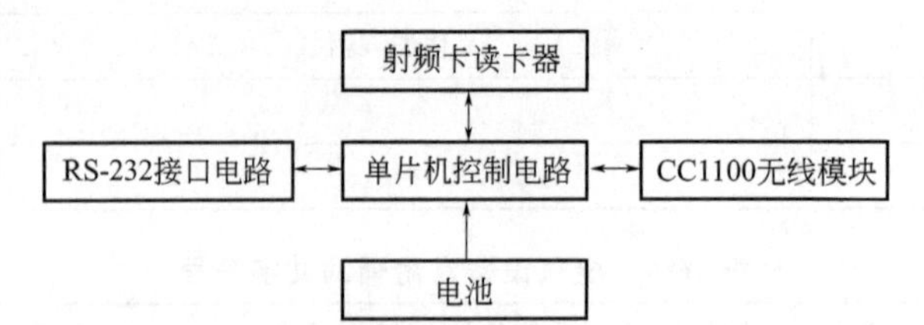

图16-28 无线表决系统主控制装置的电路框图

主控制装置通过单片机控制电路接收PC机的指令以及射频卡读卡器读取的信息，通过CC1100无线模块向表决器发送指令和接收表决器的表决信息。当表决器执行相应的指令之后，主控制装置再负责将收集到的表决器状态或表决结果上传给PC机，对表决信息进行统计，至此完成整个表决过程。

(2) 程序流程图

程序流程图是根据硬件电路的工作原理，用软件编程的方法编写的执行指令组，按照顺序执行。如正常则以“是”表示，继续执行下一条指令；否则，以“否”表示，程序不能继续执行，返回前边某一环节，检查修改后，再次执行，直至程序结束。

程序流程图符号：

——→流程线，表示程序处理流程的方向。

▭开始框，表示程序处理流程的开始。

▭执行框，表示各种程序处理功能。

◇判断框，根据条件在两个可供选择的程序处理流程中作出判断，选择其中的一条程序处理流程。

○连接点，与程序流程图的其他部分相连接的入口或出口。

如图16-29所示为医疗无线输液监控系统的程序流程图，包括数据接收端软件流程图和数据采集端软件流程图。

系统的软件由数据采集端和数据接收端程序组成，均包括初始化程序、发射程序和接收程序。初始化程序主要是对单片机、射频芯片、SPI（serial peripheral interface，串行外设接口）等进行处理；发射程序将建立的数据包通过单片机 SPI 接口送至射频发生模块输出；接收程序完成数据的接收并进行处理。

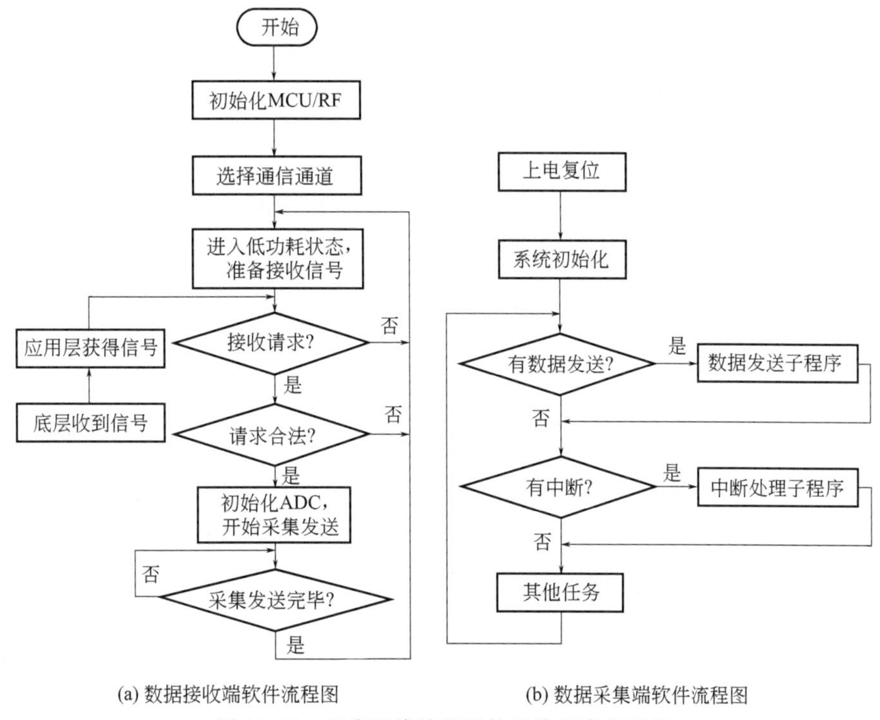

(a) 数据接收端软件流程图　　(b) 数据采集端软件流程图

图 16-29　医疗无线输液监控系统程序流程图

16.2.2 电气原理图

电气原理图是根据电气设备和控制元件动作原理，用展开法绘制的图。它用来表示电气设备和控制元件的动作原理，而不考虑实际电气设备和控制元件的真实结构和安装位置情况，它只供研究电气动作原理和分析故障以及检查故障和维护设备时使用。

电气原理图非常清楚地画出电流流经的所有路径、用电器具与控制元件之间的相互关系，以及电气设备和控制元件的动作原理。有了电气原理图，就可以很容易地找出接线的错误和发现电路运行中所发生的故障点。

电气控制系统的电气原理图一般分为主电路和辅助电路两个部分。

主电路是电气控制电路中强电流通过的部分，是由电动机以及与它相连接的电气元件（如组合开关、接触器的主触点、热继电器的热元件、熔断器等）所组成的电路图。

辅助电路包括控制电路、照明电路、信号电路及保护电路。辅助电路中通过的电流较小。控制电路是由按钮、接触器、继电器的电磁线圈和辅助触点以及热继电器的触点等组成。如图 16-30 所示，为机床电气控制系统的电气原理图。由图可见，主电路包括有总电源开关（QS）、熔断器（FU1、FU2）、接触器（KM1-1、KM2）主触点、热继电器 FR 主触点、三相异步电动机（M1、M2）。辅助电路由控制电路和照明电路组成，控制电路包括有按钮（SB1、SB2、SB3）、交流接触器线圈（KM1、KM2）、交流接触器的自锁触点（KM1-2、KM2）热继电器 FR 线圈；照明电路包括变压器 TC、熔断器 FU3、照明灯 EL 和照明灯开关 S。主电路中用到接触器的主触点，辅助电路中有接触器线圈和自锁（辅助）触点。

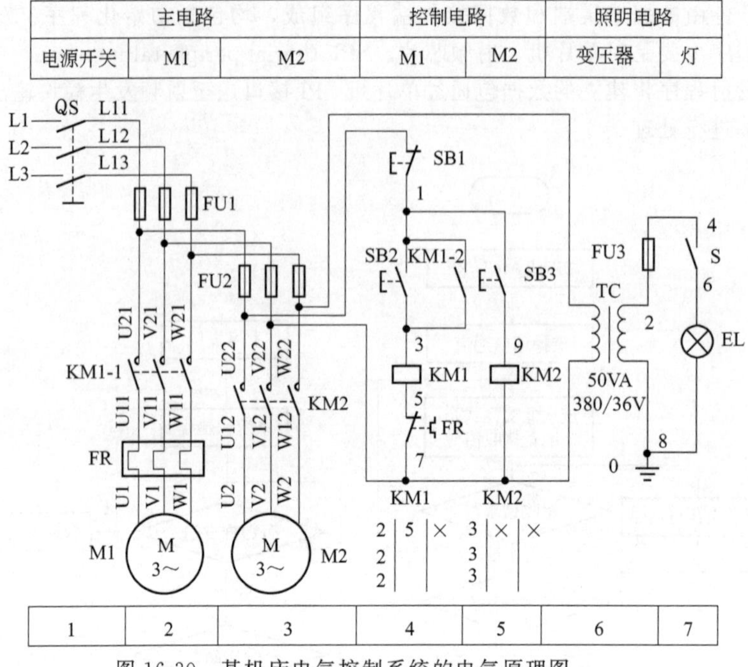

图 16-30 某机床电气控制系统的电气原理图

电气原理图要按以下方法绘制：

① 电路中的电气设备和电气元件必须按照标准规定的电气符号和文字符号绘制。电路图涉及大量的电气元件（如接触器、继电器开关、熔断器等），为了表达控制系统的设计意图，便于分析系统工作原理，在绘制电气原理图时所有电气元件不画出实际外形，而采用统一的图形符号和文字符号来表示。

② 在电气控制系统的电路图中，主电路和辅助电路应分开绘制。电路中的主电路用粗实线画在图纸的左边或上部，而辅助电路用粗实线画在图纸的右边或下部。这样，主电路和辅助电路、回路与回路之间极易区别，醒目好懂。

电路图的布置方式可分为水平布置或垂直布置。

水平布置：电源线垂直画，其他电路水平画，控制电路中的耗能元件（如线圈、电磁铁、信号灯等）画在电路的最右端。

垂直布置：电源线水平画，其他电路垂直画，控制电路中的耗能元件画在电路的最下端。

同一电气元件的不同部分（如线圈、触点）分散在图中，如接触器主触点画在主电路中，接触器线圈和辅助触点画在控制电路中。

为了表示是同一电气元件，要在电器的不同部分使用同一文字符号来标明。

对于几个同类电气元件，在表示名称的文字符号后面加上一个数字序号，以示区别。

如：按钮 SB1 和 SB2，熔断器 FU1、FU2、FU3 等。

③ 在电路图中，所有电器的可动部分均按原始状态画出。

对于继电器、接触器的触点，应按其线圈不通电时的状态画出；对于手动电器，应按其手柄处于零位时的状态画出；对于按钮、行程开关等主令电器，应按其未受外力作用时的状态画出。

④ 应尽量减少线条数量和避免线条交叉。各导线之间有电联系时，应在导线交叉处画实心圆点。根据图面布置需要，可以将图形符号旋转绘制，一般按逆时针方向旋转，但其文字符号不可倒置。

根据电路图的简易或复杂程度，既可完整地画在一起，也可按功能分块绘制，但整个电路的连接端应统一用字母或数字加以标志，这样可方便地查找和分析其相互关系。

⑤ 在电气控制系统的主电路中，线号由文字符号和数字标号构成。文字符号用来标明主回路中电气元件和电路的种类和特征。数字标号由二位数字构成，并遵循回路标号的一般原则。

如三相电动机绕组用 U、V、W 表示。数字标号由二位数字构成，并遵循回路标号的一般原则。

三相交流电路引入线采用 L1、L2、L3、N、PE 标记，1、2、3 分别代表三相电源的相别，中性线用 N 表示。直流系统的电源正、负线分别用 L＋、L－标记。

经电源开关后标号变为 L11，L12，L13，由于电源开关两端属于不同的线段，因此加一个十位数“1”。

电源开关之后的三相交流电源主电路采用文字代号 U、V、W 的前面加上阿拉伯数字 1、2、3 等来标记。如 1U、1V、1W、2U、2V、2W 等。三相电动机定子绕组首端分别用 U1、V1、W1 标记，绕组尾端分别用 U2、V2、W2 标记，电动机绕组中间抽头分别用 U3、V3、W3 标记。

各电动机分支电路各接点标记采用三相文字代号后面加数字来表示，数字中的个位数字表示电动机代号，十位数字表示该支路各接点的代号，U21 为电动机 M1 支路的第二个接点代号，以此类推。电动机动力电路应从电动机绕组开始自下而上标号。

若主电路是直流回路，则按数字标号的个位数的奇偶性来区分回路的极性。正电源侧用奇数，负电源侧用偶数。

辅助回路的标号采用阿拉伯数字编号。标注方法按等电位原则进行，在垂直绘制的电路中，标号顺序一般由上而下编号，凡是被线圈、绕组、触点或电阻、电容等元件所间隔的线段，都应标以不同的电路标号。

一种是先编好控制回路电源引线线号，“1”通常标在控制线的最上方，然后按照控制回路从上到下、从左到右的顺序，以自然序数递增，每经过一个触点，线号依次递增，电位相等的导线线号相同，接地线作为 0 号线。

另一种是以压降元件为界，其两侧的不同线段分别按标号的个位数的奇偶性来依序标号。有时回路中的不同线段较多，标号可连续递增到两位奇偶数，如“11、13、15”“12、14、16”等。压降元件包括接触器线圈、继电器线圈、电阻、照明灯和电铃等。

在垂直绘制的回路中，线号采用自上而下或自上至中、自下至中的方式编号，这里的“中”指压降元件所在位置，线号一般标在连接线的右侧。

在水平绘制的电路中，线号采用自左而右或自左至中、自右至中的方式，这里的“中”同样是指压降元件所在位置，线号一般标注于连接线的上方。

无论哪种标号方式，电路图与接线图上相应的线号应一致。

在每个接触器线圈的文字符号 KM 的下面画两条竖直线（或水平线），分成左、中、右（或上、中、下）3 栏，把受其控制而动作的触点所处的图取好数字编号，按规定的内容填上。对备而未用的触点，在相应的栏中用记号“×”标出。

⑥ 在电路图上一般还要标出各个电源电路的电压值、极性或频率及相数。对某些元器件还应标注其特性，如电阻、电容的数值等。

不常用的电器，如位置传感器、手动开关等，还要标注其操作方式和功能等。

在完整的电路图中，有时还要标明主要电气元件的型号、文字符号、有关技术参数和用途。例如电动机的用途、型号、额定功率、额定电压、额定电流、额定转速等。

⑦ 全部电气元件的型号、文字符号、用途、数量、安装技术数据，均应填写在元件明细表内。

16.2.3 电气接线图

电气接线图是专供电气工程人员安装电气设备及控制元件时接线用的图。

电气接线图分为控制元件接线图和控制元件板面位置图两种。

控制元件接线图应该画出各控制元件之间连线和连接线的具体电气原理图的接线图，图16-30所对应的接线图如图16-31所示。

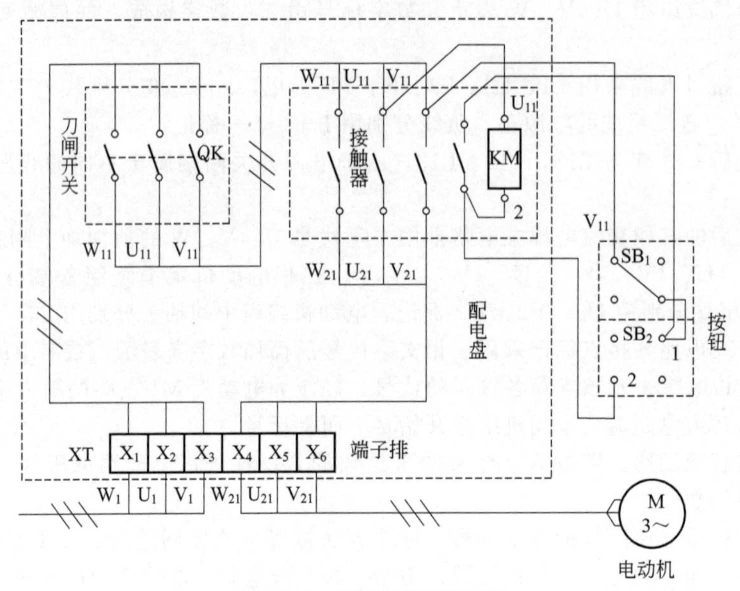

图16-31 控制元件接线图

控制元件板面位置图，应该清楚画出各控制元件在配电板（盘）上明确的位置、各控制元件之间的距离以及固定各控制元件所需的钻孔位置和钻孔尺寸。其控制元件板面位置图（盘面布置图）如图16-32所示。

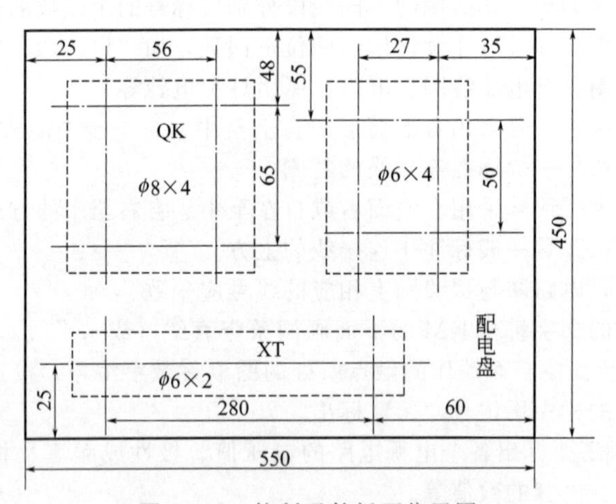

图16-32 控制元件板面位置图

（1）电气接线图画法

电气接线图要按以下方法绘制：

① 电气接线图必须保证电气原理图中各电气设备和控制元件动作原理的实现。

② 电气接线图只标明电气设备和控制元件之间的相互连接线路而不标明电气设备和控制元件的动作原理。

③ 电气接线图中的控制元件位置要依据它所在实际位置绘制。

④ 电气接线图中各电气设备和控制元件要按照国家标准规定的电气图形符号绘制。

⑤ 电气接线图中的各电气设备和控制元件，其具体型号可标在每个控制元件图形旁边，或用表格说明。

⑥ 实际电气设备和控制元件结构都很复杂，画接线图时，只画出接线部件的电气图形符号。

（2）控制元件板面位置图画法

控制元件板面位置图要按以下方法绘制：

① 控制元件板面位置图，就是控制元件在配电板（盘）上的实际位置。

② 应准确标明各控制元件之间的尺寸。

③ 图中各控制元件要严格按照国家有关标准绘制。

④ 对于大型电气设备的安装位置图，只画出机座固定螺栓的位置、尺寸。

16.2.4 逻辑电路图

在数字电子电路中，用各种图形符号表示门、触发器和各种逻辑部件，用线条按逻辑关系连接起来。用来说明各个逻辑单元之间的逻辑关系和整机的逻辑功能的电路图，叫作逻辑电路图，简称逻辑图。

逻辑电路包括与门、或门、非门、与非门、或非门、与或非门、异或门、同或门。如表 16-10 所示，为基本逻辑门电路的图形符号及其逻辑函数、逻辑功能。

表 16-10 基本逻辑门电路图形符号

序号	名称	符号		逻辑函数	逻辑功能
		限定符号	国标图形符号		
1	与门	&	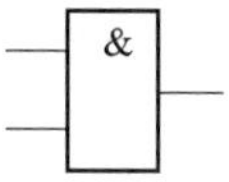 &	$Y=A\cdot B=AB$	有 0 出 0，全 1 出 1
2	或门	≥1	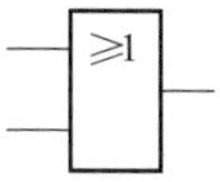 ≥1	$Y=A+B$	有 1 出 1，全 0 出 0
3	非门	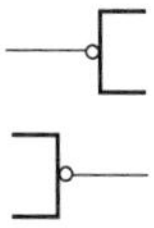 逻辑非入和出	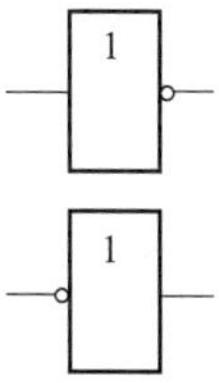 1 1	$Y=\overline{A}$	0 出 1，1 出 0
4	与非门		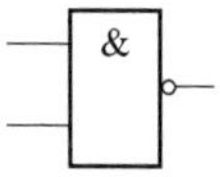 &	$Y=\overline{A\cdot B}=\overline{AB}$	有 0 出 1，全 1 出 0
5	或非门		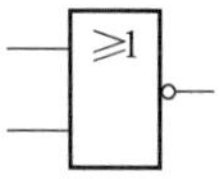 ≥1	$Y=\overline{A+B}$	有 1 出 0，全 0 出 1
6	与或非门		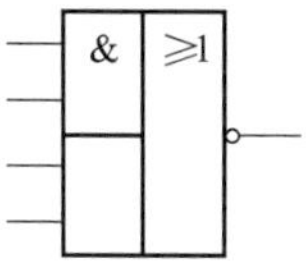 & ≥1	$Y=\overline{AB+CD}$	

续表

序号	名称	符号		逻辑函数	逻辑功能
		限定符号	国标图形符号		
7	异或门	=1	=1	$Y=A\oplus B$ $=\overline{AB}+\overline{A}B$	同出0,异出1
8	同或门	=	= =1	$Y=A\cdot B$ $=AB+\overline{A}\ \overline{B}$	同出1,异出0

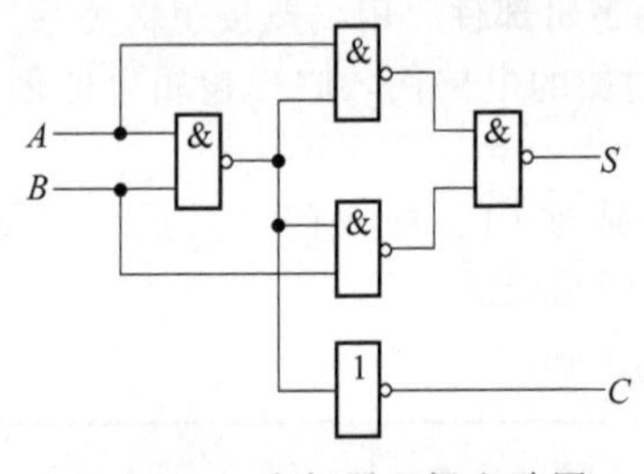

图16-33 半加器逻辑电路图

真值表是在逻辑中使用的一类数学表，用来确定一个表达式是否为真或有效，通常以1表示真，0表示假。

如图16-33所示，为一半加器逻辑电路，它能实现两个一位二进制数加法运算。

根据给出的逻辑电路图可写出输出函数表达式：

$$S=\overline{\overline{\overline{AB}\cdot A}\cdot\overline{\overline{AB}\cdot B}}$$

$$C=\overline{\overline{AB}}$$

用代数化简法对输出函数化简：

$$
\begin{aligned}
S&=\overline{\overline{\overline{AB}\cdot A}\cdot\overline{\overline{AB}\cdot B}}\\
&=\overline{AB}\cdot A+\overline{AB}\cdot B\\
&=(\overline{A}+\overline{B})\cdot A+(\overline{A}+\overline{B})\cdot B\\
&=A\overline{B}+\overline{A}B\\
&=A\oplus B
\end{aligned}
$$

$$C=\overline{\overline{AB}}=AB$$

根据简化后的表达式可列出真值表如表16-11所示。

表16-11 真值表

A	B	S	C
0	0	0	0
0	1	1	0
1	0	1	0
1	1	0	1

由真值表可以看出，若将A、B分别作为一位二进制数，则S是A、B相加的“和”，而C是相加产生的进位。

16.2.5 印制电路板图

印制电路板是焊装各种集成芯片、晶体管、电阻器、电容器等元器件的基板。这种线路板上用金属薄膜做导线，有印刷到绝缘板表面的导电膜。

印制电路板图是印制电路板上实际元器件的装置图。在印制电路板图上，实际元器件的符号画到该元器件应在的位置，并用圆圈表示元器件插脚的接线孔，用电路板的铜箔条代替连接导线，它的走向、位置、形状都和实际的一样。看到印制电路板图，就知道了各元器件所在的位置。在检修故障时，根据印制电路板图很快就可以找到故障元器件的位置。如图 16-34 所示为某摩托车防盗报警器的印制电路板图，印制电路板的实际尺寸约为 50mm×35mm。

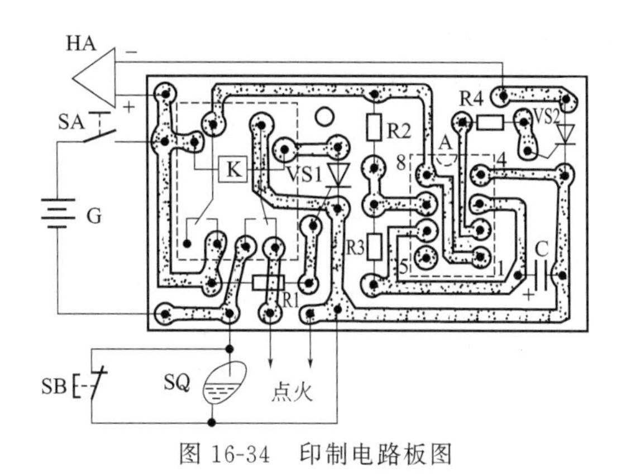

图 16-34 印制电路板图

（1）印制电路板图的作用

印制电路板图的主要作用如下：

① 通过印制电路板图可以方便地在实际电路板上找到电路原理图中某个元器件的具体位置，没有印制电路板图时查找不方便。

② 印制电路板图起到电路原理图和实际电路板之间的沟通作用，是修理不可缺少的图纸资料之一，否则将影响修理速度，甚至妨碍正常检修思路的顺利展开。

③ 印制电路板图表示了电路原理图中各元器件在电路板上的分布状况和具体的位置，给出了各元器件引脚之间连线（铜箔线路）的走向。

④ 印制电路板图是一种十分重要的修理资料，电路板上的情况被一比一地画在印制电路板图上。

（2）印制电路板的组成

一般来说，印制电路板是由基板和印制电路两部分组成的，具有导线和绝缘底板的双重作用。

通常把不装载元器件的印制电路板叫作基板，它的主要作用是作为元器件的支承体。利用基板上的印制电路，可通过焊接把元器件连接起来。同时它还有利于板上元器件的散热。

基板的两侧分别叫作元器件面和焊接面。元器件面安装元器件，元器件的引出线通过基板的插孔。在焊接面的焊盘处通过焊接把线路连接起来。

基板大体可以分为两类。一类是无机类基板，它主要是陶瓷板或瓷釉包覆钢基板。另一类是有机类基板，这类基板采用增强材料（如玻璃纤维布、纤维纸等）浸以树脂（如酚醛树脂、环氧树脂、聚四氟乙烯等）黏合，然后烘干成坯料，再敷上铜箔（铜箔纯度大于 99.8%，厚度约在 18～105μm），经高温高压处理而制成，这类基板俗称敷铜板。

印制电路则是在基板上采用印刷法制成的导电电路图形，它包括印制线路和印刷元件（采用印刷法在基板上制成的电路元件，如电容器、电感器等）。

16.2.6 电子元器件布局图

在设计装配方式之前，要求将整机的电路基本定型，同时还要根据整机的体积以及机壳的尺寸来安排元器件在印刷电路板上的布局方式。

(1) 电子元器件的布局方式

具体做这一步工作时，可以先确定好印刷电路板的尺寸，然后将元器件配齐，根据元器件种类和体积以及技术要求将其布局在印刷电路板上的适当位置。可以先从体积较大的元器件开始，如电源变压器、磁棒、全桥、集成电路、三极管、二极管、电容器、电阻器、各种开关、接插件、电感线圈等。待体积较大的元器件布局好之后，小型及微型的电子元器件就可以根据间隙面积灵活布配。二极管、电感器、阻容元件的装配方式一般有直立式、俯卧式和混合式三种。

① 直立式　这种安装方式如图16-35所示。电阻、电容、二极管等都是竖直安装在印刷电路板上的。这种方式的特点是：在一定的单位面积内可以容纳较多的电子元器件，同时元器件的排列也比较紧凑。缺点是：元器件的引线过长，所占高度大，且由于元器件的体积尺寸不一致，其高度不在一个平面上，欠缺美观性，元器件引脚弯曲，且密度较大，元器件之间容易碰触引脚，可靠性欠佳，且不太适合频率较高的电路采用。

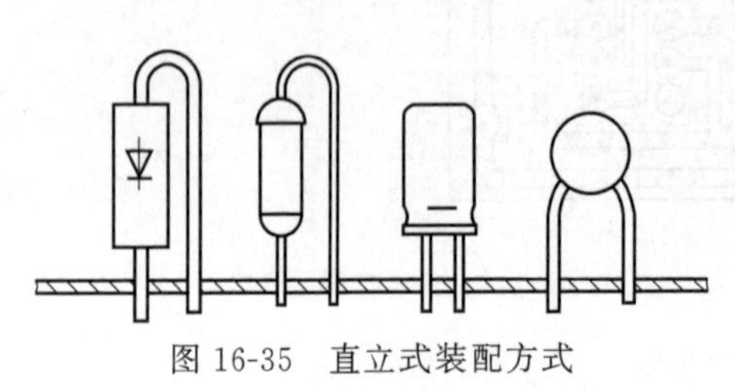

图16-35　直立式装配方式

② 俯卧式　这种安装方式如图16-36所示。二极管、电容、电阻等元器件均是俯卧式安装在印刷电路板上的。这样可以明显地降低元器件的排列高度，可实现薄型化，同时元器件的引线也最短，适合于较高工作频率的电路，这也是目前应用得最广泛的一种安装方式。

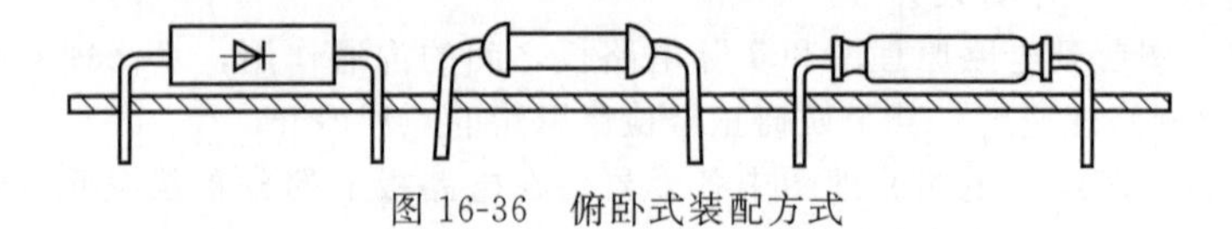

图16-36　俯卧式装配方式

③ 混合式　为了适应各种不同条件的要求如某些位置受面积所限，在一块印刷电路板上，有的元器件采用直立式安装，也有的元器件则采用俯卧式安装。这受到电路结构各式以及机壳内空间尺寸的制约，同时也与所用元器件本身的尺寸和结构形式有关，可以灵活处理。安装方式如图16-37所示。

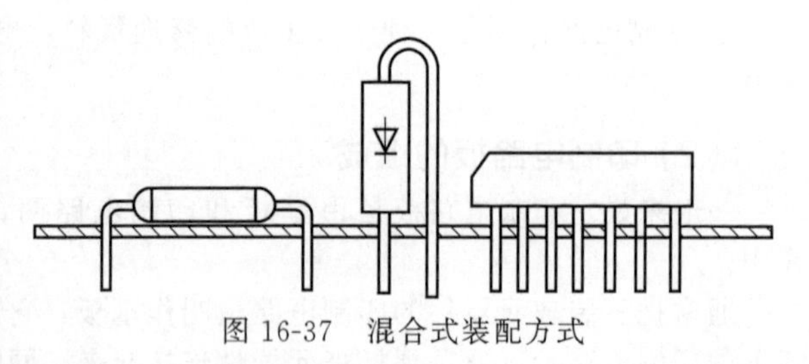

图16-37　混合式装配方式

(2) 电子元器件配置布局应考虑的因素

对于印刷电路板的布局排列并没有统一固定的模式，每个设计者都可以根据具体情况和习惯方法进行工作，但是应遵循一些基本原则。

① 印刷电路板最经济的形状是矩形或正方形，一般应避免设计成异形，以尽可能地降低成本。

② 如果印刷电路板是矩形，元器件排列的长度方向一般应与印刷电路板的长边平行，这样不但可以提高元器件的装配密度，而且可使装配好的印刷电路板更美观。

③ 元器件的配置与安装必须要考虑到足够的机械强度，要保证元器件和印刷电路板在工作与运输过程中不会因振动、冲击而损坏。对重量超过15g以上的元器件应考虑使用支架或卡夹加以固定，一般不宜直接将它们焊接在印刷电路板上。

④ 一些电子元器件，特点是放大器的输入与输出部分，应尽可能地设计到靠近印刷电路板外部连接的插头部分。当然，如果存在着寄生耦合，例如相邻导线之间的电信号串扰，就不能使它们的引线靠得太近。

⑤ 对于一些易发热的元器件，如电源变压器、大功率三极管、可控硅、大功率电阻等，应尽量靠近机壳框架。因为金属框架具有一定的散热作用。对于湿度敏感的元器件，如锗三极管、电解电容器等，应尽量远离热源区。对于一些耐热性较好的元器件则尽可能设计到印刷电路板最热的区域内。

⑥ 应尽可能地缩短元器件及元器件之间的引线。尽量避免印刷电路板上的导线的交叉，设法减小它们的分布电容和互相之间的电磁干扰，以提高系统工作的可靠性。

⑦ 应以功能电路的核心元器件为中心，外围元器件围绕它进行布局。例如通常是以晶体三极管等元器件为核心，然后根据各自的引脚功能，正确地排列布置外围元器件的方向与位置。

⑧ 在设计数字逻辑印刷电路板时，要注意各种门电路多余端的处理，或接电源端或接地端，并按照正确的方法实现不同逻辑门的组合转换。

⑨ 元器件的配置和布局应有利于设备的装配、检查与维修。

⑩ 对于要求防干扰的元器件，可采用金属外壳或在元器件表面喷涂金属加以屏蔽。

（3）印刷电路上导线配置时应考虑的因素

通常所用的敷铜板上的铜箔厚度为 0.05mm 左右，在敷铜厚度不变的情况下要通过不同的电流强度，就要对其布线以及导线的宽窄有所要求。利用 Protel 等电路设计 CAD 软件绘制好电路原理图，再在印刷电路图下进行元器件配置布局，确定导线的位置、走向、连接点以及适当的宽度。严格地讲，应根据电路要求的电流强度、压降、击穿电压、分布电容等多项指标来进行核算，核算无误后，应略留余地，其设计才算初步完成。但在业余制作情况下，对于一些与安全无关或不紧要的电子装置，也可以将上述条件放松，但应尽量遵循以下原则。

① 绘制的导线粗细应尽量均匀，在同一导线上不应出现突然由粗变细或由细变粗的现象。

② 其图案、线条的宽度大于 5mm 时，需在线条中间设计出图形或缝状空白处，以免在铜箔与绝缘基板之间产生气泡。

③ 有电耦合或磁耦合的通路，应避免相互平行。对于严格控制寄生电容影响的高阻抗的信号线，要采用窄导线。

④ 导线间距的确定应考虑到最坏的工作条件下导线之间的绝缘电阻和击穿电压。实践证明：导线的间距在 1.5mm 时，其绝缘电阻超过 20MΩ，允许电压可达 300V；间距在 1.0mm 时，允许电压为 200V，所以导线的间距通常应采用 1.0～1.5mm。

⑤ 在高频电路系统中，必须采用大面积接地结构，这样既能起到屏蔽作用，又可使高频回路具有较小的电感。

⑥ 印刷电路板上的导线宽度，主要由导线（铜箔）与绝缘板之间黏附强度，流过它们的电流强度和最大允许温升确定的。如果在＋20℃时，允许有微小温升。铜箔厚度为 0.05mm 时导线宽度和允许电流的对应关系如表 16-12 所示。

表 16-12 导线宽度和允许电流的对应关系

名称	数值			
导线宽度/mm	0.5	1.0	1.5	2.0
允许电流/A	0.8	1.0	1.3	1.9

⑦ 由于印刷电路板上的导线具有一定的电阻，因此在电流通过时必然会产生电压降。在＋20℃时，宽度为 1mm，厚度为 0.05mm 的导线其导线电流与电压降如表 16-13 所示。

表 16-13 导线电流与电压降的关系

名称	数值										
导线电流/A	0.25	0.5	0.75	1.0	1.25	1.5	1.75	2.0	2.5	3.0	4.0
导线压降/(V/m)	0.1	0.25	0.4	0.55	0.75	0.85	1.0	1.15	1.4	1.7	2.2

⑧ 当铜箔的厚度确定之后，两根印刷导线之间的分布电容容量的大小与线间距离成反比，与线间的平行长度成正比。在高频状态工作时，更要注意分布电容对电路的不良影响。

(4) 电子元器件布置图的设计原则

电子元器件布置图的设计应遵循以下原则：

① 必须遵循相关国家标准设计和绘制电子元器件布置图。

② 相同类型的电子元器件布置时，应把体积较大和较重的安装在控制柜或面板的下方。

③ 发热的元器件应该安装在控制柜或面板的上方或后方，但热继电器一般安装在接触器的下面，以方便与电机和接触器的连接。

④ 需要经常维护、整定和检修的电子元器件、操作开关、监视仪器仪表，其安装位置应高低适宜，以便工作人员操作。

⑤ 强电、弱电应该分开走线，注意屏蔽层的连接，防止干扰的窜入。

⑥ 电子元器件的布置应考虑安装间隙，并尽可能做到整齐、美观。

16.2.7 面板图

面板是电子产品上用来安装显示、控制等用途的结构件，其设计制作的质量，对整个装置的使用效果和外观影响很大。面板的构图、布局、色彩、肌理的处理应与整个装置的风格协调一致。在设计时应注意下列几点。

① 面板上的标志、刻度、文字、符号，显示必须清晰，简明易懂。

② 面板设计布局应便于安装、操作和维修。

③ 面板上的表头、显示器、度盘，应垂直于站姿或坐姿操作者的视线，避免仰视或俯视，以免造成读数误差。

④ 表头、显示器件的安装定位与其相关的开关、旋钮等操作器件上下一一对应，从左到右，符合操作读数的顺序。

⑤ 面板上不同内容用不同颜色线条划分区域，使之便于操作。

⑥ 指示灯要按照国标的要求进行选用，并尽量选用同一型号，便于更换。指示灯可用颜色有红、黄、绿、蓝、白5种；按钮常用的有红、黄、绿、蓝、黑、白、灰等。

选定时依按钮被操作（按压）后所引起的功能，或指示灯被接通（发光）后反映的信息来选择颜色。

指示灯颜色的指令含义如表 16-14 所示。

表 16-14 指示灯颜色的指令含义

颜色	含义	说明	举例
红	危险或告急	有危险或必须立即采取行动	紧急停止、电源、报警
黄	注意	情况有变化，或即将发生变化	暂停、未到位、提醒
绿	安全	正常或允许运行	运行中、准备好
蓝	按需要指定用意	除红、黄、绿三色之外的任何指定用意	遥控指示、选择开关在“设定”位置
白	无特定用意	任意用意	不能确定地用红、黄、绿时，以及用作“执行”时

按钮的颜色选定时，停止、断电、事故用红色；启动、通电优先用绿色，允许黑、白、灰色；一钮双用的启动与停止、通电与断电，交替按压后改变功能，不能用红、绿色，而应用黑、白、灰色；点动按钮应用黑、白、灰、绿色，最好是黑色，而不能用红色；“复位”单一功能的，建议用蓝色。

指示灯、按钮的颜色选择，同样适用于灯光按钮。当选色有困难时，允许使用白色。灯光按钮不得用作事故按钮。

⑦ 面板有前、后之分，前面板上安装操作、指示元器件，如电源开关、指示灯、仪表、选择开关、调节旋钮、输入和输出插座、接线柱等。后面板上安装和外部连接的元器件，如电源进线插座、与相关设备连接的输入输出装置、熔丝盒、接地端子等，后面板上还应开设通风散热孔。

⑧ 面板上的元器件布置应当均匀、和谐、整齐、美观。面板颜色与机箱颜色配合既协调一致又显著突出。

面板造型设计如图 16-38 所示。

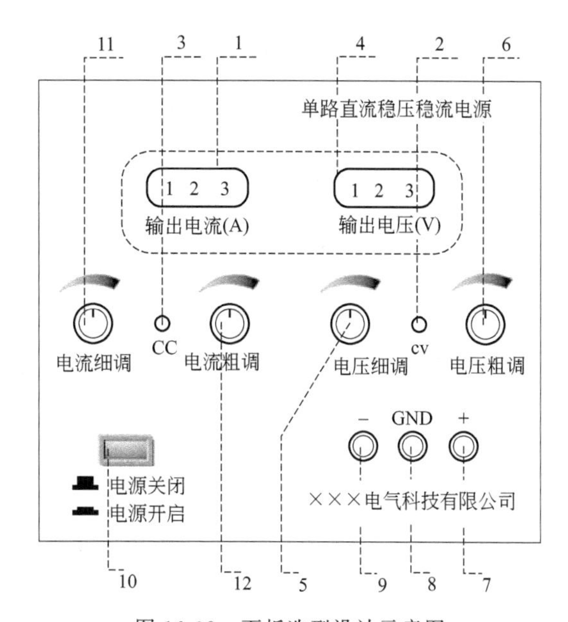

图 16-38　面板造型设计示意图

1—输出电流显示表；2—稳压指示灯；3—稳流指示灯；4—输出电压指示灯；5—输出电压细调电位器；6—输出电压粗调电位器；7—输出正极；8—地线接线端；9—输出负极；10—交流电源输入开关；11—输出电流细调电位器；12—输出电流粗调电位器

16.2.8　单元电路图

单元电路是指某一级控制器电路，或某一级放大器电路，或某一个振荡器电路、变频器电路等，它是能够完成某一电路功能的最小电路单位。从广义角度上讲，一个集成电路的应用电路也是一个单元电路。

单元电路图是学习整机电子电路工作原理过程中，首先遇到具有完整功能的电路图，这一电路图概念的提出完全是为了满足电路工作原理分析之需要。

（1）单元电路图功能

单元电路图具有下列功能：

① 单元电路图主要用来讲述电路的工作原理。

② 它能够完整地表达某一级电路的结构和工作原理，有时还全部标出电路中各元器件的参数，如标称阻值、标称容量和三极管型号等。

③ 它对深入理解电路的工作原理和记忆电路的结构、组成很有帮助。

（2）单元电路图特点

单元电路图具有下列特点：

① 单元电路图主要是为了分析某个单元电路工作原理的方便而单独将这部分电路画出，所以在图中已省去了与该单元电路无关的其他元器件和有关的连线、符号，这样单元电路图就显得比较简洁、清楚，识图时没有其他电路的干扰。单元电路图中对电源、输入端和输出端已经加以简化，如图 16-39 所示。

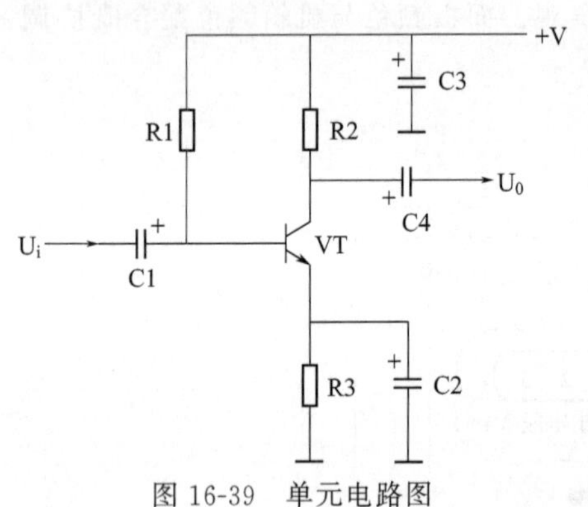

图 16-39　单元电路图

电路图中，＋V 表示直流工作电压（其中正号表示采用正极性直流电压给电路供电，地端接电源的负极）；U_i 表示输入信号，是这一单元电路所要放大或处理的信号；U_0 表示输出信号，是经过这一单元电路放大或处理后的信号。通过单元电路图中的这样标注可方便地找出电源端、输入端和输出端，而在实际电路中，这三个端点的电路均与整机电路中的其他电路相连，没有＋V、U_i、U_0 的标注，给初学者识图造成了一定的困难。

例如：见到 U_i 可以知道信号是通过电容 C1 加到三极管 VT 基极的；见到 U_0 可以知道信号是从三极管 VT 集电极输出的，这相当于在电路图中标出了放大器的输入端和输出端，无疑大大方便了电路工作原理的分析。

② 单元电路图采用习惯画法，一看就明白，例如元器件采用习惯画法，各元器件之间采用最短的连线。而在实际的整机电路图中，由于受电路中其他单元电路中元器件的制约，有关元器件画得比较乱，有的在画法上不是常见的画法，有的个别元器件画得与该单元电路相距较远，这样电路中的连线很长且弯弯曲曲，造成识图和电路工作原理理解的不便。

③ 单元电路图只出现在讲解电路工作原理的书刊中，实用电路图中是不出现的。对单元电路的学习是学好电子电路工作原理的关键。只有掌握了单元电路的工作原理，才能去分析整机电路。

（3）单元电路图识图方法

单元电路的种类繁多，而各种单元电路的具体识图方法有所不同，这里只对共性的问题说明几点：

① 有源电路识图方法　所谓有源电路就是需要直流电压才能工作的电路，例如放大器电路。对有源电路的识图首先分析直流电压供给电路，此时将电路图中的所有电容器看成开路（因为电容器具有隔直特性），将所有电感器看成短路（电感器具体通直的特性）。有源电路的识图方向一般是先从右向左，再从上向下。

② 信号传输过程分析　信号传输过程分析就是分析信号在该单元电路中如何从输入端传输到输出端，信号在这一传输过程中受到了怎样的处理（如放大、衰减、控制等）。信号传输过程分析的识图方向一般是从左向右进行。

③ 元器件作用分析　元器件作用分析就是分析电路中各元器件起什么作用，主要从直流和交流两个方面去分析。

④ 电路故障分析　电路故障分析就是分析当电路中元器件出现开路、短路、性能变劣后，

对整个电路工作会造成什么样的不良影响，使输出信号出现什么故障现象（如没有输出信号、输出信号小、信号失真、出现噪声等）。在搞懂电路工作原理之后，元器件的故障分析才会变得比较简单。

整机电路中的各种功能单元电路繁多，许多单元电路的工作原理十分复杂，若在整机电路中直接进行分析显得比较困难，通过单元电路图分析之后再去分析整机电路就显得比较简单，所以单元电路图的识图也是为整机电路分析服务的。

第17章　电路及电力拖动控制原理

17.1　电路及其基本物理量

17.1.1　电路

（1）电路的概念

电路是电流的通路，是为了某种需要由某些电工设备或电气元件按一定方式连接起来的整体，主要用来实现能量的传输和转换或实现信号的传递和处理。

（2）电路的状态

电路在不同的工作条件下，会处于不同的状态，并具有不同的特点。电路的状态主要有以下三种：

a）通路

当电源与负载接通，例如图17-1中的开关S闭合时，电路中有了电流及能量的输送和转换，电路的这一状态称为通路，而电源这时的状态称为有载。

b）开路

当某一部分电路与电源断开，该部分电路中没有电流，亦无能量的输送和转换，这部分电路所处的状态称为开路。例如图17-2中，当开关 S_1 单独断开时，照明灯Ⅰ所在的支路开路；当开关 S_2 单独断开时，照明灯Ⅱ所在的支路开路。

如果开关 S_1 和 S_2 全部断开，即电源与负载全部断开，这时电源的工作状态称为空载。

c）短路

当某一部分电路的两端用电阻可以忽略不计的导线或开关连接起来，使得该部分电路中的电流全部被导线或开关所旁路，这一部分电路所处的状态称为短路或短接。例如图17-3中，当开关 S_1 单独闭合时，照明灯Ⅰ被短路；当开关 S_2 单独闭合时，照明灯Ⅱ被短路。

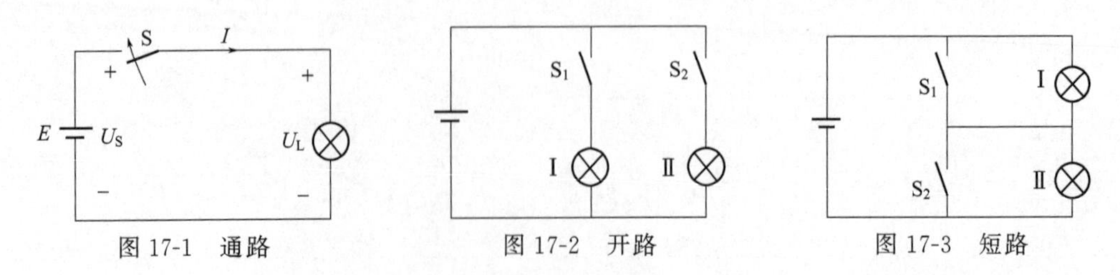

图17-1　通路　　图17-2　开路　　图17-3　短路

如果图中的开关 S_1 和 S_2 全部闭合，即所有负载全部被短路，这时电源所处的状态亦称短路（一般不称短接）。电源短路时，电流比正常工作电流大得多，时间稍长，便会使供电系统中的设备烧毁甚至引起火灾。

(3) 电路的组成

电路的结构形式按所实现的任务不同而多种多样，但无论哪种电路，都离不开电源、负载、导线和控制元件 4 部分。

① 电源　提供电能的设备，如发电机、电池等。

② 负载　指用电设备，如电灯、电动机、空调等。

③ 导线　用来连接电源与负载，起传输和分配电能的作用。

④ 控制元件　实际的电路除电源、负载、导线这 3 个基本部分以外，还常常根据实际工作的需要增添一些控制元件。例如接通和断开电路用的控制电器（如开关按钮）和保障安全用电的保护装置（如熔断器）等。

17. 1. 2　电路的基本物理量

(1) 电流

电荷的定向移动形成电流，由于电荷有正负之分，习惯上规定电流方向为正电荷定向移动方向。电流的定义是单位时间内通过导体横截面的电荷量。

如果电流的大小和方向不随时间变化，这种电流称为恒定电流，简称直流，用符号 I 表示。如果电流的大小和方向都随时间变化，则称为交变电流，简称交流，常用符号 i 表示。在国际单位中，电流的单位是安培（A）。

(2) 电压与电动势

电荷的定向移动是依靠能量转换和做功实现的。若单位正电荷从 a 点移动到 b 点，如果电场力做正功，则单位正电荷电势能减少，电势能减少的数量称为 a、b 两点间的电压。

如果电压的大小和极性不随时间变化，这种电压称为直流电压，用符号 U 表示。如果电压的大小和极性都随时间变化，则称为交流电压，常用符号 u 表示。

电动势是用来表示电源移动电荷做功本领的物理量。电源的电动势，在数值上等于电源把单位正电荷从负极 b（低电位）经由电源内部移到电源的正极 a（高电位）所做的功。

在国际单位制中，电压和电动势的单位都是伏特 [焦耳（J）/库仑（C)]，简称伏，用大写字母 V 表示。

电压的实际方向规定为由高电位（＋极性）端指向低电位（－极性）端，即为电位降低的方向。电源电动势的实际方向规定为在电池内部由低电位（－极性）端指向高电位（＋极性）端，即为电位升高的方向。和电流一样，在较为复杂的电路中，往往无法先确定它们的实际方向（或者极性）。因此，在电路图上所标出的也都是电动势和电压的参考方向。若参考方向与实际方向一致，则其值为正；若参考方向与实际方向相反，则其值为负。

原则上参考方向是可以任意选择的，但是在分析某一个电路元件的电压与电流的关系时，需要将它们联系起来选择。

(3) 电位

在分析和计算电路时，常常将电路中的某一点选作参考点，并规定其电位为零。于是电路中其他任何一点与参考点之间的电压便是该点的电位。在同一电路中，由于参考点选得不同，各点的电位值会随着改变，但是任意两点之间的电压值是不变的。所以各点的电位高低是相对的，而两点间的电压值是绝对的。

原则上，参考点可以任意选择，但为了统一起见，常选大地为参考点。机壳需要接地的设备，可以把机壳选作电位的参考点。有些电子设备，机壳虽不一定接地，但为分析方便起见，可以把它们当中元器件汇集的公共端或公共线选作参考点，也称为地，在电路图中用⊥表示。

（4）电功率

在电路的分析和计算中，功率的计算是十分重要的。这是因为：一方面，电路在工作状态下总伴随有电能与其他形式能量的相互交换；另一方面，电气设备、电路部件本身都有功率的限制，在使用时要注意其电流值或电压值是否超过额定值，超载会使设备或部件损坏，或不能正常工作。功率是能量转换的速率，电路中任何元件的功率 P，都可用元件的端电压 U 和其中的电流 I 相乘求得，即：

$$P=UI$$

不过，在写表达式求解功率时，要注意 U 和 I 的值有正负之分，并且当把 U 和 I 的值代入式中计算后，所得的功率也会有正负之分。

功率的正负表示了元件在电路中的作用不同。若功率为正值，则表明该元件在电路中是负载，将电能转换成了其他的能量，电流流过该元件时是电场力做功；若功率是负值时，则表明该元件在电路中是电源，将其他形式的能量转换成电能，电流流过该元件时是电源力做功。

功率的国际单位是瓦特，简称为瓦（W），对于大功率，常采用千瓦（kW）作单位。

17.2 电路的基本定律

17.2.1 欧姆定律

通常流过电阻的电流 I 与电阻两端的电压 U 成正比，这就是欧姆定律。它是分析电路的基本定律之一。对图 17-4(a) 的电路，欧姆定律可用下式表示：

$$\frac{U}{I}=R \tag{17-1}$$

式中，R 即为该段电路的电阻。

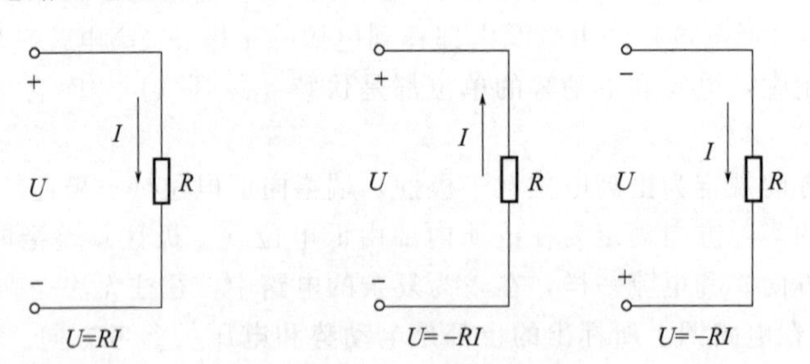

(a) 电压和电流的参考方向一致 (b) 电压和电流的参考方向相反

图 17-4 欧姆定律

由式(17-1) 可见，当所加电压 U 一定时，电阻 R 愈大，则电流 I 愈小。显然，电阻具有对电流起阻碍作用的物理性质。

在国际单位制中，电阻的单位是欧（欧姆，Ω）。当电路两端的电压为 1V，通过的电流为 1A 时，则该段电路的电阻为 1Ω。计量高电阻时，则以千欧（kΩ）或兆欧（MΩ）为单位。

根据在电路图上所选电压和电流的参考方向的不同，在欧姆定律的表示式中可带有正号或负号。如图 17-4(a) 所示，当电压和电流的参考方向一致时，则得

$$U=RI \tag{17-2}$$

如图 17-4(b) 所示，当两者的参考方向选得相反时则得

$$U=-RI \tag{17-3}$$

这里应注意，电压和电流本身也有正值和负值之分。

17.2.2 基尔霍夫定律

分析与计算电路的基本定律，除了欧姆定律外，还有基尔霍夫电流定律和基尔霍夫电压定律。基尔霍夫电流定律应用于结点，基尔霍夫电压定律应用于回路。

电路中的每一分支称为支路，一条支路流过的电流，称为支路电流。在图 17-5 中共有三条支路。

电路中三条或三条以上的支路相连接的点称为结点。在图 17-5 所示的电路中共有两个结点：a 和 b。

回路是由一条或多条支路所组成的闭合电路。图 17-5 中共有三个回路：$adbca$、$abca$ 和 $abda$。

（1）基尔霍夫电流定律

基尔霍夫电流定律是用来确定连接在同一结点上的各支路电流间关系的。由于电流的连续性，电路中任何一点（包括结点在内）均不能堆积电荷。因此，在任一瞬时，流向某一结点的电流之和应该等于由该结点流出的电流之和。

在图 17-5 所示的电路中，对结点 a 可以写成

$$I_1+I_2=I_3 \tag{17-4}$$

或将上式改写成

$$I_1+I_2-I_3=0$$

即

$$\sum I=0 \tag{17-5}$$

就是在任一瞬时，一个结点上电流的代数和恒等于零。如果规定参考方向向着结点的电流取正号，则背着结点的就取负号。

根据计算的结果，有些支路的电流可能是负值，这是由于所选定的电流的参考方向与实际方向相反所致。

（2）基尔霍夫电压定律

基尔霍夫电压定律是用来确定回路中各段电压间关系的。如果从回路中任意一点出发，以顺时针方向或逆时针方向沿回路循行一周，则在这个方向上的电位降之和应该等于电位升之和，回到原来的出发点时，该点的电位是不会发生变化的。即电路中任意一点的瞬时电位具有单值性的结果。

如图 17-6 所示的回路，即为图 17-5 所示电路的一个回路，图中电源电动势、电流和各段电压的参考方向均已标出。按照虚线所示方向循行一周，根据电压的参考方向可列出

$$U_1+U_4=U_2+U_3$$

或将上式改写为

$$U_1-U_2-U_3+U_4=0$$

即

$$\sum U=0 \tag{17-6}$$

就是在任一瞬时，沿任一回路循行方向（顺时针方向或逆时针方向），回路中各段电压的代数和恒等于零。如果规定电位降取正号，则电位升就取负号。

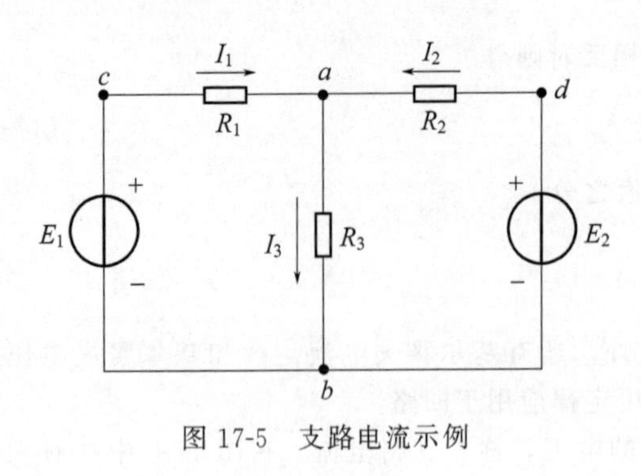

图 17-5 支路电流示例

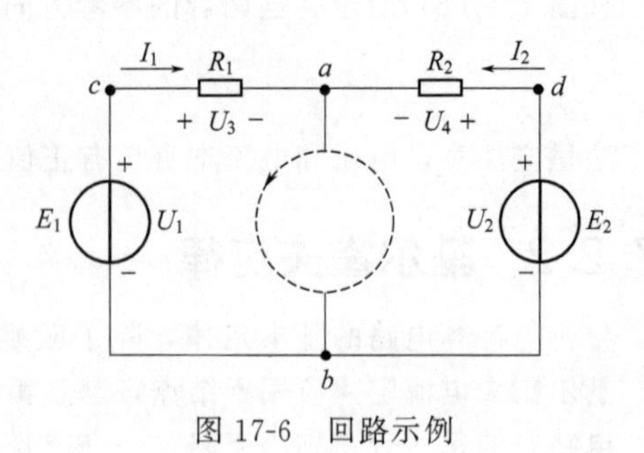

图 17-6 回路示例

17.3 电磁

磁现象是一种自然的物理现象，经常以磁体的形式表现其特征。最早人们发现磁体是磁石，磁石的化学成分是Fe_3O_4，磁石最主要的特征是能吸铁，因此人们往往将磁体称为磁铁。通过磁体的特征可以感觉到磁的存在。人类使用的磁体有两类：一类是天然磁体，如人类居住的地球就是一个巨大的磁体；另一类是人造磁体，是利用电流的磁效应制造出来的磁体。

17.3.1 磁路的概念

在地球上，磁体（铁）具有以下三个性质：

① 磁体（铁）具有吸铁的能力。

② 磁体具有南（S）、北（N）两个磁极，将磁体悬挂起来，稳定后S极将指向地球的南极，N极将指向地球的北极。

③ 两个磁体之间存在着相互作用力，极性相同的磁极（同为S极或同为N极）之间的作用力是排斥力，极性不同的磁极（一个为S极另一个为N极）之间的作用力是吸引力。

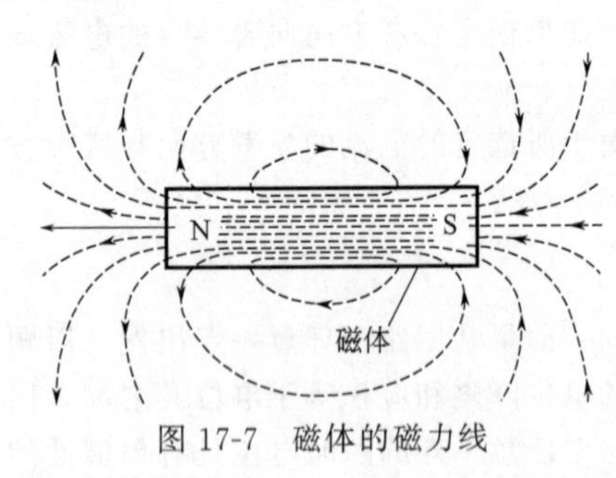

图 17-7 磁体的磁力线

磁极之间存在着的相互作用力称为磁力，磁力存在的范围称为磁场的作用范围。通过实验的方法可以证明：一块磁体的两个磁极部分，对铁的吸引力最强（即磁场最强），两个磁极之间的中线附近，磁体对铁的吸引力最弱。人们用磁力线来描述磁场的变化情况，通常规定：在磁体的外部，磁力线从磁体的N极出来，从磁体的S极进入；在磁体的内部，磁力线从磁体的S极指向N极，形成闭合曲线，如图 17-7 所示的虚线就是磁力线。

磁力线集中通过的路径称为磁路，又称为磁通路径。

17.3.2 磁路的基本物理量

磁路中常用的基本物理量，即磁感应强度 B、磁通 Φ、磁导率 μ、磁场强度 H。

（1）磁感应强度 B

磁感应强度 B 是反映磁场性质的参数。它的大小反映磁场强弱，它的方向就是磁场的方向。

若在磁场中某一区域，磁力线疏密一致，且方向相同，则称该区域为匀强磁场或均匀磁场。在均匀磁场内，磁感应强度处处相同。场内某点磁力线的方向即磁感应强度的方向，磁力线的多少表示磁感应强度的大小。一载流导体在磁场中受电磁力的作用，如图 17-8 所示。电磁力 F 的

大小就与磁感应强度 B、电流 I、垂直于磁场的导体有效长度 L 成正比。公式为

$$F=BIL\sin\alpha \tag{17-7}$$

式中 α——磁场与导体的夹角，(°)；

B——磁感应强度，T 或 Gs，$1\text{Gs}=10^{-4}\text{T}$。

若 $\alpha=90°$，则

$$F=BIL \tag{17-8}$$

电磁力的方向可用左手定则来确定。

（2）磁通 Φ

磁感应强度 B 和垂直于磁场方向的某一面积 S 的乘积称为该截面的磁通 Φ。若磁场为匀强磁场，Φ 的大小为

$$\Phi=BS \tag{17-9}$$

磁通 Φ 的单位为韦伯（Wb），工程上过去常用麦克斯韦（Mx），两个单位的大小关系是

$$1\text{Mx}=10^{-8}\text{Wb}$$

磁力线垂直穿过某一截面，磁力线根数越多，就表明磁通越大，磁通越大就表明在一定范围中磁场越强。由于磁力线是首尾闭合的曲线，所以穿入闭合面的磁力线数，必等于穿出闭合面的磁力线数，这就是磁通的连续性。

（3）磁导率 μ

磁导率 μ 是用来衡量磁介质磁性性能的物理量。

如图 17-9 所示一直导体，通电后在导体周围产生磁场，在导体附近一处 X 点的磁感应强度 B 与导体中的电流 I 及 X 点所处空间几何位置、磁介质 μ 有关。公式为

$$B_X=\mu\frac{I}{2\pi r} \tag{17-10}$$

由式(17-10) 可知磁导率 μ 越大，在同样的导体电流和几何位置下，磁场越强，磁感应强度 B 越大，磁介质的导磁性能越好。

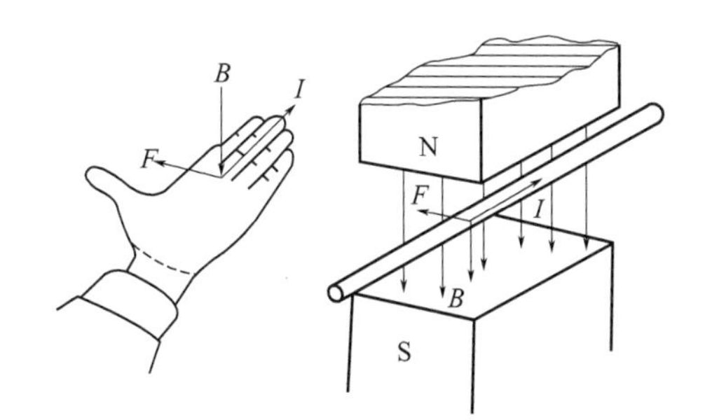

图 17-8 载流导体受电磁力作用

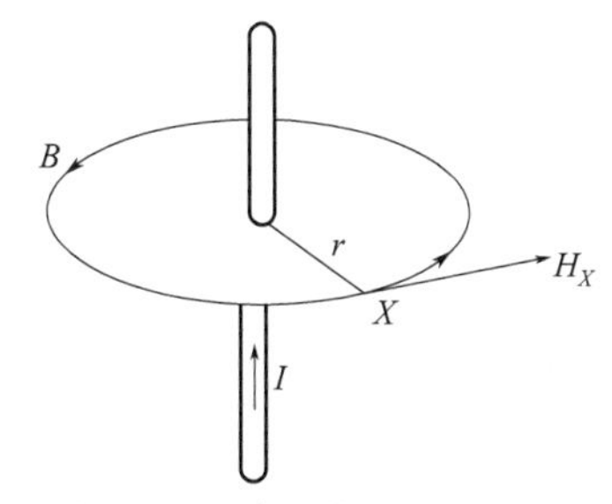

图 17-9 直导体周围的磁场

不同的介质，磁导率 μ 也不同，例如真空中的磁导率为 $\mu_0=4\pi\times10^{-7}\text{H/m}$，一般磁介质的磁导率 μ 与真空中磁导率 μ_0 的比值，称为相对磁导率，用表示 μ_γ 表示，即

$$\mu_\gamma=\frac{\mu}{\mu_0} \tag{17-11}$$

磁导率 μ 的单位为亨/米（H/m）。

根据相对磁导率不同，可以把材料分成三大类。第一类 μ_r 略小于 1，称为逆磁材料，如铜、银等；第二类 μ_r 略大于 1，称为顺磁材料，如各类气体、非金属材料、铝等。这两类的相对磁导率 μ_r 均约等于 1，所以常统称为非铁磁性材料。第三类为铁磁性材料，如铁、钴、镍及其合金等，它们的磁导率很高，相对磁导率 μ_r 远远大于 1，可达几百到上万，所以电气设备如变压器、

电机都将绕组套装在用铁磁性材料制成的铁芯上。

要注意的是，铁磁性物质的磁导率 μ 是个变量，它随磁场的强弱而变化。

(4) 磁场强度 H

磁场强度 H 也是磁场的一个基本物理量。磁场内某点的磁场强度 H 等于该点磁感应强度 B 除以该点的磁导率 μ，即

$$H=\frac{B}{\mu} \tag{17-12}$$

式中，H 为磁场强度，单位为安/米（A/m）。

图 17-9 中 X 点的磁场强度 H 为

$$H_X=\frac{B_X}{\mu}=\frac{I}{2\pi r} \tag{17-13}$$

由此可见，磁场强度的大小取决于电流的大小、载流导体的形状及几何位置，而与磁介质无关。H 和 B 同为矢量。H 的方向就是该点 B 的方向。

17.3.3 磁路欧姆定律

由于磁路和电路在分析思路上基本一致，在分析磁路时，可以将全电流定律应用到磁路中来。

一个磁路中的磁阻等于磁动势与磁通量的比值。这个定义可以表示为

$$\Phi=NI/R_m \tag{17-14}$$

式中 R_m——磁阻，A/Wb。

NI——磁动势，线圈的匝数与电流的乘积，A。

Φ——磁通量，Wb。

即磁路中的磁通 Φ 等于作用在该磁路上的磁动势 NI 除以磁路的磁阻 R_m，这就是磁路的欧姆定律。

这个定律有时称为霍普金森定律，有时称为磁路欧姆定律。与电路欧姆定律类似。

磁通量总是形成一个闭合回路，但路径与周围物质的磁阻有关。它总是集中于磁阻最小的路径。空气和真空的磁阻较大而容易磁化的物质（例如软铁）则磁阻较低。

17.3.4 电磁感应

(1) 定义

闭合电路的一部分导体在磁场中做切割磁感线的运动时，导体中就会产生电流，这种现象叫电磁感应现象。其本质是闭合电路中磁通量的变化。

由电磁感应现象产生的电流叫作感应电流。放在变化磁通量中的导体产生的电动势，称为感应电动势（感生电动势），若将此导体闭合成一回路，则该电动势会驱使电子流动，形成感应电流（感生电流）。

感应电流产生的条件有以下 3 个，如果缺少一个条件，就不会有感应电流产生：

① 电路是闭合且通的。

② 穿过闭合电路的磁通量发生变化。

③ 物体必须做垂直切割磁感线运动。

电磁感应现象的发现，乃是电磁学领域中最伟大的成就之一。它不仅揭示了电与磁之间的内在联系，而且为电与磁之间的相互转化奠定了实验基础，为人类获取巨大而廉价的电能开辟了道路，在实用上有重大意义。电磁感应现象的发现，标志着一场重大的工业和技术革命的到来。事

实证明，电磁感应在电工、电子技术、电气化、自动化方面的广泛应用对推动社会生产力和科学技术的发展发挥了重要的作用。

（2）感应电动势

要使闭合电路中有电流，这个电路中必须有电源，因为电流是由电源的电动势引起的。在电磁感应现象里，既然闭合电路里有感应电流，那么这个电路中也必定有电动势，在电磁感应现象中产生的电动势叫作感应电动势。

感应电动势大小计算的普适公式为

$$E=n\frac{\Delta\phi}{\Delta t} \tag{17-15}$$

式中　n——线圈匝数；

$\Delta\phi$——磁通量变化量，Wb；

Δt——发生变化所用时间，s；

E——产生的感应电动势，V。

17.4　电力拖动控制原理

生产机械的原动机大部分都采用各种类型的电动机，这是因为电动机与其他原动机相比，具有无可比拟的优点。以电动机为原动机拖动生产机械，使之按人们给定的规律运动的拖动方式，称为电力拖动。

17.4.1　电力拖动系统的组成

电力拖动系统由电动机、生产机械的传动机构、生产机械的工作机构、电动机的控制设备以及电源这五部分组成。

电源：电源是电动机和控制设备的能源，分为交流电源和直流电源。

电动机：电动机是生产机械的原动机，其作用是将电能转换成机械能，拖动生产机械的某一工作机构。电动机可分为交流电动机和直流电动机。

控制设备：控制设备用来控制电动机的运转，保证电动机按生产的工艺要求来完成生产任务，其由各种控制电动机的电气、自动化元件及工业控制计算机等组成。

传动机构：传动机构是在电动机于生产机械的工作机构之间传递动力的装置，如减速箱、传动带、联轴器等。

通常把生产机械的传动机构及工作机构称为电动机的机械负载。

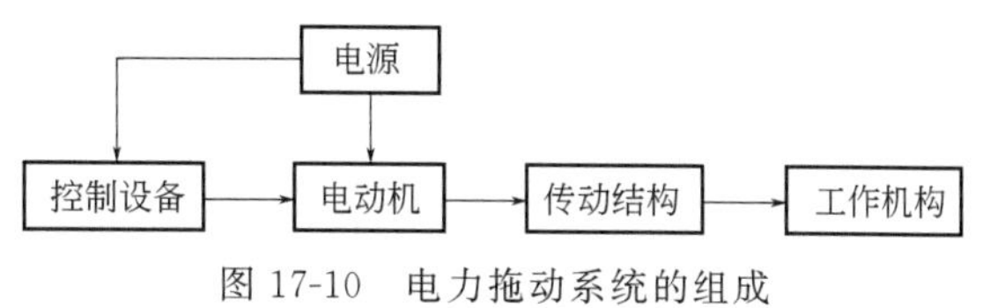

图 17-10　电力拖动系统的组成

图 17-10 是电力拖动系统组成图。在生产实践中，生产机械的结构和运动形式是多种多样的，其电力拖动系统也有多种类型。最简单的系统是电动机转轴与生产机械的工作机构直接相连，工作机构是电动机的负载，这种系统称为单轴电力拖动系统，此时电动机与负载同一根轴，同一个转速。

17.4.2　电力拖动系统的转矩

（1）电力拖动系统运动方程式

图 17-11 为单轴电力拖动系统示意图。图中 T 为电动机电磁转矩。T_L 为负载转矩，$T_L=$

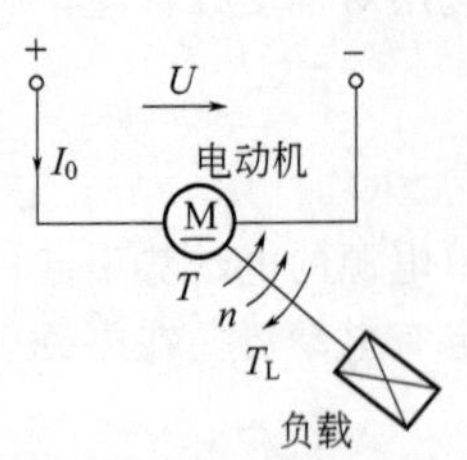

图 17-11 单轴电力拖动系统示意图

T_0+T_m，其中 T_0 和 T_m 分别表示电动机的空载转矩与工作机构的转矩，一般情况下，$T_m \geqslant T_0$，认为 $T_L \approx T_m$。各转矩单位均为 N·m。n 为电动机转速，单位为 r/min。

根据力学中刚体转动定律，可写出单轴电力拖动系统的运动方程式为

$$T-T_L=J\frac{d\omega}{dt} \tag{17-16}$$

式中 J——电动机轴上总转动惯量，kg·m²；

ω——电动机的角速度，rad/s。

在工程计算中，通常把电动机转子看成是均匀的圆柱体，用转速 n 代替角速度 ω，用飞轮惯量或称飞轮矩 GD^2 代替转动惯量。ω 与 n 的关系、J 与 GD^2 的关系分别为

$$\omega=2\pi n/60 \tag{17-17}$$

$$J=m\rho^2=\frac{G}{g}\left(\frac{D}{2}\right)^2=\frac{CD^2}{4g} \tag{17-18}$$

式中 m——系统转动部分质量，kg；

G——系统转动部分重力，N；

ρ——系统转动部分转动惯性半径，m；

D——系统转动部分转动惯性直径，m；

g——重力加速度，$g=9.8\text{m/s}^2$。

把式(17-17)、式(17-18) 代入式(17-16)，化简后得到

$$T-T_L=\frac{GD^2}{375}\times\frac{dn}{dt} \tag{17-19}$$

式中，GD^2 是转动部分总飞轮矩，N·m²，是一个物理量，可在产品目录中查出。375 (m/s²) 是具有加速度量纲的系数。式(17-19) 为电力拖动系统的实用运动方程式，它表明电力拖动系统的转速变化$\frac{dn}{dt}$（加速度）由（$T-T_L$）决定。

(2) 运动方程式中各参数正方向的规定

首先规定转速的正方向，设顺时针为正、逆时针为负，反之亦可。电磁转矩的正方向与转速的正方同相同，负载转矩的正方向与转速的正方向相反。T_L 的作用方向与 n 正方向相反，T_L 为正，是制动转矩，如图 17-12(a)。运动方程式为

$$(+T)-(+T_L)=\frac{GD^2}{375}\times\frac{d(+n)}{dt} \tag{17-20}$$

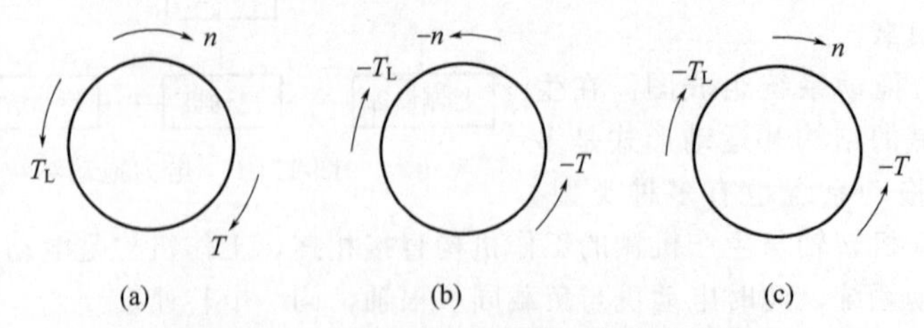

图 17-12 运动方程式各量正方向的规定

当 $T>T_L$ 时，$dn/dt>0$，系统正向加速；当 $T<T_L$ 时，$dn/dt<0$，系统正向减速，二者均为正向过程；当 $T=T_L$ 时，$dn/dt=0$，n 保持恒值不变，系统静止或稳定运行。

n 逆时针为负，T 的作用方向与 n 的方向相同，T 为负；T_L 的作用方向与 n 的方向相反，故 T_L 也为负，如图 17-12(b) 所示。运动方程式为

$$(-T)-(-T_{\mathrm{L}})=\frac{GD^2}{375}\times\frac{\mathrm{d}(-n)}{\mathrm{d}t} \tag{17-21}$$

当$|T|>|T_{\mathrm{L}}|$时，$\mathrm{d}(-n)/\mathrm{d}t<0$，$|n|$增加，系统反向加速；当$|T|<|T_{\mathrm{L}}|$时，$\mathrm{d}(-n)/\mathrm{d}t>0$，$|n|$减少，系统反向减速；当$|T|=|T_{\mathrm{L}}|$时，$\mathrm{d}(-n)/\mathrm{d}t=0$，$|n|$保持恒值不变，系统静止或稳定运行。

n 为正，T 的作用方向与 n 的方向相反，T 为负，是制动转矩；T_{L} 的作用方向与 n 的方向相同，故 T_{L} 也为负，是拖动转矩，如图 17-12(c)。运动方程式为

$$(-T)-(-T_{\mathrm{L}})=\frac{GD^2}{375}\times\frac{\mathrm{d}(+n)}{\mathrm{d}t} \tag{17-22}$$

当$|T|>|T_{\mathrm{L}}|$时，$\mathrm{d}(+n)/\mathrm{d}t<0$，$|n|$下降，系统正向减速；当$|T|<|T_{\mathrm{L}}|$时，$\mathrm{d}(-n)/\mathrm{d}t>0$，$|n|$减少，系统正向加速；当$|T|=|T_{\mathrm{L}}|$时，$\mathrm{d}(-n)/\mathrm{d}t=0$，$|n|$保持恒值不变，系统静止或稳定运行。

由上面的分析得知，式(17-19) 为电力拖动系统的通用方程式，它适用于各种运行状态，但是，n、T、T_{L} 本身为代数量，其自身的正负号应按照正方向的规定与系统具体工作情况而定。

（3）电力拖动系统的静负载转矩

从运动方程式看出，要分析电力拖动的动力学关系，必须知道静负载转矩，而静负载转矩是由生产机械决定的。大多数生产机械的静负载转矩都可以表示成与转速的关系，这些生产机械的静负载转矩与转速的关系，称为静负载转矩特性。有些生产机械的静负载转矩只能表示成与行程的关系，或只能表示成与时间的随机关系，对这些生产机械来说，静负载转矩特性就是静负载转矩与行程的关系，或静负载转矩与时间的关系。

按照静负载转矩与转速的关系，可以用两种方法对静负载进行分类，这将为分析电力拖动问题带来很大方便。按照静负载转矩的大小随转速的变化规律可分为恒转矩负载、鼓风机负载和恒功率负载。

① 恒转矩负载　静负载转矩的大小不随转速变化而变化，$T_{\mathrm{L}}=$常量，例如摩擦转矩。恒转矩负载特性如图 17-13 曲线 1 所示。

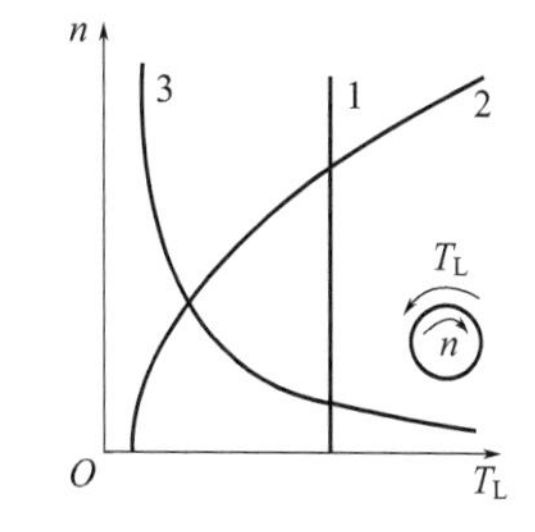

图 17-13　负载曲线
1—恒转矩负载；2—鼓风机负载；3—恒功率负载

② 鼓风机负载　静负载转矩基本上与转速的二次方成正比，$T_{\mathrm{L}}=a+bn^2$，式中 a 表示轴承摩擦转矩，b 是静负载转矩中随转速变化部分的比例系数，对于确定的生产机械来说，a 和 b 都是常量。离心式鼓风机和离心式泵都具有这种静负载转矩特性。鼓风机负载特性如图 17-13 中曲线 2 所示。

③ 恒功率负载　静负载转矩与转速成反比，静负载功率 $P=T_{\mathrm{L}}\omega=$常量，即 $T_{\mathrm{L}}n=$常量。例如车床的负载基本上是恒功率的。恒功率负载特性如图 17-13 中曲线 3 所示。

还有其他形式的静负载转矩特性，但这三类是比较常见的。

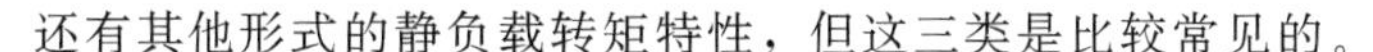

17.4.3　电动机的工作原理

电能是现代能源中应用最广泛的二次能源，而实现电能的生产、交换和使用都离不开电机。电机是随着生产的发展而诞生，随着生产的发展而发展的。而电机的应用反过来又推动社会生产力的不断提高。社会生产力的不断提高，又要求有更先进的电机出现及拖动系统的应用。

在电机的实际应用过程中，伴随着电机的发展，各种电动机拖动各种生产机械的电力拖动技术也逐步发展起来。在这里电动机的作用是将电能转换成机械能。

电动机按使用电源不同分为直流电动机和交流电动机，电力系统中的电动机大部分是交流电

机，可以是同步电机或者是异步电机（电机定子磁场转速与转子旋转转速不保持同步）。

（1）三相异步电动机的结构

异步电动机的用途十分广泛，它遍及各个生产部门，容量从几十瓦到高于几千千瓦。在轧钢厂中用来拖动小型轧机，在相关工厂用来拖动卷扬机和鼓风机。在工厂和家庭中到处可以看到异步电动机。异步电动机之所以应用得如此广泛，主要原因是它的结构简单、造价低廉、维修方便，有较好的工作特性。

异步电机由定子和转子两部分组成，定子和转子之间有气隙，为了减小励磁电流、提高功率因数，气隙应做得尽可能小。按转子结构不同，异步电动机分为笼型异步电动机和绕线转子异步电动机两种。这两种电动机的定子结构完全一样，仅转子结构不同。

① 定子的结构 异步电动机定子由定子铁芯、定子绕组和机座等组成。定子铁芯是电机磁路的一部分，一般由涂有绝缘漆的 0.5mm 硅钢片叠压而成，采用硅钢片的原因是为了减少铁损，绝缘漆可以减少铁芯的涡流损耗。定子铁芯的内圆上开有很多个定子槽，用来安放三相对称绕组。有引出三根线的，也有引出六根线的，可以根据需要结成星形或三角形。机座的作用主要是固定定子铁芯的，因此有足够的强度，另外还要考虑通风和散热的需要。图 17-14 是笼型异步电动机定子的外观图，图 17-15 是笼型异步电动机的结构图。

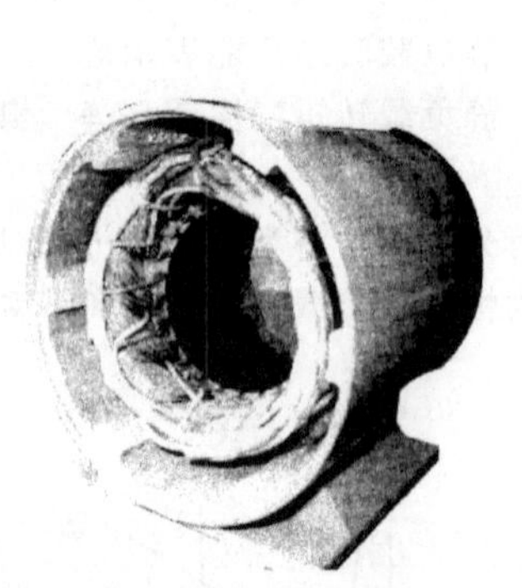

图 17-14 笼型异步电动机定子的外观图

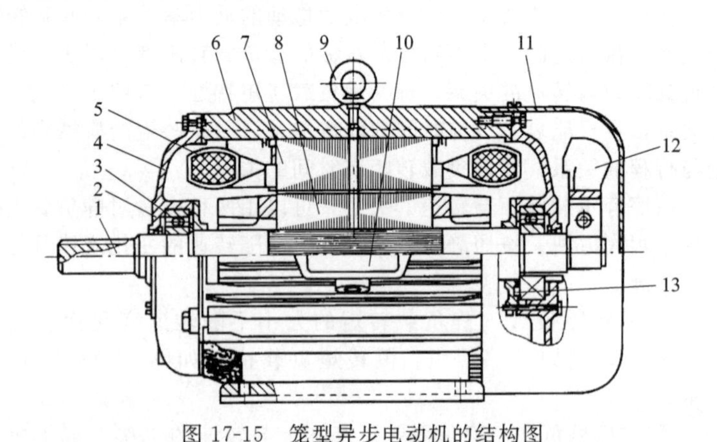

图 17-15 笼型异步电动机的结构图

1—轴；2—弹簧片；3—轴承；4—端盖；5—定子绕组；6—机座；7—定子铁芯；8—转子铁芯；9—吊环；10—出线盒；11—风罩；12—风扇；13—轴承内盖

② 转子的结构 异步电动机转子由转子铁芯、转子绕组和转轴等组成。转子铁芯也是磁路的一部分，一般由 0.5mm 硅钢片叠成，铁芯与转轴必须可靠地固定，以便传递机械功率。转子绕组分绕线型和笼型两种，绕线型转子铁芯的外圆周上也充满槽，槽内安放转子绕组。绕线型转子为三相对称绕组，常联结成星形，三条出线通过轴上的三个滑环及压在其上的三个电刷把电路引出。这种电动机在启动和调速时，可以在转子电路中串入外接电阻，或进行串级调速。绕线转子异步电动机转子绕组联结如图 17-16 所示。

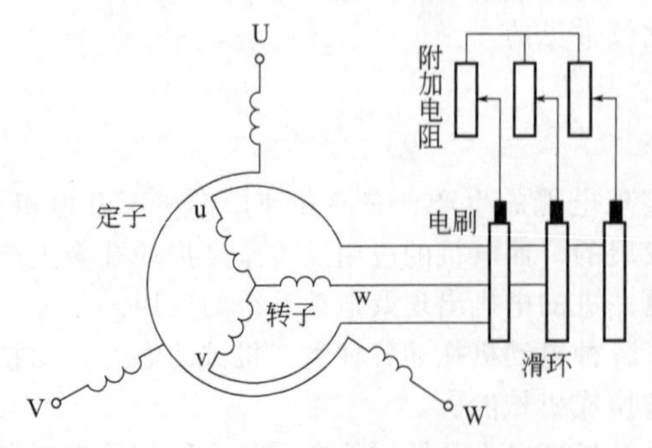

图 17-16 绕线转子绕组联结示意图

笼型转子绕组由槽内的导条和端环构成多相对称闭合绕组，有铸铝和插铜条两种转子结构。铸铝转子把导条、端环和风扇一起铸出，结构简单、制造方便，常用于中小型电动机。插铜条式转子把所有的铜导条与端环焊接在一起，形成短路绕组。笼型转子如果把铁芯去掉单看绕组部分形似鼠笼，如图 17-17 所示，因此称为笼型转子。

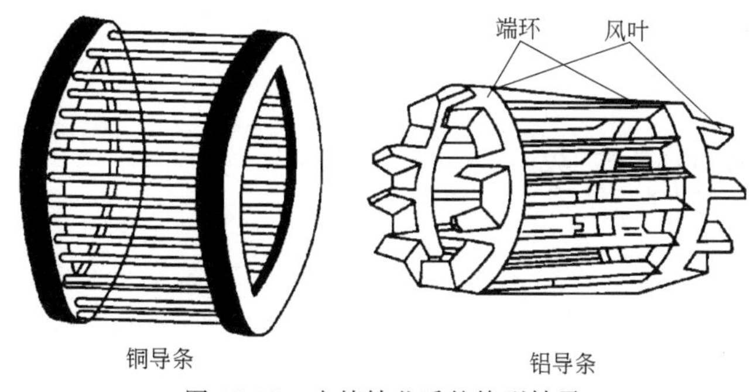

图 17-17 去掉铁芯后的笼型转子

（2）三相异步电动机的工作原理

电动机工作原理是利用磁场对电流力的作用，使电动机转动。异步电动机定子上装有三相对称绕组，通入三相对称交流电流后，在电机气隙中产生一个旋转磁场。这个旋转磁场转速称为同步转速 n_1，它和定子电流的频率 f_1 以及电机的极对数 p 有关，亦即

$$n_1=\frac{60f_1}{p} \tag{17-23}$$

异步电动机的转子是一个自己短接的多相绕组。定子旋转磁场切割转子绕组并在其中产生感生电动势，由于转子绕组短接，在其中感生的电动势将形成转子电流。转子电流的方向在大多数导体中与感生电动势方向一致。转子上的载流导体在定子旋转磁场的作用下将形成转矩，它迫使转子转动，如图 17-18 所示。

在图 17-18 中用磁极 N 和 S 去表示定子绕组产生的旋转磁场，它顺时针方向旋转的转速是 n_1。假定转子上有某一根导体 a，在图示瞬间它正处于 N 极中心线上。首先考虑转子不转时的情况，根据图 17-18 中的磁势方向和导体 a 的运动方向，利用右手定则，得导体 a 中的电势方向，它是穿出纸面指向读者的，用符号⊙表示。转子导体由两个端环短接，产生的导体电流假定和导体电势同相，因此图 17-18 中的符号⊙也代表导体 a 的电流方向。根据定子磁势方向和导体 a 的电流方向，利用左手定则可以定出导体 a 的受力方向。显然导体 a 产生的转矩是迫使转子跟着定子旋转磁场旋转。

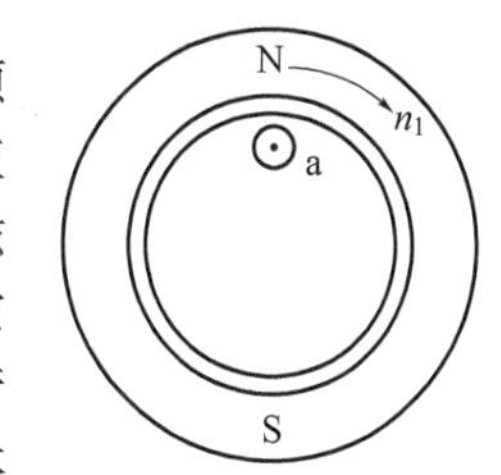

图 17-18 异步电动机转子导体和转矩

随着转子转速的升高，定子旋转磁场切割转子导体的转速越来越小，只要转子转速低于气隙中旋转磁场的转速，转子导体和气隙旋转磁场之间就会有相对运动，转子导体中就会产生电流并形成电磁转矩，这就是异步电动机的工作原理。

异步电动机的转子导体中本来没有电流，转子导体电流是靠切割旋转磁场后产生出来的，所以转子中的电流是感应出来的。因此异步电动机也叫感应电动机。

（3）三相异步电动机的铭牌数据

异步电动机的机座上有一个铭牌，铭牌上标注着额定数据。主要的额定数据为：

额定电压 U_N，指电动机额定运行时施加的线电压，单位为 V 或 kV；

额定电流 I_N，指施加额定电压，轴端输出额定功率时的定子线电流，单位为 A；

额定功率 P_N，指电动机额定运行时轴端输出机械功率，单位为 kW；

额定频率 f_1，我国规定标准工业用电的频率（工频）为 50Hz；

额定转速 n_N，指电动机在额定电压、额定功率及额定频率下的转速，单位为 r/min。

此外铭牌上还标有定子绕组相数，联结方法、功率因数、效率、温升、绝缘等级和质量等。

对绕线转子异步电动机还标有转子额定电压（指定子绕组加额定电压、转子开路时，滑环之间的线电压）和转子额定电流。

17.5 常用电源系统

17.5.1 蓄电池

蓄电池是将化学能直接转化成电能的一种装置，是可再充电的电池，通过可逆的化学反应实现再充电，通常是指铅酸蓄电池。它是电池中的一种，属于二次电池。它的工作原理为：充电时利用外部的电能使内部活性物质再生，把电能储存为化学能，需要放电时再次把化学能转换为电能输出。

它用填满海绵状铅的铅基板栅（又称格子体）作负极，填满二氧化铅的铅基板栅作正极，并用密度为1.26～1.33g/mL的稀硫酸作电解质。电池在放电时，金属铅是负极，发生氧化反应，生成硫酸铅，二氧化铅是正极，发生还原反应，生成硫酸铅。电池在用直流电充电时，两极分别生成单质铅和二氧化铅。移去电源后，它又恢复到放电前的状态，组成化学电池。它能反复充电、放电。它的单体电压是2V，并由一个或多个单体构成电池组。最常见的是6V蓄电池，其他还有2V、4V、8V、24V蓄电池。

蓄电池是一种可逆的低压直流电源，它能把电能转变为化学能储存起来，又能把化学能转变为电能，向用电设备供电。

（1）蓄电池的分类

蓄电池按电解液成分可分为酸性蓄电池和碱性蓄电池，其中碱性蓄电池的电解液为纯净的氢氧化钠溶液或氢氧化钾溶液，酸性蓄电池的电解液为纯净的硫酸溶液。按电极材料可分为铅蓄电池和铁镍、镉镍蓄电池。按性能可分为干荷电式蓄电池和免维护蓄电池两种。

① 干荷电式蓄电池　在干燥状态下，能在较长时间（一般2年）内保存制造过程中所得的电量。这类蓄电池在注入电解液之后静放20～30min即可投入使用。

② 免维护蓄电池　英文的名称缩写为MF（maintenance-free battery）。在有效使用期（一般4年）内无需进行添加蒸馏水等维护工作。

③ 复合蓄电池　是一种最新式蓄电池。它采用含胶状物质的隔板取代液态的电解液，隔板放在栅格板之间，有极低的电阻。这种蓄电池不含酸液，能以任何状态安放，甚至倒放，能耐过度充电而不损坏，无需维护。

（2）蓄电池的基本结构

蓄电池由正极板、负极板、隔板、电解液、外壳、蓄电池盖、极桩等组成，如图17-19所示。

a）极板

蓄电池极板有正负极板之分，由栅架和活性物质组成。活性物质填充在铅锑合金铸成的栅架上，正极板上的活性物质是褐色的二氧化铅（PbO_2），负极板上的活性物质是青灰色海绵状铅（Pb）。目前，国产蓄电池极板厚度在1.6～2.4mm。

极板是蓄电池的核心，在蓄电池充、放电过程中，电能与化学能的转换就是通过正负极板上的活性物质与电解液中的硫酸进行电化学反应来实现的。

为了增大蓄电池的容量，通常将多片正负极板分别并联，用横板焊接。安装时，正负极板相互嵌合，中间插入隔板，组成正负极板组，如图17-19所示。同时，横板上铸有极桩，以便连接各个单格电池。

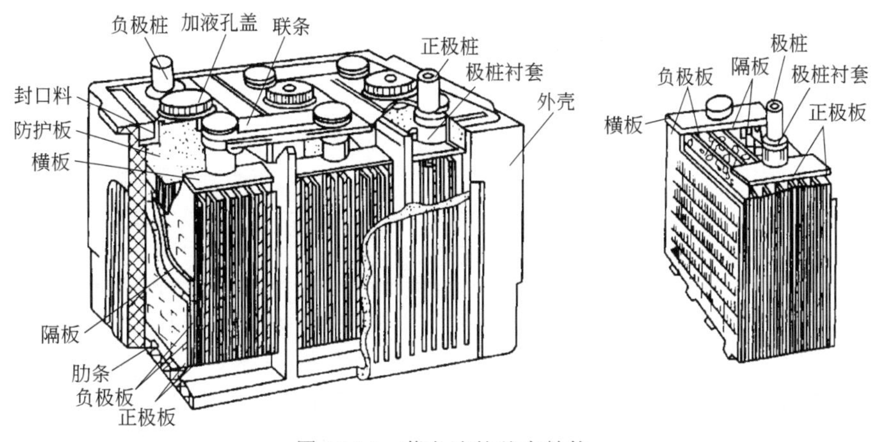

图 17-19　蓄电池的基本结构

b）隔板

为避免正负二极板彼此接触而导致短路，正负极板间用绝缘的隔板隔开。隔板具有多孔性，以利于电解液渗透，减小蓄电池内阻。此外，其化学稳定性要好，具有耐酸和抗氧化性。

常用隔板的材料有微孔橡胶、微孔塑料（聚氯乙烯、酚醛树脂）、玻璃纤维等，隔板厚度为 1mm 左右。

微孔橡胶隔板性能好、寿命长，但生产工艺复杂、成本较高，故尚未推广使用。微孔塑料隔板孔径小、多孔率高、薄而软、生产效率高、成本低，因此被广泛使用。

c）电解液

电解液的作用是与极板上的活性物质发生电化学反应，进行电能和化学能的相互转换。它是用密度为 $1.84g/cm^3$ 的化学纯硫酸和密度为 $1g/cm^3$ 的蒸馏水按一定比例配制而成的。

d）外壳

蓄电池外壳用于盛放电解液和极板组，大都采用强度高，韧性和耐酸、耐热性好于硬橡胶的聚丙烯塑料外壳，其制作工艺简单，生产效率高，外形美观，成本低，透明且便于观察液面高度。

一组蓄电池正负极板产生的电动势为 2V，为获得 6V 或 12V 电动势，蓄电池需要将三组或六组极板串联起来，因此在制造蓄电池外壳时，将整个壳体制成三个或六个互不相通的单格，安装三组或六组极板，形成 6V 或 12V 的蓄电池。

采用普通隔板的蓄电池为防止极板上的活性物质脱落后造成短路，在每个单格的底部有突起的肋条以搁置极板组，肋条间的空隙用来积存脱落下来的活性物质。

e）蓄电池盖

蓄电池盖用来封闭蓄电池，有硬质橡胶盖和聚丙烯塑料盖两种。硬质橡胶盖用于每个单格一个电池盖的单格蓄电池，聚丙烯塑料盖用于整体式蓄电池。整体式蓄电池盖一般都只留一对极桩孔（和与单格数相等的注液口），可拆修性较单格蓄电池盖差。蓄电池盖应与外壳配合严密，使各单格完全隔开。

f）极桩

蓄电池各单格电池串联后，两端的正负极桩穿出电池盖，用于连接外电路。正极桩标“+”号或涂红色，负极桩标“-”或涂蓝色、绿色等。蓄电池极桩用铅锑合金浇铸。

（3）蓄电池的型号

蓄电池的型号一般由以下三部分组成，各部分之间用“-”分开。

① 串联单格电池数　指一个整体壳体内所包含的单格电源数目，用阿拉伯数字表示。

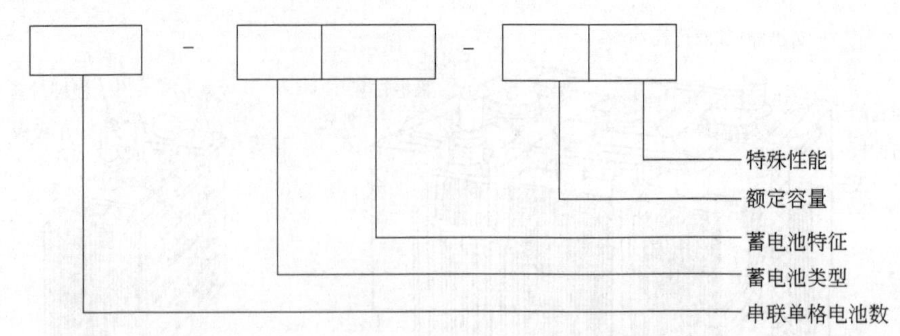

② 蓄电池类型　根据蓄电池主要用途划分。启动型蓄电池用Q表示，摩托车用铅蓄电池用M表示。

③ 蓄电池特征　为附加部分，仅在同类用途的产品具有某种特征，而在型号中又必须加以区别时采用。如干荷电蓄电池，用拼音字母A表示；免维护蓄电池，用拼音字母W来表示。当产品同时具有两种特征时，原则上应按蓄电池产品特征代号（如表17-1所示）顺序用两个代号并列表示。

表17-1　蓄电池产品特征代号

序号	蓄电池特征	代号	序号	蓄电池特征	代号
1	干荷电	A	7	半密封式	B
2	湿荷电	H	8	防酸式	F
3	免维护	W	9	带液式	D
4	少维护	S	10	液密式	Y
5	胶体电解液	J	11	气密式	Q
6	密封式	M	12	激活式	I

④ 额定容量　是指20h放电率的额定容量，用阿拉伯数字表示，其单位为A·h，在型号中略去不写。

⑤ 特殊性能　在产品具有某些特殊性能时，可用相应的代号加在型号末尾表示。如G表示薄型极板的高启动率电池，S表示采用工程塑料外壳与热封合工艺的蓄电池。

例如：6-QA-60型蓄电池表示由6个单格电池组成，额定电压为12V，额定容量为60A·h的启动型干荷电蓄电池。

17.5.2 不间断电源

UPS是不间断供电系统（Uninterruptable Power System）的缩写。它分为动态和静态两种，动态UPS由旋转电机组成，而由电子元器件构成的UPS是静态的，一般所说的UPS多指静态UPS。

UPS主要用于敏感电子设备和不允许停电的场合，如计算机系统、生产线的过程控制、远距离通信、医疗设备、飞机场、银行系统等。其外形结构如图17-20所示。

（1）UPS的基本参数

① 负载　负载可分三类：10kVA以下为小负载，10～60kVA为中负载，60kVA以上为大负载。

② 输出电压的谐波含量（失真）　谐波电压对电路中的参考电压及低电压工作的逻辑电路会造成噪声。

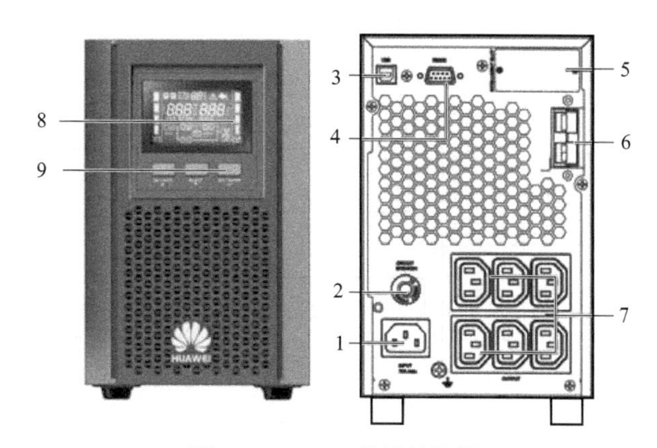

图 17-20 UPS 外形结构图

1—交流输入插座；2—输入插座断路器；3—USB 通信端口；4—RS-232 通信口；
5—监控卡插槽；6—外部电源接口；7—交流输出插座；8—LCD 显示面板；9—面板控制按钮

③ 非线性负载 指电感性负载或电容性负载。在计算机系统中，非线性负载主要是主机、打印机（特别是激光打印机）和显示终端等。线性负载主要是磁盘和磁带设备。一般小负载是非线性负载，中负载是线性与非线负载相近或其中一种稍大，大负载是线性负载。因为大负载由多台设备构成，运行中此起彼伏，宏观看起来总负载比较稳定。

④ 阶跃负载 当一部分负载接通或断开时，都会使负载产生阶跃变化。由于 UPS 不能瞬时更正这种突然变化的电流，输出电压就会产生相应的变化。小负载由于只接很少的设备，有时会出现 100%的阶跃负载。中等负载出现的阶跃负载不超过 50%。而大负载只有在不正常的运行状态下才可能出现超过 25%的阶跃负载。一般的逆变器设计都能满足小于 25%的阶跃负载。

⑤ 效率 对于一个大系统来说，效率必须足够高。比如一个 125kVA 的 UPS，若只有 85%的效率，那么每年多消耗的电费相当于初始投资的 30%。

⑥ 体积 中小型 UPS 要求体积要尽可能小。

⑦ 噪声 UPS 的噪声水平不应超过它所在环境要求的噪声水平。

（2）UPS 的工作原理

按 UPS 的工作方式来分，UPS 可分为在线式（on-line）UPS 和离线式（off-line）UPS。离线式 UPS 又称后备式 UPS，它还可分为正弦波输出、方波输出，带稳压的或不带稳压的 UPS。

① 后备式 UPS 后备式 UPS 是指 UPS 中的逆变器只在市电中断或欠压失常状态（欠压值约在 170V，即 UPS 投入电压）下才工作，向负载供电，而平时逆变器不工作，处于备用状态。

图 17-21 为后备式 UPS 电能流程图。市电供电正常时，市电直接通过交流旁路支路转换开关，经滤波器输出至负载。同时市电通过电源变压器，经整流后变成直流电，再经充电回路向蓄电池组充电。当市电供电中断时，蓄电池储存的电能通过逆变器变成交流电，经滤波器继续向负载供电。

在后备式 UPS 中实际电路也含有各种保护、警告等控制回路，比较复杂。

② 在线式 UPS 图 17-22 为在线式 UPS 电能流程图。市电供电正常时，市电经过电源变压器，整流器后，一路经逆变器、滤波器输出至负载，另一路经充电回路向蓄电池组充电。当市电中断时，蓄电池组端电压低于设定值时或逆变器故障时，市电就通过旁路支路经转换开关、滤波器向负载供电。由此可见，在线式 UPS 不管市电正常或中断，逆变器总是在工作。

（3）UPS 的主要组成部分

UPS 主要由逆变器、蓄电池、整流器/充电器、转换开关等组成。逆变器主要由晶体三极

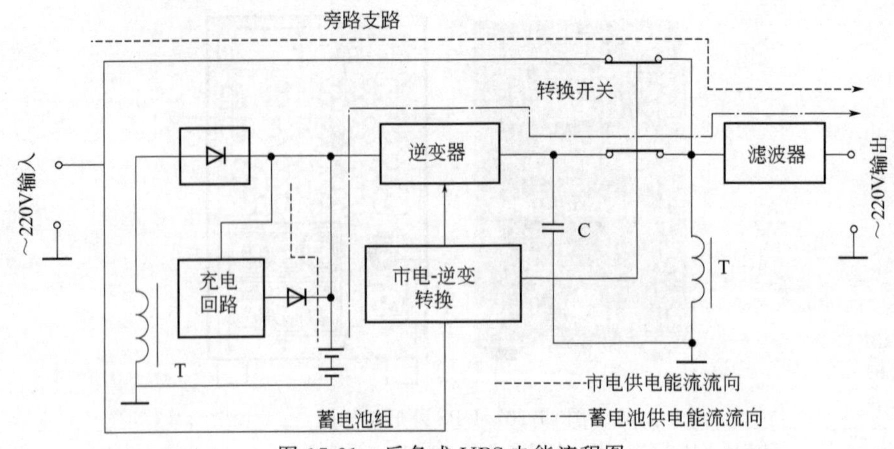

图 17-21 后备式 UPS 电能流程图

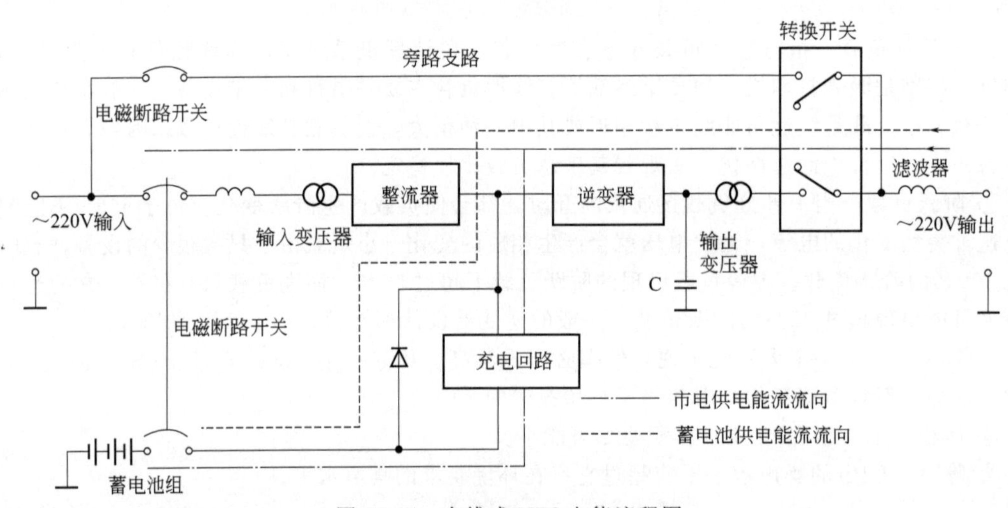

图 17-22 在线式 UPS 电能流程图

管、变压器、控制回路等组成，其作用是变直流能量为交流输出。它是 UPS 的核心部分，UPS 的技术性能、质量主要取决于它。蓄电池是 UPS 储能装置。目前 UPS 中常用的是免维护密封式铅酸蓄电池。UPS 中的蓄电池应具有良好的大电流放电特性，能经得住反复充放电，寿命要长。整流器/充电器是把市电变成直流电，为逆变器和蓄电池组提供电能。转换开关（静态开关）的作用是通过瞬时的高速检测回路，当电网有干扰或出现大的浪涌时，把 UPS 迅速转到旁路输出，以保护 UPS。其第二个作用是提供维修通道。对转换开关的要求是切换时间快、过载能力大。

（4）各类 UPS 的特点

① 在线式 UPS 的特点

a. 在线式 UPS 都为正弦波输出，其最显著的特点是实现了对负载的真正不间断供电。

b. 在线式 UPS 实现了对负载的抗干扰供电。因为在线式 UPS 无论由市电或蓄电池对负载供电，都要通过逆变器进行，这就可能从根本上消除来自市电电网上的任何电压波动和电干扰对负载的影响，UPS 始终向负载提供一个稳压、稳频的高质量交流电源。而且，在线式 UPS 的正弦失真系数最小。

c. 与后备式 UPS 相比，在线式 UPS 具有优良的瞬时特性，它在 100% 负载加载或减载时，其输出电压的变化小于 4%，时间约 10～40ms。

d. 在线式 UPS 具有较高的工作可靠性。

② 后备式正弦波输出的 UPS 特点

a. 一般后备式正弦波输出的 UPS 电路中均采用抗干扰式分级调压稳压技术，当市电在 180～250V 的范围内，能输出一个具有抗干扰的稳压的正弦波电压。

b. 切换时间较短，约 4ms，最短 2ms。

c. 其输出端的零线和火线是固定的，这是因为 UPS 中市电供电或逆变器对负载供电都是由同一电源变压器来完成。所以用户在连接这种 UPS 时，应符合厂家的规定。后备式正弦波输出的 UPS 都有零、火线判错电路，一旦发现输入端零、火线与 UPS 要求的不一致，UPS 会自动保护，没有输出。还需指出的是后备式 UPS 中 220V 电源输入的零线就是 UPS 控制线路的地线。

③ 后备式方波输出的 UPS 特点

a. 它与后备式正弦波输出的 UPS 一样，线路中采用抗干扰式分级调压稳压技术，当市电在 180～250V 之间变化时，它的稳压精度在 5%～10%。市电中断时，逆变器对负载提供一个稳定度在±5%、无干扰的方波电源。

b. 方波输出的后备式 UPS 的控制线路中未采用与市电同步的技术，其切换时间相比后备式正弦波输出的 UPS 的要长一些，约 4～9ms。

c. 与后备式正弦波输出的 UPS 一样，它的输出端零、火线是固定的。使用时，交流输入端的极性应符合出厂规定。

d. 不能接像日光灯这类性质的负载，否则会达不到机器的出厂指标，或损坏 UPS 本身。并且，它不能进行频繁的关闭和启动。UPS 关机后，如立即再启动，它就不能正常工作，此时无电压输出且蜂鸣器长鸣，意为启动失败。所以关机后，如重新开机，需等 6s 以上时间。

17.5.3 变压器

变压器具有变换电压、电流、阻抗等功能，在控制电路中常常用到。变压器一般由铁芯和高压、低压绕组等几部分组成。图 17-23 是变压器的一般构造图。在铁芯的一边绕上线圈，如果线圈和电路输入端相连接，称之为初级线圈。在铁芯的另一边绕上线圈，如果该线圈和电路的输出端相连接，则称之为次级线圈。初级线圈上的电压利用互感原理可以传输到次级线圈上，次级线圈产生的感应电压不一定和初级线圈上的电压相同，可以降压也可以升压。它的升压与降压与初、次级线圈的匝数有关系。一般可用公式近似地表示为

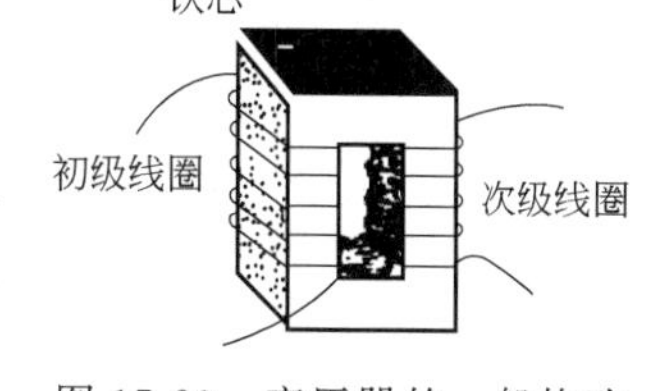

图 17-23　变压器的一般构造

$$\frac{初级电压(u_1)}{次级电压(u_2)}=\frac{初级匝数(n_1)}{次级匝数(n_2)}$$

变压器的可按以下几种方式进行分类：

① 按冷却方式分类：干式（自冷）变压器、油浸（自冷）变压器、氟化物（蒸发冷却）变压器。

② 按电源相数分类：单相变压器、三相变压器、多相变压器。

a. 单相变压器（控制变压器）。单相变压器有的副边（次级）只有一个绕组，只输出一种电压；有的副边有一个绕组，但有几个抽头引出，可输出几种电压；有的副边有多个绕组，分别输出电压。

单相变压器常用于整流电路，这种变压器又称为单相整流变压器；单相变压器也常用于安全照明（36V 交流电压），这种变压器又称为单相照明变压器。

图 17-24 所示为单相变压器的结构和电气符号。

b. 三相变压器。三相变压器又称为动力变压器或三相电源变压器。三相变压器为芯式变压

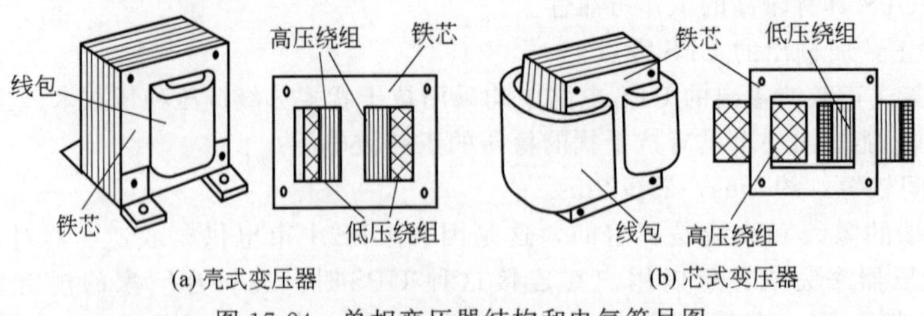

图 17-24 单相变压器结构和电气符号图

器，它有三个原边绕组和三个副边绕组，一个原边绕组与一个副边绕组组成一相绕组，一相绕组套于铁芯的同一个芯柱上。

三相变压器有三个铁芯芯柱，有三相绕组。三相变压器如图 17-25 所示。

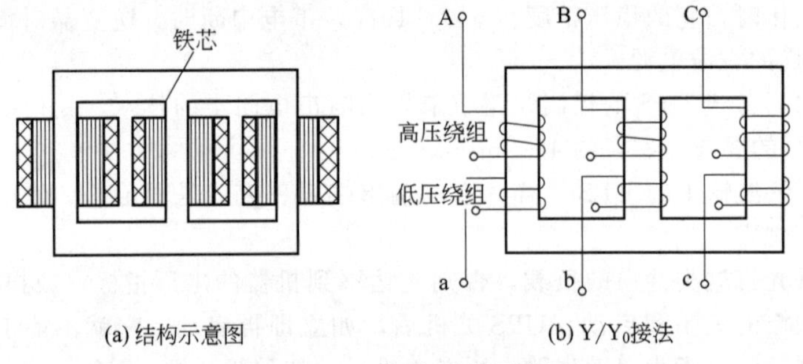

图 17-25 三相变压器示意图

③ 按用途分类：电源变压器、调压变压器、低频变压器、中频变压器、高频变压器、脉冲变压器。

④ 按防潮方式分类：开放式变压器、灌封式变压器、密封式变压器。

⑤ 按铁芯或线圈结构分类：芯式变压器（图 17-26）、壳式变压器（图 17-27）、环形变压器、金属箔变压器。

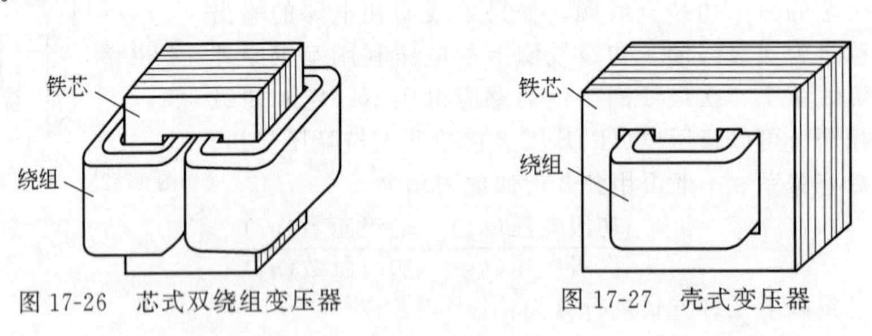

图 17-26 芯式双绕组变压器　　图 17-27 壳式变压器

⑥ 按用途分类：电力变压器、整流变压器、电焊变压器、船用变压器、量测变压器、电源变压器（应用于电子技术中）。

⑦ 按每相绕组（线圈）数分类：双绕组变压器（图 17-26）、三绕组变压器和自耦变压器（只有一个绕组，图 17-27）。

单相双绕组变压器有一个高压绕组和一个低压绕组，它们都绕在铁芯上。为了减少铁损耗，铁芯都用彼此绝缘的硅钢片叠成。图 17-26 所示是芯式变压器，其特点是绕组包围着铁芯。这种变压器用铁量较少，构造简单，绕组的安装和绝缘比较容易，多用在容量较大的变压器中。图 17-27 所示是壳式变压器，其特点是铁芯包围着绕组。这种变压器用铜量较少，多用于小容量变压器中。

要特别注意的是，变压器只能把电能由初级转移到次级，使电压升高或降低，但绝对不能增大功率。在变压器转移电能的过程中，由于漏磁、线圈发热等损失，变压器的次级功率只能小于初级功率，若初级的功率为 P_1，次级的功率为 P_2，那么在理想的状况下，$P_1=P_2$。

17.5.4 发电机

发电机是指将其他形式的能源转换成电能的机械设备，它由水轮机、汽轮机、柴油机或其他动力机械驱动，将水流、气流、燃料燃烧或原子核裂变产生的能量转化为机械能传给发电机，再由发电机转换为电能。

发电机在工农业生产、国防、科技及日常生活中有广泛的用途。发电机的形式很多，但其工作原理都基于电磁感应定律和电磁力定律。因此，其构造的一般原则是：用适当的导磁和导电材料构成互相进行电磁感应的磁路和电路，以产生电磁功率，达到能量转换的目的。

（1）主要结构

发电机通常由定子、转子、端盖及轴承等部件构成，如图 17-28 所示。

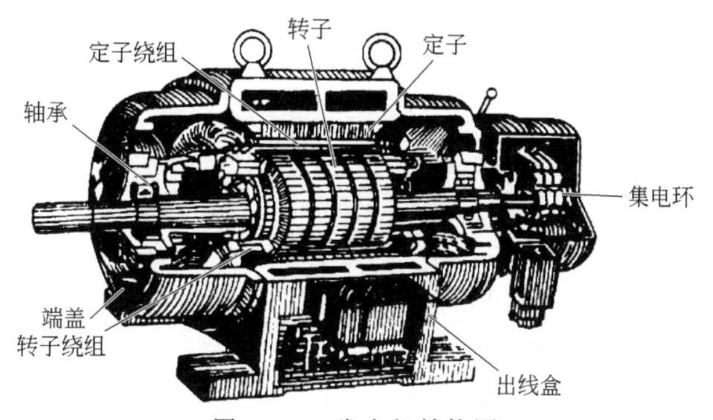

图 17-28　发电机结构图

定子由定子铁芯、线包绕组、机座以及固定这些部分的其他结构件组成。

转子由转子铁芯（或磁极、磁扼）绕组、护环、中心环、滑环、风扇及转轴等部件组成。

由轴承及端盖将发电机的定子、转子连接组装起来，使转子能在定子中旋转，做切割磁力线的运动，从而产生感应电动势，通过接线端子引出，接在回路中，便产生了电流。

（2）主要分类

发电机的种类有很多种，包括：

按转换的电能方式发电机分为直流发电机和交流发电机，交流发电机可分为单相发电机与三相发电机。

从产生方式上分为汽轮发电机、水轮发电机、柴油发电机、汽油发电机等。

从能源类型上分为火力发电机、水力发电机、风力发电机等。

（3）工作原理

发电机的发电过程是一种能量转换过程，例如，水流动的能量带动水轮机转动，由水轮机带动发电机转动，并输出感应电动势，即将水库中水流的能量转换为电能。

发电机基本的工作过程即将各种带动发电机转子转动的机械能通过电磁感应转换为电能的过程。

① 直流发电机的工作原理　直流发电机工作时，外部机械力的作用带动导体线圈在磁场中转动，并不断切割磁感线，产生感应电动势。图 17-29 所示为典型直流发电机的工作原理示意图。

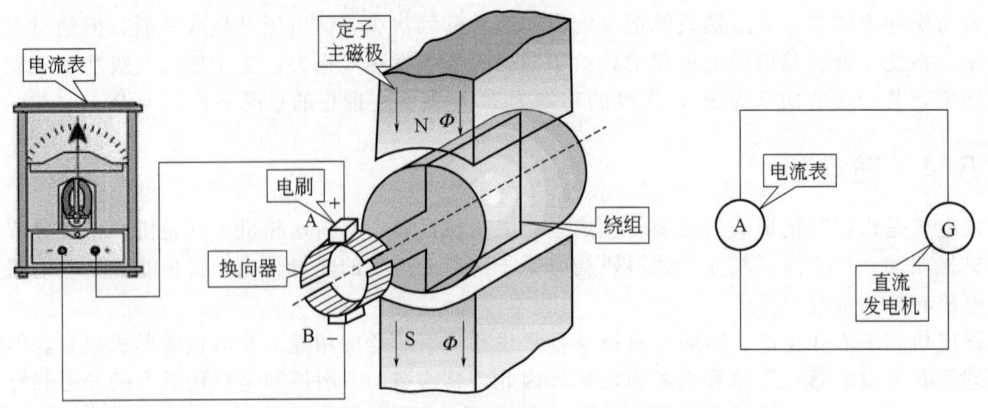

图 17-29 典型直流发电机的工作原理示意图

图 17-30 所示为直流发电机转子绕组开始旋转瞬间的工作过程。当外部机械力带动绕组转动时，线圈 *ab* 和 *cd* 分别做切割磁感线动作，根据电磁感应原理，绕组内部产生电流，电流的方向由右手定则可判断为：感应电流经线圈 *dc*→*cb*→*ba*、换向器 1、电刷 A、电流表、电刷 B、换向器 2 形成回路。

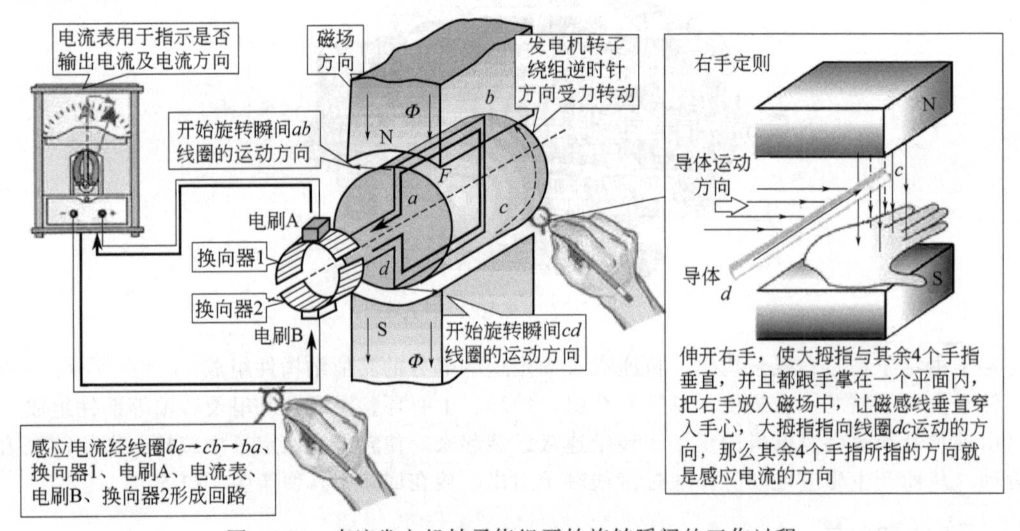

图 17-30 直流发电机转子绕组开始旋转瞬间的工作过程

图 17-31 所示为直流发电机转子绕组转过 90°后的工作过程。当绕组转过 90°时，两个绕组边处于磁场物理中性面，且电刷不与换向片接触，绕组中没有电流流过，$F=0$，转矩消失。

图 17-32 所示为直流发电机转子绕组再经 90°旋转后的工作过程。受外部机械力作用，转子绕组继续旋转，这时绕组继续做切割磁感线动作，绕组中又可产生感应电流，该感应电流经绕组 *ab*→*bc*→*cd*、换向器 2、电刷 A、电流表、电刷 B、换向器 1 形成回路。

从图 17-32 中可以看到，转子绕组内的感应电动势是一种交变电动势，而在电刷 A、B 端的电动势却是直流电动势，即通过换向器配合电刷，使转子绕组输出的电流始终是一个方向，即为直流发电机的工作原理。

值得注意的是，在实际直流发电机中，转子绕组并不是单线圈，而是由许多线圈组成的，绕组中的这些线圈均匀地分布在转子铁芯的槽内，线圈的端点接到换向器的相应滑片上。换向器实际上由许多弧形导电滑片组成，彼此用云母片相互绝缘。线圈和换向器的滑片数目越多，发电机产生的直流电脉动就越小。一般中小型直流发电机输出的电压有 115V、230V、460V，大型直流发电机输出电压为 800V 左右。

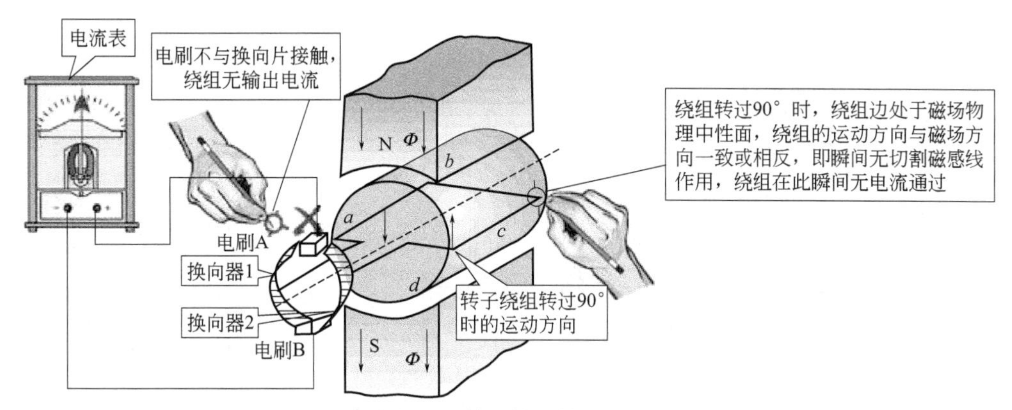

图 17-31　直流发电机转子绕组转过 90°后的工作过程

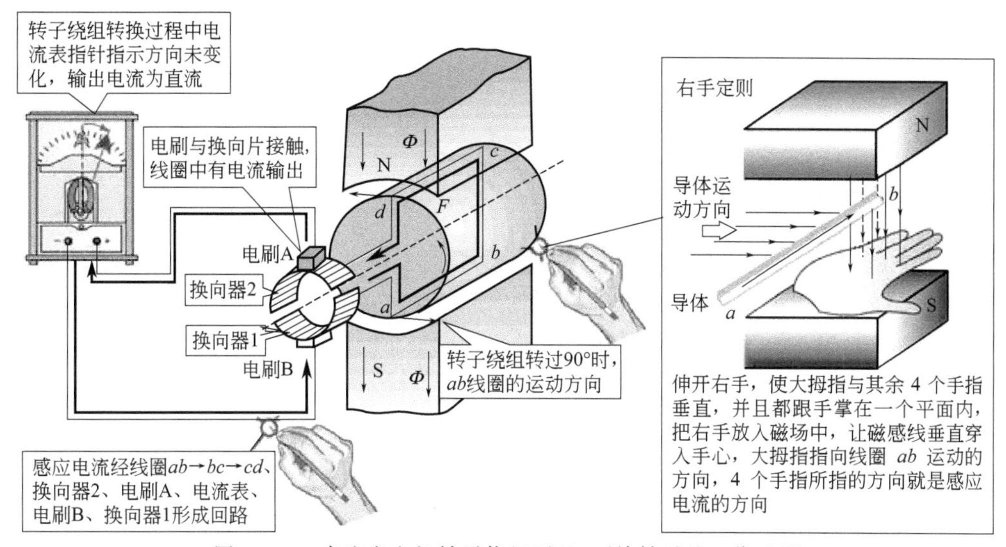

图 17-32　直流发电机转子绕组再经 90°旋转后的工作过程

② 交流发电机的工作原理　交流发电机的工作过程可以简单看作为取消直流发电机中的换向器装置后的工作过程，即在发电机转子绕组旋转过程中无换向过程，而是电流输出方向发生变化的过程。

另外，在交流同步发电机中，并不是由转子绕组做切割磁感线运动，而是由转子产生旋转的磁场（励磁装置为励磁绕组通入电流），使定子绕组做切割磁感线的运动，从而产生感应电动势，并通过接线端子引出。图 17-33 所示为交流发电机的工作过程示意图。

交流同步发电机根据定子绕组输出相数，可以设计成产生单相或多相交流电压的发电机。图 17-34 为产生单相、两相和三相交流电压的基本设置。

图 17-35 所示为单相交流发电机工作原理示意图。磁铁旋转后，在两个定子绕组 A、B 中产生正弦波交流电动势 e。将产生电动势的电源称为相，这种发电机使用由单相和两根电线供给的交流，称为单相交流，这种配电方式称为单相二线制。

图 17-36 所示为三相交流发电机工作原理示意图。在该类发电机中，定子槽内放置着 3 个结构相同的定子绕组 AX、BY、CZ，其中 A、B、C 称为绕组的始端，X、Y、Z 称为绕组的末端，这些绕组在空间互隔 120°。转子磁场在空间按正弦规律分布，当转子由原动机带动以角速度 ω 等速顺时针方向旋转时，在 3 个定子绕组中就产生频率相同、幅值相等、相位上互差 120°的 3 个

正弦电动势，这样就形成了对称三相电动势，如图 17-36 所示。

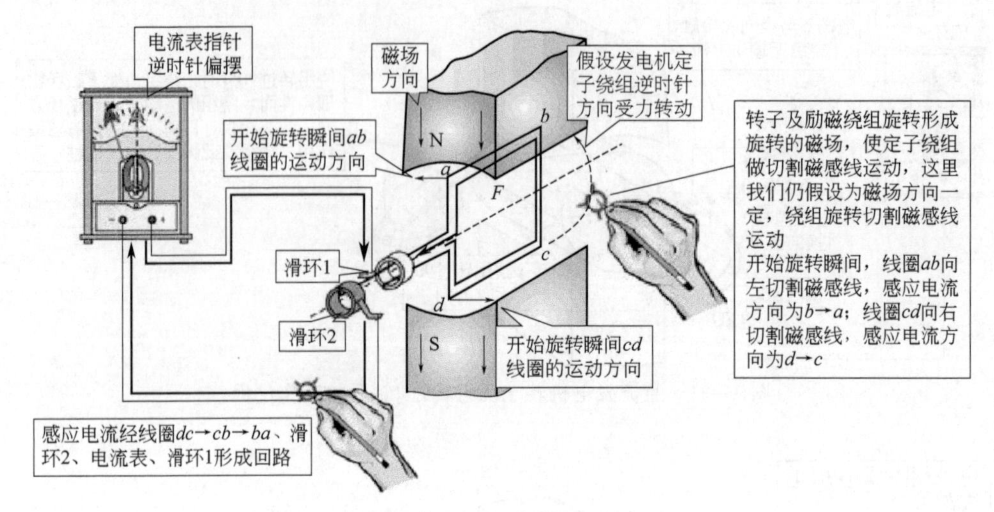

(a) 交流发电机开始发电时，电流按顺时针方向流动

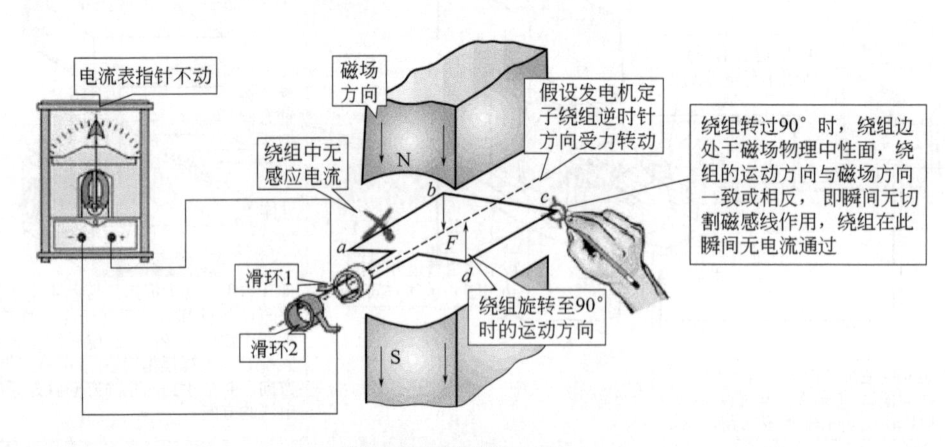

(b) 交流发电机瞬间无感应电流

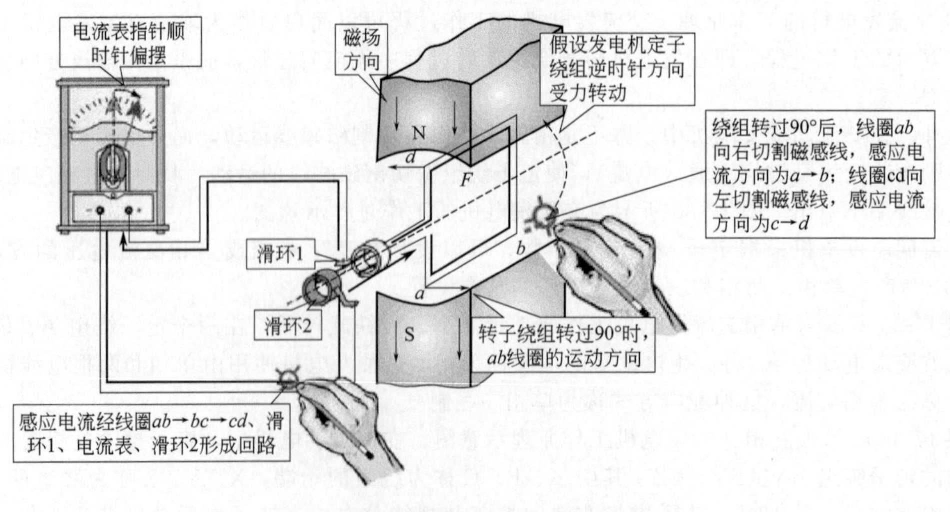

(c) 交流发电机发电过程中，电流方向发生变化

图 17-33 交流发电机的工作过程示意图

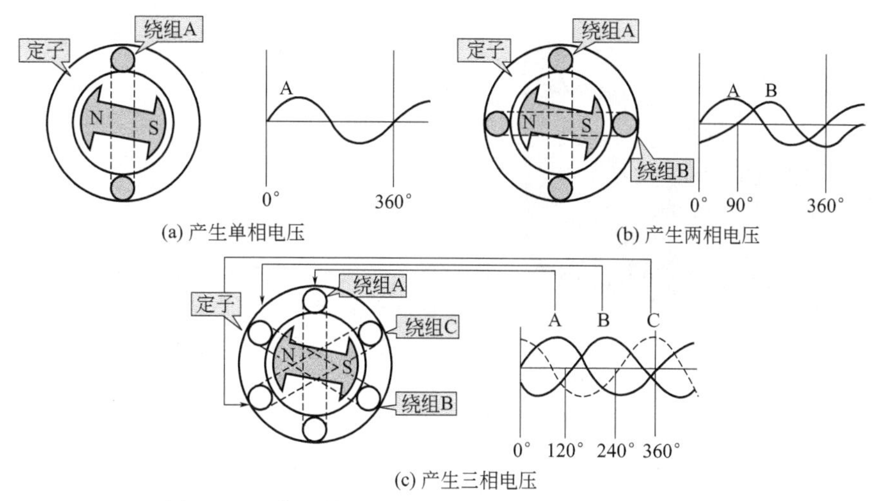

(a) 产生单相电压

(b) 产生两相电压

(c) 产生三相电压

图 17-34 产生单相、两相和三相交流电压的基本设置

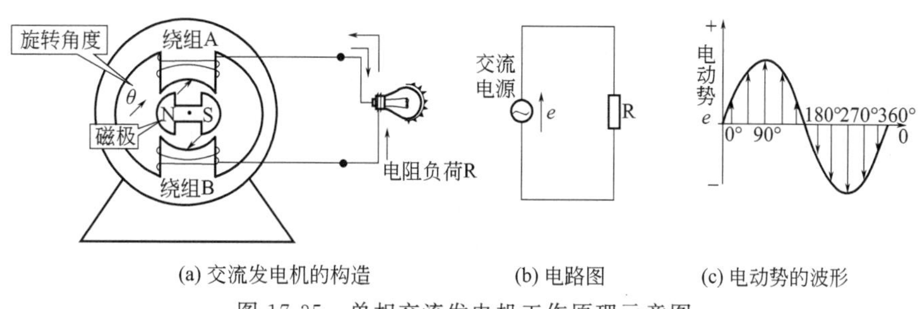

(a) 交流发电机的构造 (b) 电路图 (c) 电动势的波形

图 17-35 单相交流发电机工作原理示意图

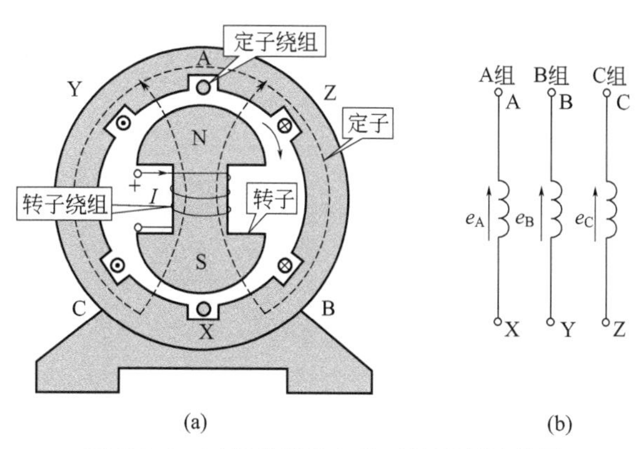

(a) (b)

图 17-36 三相交流发电机工作原理示意图

（4）燃油发电机的用途

燃油发电机是依靠柴油或汽油燃烧产生动力带动发电机组的，分别叫作柴油发电机和汽油发电机。如图 17-37 所示为一款燃油发电机的外形图。

燃油发电机主要有以下 4 方面的用途：

① 自备电源 某些用电单位没有网电供应，如远离大陆的海岛，偏远的牧区、农村，荒漠高原的军营、工作站、雷达站等，就需要配置自备电源。所谓自备电源，就是自发自用的电源，在发电功率不太大的情况下，燃油发电机组往往成为自备电源的首选。

图 17-37 一款燃油发电机外形图

② 备用电源 备用电源也称应急电源，某些用电单位虽然已有比较稳妥可靠的网电供应，但为了防止意外情况，如出现电路故障或发生临时停电之类，仍配置自备电源作应急发电使用。可见，备用电源实际上也是自备电源的一种，只不过它不被作为主电源使用，而仅仅在紧急的情况下作为一种救济手段使用。使用备用电源的用电单位一般对供电保障的要求比较高，甚至一分一秒的停电都不被允许，必须在网电终止供电的瞬间就用自备发电来顶替，否则就会造成巨大损失。这类单位包括一些传统的高供电保障单位，如医院、矿山、电厂保安电源，以及使用电加热设备的工厂等。近年来，网络电源尤其成为备用电源需求的新增长点，如电信运营商、银行、机场、指挥中心、数据库中心、高速公路、高等级宾馆写字楼、高级餐饮娱乐场所等，由于使用网络化管理，这些单位或场所正日益成为备用电源使用的主体。在网络时代，任何停电都可能造成灾难性后果，所以电力供应安全，日益成为选用备用电源的首要理由。

③ 替代电源 替代电源的作用是弥补网电供应之不足。这可能有两种情况：一种是网电价格过高，从节约成本的角度选择柴油发电机组作为替代电源；另一种是在网电供应不足的情况下，网电使用受到限制，供电部门不得已到处拉闸限电，这时，用电单位为了正常地生产和工作，就需要替代电源加以救济。

④ 移动电源 移动电源就是没有固定的使用地点，而被到处转移使用的发电设施。燃油发电机组由于其轻便、灵活、易操作的特点，而成为移动电源的首选。移动电源一般被设计为电源车辆的形式，有自行电源车辆，也有拖车电源车辆。使用移动电源的用电单位或场所、活动，大都具有流动工作的性质，如油田，地质勘探，野外工程施工，探险，野营野炊，流动指挥所，火车、轮船、货运集装箱的电源车厢（仓）等，也有一些移动电源具有应急电源的性质，如城市供电部门的应急供电车，供水、供气部门的工程抢险车、抢修车配置的移动电源等。

第18章 如何识读电气工程图

18.1 识读电气图的基本要求和方法步骤

识读电气图，首先弄清识图的基本要求，掌握好读图步骤，这样才能提高识读图的水平，加快分析电路的速度。

18.1.1 识读电气图的基本要求

（1）从简单到复杂，循序渐进地看图

初学者要本着从易到难、从简单到复杂的原则读图。一般来讲，照明电路比电气控制电路简单，单项控制电路比系列控制电路简单。复杂电路都是简单电路的组合。先从看简单的电路图开始，搞清楚每一电气符号的含义，明确每一电器元件的作用，理解电路的工作原理，为看复杂电气图打下基础。

（2）应掌握电工学、电子技术的基础知识

电工学讲的主要就是电路和电器。电路又可分为主电路、主接线电路以及辅助电路、二次接线电路。主电路是电源向负载输送电能的电路。主电路一般包括电动机、变压器、开关、熔断器、接触器主触头、电容器、电力电子器件和负载（如电动机、电灯）等。辅助电路是对主电路进行控制、保护、监测以及指示的电路。辅助电路一般包括继电器、仪表、指示灯、控制开关和接触器辅助触头等。通常，主电路通过的电流较大，导线线径较粗；而辅助电路通过的电流较小，导线线径也较小。

电器是电路不可缺少的组成部分。在供电电路中，常常用到隔离开关、断路器、负荷开关、熔断器和互感器等；在机床等机械设备的电气控制电路中，常常用到各种继电器、接触器和控制开关等。读者应了解这些电器元件的性能、结构、原理、相互控制的关系，以及在整个电路中的地位和作用。

在实际生产的各个领域中，所有如输变配电、电力拖动、照明、仪器仪表和家电产品等电路，都是建立在电工、电子技术理论基础之上的。因此，若要准确、迅速地读懂电路图，必须具备一定的电工、电子技术基础知识，才能分析电路，理解图纸所包含的内容。如三相笼型异步电动机的正转和反转控制，就是改变电动机的旋转方向，它是利用改变三相电源相序的原理来实现的。它用倒顺开关或两个接触器进行切换，通过改变输入电动机的电源相序来改变电动机的旋转方向。而 Y-△启动则应用的是电源电压的变动引起电动机启动电流及转矩变化的原理。也可以结合电器元件的结构和工作原理读图。电路由各种电器元件、设备或装置组成，例如电子电路中的电阻、电容、各种晶体管等，以及供配电高低压电路中的变压器、隔离开关、断路器、互感器、熔断器、避雷器以及继电器、接触器、控制开关、各种高低压柜和显示屏等。必须掌握它们

的用途、主要构造、工作原理及与其他元件的相互关系（如连接、功能及位置关系），才能真正读懂电路图。例如，KA、KT、KS分别表示电力、时间、信号继电器，要看懂图，必须要把这几种继电器的功能、主要构造（线圈、触头）、动作原理（如时间继电器的延时闭合）及相互关系搞清楚。又例如，要读懂电子电路的放大电路图，必须把三极管、晶闸管、电阻、电容的基本构造和工作原理弄懂。

（3）熟记和会用电气图形符号和文字符号

电气简图所用的图形符号和文字符号以及项目代号、接线端子标记等是电气技术文件的“词汇”，“词汇”掌握得越多，记得越牢，“文章”才能写得越好。

图形符号和文字符号很多，要做到熟记会用，可从个人专业出发，先熟读甚至会背各专业共用的和本专业的图形符号，然后逐步扩大，掌握更多的符号，就能读懂更多的不同专业的电气图。

（4）熟悉各类电气图的典型电路

典型电路一般是最常见、常用的基本电路。如配供电系统的电气主接线图中的单母线接线，由此典型电路可导出单母线不分段、单母线分段接线，而单母线分段可再分为隔离开关分段和断路器分段。电力拖动电路中的启动、制动、正反转控制电路、联锁电路、行程限位控制电路，电子电路中的整流电路和放大、振荡、调谐等电路，都是典型电路。

不管多么复杂的电路，都是由典型电路派生而来的，或者是由若干典型电路组合而成的。熟悉并掌握各种典型电路，有利于对复杂电路的理解，能较快地分清主次环节及其与其他部分的相互联系，抓住主要矛盾，从而读懂较复杂的电气图。

（5）掌握各类电气图的绘制特点

各类电气图都有各自的绘制方法和绘制特点，要掌握电气图的主要特点及绘制电气图的一般规则。例如，电气图的布局、图形符号及文字符号的含义、图线的粗细、主辅电路的位置、电气触头的画法，电气图与其他专业技术图的关系等，利用这些规律，就能提高读图的效率，进而独自设计制图。大型的电气图纸往往不只一张，也不只是一种图，因而读图时应将各种有关的图纸联系起来，对照阅读。通过概略图、电路图找联系，通过接线图、布置图找位置，交错阅读会收到事半功倍的效果。

（6）将电气图与土建图、管路图等对应起来看

电气施工往往与主体工程（土建工程）及其他，如工艺管道、给排水管道、采暖通风管道、通信线路、机械设备等安装工程配合进行。电气设备的布置与土建平面布置、立面布置有关；线路走向与建筑结构的梁、柱、门窗、楼板的位置、走向有关，还与管道的规格、用途、走向有关；安装方法又与墙体结构、楼板材料有关。特别是一些暗敷线路、电气设备基础及各种电气预埋件，更与土建工程密切相关。因此，阅读某些电气图还要与有关的土建图、管路图等对应起来看。

（7）了解设计电气图的有关标准和规程

读图的主要目的是用来指导施工、安装、运行、维修和管理。有些技术要求不可能一一在图样上反映出来、标注清楚。由于这些技术要求在有关的国家标准或技术规程、技术规范中已作了明确的规定，因而在读电气图时，还必须了解这些相关标准、规范，这样才能真正读懂电气图。

18.1.2 识读电气图的方法步骤

（1）详看图纸说明

拿到图纸后，首先要仔细阅读图纸的主标题栏和有关说明，如图纸目录、技术说明、电器元

件明细表、施工说明书等，结合已有的电工知识，对该电气图的类型、性质、作用有一个明确的认识，从整体上理解图纸的概况和所要表述的重点。

（2）看概略图和框图

由于概略图和框图只是概略表示系统或分系统的基本组成、相互关系及其主要特征，因此紧接着就要详细看电路图，才能搞清它们的工作原理。概略图和框图多采用单线图，只有某些380/220V低压配电系统概略图才部分地采用多线图表示。

（3）看电路图是看图的重点和难点

电路图是电气图的核心，也是内容最丰富、最难读懂的电气图纸。

看电路图首先要看有哪些图形符号和文字符号，了解电路图各组成部分的作用，分清主电路和辅助电路、交流回路和直流回路。其次，按照先看主电路、再看辅助电路的顺序进行看图。

看主电路时，通常要从下往上看，即先从用电设备开始，经控制电器元件，依次往电源端看。看辅助电路时，则自上而下、从左至右看，即先看主电源，再依次看各条支路，分析各条支路电器元件的工作情况及其对主电路的控制关系，注意电器与机械机构的连接关系。

通过看主电路，要搞清负载是怎样取得电源的，电源线都经过哪些电器元件到达负载，和为什么要通过这些电器元件；通过看辅助电路，则应搞清辅助电路的构成、各电器元件之间的相互联系和控制关系及其动作情况等。同时还要了解辅助电路和主电路之间的相互关系，进而搞清楚整个电路的工作原理。

（4）电路图与接线图对照起来看

接线图和电路图互相对照看图，可帮助看清楚接线图。读接线图时，要根据端子标志、回路标号从电源端顺次查下去，搞清楚线路走向和电路的连接方法，搞清每条支路是怎样通过各个电器元件构成闭合回路的。

配电盘（屏）内、外电路相互连接必须通过接线端子板。一般来说，配电盘内有几号线，端子板上就有几号线的接点，外部电路的几号线只要在端子板的同号接点上接出即可。因此，看接线图时，要想把配电盘（屏）内、外的电路走向搞清楚，就必须注意搞清端子板的接线情况。

18.1.3 识读电气图的注意事项

识读电气图时，除按照基本的要求和方法步骤进行，还应注意以下注意事项：

（1）切忌毫无头绪，杂乱无章

要一张一张地阅读电气图纸，每张图全部读完后再读下一张图。如读该图中间遇有与另外图有关联或标注说明时，应找出另一张图，但只读关联部位了解连接方式即可，然后返回来再继续读完原图。读每张图纸时则应一个回路、一个回路地读。一个回路分析清楚后再分析下个回路。这样才不会乱，才不会毫无头绪、杂乱无章。

（2）切忌烦躁、急于求成

读图时要心平气和。尤其是负责电气维修的人员，更应该在平时设备无故障时就心平气和地读懂设备的原理，分析其可能出现的故障原因和现象，做到心中有数。否则，一旦出现故障，心情烦躁、急于求成，一会儿查这条线路，一会儿查那个回路，没有明确的目标。这样不但不能快速查找出故障的原因，也很难真正解决问题。

（3）切忌粗糙、不求甚解

要仔细阅读图样中表示的各个细节，切忌不求甚解。注意细节上的不同才能真正掌握设备的性能和原理，才能避免一时的疏忽造成的不良后果甚至是事故。

（4）切忌不懂装懂、想当然

遇到不懂的地方应该查找有关资料或请教有经验的人，以免造成不良的影响和后果。应该清楚，每个人的成长过程都是从不懂到懂的过程，不懂并不可怕，可怕的是不懂装懂、想当然，从而造成严重后果。

（5）切忌心中无数

读图时一定要做到心中有数，尤其是比较大或复杂的系统，常常很难同时分析各个回路的动作情况和工作状态，适当进行记录，有助于避免读图时的疏漏。

18.2 各种常用电路图的识读

18.2.1 电气控制电路图

看电气控制电路图一般方法是先看主电路，再看辅助电路，并用辅助电路的回路去研究主电路的控制程序。

（1）看主电路的步骤

第一步：看清主电路中用电设备。用电设备指消耗电能的用电器具或电气设备，看图首先要看清楚有几个用电器，它们的类别、用途、接线方式及一些不同要求等。

第二步：要弄清楚用电设备是用什么电器元件控制的。控制电气设备的方法很多，有的直接用开关控制，有的用各种启动器控制，有的用接触器控制。

第三步：了解主电路中所用的控制电器及保护电器。前者是指除常规接触器以外的其他控制元件，如电源开关（转换开关及空气断路器）、万能转换开关。后者是指短路保护器件及过载保护器件，如空气断路器中电磁脱扣器及热过载脱扣器的规格、熔断器、热继电器及过电流继电器等元件的用途及规格。一般来说，对主电路作如上内容的分析以后，即可分析辅助电路。

第四步：看电源。要了解电源电压等级，是380V还是220V，是从母线汇流排供电还是配电屏供电，还是从发电机组接出来的。

（2）看辅助电路的步骤

辅助电路包含控制电路、信号电路和照明电路。

分析控制电路时，根据主电路中各电动机和执行电器的控制要求，逐一找出控制电路中的其他控制环节，将控制线路化整为零，按功能不同划分成若干个局部控制线路来进行分析。如果控制线路较复杂，则可先排除照明、显示等与控制关系不密切的电路，以便集中精力进行分析。

第一步：看电源。首先看清电源的种类，是交流还是直流。其次，要看清辅助电路的电源是从什么地方接来的，及其电压等级。电源一般是从主电路的两条相线上接来，其电压为380V，也有从主电路的一条相线和一零线上接来，电压为单相220V。此外，也可以从专用隔离电源变压器接来，电压有140V、127V、36V、6.3V等。辅助电路为直流时，直流电源可从整流器、发电机组或放大器上接来，其电压一般为24V、12V、6V、4.5V、3V等。辅助电路中的一切电器元件的线圈额定电压必须与辅助电路电源电压一致，否则，电压低时电路元件不动作，电压高时，则会把电器元件线圈烧坏。

第二步：了解控制电路中所采用的各种继电器、接触器的用途，如采用了一些特殊结构的继电器，还应了解他们的动作原理。

第三步：根据辅助电路来研究主电路的动作情况。

分析了上面这些内容再结合主电路中的要求，就可以分析辅助电路的动作过程。

控制电路总是按动作顺序画在两条水平电源线或两条垂直电源线之间的。因此，可从左到右或从上到下来进行分析。对复杂的辅助电路，在电路中整个辅助电路构成一条大回路，在这条大回路中又分成几条独立的小回路，每条小回路控制一个用电器或一个动作。当某条小回路形成的闭合回路有电流流过时，在回路中的电器元件（接触器或继电器）动作，把用电设备接入或切除电源。在辅助电路中一般是靠按钮或转换开关把电路接通的。对于控制电路的分析必须随时结合主电路的动作要求来进行，只有全面了解主电路对控制电路的要求以后，才能真正掌握控制电路的动作原理。不可孤立地看待各部分的动作原理，而应注意各个动作之间是否有互相制约的关系，如电动机正、反转之间应设有联锁等。

第四步：研究电器元件之间的相互关系。电路中的一切电器元件都不是孤立存在的，而是相互联系、相互制约的。这种相互控制的关系有时表现在一条回路中，有时表现在几条回路中。

第五步：研究其他电气设备和电器元件。如整流设备、照明灯等。

（3）电气控制电路图的识图要点

综上所述，电气控制电路图的查线看图法的要点为：

a. 分析主电路。从主电路入手，根据每台电动机和执行电器的控制要求去分析各电动机和执行电器的控制内容，如电动机启动、转向控制、制动等基本控制环节。

b. 分析辅助电路。看辅助电路电源，弄清辅助电路中各电器元件的作用及其相互间的制约关系。

c. 分析联锁与保护环节。生产机械对于安全性、可靠性有很高的要求，实现这些要求，除了合理地选择拖动、控制方案以外，在控制线路中还设置了一系列电气保护和必要的电气联锁。

d. 分析特殊控制环节。在某些控制线路中，还设置了一些与主电路、控制电路关系不密切，相对独立的某些特殊环节。如产品计数装置、自动检测系统、晶闸管触发电路、自动调温装置等。这些部分往往自成一个小系统，其读图分析的方法可参照前文所述分析过程，并灵活运用所学过的电子技术、交流技术、自控系统技术、检测与转换等知识逐一分析。

e. 总体检查。经过化整为零，逐步分析了每一局部电路的工作原理以及各部分之间的控制关系之后，还必须用集零为整的方法，检查整个控制线路，看是否有遗漏。最后还要从整体角度去进一步检查和理解各控制环节之间的联系，以清楚地理解电路图中每一电气元器件的作用、工作过程及主要参数。

18.2.2　电子电路图

复杂的电子电路图，对于初学者来说，图上密密麻麻，看得眼花缭乱，根本不知从何下手识图，也不能从电子电路原理图中找出电子产品的故障所在，更不能得心应手地去设计各种各样的电子电路。其实，只要对电子线路图进行仔细观察，就会发现电子电路的构成具有很强的规律性，即相同类型的电子电路不仅功能相似，在电路结构上也是大同小异的。而任何一张错综复杂、表现形式不同的电子电路图都是由一些最基本的电子电路组合而成。如果将这些构成复杂电子电路图的最基本电路定义为基本单元电路，那么，只要掌握了这些最基本的单元电路，任何复杂的电路都可以看成是这些单元电路的组合。

（1）掌握基本单元电路

掌握基本单元电路，为识读复杂电路打好基础。任何复杂电路都是由基本单元电路构成，所以在识读复杂电路前，首先必须要掌握好基本单元电路。在学习单元电路时，要掌握好基本单元电路的工作原理、电路的功能及特性、电路典型参数、组成电路的元器件，以及每一个元器件在电路中所起到的作用、电路调试方法等。如有必要，对每一个元器件的参数都应了解清楚。

（2）分解复杂电路

任何复杂电路都可以分解成若干个具有完整基本功能的单元电路，而每个单元电路在复杂电路中的功能不同，其作用也不同。复杂电路被分解为单元电路后，可以根据这一个个单元电路的功能、特点进而分析整个复杂电路的功能及特点。反过来说，也可以按照某种需要，应用掌握的单元电路组合成复杂的电子电路，设计出各种各样实用的电子电路。

（3）绘制电路原理图

对于无电路原理图的电子产品实物，要先根据电子产品的印制电路板和实物安装绘制出电路原理图，然后再识读电路图。

（4）掌握基本单元电路之间的连接方法

单元电路之间的连接由于其功能和用途的不同，其连接方法也不同。有的单元电路与单元电路之间可以直接连接起来，这叫直接耦合；有的单元电路与单元电路之间通过变压器的初次级间的磁感应来实现信号的连接，这种连接方法叫变压器耦合；还有的单元电路与单元电路之间用电容器来连接，那么这种连接称电容器耦合。

（5）正确分析各分立元件在电路中的作用

在识读电子线路图时，要正确分析各分立元件在电子电路中所起的作用。

① 电阻　电阻在电路中主要起限流、分压、产生电压降等作用。

② 电容器　电容器在电路中的主要作用是储能、滤波等。它的特点是通交流、隔直流。

③ 电感器　电感器在电路中的作用为滤波、储能。

④ 二极管　二极管在电路中的主要作用为整流。

⑤ 晶体管　晶体管在电路中的主要作用为放大信号。

⑥ 场效应晶体管　场效应晶体管在电路中的作用与晶体管相同，即放大作用和非线性电阻的作用。除此之外，场效应晶体管还有一个显著的特点就是输入电阻高。

⑦ 变压器　变压器在电路中的主要作用是能量的转换。它变压器在电路中的主要作用一是电压变换，可以用来提升或降低交流电压；二是进行阻抗变换，以满足不同电路的阻抗匹配。

（6）掌握典型集成电路块的功能及作用

由于电子技术的飞速发展，集成电路块成千上万，几乎不可能对每一块集成电路都花一定的时间去学习，所以必须有针对性地对一些常用的模拟集成电路块和数字集成电路块的原理、功能、引脚的排列及作用等了解清楚，做到心中有数。此外，对于生疏的集成电路块，首先必须查找有关资料，弄明白它的功能、引脚排列及作用等，这样才能在识图中做到心中有数。

18.2.3　数字逻辑电路图

数字逻辑电路由于易于集成、传输质量高、可以进行运算和逻辑推理，广泛用于计算机、自动控制、通信、测量等领域。一般家电产品中，如定时器、报警器、控制器、电子钟表、电子玩具等都要用数字逻辑电路。

数字逻辑电路可以分为组合逻辑电路和时序逻辑电路两大类。现代的数字逻辑电路由半导体工艺制成的若干数字集成器件构造而成。

数字逻辑电路的特点是逻辑，使用的是独特的图形符号。数字逻辑电路中有门电路和触发器两种基本单元电路，它们都是以晶体管和电阻等元件组成的，逻辑门是数字逻辑电路的基本单元，存储器是用来存储二值数据的数字电路。但在逻辑电路中只用几个简化了的图形符号去表示它们，而不画出它们的具体电路，也不管它们使用多高电压，是TTL电路（晶体管-晶体管逻辑电路）还是CMOS电路等，这完全不同于一般的放大振荡或脉冲电路图。

数字电路中有关信息都包含在 0 和 1 的数字组合内，只要电路能明显地区分开 0 和 1，相比脉冲波形的好坏，它能完成什么样的逻辑功能更重要，且较少考虑它的电气参数性能等问题。也因为这个原因，数字逻辑电路中使用了一些特殊的表达方法如真值表、特征方程等，还使用一些特殊的分析工具如逻辑代数、卡诺图等，这些也都与放大振荡电路不同。

（1）数字逻辑电路的组成

① 门电路　门电路可以看成是数字逻辑电路中最简单的电路。目前有大量集成化产品可供选用。最基本的门电路有 3 种：非门、与门和或门。把这三种基本门电路组合起来可以得到各种复合门电路，如与门加非门成与非门，或门加非门成或非门。

② 触发器　触发器实际上就是脉冲电路中的双稳电路，它的电路连接和功能都比门电路复杂。触发器也可看成是数字逻辑电路中的元件。目前也已有集成化产品可供选用。常用的触发器有 D 触发器和 J-K 触发器。

D 触发器有一个输入端 D 和一个时钟信号输入端 CP，为了区别在 CP 端加有箭头。它有两个输出端，一个是 $\overline{Q}$ 一个是 Q，加有小圆圈的输出端是 $\overline{Q}$ 端。另外它还有两个预置端 $\overline{R}_D$ 和 $\overline{S}_D$，平时正常工作时要 $\overline{R}_D$ 和 $\overline{S}_D$ 端都加高电平 1，如果使 $\overline{R}_D=0$（$\overline{S}_D$ 仍为 1），则触发器被置成 Q=0；如果使 $\overline{S}_D=0$(RD=1)，则被置成 Q=1。因此 $\overline{R}_D$ 端称为置 0 端，$\overline{S}_D$ 端称为置 1 端。D 触发器的逻辑符号见图 18-1，图中 Q、D、$\overline{S}_D$ 端画在同一侧；$\overline{Q}$、$\overline{R}_D$ 画在另一侧。$\overline{R}_D$ 和 $\overline{S}_D$ 都带小圆圈，表示要加上低电平才有效。

D 触发器是受 CP 和 D 端双重控制的，CP 端加高电平 1 时，它的输出和 D 的状态相同：如 D=0，CP 来到后，Q=0；如 D=1，CP 来到后，Q=1。CP 脉冲起控制开门作用，如果 CP=0，则不管 D 是什么状态，触发器都维持原来状态不变。图 18-1 特性表中 Q_{n+1} 表示加上触发信号后变成的状态，Q_n 是原来的状态。“×”表示是 0 或 1 的任意状态。

有的 D 触发器有几个 D 输入端 D1、D2……它们之间是逻辑与的关系，也就是只有当 D1、D2 等都是 1 时，输出端 Q 才是 1。

另一种性能更完善的触发器叫 J-K 触发器。它有两个输入端——J 端和 K 端，一个 CP 端，两个预置端——$\overline{R}_D$ 端和 $\overline{S}_D$ 端，以及两个输出端——$\overline{Q}$ 和 Q 端。它的逻辑符号见图 18-2。J-K 触发器是在 CP 脉冲的下阵沿触发翻转的，所以在 CP 端画一个小圆圈以示区别。图 18-2 中，J、$\overline{S}_D$、Q 画在同一侧，K、$\overline{R}_D$、$\overline{Q}$ 画在另一侧。

J-K 触发器的逻辑功能见图 18-2。有 CP 脉冲时（即 CP=1）：J、K 都为 0，触发器状态不变，$Q_{n+1}=Q_n$；J=0、K=1，触发器被置 0，$Q_{n+1}=0$；J=1、K=0，$Q_{n+1}=1$；J=1、K=1，触发器翻转一下，$Q_n+1=\overline{Q}_n$。如果不加时钟脉冲（即 CP=0）时，不管 J、K 端是什么状态，触发器都维持原来状态不变，$Q_{n+1}=Q_n$。有的 J-K 触发器同时有好几个 J 端和 K 端，如 J1、J2……和 K1、K2……之间都是逻辑与的关系。有的 J-K 触发器是在 CP 的上升沿触发翻转的，这时它的逻辑符号图的 CP 端就不带小圆圈。也有的时候为了使图更简洁，常常把 $\overline{R}_D$ 和 $\overline{S}_D$ 端省略不画。

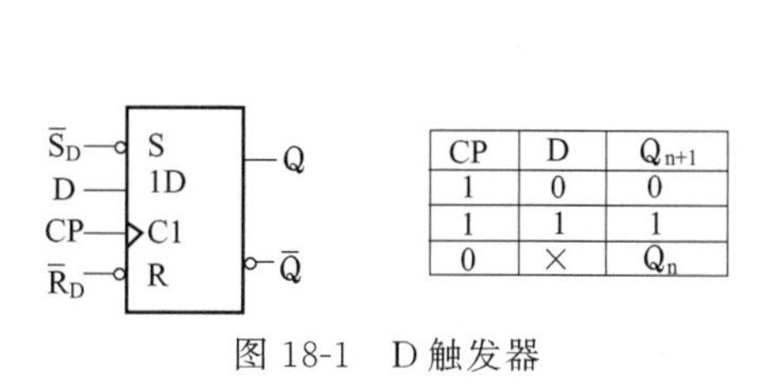

CP	D	Q_{n+1}
1	0	0
1	1	1
0	×	Q_n

图 18-1　D 触发器

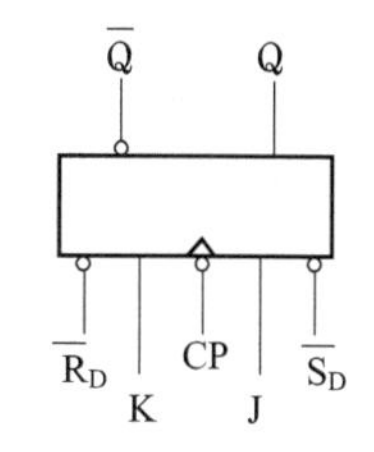

CP	J	K	Q_{n+1}
1	0	0	Q_n
1	0	1	0
1	1	0	1
1	1	1	$\overline{Q}_n$
0	×	×	Q_n

图 18-2　J-K 触发器

③ 编码器与译码器　能够把数字、字母变换成二进制数码的电路称为编码器。反过来能把

二进制数码还原成数字、字母的电路就称为译码器。

图 18-3(a) 是一个能把十进制数变成二进制码的编码器。一个十进制数被表示成二进制码必须 4 位，常用的码是使从低到高的每一位二进制码相当于十进制数的 1、2、4、8，这种码称为 8421 码或简称 BCD 码。所以这种编码器就称为 10 线-4 线编码器或 DEC/BCD 编码器。

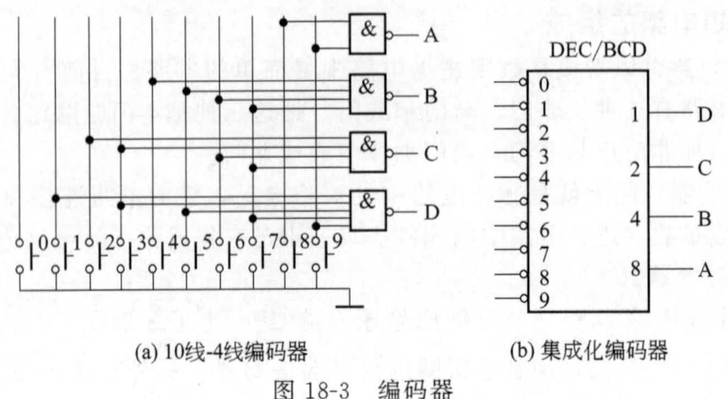

(a) 10线-4线编码器 (b) 集成化编码器

图 18-3 编码器

从图 18-3 看到，它是由与非门组成的。有 10 个输入端，用按键控制，平时按键悬空相当于接高电平 1。它有 4 个输出端 A、B、C、D，输出 8421 码。如果按下“1”键，与“1”键对应的线被接地，等于输入低电平 0、于是门 D 输出为 1，整个输出成 0001。

如按下“7”键，则 B 门、C 门、D 门输出为 1，整个输出成 0111。如果把这些电路都集成在一个集成片内，便得到集成化的 10 线-4 线编码器，它的逻辑符号见图 18-3(b)。左侧有 10 个输入端，带小圆圈表示要用低电平，右侧有 4 个输出端，从上到下按从低到高排列。使用时可以直接选用。

要把二进制码还原成十进制数就要用译码器，它也是由门电路组成的。图 18-4 是一个 4 线-10 线译码器。它的左侧为 4 个二进制码的输入端，右侧有 10 个输出端，从上到下 0、1、…、9 排列表示 10 个十进制数。输出端带小圆圈表示低电平有效。平时 10 个输出端都是高电平 1，如输入为 1001 码，输出“9”端为低电平 0，其余 9 根线仍为高电平 1，这表示“9”线被译中。

二极管如每段都接低电平 0，七段都被点亮，显示出数字“8”；如 b、c 段接低电平 0，其余都接 1，显示的是“1”。可见要把十进制数用七段显示管显示出来还要经过一次译码。

如果要想把十进制数显示出来，就要使用数码管。图 18-5 所示为共阳极发光二极管（LED）七段数码显示管，它有七段发光。译码器左侧有 4 个二进制码的输入端，右侧有 7 个输出可直接和数码管相连。左上侧另有一个灭灯控制端 I_B，正常工作时应加高电平 1，如不需要这位数字显示就在 I_B 上加低电平 0，就可使这位数字熄灭。

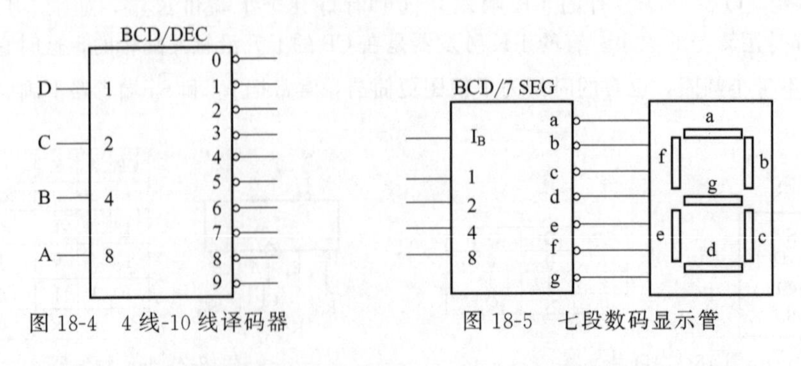

图 18-4 4 线-10 线译码器 图 18-5 七段数码显示管

④ 寄存器和移位寄存器 能够把二进制数码存贮起来的部件叫数码寄存器，简称寄存器。图 18-6 是用 4 个 D 触发器组成的寄存器，它能存贮 4 位二进制数。4 个 CP 端连在一起作为控制

端，只有 CP=1 时它才接收和存贮数码。4 个 $\overline{R}_D$ 端连在一起成为整个寄存器的清零端。如果要存贮二进制码 1001，只要把它们分别加到触发器 D 端，当 CP 来到后 4 个触发器从高到低分别被置成 1、0、0、1，并一直保持到下一次输入数据之前。要想取出这串数码可以从触发器的 Q 端取出。

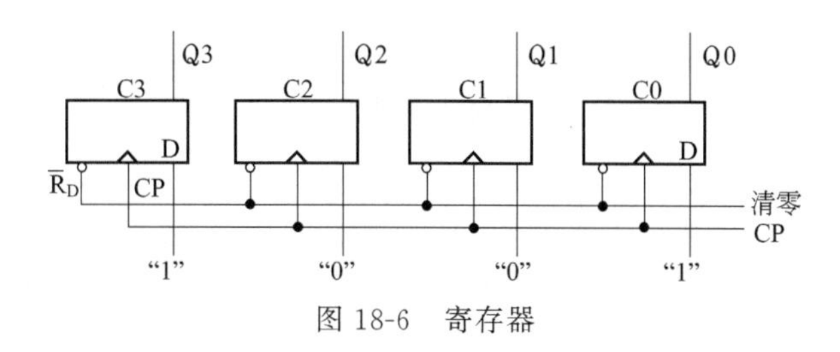

图 18-6 寄存器

有移位功能的寄存器叫移位寄存器，它可以是左移的、右移的，也可是双向移位的。

图 18-7 是一个能把数码逐位左移的寄存器。它和一般寄存器不同的是：数码是逐位串行输入并加在最低位的 D 端，然后把低位的 Q 端连到高一位的 D 端。这时 CP 称为移位脉冲。

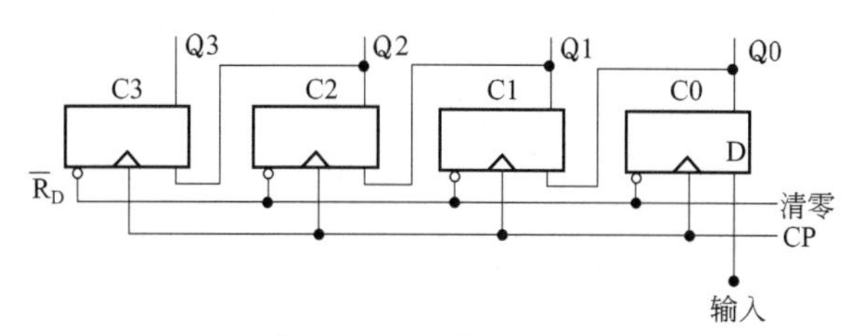

图 18-7 移位寄存器

⑤ 计数器 能对脉冲进行计数的部件叫计数器。计数器品种繁多，有作累加计数的称为加法计数器，有作递减计数的称为减法计数器；按触发器翻转来分又有同步计数器和异步计数器；按数制来分又有二进制计数器、十进制计数器和其他进位制的计数器等。

如图 18-8 所示是一个十六进制计数器，最大计数值是 1111，相当于十进制数 15。需要计数的脉冲加到最低位触发器的 CP 端上，所有的 J、K 端都接高电平 1，Q0、Q1、Q2 端接到相邻高一位触发器的 CP 端上。

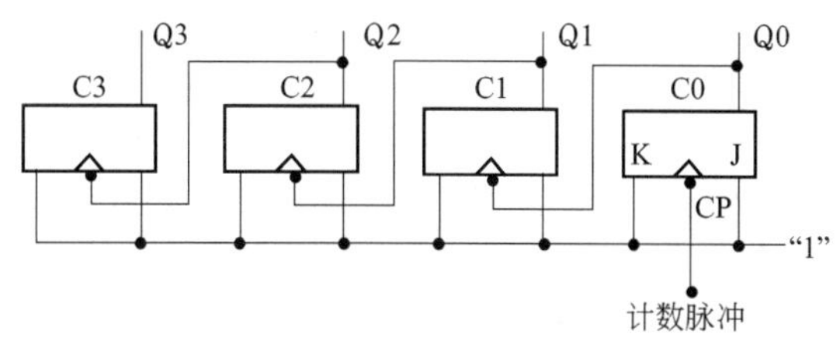

图 18-8 十六进制计数器

（2）数字逻辑电路的识图步骤

① 由数字逻辑图写出各输出端的逻辑表达式，并化简。对于组合逻辑电路来说，应写出各输出端的逻辑表达式，再用代数法或卡诺图法化简即可；而对于时序逻辑电路来说，则应写出电路的驱动方程、状态方程和输出方程。

② 根据简化的逻辑表达式列出真值表或状态转换表。对于组合逻辑电路来说，直接列出真值表即可；而对于时序逻辑电路，则应进一步分析其时钟接法是同步还是异步，然后假定一个初态，分析在时钟信号和输入信号的共同作用下，电路的状态转换情况，最后得出状态转换表。

③ 对真值表、状态转换表或逻辑表达式进行分析，确定电路的逻辑功能。这一步要求识图时有分析归纳的能力，对抽象的真值表和状态转换表进行分析归纳，总结出电路的具体逻辑功能。

对于比较简单的组合逻辑电路，有时不必遵从以上全部步骤，而是由逻辑图直接得出真值表，从而概括出电路的逻辑功能。或者用画波形图的方法，根据输入信号，逐级画出输出波形，最后根据波形图概括出电路的逻辑功能。对于比较简单的时序逻辑电路，有时同样可以直接由逻辑图假定一个初态，分析电路的次态，再以这个次态为新的初态，分析出新的次态，如此逐一分析，最后得出完整的状态转换表，并总结其逻辑功能。

（3）数字电路识图方法

要看懂数字电路图，一是掌握一些数字电路的基本知识，二是了解二进制逻辑单元的各种逻辑符号及输出、输入关系，三是掌握一些逻辑代数的知识。具备了这些基本知识，也就为看懂数字电路图奠定了良好基础。

①“是是非非看逻辑” 通过阅读电路说明书来了解逻辑电路的结构组成、功能、用途，也可通过阅读真值表，了解输出与输入间的“是”或“非”的逻辑关系，掌握各单元模块的逻辑功能。

② 元器件功能看引脚 数字电路中往往使用具有各种逻辑功能的集成电路，这样会使整个电路更简单、可靠。但也为识图带来一定困难。因为看不到集成块内部元器件及电路的组成情况，只能看到外部的许多引脚。这些引脚各有各的作用，它们与外部其他元器件或电路连接，可以实现一定的功能。实际上很多时候人们并不需要知道集成块内部电路组成情况，只需了解外部各引脚的功能即可。集成电路各引脚的功能用文字加以注明，如电路中没给出文字说明或参数，则应查阅有关手册，了解集成块的逻辑功能和各引脚的作用。对一些常用的集成电路，如常用的运算放大器 LM324、四二输入与非门 74LS00、555 时基电路等，读者应记住各引脚的功能，这对快速、准确识图有所帮助。如图 18-9 和图 18-10 分别为 74LS00、CH7555 的引脚图。

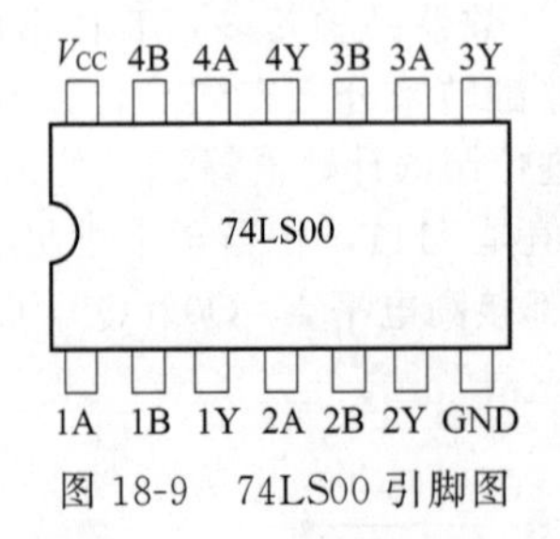

图 18-9 74LS00 引脚图

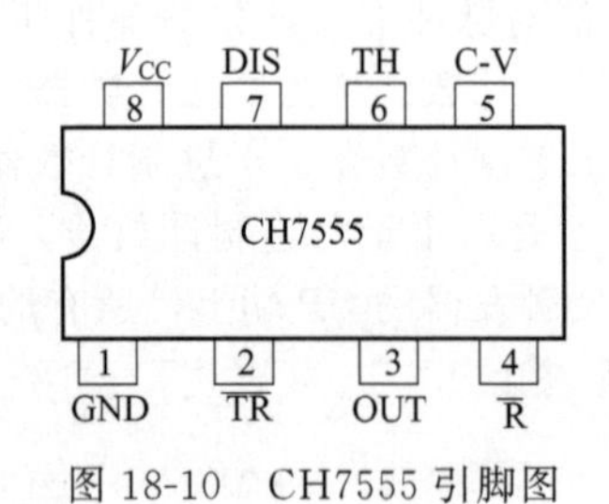

图 18-10 CH7555 引脚图

③ 功能分解看模块 对数字电路可按信号流向把系统分成若干个功能模块，每个模块完成相对独立的功能。应对模块进行工作状态分析，必要时可列出各模块的输入、输出逻辑真值表。

④ 综合起来看整体 将各模块连接起来，分析电路从输入到输出的完整工作过程，必要时可画出有关工作波形图，这可以帮助对电路逻辑功能的分析、理解。

18.3 实用电路图分析举例

18.3.1 机床设备电路图分析

（1）车床电路图分析

CA6140 型卧式车床电气控制线路原理如图 18-11 所示。在机床电路分析中，可以将机床电路分成若干个部分、多个区，按每一个区进行分析，对于大型电路分析来说比较容易，下面就以分区法介绍车床电路分析的方法。

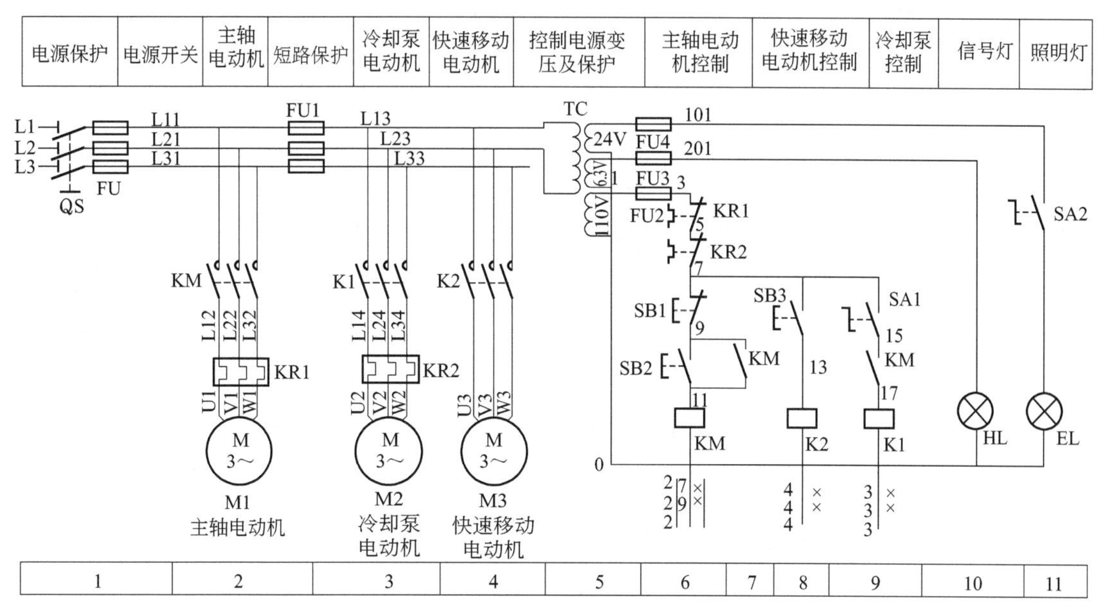

图 18-11　CA6140 型卧式车床电气控制线路原理图

1）主电路

从图 18-11 中可以看到，电路图中 1 区、2 区、3 区、4 区的电路为 CA6140 型卧式车床电气控制线路的主电路部分。其中 1 区为电源开关及保护部分，2 区为主轴电动机 M1 主电路，3 区为冷却泵电动机 M2 主电路，4 区为快速电动机 M3 主电路。

① 电源开关及保护部分　该部分由熔断器 FU、FU1，隔离开关 QS 组成。其中熔断器 FU 为整个机床电路的总短路保护；隔离开关 QS 为机床的电源总开关，也有的机床使用低压断路器作为电源总开关；熔断器 FU1 为控制变压器 TC、冷却泵电动机 M2、快速移动电动机 M3 的短路保护。三个元件中任意一个出现问题机床都不能启动。

② 主轴电动机 M1 主电路　主轴电动机 M1 主电路位于 2 区，它是一个单向运转单元主电路，由三个元件组成，即接触器 KM 主触点、热继电器 KR1 的热元件和主轴电动机 M1。由接触器 KM 主触点接通和断开主电路的电源，故接触器 KM 主触点在主轴电动机 M1 主电路中为关键元件；热继电器 KR1 的热元件为主轴电动机 M1 主电路的过载保护元件，当主轴电动机 M1 过载或出现短路故障时，它能及时动作，切断接触器 KM 线圈回路的电源，使接触器 KM 的主触点断开，主轴电动机 M1 失电停转。

以上元件中，最容易出现故障的元件为接触器 KM 主触点和主轴电动机 M1。当接触器 KM 主触点有一相闭合接触不良时，主轴电动机 M1 会出现单相运转；当有两相闭合接触不良时，主轴电动机 M1 不能启动。当主轴电动机 M1 有一相绕组断路时，主轴电动机 M1 也会出现单相运转。当主轴电动机 M1 绕组有短路故障时，热继电器 KR1 热元件要动作，断开主轴电动机 M1 控制电路中热继电器 KR1 的动断触点（6 区的 3 到 5 号线间），切断主轴电动机 M1 控制回路的电源，主轴电动机 M1 停转；但当热继电器 KR1 的热元件冷却后，6 区 3 到 5 号线间热继电器 KR1 的动断触点复位闭合，主轴电动机 M1 又可启动运转。

③ 冷却泵电动机 M2 主电路　冷却泵电动机 M2 主电路与主轴电动机 M1 主电路相同，也属于单向运转单元主电路型。它由 3 个元件组成，即中间继电器 K1 动合触点、热继电器 KR2 热元件、冷却泵电动机 M2。在电路中，由于冷却泵电动机 M2 的功率较大，故用中间继电器 K1 的动合触点替代接触器动合主触点接通和断开主电路中的电源。其他的分析与主轴电动机 M1 主电

路相同。

由于冷却泵电动机 M2 经常与机床切削液打交道，而切削液中常混杂有铁屑等杂物，故冷却泵电动机 M2 最容易出现故障。其常见故障有冷却泵杂物堵塞电动机定子绕组短路等。这些故障会使热继电器 KR2 热元件动作，将 6 区中热继电器 KR2 的动断触点（5 到 7 号线间）断开，使机床停转。

④ 快速移动电动机 M3 主电路　快速移动电动机 M3 主电路位于 4 区，它由两个元件构成：中间继电器 K2 和快速移动电动机 M3。使用中间继电器 K2 的目的也是由于快速移动电动机 M3 的功率较小。由于快速移动电动机 M3 为短期点动工作，故未设过载保护。

该电路中容易出现故障的元件为中间继电器 K2 的动合触点：当中间继电器 K2 的动合触点有一相闭合接触不良时，快速移动电动机 M3 出现单相运转；当中间继电器 K2 的动合触点有两相闭合接触不良时，快速移动电动机 M3 不能启动。

2）控制电路

合上电源总开关 QS，380V 交流电压经过 FU、FU1 加在控制变压器 TC 一次绕组两端，经降压后输出 110V 交流电压作为控制电路的电源，输出 24V 交流电压作为机床工作照明电路电源，输出 6.3V 交流电压作为信号指示电路电源。

由于主轴电动机 M1 主电路、冷却泵电动机 M2 主电路、快速移动电动机 M3 主电路接通电路的元件分别为接触器 KM 的主触点，中间继电器 K1 的动合触点和中间继电器 K2 的动合触点，所以，在确定各控制电路时，只需各自找到它们相应元件的控制线圈即可。

① 主轴电动机 M1 控制电路　主轴电动机 M1 是由接触器 KM 控制其电源的接通与断开的，故它的控制回路中必须有接触器 KM 的线圈。从图 18-11 中可以看到，接触器 KM 的线圈在 6 区中，其中 6 区中接触器 KM 线圈串联并与控制变压器 TC 中 110V 交流电压形成回路的元件即为组成主轴电动机 M1 控制电路的元件。为了清楚起见，将主轴电动机 M1 的控制电路绘制于图 18-12 中。

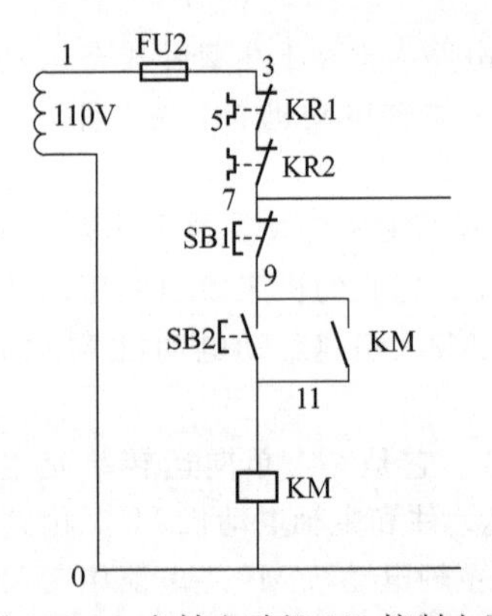

图 18-12　主轴电动机 M1 控制电路

图 18-11 中，变压器 TC 的 100V 交流电压、熔断器 FU2、热继电器 KR1 和 KR2 的动断触点为 3 台电动机控制电路的公共部分。其中熔断器 FU2 为控制电路的总短路保护，热继电器 KR1 和 KR2 的动断触点分别为主轴电动机 M1 和冷却泵电动机 M2 的过载保护。所以，上面 3 个元件中只要有一个出现故障或主轴电动机 M1 和冷却泵电动机 M2 过载就会使个控制电路不能工作。6 区下面的电路部分，即按钮 SB1 的动断触点、SB2 的动合触点、接触器 KM 的动合辅助触点及接触器 KM 的线圈组成标准的单向运转单元控制电路。

当需要主轴电动机 M1 运转时，按下主轴电动机 M1 的启动按钮 SB2，接触器 KM1 线圈得电闭合，7 区中接触器 KM 在 9 到 11 号线间动合触点闭合自锁，2 区中接触器 KM 主触点闭合接通主轴电动机 M1 电源，主轴电动机 M1 通电运转。按下主轴电动机 M1 的停止按钮 SB1，接触器 KM 线圈失电，2 区中接触器 KM 主触点断开，切断主轴电动机 M1 的电源，主轴电动机 M1 停转。图 18-12 中，按钮 SB1 的动断触点如果接触不良，会造成主轴电动机 M1 不能启动。

② 冷却泵电动机 M2 控制电路　用同样的方法可以确定 9 区中间继电器 K1 线圈回路的元件为冷却泵电动机 M2 的控制电路。冷却泵电动机 M2 的控制电路的通路为：变压器 TC（110V 交流电压）→1 号线→熔断器 FU2→3 号线→热继电器 KR1 动断辅助触点→5 号线→热继电器 KR2 动断辅助触点→7 号线→单极转换开关 SA1→15 号线→接触器 KM 动合辅助触点→17 号线→中间继电器 K1 线圈→0 号线→变压器 TC。

在冷却泵电动机 M2 的控制电路中，7 号线以上的元件为控制电路的公共部分，而 7 号线以下的元件中，单极转换开关 SA1 为冷却泵电动机 M2 的启动、停止开关；15 到 17 号线接触器 KM 动合触点为接触器 KM 控制冷却泵电动机 M2 的动合触点，它的作用是，当接触器 KM 未闭合，主轴电动机 M1 未启动运行时，9 区 15 到 17 号线间接触器 KM 动合触点断开，即使单极转换开关 SA1 闭合，中间继电器 K1 也不能得电闭合。所以冷却泵电动机 M2 只有在主轴电动机 M1 启动运行后，它才能启动运行。当主轴电动机 M1 启动运行，9 区中接触器 KM 动合触点闭合后：将单极转换开关 SA1 扳至接通位置，中间继电器 K1 线圈得电，3 区中间继电器 K1 触点闭合，冷却泵电动机 M2 启动运转；将单极转换开关 SA1 扳至断开位置，中间继电器 K1 失电断开，冷却泵电动机 M2 断电停转。

③ 快速移动电动机 M3 控制电路　由于快速移动电动机 M3 是由中间继电器 K2 控制其电源的接通与断开，故它的控制电路回路中必须有中间继电器 K2 的线圈。在图 18-12 中 8 区与中间继电器 K2 线圈串联并与控制变压器 TC 中 110V 交流电压形成回路的元件组成快速移动电动机 M3 控制电路。快速移动电动机 M3 的控制通路为：变压器 TC（110V 交流电压）→1 号线→熔断器 FU2→3 号线→热继电器 KR1 动断辅助触点→5 号线→热继电器 KR2 动断辅助触点→7 号线→按钮 SB3 动合辅助触点→13 号线→中间继电器 K2 线圈→0 号线→变压器 TC。其中 7 号线以上的变压器 TC、熔断器 FU2、热继电器 KR1 和 KR2 的动断触点为 3 台电动机控制电路的公共部分。7 号线以下的部分则是一个点动控制单元控制电路，按钮 SB3 为快速移动电动机 M3 的点动控制按钮。按下 SB3 时，中间继电器 K2 的线圈得电，4 区中的中间继电器 K2 触点闭合，接通快速移动电动机 M3 的电源，快速移动电动机 M3 通电运转；松开按钮 SB3 时，中间继电器 K2 线圈失电，中间继电器 K2 触点断开，快速移动电动机 M3 失电停转。按钮 SB3 动合触点如果在工作中沾上油污，压合接触不良时会造成快速移动电动机 M3 不能启动。

3）照明、信号指示电路

照明电路由变压器 TC 输出 24V 交流电压供电，其通电回路为：变压器 TC→熔断器 FU4→101 号线→单极开关 SA2→工作照明灯 EL→0 号线→变压器 TC。

机床信号指示电路为电源指示信号的电路，由变压器 TC 输出 6.3V 交流电压供电，其通电回路为：变压器 TC→熔断器 FU3→信号指示灯 HL→0 号线→变压器 TC。当合上电源总开关 QS，信号指示灯 EL 发亮，断开电源总开关 QS 后，信号指示灯熄灭。

（2）Z35 型摇臂钻床电路图分析

如图 18-13 所示为 Z35 型摇臂钻床电气控制线路原理图。

1）主电路

由图 18-13 可知，1～10 区为 Z35 型摇臂钻床控制线路的主电路部分。其中 1 区、2 区、3 区、6 区为电源总开关与短路保护电路，4 区为冷却泵电动机 M1 主电路，5 区为主轴电动机 M2 主电路，7 区和 8 区为摇臂升降电动机 M3 主电路，9 区和 10 区为液压泵电动机 M4 主电路。

① 电源总开关及短路保护电路　三相电源从 L1、L2、L3 引入。2 区中 QS1 为机床的电源总开关；3 区中熔断器 FU1 既为机床电路的总短路保护，又为冷却泵电动机 M1、主轴电动机 M2 的短路保护；6 区中熔断器 FU2 为摇臂升降电动机 M3 及液压泵电动机 M4 的短路保护；在 5 区中 W 为汇流排，由电刷和集电环构成，它作为主轴电动机 M2、摇臂升降电动机 M3、液压泵电动机 M4 及后继电路电源的引入元件。

② 冷却泵电动机 M1 主电路　冷却泵电动机 M1 主电路很简单，由转换开关 QS2 控制其电源的通断。将 QS2 扳到接通位置，冷却泵电动机 M1 通电启动运转；将 QS2 扳至断开位置，冷却泵电动机 M1 断电停转。

③ 主轴电动机 M2 主电路　主轴电动机 M2 主电路位处 5 区，它为一个单向运转型主电路，由接触器 KM1 控制主轴电动机 M2 电源的通断，热继电器 KR 的热元件为主轴电动机 M2 的过载保护元件。

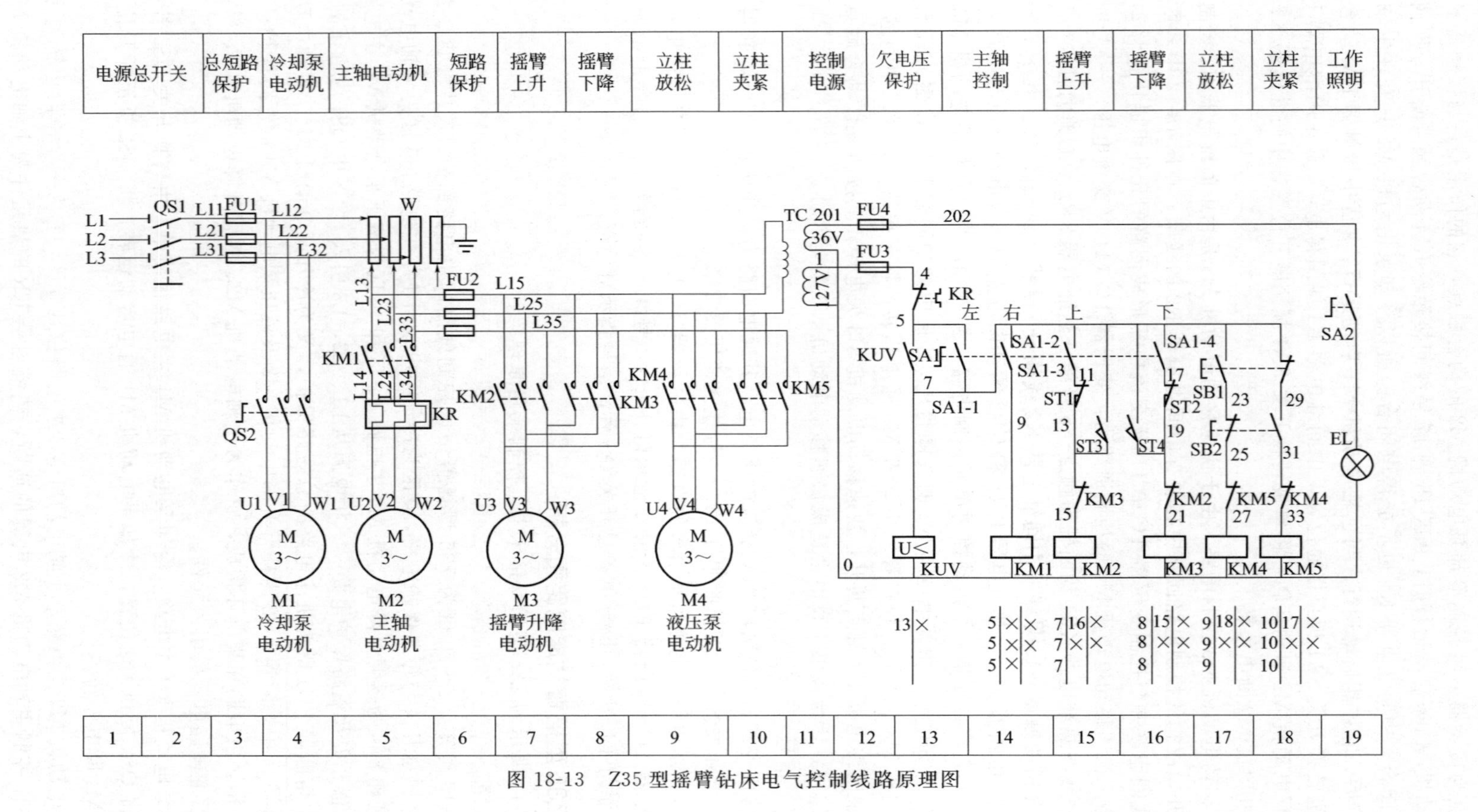

图 18-13 Z35 型摇臂钻床电气控制线路原理图

④ 摇臂升降电动机 M3 主电路 摇臂升降电动机 M3 主电路位处 7 区和 8 区，它是一个正、反转型单元主电路，由接触器 KM2 控制其正转电源的通断，接触器 KM3 控制其反转电源的通断。

⑤ 液压泵电动机 M4 主电路 液压泵电动机 M4 主电路位处 9 区和 10 区，它是一个正、反转型单元主电路，由接触器 KM4 控制液压泵电动机 M4 正转电源的通断，由接触器 KM5 控制液压泵电动机 M4 反转电源的通断。

2）控制电路

Z35 型摇臂钻床控制电路位处 11～18 区。合上电源总开关 QS1，380V 交流电压经过电源总开关 QS1、熔断器 FU1、汇流排 W 与熔断器 FU2 加在变压器 TC 一次绕组上，经降压后输出 127V 交流电压作为控制电路中的电源，输出 36V 交流电压作为机床的照明电源。在 Z35 型立式摇臂钻床控制电路中，SA1 为十字转换开关，它有 4 对触点：SA1-1、SA1-2、SA1-3、SA1-4。控制电路电源的接通、主轴电动机 M2 的启动、摇臂的上升和下降都是由十字转换开关 SA1 控制的，它分左、右、上、下、中间 5 个挡。

当 SA1 扳至左挡时，SA1 在 13 区中 5 到 7 号线间的触点 SA1-1 接通，其他触点断开；当 SA1 扳至右挡时，SA1 在 14 区中 7 到 9 号线间的触点 SA1-2 接通，其他触点断开；当 SA1 扳至上挡时，SA1 在 15 区中 7 到 11 号线间的触点 SA1-3 接通，其他触点断开；当 SA1 扳至下挡时，SA1 在 16 区中 7 到 17 号线间的触点 SA1-4 接通，其他触点断开；当 SA1 扳至中间挡时，SA1 的所有触点全部断开。

也就是说在同一时刻十字转换开关 SA1 只能有一对触点闭合，这样就保证了机床在主轴电动机 M2 启动运转时，摇臂不能上升或下降；而当摇臂在上升或下降时，主轴电动机 M2 不能启动运转。

① 欠电压保护电路 欠电压保护电路由 13 区中的电路元件构成，它的主要作用是当机床在运行过程中如果突然停电或因某种原因致使电源电压降低，使机床不能正常运行时，切断机床控制电路的电源，从而起到保护机床电路的目的。

将十字转换开关 SA1 扳到左挡，十字开关 SA1 在 5 号线与 11 号线间的触头闭合，其他触头断开，接通欠电压继电器 KUV 线圈的电源，欠电压继电器 KUV 通电闭合，欠电压继电器 KUV 在 5 号线与 7 号线间的触头闭合，接通控制电路的电源并自锁，此时控制电路方可开始运行。

② 主轴电动机 M2 控制电路 主轴电动机 M2 带动主轴对工件进行钻孔加工。主轴电动机 M2 的控制电路很简单，当将十字转换开关 SA1 扳至左挡，欠电压继电器 KUV 通电闭合接通控制电路的电源后，将十字开关 SA1 扳至右挡，十字开关 SA1 在 14 区中 7 号线与 9 号线间的触头 SA1-2 闭合，其他触头断开，接通接触器 KM1 线圈电源，接触器 KM1 通电闭合，其在 5 区中的主触头闭合，接通主轴电动机 M2 的电源，主轴电动机 M2 启动运转。将十字开关 SA1 扳至中间挡位置时，接触器 KM1 线圈断电释放，主轴电动机 M2 停转。

③ 摇臂升降电动机 M3 控制电路 摇臂升降电动机 M3 可正、反转，它带动摇臂上升及下降，摇臂升降电动机 M3 的控制电路位处 15 区和 16 区。在 15 区和 16 区中，在 11 号线与 13 号线间的行程开关 ST1 常闭触头为摇臂上升时的上限位行程开关，在 7 号线与 19 号线间的行程开关 ST4 常开触头为摇臂上升完毕后的夹紧行程开关；在 17 号线与 19 号线间的行程开关 ST2 常闭触头为摇臂下降时的下限位行程开关，在 7 号线与 13 号线间的行程开关 ST3 常开触头为摇臂下降完毕后的夹紧行程开关；在 19 号线与 21 号线间的接触器 KM2 常闭触头及在 13 号线与 15 号线间的接触器 KM3 常闭触头为摇臂升降电动机 M3 的正、反转联锁触头。

如需要摇臂上升时，在欠电压继电器 KUV 通电闭合接通控制电路的电源后，将十字转换开关 SA1 扳至上挡位置，十字转换开关 SA1 在 15 区中 7 号线与 11 号线间的触头 SA1-3 闭合，接通接触器 KM2 线圈的电源，接触器 KM2 通电闭合，摇臂升降电动机 M3 启动正向运转，接触器 KM2 在 16 区中 19 号线与 21 号线间的常闭触头断开，使当接触器 KM2 闭合，摇臂升降电动机

M3 正向启动运转时接触器 KM3 不能闭合，实现了接触器 KM2 与接触器 KM3 的正、反转联锁控制。但由于机械构造方面的原因，摇臂升降电动机 M3 暂时不能立即带动摇臂上升，而是先将夹紧的摇臂松开。在松开摇臂的同时，又由机械装置压下行程开关 ST4，使行程开关 ST4 在 7 号线与 19 号线间的常开触头闭合，为摇臂上升完毕后摇臂升降电动机 M3 反转夹紧摇臂做好准备。摇臂夹紧装置放松后，又通过机械齿轮装置的啮合，摇臂升降电动机 M3 带动摇臂开始上升。当上升到一定高度时，将十字转换开关 SA1 扳至中间挡位置，接触器 KM2 线圈断电释放，其在 7 区中的主触头断开，切断摇臂升降电动机 M3 的正转电源，摇臂升降电动机 M3 停止正转。同时，16 区中接触器 KM2 在 19 号线与 21 号线间的常闭触头复位闭合，由于行程开关 ST4 此时是闭合的，所以接触器 KM3 线圈通电闭合，接触器 KM3 在 8 区中的主触头接通摇臂升降电动机 M3 的反转电源，摇臂升降电动机 M3 反向启动运转，带动机械装置对摇臂进行夹紧。当摇臂夹紧后，机械装置松开压下的行程开关 ST4，行程开关 ST4 在 7 号线与 19 号线间的常开触头复位断开，切断接触器 KM3 线圈的电源，接触器 KM3 断电释放，摇臂升降电动机 M3 停止反转。完成摇臂上升控制过程。

摇臂如果在上升过程中上升高度超过上限位的行程，就会撞击行程开关 ST1，行程开关 ST1 在 11 号线与 13 号线间的常闭触头断开，切断接触器 KM2 线圈的电源，接触器 KM2 断电释放，其在 7 区的主触头断开，切断摇臂升降电动机 M3 的正转电源，摇臂停止上升。

摇臂下降的控制过程与摇臂上升的控制过程相同。当需要摇臂下降时，将十字转换开关 SA1 扳至下挡位置，其他控制过程请读者自行分析。

④ 液压泵电动机 M4 控制电路　液压泵电动机 M4 主要担任机床立柱与套筒的夹紧与放松的任务。当需要立柱放松时，按下立柱放松按钮 SB1，接触器 KM4 通电闭合，其在 9 区的主触头接通液压泵电动机 M4 的正转电源，液压泵电动机 M4 正向转动，带动液压泵供给机床正向液压油。正向液压油通过液压阀进入机械放松夹紧驱动液压缸，使机械装置动作，对立柱进行放松。松开立柱放松按钮 SB1，接触器 KM4 断电释放，其主触头切断液压泵电动机 M4 的正转电源，液压泵电动机 M4 停止正转，完成立柱放松控制过程。调整摇臂位置后，按下立柱夹紧按钮 SB2，接触器 KM5 通电闭合，其在 10 区的主触头接通液压泵电动机 M4 的反转电源，液压泵电动机 M4 反向转动，带动液压泵供给机床反向液压油。反向液压油通过液压阀进入机械放松夹紧驱动液压缸，使机械装置动作，对立柱进行夹紧。松开立柱夹紧按钮 SB2，接触器 KM5 断电释放，其主触头切断液压泵电动机 M4 的反转电源，液压泵电动机 M4 停止反转，完成立柱夹紧控制过程。

⑤ 冷却泵电动机 M1 的控制　冷却泵电动机 M1 由 4 区中的转换开关 QS2 控制其电源的通断。

⑥ Z35 型摇臂钻床照明电路　从变压器 TC 输出的 36V 交流电压，经过熔断器 FU4 及单极开关 SA2 加在机床工作照明灯 EL 上。单极开关 SA2 为机床工作照明灯 EL 的电源开关。

18.3.2 照明电路图分析

（1）吊灯控制电路

如图 18-14 所示，为吊灯控制电路。该电路属于二线制控制方式，控制电路安装在吊灯的装饰内，使用时通过吊灯的电源开关即可控制吊灯内白炽灯的点亮数量，从而改变吊灯的发光亮度。

① 电路组成　该吊灯控制电路由电源电路和触发控制电路组成。

电路中，电源电路由电源开关 S、整流二极管 VD1～VD4、限流电阻器 R4、放电电阻器 R1、滤波电容器 C1 和稳压二极管 VS 组成。触发控制电路由四与非门集成电路 IC（D1～D4）、电阻器 R2～R3 与 R5～R8、电容器 C2 与 C3、晶体管 VT 和晶闸管 VTH 等组成。

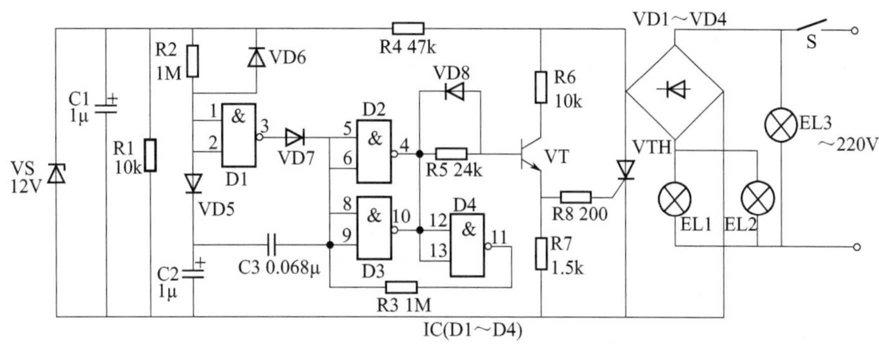

图 18-14 吊灯控制电路

② 开关接通状态 接通开关 S 后，交流 220V 电压一路经 S 加在第 3 组照明灯 EL3 上，将 EL3 点亮；另一路经 VD1～VD4 整流、R4 限流降压、C1 滤波及 VS 稳压后，产生 12V 电压。12V 电压除作为 IC 的工作电源外，还经 R2 和 VD5 对 C2 充电。在 12V 电压刚产生时，由于 C2 两端电压不能突变，与非门 D1 的输入端（IC 的 1、2 脚）为低电平，其输出端（IC 的 3 脚）的高电平经 VD7 对 C3 充电，使与非门 D2 和 D3 的输出端（IC 的 4 脚和 10 脚）为低电平，VT 和 VTH 不导通，第 1 组照明灯 EL1 和第 2 组照明灯 EL2 不亮。

③ 开关断开又接通状态 将 S 断开后再立即接通时，在断电的短暂时间内，C1 上储存的电荷已经快速泄放掉，但 C2 上储存的电荷仍保持不变，再次通电后，12V 电压经 R2 和 VD5 对 C3 充电，使 C3 的充电极性改变（由左负右正改变为左正右负），与非门 D2 和 D3 的输入端（D2 的 5、6 脚和 D3 8、9 脚）由高电平变为低电平，输出端变为高电平，使 VT 导通，VT 发射极输出的高电平又使 VTH 受触发而导通，EL1～EL3 全部点亮。

（2）吸顶灯电路

如图 18-15 所示为吸顶灯电路图，灯具为环形荧光灯管。型号为 NTA-Y21X，额定电压为 220V AC，输入功率为 21W。

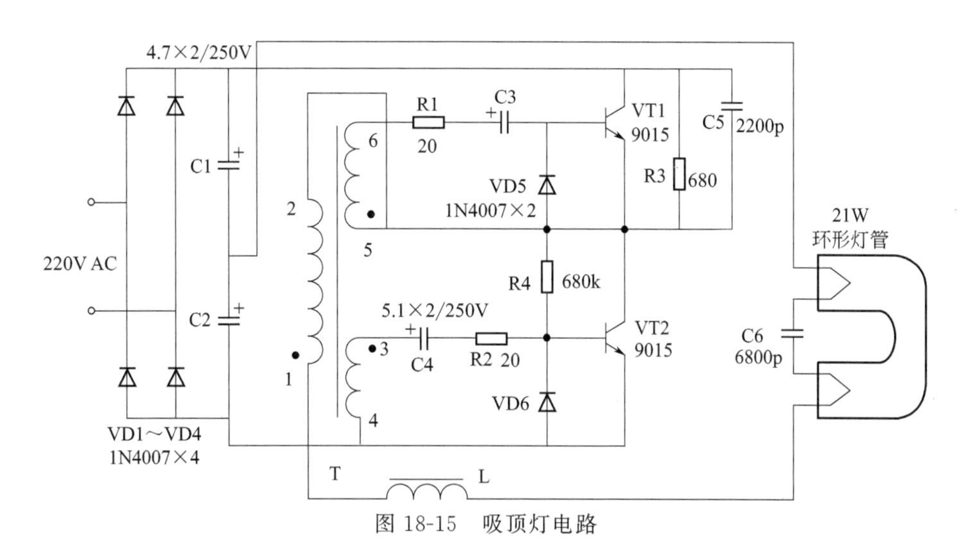

图 18-15 吸顶灯电路

通电后 220V 交流电经 VD1～VD4 桥式整流、电容 C1 与 C2 滤波（C1、C2 每个电容充有约 155V 的直流电压，C1、C2 串联叠加电压约为 310V）。由于 C5 通电时两端电压为零，故此 310V 电压加在 VT2 的 E 极上，有电流流过 R4 和 VT2 的 B、E 极，VT2 迅速导通。此时，流经灯管两端灯丝、C6、电感L和高频变压器T的①—②端绕组的电流不断增大，在T的①、②端感应出电动势（①端+，②端-），阻碍电流的增加；③、④端感应出电动势（③端+，④端-），对C4充电，增大VT2基极电流，VT2迅速进入饱和导通。同时，⑤、⑥端感应出电动势（⑤端+，⑥端-），对C3反向充电，VT1因加反向偏压而截止。

当①、②端的电流增加到最大时，其③、④端和⑤、⑥端感应电动势消失。此时由于电容C3、C4的放电，使VT1由截止变为导通，VT2由导通变为截止，流过绕组①—②端的电流迅速减小为零。而后由C1的正极流出的电流经VT1的C、E极、绕组②—①端、电感L、灯管两端灯丝与C6流入C1的负极，当流过绕组①—②端电流迅速减小并呈反向增大的同时，①、②端又感应出反向感应电动势（②端+，①端-），阻碍正向电流的减小和反向电流的增加，③、④端感应出电动势（④端+，③端-）使C4原来充的电压（左端+，右端-）相叠加，使VT2更加截止并迅速对C4反向充电，而⑤、⑥端也感应反向电动势与C3原来充有的反向电压相叠加，使VT1迅速饱和导通并迅速对C3正向充电。流过绕组①—②端的反向电流又很快增加到最大。①、②端，③、④端，⑤、⑥端感应电动势消失。此时，由于C3、C4电容的放电，使VT1由导通变为截止，VT2由截止变为导通。

如此下去，VT1、VT2周而复始地轮流导通与截止（C3、C4被反复正向充电和反向充电），流过灯管两端灯丝和C6的电流为高频交流电。若干个周期后，灯管两端灯丝被加热发射电子，C6与L谐振产生的高压加在灯管两端，使灯管内气体电离导通，此时高频交流电便流过灯管，使灯管发光。

（3）光控路灯电路

路灯安装一般采用地沟穿管暗敷布线的方法。控制部分安装在大门口或在电工房值班室内，被统一控制。它除了方便交通外，也是人们在马路两旁散步、游玩、锻炼身体的地方。

对光控路灯的要求是工作稳定、可靠，不会因偶然的强光照射而引起误动作或闪烁。

如图18-16所示为某光控路灯电路的工作原理图。该光控路灯电路由光控触发器电路、开关电路和电源电路组成。光控路灯电路中，光敏触发器电路由光敏电阻器RG、电位器RP、电容器C3与C4、电阻器R3和NE555时基集成电路组成；开关电路由晶闸管VTH、电阻器R2和发光二极管LED组成；电源电路由降压电容器C1、电阻器R1、稳压二极管VS、整流二极管VD和滤波电容器C2组成。交流220V电压经C1降压、VS稳压、VD整流及C2滤波后，产生8.5V（V_{CC}）直流电压供给NE555。

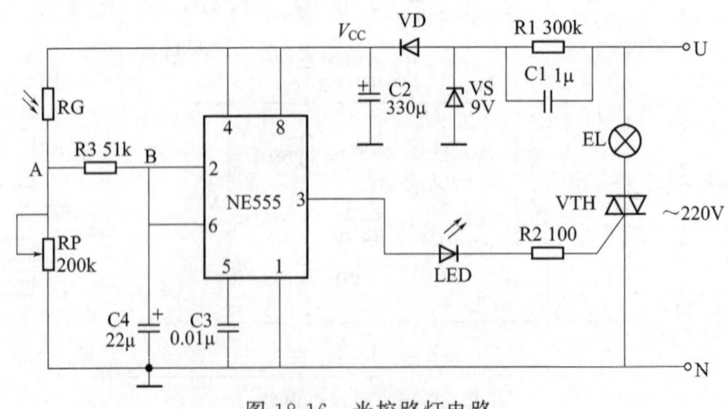

图18-16 光控路灯电路

在白天，光敏电阻器RG受光照射而呈低阻状态，NE555的2脚和6脚电位高于$2V_{CC}/3$，NE555的3脚输出低电平，发光二极管LED不发光，晶闸管VTH处于阻断状态，照明灯EL不亮。

当夜幕降临时，光照度逐渐减弱，光敏电阻器 RC 的阻值逐渐增大，NE555 的 2 脚和 6 脚电压也开始下降，当两脚电压降至 $V_{CC}/3$ 时，NE555 内部的触发器翻转。3 脚由低电平变为高电平，使 LED 导通发光，VTH 受触发而导通，将照明灯 EL 点亮。

直到次日黎明来临时，光照度逐渐增强，RG 的阻值逐渐减小，使 NE555 的 2 脚和 6 脚电压逐渐升高，当两脚电压升高至 $2V_{CC}/3$ 时，NE555 的 3 脚由高电平变为低电平，LED 和 VTH 均阻断，照明灯 EL 熄灭。

调节 RP 的阻值，可控制该灯光自动控制器电路在不同光照下的动作。

18.3.3 其他功能控制电路图分析

（1）供电系统电路

供电系统是一个复杂的系统，系统的可靠性至关重要。通常供电系统设计为双电源或三电源自动切换供电。当一路电源中断，或系统内部线路中断供电时，可通过设计两路内部供电系统，特别是备用线路采用高可靠设计，在末端实现双电源自动切换。

在某些重要地方（如医院、银行、重要的政府机构等）需采用三电源切换电路，即电源有不同发电厂提供的两路变压器供电系统，一用一备，若两路皆断电，则另设一路发电机供电。

如图 18-17 所示为双电源自动切换电路，供电电源有两路，一路来自变压器，一路来自发电机。来自变压器的三相电源通过 QF_1、KM_1、QF_3 向负载供电，当变压器供电出现故障时，通过自动切换控制电路使 KM_1 主触点断开，KM_2 主触点闭合，将备用的发电机接入，保证正常供电。

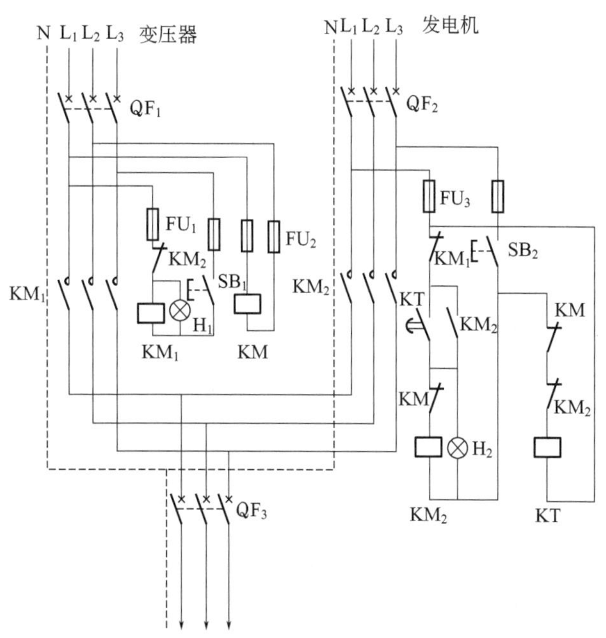

图 18-17　双电源自动切换电路

两路电源电路都设有保护环节，断路器 QF_1、QF_2、QF_3，熔断器 FU_1、FU_2、FU_3 起保护作用。信号环节为指示灯 H_1、H_2 显示供电的运行状态。控制环节由接触器 KM_1、KM_2、KM、KT 以及控制开关完成。

供电时，合上断路器 QF_1、QF_2，按下手动开关 SB_1、SB_2，首先接通了变压器的供电回路，接触器 KM_1、KM 线圈得电，KM_1 主触点闭合。因变压器供电通路接有 KM，所以保证了变压器通路先得电，同时接触器 KM_1、KM 在 KM_2 通路上的辅助连锁触点断开，使 KM_2、KT 不能通电，保证了变压器通路优先工作。

当变压器供电出现问题或发生故障时，KM_1、KM 线圈失电，KM_1、KM 在 KM_2 通路上的辅助连锁触点复原，恢复闭合状态。时间继电器 KT 线圈得电，经一段时间延时后，KT 动合触点闭合，KM_2 线圈得电并实现自锁，KM_2 主触点闭合，备用发电机供电。

综上所述，图 18-17 电路实现了双电源自动切换的供电过程。

（2） PLC自动控制系统电路

如图 18-18 所示为采用 PLC 控制的自动门电路。平移式自动感应门系统由主控制器、感应探测器、电动机、自动感应门行进轨道等部分组成。

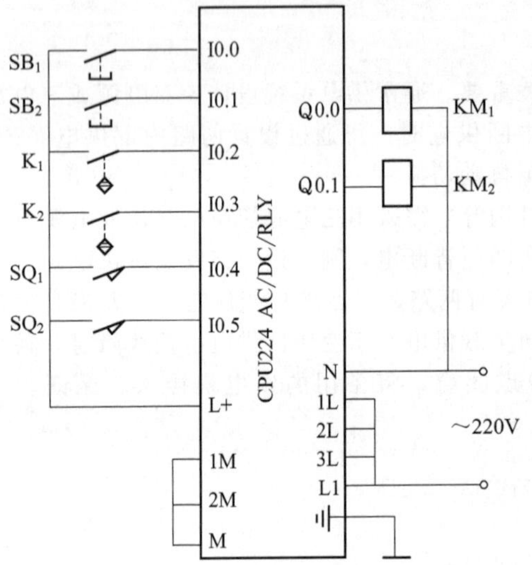

图 18-18 自动门控制 I/O 端口接线图

当有人靠近自动门时，感应器为“ON”状态，电动机正转开门。碰到开门极限开关时，电动机停转。开始延时，若在 8s 内感应器检测无信号输入，自动进入关门过程，电动机反转。当门移动到关门限位开关时，电动机停止运行。在门打开后的 8s 等待时间内，若有人员由外至内或由内至外通过光电检测开关时，必须重新开始等待 8s 后，再自动进入关门过程，以保证人员安全通过。

考虑到自动门在出现故障或维修的时候，用自动控制存在一定问题，因此应设置手动开门和关门开关。

1）输入/输出（I/O）端口分配

自动门控制系统有 6 个输入信号，分别为门外光检测电开关、门内光检测电开关、开门限位电开关、关门限位电开关、手动开门按钮和手动关门按钮。有 2 个输出信号，分别为开门控制和关门控制信号。具体的 I/O 端口分配见表 18-1。

表 18-1 自动门控制 I/O 端口分配表

序号	输入信号		输出信号	
	名称	输入	名称	输出
1	手动开门按钮 SB_1	I0.0	开门控制 KM_1	Q0.0
2	手动关门按钮 SB_2	I0.1	关门控制 KM_2	Q0.1
3	门内光电检测开关 K_1	I0.2		
4	门外光电检测开关 K_2	I0.3		
5	开门限位开关 SQ_1	I0.4		
6	关门限位开关 SQ_2	I0.5		

2）梯形图分析

自动门控制程序梯形图如图 18-19 所示，程序如下：

① 网络 1：通电初始化，将中间继电器复位。

② 网络 2：手动开门，在手动开门情况下，当开门到位，限位开关闭合，I0.4 为 ON，电动机停止（中间继电器 M0.0 失电）。

③ 网络 3：手动关门，在手动关门情况下，当关门到位，限位开关闭合，I0.5 为 ON，电动

机停止（中间继电器 M0.1 失电）。

④ 网络 4：自动开门，当门内或门外光电检测开关检测到有人进出时进入自动开门状态（M0.2）。

⑤ 网络 5：开门动作，当开门到位限位开关未闭合时，开门。

⑥ 网络 6：关门等待时间，当开门到位时，未检测到有人进出，则进行 8s 延时。

⑦ 网络 7：正常关门，未检测到门内、门外有人时，等待 8s 后，进入关门动作（M0.5），当关门限位开关闭合时，复位自动状态下所有中间继电器（M0.2～M0.4）。

⑧ 网络 8：关门时来人，在关门过程中，有检测到门内门外有人，仍进行开门、等待、关门动作。

⑨ 网络 9：输出开门动作，手、自动情况下开门。

⑩ 网络 10：输出关门动作，手、自动情况下关门。

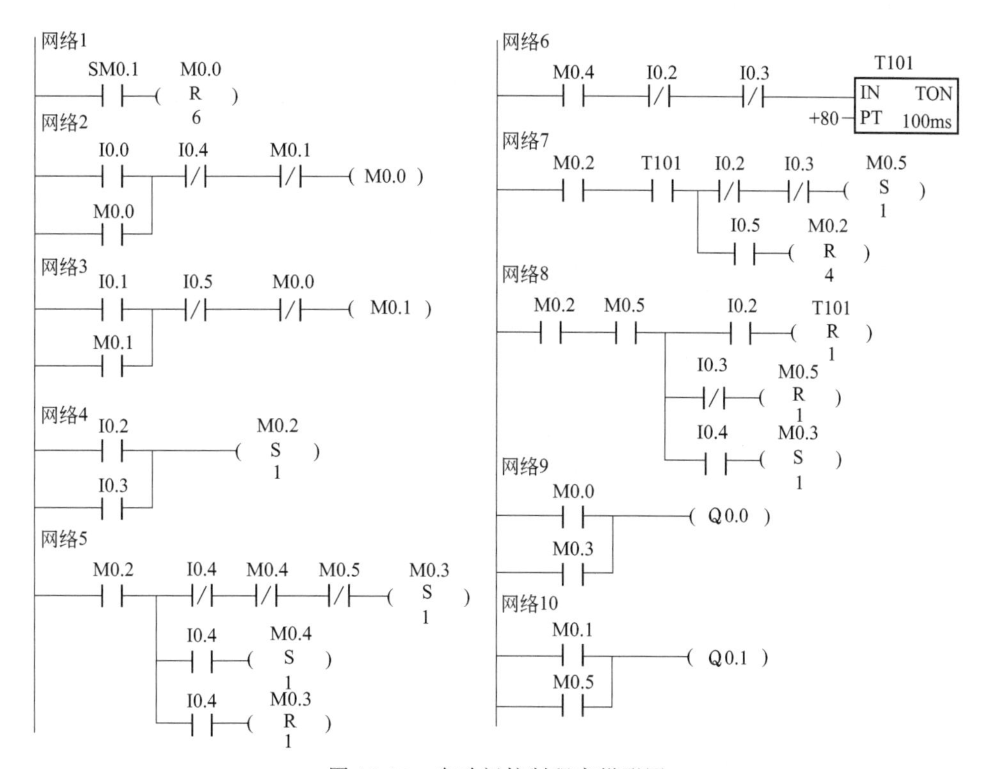

图 18-19　自动门控制程序梯形图

参考文献

[1] 刘小年，郭克希主编.机械制图（机械类、近机类).北京：机械工业出版社，2004.
[2] 徐祖茂，杨裕根主编.机械工程图学.上海：上海交通大学出版社，2005.
[3] 孙开元，李长娜主编.机械制图新标准解读及画法示例.北京：化学工业出版社，2006.
[4] 刘小年，刘振魁主编.机械制图（机械类专业适用).北京：高等教育出版社，2000.
[5] 肖兵主编.机械制图.北京：中国标准出版社，2004.
[6] 中国机械工程学会，机械工程基础与通用标准实用丛书编委会.形状和位置公差.北京：中国计划出版社，2004.
[7] 熊建强，李汉平，涂筱艳主编.机械制图.2版.北京：北京理工大学出版社，2010.
[8] 何萍，吴敬勇主编.金属切削机床概论.北京：北京理工大学出版社，2008.
[9] 技工学校机械类通用教材编审委员会.钳工工艺学.北京：机械工业出版社，2001.
[10] 张应龙主编.机器设备的装配与检修.2版.北京：化学工业出版社，2007.
[11] 戴曙主编.金属切削机床.北京：机械工业出版社，1994.
[12] 顾维邦主编.金属切削机床上册.北京：机械工业出版社，1984.
[13] 邓怀德主编.金属切削机床.北京：机械工业出版社，1987.
[14] 张玉，刘平.几何量公差与测量技术.3版.沈阳：东北大学出版社，2006.
[15] 赵晶文主编.金属切削机床.2版.北京：北京理工大学出版社，2014.
[16] 张洪，贾志绚主编.工程机械概论.北京：冶金工业出版社，2006.
[17] 王存堂主编.工程机械液压系统及故障维修.北京：化学工业出版社，2007.
[18] 周建钊主编.底盘结构与原理.北京：国防工业出版社，2006.
[19] 靳同红，王胜春主编.工程机械构造与设计.北京：化学工业出版社，2009.
[20] 唐经世.工程机械底盘学.2版.成都：西南交通大学出版社，2011.
[21] 李启月主编.工程机械.长沙：中南大学出版社，2007.
[22] 郑训，张铁，黄厚宝，等.工程机械通用总成.北京：机械工业出版社，2001.
[23] 杨国平主编.现代工程机械技术.北京：机械工业出版社，2006.
[24] 成凯，吴守强，李相锋.推土机与平地机.北京：化学工业出版社，2007.
[25] 张洪主编.现代施工工程机械.北京：机械工业出版社，2008.
[26] 苏欣平，刘士通主编.工程机械液压与液力传动.北京：中国电力出版社，2010.
[27] 刘忠，杨国平.工程机械液压传动原理、故障诊断与排除.北京：机械工业出版社，2005.
[28] 彭熙伟主编.流体传动与控制基础.北京：机械工业出版社，2005.
[29] 李笑主编.液压与气压传动.北京：国防工业出版社，2006.
[30] 安永东主编.汽车液压、气压与液力传动.北京：化学工业出版社.2009.
[31] 张利平主编.液压传动与控制.西安：西北工业大学出版社，2005.
[32] 朱新才，周秋沙主编.液压与气动技术.重庆：重庆大学出版社，2003.
[33] 明仁雄，万会雄主编.液压与气压传动.北京：国防工业出版社，2003.
[34] 张世亮主编.液压与气压传动.北京：机械工业出版社，2006.
[35] 李状云，葛宜远主编.液压元件与系统.北京：机械工业出版社，2004.
[36] 沈兴全，吴秀玲主编.液压传动与控制.北京：国防工业出版社，2005.
[37] 隗金文，王慧主编.液压传动.沈阳：东北大学出版社，2001.
[38] 张平格主编.液压传动与控制.北京：冶金工业出版社，2004.
[39] 张应龙主编.液压与气动识图.3版.北京：化学工业出版社，2017.
[40] 杨清德主编.电工识图400问.北京：科学出版社，2013.
[41] 王力群，王昕，燕学智.电器、电子控制与安全系统.北京：化学工业出版社，2005.
[42] 张铁，王慧君，朱明才.工程建设机械电器及电控系统.东营：中国石油大学出版社，2003.
[43] 梁杰，于明进，路晶主编.现代工程机械电气与电子控制.北京：人民交通出版社，2005.
[44] 贺哲荣主编.机床电气控制线路图识图技巧.北京：机械工业出版社，2005.
[45] 张宪，李萍主编.怎样识读电子电路图.北京：化学工业出版社，2009.
[46] 秦曾煌主编.电工学.5版.北京：高等教育出版社，2000.
[47] 姜有根，郭晋阳，马广月，等.电子电路识图入门.北京：机械工业出版社，2004.
[48] 赵清，赵志杰等.电子电路识图.2版.北京：电子工业出版社，2009.
[49] 张胤涵主编.机床电气识图.北京：中国电力出版社，2009.
[50] 陈永甫主编.常用电子元件及其应用.北京：人民邮电出版社，2005.
[51] 王俊峰，等.精讲电气工程制图与识图.北京：机械工业出版社，2008.
[52] 张树臣主编.学看电气控制线路图.北京：中国电力出版社，2012.
[53] 张应龙主编.电气工程制图与识图.北京：化学工业出版社，2015.
[54] 张家生，邵虹君，郭峰主编.电机原理与拖动基础.3版.北京：北京邮电大学出版社，2017.